解放军国际关系学院军事情报学理论研究丛书

情报工作与国家生存发展

——基于西方主要国家的历史考察与思考

Intelligenceand National Survival & Development

——A Historical Review and Reflection on Major Western Powers

刘 强 等著

时 事 出 版 社

本书由解放军国际关系学院“院长科研出版基金”
资助出版

《军事情报学理论研究丛书》总序

随着信息时代的到来，战争形态正在发生根本性改变，“发现即摧毁”的情报作战一体化作战样式，正演化为现代战争的场景，军事情报越来越成为引导或遏制战争的关键因素，军事创新已经成为世界新军事革命的主要内容，这其中就包括军事情报理论与实践创新。它要求人们改变传统思维方式，重新认识客观世界的新情况和新问题，全维度地思考和研究军事情报问题，这给军事情报理论研究提供了新的空间但也提出了新的挑战。

军事情报学是解放军国际关系学院承担的国家级重点建设学科。经过多年建设，我们在军事情报学理论研究领域走出了一条独具特色的道路。早在 1988 年 4 月就推出过国内第一部系统研究军事情报问题的基础理论著作《军事情报学概论》，此后，又先后出版了一大批军事情报理论研究成果，为推动国内军事情报学理论研究和学科建设奠定了重要基础。

随着对我军建设发展和创新要求的认识不断深化，特别是针对强军目标和历史使命对军事情报理论创新提出更高要求的紧迫感，我院决定集中优势资源大力开展新一轮军事情报学理论创新研究，丰富和完善军事情报学理论体系的同时，力争打造一批学术精品，聚沙成塔，定名为《军事情报学理论研究丛书》。经过 3 年多的砥砺，一些著作陆续完成并与读者见面。

这套丛书是在充分吸收中外军事情报理论优秀研究成果的基础上，针对新时期军事情报研究生教育和任职教育的知识和理论需求而打造的。丛书内容涉及了军事情报学的诸多领域，涉及战略情报、战术情报、技术情报和新闻情报等，既有军事情报史的梳理研究，也有对军事情报分析、研判、心理、预警和决策等相关问题的论述探讨，是集理论与实践于一体的探索和创新成果，力争反映出系统性、理论性、实践性和时代特色。

时代在发展，创新无止境。当今，我军同世界大多数国家一样，整体尚处于从机械化向信息化过渡时期，无论是信息化水平还是信息化建设，与发达国家相比均有一定的差距，这给我国国防和军队建设提出了许多新的挑战。如何提高对世界军事革命潮流的认知，以中国国防和军队的具体实际为基础，以提高信息化战争能力为目标，最终实现“能打仗，打胜仗”的军队基本职能和要求，已经成为中国军队必须面对的最为现实的重大课题。创新不仅体现在物质层面，更应体现在思维层面，唯有思维层面的创新才能最终催生物质力量的改变。军事情报工作的理论和实践创新，直接关系到军队的能力建设和物质力量改变。

2014 年 8 月 29 日，中共中央总书记习近平主持中共中央政治局第十七次集体学习，第一次将主题聚焦于军事问题，探讨世界军事发展新趋势和推进我军军事创新，充分反映了党中央对国防和军队建设的重视。习总书记在学习中有关推进我军军事创新问题的讲话，不仅为我军军事创新和军队改革厘清了思路、指明了方向，更为其注入了极大的动力，标志着我国军事革命将进入快车道，军事创新和军队改革将有更多突破，中国军队维护国家安全的能力也必将因此得到前所未有的提升。同时，这种改革潮流必然深深影响到情报界，也给军事情报理论创新提供了前所未有的机遇。我们将抓住这个难得的机遇，加大对军事情报理论研究的力度，力求有更多更大的创新，为提高我军情报工作能力和整体作战能力，为维护国家安全作出应有的更大贡献。

军事情报学是个理论相对滞后的新兴学科，由于受各种因素影响，我们的军事情报学理论研究还存在着这样和那样的问题。本套丛书也同样存在着这样或那样的不足甚至问题。希望各位读者不吝赐教，并提出宝贵意见，以使我院的研究工作做得更好，推动军事情报学科建设和我国国防情报事业快速发展。

解放军国际关系学院院长　刘峰少将

2014 年 9 月 16 日

目　录

前言 …………………………………………………………………………（1）

第一部分　情报工作与大英帝国的兴衰（1558—1815）

第一章　情报工作的勃兴与英帝国强盛的发端 ………………………（7）
第一节　英国争霸遭遇的危机与化解 ………………………………（7）
一、调和国内外矛盾与维护国家安全 ……………………………（7）
二、重商主义政策推动了海外贸易的发展 ………………………（10）
三、1588 年海战及英西争夺海上霸权…………………………（11）
第二节　英国国家情报机构的勃兴与实践…………………………（14）
一、情报主管沃尔辛厄姆以及保密局的建立 ……………………（14）
二、该时期英国情报工作：富有现代色彩的创新之举 …………（17）
三、英国情报工作是获取英西海战胜利的重要保障 ……………（18）
第三节　走向帝国道路的英国情报工作……………………………（20）
一、保障国家安全并为争夺世界霸权奠定基础 …………………（21）
二、情报助英西海战胜利，为英国海上争霸扫清障碍 …………（22）
三、情报成为英国开疆拓土的急先锋 ……………………………（24）
小结 ……………………………………………………………………（26）

第二章　情报工作的挫折与北美统治的丧失…………………………（27）
第一节“大英第一帝国”瓦解……………………………………（27）

一、美国独立战争：北美殖民地向英宗主权挑战 ……………… (28)
二、英国殖民事业遭受重创 ………………………………………… (30)
三、英“第一帝国”土崩瓦解 ……………………………………… (32)
第二节　组织松散的情报工作难以满足战争需要 ……………… (33)
一、北美独立战争中英国情报工作的弊端 ……………………… (33)
二、英国情报工作处于被动地位 ………………………………… (35)
三、情报失误影响了战略决策的制定 …………………………… (37)
第三节　不同的情报工作导致不同的结局 ……………………… (39)
一、情报是实力悬殊战争中的均衡剂 …………………………… (39)
二、军事情报是军事行动的指南 ………………………………… (41)
三、情报失误是导致英“第一帝国”瓦解的助推剂 …………… (43)
小结 ……………………………………………………………………… (44)

第三章　情报工作的重振与“第二帝国”的形成 ……………… (46)
第一节　工业、政治变化与“第二帝国”的形成 ……………… (46)
一、工业革命促进了英国综合国力的大幅提升 ………………… (46)
二、保守主义政治与经济变革互为表里 ………………………… (48)
三、“拿破仑战争”的胜利推动了“第二帝国”的建立 ……… (49)
四、“维也纳体系”确立与英“第二帝国”形成 ……………… (52)
第二节　英国情报工作的重振与发力赢得英法战争 …………… (53)
一、反法战争加大了情报保障需求 ……………………………… (53)
二、英国情报改革：推动了英国情报工作的再次崛起 ………… (55)
三、军事情报是反法战争胜利的重要保障 ……………………… (57)
第三节　情报工作保障了“第二帝国”的形成 ………………… (59)
一、情报是英国赢得战争的利剑 ………………………………… (59)
二、情报成为“第二帝国”确立的助推剂 ……………………… (62)
三、情报成为“日不落”的保障 ………………………………… (64)
小结 ……………………………………………………………………… (65)

第四章　情报工作与国家生存发展间的辨证关系 ……………… (67)
第一节　决定情报工作成败的要因 ……………………………… (67)

一、情报工作必须适应国家发展的时代特色 …………………………（68）
二、情报工作发展必须破解制约因素以适应国家发展 …………（70）
三、国家安全与发展需求对情报改革具有强大推动作用 ………（73）
第二节　情报工作对于国家发展的重要性 ……………………………（75）
一、情报工作是国家安全的重要屏障 ……………………………（75）
二、情报工作是国家发展的重要保证 ……………………………（77）
三、情报工作与国家发展相互促进 ………………………………（79）
小结 ………………………………………………………………………（80）

结论 …………………………………………………………………………（81）

第二部分　情报工作与拿破仑帝国的兴亡（1799—1815）

第五章　拿破仑帝国时期法国情报工作综述 ………………………（87）
第一节　特殊的时代背景造就了拿破仑和法兰西帝国 ……………（87）
一、启蒙运动对法国的涤荡 ……………………………………（88）
二、法国大革命对欧洲的震撼 …………………………………（89）
三、拿破仑的军事才能与战争的影响 …………………………（91）
第二节　拿破仑的情报思想 …………………………………………（94）
一、拿破仑的军事战略思想 ……………………………………（94）
二、拿破仑对情报功能的认知 …………………………………（96）
三、拿破仑情报思想的实践 ……………………………………（99）
第三节　拿破仑帝国时期的法国情报机构 ………………………（100）
一、秘密警察机构 ………………………………………………（100）
二、邮政秘密检查室 ……………………………………………（102）
三、保密局 ………………………………………………………（103）
四、总参谋部情报机关 …………………………………………（104）
第四节　拿破仑帝国时期的情报工作内容与实施 ………………（107）
一、国内安保情报工作 …………………………………………（107）

二、军事情报工作 ……………………………………………………（108）
三、政治、外交情报工作 ……………………………………………（110）
小结 ……………………………………………………………………（113）

第六章 拿破仑帝国时期情报工作的基本特点 ………………………（114）
第一节 情报分工趋于细化 ……………………………………………（114）
一、情报组织机构与职能的改组与革新 ……………………………（114）
二、军事情报工作的专业化增强 ……………………………………（115）
第二节 积极拓展情报源和情报覆盖面 ………………………………（118）
一、情报来源广泛 ……………………………………………………（118）
二、情报内容广泛 ……………………………………………………（121）
第三节 情报搜集手段呈现多样化 ……………………………………（123）
一、指挥员身先士卒亲自侦察 ………………………………………（124）
二、部队侦察应运而生 ………………………………………………（125）
三、谍报侦察成为偏爱 ………………………………………………（127）
四、武官侦察破土而出 ………………………………………………（129）
第四节 反情报工作广泛有效 …………………………………………（131）
一、大胆有效地利用双面间谍 ………………………………………（131）
二、情报欺骗随时使用并行之有效 …………………………………（132）
三、充分运用舆论战和心理战且功效显著 …………………………（134）
四、对保密措施之于作战目的达成有深刻认知 ……………………（135）
小结 ……………………………………………………………………（136）

第七章 拿破仑帝国时期情报工作基本评价 …………………………（138）
第一节 拿破仑情报思想的形成根源 …………………………………（138）
一、个人经历是其情报观产生的基本源泉 …………………………（139）
二、社会环境成为拿破仑情报思想形成的助推剂 …………………（140）
三、军事变革是促进拿破仑情报思想成熟的催化剂 ………………（141）
第二节 拿破仑帝国的情报体制具有相当的合理性 …………………（142）
一、符合国内斗争现实需求 …………………………………………（143）
二、适应对外战争的需要 ……………………………………………（144）

三、反映了情报工作的继承与革新的规律 …………………… (145)
第三节 拿破仑帝国情报工作中的非合理因素 ……………… (146)
一、针对战略情报对战争进程影响的认识不足 ……………… (146)
二、对情报的综合分析与评估不足 ………………………… (149)
三、缺乏统筹的情报协调机构 ……………………………… (150)
四、决策者自我充当情报者的局限 ………………………… (151)
小结 …………………………………………………………… (154)

第八章 拿破仑帝国时期情报工作的影响 ……………………… (156)
第一节 拿破仑帝国兴衰的重要因素之一 …………………… (156)
一、捍卫革命果实并建立法国的欧洲优势地位 ……………… (156)
二、确立了欧洲霸权并构建了大陆封锁体系 ……………… (159)
三、陷入战争困境继而失去帝国辉煌 ……………………… (161)
第二节 对法国情报体制建立影响深刻 ……………………… (164)
一、形成甚至一定时期固化了后世的警察体制 ……………… (165)
二、深刻影响了军事情报工作的理念与机制建设 …………… (166)
三、对法国情报传统形成产生了重大作用 ………………… (170)
第三节 对后世情报思想影响深远 …………………………… (173)
一、成为谍报思想的重要源泉 ……………………………… (173)
二、对克劳塞维茨的情报理念产生重大影响 ……………… (174)
三、对约米尼的情报思想的形成影响非凡 ………………… (179)
小结 …………………………………………………………… (182)

第九章 拿破仑帝国时期情报工作启示与思考 ………………… (184)
第一节 决策者对情报工作的态度决定情报工作的命运 ……… (184)
一、决策者的情报观对情报工作的发展至关重要 …………… (184)
二、决策者的用人观是情报工作能否高效运行的关键 ……… (185)
第二节 决策与情报关系决定情报工作成效的发挥 ………… (187)
一、决策者对情报价值的评判影响到情报功效 ……………… (187)
二、决策者的情报思维对情报机构运作影响重大 …………… (189)
三、决策者与情报人员的关系能够影响甚至决定

情报工作的兴衰 …………………………………………………… (190)
第三节 情报体制的优化与否影响情报工作的成败 …………… (191)
一、情报组织机构应因势适时地优化与完善 ……………………… (192)
二、优良情报传统不仅应继承还必须发展 ………………………… (193)
三、情报工作的成败是关乎国家生存与发展的重要因素 …… (194)
小结 ……………………………………………………………………… (196)

结论 ………………………………………………………………………… (198)

第三部分 情报工作与美国国家的建立和扩张（1775—1898）

第十章 独立战争：美国传统军事情报工作的开端 ……………… (203)
第一节 独立战争与美国的建立 …………………………………… (203)
一、独立战争时期的时代背景 ……………………………………… (204)
二、独立战争开创北美新纪元 ……………………………………… (205)
第二节 独立战争时期的军事情报工作小史 …………………… (206)
一、乔治·华盛顿的军事情报工作 ………………………………… (207)
二、独立战争中的军事情报机构 …………………………………… (208)
三、军事情报工作与独立战争史中的转折点 ……………………… (209)
第三节 独立战争时期的军事情报工作评述 …………………… (211)
一、作战对象决定了从欧洲到北美广泛的情报需求 ………… (212)
二、华盛顿情报思想的基本特点 …………………………………… (212)
三、独立战争时期的军事情报工作奠定美国现代
情报体制基础 ………………………………………………… (214)
四、英军的情报失误反证了美国军事情报工作的成功 ……… (215)
小结 ……………………………………………………………………… (217)

第十一章 南北战争：美国传统军事情报工作的危机 ………… (218)
第一节 南北战争与美国历史的分岔口 ………………………… (218)

一、南北战争时期美国的国内外形势 …………………… (219)
二、南北战争时期联邦的“危”与“机” ………………… (220)
第二节 南北战争时期的军事情报工作小史 ………………… (222)
一、战争初期的情报危机 ……………………………… (222)
二、军事情报与葛底斯堡战役 ………………………… (224)
三、军事情报与联邦的胜利 …………………………… (225)
第三节 南北战争时期的军事情报工作评述 ………………… (228)
一、对军事情报工作的忽视造成了战争初期无法满足情报需求 ……………………………………… (228)
二、情报思想在经历战争初期的混乱后由传统走向创新 …… (230)
三、业余间谍是内战时期的主要情报来源，但现代技术情报手段开始崭露头角 ……………………………… (231)
四、南北双方普遍存在的情报失误对战争过程产生了巨大影响 ……………………………………… (233)
小结 …………………………………………………… (235)

第十二章 美西战争：美国现代军事情报工作的萌芽 ……… (237)
第一节 美西战争和美国的帝国主义扩张 ………………… (237)
一、美西战争时期的国内外形势 ……………………… (238)
二、美西战争塑造了百年后的美国 …………………… (239)
第二节 美西战争时期的美国军事情报工作小史 ………… (240)
一、美西战争前美军的情报准备 ……………………… (241)
二、美西战争中美国的军事情报工作 ………………… (242)
第三节 美西战争时期的军事情报工作评述 ……………… (245)
一、海外利益拓展的现实需求促成了战略决策与军事情报工作的融合 ……………………………………… (245)
二、美西战争中美军军事情报思想发展的重大意义 ……… (247)
三、美西战争中形成的美国现代军事情报体制的萌芽 …… (248)
四、美西战争中传统情报陋习所造成的情报失误 ……… (250)
小结 …………………………………………………… (251)

第十三章　军事情报工作与美国国家的建立和扩张的关系 ………（253）
第一节　美国自然、政治疆界与国民特性之间的关系 …………（254）
一、美国自然疆界与国民特性形成之间的关系 …………（254）
二、美国政治疆界与国民特性形成之间的关系 …………（255）
第二节　军事情报工作与美国自然、政治疆界开拓的关系 ……（257）
一、战争时期军事情报工作对美国自然、政治疆界开拓贡献巨大 ……………………………………………………（258）
二、和平时期军事情报工作对美国自然、政治疆界开拓贡献颇丰 ……………………………………………………（260）
第三节　军事情报工作与美国国民特性之间的关系 …………（262）
一、军事情报工作对美国国民特性形成的影响 …………（262）
二、美国国民特性对于军事情报工作的制约 ……………（264）
第四节　军事情报工作对美国国家建立与扩张发挥影响的途径 ……………………………………………………（266）
一、军事情报工作是国家生存和发展最重要的信息源 ………（266）
二、军事情报机构与社会的关系 ……………………………（268）
三、军事情报工作具有的社会效果 …………………………（269）
小结 ……………………………………………………………（270）

第十四章　美国情报工作历史的反思和启示 …………………（272）
第一节　军事情报工作在美国成长之路上的地位与作用无法取代 ……………………………………………………（272）
一、美国军事情报工作积极社会效果远大于消极社会效果 …（273）
二、军事情报工作与其他因素一起影响了美国国家与社会发展 ……………………………………………………（275）
第二节　美国早期军事情报工作对中国崛起的启示 …………（276）
一、重视军事情报工作对国家发展意义重大 ……………（277）
二、重视军事情报工作的社会效果 …………………………（279）
三、军事情报工作必须具有全球视野 ………………………（280）

结论 ……………………………………………………………（281）

第四部分 第三帝国德国的军事情报工作（1933—1945）

第十五章 第三帝国军事情报机构建立及其工作方式 …………（287）
第一节 国防部军事谍报局的建立与工作方式 ………………（287）
一、国防部军事谍报局的建立 ……………………………（288）
二、国防部军事谍报局的工作方式 ………………………（289）
第二节 党卫队情报机构的建立与工作方式 …………………（292）
一、党卫队军事情报机构的建立 …………………………（292）
二、党卫队军事情报机构的主要工作方式 ………………（294）
第三节 军种情报机构的建立与工作方式 ……………………（297）
一、军种情报机构的建立 …………………………………（297）
二、军种情报机构的主要工作方式 ………………………（300）
第四节 其他部门情报机构的建立与工作方式 ………………（306）
一、社会部门情报机构的建立与工作方式 ………………（306）
二、武装部队的战场军事情报力量建设与工作方式 ……（309）
第五节 军事情报人员的选拔与培训 …………………………（311）
一、情报人员的选拔 ………………………………………（311）
二、情报人员的培训 ………………………………………（312）
小结 ……………………………………………………………（313）

第十六章 影响第三帝国军事情报工作变化的主要因素 ……（315）
第一节 德国军事情报文化的历史传承 ………………………（315）
一、一战前的德国军事情报文化：历史传承与务实创新 ……（316）
二、一战至二战前的德国军事情报文化：人力与技术并重 …（319）
三、德国军事情报文化的特征与精髓：开放·务实·效率 …（321）
第二节 德国面临的国际战略环境 ……………………………（324）
一、国际战略环境变化成为德国军事情报发展的契机 ………（325）
二、周边国家态势促成德国战略思维的改变 ………………（326）

第三节　德国国内的政治、经济和军事生态 …………………（329）
一、复杂的国内政治生态是影响德国军事情报变化的思想因素 ………………………………………………（330）
二、经济生态窘迫对情报的需求为德国情报机构发展提供了契机 ………………………………………………（333）
三、特殊的军事生态和战略需求导致各类军事情报机构快速发展 ………………………………………………（335）
小结 ……………………………………………………………（337）

第十七章　军事情报工作对第三帝国崛起与崩溃的影响 …………（339）
第一节　军事情报工作对第三帝国政治的影响 ……………（339）
一、情报机构成为希特勒独裁统治的有效工具 …………（339）
二、情报工作成为推行和传播纳粹思想和恐怖政治统治的载体 ………………………………………………（341）
第二节　军事情报工作对第三帝国外交的影响 ……………（343）
一、德国军事情报工作恶化了其与同盟国的外交关系 ………（343）
二、德国军事情报工作强化了其与轴心国的外交关系 ………（345）
第三节　军事情报工作对第三帝国军事的影响 ……………（349）
一、目标明确的军事情报工作成为战争准备的推进剂 ………（349）
二、缜密的军事情报工作成为战争初期取得胜利的保证 ……（358）
三、效能渐低的军事情报导致德国战争中期风光难再 ………（361）
四、重大情报失误是德国战争后期一败再败的重要因素 ……（363）
小结 ……………………………………………………………（365）

第十八章　对第三帝国军事情报工作的评价与思考 ………………（367）
第一节　对第三帝国军事情报工作的基本评价 ……………（367）
一、第三帝国军事情报工作的基本特点 …………………（368）
二、第三帝国军事情报工作的功效 ………………………（369）
第二节　对第三帝国军事情报工作的历史思考 ……………（370）
一、军事情报工作必须顺应国家战略需求 ………………（370）
二、开放思维和创新精神是军事情报体系建设的关键 ………（372）

三、将情报对象分类是提高情报工作成效的有效途径 ………（374）
四、牢牢把握人技合一手段建设和适时创建二作方式 ………（375）
五、通过专业性训练锻造高素质情报人才基础 ……………（379）
六、反情报和保密工作是军事情报工作的生命线 …………（380）
七、无序和失误是军事情报工作的致命伤 ………………（382）

结论 ………………………………………………………（387）

第五部分　情报工作与日本帝国的兴亡（1868—1945）

第十九章　日本帝国情报体系的建立 ………………………（393）
第一节　军事情报机构的建立 ……………………………（393）
一、陆军参谋本部下属情报机构 …………………………（393）
二、海军军令部下属情报机构 ……………………………（395）
三、宪兵队的情报职能 ……………………………………（397）
四、关东军情报部 …………………………………………（398）
五、陆军中野学校：情报人员的培训基地 ………………（400）
第二节　政府情报机构的建立 ……………………………（401）
一、内阁情报局 ……………………………………………（402）
二、外务省情报机构 ………………………………………（403）
三、内务省警保局 …………………………………………（404）
四、其他从事情报活动的主要政府机构 …………………（404）
第三节　民间情报机构的建立 ……………………………（405）
一、玄洋社与黑龙会 ………………………………………（405）
二、汉口乐善堂与日清贸易研究所 ………………………（408）
三、东亚同文书院与南满洲铁道株式会社 ………………（410）
小结 …………………………………………………………（412）

第二十章 情报工作与日本帝国的发展（1868—1931） …………（414）
第一节 日本帝国发展的主要原因 ……………………………………（414）
一、明治维新为日本帝国的发展打下了坚实基础 ……………（414）
二、侵略扩张为日本帝国的发展提供了强劲动力 ……………（415）
三、灵活外交为日本帝国发展营造了相对宽松的国际环境 …（417）
四、高效情报活动为日本帝国的发展提供了有力保障 ………（419）
第二节 日本情报工作与日本帝国发展过程中的重大事件 ……（420）
一、情报工作与明治维新相互促进 …………………………………（421）
二、情报工作强化了日本在中日甲午战争中的主动权 ………（423）
三、“官民结合”情报体制为日本赢得日俄战争发挥了
重要作用 ………………………………………………………………（427）
第三节 日本情报工作在日本帝国发展过程中扮演的角色 ……（431）
一、情报工作是日本帝国实现破旧立新的助推器 ……………（431）
二、情报工作是日本帝国实现强兵富国的催化剂 ……………（433）
三、情报工作是日本帝国实施侵略扩张的急先锋 ……………（435）
小结 ……………………………………………………………………………（436）

第二十一章 日本情报工作与日本帝国大规模战争扩张和
败亡（1931—1945） ………………………………………………（438）
第一节 由大规模战争扩张走向败亡的主要非情报因素 ………（438）
一、战争的非正义性是日本帝国走向败亡的根本原因 ………（439）
二、畸形发展模式是日本帝国走向败亡的内在因素 …………（440）
三、国力与野心的逆差是日本帝国走向败亡的决定性因素 …（441）
第二节 日本情报工作与大规模战争扩张和败亡重大事件 ……（442）
一、情报优势逐步丧失加速日军陷入全面侵华战争的泥潭 …（443）
二、偷袭珍珠港的战术情报成功难以掩盖战略情报失误 ……（448）
三、情报工作不力成为日本中途岛海战惨败的主因 …………（454）
第三节 日本情报工作对日本帝国由大规模战争扩张走向
败亡的总体影响 …………………………………………………（457）
一、战略情报失误是日本帝国由大规模战争扩张走向败亡的
重要原因 ………………………………………………………………（457）

二、情报斗争的失利加速了日本帝国走向败亡的进程 ……… （460）
三、落后的情报机制导致日本情报工作难以始终发挥应有功效 …………………………………………… （461）
小结 …………………………………………………………… （463）

第二十二章　日本帝国时期情报工作的思考与启示 ………………（465）
第一节　日本帝国情报工作的经验与教训 ……………………（465）
一、无视情报的战略决策必然导致国家发展方向出现偏差 …（465）
二、僵化的情报机制无法为国家安全与发展提供有力保障 …（467）
三、“官民结合”是提升国家情报工作水平的重要途径………（467）
四、广泛周密精准的情报工作是确保战役战术行动成功的最大前提 …………………………………………… （469）
第二节　对中国情报工作的启示 ………………………………（470）
一、战略决策与情报工作必须形成良性互动 …………………（470）
二、情报机制必须向集中统一、高效协调的方向发展 ………（472）
三、“官民结合”的全民情报意识有待进一步提高……………（474）

结论 ……………………………………………………………（476）

第六部分　以色列情报机构与犹太民族复兴（1907—2007）

第二十三章　以色列情报机构的演进 ……………………………（483）
第一节　犹太民族自古就有情报活动的传统 …………………（483）
第二节　建国前犹太地下情报组织 ……………………………（484）
一、“哈舒默”与“尼里” ……………………………………（485）
二、“沙伊” ……………………………………………………（486）
三、“阿利亚－B” ……………………………………………（487）
四、“莱克什” …………………………………………………（487）
五、“帕尔马赫” ………………………………………………（488）

第三节 以色列现代情报机构的建立 …………………………… (488)
小结 ……………………………………………………………… (491)

第二十四章 当今以色列情报系统构成和各机构职能及特点 …… (493)
第一节 以色列情报系统的构成 ……………………………… (493)
一、中央情报和特殊使命局——“摩萨德” ………………… (493)
二、军事情报部——“阿穆恩” ……………………………… (496)
三、国家安全总局——“辛贝特” …………………………… (498)
四、外交部情报机构——研究与政治计划中心 ……………… (500)
五、国防部科学关系办公室——“拉卡姆” ………………… (500)
六、犹太移民联络局 ………………………………………… (501)
七、情报与安全委员会 ……………………………………… (501)
八、其他重要协调机构 ……………………………………… (502)
第二节 以色列各主要情报机构的职能及特点 ……………… (502)
一、“摩萨德”的职能及其特点……………………………… (502)
二、“阿穆恩”的职能及其特点……………………………… (509)
三、“辛贝特”的职能及其特点……………………………… (511)
第三节 以色列情报系统的总体特点 ……………………… (513)
一、完备高效的结构体系 …………………………………… (513)
二、集中统一的管理模式 …………………………………… (514)
三、分工协作的运作方式 …………………………………… (515)
四、特色鲜明、独树一帜 …………………………………… (516)
小结 ……………………………………………………………… (518)

第二十五章 以色列情报机构在犹太民族复兴中的作用 ………… (519)
第一节 以色列情报机构催生了以色列国的诞生 …………… (519)
一、积极开展情报活动，最终促成巴以分治 ……………… (520)
二、提供有力情报保障，确保武装斗争胜利 ……………… (524)
三、秘密购买偷运武器，建立武器装备优势 ……………… (525)
四、组织非法犹太移民，形成犹太人口优势 ……………… (525)
五、监控所有极端组织，铲除军政竞争对手 ……………… (526)

第二节　以色列情报机构捍卫了国家的生存 ……………………（527）
一、提供有力情报保障，打赢历次中东战争 ……………………（528）
二、突破西方武器禁运，确立绝对军事优势 ……………………（529）
三、成功开展外围战略，打开被动外交局面 ……………………（531）
四、有效开展反谍工作，维护国家安全稳定 ……………………（532）
第三节　以色列情报机构推动了国家的发展 ……………………（533）
一、广泛开展情报活动，掌控中东和平进程 ……………………（533）
二、开展秘密外交活动，争取有利国际环境 ……………………（535）
三、打击国际恐怖主义，创造安全稳定环境 ……………………（536）
四、继续开展移民工作，巩固犹太人口优势 ……………………（537）
五、深入开展反谍工作，维护国内安全稳定 ……………………（538）
小结 ……………………………………………………………（539）

第二十六章　犹太民族复兴对以色列情报机构的影响 ……………（540）
第一节　犹太民族复兴运动是以色列情报系统产生的
动力源泉 ……………………………………………（540）
一、犹太民族复兴运动需要情报组织的支撑 …………………（541）
二、犹太民族复兴运动需要精准的情报了解对手 ………………（541）
第二节　犹太民族复兴规定了以色列情报机构的任务 ……………（542）
一、建国前和建国后的情报任务以建国和生存为目标 …………（542）
二、冷战后和反恐时代的情报工作以促进发展和维护
稳定为目标 ……………………………………………（543）
第三节　犹太民族复兴推动了以色列情报机构的发展 ……………（544）
一、以色列情报机构的初创期（1948—1962） ………………（544）
二、以色列情报机构的发展期（1963—1967） ………………（545）
三、以色列情报机构的调整期（1967—1977） ………………（546）
四、以色列情报机构的冒险期（1977—1991） ………………（547）
五、以色列情报机构的冷落期（1991—2002） ………………（548）
六、以色列情报机构的脱胎换骨期（2003—　） ………………（548）
第四节　犹太民族复兴培养了出色的情报人员 …………………（550）
一、犹太民族复兴造就了情报人员的民族意识和爱国精神 …（551）

二、犹太民族复兴培养了情报人员的聪明才智和创新能力 …（552）
三、犹太民族复兴磨练了情报人员的坚强意志和奉献品格 …（553）
小结 ………………………………………………………………（553）

第二十七章 以色列情报工作的总结、启示与思考 ………（555）
第一节 完备高效的情报体系是维护国家安全的屏障 …………（555）
一、强调集中统一，享有自决权力 ……………………………（556）
二、重视机构改革，提高工作效率 ……………………………（557）
三、加强人员管理，防止安全漏洞 ……………………………（558）
四、强化人员培训，提高专业水平 ……………………………（559）
第二节 强烈民族危机意识是情报机构发展的推动力 …………（561）
一、民族危机意识产生于民族存亡斗争 ………………………（561）
二、民族危机意识凸显了情报工作的重要性 …………………（562）
三、民族危机意识推动了情报系统的发展 ……………………（562）
四、民族危机意识培养了情报人员的敬业精神 ………………（563）
第三节 人力情报为核心多种手段兼用拓展情报来源 …………（564）
一、发挥人力情报工作的核心作用 ……………………………（564）
二、重视发展先进的技术侦察手段 ……………………………（568）
三、公开情报是重要的情报来源 ………………………………（570）
第四节 广泛开展国际情报合作更好地维护国家安全 …………（571）
一、高度重视与西方情报机构的关系 …………………………（571）
二、大力开拓与非洲国家情报机构的关系 ……………………（573）
三、积极推进与亚洲国家情报机构的关系 ……………………（573）
四、深入发展与拉丁美洲国家情报机构的关系 ………………（575）
第五节 爱国奉献精神是确保“不变质”的重要保证 …………（576）
一、爱国主义是情报体系的精神支柱 …………………………（576）
二、招募情报人员严把爱国主义关 ……………………………（577）
三、重视培养情报人员的爱国主义精神 ………………………（577）
四、充分调动一切犹太人的爱国热情为情报体系服务 ………（578）
小结 ………………………………………………………………（579）

结论 …………………………………………………………（581）

总结论　情报工作与国家生存发展关系的历史思考 ……………（583）
一、两条曲线的相交与疏离制造了重要转折点 ……………（583）
二、情报工作的成败是国家兴衰的关键因素 ………………（584）
三、情报组织不仅可以维护国家生存发展，还可成为
国家的创立者 ……………………………………………（586）
四、情报工作的专业化是确保国家生存发展的关键 ………（587）
五、情报工作失误是国家生存与发展的最大威胁 …………（588）
六、决策者对情报工作的认知程度决定了其命运 …………（590）
七、国力强盛和危机意识是情报工作大发展的助推剂 ……（591）

参考文献 ……………………………………………………（594）
一、中文著作 ………………………………………………（594）
二、中文译著 ………………………………………………（602）
三、外文文献 ………………………………………………（611）
四、中文学术文章 …………………………………………（620）
五、外文学术论文和研究报告 ……………………………（622）

后记 …………………………………………………………（625）

前　　言

情报工作是每个民族国家不可或缺的，它在人类社会发展的历史中扮演着重要角色并发挥着重要作用，因此，可以说，情报工作与一个国家的生存和发展血脉相连，共生共长。

总体而言，近代以来，西方国家的情报工作在多年的战争实践中得到了较快的发展，并逐渐建立了人员招募严格、培训内容务实、机构层次分明、搜集手段多样、分析方法多元、分发渠道畅通的功能完备高效的情报体系，对当代情报体系建设产生了极为重要的影响。

事实上，有关何为“情报”（intelligence），目前的定义仍十分混乱，不同的人根据不同的视角给出了不同的定义。笔者一直坚持认为，从纯学理意义上解构“情报”的本源内涵，它应还原于信息，即是一种“原有价值信息”①。这是研究情报问题的基础问题，必须予以厘清。否则将会在研究具体问题时造成概念混乱的局面。

当然，如果从更加广泛且并不严格的学术层面上去研究情报工作，粗线条或概略甚至内涵多元的解释，也不一定能够妨碍对问题的研究。这主要是因为情报工作毕竟是一项实实在在的具体工作，有其独特的逻辑范畴和运行轨迹。在这种前提下，美国情报问题专家谢尔曼·肯特有关“情报是知识”、“情报是组织”和“情报是活动”的解释②也就会被广泛认同。尽管如此，谢尔曼依然在具体描述时认为“情报是高层军政人员保

---

① 参见刘强：“‘情报’与‘军事情报’定义的学理思考与辨析”，载《解放军国际关系学院学报》，2013年第1期。

② 参见［美］谢尔曼·肯特著，刘薇、肖皓元译：《战略情报：为美国世界政策服务》，金城出版社，2012年1月版。

卫国家福祉所必须具备的知识”[①]。而谢尔曼的美国同事舒尔斯基和斯密特也据此认为，“情报是一种与政府制定和执行政策相关的信息，以保证国家安全利益、应对现实及潜在对手的威胁”[②]。事实上，他们都是从战略情报的视角考察情报工作的内涵和作用。而从这个意义出发，其与本书中最宏大的关切点，情报工作与国家生存发展在这一层面上有所契合。但是，本书中涉及的问题，不仅仅局限于战略情报工作，还涉及战役和战术层级的情报工作。而事实上，战役和战术情报工作更加紧贴具体情报工作的实际，是战略情报的有益补充，它们与战略情报工作一起，构成了情报工作的全部。

本书选择英国、法国、美国、德国、日本和以色列作为研究范本，从历史的纵向跨度，分别对其情报工作与国家生存发展的关系进行了考察，试图寻找到一些共性的规律性结论。应该说这确实不是一件容易的事情。从历史跨度而言，约550年；从国家分布看，涉及欧、美、亚三大洲；从国家性质而言，既有资深老牌帝国，也有重获新生的国家，还有曾挑战世界秩序的轴心国，更有后来居上的超级大国。他们的情报传统不同，情报理念各异，情报工作方法虽大同小异却各具特色，历经多年分别建立起不同特色的情报体系。若将他们在不同历史时期的情报工作发展脉络梳理清楚，找准其与国家生存发展的关系，并从中得到对我国、我军情报事业建设的有益启示，难度之大可想而知。

“以史为鉴，可以知兴替”。研习历史，不仅是为了厘清历史发展脉络，更重要的是要寻找到各个历史事件之间的联系，发现其中的历史因果。我们选取了六个西方国家的不同历史阶段作为研究范本，其中既有从无到有的国家如何运用情报工作为国家建立和民族自强到国家发展如何运作的范本，也有如何运用情报工作为国家从孱弱到强盛发挥作用的国家范本，还有如何运用情报工作帮助国家从衰落到崛起的国家范本，以及情报工作在从国家崛起到衰落中扮演了怎样角色的国家范本。目的是要使读者更加深入了解和认识情报工作在国家生存与发展中的地位、作用和影响，

---

① ［美］谢尔曼·肯特著，刘薇、肖皓元译：《战略情报：为美国世界政策服务》，金城出版社，2012年1月版，序言第1页。

② ［美］艾布拉姆·N. 舒尔斯基、加里·J. 斯密特著，罗安明、肖皓元译：《无声的战争：认识情报世界》，金城出版社，2011年5月版，第7页。

引发人们对情报工作的关注和理解。

据笔者的学术视野，将情报工作与国家生存发展相联系作为主题的研究，在国内尚属首次，国外也未曾发现。这既给本研究提供了广阔的创新空间，也给研究带来了很大挑战。这种挑战首先反映在没有现成的研究范式可以借鉴，其次反映在没有现成的研究成果可以参阅，而只能从零散的既有研究情报问题的文献中去发掘史实，并将其与国家生存与发展进行考察分析，从中找到彼此之间的必然联系和因果关系。因此，本研究属于一种大胆的尝试，旨在厘清情报工作与国家生存发展的内在逻辑关系，发现彼此间的相互影响因素，探寻如何更加科学合理地构建一个能为维护国家生存发展服务的高效情报系统路径。

第一部分

情报工作与大英帝国的兴衰

（1558—1815）

从伊丽莎白女王时代开始到二战结束，英国先后建立了“第一帝国”与“日不落帝国”。在此期间，伊丽莎白时期是英国强盛的起点，英国从此走上了殖民扩张的道路；美国独立战争的失利让英国失去了北美殖民统治权，“第一帝国”随之瓦解；英国在反法战争中击败法国，夺取了世界霸权，建成“日不落帝国”。这三个阶段以及其中的三场战争都是英帝国发展史上的重要节点，这些节点也见证了大英帝国的兴衰。其间，情报工作，尤其是军事情报工作在其中发挥了巨大作用，保障与支持了英国国家安全以及帝国霸业的发展。本部分正是抽取了这一促进国家发展的重要因素——情报工作来加以研究和论证的。

情报工作与英帝国的发展息息相关，完善的情报工作保证了英国在殖民战争中的优势地位，而帝国的兴盛也推动了情报变革。本部分通过研究三个时期的帝国发展史与情报史，剖析英国情报工作在英帝国发展中的重要作用，阐述帝国发展对英国情报机构的影响，进而全面系统地探讨英国情报工作与帝国发展之间的关系。

这部分为四章内容：第一章系统论述了情报工作如何打破伊丽莎白时期英国内外交困的局面，保障国家安全的同时帮助英国获取海上霸权；第二章重点研究了英国情报工作的失误让英国在北美独立战争中陷于被动，最终导致“第一帝国”的瓦解；第三章通过对英法情报工作的对比，剖析了情报工作在法国革命战争中的作用。第四章结合英国情报史与帝国发展史，对情报工作与国家发展之间的更深层次关系进行探讨。

第一章　情报工作的勃兴与英帝国强盛的发端

1558年，英国都铎王朝最后一任君主伊丽莎白（Elizabeth I）继位。英国受连年征战影响，国内经济发展停滞，社会动荡不安，周边欧洲列强环伺，局势可谓风雨飘摇。但是，英国情报主管弗朗西斯·沃尔辛厄姆（Francis Walsingham）及其保密局在一系列国内外战争中积极作为，为英国摆脱困境立下汗马功劳，也由此确立了情报工作在英国举足轻重的地位。

第一节　英国争霸遭遇的危机与化解

自从发现新大陆和绕过好望角以达东印度群岛的航线开通后，欧洲的商业重心逐渐西移，渐渐远离地中海地区，而趋向大西洋海岸。西班牙、英格兰和法国等列强，为了世界贸易和新发现地区的主权统治，展开了激烈争夺。伊丽莎白女王上台后，通过宗教改革、实施重商主义政策等一系列措施，使得国内由乱而治，国家实力得到增强。英国为了拓展自身的利益空间，开始向老牌殖民帝国西班牙发起挑战。

一、调和国内外矛盾与维护国家安全

伊丽莎白女王1558年继位伊始，国内分裂势力猖獗，国外又面临法国、西班牙等列强的挤压，伊丽莎白女王首先确定了以安定国内为主的基本政策思路。她在出席伦敦市为女王举行的第一次招待会时，提出了

"和睦"的口号，她的加冕庆典更是以"团结"为主题。[①] 然而，在1559年，宗教问题仍是横亘于"和睦"面前的首要障碍。伊丽莎白起初力图恢复亨利八世（Henry VIII）的宗教法规，重建她至高无上的王权，与罗马教廷决裂。然而这一想法忽视了议会在确定"信仰划一"程度、制定和取消法律方面的作用，忽略了议会与国王的合作关系。伊丽莎白女王于是采用了折中方案，于1559年通过了《至尊法》和《信仰划一法》。第一个法令确认伊丽莎白为英国教会的至尊统治者，第二个法令要求每个教区都使用新修改的克莱默大主教《公祷书》。[②] 伊丽莎白在宗教问题上采取的和解手段，一定程度上为确保国内安定发挥了重要作用。

同时，上一任女王遗留下的另一个问题是对法战争。伊丽莎白上台后迅速与法国和西班牙签订和约，使英格兰从战争中摆脱出来，也使欧洲大陆两大天主教国家认可了信奉新教的伊丽莎白女王的地位。接着，在悬而未决的苏格兰问题上，伊丽莎白不失时机地给予苏格兰新教援助，引发了大规模的新教起义，并逐步将欧洲大陆势力逐出了苏格兰。1560年，法国在苏格兰的代言人吉斯·玛丽去世，法国、苏格兰和英格兰签订了《爱丁堡条约》，规定法国从爱丁堡撤军，苏格兰由本地贵族议会统治。《爱丁堡条约》开启了苏格兰与英格兰长达一个世纪的和平篇章，并为英国对外扩张扫清了国内障碍。

为了增大继承英格兰王位的可能性以及实现未来苏格兰与英格兰王位的合并，玛丽（Marry）于1565年与亨利七世的重外孙达恩利伯爵亨利·斯图亚特结婚。[③] 此举引起了苏格兰贵族与伊丽莎白女王的不满。后来，婚姻的失败以及达恩利伯爵的去世使得玛丽的王位继承权于1567年被苏

---

① ［英］尼思·O. 摩根主编，王觉非等译：《牛津英国通史》，商务印书馆，1993年版，第284页。

② 《至尊法》规定取消教皇的权力，《信仰划一法》以《公祷书》作为唯一合法的礼拜，两大法令都可代表女王及议院的共同意志。参见［英］屈勒味林著，钱端升译：《英国史》（上册），中国社会科学出版社，2008年版，第367—371页。

③ 此举的主要原因是：信奉天主教的苏格兰王位继承人玛丽·斯图亚特是英格兰国王亨利七世的重外孙女，因此她也拥有英格兰王位继承权，一切企图在英格兰恢复天主教的人都不遗余力地给予她支持。玛丽登上苏格兰王位后就要求更改《爱丁堡条约》，承认她是伊丽莎白的合法继承人。参见钱乘旦著：《欧洲文明：民族的融合与冲突》，贵州人民出版社，1997年版，第19页。

格兰贵族废黜，并在1568年兰塞德一役中败北。玛丽逃往英格兰寻求庇护，伊丽莎白女王趁机将其软禁。然而，欧洲大陆的天主教国家与国内天主教势力认为玛丽才是英格兰王位的“合法君主”，国内天主教势力开始抬头。1568—1572几年间，英格兰国内充满了阴谋与叛乱，而软禁玛丽也很大程度影响了伊丽莎白时代英格兰的对外关系。先是教皇庇护五世发出训令，宣布取消伊丽莎白的教籍，并废黜其王位，呼吁天主教徒推翻其在英格兰的统治。后来西班牙国王菲利普二世于1567年派阿尔瓦公爵侵入尼德兰。

对于上述危机与挑战，伊丽莎白女王针锋相对地做出了回应，1571年英国议会通过《第39条教规》，并最终建立了独立的安立甘教会，这标志着英国宗教改革的结束以及与欧洲大陆天主教的彻底决裂。[1] 1572年，英格兰支持信奉新教的西属尼德兰爆发起义，并通过与法国结盟的间接战略来牵制西班牙。

在此期间，英格兰天主教势力并没有静待国外力量的干预，而是筹划了一场针对伊丽莎白女王的暗杀行动。此次暗杀行动的负责人是来自德比郡的贵族安东尼·巴宾顿及其六名属下。天主教势力想当然地认为如果行刺成功，英格兰新教必将被天主教所取代，而如果失败，西班牙军队将入侵英格兰，并扶助玛丽登上王位。天主教势力通过加密信件将行动的详细计划汇报给了玛丽，他们并不知道英国情报部门已控制了玛丽及其支持者之间的信使。通过截获信件以及破译密码，英国情报主管沃尔辛厄姆掌握了刺杀行动的全盘计划，提前行动并一举逮捕了所有暗杀者。[2] 此次事件史称“巴宾顿阴谋”，这虽然是众多阴谋与叛乱事件中的一起，但正是该事件坚定了伊丽莎白女王处决玛丽的决心，也打消了与天主教势力妥协的念头。1587年2月7日，伊丽莎白一世根据议会的请求，签署了玛丽的死刑判决书。[3] 玛丽的处决使英国内最后的隐患解除，同时也做好了与西班牙开战的准备。

---

① 钱乘旦、许洁明著：《英国通史》，上海社会科学院出版社，2007年12月版，第126—128页。

② Stephen Robert Twigge, Graham Macklin, *British Intelligence: Secrets. Spies and Sources*, National Archives, New York, 2008, pp. 51－53.

③ James. A Willianson, *The Tudor Age*, D. McKay Co, New York, 1961, p. 357.

二、重商主义政策推动了海外贸易的发展

16 世纪，英国生活必需品价格大幅度上升。物价上涨的原因，一方面是由于钱币质量太差，官方铸造的金币银币中杂质越来越多，这虽然对部分从事倾销的商人暂时有利，却损害了英商在海外的信用，导致出口困难；另一方面，城乡人口骤增加大了对商品的需求。数据显示，15 世纪末，英格兰人口 200 多万，1600 年则增加到 400 多万。发展最快的城市是贸易中心伦敦，其人口由 1520 年约 7 万上升到 1600 年的逾 20 万。[①] 物价上涨与都市人口的剧增刺激了商品经济的发展，但也对商业贸易提出了更高要求。

伊丽莎白继位后，英国在重商主义思想[②]指导下，颁布实施了一系列刺激经济的法案。如都铎时期英国商人在海外经商时，受到了汉撒同盟商人的排挤。汉撒商人曾支持爱德华四世夺取王位，因此在 1474 年《乌特勒支条约》中，汉撒商人拥有比不列颠商人更加优惠的关税特权。16 世纪中叶之前，由于受到条约有效期的限制，英商虽对汉撒商人的商业特权满腹牢骚却无可奈何。伊丽莎白女王上台后致函议会，要求撤销汉撒商人的自由与特权，此举得到英商的一致支持，也极大鼓励了不列颠商人的积极性。[③]

资本主义经济只有经过资本原始积累才能迅速发展，而海外贸易则是资本原始积累的重要手段。在商业发展的同时，西班牙、葡萄牙探险家成功发财的消息传到了不列颠，英商和少数国民的投机冒险心理增强，强烈要求开发新市场和殖民地。为了解决英国商业危机，伊丽莎白适时采纳了

① 阎照祥著：《英国史》，人民出版社，2003 年版，第 163 页。

② 重商主义是 15—17 世纪在欧洲产生的一种经济理论。从西方经济思想发展史来说，欧洲的重商主义理论经历了两个发展阶段，即早期的重商主义和晚期的重商主义阶段。早期重商主义和晚期重商主义的基本思想本质上是一致的。它们都是资本原始积累时期商业资产阶级的意识形态，都把货币看成是财富的唯一形态，但是，在如何增加货币财富的问题上，有不同的看法和主张，提出过不同的措施和建议。在伊丽莎白女王时期的重商主义尚属早期重商主义，即商业扩张理论、加强新君主制以及实现国家富强的殖民思想，重商主义成为这一时期海外扩展的思想基础。

③ James A. Willianson, *The Tudor Age*, D. McKay Co, New York, 1961, p. 256.

首席枢密官威廉·塞西尔的建议，即广泛开辟各种市场。随即英商成立的公司就对通往俄国、中国及好望角等国家和地区的航道进行试航与开拓。当时，海外贸易活动的伴生物是海盗活动和奴隶贸易。数量众多的投机商人驾驶海盗船在大海上劫掠商船财富，并将攫获的部分财宝献于女王，得到赏赐和鼓励。1562 年，普利茅斯商人家庭出身的约翰·霍金斯最先从几内亚购买了 400 名奴隶，连同英国的手工业产品一起运往海地，并带回海地出产的食糖、金银等，形成了英国历史上最初的"三角贸易"。[①] 海外贸易使得英国积累了大量的货币资本，英国经济实力得到迅速提升。与此同时，随着海外利益扩大化，英国海上力量得以发展壮大，海权成为英国商业的命脉。[②]

英国在海外贸易上的崛起侵犯了西班牙的势力范围，严重威胁到了西班牙的海上贸易命脉，两国间的经济冲突逐步升级。1568 年，霍金斯及其表弟弗兰西斯·德雷克率领"米尼翁号"和"耶稣号"战舰进行远航，途经圣胡安·德乌略西亚港时遭到西班牙人的袭击，损失惨重。英国船队遇袭的消息传回国内，舆论大哗，议会提议实行军事报复，挫败西班牙人对新大陆殖民和贸易的垄断。伊丽莎白女王后来以没收西班牙运饷船的方式，对西班牙进行了报复，英西关系也渐趋紧张。

三、1588 年海战及英西争夺海上霸权

1588 年英国和西班牙爆发的海战，缘于宗教和海外贸易问题。一方面，玛丽被处决后，欧洲大陆的天主教势力跃跃欲试，谋划发动针对英国的军事袭击，以期击垮他们眼中的异教徒国家。另一方面，英西两国海外贸易争夺战愈演愈烈，已从争夺海外殖民地演变为相互劫持商船。

早在玛丽被软禁后，西班牙国王菲利普二世于 1567 年派阿尔瓦公爵率 5 万人侵入尼德兰，此举在英格兰引起极度恐慌与不安。1572 年，信

---

① F. E Halliday, *A Concise History of England: From Stonehenge to the Atomic Age*, Thames & Hudson, London, 1980, p. 99.

② 张亚东著：《重商帝国，1689—1783 年的英帝国研究》，中国社会科学出版社，2004 年版，第 44—45 页。

奉新教的西属尼德兰爆发起义，需要英国给予援助。伊丽莎白最初认为英国尚无力单独与西班牙进行战争，希望采取与法国结盟的间接战略。然而1584年安茹公爵弗兰西斯去世，法国内乱突起，以及1585年西班牙扣留了伊比利亚半岛各港口的英国船只，这都促使伊丽莎白下决心与西班牙公开对抗。①

1585年8月，英格兰与尼德兰联省共和国结盟并紧张备战，同时派弗兰西斯·德雷克跨洋远航去袭击西班牙在美洲的殖民地，以打破西班牙在海外殖民地贸易的独占权。12月伊丽莎白女王又派莱斯特伯爵率军占领尼德兰的弗拉辛，旨在防止尼德兰被西班牙和法国占领，并保护英荷两国间传统的商业联系。尽管莱斯特的渡海征战最终以失败告终，但德雷克在美洲的劫掠却大获全胜。

面对英国人的挑衅，西班牙做好了与英国开战的准备。1587年2月，玛丽被处死（时年44岁）。西班牙菲利普二世视此举为英国对天主教世界的挑战，他在伊比利亚半岛西海岸各港口集结战舰，准备与英国开战。英国方面却先发制人，德雷克率舰队突袭加的斯港，摧毁了西班牙战舰30艘，并在沿海一带劫夺其供给船达两月之久。英国本土的地方武装也动员了起来，凡可能登陆的地方都在地图上做了标志，其防务也进行了相应的安排。②

1588年，由梅迪纳·西多尼亚公爵指挥的西班牙“无敌舰队”启航，此次军事行动的计划是控制英吉利海峡，并与西班牙驻尼德兰总督帕尔马公爵会师，然后入侵英格兰。“无敌舰队”共有130艘船只，其中战舰和武器商船60余只，配有2431门大炮，官兵近3万人。这支舰队的特点是其短射程重炮火力凶猛，适宜近战。英国战舰数量及出航海员人数则远逊于对方，仅为34艘及6000人。但英舰快速灵活，且装备远程大炮，适合拦截和追击。历史证明，火炮对于海军战术的影响，要比对于造船术的影响更大。西班牙墨守陈规，高大但笨拙的船体用缆绳连成横列队形，试图先使敌船丧失战斗能力，然后再进行攀登。而英国放弃了步兵登舰的传统

---

① 钱乘旦、许洁明著：《英国通史》，上海社会科学院出版社，2007年12月版，第128—129页。

② Susan Doran, *Elizabeth* Ⅰ *and Foreign Policy* 1558 – 1603, Routledge, London, 2000, pp. 51 – 56.

战术，其战术目标是在远距离击沉敌船，或迫使其易帜投降。[①] 最终，英军通过有效战术和“神助”天候，以极为轻微的损失重创了西班牙“无敌舰队”,[②] 沉重打击了其海上力量。1588 年海战，既标志着西班牙开始丧失其传统强国地位，也吹响了英国这一新生力量崛起的号角。此战后，英国与西班牙在十年间又进行了一系列规模不一的海战，英国最终击败西班牙成为新的海洋霸主。

自此，英国步入了旷日持久的对外战争时期。通过奥格斯堡同盟战争与西班牙王位继承战争，英国沉重打击了老对手法国，并得到地中海的直布罗陀和梅诺卡岛、北美洲的哈德逊湾流域与新斯科舍、西印度的圣基茨岛，以及西属美洲殖民地的奴隶贸易垄断权。在七年战争[③]中，英国先后击败了法国与西班牙，成为战争最后的赢家。通过战争，英国取得加拿大及密西西比河以东地区，并用哈瓦那换得佛罗里达，至此，法国在北美的势力基本被清除，英国在北美的殖民帝国基本奠定。同时，英国在加勒比海得到了圣文森特、多巴哥、多米尼加和格林纳达等岛屿，在西非占得塞内加尔。[④] 七年战争结束以及《巴黎和约》签订后，一个世界范围的英帝国逐渐成形，“第一帝国”版图达到了前所未有的顶峰。

---

① ［英］J. F. C. 富勒著，钮先钟译：《西洋世界军事史》（第二卷），广西师范大学出版社，2008 年版，第 11 页。

② 最初 9 天，英国军舰利用上风向和远程火力优势，与西班牙舰队保持有效距离，伺机进攻。7 月 27 日无敌舰队到达加莱港附近海面时损失率了两艘船只。28 日，英国舰队利用连体舰船的弊病，发动火攻。英军派出 6 艘装满炸药的船只，驶向抛锚的西班牙船队，未能靠岸的西班牙船只乱作一团，争相砍断缆绳。之后英军用远程大炮轰击，重创西班牙军舰，西班牙水兵死伤枕藉。西班牙舰队顺风向北撤退，英军穷追不舍，一直追至福斯湾。而后大西洋飓风又给逃散的西班牙军舰带来了更大的灾难。最后只有 50 余艘西班牙船只和 1 万名官兵绕过苏格兰和爱尔兰，返回西班牙。此次海战，英军仅仅损失了数十人。

③ 七年战争（1756—1763）是英国争夺世界霸权的一次决定性战争，战争是由奥地利企图收回普鲁士所占领的西里西亚所引起的，又是英法两大国长期争夺欧洲霸权和殖民地的继续。其间，奥地利抛弃亲英传统，与法国、俄国、萨克森、瑞典等国结成反普同盟，普鲁士则与英国、汉诺威联合，英国后又向西班牙宣战。1763 年，战争最终以英国的大胜而告终，交战双方签订《巴黎和约》，法国在北美的势力基本被清除，英国获得为数众多的海外殖民地，继而成为最强大的海上强国。

④ 钱乘旦、许洁明著：《英国通史》，上海社会科学院出版社，2007 年版，第 198—203 页。

第二节 英国国家情报机构的勃兴与实践

伊丽莎白时代的英国情报工作与今天的职业情报工作有着较大差异，它缺乏健全的国内外情报侦察体系，情报搜集手段较为单一，缺少职业情报人员。[①] 然而，资金与人力资源匮乏的英国保密局，却成为维护国家安全与稳定的屏障，以及帝国版图扩张中的先行者与指导者。

一、情报主管沃尔辛厄姆以及保密局的建立

在伊丽莎白时代以前，情报工作在英国的地位是微不足道的，情报活动往往是自发的、无意识的。虽然从记载最早的公元9世纪的阿尔弗雷德大帝伪装成吟游诗人刺探情报，到15世纪的阿金库尔战争，在一系列战争中都能看到情报活动，但这些情报活动缺乏组织性，只是在战争中有着临时性的表现。然而，到了伊丽莎白女王时代，情报工作发生了重大改变。一方面英国面临内忧外患，需要特殊手段来打破局面，而情报活动在伊丽莎白执政初期的特殊作用，实现了这种要求；另一方面，在伊丽莎白时代英国走上了对外扩张的道路，海外殖民地的争夺以及对外政策的制定都需要情报活动的支持，因此，情报工作地位的确立顺理成章，情报工作也最终被纳入国家决策体制中。

“他了解所有人，但没有人能看透他”[②]，这是同时代与其接触过的人给予沃尔辛厄姆的评语。沃尔辛厄姆最大的特点就是善于掌控人，并能够充分利用一切有用的信息。沃尔辛厄姆两岁丧父，后自费进入剑桥接受高等教育。当玛丽·都铎在大肆清洗清新教徒时，沃尔辛厄姆前往罗马学习法律，并专心致力于对人的因素的研究。这段时期让沃尔辛厄姆受益匪浅，对其日后的情报事业有着巨大裨益，由于当时科学技术的落后，谍报

---

① John M. Archer, Sovereignty and Intelligence: *Spying and Court Culture in the English Renaissance*, Stanford University Press, New York, 1993, p. 5.

② Stephen Budiansky, *Her Majesty's Spymaster: Elizabeth, Sir Francis Walsingham, and the birth of modern espionage*, Weekly, London, 2005. p. 34.

仍是主要的情报搜集手段，与各阶层人士打交道并掌握他人心理更是每名谍报人员的必备素质。沃尔辛厄姆曾在数年后对其侄子讲述，“书本只是由死板的字母组成，是人类的语言和经验赋予了其生命，让你获得真正的知识。”① 1568 年，沃尔辛厄姆回国后被伊丽莎白女王的首席枢密官威廉·塞西尔招募，并由于工作能力的突出获得女王的赏识。1570 年，沃尔辛厄姆被女王任命为驻法大使，接替刚刚卸任的尼古拉斯爵士，正是在此期间，他开始逐步建立海外和国内情报机构。② 当时，外交与间谍几乎是同义词，与其他国家一样，英国的间谍活动也主要通过各国大使、使者来搜集情报，并由他们在驻在国设置耳目③。由于在担任驻法大使时的出色表现，1573 年，沃尔辛厄姆接任首席秘书一职，主要负责对外事务。经过数年的努力，沃尔辛厄姆于 16 世纪 70 年代创建了保密局，其情报网遍布国内和欧洲大陆 50 个重点地区（多为城市、港口和贸易中心）。保密局是英国历史上第一个真正意义上的情报机构，因为在此前的历史中，情报组织更大程度上是属于王公贵族的，而非是为国家服务的。④

应该说，是沃尔辛厄姆改变了传统英国对情报工作的观念，保密局作为英国第一个国家情报机构，根据国家的发展方向来确定情报工作的中心内容，并随着国家的强盛而不断发展壮大。沃尔辛厄姆之所以建立保密局和庞大情报网，原因有二：一是驻法大使的经历让其深知情报工作的重要性。担任大使期间，他成功洞悉法国的对英政策从而让英国占尽先机。二是自从教皇庇护五世发布训令废黜伊丽莎白王位并号召天主教徒反抗英国王室后，沃尔辛厄姆坚信英国最终将卷入宗教冲突之中。

沃尔辛厄姆与保密局搜集情报的主要手段是利用遍布欧洲大陆和国内

---

① Stephen Budiansky, *Her Majesty's Spymaster: Elizabeth, Sir Francis Walsingham, and the birth of modern espionage*, Weekly, London, 2005. p. 34.

② ［英］理查德·迪肯著，陈秩、乐爱妹等译：《英国谍报史》，世界知识出版社，1983 年版，第 12 页。

③ 尼古拉斯·斯罗格莫顿爵士于 1559 年被任命为英国驻法国大使。他在任期内成为英国驻外大使中第一个着手认真组织情报工作的人，其搜集的情报成为国务秘书塞西尔的主要情报来源。参见［英］理查德·迪肯著，陈秩、乐爱妹等译：《英国谍报史》，世界知识出版社，1983 年版，第 17—18 页。

④ ［英］理查德·迪肯著，陈秩、乐爱妹等译：《英国谍报史》，世界知识出版社，1983 年版，第 5 页。

的谍报人员来打探消息，以及截获包括外交通联、军事命令和私人信件在内的信件。[①] 保密局内设置了密码破译与情报分析机构，极大提高了情报的可靠性与获取情报的效率。虽然，以今天的视角看，伊丽莎白时代的英国情报机构，情报获取手段单一、资金与人员紧缺、尚未建成固定而健全的情报机制，但它反映了当时社会发展水平，满足了英国国内外的斗争需要。沃尔辛厄姆有针对性地布置情报工作，帮助英国在内政外交中掌握了主动。

随着国内外政治军事斗争的继续，保密局及其情报网的特殊性受到了英国决策层的重视。在国内外斗争中，沃尔辛厄姆及其情报机构每每在关键时刻都能发现敌对势力的行动并发出预警。在海外殖民地扩张上，通过欧洲大陆情报网也能获取有关西班牙、法国舰队动向的情报，这让英国海军能够及时避开对方舰队主力，抢占法西殖民地并劫掠其商船，扩大收益的同时避免了重大损失。[②] 情报工作改变了英国高层的传统观念，并被纳入国家决策体制之中：通过各种渠道获得的情报经过保密局分析研究，核实准确后交由英国议会与伊丽莎白女王，决策层再根据这些情报制定国家下一步的发展战略（如图 1.1）。

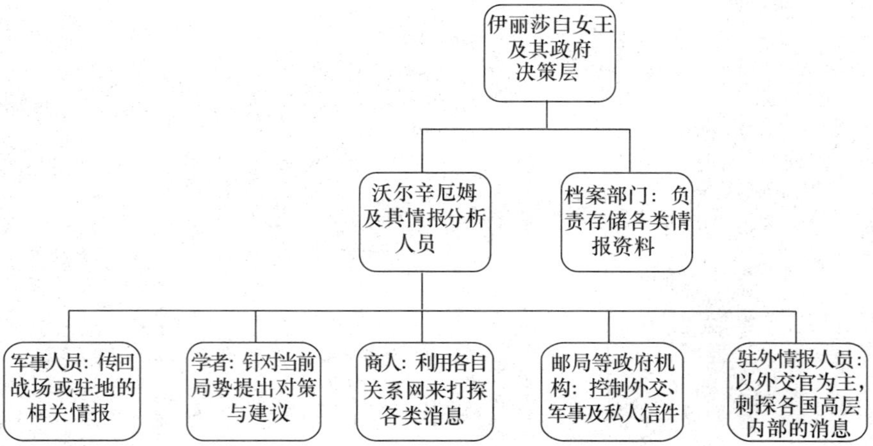

图 1.1　伊丽莎白时期英国情报工作简易图示

① Timothy Walton, *Challenges in Intelligence Analysis, Lessons From* 1300 *BCE to the Present*, Cambidge University Press, London, 2010, pp. 51 – 52.

② Conyers Read, *Mr. Secretary Walsingham and the Policy of Queen Elizabeth*, Ams Pr Inc, New York, 1975, Vol. 3, pp. 335 – 337.

可以说，情报工作的这种地位与待遇是前所未有的，这也是同时代欧洲大陆各国所无法比拟的。也正因为如此，英国才能在后来与天主教势力的对抗以及殖民地扩张中逐渐挽回劣势，并为“第一帝国”的建立扫清了国内外障碍。

二、该时期英国情报工作：富有现代色彩的创新之举

15 世纪的欧洲乃至更早的时候，情报的概念和功能并不被人们所认知，因为在大多数人眼中，情报只能在战场上发挥作用，从事情报工作的人员都来自于社会底层。16 世纪，随着各国间联系更为密切以及战事的频繁发生，各国政府认为有必要招募与培养自己的情报人员，情报搜集的范围也扩大至外交、军事、商业等领域。尽管这样，民众仍将情报人员视作唯利是图之辈，为了金钱会将情报卖给出价高的一方。[①] 但曾经担任过驻法大使的英国首席秘书沃尔辛厄姆深知情报工作的重要性，建立保密局之后，他并不希望英国情报人员成为他人所描述的那样。因此，沃尔辛厄姆并没有从社会中招募人员，他的情报人员通常都是从牛津和剑桥大学毕业的、受过高等教育的年轻人，他们富有爱国热情并渴望冒险，自愿从事情报事业。新招募的间谍会在沃尔辛厄姆创办于伦敦的秘密学校进行培训，在其毕业后，沃尔辛厄姆将亲自考察培训成果，并派往各地执行任务[②]。

沃尔辛厄姆的另一项创新之举则是在保密局中设置了破译密码的机构。这家机构中配备有擅长多种语言的专家、擅于破译密码和隐形文字的专家等人员，此举在当时是首开先例的。[③] 沃尔辛厄姆的密探通过各种渠

---

① Bernard Porter, *Plots and Paranoia*: *A History of Political Espionage in Britain*, Unwin Hyman Ltd. London, 1992, pp. 18 – 19.

② ［美］厄内斯特·沃克曼著，刘彬、文智译：《间谍的历史》，文汇出版社，2009 年版，第 67 页。

③ 沃尔辛厄姆招募的语言专家中包括作家克里斯托弗·马洛以及菲利普·马尼克斯男爵等人，他们在密码破译工作中有着杰出贡献。参见 Allen Welsh Dulles, *The Craft of Intelligence*: *America's Legendary Spy Master on the Fundamentals of Intelligence Gathering for a Free World*, Lyons Press, New York, 2006, pp. 10 – 12.

道从各国信使那里窃取到加密信件，再将这些信件送往该机构交由专家处理。16世纪由于科学技术的限制，信件是人们传递信息、进行联系的主要手段，而沃尔辛厄姆的情报机构正是利用这一点从而控制了这种渠道。在沃尔辛厄姆之后直到今天，几乎所有国家的情报机构都采用这种方法获取有价值信息，并随着信息传递手段的增多设置相应的技术侦察机构。

伊丽莎白时期的英国情报工作中包含了情报分析与研究，这种工作方式明显具有现代情报工作色彩。以往在各国情报人员获取情报后，交与上级部门其任务就到此终结，但保密局则设有专门的情报研究人员，为决策层提供分析与建议。以沃尔辛厄姆为首的分析研究人员会对重要的情报资料进行评估，初步判断其真伪，然后利用多种情报来源来核实该情报。最后，英国情报机构会将有利用价值并重要的情报向英国议会和女王进行上报，然后再将情报资料进行分门别类地存储。在英西海战之前，西班牙海军不断更改进攻时间，英驻巴黎大使发回报告称“无敌舰队”已被派遣其他任务。沃尔辛厄姆间接通过罗马的情报来源证实了西班牙的入侵计划，英国海军也没有受到假情报的干扰而放松戒备。① 这种情报研究与处理的方法与今天各国情报机构的做法极为相似，富有浓厚的现代色彩。

需要指出的是，该时期英国情报工作也有着其局限性。首先，情报工作受到时代发展的制约，其内容、手段方式较为单一；其次，没有建立固定的机制，不利于情报传统的传承，这为后来北美独立战争中英国情报机构的溃败埋下伏笔；最后，这一时期情报工作与国家决策层紧密联系的负面影响是，情报体系成为政府职能的一部分，与国家权力的行使密不可分。这导致沃尔辛厄姆的继任者必须承担行政责任，缺乏独立性，各情报机构情报主管无权对该机构进行有效的重组与改革。②

三、英国情报工作是获取英西海战胜利的重要保障

随着西班牙的威胁日趋严重，情报主管沃尔辛厄姆凭借其情报头脑以

---

① Timothy Walton, *Challenges in Intelligence Analysis*, *Lessons From* 1300 *BCE to the Present*, Cambidge University Press, London, 2010, p. 51.

② Michael Herman, *Intelligence*: *Power in Peace and War*, Cambridge University Press, London, 1996, p. 13.

及对欧洲大陆局势的判断，推断出天主教国家将在适当的时候采取公开军事行动。英国能否自保取决于情报工作，只有在获得具有重大价值情报的条件下，一支缺兵少将、战舰不足的军队才能扎扎实实地做好应战准备工作，最终与强大的西班牙相匹敌。[①] 有关西班牙军舰、军事人员、物资动向的情报成为这一时期沃尔辛厄姆和保密局搜集的重点，沃尔辛厄姆也向遍布欧洲大陆的情报网提出了情报搜集要求。

西班牙国王菲利普二世曾试图封锁有关“无敌舰队”的消息，但从全欧洲调配船只、人员和物资让其难以保密，情报人员仍有迹可循。[②] 1587 年初，派往欧洲的情报人员向沃尔辛厄姆发来报告，称西班牙国王菲利普二世决定于 1588 年对英国实施侵略，试图摧毁伊丽莎白政权。沃尔辛厄姆立即向其麾下的王牌谍报人员安东尼·斯坦登[③]核实该消息。斯坦登利用其在西班牙宫廷内的关系，成功打探到了西班牙舰队的舰船调配情况、军员数量以及作战计划。此外，斯坦登在西班牙和法国沿海地区（尤其是各造船厂附近）也招募了数十名间谍下属。这些间谍均向斯坦登报告称西班牙造船厂正近乎疯狂地建造巨型战舰，这也印证了他在宫廷方面打听到的消息。同时，他还掌握了西班牙舰队的集结地点——加的斯港，并将这些情报在第一时间汇报给沃尔辛厄姆。正是在沃尔辛厄姆的指示下，海军将领霍华德率领英军舰队突袭加的斯港，重创西班牙战舰 30 余艘，并在沿海一带劫夺其供给船达两月之久。[④] 至此，英国方面不但掌握了西班牙全盘的进攻计划、军事力量配置，还在战争开始前通过袭击加的斯港延误了西班牙的入侵，使得英军有充足时间针对西班牙的进攻进行准备。

---

① ［英］理查德·迪肯著，陈秩、乐爱妹等译：《英国谍报史》，世界知识出版社，1983 年版，第 34 页。

② Timothy Walton, *Challenges in Intelligence Analysis*, *Lessons From 1300 BCE to the Present*, Cambidge University Press, London, 2010, p. 50.

③ 安东尼·斯坦登与乔瓦尼·菲利亚私交甚笃，而后者是托斯卡纳驻西班牙大使，常与西班牙国王讨论国事。斯坦登正是借靠托斯卡纳公爵得以在西班牙宫廷中立足。多年来的潜伏让斯坦登有机会打探到菲利普二世王宫内的情况，这样的社会关系也为他提供了西班牙舰队作战计划的相关消息。参见［英］理查德·迪肯著，陈秩、乐爱妹等译：《英国谍报史》，世界知识出版社，1983 年版，第 23—25 页。

④ Terry Crowdy, *The Enemy Within*: *A History of Espionage*, Osprey Publishing, New York, 2006, pp. 71 - 72.

情报搜集是双向的，西班牙方面也同时对英国各方面情况进行侦察，双方情报战进行得如火如荼。沃尔辛厄姆此时派遣英国间谍理查德·吉本打入西班牙情报部门内部。由于英国反情报工作组织严密，西班牙情报部门很难渗透。吉本伪装成一名反英的苏格兰商人，这一公开身份被西班牙人所接受，西班牙方面也将其视作重要的情报来源。吉本一方面不断打探西班牙方面的战争准备情况，另一方面将英国方面精心设计的虚假情报传递给西班牙决策高层。与此同时，沃尔辛厄姆将西班牙在英国境内布置的眼线逐一拔除，这也让西班牙方面除吉本外并未获得其他有价值的情报来源。① 1588 年初，吉本向西班牙人提供了一份看似详尽的情报，其中包括：由于伊丽莎白女王的铁血手段以及对玛丽毫不留情的判决激发了英格兰人民的反抗情绪，西班牙的进攻必能引发英国民众的起义。② 西班牙决策层认为这是一个入侵英格兰的契机与信号，并决定同年发动攻势。

与英国相比，西班牙情报部门的表现则不尽如人意，西班牙舰队只能向抓获的渔民来打听英军的动向。③ 1588 年夏，在敌我不明的情况下，由 130 艘战舰和约 3 万名士兵组成的西班牙舰队钻入了英国布置好的圈套，结果大败而归。此战揭开了西班牙海上霸主地位丧失的序幕，同时也宣告了英国作为新兴海上强国登上历史舞台。

第三节 走向帝国道路的英国情报工作

伊丽莎白时期，英国情报工作的辉煌一方面离不开英女王的支持，另一方面也是沃尔辛厄姆以及保密局对英国国内外局势的成功洞悉，克服资金与人员方面的困难，为英国决策层制定方针政策提供了宝贵的信息与建

---

① ［英］理查德·迪肯著，陈秩、乐爱妹等译：《英国谍报史》，世界知识出版社，1983 年版，第 22—23 页。

② ［美］厄内斯特·沃克曼著，刘彬、文智译：《间谍的历史》，文汇出版社，2009 年版，第 79—80 页。

③ ［英］J. F. C. 富勒著，钮先钟译：《西洋世界军事史》第二卷，广西师范大学出版社，2008 年版，第 18—19 页。

议。英国情报机构帮助国家披荆斩棘，平定国内叛乱、击败西班牙舰队获取海洋霸权，并为英帝国的开疆拓土作出了巨大贡献。

一、保障国家安全并为争夺世界霸权奠定基础

伊丽莎白女王继位时就抱有鸿鹄大志，数百年来与法国持续不断的战争以及西班牙帝国带来的压力，迫使伊丽莎白急切渴望摆脱这种局面。然而，面对国内分裂、国外战争的危机形势，伊丽莎白不得不从眼前着手，以国家安全为基础和出发点，先稳定国内局势再图欧洲乃至世界霸权。然而，依靠传统手段来打破不利局面希望渺茫，如何结束国内分裂、保障国家安全是伊丽莎白女王以及英国政府首要面对的问题，而沃尔辛厄姆以及保密局的出现，恰逢机缘。[①] 从当时英国情报机构的工作能力、效率和成果看，情报工作满足了军事斗争、外交斗争和保障国家安全的要求，英国情报部门得到了英国高层的重视并被委以重任。

保密局创立之初，沃尔辛厄姆将情报工作以维护英国内安全与稳定为重点。[②] 伊丽莎白女王登基后，与天主教彻底决裂的举动招致了国内外天主教势力的仇视，当时的英国充斥着阴谋与敌对行动。与此同时，苏格兰与爱尔兰的分裂势力蠢蠢欲动，试图借国内的混乱局面分裂英国。沃尔辛厄姆首先利用各阶层中的眼线掌握了国内天主教教徒的行动，并对其中的意图不轨者进行逮捕与审问，后来又挫败了罗马耶稣会的间谍行动以及“巴宾顿阴谋”，这一系列行动震慑了国内天主教叛乱分子，并有利地保障了英国宗教改革，改变了英国由于宗教问题造成的被动局面。[③] 对于北方贵族叛乱问题，英国政府采取了以政治安抚为主，军事打压为辅的策略。此时英国情报机构的任务是打入苏格兰、爱尔兰分裂势力中，拉拢与收买贵族，为英国政治军事行动提供情报。通过数年的努力，在沃尔辛厄

---

① 参见［英］理查德·迪肯著，陈秩、乐爱妹等译：《英国谍报史》，世界知识出版社，1983 年版，第 9—12 页。

② 同上书，第 11—12 页。

③ Terry Crowdy, *Enemy Within: A History of Espionage*, Osprey Publishing, London, 2006, pp. 63 – 66.

姆及其保密局的情报支持下，英国最终稳定了国内局势并巩固了政权。[①]

在欧洲大陆上，英国遍布欧洲各国的情报网也及时向国内传递有关各国最新动向的情报，英国政府借此来制定对外政策。对于争霸欧洲的老对手法国与西班牙，英国采取了不同的策略：一方面与法国签订条约，通过英法王室之间的亲密联系与法国暂时结盟，保持友好关系；另一方面，鉴于殖民地利益冲突以及处决玛丽而引发的英西斗争，英国不遗余力地对西班牙施以打击，政治上孤立西班牙及其盟友、经济上抵制西班牙贸易并劫掠其殖民地以及海外商船。[②] 情报工作以西班牙军事、经济动向情况作为情报搜集的重点目标。英国利用情报优势，逐渐将国家竞争力上的劣势扳回并渐据优势，最终在 1588 年英西海战中一举击垮西班牙海军，为建立世界霸权奠定了基础。

在这一时期英国生存与发展的过程中，情报工作的重要性是显而易见的。伊丽莎白女王及其政权并未因为对情报传统上的偏见而忽视情报工作，相反，女王将沃尔辛厄姆及其情报机构纳入国家战略决策体制中，并邀请有着杰出贡献的情报人员加入政府机构。例如在 1598 年 5 月，道特雷上校致信英国保密局，信中评论了爱尔兰的当前形势并对如何解决爱尔兰叛乱问题提出了建议。这封信最终传递到财政大臣塞西尔和伊丽莎白女王手中，女王对其进行了高度评价并任命道特雷为政府秘书。[③] 这无疑颠覆了人们数百年来对情报的认识，改变了情报工作的地位，从某种意义上说，英国政府高层对情报的重视成就了情报工作在伊丽莎白时代的辉煌，情报工作也帮助伊丽莎白女王巩固了政权，为争夺世界霸权奠定了基础。

二、情报助英西海战胜利，为英国海上争霸扫清障碍

英帝国的建立和发展依赖于其强大的海军力量，“第一帝国”某种意义上可以说就是一个海洋帝国，或者说是大西洋帝国。“第一帝国”是在

---

① Timothy Walton, *Challenges in Intelligence Analysis*, *Lessons From* 1300 *BCE to the Present*, Cambridge University Press, London, 2010, pp. 51 – 53.

② 钱乘旦、许洁明著：《英国通史》，上海社会科学院出版社，2007 年版，第 128 页。

③ William. H. Sherman, *Rearch Intelligence in Early Modern England*, London. See http://www. cia. gov/library/center-for-the-study-of-intelligence/kent-csi/vol137/no4/pdf.

重商主义指导下的帝国，它所追求的就是商业利益，而这一切利益的获得离不开其海上霸权，早期欧洲殖民国家的建立和强大，无不是由于其强大的海权取得的。[①] 可以说，英帝国的霸业缘于英国海上霸权的建立，而海上霸权的建立又始于伊丽莎白时期英西两国对海权的争夺。情报工作在英西争霸的不同阶段发挥了不同的作用。

伊丽莎白女王执政初期，以弗兰西斯·德雷克为首的英国海军频频袭击并抢劫西班牙商船，而当西班牙派出舰队进行反击时，这批英国“海盗”式的海军却早已收到情报从而远离事发海域。在这一时期，西班牙处于绝对优势地位，英国国家的总任务是在与西班牙为首的欧洲列强进行利益争夺中分得一杯羹，因此，情报工作的一项重要内容就是保障该目标的实现。为此，英国情报机构搜集西班牙海外殖民地、贸易航线与海外驻军相关的情报资料，对此进行整理分析，并向英国海军提出建议，帮助其制定行动计划。英国在劫掠行动中收益巨大，一定程度上缓解了国内的财政危机。[②] 而西班牙由于英国海上劫掠损失惨重。

英西海战爆发前，英国的军事力量并不乐观，英国尚未摆脱 14 世纪瘟疫的影响，陆军数量过少，并且英国财力也不足以支持一支庞大的陆军。与之相比，通过海上劫掠而崛起的海军是英国军事力量中的亮点，英国军方也不准备在西班牙军队登陆后再展开较量。沃尔辛厄姆深知英西双方差距，从保密局成立之日起他就着手搜集有关西班牙海军的情报资料，以备日后之需。1587 年玛丽被处决后，西班牙国王菲利普二世在罗马教皇的怂恿之下，决定对英国采取军事行动。英国情报机构全面开展针对西班牙的情报战，一方面在国内搜捕间谍，另一方面利用欧洲大陆情报网来收集有关西班牙海军动向的情报。同年，沃尔辛厄姆制定了《刺探西班牙情报的计划》，这一全面而具体的情报搜集计划贯穿英西海战的始终，其内容包括扩大情报来源、在欧洲大陆设立情报站与协调情报资源。[③] 战

① 张亚东著：《重商帝国，1689 年—1783 年的英帝国研究》，中国社会科学出版社，2004 年 5 月第 1 版，第 44 页。

② Terry Crowdy, *Enemy Within: A History of Espionage*, Osprey Publishing, London, 2006, pp. 47 – 49.

③ ［英］理查德·迪肯著，陈秩、乐爱妹等译：《英国谍报史》，世界知识出版社，1983 年版，第 21—22 页。

争开始前，英国海军已掌握了包括西班牙进攻计划、海军配置、兵力部署以及战术特点在内的大量军事情报，这些情报最终转化为1588年海战中英国的胜势。其中，英国对西班牙海军惯用的用缆绳将舰船连成横列队形，用短距重炮实施逼近作战的战法了如指掌，因此，海战中英国海军利用本国舰船机动灵活的特点，放弃了步兵登舰的传统战术，以直接击沉敌舰为目标。结果英国海军将西班牙舰船截成数段，利用远程大炮进行轰击，西班牙海军则不得已砍断缆绳，乱作一团。最终，英国以轻微代价重创西班牙舰队。

此次海战颇像“英法百年战争”中的阿金库尔战役。尽管法军在军队人数和装备上同样远超英军，但法国人只是战前派遣几名侦察兵以确定英国军队的位置，除此以外并未搜集有关英军的任何军事情报。最终，不明英军作战方式的法军被英国长弓所击溃。①

军事情报在战争中的作用是巨大的，而战争对于国家生存与发展的意义也是非凡的。1588年海战之后，在情报战中毫无建树的西班牙丧失了海上霸权，逐渐没落，曾经的海上强国再也无法对英国构成重大的威胁。英国则一改以往的防御姿态，积极扩大海外殖民地，并在之后十年间数次发动针对西班牙的远征，并最终夺取了海洋霸权。

三、情报成为英国开疆拓土的急先锋

16世纪的英国，国内经济举步维艰，连年战争使得国内财政亏空。为了改善这一局面，英国吸取老牌殖民帝国西班牙的经验，大力发展海上力量，英国的海外殖民战略也随之诞生。② 伊丽莎白在任期间，英国通过1588年海战逐步掌握了海洋霸权，国内外的危机得以妥善解决，英国也具备了对外殖民扩张的条件。

---

① 参见［美］厄内斯特·沃克曼著，刘彬、文智译：《间谍的历史》，文汇出版社，2009年版，第45—47页。

② 殖民地是英国商业资本主义原始积累的财富，是英国发展所需要的原料产地与商品市场，殖民地转移与安置了过剩人口，是英国重商主义政策乃至之后自由主义贸易的根本。可以说，英帝国的发展史就是英国由盛而衰的历史，盛于殖民地的广泛建立和发展，衰于殖民地的解放和殖民体系的终结。参见张亚东著：《重商帝国，1689—1783年的英帝国研究》，中国社会科学出版社，2004年版，第25—44页。

殖民扩张之初，鉴于本国并不雄厚的实力，英国是以海上劫掠他国贸易成果为主，试探性地占领殖民地。随着伊丽莎白女王励精图治，国力蒸蒸日上，英国不满于当时殖民版图，积极开拓新的殖民地，并与欧洲老牌殖民强国进行争夺。

在英国殖民扩张期间，情报工作发挥了不可替代的特殊作用。第一，在开辟新殖民地方面，英国情报部门为殖民地拓展路线的制定提供了必要的情报支持，如搜集法国、西班牙等殖民强国的航海路线图，绘制殖民地地图等；第二，通过分布在各地间谍传递回的情报，英国决策层掌握了各国在殖民地的驻军情况以及殖民动向，并根据这些情报来制定与修改殖民战略；第三，通过东印度公司[①]与皇家海军，搜集有关殖民地风土人情的情报，避免在殖民初期与当地民众发生冲突，继而被法、西等国利用。英国凭借情报手段得以避实就虚，绕开其他国家的殖民势力范围，避免冲突的同时也成功开辟了新的航道与殖民地。鉴于情报工作在殖民扩张中的地位日益突出，伊丽莎白以及英国政府高层非常重视情报部门所提出的建议。1571 年，保密局成员、驻法大使秘书约翰逊向英国财政大臣威廉·塞西尔致信，信中提出了在各殖民地设置贸易点的计划。塞西尔代表女王同保密局进行深入讨论之后，采纳了约翰逊的建议，英国政府对情报部门的重视由此可见一斑。[②]

如果说哥伦布发现美洲是重大的情报发现与成果，英国詹姆斯·库克船长发现澳洲也同样如此。在英国开拓疆土、扩大殖民版图的同时，对新海域与新殖民地的发现也不断涌现。可以说，情报工作在英国殖民扩张的过程中扮演了先行者与指导者的角色，为殖民战略的制定与路线的开辟提供了情报保障，帮助英国以最小的代价获取了最大的利益。诚如老威廉·皮特所说，“鉴于英国依赖其海上力量，并拥有日益增多的海外领地，因此其安全取决于在世界拥有组织良好的情报机构”。[③] 也正是在高效的情

---

① 东印度公司（British East India Company）是一家股份公司。1600 年 12 月伊丽莎白女王授予该公司皇家特许状，给予其在印度贸易的垄断特权。随着时间的变迁东印度公司从一个商业贸易企业变为印度的实际主宰者。该公司对英帝国在亚洲的殖民事业有着极为重要的作用。

② William. H. Sherman, *Rearch Intelligence in Early Modern England*, London. See http: //www. cia. gov/library/center-for-the-study-of-intelligence/kent-csi/vol137/no4/pdf.

③ ［英］理查德·迪肯著，陈秩、乐爱妹等译：《英国谍报史》，世界知识出版社，1983 年版，第 95 页。

报工作的支持下，英国能够在不断扩大疆域的同时稳固在殖民地的统治，并在“七年战争”后最终建立“第一帝国”。

小 结

伊丽莎白一世时代的英国，国内天主教势力与狂热的新教徒之间的矛盾激化、不可调和，多年战争的开销将国库挥霍一空。在国外，以罗马教皇为首的天主教教徒对英国新政权虎视眈眈，西班牙与英国对海外利益的争夺日趋激烈。在国内外重重压力下，伊丽莎白女王和英国议会给予了沃尔辛厄姆及其情报机构充分信任与重视。在情报经费与情报人员数量不足的困境下，沃尔辛厄姆亲自从牛津、剑桥等高等学府招募情报人员，这其中不乏语言专家与善于破译密码的技术人员。沃尔辛厄姆以牺牲自身利益为代价，几乎以一己之力创办了保密局，并维持遍布欧洲大陆的情报网的正常运作。此外，他还开创性地设置密码破译与情报分析机构，为后来的情报工作发展奠定了基础。英国情报工作先后破坏了多起针对英国王室的暗杀行动，保障与支持了英国对叛乱势力采取的军事行动，帮助英国赢得了1588年英西海战的胜利，并逐步取得了海洋霸权，为后来建立“第一帝国”奠定了基础。女王政绩卓著、王朝鼎盛、国家繁荣，以至于伊丽莎白时代在英国历史上熠熠生辉，而沃尔辛厄姆及其保密局功不可没。

从英国这一时期的情报工作我们发现，情报工作对于国家走出内忧外患能够发挥十分巨大的作用。而其中，国家高层对于情报工作的理念和重视程度，人员建设和机构的科学重组以及情报人员的敬业精神和特殊品质等，对于高效的情报工作至关重要，这也是帮助国家赢得战争，获取战略优势的一个重要途径。但是，从中我们也不难发现，情报经费投入的不足和传统情报工作思维的藩篱，对于英国情报工作也产生了很大的负面影响，这为其后输掉北美独立战争埋下了祸根。

第二章　情报工作的挫折与北美统治的丧失

“七年战争”后，英国作为战胜国获得了大量的殖民地，“第一帝国”的版图达到巅峰。然而，殖民战争却也带来财政问题，英国试图通过进一步加大对殖民地的经济掠夺来摆脱财政困境。殖民统治使殖民地人民不堪重负，也推动了殖民地人民的民族意识觉醒，进而导致1775年北美独立战争爆发。战争中，英国情报部门碌碌无为，情报缺失致使英军在北美处处受制。随着法国和西班牙相继参战，英国逐渐感觉到在独立战争中取胜无望，遂被迫放弃了北美殖民地，丧失北美统治权的“第一帝国”也随即瓦解。

第一节　“大英第一帝国”瓦解

“七年战争”以及《巴黎和约》之后的时间里，一连串任期短暂的英国内阁都将主要精力集中在国内政策与党派纷争问题上。[①] 此时英国的对外政策出现松懈，对殖民地一味的商业掠夺促使殖民地向宗主权发起挑战。

① ［美］阿尔弗雷德·塞耶·马汉著，范利鸿译：《海权论》，陕西师范大学出版社，2007年版，第206页。

一、美国独立战争：北美殖民地向英宗主权挑战

18 世纪 60—70 年代，宗主国与北美殖民地的关系日趋紧张，成为改变英国内政外交走向的重要因素。

1763 年，“七年战争”以《巴黎和约》的签订为终结，法国在美洲、西印度群岛、印度的部分殖民地转归英国，致使一个世界范围的英帝国已初具雏形。然而战争也为英国带来了巨大的财政困难。为了开疆拓土和维护殖民统治，英国军费达 8200 万英镑，其中近八成是靠发行国债获得的，然而，政府累计财政亏空达 1.4 亿英镑。为了缓和由于战争激化的国内矛盾，内阁试图把财政亏空转嫁到北美殖民地。①

尽管英国资产阶级尽一切努力，试图永远将北美殖民地作为宗主国的农业附属，但殖民地还是发展了自己的工业、冶金业、金属加工业、木材加工业、纺织业等。殖民地土生土长的工商资产阶级的利益和英国资产阶级的利益是背道而驰的。因为，仍然生效的航海法案限制了殖民地的商业，因为这些法案禁止殖民地把贵重的商品运往英国以外的任何地方，也禁止从其他国家进口工业品。一系列的法案还禁止殖民地生产工业品，这无疑妨碍了殖民地工业的发展。政治和民族矛盾也加深了殖民地和宗主国的分歧。源自英国的北美居民，此时已开始形成一个独立的民族。这里和世界其他地区一样，资本主义关系的发展，同时也就是人们形成民族的过程。②

因此，英国和北美资产阶级间的斗争逐渐激化，这种斗争围绕着两个问题展开：一是争夺北美洲的自然资源和人民权利；二是争取民族和政治独立、争取殖民地自由发展权利。同时，法国在失去对新法兰西的控制权后，正在酝酿新的战争，西班牙也在准备收复由英国占领的佛罗里达，至此，英国与法国和西班牙的矛盾并未随着七年战争的结束而缓解，反而变得更加尖锐。

---

① 阎照祥著：《英国史》，人民出版社，2003 年版，第 258 页。

② ［苏］塔塔里诺娃著，何清新译：《英国史纲（1640—1815）》，三联书店，1962 年版，第 317 页。

1764起，英国先后在北美颁布了《糖税法》，加强实施《航海条例》，对外国商品扩大征税范围。1765年3月，议会颁布《印花税法》，规定殖民地的一切报纸、执照、期票、债券、广告和法律文件等，均须酌量加贴印花税票。为保证法令实施和镇压殖民地民众，英国政府还颁布了《驻兵条例》，申明英军可以随意占用当地旅社酒店，勒令殖民地供应英军食物，承担并负责交通运输。这些举措也催化了已然产生的冲突，并将冲突升级至武装斗争。

殖民地在1765年提出了“没有代表权就不纳税”的口号，也就是说，殖民地人民在重大政治事务中没有发言权，因此他们不承担纳税义务。这事实上是在挑战英国的宗主权，导致双方的分歧升级。由于殖民地的顽强抵抗，到1770年英国虽已取消大部分税目，但仍保留茶税，作为宗主国征收的象征，而正是茶税引起了1773年的“波士顿倾茶案”。[①] 在这种形势下，北美各殖民地纷纷建立地方议会，摆脱总督控制。1774年9月，各殖民地代表在费城召开了第一届“大陆会议”，宣布自1763年以后，英国对北美殖民地的高压法令为非法，并联合抵制英国商品。而后各殖民地组织民团，购置武器弹药，准备与英国进行武装对抗。1775年4月19日，英国军队进入列克星敦，遭殖民地民兵抵抗。不久又在康科德发生激战，英军死伤两百余人，北美独立战争由此爆发。1775年5月10日，北美各殖民地代表在费城举行第二届大陆会议，把汇集在波士顿的民兵改编为大陆军。乔治·华盛顿为大陆军总司令，领导独立战争。[②] 同年7月6日，英王乔治三世拒绝了殖民地和解请愿，于8月23日发布戡乱布告，宣称尽力“镇压叛乱”。之后2.5万名英军士兵被派往北美。英议会通过议案：断绝与北美殖民地的贸易，没收其商船货物。[③] 这也让殖民地彻底放弃了和解的幻想，各殖民地全部动员起来争取独立。在反英高潮来临之际，大陆会议于1776年7月4日通过了由杰斐逊起草的《独立宣

---

① ［英］屈勒味林著，钱端升译：《英国史》（下册），中国社会科学出版社，2008年版，第616页。

② ［英］J. F. C. 富勒著，钮先钟译：《西洋世界军事史》（第二卷），广西师范大学出版社，2008年版，第218—224页。

③ 张亚东著：《重商帝国，1689—1783年的英帝国研究》，中国社会科学出版社，2004年版，第199—201页。

言》。宣言列举了英国政府压榨殖民地的种种恶劣行径，谴责了英国王室的罪行与暴政。《独立宣言》的发表也标志着美利坚合众国的诞生。

战争到1781年基本结束，但和约到1783年才签订。战争初期，战场形势总体对殖民地不利，英军依靠装备优良、训练有素的海、陆军占据了优势，但1777年美军在萨拉托加取得了一次战略性胜利，从此扭转了战局。此后，法国、西班牙和荷兰介入战争，与殖民地军结为同盟。1781年，美法联军在约克敦大败英军，8000名英军士兵投降，这是美国独立战争中决定性的胜利，战事自此也基本结束。[①]

二、英国殖民事业遭受重创

“第一帝国”时期是英国海外殖民地的快速增长期，从伊丽莎白时代开始试探性地殖民扩张到北美独立战争爆发，英国从中获取了巨额的原始积累。“第一帝国”是一个大西洋帝国，它是《航海条例》体现的商业规则主导下的国家，殖民地理论在重商主义中的地位更为突出。早在1584年，牛津大学的理查德·哈克卢特就提出了殖民帝国这一问题。他认为“殖民地是英格兰制造品的销售市场和原料供应地，还可迁徙‘过剩人口’，并根据当时局势提出以殖民地作为袭击西班牙的基地”。[②] 后来，不仅殖民地扩大了英国的势力，对西班牙战争的胜利更奠定了英国建立殖民地的基础。

在殖民地理论中，重商主义者把殖民地看作是对宗主国的补充，国家工业原料不足而依赖他国资源是违背重商主义原则的，而通过殖民地渠道获得原料，依靠商业掠夺将帝国各部分结成一体，使宗主国和殖民地相互依存。[③] 在该理论指导下，奉行重商主义政策的“第一帝国”一直将殖民地摆在重要位置，英国人不仅将殖民地视作帝国的基础，更将其当作“第一帝国”进一步发展的重要保证。因此在北美独立战争爆发时，英国国内表现出了不安与惶恐，英国人认为独立战争损害了帝国的海外利益，

---

① 钱乘旦、许洁明著：《英国通史》，上海社会科学院出版社，2007年版，第203页。

② 杨生茂、陆镜生：《美国史新编》，中国人民大学出版社，1990年版，第18页。

③ John. H. Rose, eds., *The Cambridge History of British Empire*, Cambridge University Press, London, 1929, Vol. 1. p. 65

动摇了帝国的基础。因此，英帝国不允许北美殖民地独立，更不会让法国和西班牙势力重新涉足北美。在费城召开第一届大陆会议后，英王及英国政府果断采取了武装镇压的强势手段，力图在短时间内打垮殖民地军队。乍看英国人口与北美相比是 3∶1，并拥有近似无限的作战资源和陆、海军方面的压倒性优势，但实际上有利因素并非表面上呈现出来的那么多。首先，英国建立殖民地的动机是出于商业考虑，该时期英国军队的职责仍是保护本国免遭欧洲列强的侵犯，而非征服海外领土，英国海军力量除少量派遣海外，大部分集中在欧洲海域。英国在北美殖民地缺乏常备军事力量，只是通过招募外国雇佣军来进行殖民地领土的扩张。尽管独立战争开始后，英国政府向北美派驻了几支正规军队，但仍是远水不解近渴。其次是后勤问题，跨越 3000 英里的海洋来运送并供给一支军队是极为繁重的工作，物资消耗巨大，时间也拖延更久。最后，“七年战争”所带来负面影响还未消除，英国国内人民有着普遍的厌战情绪，加之政府财政亏空尚未填补。虽然这些因素在战争初期并未体现出来，但随着战争进程的发展以及北美殖民地人民的独立呼声日益高涨，负面因素逐一浮现并造成了无可挽回的影响。北美独立战争的巨额开支以及取胜希望渺茫，使英国意识到继续战争是徒劳的，约克敦战役的失利导致国内要求和平的呼声此起彼伏。同时，英国在其他地区也遭受了重大失败：西班牙于 1781 年 5 月夺取了佛罗里达的彭萨克拉，不久将进攻地中海的梅诺卡；法国夺取了英国在加勒比地区的几个英属岛屿。在亚洲和非洲，英国也迭遭挫折，国债在七年内增加了一倍。英国的商船由于缺少海军保护而屡遭大陆海军和私掠船的袭扰。[①] 国内外的不利局面也造成了英国政权的更迭，新上任的首相罗金厄姆决定与美国和谈。1783 年 9 月 3 日，英美在巴黎签订了《凡尔赛和约》，英国最终被迫承认北美 13 个殖民地独立。北美独立战争的结束和美利坚合众国的诞生，标志着英国的殖民事业遭受严重挫折，“第一帝国”开始摇摇欲坠。

---

① 张亚东著：《重商帝国，1689—1783 年的英帝国研究》，中国社会科学出版社，2004 年 5 月第 1 版，第 207 页。

三、英“第一帝国”土崩瓦解

英国与美洲殖民地的冲突，使英“第一帝国”处于危急之中。英国为了解决经济问题而采取向殖民地征税的办法激化了英国与殖民地的矛盾，重商主义的殖民理论不仅已无法使英殖民地打开新的局面，更无法解决殖民地出现的新问题。美国独立战争将英帝国的殖民统治弊端暴露无遗，英国政府旧的统治体系与模式均被历史所抛弃。从 18 世纪 60 年代起，英政府开始竭尽全力地维护其权威，国会对殖民地的主权统治及其政府机制难以达成预期目的，国内的政治体系无法制定出相应的政策，各殖民地总督也无法满足英国的利益要求并维护其统治。[①]

北美独立战争揭开了美洲革命的序幕，它既是一次民族独立革命，也是一次资产阶级革命。美国革命极大地冲击和影响了重商主义，促进了英国从重商主义向自由主义的过渡。“垄断与独占是重商主义在政治和经济上的具体表现”[②]，对殖民地的垄断是英帝国生存与延续的基础，庞大的帝国需要以殖民地作为原料产地以及消费品市场，而北美大陆正是英帝国诸多殖民地中的重心。在这一时期贸易统计数据中，独立战争前，如果不计走私货物，美洲殖民地的贸易约有 2/3—3/4 是由英帝国所占，美国独立让帝国输出的货物中美国所占份额减少到 1/2，不列颠诸岛所占份额从 1/2 减少到 1/3。[③]

美国革命也加速了大西洋奴隶贸易的衰落。重商主义把贸易看作是创造财富的源泉，英国是以大西洋贸易作为重心来发展的，而在大西洋贸易中又将奴隶贸易作为核心。北美独立战争中，各州先后出台法令来禁止奴隶贸易，美国联邦宪法于 1807 年规定正式废除一切形式的奴隶贸易。这

---

① 张亚东著：《重商帝国，1689—1783 年的英帝国研究》，中国社会科学出版社，2004 年 5 月第 1 版，第 223 页。

② 垄断与独占是英帝国在重商主义指导下对殖民地所施行一切法令、禁令、规章的最终目的，为此不惜通过战争手段来实现和维护。亚当·斯密在谈及英国殖民政策时指出：“英国统治殖民地的主要目的，或更确切地说唯一目的，一向就是维持独占”。参见［英］亚当·斯密：《国民财富的性质和原因研究》下卷，商务印书馆 1983 年版，第 185 页。

③ A. Goodwin, *The New Cambridge Modern History*, *The American and French Revolution*, 1763 –1793, Cambridge University Press, London, 1965, p. 37.

些法律措施让英帝国丧失了一个主要奴隶市场，更改变了大西洋贸易格局，以奴隶贸易为核心的重商主义也随之加速衰落。尽管后来英国成功地保持了与新成立的美国之间的经济联系，但这并不足以弥补"七年战争"以及北美独立战争所带来的财政亏空，英帝国经济与贸易的衰退难以避免。伴随着殖民地的丧失以及以重商主义为指导的经济基础动摇，英"第一帝国"难以为继，继而土崩瓦解。

第二节　组织松散的情报工作难以满足战争需要

伊丽莎白时代之后，随着英国"第一帝国"的建立以及国力提升，情报机构提供的建议很难被英国政府所采纳，逐渐远离国家决策体系，情报工作多由军队中各级指挥官组织实施。至此，情报工作已无法在国家发展中发挥保障作用，而缺乏统一协调的情报工作更是难以满足战场的需要。

一、北美独立战争中英国情报工作的弊端

到18世纪，沃尔辛厄姆时代情报事业的辉煌已然远去，英国情报部门与英国决策层渐行渐远，只有在国家危难之际，情报部门才会全力运作，而当危机过后，国家政府则会对情报部门不管不问、搁置一旁。英国情报部门没有固定的机制模式，情报首脑也认为没有必要继续发展与完善沃尔辛厄姆以及前任所建立的情报搜集体系，甚至连独步世界的密码破译机构也无法得到政府支持，难以为继并最终衰落下去。[①] 到了18世纪70年代，随着"七年战争"结束以及《巴黎和约》的签订，英国迅速崛起，"第一帝国"版图达到顶端。英国政府随即认为维持庞大的情报网络已无必要，重要情报可以在关键时刻从外国情报贩子处购买，因此，英国情报

① ［英］理查德·迪肯著，陈秩、乐爱妹等译：《英国谍报史》，世界知识出版社，1983年版，第95—98页。

部门已沦为某种形式的自发性组织，丧失了其应有的完整性与纪律性机制。

美国独立战争期间，英国情报部门的领导者是副国务卿威廉·伊登，其情报策略就是金钱策略，即不论英国需要何种情报，都可以通过金钱来购买，根据情报的价值来出价。这种做法一方面打击了情报人员的积极性，另一方面为情报机构招揽了一批唯利是图者。1775 年，伊登情报部门的财政预算已高达 11.5 万英镑，1778 年更是高达 20 万英镑，然而在高额的付出背后，有价值的情报并不多见，甚至有人在赏金的诱惑下，往往伪造或歪曲情报。① 这种金钱至上策略带来的直接后果是，英国情报部门斥重金搜集了大量的情报，却在英美情报战中一败再败，彻底被美国情报部门所压制。

从手段上来讲，北美独立战争时期的英国情报工作与伊丽莎白时代相比没有显著进步，检查信件和密码破译、向殖民地派驻间谍、通过外交官与国外商人打探消息仍是其主要手段。② 在情报搜集内容上，英国情报工作以搜集北美殖民地战场动态和法、西等国外交动向为主。但在“七年战争”之后，英国情报部门完全松懈下来，有限的情报资源无法得到统筹与协调。此时的情报工作完全无组织性可言，英国情报部门已经没有能力为政府和军队提供情报支持，情报工作成为个人表现，政府以及军队首脑更多是通过建立自己的情报网来获取有价值的情报。该时期英国情报工作缺乏组织性与协调性，各自为政，情报资源无法得到有效整合。在资源浪费的同时，战争中各高级指挥官手中有用的情报越来越少，情报工作已难以满足赢得战争的需要。

1776 年初，驻守波士顿的英国托马斯·盖奇中将获得一名亲英人士提供的情报，称殖民地招募了一支 3 万人的军队并计划进攻波士顿。盖奇的情报人员缺乏与其他部队间的通联与合作，英军上级情报部门也没有建立相关协调机制，因此其他英军将领均未收到这一消息，下级情报部门不能共同对其进行核实与印证。事实上，这是殖民地军方故意放出的虚假情

---

① ［美］厄内斯特·沃克曼著，刘彬、文智译：《间谍的历史》，文汇出版社，2009 年版，第 147 页。

② Timothy Walton, *Challenges in Intelligence Analysis*, *Lessons From* 1300 *BCE to the Present*, Cambridge University Press, London, 2010, pp. 55 – 58.

报，殖民地方面的真正意图是牵制住盖奇中将，借机进攻北方的泰孔德罗加要塞。这也导致了驻扎在泰孔德罗加要塞的英军苦苦支撑时，盖奇中将仍坚守在距离要塞最近的波士顿。得不到支援的要塞很快被大陆军部队所攻克，要塞中的大炮也被运抵波士顿附近并架设在高处，盖奇中将不得不撤离波士顿。[①] 英国被迫放弃波士顿，极大地鼓舞了殖民地人民的士气，也让英国上下为此震惊。此次失利是英国情报部门间缺乏交流与协调的典型表现，同时也揭开了英国与殖民地情报战完败的序幕。

二、英国情报工作处于被动地位

英国情报部门的声望由来已久。自伊丽莎白时代以来，英帝国崛起过程中的所有战争中都有情报工作的身影，且表现不俗。而北美殖民地既没有充足的资金支持一个庞大的情报网，也没有情报搜集的传统，更没有受过专业培训的谍报人员。但是，双方这种明显的实力差距并没有在现实中反映出来，这其中有着多方面因素。

首先，自沃尔辛厄姆时代以来，英国情报部门的工作重点一直是欧洲，其宗旨是防范外敌入侵与保障国家安全。随着英帝国殖民版图的扩大，英国情报部门并没有建立与帝国规模相匹配的情报网，在北美殖民地情报人员的匮乏导致英国国内消息的闭塞。[②] 其次，“七年战争”胜利后，英国国内一片歌舞升平，国家欣欣向荣，在这种环境中情报部门完全松懈下来，并未做好进行另一场战争的准备。第三，长期以来，无往不胜的英国情报部门有着充分的自信与骄傲，并没有重视弱小的殖民地对手，传统的情报分析工作也被弱化。最后，情报首脑威廉·伊登所提倡的金钱策略在北美行不通，殖民地所承受的压迫激发了民众的民族意识与爱国情绪，他们更希望得到的是殖民地真正意义上的独立。

例如，1775 年初，托马斯·盖奇中将收到消息，殖民地公然反抗他的命令，并组建和操练民兵连队。他通过殖民地情报网核实了这一消

---

① Patrick J. Charles, *Irreconcilable Grievances*: *The Events that Shaped American Independence*, Heritage Books, Inc, New York, 2008, pp. 235 – 236.

② Bernard Porter, Plots and Paranoia: *A History of Political Espionage in Britain*, Unwin Hyman Ltd. London, 1989, pp. 23 – 24.

息，但报回的情报指出新组建的民兵无法与英国正规军抗衡。盖奇将军还掌握了在波士顿附近的康科德城有一处殖民地的秘密武器仓库，他决定派兵袭击军火库，及时将殖民地叛乱的势头扼杀在萌芽中。但盖奇并不知道当前殖民地的总体形势，也不知道英国的军事行动会带来怎样的后果，譬如殖民地民兵会否向英国军队反击，殖民地民众对军火库的袭击行动作何反应等等，英国情报部门没有考虑过这些问题，盖奇本人也没有进行深入分析。[①] 当英军来到康德科城外的列克星敦时，碰到了摆好战斗队形的殖民地民兵连队，他们无疑早已知晓英军的入侵行动。尽管究竟是哪一方打响了第一枪至今仍无定论，但枪声点燃了北美13个殖民地的反英情绪，列克星敦事件也成为北美独立战争爆发的导火线。

显然，英军尽管掌握了一定的情报，但并未对情报进行深入的研判和评估，更缺乏对殖民地形势的总体判断。从这点看，也许可以说，是情报失误导致了美国独立战争的爆发和“第一帝国”开始走向衰落。进一步看，虽然驻殖民地的英军指挥官纷纷建立起自己的情报网，但在北美的情报组织不仅分散，且没有统一的指挥与协调，这样的情报机制难以满足战争的需要。正如英军指挥官威廉·豪将军所说，“在殖民地搜集准确的情报，说要比做容易得多”。[②] 在英国国内，威廉·伊登领导的情报部门也显然没有意识到北美事态的严重性，他们甚至认为在情报战中英美双方实力是不对等的，英国占有绝对的优势。因此，英国情报部门并未及时调整工作重心，仍将监视与防范美法联盟作为工作重点，未在北美殖民地重新构筑高效情报体系，这种状况让英国情报工作在北美殖民地逐渐陷入被动。

反观美国，尽管其情报组织无论是在经费保障上还是工作经验上都远逊于英国，但其情报工作在英美情报战中却积极作为并最终占据主动，究其原因，主要体现在：第一，情报工作主要是在本国开展，占据天时、地利、人和，这种得天独厚的条件让美国情报部门占尽优势。第二，情报工

---

① 参见 Jeremy Black, *British Intelligence and the Mid-Eighteenth-Century Crisis*, Intelligence and National Security, 1992.

② Olaf Janzen, *The Royal Navy and the Defence of Newfoundland During the American Revolution*. See. http://etc.hil.unb.ca/ojs/index.php/Acadiensis/article/download/11621/12370.

作得到了以华盛顿为首的美国领导人的高度重视，建立起美国第一套情报组织体系——“秘密通信委员会”①，情报工作更富组织性与严密性。第三，随着独立战争的进展，殖民地民众的爱国热情日益高涨，人民群众侦察在情报战中发挥了巨大作用。第四，法国与西班牙不希望看到英国的独霸，他们为殖民地提供了必要的情报支持。

因此，尽管英国情报部门拥有更多的资源与更深厚的底蕴，但并未在与美国的情报战中体现出来，英国在情报战中的完败也让其丧失了战场的主动权，成为英国在独立战争中败北的重要因素。

三、情报失误影响了战略决策的制定

美国情报界巨匠威廉·多诺万曾说，“没有情报支持的战略决策是不能成立的，同样，不能指导战略决策制定的情报是无用的”。② 可以说，情报与国家战略决策是相互依存的、相互依赖的，战略决策者依据需求要向情报部门提出情报搜集指导，而搜集到的情报也要对决策制定提供充分的支持与辅助。

然而，在北美独立战争期间，英国政府违反了情报与决策的基本关系，并未给予情报部门以情报搜集和分析的指导。理论上讲，决策者对情报搜集和分析的指导应贯穿于情报活动的始终，要与情报的目的性和针对性紧密结合。然而，作为情报使用者和决策者的英国政府没有根据自身需求来布置情报搜集任务，同时，英国情报部门也没有对所搜集的情报进行科学的分析和研判，也未能准确及时地向英国决策者提供应有的战略情报与对策建议，这也导致了英国无法对当时北美形势做出正确的判断。

例如，当本杰明·富兰克林在法国驻足并在欧洲大力拓展情报源时，

---

① 秘密通讯委员会的职能包括招募海外秘密特工、搜集英国战略意图的相关情报、设计与破译密码、资助反英宣传活动，授权检查私人信件，获取用于分析的外国出版物等。参见 *J. Ransom Clark*, *Intelligence and National Security*: *A Reference Handbook*. Praeger, New York, 2007, p. 2.

② Thomas F, Troy, Donovan and the CIA: *A History of the Establishment of the Central Intelligence Agency*, University Publications of America, New York, 1981, p. 419.

英国情报部门并不了解这位来自北美殖民地情报头目的真正意图。英国情报部门判断富兰克林的目的是试图说服法国参与美英战争，支持殖民地独立。事实上，尽管富兰克林有这一目的，但其此次欧洲之行的真正意图是为缺乏大规模武器生产设施的殖民地找寻军火供应线路。① 显然，英国情报部门并不知道美国当前最需要什么，他们关注的重点是如何防范法国参战以及如何尽快镇压殖民地叛乱问题。这就导致富兰克林成功创办了一家贸易公司，该公司同时得到了法国政府的秘密资金支持，并利用贸易之便从事情报和海上运送武器的活动。载满武器和弹药的船只驶往拉美各港口，再由美国秘密设在当地的运输机构转送至殖民地。② 直到英国军队在战场上看到了这些法国制武器时，英国情报部门才发现自己犯了错。为了防止法国参战，一方面，英国政府通过驻法大使不断向法国施压，另一方面，在富兰克林身边安插间谍，密切关注这位殖民地人士在欧洲的外交动向。③ 同时，法国国王路易十六起初并不打算向英国正式宣战，因为“七年战争”的失败仍历历在目，法国只同意秘密支持殖民地的独立战争从而实现打击英国的目的。在英美战场上陷入僵局时，富兰克林突然秘密接触英国驻法大使并提出进行和谈的请求，提议双方签订和约条款。之后富兰克林将谈话内容以公开信件形式向殖民地大陆议会汇报，法国情报人员当然查阅了这封信件。国王路易十六得知该消息后立刻传召富兰克林，并提出与殖民地结盟的建议，进而表示法国同意参战，法国政府显然不希望看到更为强大的英国，因为这会威胁到法国的利益。④ 然而，英国情报部门对法国参战的决定一无所知，英国政府没有及时做出相应的政策调整，这也最终断送了英国在北美独立战争中的胜利。这是英国战略情报的最大失误。

就战役战术情报而言，在独立战争中，英国情报工作漏洞百出，失去

① ［美］厄内斯特·沃克曼著，刘彬、文智译：《间谍的历史》，文汇出版社，2009 年版，第 140—150 页。

② ［英］J. F. C. 富勒著，钮先钟译：《西洋世界军事史》第三卷，广西师范大学出版社，2008 年版，第 151 页。

③ ［英］理查德·迪肯著，陈秩、乐爱妹等译：《英国谍报史》，世界知识出版社，1983 年版，第 99—100 页。

④ Jonathan R. Dull, *Franklin the Diplomat: the French Mission*, The American Philosophical Society, New York, 1982, pp. 53 – 55.

了情报支持与保障，英国军队像失去了耳目一般，其在战争中的表现乏善可陈，军事优势逐渐被蚕食。同样受情报工作众多失误的影响，英国政府也未能在战争进程中制定出正确的方针政策，从而导致一败再败。与之相比，殖民地军队的所有政治军事政策的制定都有着情报支持，情报与战略决策水乳交融，相互依赖，情报战的胜利配合了战场和外交上的优势，助推了美国迈向胜利的步伐。

第三节　不同的情报工作导致不同的结局

在北美独立战争中，英国与北美殖民地情报部门迥异的表现很大程度上决定了战争的胜败。在情报战中碌碌无为、处处被压制的英国情报工作不仅未能保障英军在独立战争中的军事行动的顺利实施，更未能帮助其将其战争初期的优势转化为最终的胜利。而以华盛顿为首的美国军方首脑却充分发挥情报的力量，利用情报优势弥补自身的弱项，并在战争中逐步缩小双方实力的差距，最终赢得了战争胜利。

一、情报是实力悬殊战争中的均衡剂

历史上，在几乎所有以弱胜强的战役、战斗中，实力弱小的一方无一不积极开展了情报活动，通过情报的力量弥补自身的不足，以己之长攻敌之短，化弱势为优势。如果一方实力明显弱于对手，并且缺少情报支持，在不明对手军事实力以及动向的情况下只能落入被动挨打的局面。而如果战前以及战斗中实施必要的军事侦察，实力较弱的一方得以进行充分准备，拉近与对方的实力差距。也就是说，情报在战争中一定程度上起到了均衡双方实力的作用。因此，对于殖民地军方而言，他们需要及时掌握英军的准确动向，了解对手包括兵力部署、武器装备、作战计划、战区的军事地理和敌军士气在内的一切有价值的情报，以寻求弥补实力上的差距，争取战场上的优势。

乔治·华盛顿是美国独立战争时期的军事领袖，他成名于孟农加希拉战役，正是此次战役让其意识到情报的力量。在战场上，人数上有着绝对

优势的英军，由于其军事行动缺少情报保障，在实力弱小的法军面前溃败，法军胜利的秘诀就是充分运用情报侦察手段。[①] 1776 年 6 月大陆议会召开后，华盛顿成为大陆军队的指挥官，他清醒地认识到仓促组建且装备补给不足的殖民地武装难以对抗实力强大的英军，唯有通过情报来缩小双方差距。尽管华盛顿没有受过正式的情报培训，但他深知如何利用情报来支持决策。在独立战争中，华盛顿同时作为指挥官和情报主管，对包括谍报工作、反情报和情报分析在内的情报工作给予了足够重视。[②] 在华盛顿的敦促与请求下，大陆议会创办了美国第一家情报组织——“秘密通信委员会”。同时，殖民地军方充分利用人民群众侦察的力量，力求掌握英军的所有军事行动。华盛顿正是通过军事情报工作，在战争初期成功避免了与英军进行正面大规模作战，而是利用小规模冲突，集中优势兵力来逐渐蚕食对方。

如前所述，自 18 世纪上半叶开始，英国情报部门将使用金钱购买情报作为工作重点，反而忽视了在国外建立情报网。在打击国内詹姆士党的阴谋活动和“七年战争”中，购买情报的方式在一定程度上缓解了国家和军队情报需求带来的压力，但在独立战争中这种方式收效甚微。英国在战争中仓促组织的情报侦察力量难堪重任，贿赂与收买的手段不能让英国情报部门从渴望独立的殖民地民众那里获得有价值的情报。[③] 英军指挥官缺乏情报支持，无法对北美战场的整体局势有较清醒的认识，各作战部队之间也缺少协调与联系。因此，英军虽然依靠强大的军事实力获取了一些战役的胜利，但一直无法找到殖民地军的有生力

---

① 1775 年 5 月，23 岁的华盛顿任英国少将爱德华·布拉多克的副官。布拉多克少将决定穿越 200 英里的宾夕法尼亚荒野，歼灭驻守在杜克斯尼要塞的法军。英军由 1400 名正规军和 450 名殖民地民兵组成，它秉承了欧洲平原作战的传统方法，身着亮红色的外套，肩并肩排成紧密队形，听令开枪。此前布拉多克没有派出侦察人员，不清楚法军的具体人数以及布防情况。要塞中的法军是由正规军、加拿大民兵和印第安武装构成，人数为 900 人。法军派出的侦察部队严密监视着英军的动向，同时在荒原上设好圈套静待英军的前来。战斗结束得很快，仅仅 3 个小时英军就死伤过半，布拉多克少将也在战斗中丧生。参见［英］J. F. C. 富勒著，钮先钟译：《西洋世界军事史》第三卷，广西师范大学出版社，2008 年版，第 87 页。

② Timothy Walton, *Challenges in Intelligence Analysis*, *Lessons From 1300 BCE to the Present*, Cambridge University Press, London, 2010, p. 55.

③ Christopher Andrew, *Secret Service*: *The Making of the British Intelligence Community*, William Heinemann Ltd. London, 1985, pp. 2 – 5.

量并将之歼灭，反而是大陆军在有效的情报保障下，灵活机动地对英军展开进攻，使英军逐渐陷入被动局面。随着法国和西班牙的参战，英军最终在北美殖民地战场上败退。

二、军事情报是军事行动的指南

军事情报工作是随着战争的出现而出现，并随着战争的发展而发展的。在战争中，军事情报是军事行动的指南，是军队制定军事战略方针以及各级指挥员指挥作战的重要依据。军事情报的重要性作用在北美独立战争中体现得尤为明显，从战争初的“列克星敦事件”到战争末的约克敦美法联军大捷，军事情报工作贯穿于整个战争过程。名噪一时的英国情报部门在战争中没有表现出与之名声相匹配的工作能力，其在情报战中的接连失利致使英军陷入被动，缺乏情报指导的英军只能被迫依靠强大的军事实力来寻求与殖民地军队进行对抗。

应该说，英国情报部门的拙劣表现与其情报主管威廉·伊登奉行的情报策略密切相关，他不注重研究情报工作的规律和特点，不了解作战环境与情报手段需要适应，依然坚持认为所有情报都能够通过金钱来购买，将金钱作为情报战中的唯一筹码，却不知作为殖民者，此路在民族解放战争中是行不通的。

此外，在战争中，骄横的英国军队大都不重视情报侦察的作用，这也是导致战争失败的重要因素。例如，驻扎在塔伦顿军需枢纽的黑森军队就是一例。1777 年 9 月，英军攻占费城后，英国政府加大对战争的人力和财力投入，试图借此势头结束殖民地独立战争。在英国的强烈攻势面前，起义事业遭受重创，殖民地军民一时士气低落，大陆军急需一场胜利来鼓舞士气。塔伦顿是英军的军需基地，由一支约 2000 人的黑森雇佣兵部队驻守。在英军占领费城后，情报部门的工作重心是寻找殖民地军队的主力，并错误地判断大陆军无力在短期内进行反击。这支黑森人部队完全相信上级部门的判断，他们没有进行任何军事侦察，甚至没有构筑防御工事。华盛顿掌握了这一情报，并在圣诞节那一天突袭了毫无防备的黑森人军队。为庆祝圣诞节而喝得大醉的英军毫无抵抗力，没有对大陆军造成任何威胁，华盛顿的部队在大胜的同时还缴获了急需的军事物资。[①] 此役适时地遏制了殖民地军队的颓势，向广大民众展示了大陆军战胜英军的勇气和能力，重新唤起了人们对民族解放的热情。而这一切都源自于情报的力量。

与之相反，英国情报部门在战争初期错估殖民地形势，导致不明事态严重性的英国政府延误了增派部队的最佳时机。战争过程中，英情报部门功效低下，不能掌握大陆军的动向、兵力部署、作战方式以及北美战区的军事地理环境，无法保障英军的军事行动，以至于英军一直无法彻底消灭大陆军的有生力量。战争后期，英国情报部门不能提供阻挠殖民地与法国和西班牙结盟的战略情报和政策建议。同时，“受到通信手段的制约，来自欧洲的有关法、西动向的消息需要两个月才能传到纽约的指挥部，而殖民地战场的报告也要 4 至 6 周才能传回英国本土”。[②] 导致决策的滞后而影响对整个战局的控制。

例如：1778 年初，英国情报部门收到消息称，一支法国舰队预计于 4 月 13 日从土伦出发。这则情报很快引起了英国高层的注意，海军方面也立即派遣快速帆船前往直布罗陀海峡监视这支舰队的动向。然而，当侦察船回报法国舰队驶出地中海并继续西行时已至 6 月，海军大臣桑威奇伯爵也没有派出舰队截击或是增援北美的英海军。因为，英方无法确定法国舰队在外海的动向，认为保卫英国本土无疑更加重要。[③] 事实上，这支法国舰队的最终目的地正是战争进行得如火如荼的北美战场。萨拉托加之役后，英军在北美殖民地已处于劣势，而这支法国舰队的到来更让其雪上加霜。结果证明，英国政府高层不明战场态势，不能针对当前局势制定出正确的战略决策，致使独立战争胜利的天平最终向殖民地倾斜。反观美国情报部门，情报工作有力地保障了殖民地军队的军事行动，甚至促成了法国和西班牙与美结盟联合对抗英国，因此，可以说是情报战的胜利为美国取得独立战争的最后胜利铺平了道路。

---

① ［美］厄内斯特·沃克曼著，刘彬、文智译：《间谍的历史》，文汇出版社，2009 年版，第 142—144 页。

② Scott Conley, *British Intelligence Operations as They Relate to Britain's Defeat at Yorktown*, 1781, [dissertation], Morgantown, West Virginia University, 2010.

③ Scott Conley, *British Intelligence Operations as They Relate to Britain's Defeat at Yorktown*, 1781, [dissertation], Morgantown, West Virginia University, 2010.

三、情报失误是导致英“第一帝国”瓦解的助推剂

1783 年，英美在巴黎签订了《凡尔赛和约》，根据《凡尔赛和约》英国归还法国在多巴哥及西非的一些贸易点，法国在印度、北美、和非洲取得了新的立足点；割让佛罗里达给西班牙，西班牙收回梅诺卡，英国最终承认北美 13 个殖民地独立。[①] 殖民地是重商主义政策指导下的“第一帝国”的根本，北美独立战争结束后，英帝国失去了其殖民版图中最为关键的北美殖民地，这也标志着“第一帝国”最终瓦解。[②] 如果说，北美独立战争的失败让英国丧失了殖民地统治权，是“第一帝国”分崩离析的直接原因。那么，英国情报工作的种种失误让英国深陷战争泥潭并导致英国在北美独立战争中败北，则可以说是导致“第一帝国”瓦解的助推剂。

历史教训告诉人们，重大情报失误会阻碍国家生存与发展。就如前苏联入侵阿富汗之前，克格勃没有对未来局势的发展做出正确判断，入侵阿富汗所引发的穆斯林暴动让前苏联陷入进退两难的境地。[③] 1775 年 4 月，“列克星敦枪声”打响后，英国情报部门并未认识到事态的严重性，对殖民地认识的匮乏让他们做出了“些微叛乱苗头”的论断。这一错误的判断无疑干扰了英国政府的决策制定，延误了派兵时机。同时，列克星敦事件却让殖民地独立事业呈燎原之势，越来越多的殖民地民众在爱国主义的感召下参与到民族解放运动中。显然，是情报失误让英国政府错失了遏制起义势头的最佳时机。

英国皇家海军是英国高层最为看重的军事力量，自 1588 年海战后，英国牢牢掌控着海上霸权。英国海军在 18 世纪 70 年代仍然坚持传统安全观，将海军主力驻扎在欧洲海域。[④] 1777 年美国获取萨拉托加战役胜利

---

① 钱乘旦、许洁明著：《英国通史》，上海社会科学院出版社，2007 年版，第 203 页。

② ［英］屈勒味林著，钱端升译：《英国史》（下册），中国社会科学出版社，2008 年版，第 616—626 页。

③ ［美］厄内斯特·沃克曼著，刘彬、文智译：《间谍的历史》，文汇出版社，2009 年版，第 8 页。

④ ［美］阿尔弗雷德·塞耶·马汉著，范利鸿译：《海权论》，陕西师范大学出版社，2007 年版，第 208 页。

后，英国政府仓促间派出的海军却在大西洋海域遭受了法国与西班牙舰队的袭击与骚扰。而在此之前，英国情报部门并没有向海军指挥部发出法国与西班牙参战的预警。更为重要的是，随着法、西两国舰队侵入英吉利海峡，英国情报部门给出的建议是以本国安全为重，这就意味着英国海军放弃了参与在北美的殖民地战争。更多的英国舰队被派出分头追击法、西海军，而18世纪信息传输体系的缺陷让大西洋中的英国海军缺乏有效的协调与指挥，他们只能盲目地追逐法、西两国的舰船。[①] 于是，在英国海军在大西洋中跟法、西舰队绕圈子的时候，在北美大陆上，大陆军正节节胜利，英国的统治势力正逐渐衰退。

导致北美战争天秤最终倾斜的最后一个砝码是法国的直接参战，而英国情报部门对此毫无预见。英国政府在战争期间不断向法国施压并做出了一些让步举动，在这种情况下情报部门的判断是法国不可能为了北美殖民地而冒犯英国，因为一旦殖民地独立，法国也无法从中得到好处，但是，法国参战的真正目的则是削弱英国军事与经济实力，借独立战争来打击英国，进而取得优势地位。[②]

总而言之，之所以英国在北美独立战争中战败，一定意义上是因为英国情报部门对一系列重大问题做出了错误判断并影响了英国政治军事战略决策，而战争的失败更导致了殖民地的丧失与“第一帝国”的瓦解。因此可以说，情报失误加速了英“第一帝国”瓦解，成为瓦解的催化剂，对此，英国情报部门负有不可推卸的责任。

小　结

帝国霸业，尤其是英国在北美建立的殖民霸权让英国上下陶醉其中，却放松了对暗中涌动的民族独立激情的掌控。18世纪60年代初，英国大臣们曾雄心勃勃地规划着从大西洋彼岸的殖民地获取高额利润的宏伟蓝

---

① Roger Kaplan, *The Hidden War*: *British Intelligence Operation during the American Revolution*, OIEAHC, New York, 1990, pp. 115 – 124.

② Scott Conley, *British Intelligence Operations as They Relate to Britain's Defeat at Yorktown*, 1781, [dissertation], Morgantown, West Virginia University, 2010.

图，却不想殖民地竟然向实力雄厚的英帝国发起挑战。长期的殖民战争，虽然让英国获得了更加广阔的殖民地，但战争的消耗也让英国陷入了财政困境。英国政府在殖民地颁布与实施了一系列法案，希望将财政问题转嫁给殖民地，层层盘剥让殖民地民众不堪重负，故而引发了独立战争。

在美国独立战争中，英国情报部门并未表现出与之实力和声望相匹配的工作能力与绩效。英国情报部门不仅在总体局势上作出了错误的判断，导致未能及时派出军队将殖民地起义扼杀在摇篮中；在战场上，英军也未能有效地组织起军事侦察活动，使得尽管实力占优却苦于找不到大陆军的主力而无法歼灭之，反而最后被拖入了人民战争泥潭。在欧洲，英情报机构没有发现北美殖民地的武器供给线，致使法国制造的武器弹药源源不断地流入大陆军的手中，为独立战争胜利奠定了物质保证。法国与西班牙对独立战争态度的悄然转变，也没有引起英国情报部门的注意，最终导致英国政府不得不仓促应对法、西的参战。在海战中，英国海军疲于应付法国和西班牙两国海军的骚扰与拦截，缺乏情报支持的英海军不得不孤注一掷地奔赴西印度群岛，而此时，北美 13 个殖民地统治权的丧失已成定局。美国独立战争以英国的失败而告终，北美殖民地的丧失也宣告了“第一帝国”的瓦解。

很显然，国家情报机构能否发挥维护国家安全和拓展国家利益的作用，并非取决于其体制的强大，而是取决于是否能够科学合理地配置资源而高效工作，并做出正确的战略判断。及时准确的情报不仅是战场上取得胜利的有效支撑，更是国家安全决策的重要支撑。正是在这一问题上的严重失误，才使得英国尝到了失败的苦果。这使英国情报部门陷入了深思与反省之中，也成为后来重振旗鼓的重要基础。

第三章　情报工作的重振与“第二帝国”的形成

法国大革命爆发后，欧洲局势风云变幻，偏安一隅的英国受到革命思想的冲击，国内保守主义政治秩序开始动摇。工业革命提升了英国国力，英国希望通过战争重建帝国。在法国革命战争中，英国情报工作重新振作，有力地保障了英国战争的胜利。反法战争后，英国叩开通往东方的门径，以印度为基石建立了“第二帝国”。

第一节　工业、政治变化与“第二帝国”的形成

工业革命对于英国的意义是非凡的，1760—1830 年间，英国占欧洲工业产量增长的 2/3，它在世界制造业生产的份额从 1.9% 一跃为 9.5%。[①] 工业革命最显著的成果是提升了英国的综合实力，英国也做好了再次争夺世界霸权的准备。

一、工业革命促进了英国综合国力的大幅提升

为何工业革命最早发生在英国？有人认为英国的海外殖民掠夺为其提供了原始积累，为英国的工业发展提供了资金支持；有人强调在圈地运动中，农民被赶离土地，被迫在工业生产中谋求出路；有些人认为英国农奴

---

① ［美］保罗·肯尼迪著，陈景彪等译：《大国的兴衰》，国际文化出版公司，2006 年版，第 147 页。

制瓦解较早，为工业准备了自由劳动力；还有人将英国的地理位置视作重要因素，岛国的地理条件使其屡次免受他国的进攻与占领，便利的海上交通又有助于英国开辟世界市场。这些因素都是存在的，但根本原因在于英国工业革命后建立的宽松、自由的政治制度，而这种政治制度所营造的平和社会环境能够最大程度地调动了人民的积极性，发挥出人民的创造力。[①] 原有的殖民贸易已不适应时代的发展，而在“自由”状态下，国家经济才能更好地发展。经济基础决定上层建筑，英国的政治制度正是在这种经济环境下应运而生，并给予经济发展以最大的支持。

英国工业的迅速发展，商品的物美价廉，使英国工业主可以不怕外国的竞争。这就使得英国 D · 休谟以及亚当 · 斯密的观点在一八世纪后半叶普遍流行，他们反对重商主义思想，宣传自由竞争和国家不干涉国内经济生活的思想。亚当 · 斯密曾论证说：“一切国家干预都会对经济造成破坏，只有‘一只看不见的手’即纯粹的经济规律不受节制地起作用，才能把这个国家引向富强”[②]。

随着产业革命的实现，随着工厂制度的过渡，商业的发展已经不是工业革命的原因而是工业革命的结果。工业资产阶级的作用也开始发生变化，主要体现在工业资产阶级的人数以及资本的增加。随着工业在英国经济中地位的提升，工业家的经济势力也相应增大。许多工业家在财产数量方面已经和商业资产阶级相抗衡，工业资本开始慢慢把商业资本排挤到次要地位。到 19 世纪中期，英国已成为工业化国家。

工业革命是一场巨大的经济变革，它不但改变了英国国内经济面貌，更是由于各工业领域涌现出的辉煌成就而让整个社会面目一新。工具的改造、蒸汽机的出现、燃料的更新换代、铁路运输的建设等成就，改善了国内人民生活水平，增强了英国国家竞争力，更为人类历史带来了重大变革。[③]

在工业革命的推动下，英国工业水平与综合国力迅猛增长。在 18 世纪中叶，英国的铁产量尚不如法国，而 1848 年已超过世界上所有国家的

---

① 钱乘旦、许洁明著：《英国通史》，上海社会科学院出版社，2007 年版，第 221—222 页。

② ［英］亚当 · 斯密：《国民财富的性质与原因的研究》，商务印书馆，1974 年版，第 159 页

③ 阎照祥著：《英国史》，人民出版社，2003 年版，第 248—256 页。

总和。英国的煤出产量占世界总产量的2/3，棉布占1/2以上。1801—1851年，英国国民总产值增长125.6%，1851—1901又增长了213.9%。1700—1780年，工业年平均增长率是0.9—1%，而1780—1870年已超过3%①。作为第一个走上工业化道路的国家，英国得以在此后100多年中领先于世界，为建立并发展“第二帝国”奠定了基础。

二、保守主义政治与经济变革互为表里

经济的迅速发展需要政治制度的支持。当英国进入工业革命后，政治上进入了一个保守时期，即经济激变与政治保守共存，经济变革与保守主义政治互为表里。这个阶段，从18世纪80年代由托利党持续执政起，一直维持到19世纪30年代。②

小威廉·皮特发迹于辉格党，后转投托利党。小皮特上台初首先解决财政问题，将辉格党在任时倡导的“经济改革”执行到底。首先，采取了一系列改善财政状况的措施：罢免闲置官职、加强财政监督、堵塞贪污漏洞、修改关税、减少税收、节省行政开支等，都一定程度上缓解了国内财政压力，顺应了经济发展的大趋势。其次，他又于1783年和1785年两次提出议会改革方案，企图针对议席不合理的分布进行某些调整。③当然，在议会改革问题上，小皮特只是保持一个革新者的姿态，并非全力推行改革，因为这会对其支持者造成损害。在对外政策问题上，1788年英国与普鲁士结盟，以期压制法国，恢复因北美独立战争而丧失的欧洲均势。

小皮特执政的最初几年，正是英国面对独立战争造成国内巨大财政亏空的时期，英国政府紧衣缩食的表现是适时而恰当的。英国政府倡导“自由主义”思想，鼓励英国人民创新并督促生产，这有利于国家实现工业化，并推动英国走上了自由资本主义道路。但到后来，随着欧洲局势的变化，小皮特的改革者形象逐渐消失，保守色彩日益显露，并最终成为托

① 钱乘旦、许洁明著：《英国通史》，上海社会科学院出版社，2007年版，第221页。

② 同上书，第222—226页。

③ 王觉非著：《近代英国史》，南京大学出版社，1997年版，第172页。

利党的代言人。[①]

1787年法国政局开始动荡，并于两年后演变为革命。革命伊始，英国政府为法国革命呐喊助威，煽风造势，认为其体现了英国“自由”政治制度的思想。但随着法国革命事态的发展，英国政府发现该事件已威胁到英国制度，特别是雅各宾专政更是动摇了现存秩序，英国已被人民革命的气氛所笼罩。1790年11月，爱德蒙·伯克出版《法国革命感想录》一书，强烈抨击法国革命，认为法国激进主义者倡导议会改革的言论将造成社会的无政府混乱状态。如果英国人效仿法国革命，必将破坏英国的君主制、教会和政治传统。[②] 该著作是英国保守主义的代表之作，代表了英国贵族乡绅的政治立场和利益，表现出一种对社会变革的谨慎、怀疑和敌视的态度。随着法国局势的急转直下，议会中大多数人都支持伯克的观点，英国政府对民众的改革要求进行镇压，并制定法律限制人民的言论自由。这时的英国，在经济上政府不予以干涉，放任经济自行发展，而政治上则奉行保守主义。英国政府的这种举动带来的结果是：一方面经济迅速发展，另一方面社会底层人民生活水平持续下降，政治诉求难以实现。这种政治经济脱节的怪现象也成为英国18世纪末到19世纪初的社会写照。

三、“拿破仑战争”的胜利推动了“第二帝国”的建立

产业革命不仅引起工业产品生产效率的提高，也使贸易额大大增加。英国为了扩大自己的商品市场，选择了进行新的战争和殖民地侵略。1793年英法开战，英国卷入了长达22年的持久战争，此次战争也将整个欧洲都牵扯进去，史称“法国革命战争”或“拿破仑战争”。

英国参战的原因是多方面的：第一，法军进占比利时，从而威胁到了荷兰。历史上，英国从来都把尼德兰视作自己的门户，任何国家占领尼德兰，英国都会予以反击。[③] 第二，法国革命的影响是深远的，事态的发展也超乎了英国统治阶层的想象，英国不希望法国君主制的摇摇欲坠影响波

---

① ［英］屈勒味林著，钱端升译：《英国史》（下册），中国社会科学出版社，2008年版，第628—629页。

② 阎照祥著：《英国史》，人民出版社，2003年8月第1版，第266页。

③ Jeremy Black, *Britain as a Military Power*, UCL Press, London 1999, pp. 195－196.

及到本国，因此希望遏制这种势头。第三，英国在与法国长期争斗中，已建立了优势，英国不允许法国通过战争扭转这一局势，进而影响本国霸业。第四，拿破仑提出了“大陆体系”理论，封锁了欧洲大陆的所有港口，禁止英国船只进入。这一举动损害了英国的贸易和信用，触犯了英国国家利益。[①] 拿破仑战争的实质是英法争霸，双方既是争夺欧洲，也是争夺世界海洋的控制权。

1793 年战争爆发，英国组织了第一次反法同盟，参加的有奥地利、普鲁士、撒丁王国和西班牙。葡萄牙、那不勒斯和俄国也参与其中，但并没有发挥实质性的作用。此时的法国由雅各宾派专政，面对国外巨大军事压力，法国人民的爱国主义热情被充分调动，法国武装力量击退了敌军并于 1795 年占领了荷兰，第一次反法同盟宣告失败。1796—1797 年，法军在意大利收获大胜，它击败撒丁王国，迫使奥军撤离意大利，并割让奥属尼德兰（比利时）。此外，法国还兼并了荷兰与西班牙的舰队。1797 年，法国海军已逼近英国本土，而就在此时，英国海军名将霍雷肖·纳尔逊在圣文森特角击败西班牙舰队，并在拿破仑转战埃及时击垮法国舰队，切断了拿破仑的供给线。[②] 1799 年，拿破仑不得不返回巴黎，并在不久后发动政变，建立拿破仑专政。虽然由英国出资，俄、奥等国参加的第二次反法同盟组成，但 1800 年俄奥不和，随即俄国退出同盟，拿破仑轻而易举地瓦解了第二次同盟。1802 年，双方签订《亚眠条约》[③]，法国许诺撤出埃及和意大利的数处据点，英国则放弃其攻占的多数领土，保留了锡兰和特里尼达。由于法国控制着欧洲大陆的诸多港口，对英国商品实行封锁，这让国内正在进行工业革命的英国损失惨重。1803 年，英国主动宣战，战争再次爆发。1805 年，英国国内局势紧张，随时准备应对法国的登陆作战。纳尔逊的海军成功地牵制了法国舰队，并于 10 月 21 日在西班牙南部沿海的特拉法加附近击败法、西联合舰队。这也是英国对法国海军的决定

---

① ［英］J. F. C. 富勒著，绽旭译：《战争指导》，解放军出版社，2006 年版，第 55 页。

② Charles Carrington, *The British Overseas*: *Exploits of a Nation of Shopkeepers*, Cambridge University Press, London, 1968, pp. 267 – 268.

③ 《亚眠条约》（the Treaty of Amiens），英国政府希望借该条约与法国恢复友好关系，但拿破仑对该条约的理解则不同，他判断这是英国退出欧洲大陆利益争夺的暗示。参见 Walter Scott, *The life of Napoleon Bonaparte*, *Emperor of the French*: *With a Preliminary View of the French Revolution*, Bibliolife, New York, 2008, Vol. 1. p. 368.

性胜利，自此，法国已无力发动海战，此战也奠定了英国在后来100多年中的海洋霸主地位。与海军的节节败退不同，这一时期法国在陆战中近乎无敌。1805年，拿破仑在奥斯特里茨击败俄奥联军，奥地利退出战争。1806年，拿破仑攻占柏林，普鲁士无力再战。1807年法国又打败俄国，签订了《提尔西特条约》，并进而控制了整个西欧。①

1806年拿破仑颁布“柏林敕令”，规定法国控制下的一切国家不得与英国进行贸易。英国则针锋相对地在1807年颁布“枢密院令”，宣布对一切参与“大陆封锁”的国家实行反封锁。尽管“大陆封锁”对英国商业造成损害，但英国工业优势巨大，英国还控制着诸如茶、咖啡等生活必需品的供应，这也让大陆各国的反法情绪日益高涨。② 与此同时，拿破仑对西班牙和俄国的入侵接连失败。1808年，英国阿瑟·韦尔斯利（威灵顿公爵）领命进入葡萄牙，参与西班牙和葡萄牙的反法战争。此次军事行动是一次战略性牵制行动，威灵顿公爵在西、葡两国人民的支持下成功牵制住了一支30万人的法国军队，有利地支援了俄、普、奥等国与法国的战争。1812年，拿破仑在俄国战场失利，英军迫使法军于1813年退回本国边境。1814年俄、普、奥联军攻入巴黎，拿破仑退位并恢复波旁王朝。1815年春，拿破仑潜回法国，重夺政权并成立“百日帝政”。1815年6月在滑铁卢与威灵顿率领的反法联军进行决战，最终法军大败，拿破仑于7月15日宣布投降，持续22年之久的战争结束。③

英法争霸以英国的胜利而告终，其中，“莱比锡之战所代表的为欧洲民族主义对法兰西军国主义和大一统主义的胜利，而滑铁卢之战所代表的确是英国体系的胜利——这是拿破仑所使用的名词”④。总之，反法战争为英国扫清了争霸的最后障碍，为建立“第二帝国”奠定了基础。

---

① 阎照祥著：《英国史》，人民出版社，2003年版，第269页。

② ［英］屈勒味林著，钱端升译：《英国史》（下册），中国社会科学出版社，2008年版，第651—652页。

③ 钱乘旦、许洁明著：《英国通史》，上海社会科学院出版社，2007年版，第229—230页。

④ ［英］J. F. C. 富勒著，钮先钟译：《西洋世界军事史》，第二卷，广西师范大学出版社，2004年版，第446页。

四、“维也纳体系”确立与英“第二帝国”形成

拿破仑战争之后，1815 年欧洲各国在维也纳举行会议，签署和约并安排战后的欧洲格局。奉行欧洲大陆均势理念的英国主张维持法国原有疆界，不对其进行经济与政治制裁。这一决定也让“维也纳体系”在欧洲维持了近百年，避免了全欧洲范围内的大战，给了欧洲各国充足的时间来休养生息。根据和约，英国归还在战争中夺取的法国殖民地，但留下了毛里求斯、塞舌尔群岛、多巴哥与圣卢西亚。此外，英国还在维也纳会议的殖民地分配中获得了赫里果兰、特里尼达、马耳他、锡兰和好望角等地，这些地方多数具有重大的战略意义，为英国确立庞大的世界帝国铺设了框架。战败的法国不再是英国的争霸对手，欧洲的力量格局也发生了重大变化。

自北美独立战争结束，“第一帝国”瓦解后，英国在海外剩下的殖民地主要是加拿大和印度，在西半球新获得的殖民领土十分有限。随着国内工业革命的进行，英国迫切需要更为庞大的原料供应地和更广阔的商品市场。拿破仑战争提供了这样一个契机，在战争中，英国占据了海上优势，法国被打垮，其海上力量一蹶不振。战后英国一举囊括了地中海、加勒比海、印度洋的多个立足点，其中多数具有重要战略意义，控制着世界的海上通道。拥有了原料产地和巨大商机，借反法战争胜利之势，一个新的帝国冉冉升起，在英国历史上这个新帝国称作“第二帝国”。[①]

在各殖民地中，印度是“第二帝国”的基石。拿破仑战争中，法国对印度觊觎已久，将侵略战争扩大至印度。英国驻印总督则利用法国与印度土邦王公的矛盾从中渔利，对于强硬的印度本土势力则采取大棒加胡萝卜双管齐下的手腕，进而控制了印度。英国在印度的统治分为两种形式，一种是由英国派驻的总督直接治理，另一种是强迫各邦族签订条约，承认英国的宗主权，由英国控制其军事外交，只是将内部事务管理权交由各土

① Mark Naidis, *The Second British Empire*: 1783 – 1965, Addison Wesley, New York, 1970, pp. 123 – 125.

邦王公处理。[①] 这些措施避免了殖民地下层民众直接与英国发生对抗，英国也将这种统治手段广泛推广，从而巩固了其在殖民地的统治。在拿破仑战争后的数十年中，英国的商船与战舰出现在全球各个角落。他们获取领地、开设口岸、掠夺原料、倾销产品，从好望角到印度洋，再到太平洋，英国建立了一条极为通畅的海外贸易通道。至此，“第二帝国”初具雏形，虽然未达到其巅峰，世界仍无一国可对其霸主地位构成挑战，其影响力与控制力更非“第一帝国”可比。

第二节　英国情报工作的重振与发力赢得英法战争

在北美独立战争之后，备受争议的英国情报部门开始进行改革，对原有的政府下辖情报机构进行整编，扩大国外情报网。在反法战争的压力下，英国海军与陆军的情报体系得以发展壮大。一定程度上可以说，正是英国情报工作的变革与发力，提升了英国的作战能力，最终帮助英国赢得了拿破仑战争的胜利。

一、反法战争加大了情报保障需求

拿破仑战争与之前的战争具有很大的不同，这既不是指战争规模——战场包括整个欧洲、北美及加勒比海、北非等地，也不是指战争中涌现出了两位军事天才——拿破仑·波拿巴与阿瑟·韦尔斯利（威灵顿公爵），而是指战争理念、作战方式以及战争内容等都发生了重大改变。就情报工作而言，战争形式的改变不仅向情报工作提出了更高的要求，也催生了一场情报变革。

工业革命最直接的表现在于科学技术的创新。科学技术的迅速发展也实现了军事科技的突破。无烟火药、后膛装填式大炮、连发式步枪、高能炸药等新式武器装备的出现，让各国高层认识到军事科技可以影响战争的

---

① 钱乘旦、许洁明著：《英国通史》，上海社会科学院出版社，2007年版，第290—293页。

成败。自此，情报工作的搜集内容也不仅限于政治外交与军事领域，技术性情报也成为其重要内容，英国情报机构在这一方面表现得尤为突出。英国的军械部门是英国国防力量强大的关键所在，其工作方针是：只有在军事技术革新上始终掌握主动权，英国才能在环伺左右的“狼群”中求得生存。[①] 为此，该部门积极招募了英国国内最出色的科学家，以保证英国的军事科技始终处于世界领先水平。工业革命的科技成果在其中体现得尤为突出，如蒸汽机的发明与应用使得英国能够大规模生产标准化武器，数学领域的突破推动了弹道学的进步等。更为关键的是，英国军械部门内设情报机构，该机构密切关注欧洲在军事、工业技术方面的发展，并通过谍报人员将各国的科技成果（特别是实物）交由军械部门进行研发。这种创新性的举措让英国在欧洲军事科技领域立于不败之地。[②]

反法战争规模空前，一个国家往往面临在多个战场进行作战的局面，战略情报在其中显得尤为重要。无论是反法同盟还是法国及其盟友国家，在战争期间都要同时参加多场战役，各国政府以及各军统帅部需要及时获取有关当前局势的情报，以便及时做出策略调整并统筹指挥战争。[③] 各级指挥官为了更好地完成作战任务以及配合友军的行动，也需要掌握与整个战争态势相关的战略情报。这些都与以往战争中军队与国家政府缺少联系和指挥官只负责作战指挥的情况不同，通过战略情报，各级部队能够从宏观上把握整体局势。[④]

此次战争中，各国军队采取了更为机动灵活的作战方式，指挥官往往需要将部队分成数股进行多线作战。这要求指挥员必须妥善协调与指挥各支部队，还要应付各个战场上突发的紧急事件。英国威灵顿公爵的做法是在各级部队中分设情报机构，这些机构有着独立进行军事侦察与情报分析的能力，再由威灵顿本人综合战略情报与战场情报并计划实施军事行动。

---

① ［美］厄内斯特·沃克曼著，刘彬、文智译：《间谍的历史》，文汇出版社，2009 年 5 月第 1 版，第 110 页。

② Terry Crowdy, *The Enemy Within: A History of Espionage*, Osprey Publishing, New York, 2006, pp. 137 – 139.

③ Huw Davies, *The Influence of Intelligence on Wellington's Art of Command*, Intelligence and National Security, 2007, vol. 22.

④ Gunther Erich Rothenberg, *The Art of Warfare in the Age of Napoleon*, Indiana University Press, London, 1980, pp. 31 – 33.

这些都成为取得战争胜利的重要保障。

二、英国情报改革：推动了英国情报工作的再次崛起

北美独立战争之后，英国情报工作陷入了低潮期，战争的经验教训让英国情报机构认清了自身情报体制中的问题。法国革命使得欧洲局势风云变幻，大战一触即发，正是这种危机感唤醒了英国情报机构的激情。工业革命以及反法战争方式的改变，赋予了情报工作新的内容与要求，英国情报体系也随之进行了改革。

首先，在政府各部门设立下辖情报机构，并对原有各情报机构进行精简。如内政部（Home Office）中设有约20人的情报办公署，负责与国内警察机构合作开展反情报工作。外务部（Alien Office）的情报职能则是防范法国的破坏行动、维护国内稳定以及打探欧洲大陆各国的外交动向。邮政部（Post Office）的情报职能包括查阅外交、私人信件、破译密码等。[①]英国的军械部门则负责搜集他国军事、工业领域的最新科技成果。隶属于英国议会的秘密委员会（Secret Committee）负责苏格兰与爱尔兰叛乱问题。[②] 改革后的情报机构虽规模缩小，但专业性与独立性更强，在节省经费开支的同时，效率更高，其机动灵活的工作方式也更能适应反法战争的需要。

其次，扩大英国在欧洲大陆的情报网，在各主要城市设置情报站，搜集一切与法国军事动向相关的情报。随着拿破仑战争的进展，法国控制了欧洲局势，秘密通讯联络难以开展，英国情报机构通常利用银行向大陆上离伦敦较近的联络点传递信息，或是在非占领区建立情报中心。[③] 同时，英国情报机构还充分利用流离失所的法籍保皇党人士，通过他们与法国国内的联系来掌握最新情况。设在瑞士的情报中心主管威廉·威克汉姆充分

---

① Bernard Porter, *Plots and Paranoia: A History of Political Espionage in Britain*, Unwin Hyman Ltd. London, 1992, pp. 28 - 31.

② William John Fitzpatrick, *Secret Service Under Pitt*, Adamant Media Corporation, New York, 2005, p. 59.

③ ［英］理查德·迪肯著，陈秩、乐爱妹等译：《英国谍报史》，世界知识出版社，1983年版，第113—114页。

利用了保皇党人士中的前法军军官，他们与现役的军官同事仍保持着往来，这让该情报中心更加容易获取有关法军动向的军事情报资料。①

该时期英国情报改革中最为关键的部分是发展与完善了海军与陆军情报体制。以往几乎所有重大价值的情报都是通过外交或商业等渠道获得的，但为了适应反法战争的情报保障需求，英国海军与陆军也都对各自情报体制进行了改革。② 英国海军情报部门利用配备火炮的快速帆船来监视那些藏有敌军船只的中立国港口，还在欧洲大陆各港口设立情报网，搜集有关法国舰队的部署状况、基本信息与动向的情报资料。陆军的情报体制改革则要归功于威灵顿公爵。随着战略战术突袭的战争理念深入人心，作战方式变得更加灵活机动，情报部门必须适应多线作战的情报保障需要，威灵顿对英陆军的情报侦察体制进行了调整：第一，部队设立三种级别的情报机构，各机构的主管均能直接与威灵顿进行联系，各情报机构也加强了相互间的通联；第二，下级情报机构在收到情报的同时，立即向情报人员核实情报的准确性与上报时间，经过初步分析整理后向上级机构汇报；第三，情报核查机制非常严格，对情报人员奖惩分明；第四，情报机构与当地群众保持着紧密联系，各级情报主管每天都会向他们询问当天战区内的情况。③

尽管拿破仑深知情报工作的重要性以及英国情报部门的强大，也作了不少努力，但在战争结束之前，法国仍未建立起足以与英国抗衡的情报体系。而英国情报部门从法国大革命爆发到反法战争结束，基本成功地把握了法国乃至整个欧洲的局势变化，为本国政治、军事决策的制定提供了大量的情报支撑，表现可谓卓越。英法情报战以英国的胜利而告终，也见证了英国情报工作的重新崛起。

---

① ［美］厄内斯特·沃克曼著，刘彬、文智译：《间谍的历史》，文汇出版社，2009 年版，第 111—112 页。

② ［英］理查德·迪肯著，陈秩、乐爱妹等译：《英国谍报史》，世界知识出版社，1983 年版，第 108 页。

③ John Gurwood, *The Dispatches of Field Marshal the Duke of Wellington: During His Various Campaigns From* 1799 *to* 1818. John Murray, London, Vol. 2, pp. 465 – 466.

三、军事情报是反法战争胜利的重要保障

以拿破仑对战争史的了解及其出众的军事天赋，他深刻体会到了军事情报在战争中的作用。事实上，拿破仑在早期取得的胜利大多也要归功于军事情报发挥的重要功效，如1796年法军在乌尔姆战役中的胜利。[①] 此战后，拿破仑给予了情报工作极高的评价，在情报机构的建设上也曾做出过不俗的表现，开创了不少情报搜集的新渠道，但对于情报工作的重视并不代表他会采纳情报部门的建议。这一定程度源于拿破仑个人的性格。

拿破仑是一个完全以自我为中心的人，他只信赖自己，而且把一切事物都加以集中化。梅尼瓦尔说过：“他不仅在思想上采取主动，而且对于每一件事情的细节都要亲自关注。事实上，他的确是自己做了一切事情”。[②] 拿破仑有着极强的权力欲望，他渴望掌控一切，指挥权的过度集中既是他早期获取胜利的因素，也是他在战争后期的最大败笔。随着战局的发展，战争变得更加广泛与复杂，参战兵力也更为庞大，拿破仑从不听取情报部门对战争局势的任何判断与建议，因此也从未组建过高效的参谋部。“这位皇帝本人也说过，总参谋部是在统帅部中最不需要的一个部分”[③]，更为糟糕的是，这种态度也传递给了他的军事统帅们。事实证明，战术指挥天赋不能弥补情报缺失带来的不足。

1812年，就在拿破仑率领大军进攻俄国之前，他不了解有关俄军的基本情况，这包括俄军的作战方式、俄国民众的反应以及俄国将会调动哪些资源等。一方面是欧洲大陆局势对法国愈加不利，拿破仑没有充足时间搜集详细情报；另一方面是法军在不久前击败过俄军，他认为没有必要对其进行情报侦察。值得指出的是，拿破仑时间与空间军事理论的产物——突袭歼灭战，却在俄军以空间换时间的“焦土政策”面前毫无建树。后

---

① 1796年，法国情报部门派遣查尔斯·舒尔麦斯特打入奥地利军方内部开展假情报活动，并成功获得了奥军元帅卡尔·马克的信任，成为双面间谍。舒尔麦斯特向马克元帅报告说，法军不打算进攻奥军集结地乌尔姆，准备撤离维也纳，这无疑是法国谍报部门精心策划的假情报。奥军信以为真，调动部队追赶撤退中的法军，最终陷入了法军设计好的圈套。参见［美］厄内斯特·沃克曼著，刘彬、文智译：《间谍的历史》，文汇出版社，2009年版，第118—119页。

② ［英］J. F. C. 富勒著，绽旭译：《战争指导》，解放军出版社，2006年版，第37页。

③ 同上书，第53页。

勤补给线被破坏，以战养战也无法实现，俄军成功拖到了严冬来临，法军败退也成为了必然。最终，法军遭遇了拿破仑战争以来最大的失败，这支大军返回法国时已不足一半。

这一时期涌现出的另一位杰出将领是成名于伊比利亚半岛的阿瑟·韦尔斯利（威灵顿公爵）。早在他前往西班牙实行战略牵制行动之前，他就深入研究了法军的战术特点、后勤运输以及法军情报体系。韦尔斯利是从一名低级军官慢慢成长起来的，他深知军事情报对于指挥官作战指挥的意义，他曾这样描述情报工作，“对于与战争相关的一切，要尽力用行动来查明其中未知的部分，要了解‘山的另一边有什么’”。[①] 他对军事情报的认识也慢慢转变：从军事情报只是核实其行动方案的手段转变成为决策制定过程中的核心环节。[②]

威灵顿对情报功效的认识，使之对英国情报体制进行了较大的改革，英军的传统军事情报体制也因此发生了重大改变。具体做法是：首先，整合战略情报与战场情报，使其对决策制定发挥支撑作用。拿破仑战争规模空前，威灵顿率军前往伊比利亚半岛的目的是牵制西班牙境内的法军，支持并配合俄国以及同盟国家的军事行动，为此，他需要及时而准确地掌握其他战场的最新战况。威灵顿通过驻葡萄牙的英国官员获取了最新战略情报，并结合手头上的战场情报来制定作战方针，这种做法颠覆了英军以往只在本战区内搜集情报的传统方法。其次，随着战略战术突袭的战争理念深入人心，作战方式变得更加灵活机动，情报部门必须适应多线作战的情报保障需要，威灵顿对英陆军的情报侦察体系进行了调整，在各级部队中设置情报搜集机构，这些机构有着自己的情报分析人员，上级情报部门搜集来的军事情报也会传达给这些情报人员进行分析研究。[③] 这样一方面扩大了情报搜集范围，另一方面也加强了各级部队的独立性和战斗力。正是在军事情报保障与支持下，威灵顿带领的英军掌握了法国军队的基本信息与军事动向，成功牵制住了数倍于己的法军，圆满完成了在西班牙的军事

---

① Jennifer L. Siegel, *Intelligence and Statecraft: the Use and Limits of Intelligence in International Society*, Praeger Publisher, New York, 2005, p. 11.

② Haw Davies, *The Influence of Intelligence on Wellington's Art of Command*, Intelligence and National Security, October 2007, p. 619.

③ Ibid., pp. 619 - 625.

任务。

不论人们对拿破仑军事指挥才能表达怎样的钦佩与赞扬，也不论对威灵顿公爵在之后政治军事斗争中墨守陈规的表现如何诟病与批判，至少从情报工作的视角看，他们在英法战争中实施截然不同的情报工作的确导致了不同的结局。这也再次证明了一个真理，即军事情报是各级指挥员制定作战方案的重要依据，也是决定战争成败的重要因素。

第三节　情报工作保障了“第二帝国”的形成

美国学者拉迪斯拉斯·法拉戈曾说过，“情报工作对历史的影响远超历史学家们的想象。在历史上所有重大事件中，在塑造与改变历史的伟人背后，都有着情报的支持”。[①] 在反法战争中，重整旗鼓且表现出色的情报工作帮助英国赢得了战争的胜利，根据战后维也纳会议签署的和约，英国获得了众多具有重要战略意义的殖民地，并以此建立了“第二帝国”。

一、情报是英国赢得战争的利剑

美国独立战争结束后，英国政府以及军方经过认真反思，认识到军事情报工作在战争中所发挥的巨大作用，也意识到英国情报工作的诸多不足。在国内经济改革大幅度提升国家综合实力的同时，英国政府高层也加大了对情报工作人力与财力的支持和投入，这是英国情报部门得以及时对其情报体系进行改革与调整，并在短时间内重新振作的重要原因。

英法战争期间，英国政府各部门纷纷设立情报机构，以配合英国对外政治、经济与军事斗争中的各项行动。英国军需局负责与军事相关的技术性情报的搜集与分析研究，保证英国在军事科技领域内的领先地位。威灵顿公爵创办了军事知识部，该部门由陆军军需品司令兼军需局局长负责。军事知识部是英国历史上第一家专门从事军事情报活动的机构，情报成为

① Bernard Porter, *Plots and Paranoia: A History of Political Espionage in Britain*, 1790 - 1988. Unwin Hyman Ltd. 1989. Preface.

军队必不可少的军需品。[1]此外，英国在欧洲大陆普遍设立情报中心，其卓有成效的工作让英国成功掌握了法军的几乎所有战略意图。科林·麦肯齐是负责协调英国在波罗的海以至广大欧洲地区的情报活动的主管，他向威灵顿提供了一份书单，上面开列了以下有关书籍：立陶宛地形、查尔斯七世时波兰和俄国的战役、俄国各省地理、俄国沿波罗的海的各省地图册等。这些书籍是拿破仑最近通过巴黎一个书商购得，而这名书商却被英国情报部门招募。英国情报机构根据这份书单得出准确的结论：拿破仑正在计划入侵俄国。[2]

为了充分发挥英国海军的优势，约翰·班克罗福特组建了英国高效的海军情报体系。英国海军情报人员分析了拿破仑统帅部与法国海军间的通联方式，得知法国是通过多支小型快船小队来进行联系的。英国情报部门通过收买的方式控制了一些法国船员，从而掌握了法国海军最新动向。在欧洲大陆港口上，英国情报部门也普遍设立了情报站，以获取与法国海军的兵力部署、海军装备配置以及军事动向相关的军事情报，以保障和支持英国海军的作战行动。[3] 英国海军情报部门还有着专门从事公开情报工作的情报人员，这些人多为具备各类专业技能的海军军官，通过对法国报纸的仔细梳理，从中获取有价值的军事情报。1797 年，英海军情报人员从报纸上看到拿破仑正在招募科学家进行考察，并注意到招募名单中有几位是当时著名的埃及方面的历史学家，情报部门由此推断出法国打算入侵埃及。就在拿破仑转战埃及时，已掌握情报并准备多时的英海军名将纳尔逊迅速击垮法国舰队，切断了拿破仑的军事供给线，拿破仑进攻埃及的计划也宣告破产。[4]

拿破仑曾说，“一个将军不应该对情况画图画，他的情报要像望远镜

---

① 刘宗和，高金虎主编：《外国情报体制研究》，军事科学出版社，2003 年 6 月第 1 版，第 201 页。

② ［英］理查德·迪肯著，陈秩、乐爱妹等译：《英国谍报史》，世界知识出版社，1983 年版，第 113—114 页。

③ Steven E. Maffeo, *Most Secret and Confidential*: *Intelligence in the Age of Nelson*, Naval Institute Press, 2000, New York, pp. 329 – 330.

④ ［美］厄内斯特·沃克曼著，刘彬、文智译：《间谍的历史》，文汇出版社，2009 年版，第 119—120 页。

的镜头那样清晰”。[①] 尽管拿破仑认识到军事情报在战争中的必要性，在英法战争中，他的情报机构尽管也在高效工作，但他却很少采纳法国情报人员提出的建议。1808 年，拿破仑不顾手下情报人员的反对，派兵扶持自己的兄弟约瑟夫就任西班牙国王，引发了伊比利亚半岛的人民战争。[②] 英国威灵顿公爵在这一背景下登陆西班牙，帮助西班牙人民驱逐法国军队，并牵制这支法军以配合俄国以及盟国军队的作战。

威灵顿公爵完善了英军的情报体系，充分整合战略情报与战场情报，建立各级情报机构，并通过人民群众侦察来密切监视法军的一举一动。因为，“威灵顿深知，要战胜‘战神’拿破仑，必须尽全力掌握有关拿破仑动向情报，否则必败无疑”[③]。因此，他依靠他的得力干将哈丁上校掌管军事情报部门积极开展对法情报工作。哈丁不仅派间谍打入法军陆军部，还成功拉出了一些法国政府官员，其中最为典型的就是法国作战部的两名军官。这样，哈丁几乎每天都可以看到有关法国政治局势、军队调动、部队组成、武器装备和官兵士气等情况的重要情报。正是在这种情况下，英军最终不仅赢得了西班牙战场上的胜利，也使法军在伊比利亚半岛上失利，造成法军在欧洲大陆上遭受第一次重大挫折。更为关键的是，在滑铁卢战役之前，哈丁通过其策反的那两名法国作战部军官获得了一份重要的战略情报，包括有关拿破仑部队的兵力、部署和战斗序列的最详细的情报；拿破仑的精锐部队依然忠诚且纪律严明，但国民警卫队则缺乏战斗热情，只有在刺刀的威逼下才肯作战。1815 年 6 月 6 日，哈丁又收到一则情报，“……帝将躬身前往阿韦纳，企图从莫伯日发起对联军的佯攻，同时在佛兰德斯地区的里尔和图尔内之间向蒙斯方向发起主攻”[④]。威灵顿公爵正是通过这些情报判断，只要他能够顶住法国先锋部队的猛攻，胜利就离他不远了。结果证明，正是在情报的保障下，英国在海上与陆地战场上分别取得了胜利，并于 1815 年在滑铁卢彻底击败法国，结束了 22 年之

---

① ［英］J. F. C. 富勒著，绽旭译：《战争指导》，解放军出版社，2006 年版，第 41 页。

② ［美］厄内斯特·沃克曼著，刘彬、文智译：《间谍的历史》，文汇出版社，2009 年版，第 124 页。

③ 王谦著：《英国情报组织揭秘》，时事出版社，2011 年版，第 20 页。

④ ［法］让－皮埃尔·阿莱姆著，陆福忱译：《古今谍海秘闻》，新华出版社，1992 年版，第 196 页。

久的战争。因此，可以毫不夸张地说，情报在英法战争中成为英国最终获胜的利剑。

二、情报成为“第二帝国”确立的助推剂

随着法国革命的发展，英国政府发现革命的气氛威胁到了英国现有政治制度，英国上下已被人民革命的气氛所笼罩。为了密切监视法国新成立的革命政府和维护本国秩序，英国情报部门派遣大量的情报人员前往欧洲各地。这些情报人员多为商人、外交官以及情报机构选派的专业情报人员，他们的任务是在各地建立情报站并获取有关法国国内最新局势的情报。各地情报站招募了大批法国保皇党流亡人士，这些保皇党人员仍然与法国国内保持着联系。英国政府根据各情报站提供的情报制定相关的国内外政策。

法国革命战争爆发后，英国情报部门的工作重心转移至与欧洲战争局势相关的军事情报搜集和研判上，以保障英国在反法战争中的胜利。遍布欧洲大陆的情报站时刻关注着法国的军事动向以及其他各国对战争的态度。如前所述，英国在战争中成立了军事知识部、海军情报部以及军械部门等一系列情报机构，以满足战争的情报保障需求。在威灵顿公爵的敦促下，英军的各级部队都设置了相应的情报搜集组织，为各级指挥官制定作战决策方针提供情报依据。在诸多大规模战役中，英军情报机构都出色完成了情报搜集任务，保障了本国的军事行动。

随着欧洲工业化步伐的加快，科学技术成为推动各国经济军事发展的决定性因素，技术性情报也应运而生。战争中，后勤保障是确保作战部队顺利作战的重要基础，特别是长期的大规模作战，部队的食品供应是个重大问题。而在食品保鲜问题上，一直是各国军队的一道难题。拿破仑战争期间，“法国工业促进会”发明了食物罐装技术①，装载在密封玻璃瓶中的食物能够保证法军在长途奔袭的同时，极大缓解军队后勤补给带来的压

---

① 这种食物保鲜法由法国人尼古拉·阿培尔于1804年发明。从事食品加工的阿培尔发现，先将食物煮熟，再将其密封在不透气的玻璃瓶中，这样能够长期保持食物的新鲜。这种罐装技术为食物保鲜科技史带来了重大变革，但更为重要的是，它解决了法军境外作战的供给问题。

力。英国军械部门第一时间窃取到了一只法军的食物保鲜瓶，对之进行评估与研究，以求尽快掌握保鲜工艺，为军队作战服务。经过一番实验与研究，英国军械部门掌握了保鲜原理，并发明了以锡替代玻璃作为保鲜食物的容器。就在法国军队率先用上食物保鲜瓶后不到一年，英军也拥有了改进型的保鲜容器。[①] 这为英军保存食物和运送补给开创了具有划时代意义的新历程。事实上，各国都清楚地认识到，科学或技术上的突破可以在短时间内决定战争的成败。对英国而言，科学技术情报的窃取，保证了英国在科技领域中的领先地位，甚至影响到战场上的胜败。

拿破仑战争之后，由欧洲各国参加的维也纳会议于 1815 年召开，会议签署和约并安排战后的欧洲秩序。根据各国签订的和约，英国在殖民地分配中获得了更多的殖民地领土，其中的一些（如锡兰、好望角和印度等地）具有重大战略意义。至此，形成了“日不落帝国”，而其中印度成为“日不落帝国”的基石。尽管在军事上，英军在印度并未拥有绝对优势，法、俄等国对印度虎视眈眈，而印度本土的军事力量也在飞速缩小与英军的差距。但是英国驻印度总督、东印度公司以及驻军都有着各自的情报侦察人员，通过高效的情报体系，英军对印度各王邦的武装抵抗力量的军事动向了如指掌。[②] 政治方面，英国自 1786 年起开始封锁印度本土力量间的双边和多边信息交流，如控制当地新闻出版社并由东印度公司在当地开办报社，以此来破坏印度各王邦间的结盟与联合。[③] 正是通过这些手段，英国成功地在印度施加更大的影响，并最终获得了印度的宗主权。

从历史中我们发现，情报工作对于英国而言，在反法战争和开拓殖民地方面的积极作用是毋庸置疑的，从某种意义上说，情报工作推动和促进了“第二帝国”的建立，加快了“日不落帝国”的强盛步伐。

---

① ［美］厄内斯特·沃克曼著，刘彬、文智译：《间谍的历史》，文汇出版社，2009 年 5 月第 1 版，第 109—110 页。

② Christopher Alan Bayly, *Empire and Information: Intelligence Gathering and Social Communication in India*, 1780 – 1870, Cambridge University Press, London, 1996, pp. 56 – 59.

③ Richard J. Popplewell, *Intelligence and Imperial Defence: British Intelligence and the Defence of the Indian Empire*, 1904 – 1924, Frank Cass& Co. Ltd. London, 1995, pp. 10 – 12.

三、情报成为“日不落”的保障

英国在汲取了美国独立战争中情报失败的经验后，开始逐步重视情报工作，并加大对情报机构的投入。“自1797年起，英国议会每年都有着名为‘秘密情报资金’的专项拨款。在拿破仑战争期间，这一款项从战争初的每年10万英镑，提高至1805年的170万英镑，这种传统也一直延续至今”①。英国政府对情报工作的支持，既让英国在外交斗争中争取了主动，也保证了英军在战争中的胜利。

在反法战争结束后，英国进入了“日不落帝国”阶段，帝国生存与发展的基础仍然是殖民地。因此，如何满足帝国扩张的情报需求成为情报部门面临的首要问题。事实上，有关这个问题英国情报部门并不陌生，因为在“第一帝国”时期，情报工作就在帝国开疆拓土中的发挥了先锋作用。但是在“第二帝国”阶段，重商主义主导下的殖民地统治体系与模式已经被淘汰，新兴的自由主义经济理论反对在殖民地施行经济与政治垄断，各殖民地也纷纷建立了自治政府。然而，殖民地自治并不意味着英国政府放任其自由，而且英国还控制了好望角、锡兰等具有重要战略意义的海上通道。为了防止殖民地发生叛乱以及防范其他殖民强国的争夺，英帝国向海外派遣的部队数量越来越多。随着帝国的版图更加庞大，以及海外驻军的增多，英国更加需要精准的地图以及与殖民地社会风俗习惯有关的情报，1830年成立的“皇家地理协会”以及1855年的地形测量暨统计局适时地满足了帝国当前的情报需要。地形测量暨统计局随后进行改组，分为统计科和地形科。前者主要负责搜集外国的军用地图及作战计划，地形科负责搜集外国的地形资料。② 同时注意各种动向情报的搜集工作，如俄国试图借道希瓦和布哈拉入侵印度时，英国设置在该地的情报人员能够及时侦察到俄军动向并向印度驻军报告。③

---

① Christopher Andrew, *Secret Service: The Making of the British Intelligence Community*, William Heinemann Ltd., London 1985, p. 5

② 刘宗和，高金虎主编：《外国情报体制研究》，军事科学出版社，2003年版，第202页。

③ Stephen Wade, *Spies in the Empire: Victorian Military Intelligence*, Anthem Press, London, 2007, p. 8.

除了满足英帝国殖民扩张的情报需求，英国情报部门还要负责保障国家安全，防范他国入侵。1829 年，在内政大臣罗伯特·皮尔主导下，英国成立了都市警察局特别分局（苏格兰场），[①] 该机构以保障国家安全为工作中心，清剿国内叛乱分子以及国外敌对势力的行动，并开展反情报活动。驻欧洲大陆的英国情报站则密切关注各国的政治、军事和外交等动向，为政府制定与修改相应政策提供依据。19 世纪末成立的海军情报部，同样负责搜集有关反入侵行动和保护本国的商业利益的情报。

在“日不落帝国”建立以及欧洲力量格局趋于稳定的态势下，英国情报部门以维护国家利益为重心，有力地保障了国家安全以及帝国版图的扩张。需要指出的是，“日不落帝国”的建立与发展，其根本在于工业革命后英国综合国力的大幅度提升，以及殖民体系的调整与完善。与伊丽莎白时期英国情报工作的力挽狂澜相比，该时期的情报工作发挥的作用往往被忽略，这是由历史发展趋势决定的，因为“日不落帝国”是英国在工业革命后国力提升的体现，是水到渠成的结果。尽管这样，情报工作在这一时期的作用仍应给予肯定，因为，它通过作用于战争这一纽带，大大缩短了建立殖民帝国所需时间，同时在殖民地设立的情报网络也保证了殖民体系的稳定与完整。因此，情报工作总体上仍是帝国运行的一种保障，确保其维持着“日不落”态势。

小 结

在工业革命的推动下，英国国内经济与社会一扫北美独立战争后的颓势，发生了翻天覆地的变化。工业领域内的革命引发了科学技术的革新，科学技术在改善人民生活水平的同时，也被应用于军工领域。18 世纪 70 年代末，宣扬自由与平等的法国大革命爆发。革命的势头迅速延伸至英国，英国保守主义政府认为法国革命威胁到了本国政治制度，动摇了国内

---

① 1829 年，在内政大臣罗伯特·皮尔的倡议下，《都市警察法案》得以通过。根据该法案，英国建立了伦敦警察部队。这也是英国第一支现代警察部队，也是英国历史上第一支支付薪金、着警服的警察部队。参见 Leslie William White, W. D. Hussey, *Government in Great Britain, the Empire, and the Commonwealth*, Cambridge University Press, London, 1965, pp. 140 – 143.

现有秩序。拿破仑专政的法国施行针对英国的大陆封锁政策，英国大陆贸易停滞不前，从而导致1793年英国向法国宣战。

战争初期，拿破仑携革命之势，凭借其高超的军事才华横扫西欧，但重新焕发生机的英国情报部门对欧洲局势进行正确判断，帮助英军避开了拿破仑军队早期的锋锐。在海战中，行之有效的海军情报系统为英国海军提供了必要的情报支持，使英国海军在1805年一役中彻底击垮法国舰队，牢牢控制了制海权，自此免受来自欧洲大陆的威胁。进而，英国情报主管威灵顿公爵通过对英国情报机制的改革，有效整合了战略情报与战场情报，并对英军的陆军侦察体系进行改革，设立了各级部队情报机构，并在法国积极拓展情报源，收效颇丰。因此，他不仅借拿破仑对西班牙形势误判最终困于伊比利亚半岛之机，使英军在西班牙的战略牵制行动影响了整个战局，还帮助英国赢得了对法战争的最终胜利，使得战败的法国在短期内无力对英国构成威胁。最终，英国通过维也纳会议，获得更加广阔殖民地，建立了“第二帝国”，形成了“日不落”态势并得以维持。

从这阶段的英国情报工作效果看，情报工作的改革使得英国情报资源得以科学配置，特别是机构的合理调整和情报源的广泛拓展，成为英国情报工作高效运转的关键因素。同时，充分消化、吸收和运用工业革命成果，积极开展科学技术情报的搜集和研判，使之成为情报工作发展的助推力，进而转化为维护国家发展的巨大动力。总而言之，英国政府和情报部门正是在吸取历史经验和教训的基础上，对情报功效进行了再认识，从而使得英国情报工作一扫北美战争时频频失误的阴霾，为其国家重新崛起和强盛发挥了重要的保障作用。

第四章　情报工作与国家生存发展间的辨证关系

在英帝国建立与扩张的过程中，情报工作不仅扮演了重要角色也发挥了重要作用。尽管在北美战争中，英国情报部门的频频失误导致了其输掉了战争并导致“第一帝国”的衰落，但是，在充分汲取经验教训的基础上，经过对情报体制的重新调整，英国情报部门重新焕发了生机，为“第二帝国”建立中发挥了关键作用。总体看，在帝国内部，情报工作帮助英国政府维持了社会稳定；在帝国对外扩张中，英情报机构能够及时对战争威胁发出预警、保障英军的作战行动，为帝国制定殖民扩张政策提供依据。同时，依据英帝国不同时期的发展需要，适时推动并促进情报工作的调整与变革。更为重要的是，英国作为近代工业化革命的先驱，其科学精神和经典理论丰富了人类的精神宝库，“日不落帝国”时代的成就深入人心。尽管英帝国的辉煌已然远去，但我们从其兴衰中仍能得到启发，特别是作为帝国发展的巨大助力，当年英国情报工作的理念和做法，对当今我国情报事业如何助推中国崛起，依然具有借鉴价值。

第一节　决定情报工作成败的要因

国家的发展程度一定意义上决定着情报工作的任务内容、情报机构的组织建设以及情报的搜集和分析手段。情报工作是在特定时代背景下开展的，因此，情报工作必定受到国家发展的时代特色的制约。国家的生存与发展要求情报工作发挥其作用，能否满足国家安全与发展需求也成为衡量情报成效的决定性标准。

一、情报工作必须适应国家发展的时代特色

国家在不同时期有着不同的任务方针，情报工作是为国家政治、军事、外交和经济等斗争服务的，因此，必须符合国家的战略方针，为国家发展战略制定提供有价值的信息保障。这就使得国家在不同的发展阶段，情报工作有着不同的任务重点、工作方式与组织建设。

首先，国家战略决定了情报工作重心。伴随着国家发展，国家领导者都会制定新的国家发展战略，判断来自现实和潜在敌人的威胁，并对敌我双方的实力进行对比分析。而“判断战略形势是进行战略决策、定下战略决心的前提和根本”①。在决策者进行战略判断的过程中，情报部门要尽可能多地搜集相关敌方或竞争对手的情报信息，并在充分了解自己的前提下，进行对比分析研究，为战略决策的制定提供情报支持。在伊丽莎白女王执政之初，英国主要面对来自国内叛乱分子的威胁，因此，维护国家安全与稳定也成为沃尔辛厄姆领导的保密局的工作重心。而在拿破仑战争期间，国家面临着生死存亡的局面，英国情报工作则是围绕欧洲战争局势来开展的。帝国对外扩张时期，开疆拓土是国家的最大利益，故而英国情报部门重点搜集的是有关殖民地交通地志、殖民地驻军以及其他殖民强国军事动向的情报。由此可见，情报工作服务于国家战略方针的制定与变化，进而，国家发展的总目标也决定了情报工作的方向。

其次，情报搜集手段要适应时代科技发展水平。科学技术是第一生产力，它带动国家经济、政治、军事快速发展的同时，也极大促进了情报工作的进步。英国充分吸收其工业革命的成果，将其应用于情报领域，促使了其情报工作发展的同时，也为国家生存和发展做出了重大贡献。随着科学技术的革新，信息传递渠道以及情报来源得以拓宽，情报的及时性、准确性和完整性也相应提高。19 世纪中叶以前，情报工作受制于科技发展水平，主要依靠人力获取情报，一定程度上影响了情报的准确性。以至于克劳塞维茨这样评价这一时期的情报，“战时的很多情报是相互矛盾的，甚至更多的是虚假的，大多数都是不确定的。简而言之，相当多的情报都

---

① 军事科学院战略研究部：《战略学》，军事科学出版社，2001 年版，第 179 页。

是错误的"[①]。而随着科学技术的发展，情报搜集的手段与途径得到扩展，电话、电报发明与应用后，出现了通过截收敌方电话、电报信号的情报搜集途径，不仅提高了情报获取的效率，也使情报的准确率得到了提升。如今，当网络信息技术在全球普及之际，信息的传递与处理常常通过网络进行，海量情报信息存在于网络之中，因此，网络侦察随之诞生。从世界各国的情报工作发展史中不难发现，科学技术领域的最新成果通常都优先用于侦察情报活动。同时，由于各国都力求取得更多、更快以及更准确的情报，使自己在情报斗争中占据优势，这也给其反情报能力提出了更高要求。

第三，适时调整情报体制以满足国家发展需要。为了适应国家在新阶段的发展目标与任务，情报部门需要进行相应调整。其中，或扩大规模与缩减编制，或新设机构或内部整合，情报体制的变革要以服务于国家和军队建设和发展为宗旨。法国革命时期，英国情报部门在工业革命背景下，一方面要维护国内经济发展，另一方面要保障英国在反法战争中取得胜利。为此，英政府各部门纷纷在其内部设置情报机构，以配合英国在欧洲大陆的政治、经济与军事斗争。工业革命引发了科学技术的革新，搜集技术性情报和研发军工科技的英国军械部门得以创立。通过对欧洲各国最新科技成果的窃取，军械部门帮助英国在工业领域保持了领先地位。在战场上，英国传统的部队侦察机制已经无法满足战争需要，在不断的调整与改革中，海军与陆军情报体制得以完善与发展。高效的海军情报体系帮助海军上将纳尔逊准确预测到法军的战略动向，牢牢掌握了制海权。[②] 在威灵顿公爵倡导下，英国陆军设立了独立的各级情报机构。这些情报机构负责各自战区的情报搜集与分析工作，从而保障军事行动的顺利开展。历史经验证明，无论平时还是战时，情报体制都要根据国家的情报需求进行有针对性的改革与调整，只有这样，才能保证情报工作朝正确的发展方向。而一成不变的情报体制，只能在竞争中错误不断、失误连连，英国情报工作在北美战争中的表现也证明了此点。

---

① Michael Herman, *Intelligence*: *Power in Peace and War*, Cambridge University Press, London, 1996, p. 137.

② Colin White, *Nelson*: *The New Letters*, Boydell & Brewer Ltd. London, 2005, pp. 368 – 370.

二、情报工作发展必须破解制约因素以适应国家发展

如何确保情报工作能够满足国家发展需要，帮助国家实现既定目标是各国情报部门首要考虑的问题。国家领导者对情报工作的态度、政府对情报工作的人力与财力支持以及科学技术水平等，都是制约情报工作发挥的关键因素。

首先，国家领导层对情报的认识至关重要。

在传统的西方决策者观念中，情报工作是以战争为研究对象的，情报只能侧重于军事方面，即所谓情报就是军事情报。因此，与军事或作战无直接关联的敌对国家经济实力、人口资源、科技水平有关的情况不在情报搜集之列。因为，传统观点认为，情报工作只存在于战场之上，战争后就没有必要维持庞大的情报体制。伊丽莎白时代较为特殊，内外交困的压力不得不让英国决策者另辟新径，通过情报手段来把握局势的主动权。沃尔辛厄姆的保密局由于其出色的工作业绩与能力，获得了政府的信任，改变了情报与决策脱节的传统。然而，可惜的是这一局面并未保持多久，在伊丽莎白时代之后的一段时期内，情报机构再次被架空，只因后来连年不断的战争需要才得以保留。“七年战争”后，英国政府的注意力主要聚焦于扭转国内财政窘境和加大对殖民地的经济掠夺，因此，并没有扩大情报机构规模来应对潜在危机。君主和议会对情报工作的漠视也导致了英国情报部门的碌碌无为并最终使英国在北美独立战争中溃败。法国大革命和拿破仑战争充分揭示了经济潜力和国民士气对战争的影响，“战争的经验成为战略家探索军事战略的源泉”[①]。英国政府和情报界开始重新认知情报在维护国家生存与发展中的功效，随之加大了对情报界的投入和改革力度，从而使英国情报工作重新找回自我，并在对法战争中发挥了重要作用，成为“第二帝国”“日不落”局面出现的助推剂。随着人们对战争理论认识的发展，特别是总体战理论的出现，使情报工作真正融入到战略决策之中。从历史上看，决策者对情报工作的发展具有重要的决定性作用，只有

---

① 高金虎著：《美国战略情报与决策体制研究》，陕西师范大学出版社，2004 年版，第 19 页。

决策者真正重视情报工作并积极采纳情报成果，情报工作才能明确任务与方向，才能对决策制定产生积极意义。

其次，对情报工作的投入影响工作成效。

在伊丽莎白女王之前，英国情报工作不见大成效的一个重要原因是缺乏国家的人力与财力支持。因为，“在伊丽莎白时期，限于政府财政紧张，英国政府对情报的经费投入甚少。沃尔辛厄姆很多情况下都是依靠个人积蓄来勉强维持情报部门的运作，这让他多次处于破产的边缘，他也不得不频繁向财政大臣塞西尔寻求帮助”①。随着英帝国海外殖民事业的拓展以及经济实力的增强，这一情况才稍稍得以改观，但英国议会对情报工作的支持力度也是由国内外局势来决定的。战争时期，情报需求扩大，政府对英国情报机构的经费投入也相应增大；和平时期，对情报的需求相对较小，政府的财力支持则明显减少。“这种情报投入的变化带来的结果是，英国情报机构无论是在能力还是在效率方面，其不稳定程度均超过了其他各国情报机构，有时成绩辉煌，有时则连遭惨败”②。也正是后来基于对情报功效的重现认识，1797 年，英国议会设立了年度情报款项，情报工作才有了固定的资金来源。在政府支持下，英国情报部门在“日不落帝国”扩张中发挥出应有的作用，维护了英国在世界的霸权地位。当然，我们也必须认识到，金钱买不到情报工作能力，规模大也不一定就会产生效益，因为，“更多的情报人员并不意味着更高的工作质量，设置过多的情报机构也不利于整合与协调”③。但是，作为一项缜密复杂的工作，没有一定的人力保障是难以有所作为的，同时，所谓“巧妇难为无米之炊”，缺乏必要的财力支持无疑难以推进情报工作发展。总之，适合的人员规模和合理的财力投入是确保国家情报体制满足国家、军队建设和发展需要的基本保证。

第三，利用科技成果推动情报手段的提升。

---

① Stephen Budiansky, *Her Majesty's Spymaster: Elizabeth, Sir Francis Walsingham, and the birth of modern espionage*, Weekly, London, 2005, p. 9.

② ［英］理查德·迪肯著，陈秩、乐爱妹等译：《英国谍报史》，世界知识出版社，1983 年版，第 2 页。

③ Stan Taylor and David Goldman, *Intelligence Reform: Will More Agencies, Money, and Personnel Help?* Intelligence and National Security, 2004, Vol. 19, p. 431.

国家的科学技术水平的高低影响情报工作的发展。科学技术的进步不但会推动技术侦察手段的革新与发展，也会改变情报搜集的内容。19世纪以前的欧洲，信息传递手段较为单一，人们交流沟通主要以加密的信件形式为主。因此各国情报部门对私人信件有着严格的检查制度，都设有拆阅信件和密码破译的机构。当时的情报搜集手段也主要以人力侦察为主，外交官、商人等成为各国情报部门在国外最为重要的情报源。“电话与电报发明与应用后，新闻报道的传播速度大大提升，情报部门转而以报纸、书籍为主要情报来源，辅以人力侦察”[①]。1903年飞机发明后首先被用于军事领域，其在战场侦察的优越性在第一次世界大战中得以体现，这也开创了空中侦察的先河。其后不断得到发展，作为作战用途的空中侦察平台，在越南战争期间，美军共出动了3400余架次进行空中照相侦察，所拍侦察照片占所有其他手段得到的约80%[②]。而卫星的出现，更是改变以往侦察手段，成为重要的获取情报手段，例如，在1979年2—3月，我对越自卫还击战中，美国曾用部署在太阳同步轨道上的两种照相侦察卫星对中越边界进行侦察与监视，使五角大楼对中越战斗情况了如指掌。[③] 网络信息化时代的今天，通过互联网秘密或公开地获取他国情报的网络侦察已成为重要的情报搜集手段，其风险小、投入低以及较易获得等特点也让各国情报机构情有独钟。当然，传统的人力侦察手段依然重要，其获取的情报在价值和准确性上有时是技术侦察手段难以达到的。因此，任何科技新成果用之于情报工作，都会对其产生一定程度的影响。仅从英国早期情报工作中就不难发现，科学技术运用于情报工作和对情报工作的支持，成为情报工作适应国家发展需要的重要保证。而只有重视在情报领域运用新的科学技术成就，情报工作才能更好地保障国家安全和适应现代战争的需要。

---

① Michael Herman, *Intelligence*: *Power in Peace and War*, Cambridge University Press, London, 1996, p. 21.

② ［美］詹姆斯·邓尼根著，军事科学院外国军事研究部译：《现代战争指南》，军事科学出版社，1986年9月版，第115页。

③ 《空军装备系列丛书》编审委员会编：《侦察情报装备》，航空工业出版社，2009年1月版，第164页。

三、国家安全与发展需求对情报改革具有强大推动作用

当情报工作组织有效、为国家和军队提供准确及时的情报，并能进行正确的情报分析与预测时，情报工作就能够满足国家生存与发展的需求，成为国家发展的助推力；反之，情报机构组织松散、各行其是，往往无法及时获取有关当前局势的情报甚至作出错误判断，对国家生存与发展产生负面影响。因此，情报工作必须顺应国家生存和发展的需求，适时进行改革和调整。

拿破仑战争期间，战场覆盖整个欧洲，英国军队往往需要开赴不同的战线，同时参与多场战役。英军高层指挥官既要正确把握战争全局，又要根据当前战区情况制定行动方案，这给情报部门提出了更高要求。面对这种需求，英军将领威灵顿公爵及时进行情报体制改革，成功整合了战略情报与战场情报，并对陆军情报侦察体制进行改革，设置各级情报机构。此举改变了下级部队缺乏独立侦察与情报分析能力的传统，不仅确保了灵活处置战场情况，实施机动作战，更使情报机构进一步符合军事作战的需要。拿破仑战争之后，“第二帝国”建立，英帝国加快对外殖民扩张的步伐。随着英国对海外殖民地情况和有关欧洲列强军事动向情报需求的日益增大，陆军部与海军部分别成立了地形测量暨统计局和海军情报部，此举为日后英国的进一步开疆拓土和维护“日不落”地位作出了巨大贡献。

在恐怖主义势力日益猖獗的今天，反恐怖斗争已经成为国际政治斗争的重要内容和维护国家安全与稳定的重要形式。为了更加有力地打击威胁国家生存与发展的恐怖主义，各国政府都相应地针对当前反恐局势进行了情报改革。英国也不例外且力度不小。

首先，为了应对日趋严重的恐怖主义危机，英国于 2001 年颁布了《反恐怖行动法》，重新调整与分配各情报机构的职能：规定保安局负责搜集有关国内安全及反间谍情报；秘密情报局与政府通讯总部通过秘密情报渠道，利用遍布世界各地的监听、监视网络配合搜集并向决策者提供有关国家安全、外交、国防和经济政策的战略情报；各军事情报机构负责提

供战术情报；国防情报局则主要负责协调各机构的情报工作。[1] 同时，于2003年6月在保安局总部内成立的联合恐怖主义分析中心（Joint Terrorism Analysis Centre），负责分析和评估国内外与国际恐怖主义相关的情报；它设定威胁级别（threat level），为政府部门和机构提供威胁和其他与恐怖主义相关方面的预警，并生产有关恐怖主义发展趋势、恐怖网络和能力的深度报道。[2]

其次，英国在增加情报预算的同时，不断扩大情报机构的编制。2004年西班牙"3·11"事件后，英国将负责反恐情报的保安局编制扩大一半。2006年，英国议会通过决议批准保安局的年度经费增加至4亿英镑，并在2009年前将其情报人员数量增加一倍。在反恐情报预算方面，英国由"9·11"事件前的9.5亿英镑增至2004年的15亿英镑和2007—2008年度的21亿英镑。[3] 最后，针对近些年英国情报部门内部暴露出来的问题，英国情报界逐步完善了监督机制与内部审查机制。目前，英国的情报监督机制主要包括行政监督、议会监督，司法监督和社会监督，主要是对情报工作的效率、正当性与合法性进行关注与监督。[4] 为了加强内部防范能力，英国情报界在内阁、情报与安全委员会的要求下，定期开展内部调查，对安全审查不合格者采取"断然"措施，主要包括暗中审查、内部监控、调离敏感岗位、开除等。此外，英国情报部门完善并严格执行现有安全保卫制度，制定一系列恶性事件"补救方案"。[5] 通过一系列改革措施，英国情报机构的工作能力与效率得到大幅度提升，情报体系也日臻完善与成熟，改革后的情报工作也能够更好地满足国家安全与发展的情报需要。

---

① 参见丁顺珍："英国情报与安全机构"，载《国际资料信息》2003年第10期。

② "联合恐怖主义分析中心"，英国保安局官方网站，http://www.mi5.gov.uk/output/joint-terrorism-analysis-centre.html.

③ 参见屈冠："英国反恐战略"，载《外国军事学术》2009年第3期。

④ 王谦："英国情报体制简介"，载《国际资料信息》2009年第10期。

⑤ 端木承中："英国情报系统的改革之路"，载《国家安全通讯》2001年第1期。

第二节 情报工作对于国家发展的重要性

“历史并不是按照固定轨迹发展与演变的，不同的历史环境、政策决定和历史事件都会影响和改变历史。拥有更加准确、及时和充分的情报，国家也更可能实现其既定发展目标”①。以英帝国盛衰为例，研究其情报工作在帝国建立与扩张过程中发挥的作用，其经验与教训对于我军情报系统的建设与发展具有较高的借鉴与参考价值，尽管我们并非为了扩张，但我们需要和平环境条件下的发展，因此，在这点上具有同等重要的意义。

一、情报工作是国家安全的重要屏障

21 世纪的国家安全的性质已经转化为“综合安全”，国家安全面临的问题是多样的，即在面临各种传统安全问题的同时，还必须应对非传统安全威胁。维护国家安全是情报工作的核心任务，也是各国情报部门进行情报搜集、分析和预警的前提所在。

从本部分研究的内容看，自伊丽莎白一世时代至“日不落帝国”建立的 250 多年中，正规的英国情报体制从无到有，尽管各个时期表现不同，但均始终将维护国家安全与国家利益作为其首要任务。沃尔辛厄姆及其保密局的情报工作主要围绕安定国内动荡局势、抵御西班牙入侵与维护英国海外殖民利益来展开。北美独立战争期间，英国情报部门则是以捍卫北美殖民宗主权地位、保障英国的殖民地争夺为工作重点。拿破仑战争时期的英国情报部门侧重于保障本国在反法战争中的胜利、确保英国在工业科技领域内的优势地位。因此，纵观英帝国这段历史，情报工作始终在为维护国家的生存与发展发挥着重要作用：保障战争胜利与抵御外敌入侵离不开情报保障；维护国家统一与稳定社会秩序需要情报保障；对外殖民扩张与殖民战争同样需要情报工作作为开路先锋。如果沃尔辛厄姆不能在

---

① Timothy Walton, *Challenges in Intelligence Analysis*, *Lessons From 1300 BCE to the Present*, Cambridge University Press, London, 2010, Preface. p. 7.

“巴斌顿阴谋”事件中破坏刺杀女王的行动，英国的历史将会重写；如果没有高效的情报保障，英国海军也不可能战胜实力强大的西班牙“无敌舰队”，建立海洋霸权；如果没有对海军情报体制进行重组与改革，纳尔逊也不会牢牢控制海面，使英国避免来自欧洲大陆的威胁。由此可见，尽管英国情报工作并非一直尽善尽美，但在“第一帝国”和“第二帝国”的建立中，情报工作均扮演着十分重要的角色，而在维护帝国的霸权地位中，情报也一直都是英国国家安全的重要屏障。

随着国家安全这一概念内涵的延伸，情报工作的内容也随之扩大，从传统的军事、政治和外交领域扩至经济、金融、信息、反恐怖主义等领域。如今，英国情报界的三大核心机构——保安局、秘密情报局和政府通讯总部仍然将维护国家安全列为其首要职能。[①] 1989 年出台的《保安局法》规定保安局的主要职能是：“维护国家安全，特别是要对付间谍活动、恐怖主义和破坏活动构成的威胁；外国代理人的活动；通过政治、经济或暴力手段阴谋推翻或破坏议会民主制的活动”。[②] 根据 1994 年的《情报机构法》，秘密情报局负责在海外搜集秘密情报的主要范围为：与英国的国家安全相关（尤其是各国的国防和外交政策）；与英国的经济利益相关；侦测和预防重大犯罪。[③] 政府通讯总部的工作要求是保卫国家安全、维护国家经济利益、侦测和预防重大犯罪。

英国情报工作数百年来的经验与教训也给予我们良多启发。加强经济情报的搜集与分析，保护国家经济安全，是让国家在国际经济竞争中立于不败之地的前提与保证；军事情报工作立足于保障我军打赢信息化条件下的战争，捍卫国家领土与主权的完整；反情报工作的中心任务是至少在经济领域中作为防范我国先进科技被别国窃取的利器，以避免印刷术、丝绸、陶瓷等技术丢失悲剧的重演；完善反恐情报体系建设，提高反恐情报保障能力，是确保国家稳定与和谐社会建设的重要前提。

---

① 王谦：“英国情报体制简介”，载《国际资料信息》2009 年第 10 期。

② 参见“Security Service Act 1989”，http：//www. opsi. gov. uk /acts/acts1989/Ukpga – 19890005-en-1. htm.

③ 参见“Intelligence Service Act 1994”，http：//www. opsi. gov. uk /acts/acts1994/Ukpga-19940013-en-1. htm.

二、情报工作是国家发展的重要保证

制约国家发展的因素有很多，其中包括人口、资源、国民素质、科学技术、军事实力、经济实力、发展环境，信息等。在信息时代，信息贯穿于国家发展的各个领域和方方面面，特别是随着信息技术的发展，信息化社会的出现使得各国均加大了对信息资源的争夺。历史证明，对资源的争夺是引发国际冲突的主要根源，那些拥有丰富资源却不具备自卫能力的国家屡次遭受外敌入侵。从这个意义上来讲，“信息让资源匮乏的国家通过追求技术进步和创新获得发展空间，减少因土地和能源资源争夺带来的冲突”①。而情报作为原有价值信息正是国家发展所需的重要信息源，因此，情报战必将成为未来世界竞争最为激烈的领域。

站在英国的视角看，殖民地是英帝国赖以生存与发展的关键，通过对殖民地资源与贸易的垄断和掠夺，英帝国得以不断壮大自身并推动国家与社会的进步。因此，如何避开法国和西班牙等国的势力范围，了解殖民地的社会状况和武装力量等情况，确保帝国的海外利益并在殖民斗争中取胜，均是英国情报工作的重要内容。某种意义上说，没有情报支持，英国就会耳不聪、目不明，哪怕军事强大、经济实力雄厚，英国也无法支撑庞大的“日不落帝国”。而恰恰是出色的情报工作，使得英国在与法、西争霸中取得了竞争优势，巩固了其世界霸权。

国家发展需要国家决策层制定长期发展战略，制定科学合理的发展战略依赖于决策者对当前国际局势正确的判断以及对未来走向的准确预测，而当前国际局势正确的判断以及对未来走向的准确预测必须以准确及时的情报为依据。战略情报是为国家最高决策者服务的，其全局性、长期性与前瞻性的特点符合战略决策制定的要求。因为，“战略情报是指有关国家安全和战争全局的情报，是统帅部进行战略决策、制定战略计划、筹划和指导战争的重要依据”②。1947 年，耶鲁大学教授谢尔曼·肯特在其《战

---

① 汪晓风：“信息与国家安全——美国国家安全战略转型中的信息战略分析”，[博士学位论文]，上海，复旦大学，2004 年。

② 刘宗和主编：《军事情报》，中国大百科全书出版社，2007 年版，第 144—146 页。

略情报：为美国世界政治服务》一书中，按服务对象，把情报区分为服务于国家最高决策的战略情报和为联邦政府各部门服务的部门情报，以及保障作战需要的军事情报。[①] 战略情报不同于传统的军事情报，即并不像威灵顿公爵描述的那样“了解山的另一边有什么”，从狭义上讲，战略情报是客观存在的对在国家政策统领下为赢得战争和军事斗争胜利而谋划并指导未来实施的总体设计和构想有价值的信息。从广义上讲，战略情报是客观存在的对在总体政策统领下为获得竞争优势和赢得竞争并促进发展而谋划并指导未来实施的总体设计和构想有价值的信息。因此，“战略情报有着更加广泛的基础与目标，其整合了经济、政治、社会、科技与军事等内容”[②]。而从实际操作的层面上看，“战略情报需要情报部门搜集、研究整理和传递有关全球局势的情报，特别是有关国家安全潜在威胁的情报”[③]。战略情报不仅是决策者制定国家发展战略的重要依据，同时也能被灵活应用于政府各部门的决策制定过程中。

中国始终不渝地走和平发展道路，坚定地奉行防御性国防政策，不搞军备竞赛，也不对任何国家构成军事威胁。中国始终对外宣示，中国永远不称霸、永远不扩张。但是，秉承和平发展路线并不意味着可以高枕无忧，可以忽视情报工作。新中国成立后，政治上，西方世界对中国的敌视和围堵，成为中国融入世界的最大障碍；军事上，美国地缘战略扩张至中国家门口，使中国周边安全环境不断恶化。改革开放后，尽管中国融入世界，经济快速发展，但仍始终要面对如何营造良好的国际、特别是周边安全环境问题的挑战。近些年，由美国金融危机引发的全球经济危机导致世界经济发展放缓，众多非传统安全问题的浮现给人类生存与发展带来巨大挑战。尽管建立新型大国关系成为世界发展潮流，但纷繁复杂的国际环境充满着诸多不确定因素，特别是美国战略重心东移和“再平衡”战略的实施使得亚太地区特别是中国的周边安全环境日趋复杂，这为中国国家领

---

① 参见［美］谢尔曼·肯特著，刘薇、肖皓元译：《战略情报：为美国世界政策服务》，金城出版社，2012 年版。

② Bruce D. Berkowitz and Allan E. Goodman, *Strategic Intelligence for American National Security*, Princeton University Press, New Jersey, 1989, pp. 3 – 5.

③ Loch K. Johnson, *Strategic Intelligence: An American Perspective*, Security and Intelligence in a Changing World, Frank Cass And Co. Ltd. 1991, p. 46.

导人制定国家长远发展战略带来巨大挑战。在这种条件下，情报特别是战略情报工作的成效高低显得尤为重要，而只有科学构建起一个高效而完备的情报体制，才能更好地保障中国国家长远发展战略的制定，满足可持续发展的需要，最终实现中华民族的伟大崛起。

三、情报工作与国家发展相互促进

从英国的情报工作和英国国家的发展史中我们不难发现，英国情报工作与英帝国之间是一种彼此依存、互促发展的关系。从伊丽莎白时代英国走向强盛，到二战结束后帝国事业的终结，英国经历了数次劫难与战争洗礼，英国情报机构也经历了从无到有、从弱到强的过程。在英帝国发展的重要转折时期，英国情报工作或碌碌无为、失误频频，严重影响国家决策者制定策略方针；或积极作为、屡建奇功，为国家政治军事斗争提供了重要支持。表现各异的英国各时期情报工作对英国国家发展均产生了不同程度的影响，即或导致在战争中失利，阻碍了帝国的发展；或赢得战争，促进了帝国的殖民扩张，成就了帝国霸业。

随着国家发展步伐的加快，情报工作也越来越受到英国政府高层的重视。自伊丽莎白时代开始，从决策层逐渐接受并重视情报工作，到今天情报工作成为英国国家安全要素的重要组成部分，情报工作地位的提升也让其在国家发展过程中发挥日益重要的作用。与此同时，国家发展也推动了情报工作的变革，情报工作从单纯的军事范畴延伸至经济、政治和外交等领域，并通过情报体制不断改革与调整以适应国家发展需要，情报搜集和分析手段也随着科学技术的进步日趋丰富。

从情报与国家发展的互动关系视角看，英国情报机构在帝国发展过程中的经验与教训，对于我军情报系统的建设与发展具有较高的借鉴与参考价值，如：根据国际局势的变化适时调整军事情报体制编制，提出明确的任务方针；加强对情报人员的理想与信念教育，并培养一支新时期高素质的情报队伍；突出人力情报的同时，重视开发技术侦察手段；深化与加大情报参与国家决策的程度和范围，加大对情报工作的投入和支持；不断学习和借鉴各国情报系统的体制建设和工作方法，全面构建一个高效而完备的军事情报体系。

我国目前处于经济高速发展期，在党中央领导下，各族人民正在为实现中华民族的伟大复兴呕心沥血。军事情报部门和国家安全部门有责任为维护国家安全与发展、为实现祖国统一的军事斗争做好坚强有力的情报保障工作。这就需要在学习和借鉴国外先进经验的同时，根据我国国家安全和发展的需求，不断探寻科学合理的情报保障途径，而科学的理论研究就是重要的一环。

小　结

情报工作是在特定的时代背景下开展的，其工作内容、方式手段和组织建设都要受到这一时期的现实条件制约，就如伊丽莎白时代英国情报工作与今天的情报工作差别迥异。而情报工作的这种演变并不是一蹴而就的，它是伴随着国家发展而不断变化的，从这种意义上讲，国家发展带动了情报工作的发展。在某一历史时期，情报机构必须要将该时期国家战略方针作为情报工作的指导方向，紧密关注科学技术的发展，并随着国家安全与发展任务的改变适时调整自身的体制结构。情报工作服务于国家，同时，国家发展推动与促进了情报工作的进步。

理查德·迪肯曾说过：“一个国家如果没有一支精明强干的情报部队，则必然遭到失败，这是从特洛伊时代至今的历史中得出的教训。”① 从1558—1885年的英帝国发展历程中我们发现，情报工作在保障国家安全与稳定、支持帝国版图扩张中发挥了十分重要的作用。在不同历史时期，情报工作或积极或消极地影响到了国家的发展。但是，我们更多地看到，高效的情报机构能够为国家决策者制定战略方针提供依据，保障军队作战行动的胜利，是国家发展的助推器；反之，碌碌无为的情报工作则会给战略决策的制定带来严重的负面影响，给国家带来难以估量的损失。

① ［英］理查德·迪肯著，陈秩、乐爱妹等译：《英国谍报史》，世界知识出版社，1983年版，第2页。

结　论

从人类发展史看，国家的生存、发展与强盛是若干因素作用的结果。本部分只是抽取了其中的一个重要侧面——情报工作，并将其融入1558—1885年英帝国的历史加以研究和论证，以求“他山之石”攻我之玉。

曾被称之为“日不落帝国”的英国是西方近代文明的源头、工业化的先驱和西方议会民主制的发源地。英国从一个文明世界边缘的蕞尔小国一跃成为世界性帝国，其历史值得我们反复研读。同时，英国也是西方的老牌情报大国，其机制化的情报工作历史悠久，从第一家情报机构——保密局的建立至今已有400多年历史。英帝国的发展历程呈兴衰起伏的曲线轨迹延伸，而机制化的英国情报体制也正是伴随着这样的轨迹经历了从无到有、由弱至强过程。如果将英帝国发展史与情报史描绘成两条曲线，可以发现，两条曲线或相交、或背离，而其中的相交点正是英国发展史中的重要转折点。其中伊丽莎白时代、北美独立战争、法国大革命时期均为英国史中的重要节点，而在这个重要节点上，英国的情报工作均扮演着十分重要的角色。正因为如此，本部分抽取了这三个时期，对其间情报工作的具体效用进行了分析和研究。

总体来看，伊丽莎白女王时代，英国国内社会动荡、叛乱纷起，国外则强敌环伺，情报成为该时期英国打破内外交困局面的重要手段。保密局的建立与情报工作的勃兴，帮助英国稳定了国内局势，战胜西班牙“无敌舰队”并夺取制海权，为日后建立“第一帝国”奠定了基础。北美独立战争时期，英国对北美殖民地横征暴敛、失道寡助，一味地掠夺引发了殖民地的独立战争。在此期间，英国情报工作组织松散，优势资源并未得到有效整合，对美情报战的失利成为英军在殖民战争中败北的重要原因，而北美殖民统治权的丧失也直接导致了“第一帝国”的土崩瓦解。法国大革命爆发后，革命自由观席卷欧洲，强烈冲击了英国原有体制与秩序。这一时期的英国正在经历工业革命，综合实力大幅提升的同时也迫切需要扩大其海外市场，从而导致不可避免地卷入了反法战争。针对在北美独立战争中暴露出的问题，英国情报部门适时进行了重组与改革，以满足日益扩大的情报需求。反法战争见证了英国情报工作再次崛起，改革之后的情报部门成功判断了战争走势，掌握了法军的战略动向，帮助英国赢得了反法战争，英国也在战后分得了广阔的殖民地，最终成为“日不落帝国”。

从英国在三个时期中截然不同的情报工作可以看出，情报工作与国家发展之间是一种彼此依赖、互相影响的关系。一方面，不同时期的国家发展呈现出不同的时代特色，而这种时代特色也制约着情报工作的发展。国家发展方向决定了情报工作的内容，一定时期内决策者对情报工作的态度以及国家对情报工作的投入影响了其成效，而科学技术的发展也给情报工作带来了的生机和活力。可见，一方面，国家发展推动了情报工作的进步，情报工作也必须适时进行调整与改革以满足国家发展的需要；另一方面，国家要求情报工作发挥其应有的作用，也很大程度促进了情报工作的发展。

事实证明，情报工作确实能够积极或消极地影响到国家的发展进程。高效的情报工作能够维护国家安全，为国家制定发展策略提供依据，并保障国家在政治、军事斗争中的胜利。反之，屡屡失误的情报工作也严重危害到国家安全，导致己方丧失战略主动权，陷于危境。探索与剖析情报工作与国家发展间的关系，对于丰富与完善军事情报和决策理论，指导军事情报实践大有裨益。

历史在发展，时代在变迁。在信息技术飞速发展的今天，情报工作为国家发展提供重要支撑的意义更加凸显。但同时，纷繁复杂的海量信息也为情报工作带来了更为严峻的挑战。事实上，无论是过去还是现在，如何科学地发挥情报工作对国家生存和发展的应有作用问题一直存在，而其中，如何分析和判断国家所面临的发展机遇和安全威胁，趋利避害，实现国家利益最大化，是情报保障工作的关键所在。而对于情报机构首脑和机关而言，如何科学配置情报资源以及妥善处理情报与决策的关系，最终为国家发展提供战略保障将是永恒的课题。本部分欲通过对1558—1885年英国早期情报史的研究，借鉴其情报机构在发展过程中的经验与教训，以期能为正在崛起中的我国国家发展和情报事业建设提供有益的经验启示。

第二部分

情报工作与拿破仑帝国的兴亡
（1799—1815）

拿破仑时期是一个打破旧制度、建立新体制的时代，拿破仑作为这个时代的军事统帅和国家元首无疑使当时的法国深深地打上了他的个人烙印。他的卓越政绩促进了资本主义在欧洲的发展，他突出的军事才能则使其叱咤疆场近20年。拿破仑的军事指挥才能和军事思想是促成他常打胜仗和建立丰功伟绩的一个重要原因，而由他推动的情报工作重大发展也是原因之一。拿破仑自身对情报工作非常重视，他本人甚至常常担当情报搜集者和分析者（尽管这种作法也曾带来过严重的负面效应）；他还要求属下积极搜集各类情报，并积极推进建立起手段多样的情报搜集体系，情报活动开展得灵活多样；他对情报工作投入很大，不断完善情报机构建设，且不惜重金收买各种情报。

战争使情报工作的重要作用日益凸显，同时战争也促进了情报工作自身的发展与进步。拿破仑时期的情报工作经历了战争的洗礼与考验，显示出极大的威力。同时，与之前相比，无论是情报来源与内容、情报搜集手段还是情报活动的开展方式，拿破仑时期的情报工作都有不同程度的发展。诚然，由于个人因素、体制问题和时代局限等原因，这一时期的情报工作也暴露出一些缺点与不足。

总之，从情报学的视角看，拿破仑时期的情报工作与法兰西第一帝国（或更形象地称“拿破仑帝国”）的兴衰有着密切联系，对法国的情报体制和欧洲情报思想也具有一定影响。更为重要的是，以史为鉴，通过研究，我们可从拿破仑时期情报工作的实践中得到一些有益的启示和反思，这对于如何优化当今情报工作和提高情报效益具有一定的理论意义和现实价值。

本部分分五章进行论述，其中第五章主要综述拿破仑帝国时期法国情报工作的发展情况；第六章总结了拿破仑帝国时期法国情报工作特点；第七章对拿破仑帝国时期法国情报工作做了基本评价；第八章论述了拿破仑帝国时期法国情报工作的影响；第九章是由拿破仑帝国时期法国情报工作情况所引发的启示与思考。

第五章　拿破仑帝国时期法国情报工作综述

拿破仑帝国时期是法国的一个非常年代，启蒙运动使人们的思想发生了天翻地覆的变化，法国大革命使存在几百年的封建君主制度土崩瓦解，之后的拿破仑战争席卷几乎整个欧洲大陆。国内外形势的紧迫促使法国当局开始加强情报工作的建设与发展，同时战争的需求也使拿破仑更加重视军事情报工作和与战争息息相关的政治、外交等情报的搜集。局势的需要和执政者的愿望相结合使得拿破仑帝国时期的法国情报工作有了较大发展，并为以后法国情报事业的继续探索提供了宝贵的经验和教训。

第一节　特殊的时代背景造就了拿破仑和法兰西帝国

拿破仑出生在科西嘉岛①，是年该岛被并入法国版图，这就注定了他的一生与法国的命运息息相关。作为生活在那个时代的人，拿破仑显然受到启蒙思想的熏陶，法国大革命的爆发又使处于青年时期的拿破仑亲身经历了政治革命的风暴，及至后来在多次革命运动的洗礼后走上法国政坛并

---

① 科西嘉岛位于法国本土的东南部，亚平宁半岛以西，萨丁岛以北，面积8682平方公里，是法国最大岛和地中海的第四大岛。该岛公元前259年曾被罗马人占领。13—15世纪，比萨、热那亚、阿拉贡等国家先后夺取该岛的控制权。1769年科西嘉岛被强行并入法国版图。该岛被法国当局分为南科西嘉省和上科西嘉省。区府所在地为阿雅克肖，是拿破仑一世的出生地。1976年科西嘉岛被分划为两个省：南科西嘉省和上科西嘉省，前者的首府是阿雅克修，后者首府是巴斯蒂亚。

建立法兰西第一帝国。因此，可以说是时代造就了拿破仑这个法国历史上的传奇人物，而拿破仑也正是在那个特殊时期以特殊身份跻身于法国历史的。

一、启蒙运动对法国的涤荡

18 世界法国启蒙运动是在 17 世纪唯理主义哲学的基础上发展起来的，唯理主义哲学的主要代表迪卡尔提出了“我思故我在”的理念，认为凭借抽象的理性演绎可以得到正确的认识。虽然这是唯心主义公式，但他以人的理性代替神的训示，以分析论证代替盲目信仰，因此仍有时代的积极作用。尽管这种所谓理性是脱离实践的主观自生，但关于理性的学说却成为法国启蒙运动的先声。

18 世纪中期随着封建制度的衰落，凡尔赛宫廷逐渐失去了 17 世纪时的文学艺术中心地位，哲学家和文人的活动中心转到了自由贵族或富有资产者的沙龙，这种转移反映了封建制度衰亡、资本主义兴起的时代特点。正是在这种环境中涌现出了一大批优秀的启蒙思想家，其中孟德斯鸠、伏尔泰、狄德罗、毕封、卢梭、博马舍等都是他们中的代表人物，又以孟德斯鸠《论法的精神》中的法学观点、三权分立学说和卢梭《社会契约论》中的人民主权思想对法国革命影响最深。

封建特权得以长期维持的重要原因之一，就是由生产落后造成蒙昧状态的长期存在。启蒙思想家崇尚知识、提倡科学，对蒙昧主义提出了挑战。启蒙运动冲破了长久以来的思想牢笼，勇敢地用人的理性取代了曾是不可动摇的传统观念。它重视以新的科学成果论证和检验自己的学说，揭露和批判愚昧无知与顽固守旧。它的重大功绩在于论证了天赋人权，人权成为一种强有力的口号，对抗并否定了封建主义的王权、神权和特权。启蒙学者们不仅彻底批判和否定了封建制度，而且为未来社会描绘了蓝图，他们在经济自由、政治平等、政体、国家机构、法制以及人与人的关系等方面所阐述的主张，成为资本主义社会立国的重要基本原则。

启蒙运动最直接的影响是对后来法国大革命的爆发所发挥的积极作用，因为大革命中所有各资产阶级派别的领导人和革命家，几乎都是在启蒙思想的培养和影响下产生的，包括《人权宣言》和 1791 年宪法在内的制宪议会所制定的众多法令，也都是以启蒙思想为理论依据制定的，而雅各宾派的重要活动家大部分都是卢梭的信徒。此外，启蒙思想也通过各种渠道在下层群众中得到广泛传播，起了动员和组织人们进行反封建斗争的作用。三级会议的陈情书、无套裤汉①的直接选举以及公开唱名表决方式无不反映出启蒙运动的影响。而拿破仑本人就深受卢梭思想的熏陶，法国著名历史学家乔治·勒费弗尔在《拿破仑时代》里写道，拿破仑“是崛起于行伍之间的战士，是启蒙哲学家的弟子”。②

启蒙运动不仅为即将到来的大革命作了舆论准备，而且超越了国界和时代，在世界范围内产生重要影响。恩格斯在评价18世纪法国启蒙运动和思想时指出：“在法国为行将到来的革命启发过人们头脑的那些伟大人物，本身都是非常革命的”，“宗教、自然观、社会、国家制度，一切都受到了最无情的批判；一切都必须在理性的法庭面前为自由的存在作辩护或放弃存在的权利。”③ 由此可以看出，包括拿破仑在内的众多重量级人物，都是在大革命的背景下出现的，他们身上都打有启蒙思想的深深烙印。同时，大革命不仅荡涤了法国社会，也对世界特别是欧洲产生了重大影响。

二、法国大革命对欧洲的震撼

1789年7月14日，法国爆发了震惊世界的资产阶级大革命，情绪高涨的群众攻陷了象征封建统治的巴士底狱。在接下来的几个月里，革命浪潮此起彼伏，革命团体讨论并通过了一系列废除封建制度的法令，并于8月26日通过了资产阶级革命的纲领性文件《人权与公民权宣言》。1791年9月14日，国王路易十六迫于压力接受革命代表提交的宪法，该宪法成为法国历史上第一部宪法，即“1791年宪法”。1792年6月20日，法国民众举行大规模示威以抗议路易十六拒绝批准建立后备军对付反法同

---

① “无套裤汉”是法国革命时期对普通民众的称呼，当时是革命者的一种服饰标记，相对于穿“套裤”的贵族而言，参见陈文海著：《法国史》，人民出版社，2004年版，第245页。

② ［法］乔治·勒费弗尔著，河北师大外语系译：《拿破仑时代》（上卷），商务印书馆，1997年版，第72页。

③ 转引自张芝联主编：《法国通史》，辽宁大学出版社，2000年版，第190页。

盟。7 月底，巴黎各区群众开展要求废除国王和实行普选权的运动。8 月 10 日，立法议会在武装人民的压力下通过了国王暂时停职和召开普选的决议，标志着法国君主立宪政体就此结束。

此后法国政坛频繁变化。1792 年 8 月 10 日吉伦特派执政，9 月 22 日法兰西第一共和国成立。1793 年 1 月 21 日路易十六被送上断头台。吉伦特派在限价运动的浪潮冲击下于 1793 年 6 月 1 日倒台，雅各宾派上台执政。为了保卫革命果实，雅各宾派实施了恐怖统治，但此举最终遭到人民的遗弃，1794 年 7 月 27 日发生“热月政变”[①]，雅各宾派专政宣告结束。热月党人统治期间一面镇压人民起义，另一方面打击王党活动，1795 年 10 月 3 日发生保王党煽动的“葡月暴动”[②]，拿破仑奉命成功镇压。1795 年 10 月 25 日督政府执政，1797 年 9 月 4 日发生“果月政变”[③]，第二督政府成立。1799 年 11 月 18 日拿破仑发动“雾月政变”[④] 并建立临时执政府，大革命到此结束，法国进入拿破仑统治时期。

“法国大革命是继尼德兰革命、英国革命、北美独立战争之后的更为

---

① 此政变是由法国大资产阶级的代表人物弗雷隆、塔利安和巴拉斯策划发动的。政变推翻了雅各宾派专政，断送了雅各宾党人的社会民主成果，也就此开始了对外扩张时期。法国热月党人代表了在革命和战争中暴发起来的大资产阶级的利益。他们上台以后为了加强资产阶级专政，对内镇压人民革命运动，防止王党复辟；对外反对反法联盟的干涉，并且用对外掠夺财富、扩张领土来充盈国库和扩大国内市场。1795 年 10 月 25 日，督政府成立，利用军事胜利，掠夺被征服国家的财富，使之成为督政府财政收入的主要来源。因此法国将战争推到更广阔地区。此时的战争已不具有革命初期反对干涉的纯粹防御的性质，而是具有同英国争夺欧洲霸权和对外扩张的性质。

② 1795 年 10 月 2 日反对热月党人的反对派在法兰西剧院集会，反对热月党人推出的新宪法，并于次日发动暴动。国民公会任命保罗·巴拉斯为军事领导人实施镇压，但实际上拿破仑·波拿巴是军事行动的真正指挥者。在拿破仑的炮轰下，暴动于 10 月 5 日被镇压。在镇压此次政变中，拿破仑军事指挥才能得到充分显露，也为此获得“葡月将军”的称号。

③ 该政变是法国督政府中的共和派督政官为镇压王党复辟活动而组织的政变。该政变挫败了王党复辟君主制的阴谋，共和国再次得到挽救。

④ 政变的原由是拿破仑以解除雅各宾派过激主义威胁法兰西第一共和国为借口，与西哀士（Sieyes，Emmanuel-Joseph）、富歇（Joseph Fouche）和塔列朗（Talleyrand）共同发动的。政变爆发后，拿破仑派军队控制了督政府，迫使督政府辞职，驱散立法议会成员，接管了革命政府的一切事务，成立新的执政政府，开始了为期 15 年的独裁统治。这一天是法国共和历雾月 18 日，所以，历史上称这次政变为“雾月政变”，也称“雾月 18 日政变”。政变后，拿破仑掌握了法国军政大权。

深刻、更为彻底的资产阶级革命”①。大革命推翻了存在几百年的封建制度，建立了具有历史意义的资本主义社会。革命期间产生了对全世界都有深远影响的《人权与公民权宣言》，出台了对西方世界具重要作用的共和国宪法，人民的自由和民主权利得到法律保障。但是，大革命的狂飙引起欧洲各国封建统治者的恐慌，奥地利管辖的尼德兰（比利时）、英国等一些国家地区也先后爆发了反对当局的运动。在普奥反法同盟对法国干涉失败后，英国利用法国大革命导致欧洲形势的变化，积极展开外交活动，最终促使奥、普、英等国组成反法同盟。至此，“欧洲的国际关系从此转入了英国领导的反法同盟干涉法国革命和英国同法国争夺欧洲霸权的斗争”②。

在与反法同盟的斗争中，拿破仑逐渐走上历史舞台，在他统治的十几年间，法国一直处在与欧洲主要大国的争战之中。

三、拿破仑的军事才能与战争的影响

“雾月政变”后的法国新政府于1799年12月25日正式成立，拿破仑任第一执政官，实际掌握政权。1802年8月2日，拿破仑被任命为终身执政，1804年12月2日拿破仑在巴黎圣母院加冕为皇帝，法兰西第一帝国诞生。拿破仑先后七次与反法同盟兵戈相见，取得了许多重大战役的胜利，帝国疆域也因此空前扩大，法国取得欧洲霸权地位。但随着拿破仑的穷兵黩武，法兰西第一帝国在西班牙战场和远征俄国中以失败收场，法兰西第一帝国开始衰落。莱比锡战役失利后不久，拿破仑被迫于1814年4月6日宣布退位，但1815年3月21日他重返法国执掌政权，却在滑铁卢战役惨败后于6月22日第二次退位，这也标志着“拿破仑时代”的终结。但拿破仑进行的战争产生了重大而深远的影响，拿破仑的才能也得到后人的称道。

实际上，早在1793年土伦战役中，拿破仑就初展才华赢得围攻土伦

---

① 王绳祖主编：《国际关系史》（第一卷：1648—1814），世界知识出版社，1995年版，第305页。

② 同上书，第306页。

的胜利。此次胜利奠定了他快速晋升的基础。1794 年 2 月 6 日，拿破仑接任意大利军团炮兵指挥，在意大利战场上取得辉煌战绩。1796 年 3 月 2 日拿破仑任意大利军团总司令，1796—1797 年期间在皮埃蒙特、洛迪、伦巴第等战场上取得一系列战役的成功，并先后同撒丁王国签订停战协定、同奥地利签订和约初步条款。1798 年 3 月 3 日拿破仑被任命为东方远征军司令，曾先后占领马耳他、开罗并且远征叙利亚。1799 年 8 月拿破仑潜回法国，11 月 9 日发动“雾月政变”并掌握大权。

拿破仑上台后，英国、奥地利、俄国组成第二次反法同盟，拿破仑于 1800 年 5 月至 12 月指挥了第二次意大利战役，并取得马伦哥会战的巨大胜利。1801 年至 1802 年期间，法国先后与奥、英签订《吕内维尔和约》和《亚眠和约》①，确立了法国在欧洲的优势地位。但是，拿破仑的野心并未就此为止，他怀有更大的战争图谋，即“企图在欧洲恢复至莱茵河和阿尔卑斯山的法国天然疆界，在海外恢复 18 世纪法国丧失的殖民地，建立以法国为母国的欧罗巴合众国”②。在这种野心和战略图谋的驱使下，除了进行国内改革外，战争扩张成为拿破仑的主要路径。

1804 年 5 月 18 日拿破仑称帝，1805 年 5 月 26 日拿破仑加冕为意大利国王。1805 年 10 月 20 日拿破仑取得乌尔姆大捷的辉煌战绩，12 月法军又在奥斯特里茨会战中大败俄奥联军，第三次反法同盟彻底失败。1806 年 10 月拿破仑率军入侵普鲁士和萨克森，在取得耶拿 - 奥尔施泰特会战的胜利后进入柏林，并且颁布“柏林敕令”对英国实行大陆封锁政策，年底法军进入华沙。1807 年 6 月法军取得弗里德兰之战的胜利，7 月分别

---

① 1801 年 10 月 1 日，英法双方在伦敦签订了停战的初步条款。1802 年 3 月 27 日双方签订《亚眠和约》。《亚眠和约》规定：（1）英国应将战争期间所占的法国及其盟国的殖民地（锡兰和特立尼达岛除外）都归还给它们，英国应从它占领的地中海及亚得里亚海上的各个港口及岛屿撤走；（2）法国将特立尼达岛割让给英国，巴达维亚将锡兰岛割让给英国；（3）英国将马耳他岛归还给圣约翰骑士团，马耳他永久中立；（4）双方保证土耳其领土属地和权利应和战前一样保持完整，英法两国从埃及撤军，把埃及归还土耳其；（5）法国应从那不勒斯、罗马和厄尔巴岛撤退。《亚眠和约》只是英法之间的暂时休战，双方之间的根本矛盾并没有解决。虽然巴黎沉醉在胜利的欢庆中，但英国并不认为自己是战败国，因此，《亚眠和约》的条款并没有得到实际执行，英法关系很快又趋于尖锐化。

② 王绳祖主编：《国际关系史》（第一卷：1648—1814），世界知识出版社，1995 年版，第 325 页。

与俄、普签订《提尔西特和约》[①]，标志着第四次反法联盟的瓦解，法国的欧陆霸主地位正式确立。

1807 年 11 月 30 日拿破仑派朱诺将军占领葡萄牙的里斯本，1808 年 3 月 24 日，缪拉将军奉命率军进入西班牙的马德里，6 月 6 日拿破仑宣布其兄长约瑟夫·波拿巴为西班牙国王，此举引起西班牙人民的反抗，此后法军被困在西班牙战场达六年之久。1809 年 4 月至 10 月拿破仑再战奥地利，在阿斯佩恩－埃斯林会战中受挫后，最终取得瓦格拉姆会战的胜利，之后两国签订和约。1810 年 4 月 2 日拿破仑与奥地利公主联姻，1812 年法普与法奥先后缔结同盟。1812 年 6 月拿破仑率 60 万大军远征俄罗斯，最终以失败告终，此举使法军元气大伤。1813 年普、俄先后向法国宣战，拿破仑先后取得吕岑、包岑等会战的胜利，但在莱比锡大会战中失利。1814 年 3 月 31 日，反法联军进入巴黎，拿破仑被迫于 4 月 6 日宣布退位并前往地中海上的厄尔巴岛。1815 年 3 月 21 日，拿破仑重回巴黎执政，但 6 月 18 日在滑铁卢会战中惨败，于 22 日再次被迫退位，此后被软禁在大西洋上的圣赫勒拿岛直至去世。

拿破仑战争的影响是极其广阔和深远的，1799 年至 1815 年的十五年间，几乎整个欧洲都处于与拿破仑的战争中，战争摧毁了欧洲大陆上所有的君主制国家，建立起波拿巴家族的统治，以至人们称其为“拿破仑时代”。虽然，拿破仑战争在一定程度上起到了保卫革命果实、推广新体制的积极作用，但是，随着帝制的建立以及战争的扩大化，拿破仑战争日益

---

① 1807 年 7 月 7 日，法国同俄国签订《提尔西特和约》。《提尔西特和约》主要规定：(1) 普鲁士易北河以西的全部领土划归威斯特伐利亚王国，由拿破仑的弟弟吉罗姆任国王统治。普鲁士的别洛斯托克区划归俄国。(2) 在普鲁士第二次瓜分波兰的一部分领土和第三次瓜分波兰的全部领土上（华沙省和波兹南省）建立一个与萨克森王国合并的君主国——华沙大公国，由萨克森国王兼任华沙大公国的国王。(3) 但泽宣布为受普鲁士和萨克森保护的自由市。维斯瓦河航行自由。(4) 俄国承认拿破仑的哥哥约瑟夫为那不勒斯国王，弟弟路易为荷兰国王，杰罗姆为威斯特伐利亚国王。(5) 在英法谈判中，俄国承担调停任务，如果英国拒绝，俄国对英宣战。(6) 法国应在俄土谈判中担任调停。俄国停止对土耳其军事行动；从摩尔达维亚和瓦拉几亚撤兵，但在俄土和约签订前，法国不得占领。在条约的秘密条款中，俄国承诺将卡塔罗和爱奥尼亚群岛让给法国。同时，根据法俄攻守同盟条约规定，俄国同意参加大陆封锁。1807 年 7 月 9 日，法普之间也签订了《提尔西特和约》，普鲁士承认了领土变更和华沙大公国，只保留“旧普鲁士”、波美拉尼亚、勃兰登堡和西里西亚。普鲁士军队减到 4.2 万人，并赔款 1.2 亿法郎。普鲁士也被迫加入大陆封锁体系。

受到各国政府和人民的反对，更是“激起欧洲一切有生存能力的民族的顽强抵抗”[①]。欧洲国家先后组织起六次联盟与之对抗，特别是，站在欧洲背后的是经济上远远超过拿破仑统治的法国、并且控制着海洋的英国。因此，尽管拿破仑取得了五次对反法联盟的胜利，但这位战场英雄最终还是在第六次反法联盟的联合打击下，在自己亲手制造的欧洲大战中惨败下台。

应该说，拿破仑战争的影响是深远而重大的。拿破仑战争所体现出的战争规模和战争技术的变化对欧洲军事革命和军事思想产生了重大影响，欧洲各君主国在与拿破仑的兵戈相见中受到极大震动并先后实施了程度不同的军事革新，从而推动了整个欧洲乃至世界的军事进步，其中包括军事思想和军事情报工作的发展。就法国而言，尽管拿破仑最终以失败而收场，但是，在整个战争期间逐渐形成的拿破仑情报思想和在此催生下的法国情报工作也得到很大发展，情报工作直接或间接地影响了战局的发展、战争的胜负乃至拿破仑帝国的兴衰。

第二节　拿破仑的情报思想

拿破仑时期的情报工作是在继承法国情报工作传统并结合大革命时期情报实践特征展开的，无论从情报机构设置、情报工作内容还是情报成效看，当时的情报工作都比过去有较大发展。作为中央集权政府的专政者以及军队的统帅，拿破仑的个人因素对当时的法国情报工作影响较深，其逐渐形成的情报思想和情报实践，很大程度上对当时的法国情报事业起到重要的指导作用。拿破仑情报思想是其军事战略思想的重要组成部分，是在早期所受的教育和训练的基础上以及在历次战争的磨砺中形成的。

一、拿破仑的军事战略思想

从1784年15岁进入巴黎军官学校到1799年发动政变，从1804年自

---

① 王绳祖主编：《国际关系史》（第一卷：1648—1814），世界知识出版社，1995年版，第345页。

任皇帝建立法兰西第一帝国到1815年退位而被放逐孤岛，拿破仑几乎一生都是在战争中度过的。他因出色的指挥作战才华而展露头脚，也因战争失败而离开军队被流放。他曾率法军先后六次反击英、奥、普、俄等国组成的反法联盟，组织指挥过约60次较大战役，打下马伦哥、奥斯特里茨、耶拿、弗里德兰、瓦格拉姆等，可谓战绩辉煌，即使是在以失败告终的远征俄罗斯、莱比锡会战和滑铁卢之战中也充分显示出了拿破仑的军事和指挥才能。

拿破仑继承了法国资产阶级大革命初期的军事传统并结合实际，形成了自己的战略思想。他以普遍征兵制代替雇佣兵制，广泛地动员和征集民众当兵，以这种形式征集的新型部队能征善战，为法国保卫革命果实和对外扩张立下赫赫战功。恩格斯曾经指出："拿破仑的不朽的功绩就在于：他发现了在战争和战略上唯一正确使用广大的武装群众的方法，而这样广大的武装群众之出现只是由于革命才成为可能。"[①] 拿破仑充分发挥大革命时对18世纪作战方式的巨大突破——就地征收制度，使军队解决了出外征战的给养问题。拿破仑认为，"懂得如何从你所占领的国家取得所有各种供应，构成战争艺术的很大一部分"[②]。拿破仑还将大革命时就已存在，甚至在"七年战争"中就已出现的多兵种合成建制，利用和发挥得淋漓尽致，例如，将步兵、骑兵、炮兵和后勤部队结为一体，由新成立的参谋部统一协调，由此既利于各兵种的机动灵活性，又能互相支援，从而最大限度地发挥出作战潜能。全民皆兵、以战养战和合成建制这三大军事革新，在拿破仑战争中得到充分运用与发挥，使拿破仑的军队得以有足够的兵源数量、便利的给养和全新的战斗面貌驰骋于欧洲战场。而充分利用现有资源和技术，并将其发挥至极至，是只有象拿破仑这样的天才具备的特点。[③]

拿破仑在战争指导上，善于集中兵力，敢于以少击多，力求在决战中赢得战争；他大胆地远距离机动迂回，乘敌不意，出奇制胜；他采取以纵队和各兵种密切协同的散开队形相结合的纵深战斗队形，不断加强军队的

① 转引自唐复全、卜延军主编：《外国军事思想史论》，国防大学出版社，2004年版，第348页。

② 时殷弘主讲：《从拿破仑至越南战争》，团结出版社，2003年版，第26页。

③ Martin Van Creveld, *Command in war*, Cambridge: Harvard university press, 1985, p. 59.

突击力；他还以积极进攻作为主要的作战类型，审时度势，灵活用兵。这些作战方法的顺利实施要求指挥官必须尽可能多地全面详细地掌握敌我双方的情况，这就有赖于各类情报的搜集、汇总和分析，由此，情报工作的重要性突显出来。拿破仑正是在对传统精髓的继承和对新军事革命成果的大胆运用和灵活发挥的基础上，形成自己独特的军事战略思想的，在这些军事战略中，情报的地位被提到了前所未有的高度和重要位置，情报工作也随之改进和发展起来。

二、拿破仑对情报功能的认知

拿破仑早在军校求学期间就酷爱读书，且偏重军事史和政治史。那时，他对古希腊和古罗马的历史和人物传记很感兴趣，尤其是对亚历山大、汉尼拔和凯撒的组织、指挥、管理才能和英雄战绩熟记心中，为此他还将其中的大量段落抄写下来。据可信的说法，他曾在冬季用雪模拟碉堡并指挥同学进攻和防御，而且还按当时战争的需要重建堡垒的外围。[①] 从中可以看出拿破仑的组织、指挥才能和创新精神。虽然，当时拿破仑未必对情报的功能有清晰的认识和了解，但早期对战争史的研读为他积累了丰厚的战争知识和间接经验，在一些重要战役和关键行动中前人对情报的利用无疑会给年轻的拿破仑留下深刻印象。

拿破仑在23岁开始其军事指挥生涯前，不仅拥有了全面丰富的专业知识，而且由于博览群书、善于思考已经培养了惊人的记忆力和演绎推理能力，此外他还善于观察，无论对事对人都有一种马基雅维利式的洞察力。[②] 法国大革命爆发前，拿破仑已在炮兵部队服役，此段经历使拿破仑掌握了打仗知识，还使他有条件学习本兵种一切最新战术和技术，他曾负责调查研究过涉及许多技术难题的长管炮发射爆破弹的方法[③]。拿破仑对

---

① ［英］约翰·霍兰·罗斯著，北京外国语学院英语系译：《拿破仑一世传》，商务印书馆，1977年版，第23—24页。

② ［英］马歇尔·康沃尔著，赵汉生、彭光谦译：《作为军事统帅的拿破仑》，解放军出版社，1989年版，第13页。

③ 以前这种炮弹仅从臼炮中发射。

军事和政治的偏爱使他十分关注当时局势的发展，他在《博盖尔的晚餐》[①] 中表现出拥护雅各宾派的政治倾向，在对待其家乡——科西嘉岛归属问题的态度上则经历了由争取独立转向面向共和法国的转变，由此足以窥见拿破仑具有敏锐的政策和随机应变能力。在炮兵部队服役期间，拿破仑继续潜心研读，他甚至对于从凯撒到威廉三世时期的英国史都作过特别研究。霍兰·罗斯教授认为，拿破仑的头脑是一部强有力的机器，琢磨进入其思考范围之内的一切材料，将他们分门别类加以整理以备日后利用。[②] 实践证明，这些知识、信息的积累和早期的训练，成为日后拿破仑指挥部队和治理国家的重要思想源泉。

土伦战役是拿破仑军事生涯的转折点，同时也是他情报实践的首战。当时法国正处于内外交困之中：里昂城升起了波旁王朝的白旗，旺代的保王派已几次大败国民自卫军，联邦叛乱蔓延到60个郡；英军进入了北部边界，汉诺威和荷兰军队围攻敦刻尔克，奥地利攻下了孔德并占领瓦朗西恩，普鲁士人在莱茵河战线打下了美因兹，西班牙军队越过了比利牛斯山进入法国领土，皮埃蒙特的军队直抵格勒诺布尔城下，地口海要地土伦被英军占领。[③] 在接管土伦炮兵指挥后拿破仑通过实地考察与研究得出结论：土伦要塞的关键是控制内外两港的拉塞因岛。如果法军能占领这个要地，那么他们不仅可以控制内港的入口，而且会使英国军舰在内外两港都无立足之地。因为了解当地的海防情况，他找到所需要的火炮和器材，并着手构筑炮兵阵地以便集中火力对英军构筑的据点实施打击，同时，他还制定了详细的攻城计划。战局的发展正如拿破仑所构想的一样，英军要塞被攻克，反法联军的舰船暴露在法军的火力下，最后联军仓皇撤离土伦。

如果说指挥土伦战役之前拿破仑对情报的功能和作用理解得尚未十分透彻，那么土伦战役则使他最直接地认识到情报的重要性和在战争中的突出作用，他亲自实施侦察调研并充分利用对当地海防情况的了解无疑对此次战役的胜利功不可没。此后，他在历次战役中都将情报工作置于十分重要的位置，他曾说，“每一个将军，只要他不是在沙漠里，而是在有人的

---

① 拿破仑写的一本政治小册子。

② ［英］马歇尔·康沃尔著，赵汉生、彭光谦译：《作为军事统帅的拿破仑》，解放军出版社，1989年版，第7页。

③ 张芝联主编：《法国通史》，辽宁大学出版社，2000年版，第232页。

地方，若是他不能充分了解自己的敌人，那他就称不上精通业务。”[①]

拿破仑对情报重要性的认识在其以后的言行中经常有所体现，他在交谈、书信、文件中时常论及获取情报的必要性和情报对作战的至关重要性。例如拿破仑军事语录第七十六条就确切表明他对情报的看法：巧妙地对隘道和渡河点进行勘察，寻找可靠的向导，询问村中的牧师和驿站站长，迅速地与居民建立关系，派出间谍，检查邮件并翻译、摘出有关内容，一旦统帅率领大军到达能立即回答其所有问题——以上就是前卫指挥将领必须完成的任务。[②] 从中不难看出，拿破仑清楚地认识到“先知”对于作战的重要性，这种“先知”既包括重要的死的地理知识——地形地物，也包括活的地理知识——了解地形地物的人；既包括通过派出间谍直接了解敌人的情况，也包括通过其他手段间接了解敌人的情况。这种情报思想无疑对于后来法国军事情报工作的发展和拿破仑军队后来取得作战胜利都产生了重大积极影响。

拿破仑不只看到情报工作对作战的贡献，他也敏感地意识到情报在政治、外交、安全等方面的重要作用。他动用尽可能多的资源，从各方获取对他有用的情报，使这些情报为其巩固政权、保证国家安全、开展外交和实施其远大抱负而服务。例如，在远征埃及和叙利亚期间拿破仑敏锐地从报纸关于当时法国局势混乱的报道中捕捉到实现他政治抱负的信息：法国国内局势正急转直下，在莱茵和意大利的法军被奥军和俄军击败，举国上下惊惶不安。[③] 于是他决定返回法国，并从此成为法兰西十几年的主宰。同样，也正是十几年后在厄尔巴岛，当拿破仑从密使那里获悉同盟国不和、国内正在策划推翻波旁王朝统治而同时又得知岛上的监察官将外出时，[④] 他又一次决定返回法国，于是法国历史上就出现了拿破仑的“百日政权”。

---

① 陈国华、高金虎著：《外国情报史》，南京大学出版社，1993 年版，第 50 页。

② 王朝田、梁湖南编著：《从土伦到滑铁卢：拿破仑战争评述》，解放军出版社，1985 年版，第 473 页。

③ ［英］马歇尔·康沃尔著，赵汉生、彭光谦译：《作为军事统帅的拿破仑》，解放军出版社，1989 年版，第 98 页。

④ 同上书，第 329 页。

三、拿破仑情报思想的实践

拿破仑不但充分认识到情报的重要性和情报在维稳、治国、外交和战争中的作用，事实上他在治理国家和实施战争中也将情报工作置于非常重要的位置并给予足够的重视。

为了打击王党、控制言论和保证国内安全，拿破仑把警察从地方行政机构里分离出来以便将其置于中央机构的控制之下，于是他在执政之初就设立了警务部，留用富歇为警务部长，负责国内的安全监控行动。[①] 他在一些大城市设立邮政秘密检查室，以随时掌握各界的动向和情绪。[②] 他还设立若干个间谍机关从事谍报和反间谍活动，如朗达列任局长的保密局就是其中之一。[③] 同时他还有自己的私人间谍网，为其执政和征战服务。[④]

军事情报工作一直是拿破仑的重中之重。他发展了大本营的参谋班子，由参谋部协调军事行动同时负责军事情报工作。他还首创武官制度，向周围国家派遣军事专家帮助使团分析军事问题。[⑤] 他对部队侦察情有独钟，在征战中，轻骑兵先行察看地形与搜索敌情成为拿破仑战争的例行行动。他还注重利用公开图书与资料，出征前通过书籍和地图了解所经之地的各种情况是拿破仑的一贯作法。大胆利用秘密情报渠道也是拿破仑的寻常之举，他发展各色间谍为其顺利实施军事行动和进行外交斗争提供情报保障。

拿破仑不但是决策者，同时也是情报工作的领导者和实践者。作为决策者，他对情报工作的态度直接影响情报工作的命运；作为情报工作的领导者，他对情报机构的建设和对情报工作的要求决定了情报工作的方向；作为情报工作的实践者，他的情报经历或多或少地影响到战役的成败甚至

---

① ［法］乔治·勒弗阿里著，河北师大外语系译：《拿破仑时代》（上卷），商务印书馆，1997年版，第88页。

② ［苏］E·契尔尼亚克著，傅师译：《秘密战五百年》，群众出版社，1980版，第398页。

③ ［英］特里·克罗迪著，杨宗杰、孙帆等译：《世界间谍史》，解放军出版社，2008年版，第138页。

④ ［苏］E·契尔尼亚克著，傅师译：《秘密战五百年》，群众出版社，1980版，第397页。

⑤ Gordon Martel, ed., *A Companion to International History*: 1900－2001, John Wiley and Sons, 2007, p. 73.

是国家的前途。

拿破仑不仅自己高度重视情报的作用，他还教育和鼓励部下全面搜集情报和充分利用情报资源。他曾说，“熟悉兵要地志，善于进行搜索与侦测，注意命令的传达，能将一个部队的复杂军事行动简单明了地显示出来——这些都是胜任参谋长所必要的条件。”① 可见，拿破仑已将情报素质视为参谋人员必备的重要素质之一。

第三节　拿破仑帝国时期的法国情报机构

由于拿破仑对情报工作相当重视，因此，拿破仑统治下的法国建立了若干情报机构，这些情报机构大体有一定的分工和情报搜集范围，如秘密警察局主要负责对国内言论和安全动向的监视，保密局是一个谍报组织，邮政秘密检查室类似于反间谍机构，参谋总部则专门负责军事情报的收集和处理。但事实上这些情报机构的工作内容也有交集之处，比如各情报机构都或多或少都涉及反间谍活动，秘密警察局和邮政秘密检查室都提供有关法国资产阶级和官僚各阶层情绪的报告。又比如，虽然参谋部专门从事军事情报工作，但其他情报组织的间谍也会提供一些有用的军事情报。

一、秘密警察机构

法国革命的“大恐慌”时期，秘密警察制度盛行，便衣警察和告密者遍布街头巷尾，寻找反对共和国的蛛丝马迹，许多人因被秘密警察怀疑“阴谋反对共和国”而被投进监狱。这个在雅各宾派恐怖统治时期的特殊产物，在拿破仑上台后被重建并强化，他将警察系统置于中央机构直接控制之下，在“大恐慌”时期因镇压里昂起义而得名“里昂屠

---

① 王朝田、梁湖南编著：《从土伦到滑铁卢：拿破仑战争评述》，解放军出版社，1985 年版，第 473 页。

户”的富歇[①]被拿破仑任命为警务大臣（部长），并委以监视国内动向的重任。因为，拿破仑执政后非常需要掌握法国的一切情况，尤其是保王党的举动、民众的情绪和反法同盟的动向，富歇多年来一直在秘密安全机构任职，他擅长此项工作并且乐于从事这个富于挑战并且给他带来极大名誉和利益的工作，各自的需求把拿破仑和富歇这两个完全不同的人联系在一起。

起初警务部在郡里没有常驻代表，直到 1800 年 10 月 27 日才在各大城市及边境线上派设了地区专员，有些重要港口还派驻了特派员。[②] 富歇管理着由 3 万人组成的警察队伍，[③] 并且将整个法国笼罩在一个由警察、间谍和告密者组成的庞大网络中。这些人外出了解法国发生的一切情况，包括街谈巷议。这个法国的秘密情报网络当时确实为稳定拿破仑的政府和巩固其政权出力不少，抓到大量试图叛乱的保王党人并粉碎多起针对拿破仑的暗杀阴谋。[④] 随意逮捕和轻率处决的举动使民众惶惶不安，人们生怕言行稍有不慎就会被秘密警察所盯上。

富歇不但指示秘密警察机构搜集复辟分子、民众、政府工作人员和各国外交官的动向，他还命人掌握包括拿破仑本人在内的拿破仑家族的各种情况，其中不乏宫廷秘闻和拿破仑兄妹的腐败行为。[⑤] 这使得拿破仑在重用富歇的同时也对他充满防范和猜忌，一方面他认为自己需要富歇的秘密手段，另一方面他又对富歇能告知他多少真实情况而心存疑虑。为了以防万一以及验证情报的可靠性，拿破仑建立了自己的秘密警察队伍以与富歇的秘密警察竞争，他们绕过富歇直接与拿破仑联系。比如拿破仑任命杜布瓦为恢复后的巴黎警察厅厅长并且负责首都的秩序，此后成立的市卫队也

---

① 富歇（1763—1820），出生于工人家庭，最初在天主教学院担任教师，法国大革命时他转变为一名激进分子并成为国民大会代表，在投票表决中他支持处决路易十六。雅各宾派执政时期富歇以强硬冷酷著称，无论是在铲除保王党在布列塔尼和旺代的叛乱还是在平息里昂暴乱中，他的极端手段都暴露无余。后来他与罗伯斯庇尔分道扬飙，督政府时期曾任法国驻意大利和荷兰大使，并最终成为警务部长，拿破仑执政时继续掌管警务工作。

② ［法］乔治·勒费弗尔著，河北师大外语系译：《拿破仑时代》（上卷），商务印书馆，1997 年版，第 89 页。

③ ［美］厄内斯特·沃克曼著，刘彬、文智译：《间谍的历史》，文汇出版社，2009 年版，第 114 页。

④ 同上书，第 115 页。

⑤ 同上。

属他管辖；他在都灵、佛罗伦萨和罗马等地派驻警务督导员，这些人直接对拿破仑负责；他还下令宪兵队单独执行任务，[1] 以至于后来宪兵司令萨瓦里于 1810 年 6 月 3 日接替富歇任警务大臣。[2]

拿破仑与富歇的这种微妙关系使他们在十来年的相处中若即若离，富歇的警务大臣（部长）职务也因此几起几落。[3] 总体而言，富歇领导的秘密警察机构在情报工作中表现得相当出色，帮助拿破仑牢牢控制住整个法国，与此同时还重创了英国针对法国的情报活动。这些成绩很大程度上归功于富歇所具备的秘密警察情报工作和反间谍情报大师的才能，以及拿破仑放手让其担当重任的眼光与魄力。同时，拿破仑的情报部门竞争理念和做法也使情报工作的成效有所提高。

二、邮政秘密检查室

邮检活动早已有之，并非拿破仑的专利。相传公元前 334 年马斯顿王亚历山大在率军进攻小亚细亚时，就曾通过检查信件查明了士兵不满的原因。16 世纪由于交往的频繁各国开始互派使节，驻在国和第三国通过截取大使信件的方法获取情报。18 世纪下半页奥匈帝国在全国创建了一套完整的邮检制度，“秘密检查室”遍布全国各大城市。[4]

法国邮政秘密检查室在路易十二时期建立，并由路易十三时期的红衣主教黎塞留发展繁荣，[5] 俗称“黑室”。督政府、执政府、第一帝国和复辟王朝继续利用其截取邮件并在需要时破译其隐秘内容，这一职能一直履

---

① ［法］乔治·勒费弗尔著，河北师大外语系译：《拿破仑时代》（上卷），商务印书馆，1997 年版，第 88—89 页。

② ［法］乔治·勒费弗尔著，中山大学译：《拿破仑时代》（下卷），商务印书馆，1997 年版，第 76 页。

③ 参见［奥］斯蒂芬·茨威格著，候焕闳译：《幕后政治家——约瑟夫·富歇传》，辽宁教育出版社，2006 年版。

④ 陈国华、高金虎著：《外国情报史》，南京大学出版社，1993 年版，第 6 页。

⑤ Peter Jackson, *Historical Reflection on the Uses and Limits of Intelligence*, in Intelligence and Statecraft: The Use and Limits of Intelligence in International Society, Peter J. Jackson & Jennifer L. Siegel, eds., New York: Praeger Publisher, 2005, p. 22.

行至一战。[①] 拿破仑统治时期，邮政局长拉瓦莱特领导的“秘密检查室”，拥有密码工作人员约100多人，每周拆阅几百甚至上千封信。[②] 拿破仑还命其在都灵、热那亚、佛罗伦萨、罗马、阿姆斯特丹以及汉堡这样的大城市建立“秘密检查室”分部，[③] 以便提供资产阶级、官僚阶层和公众想法的报告。这些报告被密封在信封里送给拉瓦莱特，然后再由他交给拿破仑。“黑室”成为名符其实的专业秘密情报提供机关。[④]

拿破仑时期的邮政秘密检查工作取得了不少成绩，尤其是在监控和打击王党势力方面对拿破仑帮助很大，包括挫败对拿破仑刺杀行动。例如，朱安党头目卡杜达尔就策划刺杀拿破仑一事与皮什格鲁将军和莫罗将军进行联系的消息，最初就是通过邮检被发现的。

三、保密局

在第二次意大利战役（1796—1797 年）前，拿破仑就基本建成了自己的情报网。1796 年 5 月占领米兰后，拿破仑建立了保密局，骑兵团长朗达列成为该局局长。“保密局”代替了原属大本营的各军指挥部的谍报组织。[⑤]

为了便于组织行动，保密局分为两个部门：公共部和政务部。公共部负责所有军务，政务部的职责是监视占领区、镇压人民动乱及其它一些任务。政务部则负责从各行各业发展大批间谍和线人为他们提供各种情报。朗达列将自己的间谍派到那不勒斯、罗马、佛罗伦萨、都灵、威尼斯和奥地利的军队中，甚至还派到了维也纳。保密局不带任何政治倾向，不与保

---

① Martyn Cornick and Peter Morris, ed., *The French Secret Service*, New Brunswick: Transacation Publishers, 1993, p. 16.

② Peter J. Jackson & Jennifer L. Siegel, eds., *Intelligence and Statecraft: The Use and Limits of Intelligence in International Society*, New York: Praeger Publisher, 2005, p. 22.

③ ［苏］E·契尔尼亚克著，傅师译：《秘密战五百年》，群众出版社，1980 年版，第 398 页。

④ Michael Herman, *Intelligence Power in Peace and War*, London: Cambridge University Press, 1996, p. 14.

⑤ ［苏］E·契尔尼亚克著，傅师译：《秘密战五百年》，群众出版社，1980 年版，第 395 页。

皇党或是共和派的人进行任何接触，朗达列本人直接向拿破仑报告。保密局每天向拿破仑呈报几份综合报告，除总司令外，只有总参谋长贝尔蒂埃①有权阅看该局的报告。②

朗达列还将间谍派往巴黎，对法国政府进行秘密监视。由此拿破仑掌握了法国外派到意大利任职人员和间谍的动向，一旦有机会就设法安排其前往其它地区或进行收买。③ 此外保密局还从事反间谍工作，主要打击奥地利的间谍活动。④

由于拿破仑很重视保密局的工作，因此它的经费十分充足，间谍会因提供重要情报而得到很高的报酬，由此也很大程度上提高了情报的质量。“保密局”所报告的消息差不多都是准确的，这使得拿破仑十分偏重保密局的情报。朗达列本人也因此成为拿破仑最信得过和评价最高的人，只是由于维罗纳事件⑤，两人关系开始由好变差以至最后公开决裂，朗达列只好被迫辞职，总军事长博耶尔接替他掌管保密局的秘密资料，⑥ 继续履行原来的职能。

四、总参谋部情报机关

法国大革命和拿破仑战争在军事制度、战争规模和作战方式上引起了一场军事界的巨大革命，参谋部体制由此产生。拿破仑执政时期，总参谋

---

① 贝尔蒂埃（1753—1815），拿破仑于1804年晋封的元帅之一，督政府时期曾先后担任克勒曼将军和拿破仑的参谋长，拿破仑执政后历任陆军部长、预备军团司令、西班牙军团参谋长及大军团参谋长。

② ［苏］E·契尔尼亚克著，傅师译：《秘密战五百年》，群众出版社，1980年版，第395页。

③ ［英］特里·克罗迪著，杨宗杰、孙帆等译：《世界间谍史》，解放军出版社，2008年版，第138页。

④ ［苏］E·契尔尼亚克著，傅师译：《秘密战五百年》，群众出版社，1980年版，第396页。

⑤ 威尼斯维罗纳地区发生袭击法国驻军的事件，法军死伤上千人，据说这一事件是拿破仑收买当地间谍策划发动的，以便拿破仑有理由控制威尼斯。参见［英］特里·克罗迪著，杨宗杰、孙帆等译：《世界间谍史》，解放军出版社，2008年版，第42—145页以及［苏］E·契尔尼亚克著，傅师译：《秘密战五百年》，群众出版社，1980年版，第396页。

⑥ 参见［英］特里·克罗迪著，杨宗杰、孙帆等译：《世界间谍史》，解放军出版社，2008年版，第145页。

部还没有成立专门的军事情报机构，但它有作战、情报与后勤等职能区分，事实上总参谋部承担了收集各国军备情报与地理资料的职责。

拿破仑统帅部负有情报搜集任务的机关有两个：统计部门（Statistical Bureau）和参谋部。统计部门的情报职能是获取部队使用的战略级情报，它的任务很广泛，涉及收集和翻译报纸信息和在所有重要城市安置特务以获取政治和军事情报。战术性质的情报由参谋部处理，部队骑兵巡逻的观察报告和敌方叛逃者及俘虏的审问报告均由参谋部呈报拿破仑，有时拿破仑还专门指派负有特殊任务的参谋军官搜集一些情况作为参谋部所提供情报的补充。[①] 另外，由于1895年夏季拿破仑曾在测绘部门工作过，[②] 深知测绘对作战的重要性，因此，法军中设立了专门从事地形测绘部门，负责绘制、更新地图和保存一些敌我双方的记录。[③]

拿破仑的总参谋部由贝尔蒂埃元帅领导。他是拿破仑在军事上不可或缺的助手，善于推算拿破仑所需要的战备和军事情报数据，有时还帮助拿破仑修改作战计划。1795年贝尔蒂埃在阿尔卑斯军团建立参谋系统，一年后拿破仑接管并改制军队。贝尔蒂埃下达的作战指令简单明了，比如及时获取敌军实力和行动的最新情况，对前线和侧翼持续进行侦察，迅速报告结果等。[④] 拿破仑任第一执政时，贝尔蒂埃担任总参谋长，当时他在极短的一个半月就完成了许多复杂的工作，比如军队与装备的训练和整顿、新式兵役法的实行、未来可能进行的作战计划的拟定与筹备、确定军团的编制方式、补给作业的改革、炮兵与骑兵的职业化、马匹的来源等。拿破仑对贝尔蒂埃的评价是：有能力，精力旺盛，善于处事。[⑤] 拿破仑十分重

---

① Victor M. Rosello, *Clausewitz's Contempt for Intelligence*, in Intelligence and the Security Strategist: Enduring Issues and Challenges, Roger Z. Geooge & Robert D. Kline, eds., Lanham: Rowman and Little Field Publishing Inc., 2006, p. 14.

② ［英］马歇尔·康沃尔著，赵汉生、彭光谦译：《作为军事统帅的拿破仑》，解放军出版社，1989年版，第40页。

③ Philip J Haythornthwaite & Patrice Courcelle, *Napoleon's Commanders*, Oxford: Osprey Publishing, 2002, p. 4.

④ John R Elting, *Swords Around a Throne: Napoleon's Grande Arnee*, Da capo press. Inc, 1997, p. 83.

⑤ 王养冲、陈崇武编著：《拿破仑书信文件集》，上海人民出版社，1986年版，第49页。

视有才能的参谋人员，他曾对赖伊元帅[①]的参谋长约米尼[②]情有独钟，但这种赏识却引起贝尔蒂埃的不满，贝尔蒂埃与约米尼的过结最终导致约米尼离开拿破仑的部队投奔沙皇亚历山大一世。[③] 从后来约米尼展示出的军事才能看，不能不说拿破仑慧眼识珠，而约米尼的出走也不能不说是拿破仑时期法国的一大损失。

但是，拿破仑时期的参谋部机制也存在着很大问题，而这问题的根源依然出在拿破仑本身，即拿破仑的自信甚至是自负，使之万事自己做主。当时，虽然参谋部给拿破仑提供情报及一些建议，但它不是一个能对战斗进程施加影响的自主机关，在机关里工作的军官主要处理日常任务：皇帝下圣旨，他们传达。拿破仑曾写信给贝尔蒂埃说，“严格遵守我给你的命令”，“只有我知道我应该做什么。”[④] 因此，贝尔蒂埃曾告诫赖伊，“皇帝既不需要忠告，也不需要战役计划，没有一个人能知道他的心思，你的责任就是服从而已”。他还曾写信给苏尔特[⑤]说，“我在军中的地位等于零。我以皇帝的名义接受元帅们的报告，也代他签署命令，但是我个人却是不存在的。”[⑥] 参谋人员的任务就是收集情报或奉命出差到各地而后发回视察该地的形势报告，他们个人的思想是无足轻重的。贝尔蒂埃常对人说的一句话最能代表当时拿破仑参谋体制的情况，“其实皇帝不需要什么参谋长，我只是皇帝的邮差而已”。[⑦]

但是，无论如何，拿破仑建立起的总参谋部制度被后人广泛接受，成为现代军事制度发展特别是军事情报制度建立和发展的源头样板，而拿破

---

① 赖伊（1769—1815），拿破仑于1804年晋封的元帅之一。

② 约米尼（Antoine Henri Jomini，1779—1869）为著名军事理论家，曾为拿破仑麾下的将军兼军事评论家。生于瑞士法语区浮德县，17岁自银行业投身军旅，加入法国陆军。1805年担任赖伊元帅幕僚，1807年胜任参谋长，曾跟随赖伊转战奥、德和西班牙等国。1813年出走俄国，担任沙皇军事顾问，并致力于俄国军官学校的奠基工作。1829年以上将身份退休后，旅居布鲁塞尔和巴黎等地，西欧那个是军事理论和历史的研究及撰写。其中《战争艺术》成为传世经典。

③ 参见刘聪著：《约米尼传》，解放军出版社，2009年版。

④ ［法］乔治·勒费弗尔著，河北师大外语系译：《拿破仑时代》（上卷），商务印书馆，1997年版，第216页。

⑤ 苏尔特（1769—1851），拿破仑于1804年晋封的元帅之一。

⑥ ［英］J. F. C. 富勒著，李磊、尚玉卿译：《战争指导》，广西人民出版社，2008年版，第53页。

⑦ ［法］乔治·勒费弗尔著，河北师大外语系译：《拿破仑时代》（上卷），商务印书馆，1997年版，第216页。

仑的总参谋部在情报获取方面也的确发挥过重要作用。

第四节　拿破仑帝国时期的情报工作内容与实施

拿破仑时期的情报工作内容大体可分为国内安保情报工作、军事情报工作和政治外交情报工作，但由于各情报机构的情报搜集内容有时有所交集，因此各机构间情报工作范畴没有严格的区分。

一、国内安保情报工作

如前所述，拿破仑时期的国内安保情报工作主要由富歇领导的警务部负责，杜布瓦任厅长的巴黎警察厅和萨瓦里领导的宪兵队也涉及安保情报的获取与分析。

在拿破仑建立庞大帝国的同时，富歇也将法国变成一个警察国家，他用告密者组成的复杂情报系统，帮助拿破仑更好地控制整个国家。富歇的工作由四个国会议员协助，他们就有关警察和国家安全方面的事务与法国96个地区的部门官员进行沟通，其中每个部门划分为四至五个区，每个区都有一名负责人，超过5000人居民的社区配备一名宪兵督察和一名市长，他们的任命权在中央政府。[①] 富歇通过这种指挥体系监控民众、移民、陌生人、嫌犯、甚至是政府官员和外国使节，警察、告密者、间谍遍布各地，搜寻对政府图谋不轨或持异议者的足迹。富歇还将密探或线人派往边境、境外城市或他国宫廷刺探情报，了解各国对法国的态度和举动。外国的报纸、被截获的信件和其它文件也是富歇的情报来源之一，为此每年要花掉几百万法郎。这个警察情报系统不但负有搜集情报的职责，而且具有逮捕、审判甚至处决嫌疑人的权力，俨然成为一个“国中之国”，使得法国民众对其望而生畏。

---

① ［苏］E·契尔尼亚克著，傅师译：《秘密战五百年》，群众出版社，1980年版，第127页。

富歇每周都向拿破仑汇报情况，有时拿破仑给富歇捎去口信，要求他详细汇报某份情报或进行补充说明。报告的内容包罗万象，其中既有旧势力的动向，也有政敌的举动；既有公众对法军取胜的态度，也有部长间交谈的内容；既有外国间谍被捕的情况，也有被截获信件的内容。其它的情报内容还包括：被扣留或被特别监控人员的名单、犯罪情况、审讯情况、对征兵的议论、失业情况、海运情况、股票市场价格、宫廷流言等。[①]

拿破仑通过富歇的情报系统掌握法国的安全情况，他对两类题材的报告最感兴趣，即针对他本人的暗杀图谋和英国间谍的活动。[②] 富歇依据缜密的情报，将多起针对拿破仑的暗杀阴谋扼杀在摇篮中，只有一次暗杀行动得以实施，但拿破仑安然无恙。[③] 事后富歇调查表明，此次暗杀是由保王党所为，警察和密探在获得了大量证据后处死了相关人员。1803 年英国间谍伙同保王党人又一次制定了谋杀拿破仑的计划，这一消息被富歇的间谍获知。他派出警探打入保王党内部刺探消息，同时对保王党人可能藏身的旺代和布列塔尼地区进行严密的搜索。1804 年，警察陆续找到有关线索，相关人员或被处决、或被囚禁，莫罗将军因受牵连而被驱逐出法国，住在巴登的当甘公爵也被拿破仑的军队逮捕并被秘密处决。[④] 由此可见，警务部等负责国内安保的情报部门，其情报工作对维护拿破仑的统治甚至是保证其本人的生命安全发挥了十分高效的重要作用。

二、军事情报工作

由于连年征战，军事情报工作一直受到拿破仑的高度重视，查看地形和搜索敌情是拿破仑对其部下提出的一项具体而又持久的要求。每次战役之前，他必先搜集有关情况并进行相关侦察。即使是在乘胜追击的时候，

① ［苏］E·契尔尼亚克著，傅师译：《秘密战五百年》，群众出版社，1980 年版，第 127—128 页。

② ［美］厄内斯特·沃克曼著，刘彬、文智译：《间谍的历史》，文汇出版社，2009 年版，第 115 页。

③ 1800 年 12 月 24 日，拿破仑携夫人前往巴黎歌剧院观看演出，途中发生爆炸，拿破仑夫妇安然无恙，但二十多人在这次爆炸中丧生。参见吕一民著：《法国通史》，上海社会科学院出版社，2007 年版，第 140 页。

④ 张芝联主编：《法国通史》，辽宁大学出版社，2000 年版，第 277—278 页。

他也会设法了解敌情。情况允许或为了确保得到详实的情报，拿破仑甚至还经常亲自侦察敌情。“严密关注部队的活动，收集整个战场的情报，保持对前线的监控，不断传递报告和命令”，[①] 拿破仑的这些做法都是基于他对军事情报工作的认知和态度，准确而又及时的情报保障正是拿破仑成为常胜将军的一个重要原因。

对古代战史的研读和以往战争中经验教训的感悟，使拿破仑深刻认识到情报对战争进程甚至胜败具有重要影响。因此，每次进攻发起前，拿破仑都要对地形和敌情作尽可能多的了解，例如，1806 年 10 月的耶拿 - 奥尔施泰特会战打响之前，拿破仑一到维尔茨堡就召集侦察军官了解对道路的侦察情况，侦察军官关于普鲁士国王及普军中路军大本营的发现促使拿破仑定下行动决心。[②] 这从一个侧面反映出，情报对于决策的重要性，也说明拿破仑决策时对于情报支撑的认知。此外，战略规划需要战略情报保障，这也是拿破仑为何重视战略情报搜集的理论所在。例如，早在 1811 年，拿破仑就下令寻找有关俄国情况的书籍，他在致图书管理员的信中，要求为他选送几本最有参考价值的有关俄国地形的好书，特别是立陶宛沼泽、河流、森林、道路情况的书，后来他还希望研究有关查理十二世在波兰和俄国的一些战役的详细记载以及该地区作战活动的书籍。[③] 这显然是他在为后来进攻俄国进行的战略情报准备。

散布假情报是拿破仑在战争中常用的一种手法。“雾月政变”后，欧洲组织了第二次反法同盟，但法国没有足够的军队抵抗联军的进攻。拿破仑极其隐蔽地组织了一支 6 万人的预备军团，但当时法国到处都是欧洲各国的密探，于是他决定利用假情报来迷惑敌人。经过周密部署后，拿破仑声称自己将去第戎检阅已经成立的预备军团，他还利用信函、通报甚至是报纸透露此事。结果大批欧洲间谍前往第戎，但他们所看到的军团却是由一些服装不整、装备不全的老弱病残军人组成。奥军统帅梅拉斯听说后笑

---

① Martin Van Creveld, *Command in war*, Cambridge: Harvard university press, 1985, p. 61.

② ［英］马歇尔·康沃尔著，赵汉生、彭光谦译：《作为军事统帅的拿破仑》，解放军出版社，1989 年版，第 182 页。

③ 王养冲、陈崇武编著：《拿破仑书信文件集》，上海人民出版社，1986 年版，第 277 页。

称，法国的预备军团只是一群由7000或8000新兵和残疾兵组成的乌合之众。[①] 而实际上真正的预备军团正向瑞士境内移动，大批作战物资也正从法国运往日内瓦湖畔。结果，1800年6月14日，拿破仑在马伦哥之役大败奥军，帝国不得不与拿破仑议和，最终也迫使第二次反法同盟土崩瓦解。

利用间谍获取军事情报或实施军事欺骗，对拿破仑取得军事作战成功，作用显著。例如，保密局是拿破仑的谍报和反间机构，它的间谍对拿破仑取得意大利战场的卓绝战绩，功不可没。其中，朗达列手下的间谍托里提供的情报，使拿破仑得以将预备队投入利沃里战役并取得重大胜利。后来托里投靠奥地利军队，拿破仑将其发展为双重间谍，托里向拿破仑提供了奥地利军团的番号、部队实力、驻地位置、将官姓名等情报，[②] 这为拿破仑取得马伦哥战役的胜利奠定了基础。此外，萨瓦里手下的间谍舒尔梅斯特对法军贡献颇大。他设法取得奥地利陆军元帅马克的信任，向其提供关于法国的假情报并为拿破仑提供马克的意图的全面评估。他使马克相信拿破仑不打算夺取乌尔姆而正准备撤回巴黎平息动乱，致使马克上当从而被拿破仑大军包围并作了俘虏，拿破仑取得了乌尔姆大捷的胜利。后来舒尔梅斯特又故伎重演，获得俄罗斯军队司令库图佐夫军团的部署情况和作战意图。另外拿破仑还派他执行过潜入英国探听情况的任务。[③] 这些都为拿破仑制定作战计划并赢得战争胜利发挥了重要作用。

三、政治、外交情报工作

作为一名战功显赫的军事统帅和治理国家的执政者，拿破仑时刻关心着国内外政治，其中各国的外交动向发展特别是对法国的态度与政策，成为拿破仑关注俄重点。因为拿破仑十分清醒地认识到，在那个新旧制度交

---

① 刘宗和、高金虎主编：《外国情报体制研究》，军事科学出版社，2003年版，第51—52页。

② ［英］特里·克罗迪著，杨宗杰、孙帆等译：《世界间谍史》，解放军出版社，2008年版，第146—149页。

③ ［苏］E·契尔尼亚克著，傅师译：《秘密战五百年》，群众出版社，1980版，第400—406页。

集的时代，政治、外交情报关乎其政权的安危和存亡，同时也影响到战争的进程和发展方向。

在常设外交使节制度出现之前，各国就利用驻外使节搜集政治、外交甚至军事情报，以至于外交使节搜集情报成为“自16世纪以来的惯例”[①]。到1648年召开威斯特伐利亚会议，首次以条约形式确立了常识外交使节制度，外交机构和大使馆成为搜集情报的重要部门。其中，大使的一项主要职责就是“持续将国外的政治信息送回国内”。[②] 当时的法国外交代表将大量广泛的各种情况与报道源源不断地发往巴黎，[③] 拿破仑据此掌握了各国政策和外交走向。

更为重要的是，随着对外扩张战争的需要，外国军事情报成为拿破仑急需获取的重要内容，但由于军事情报的专业特性，大使馆包括大使在内的所有人员都显得力不从心。为此，拿破仑感到需要派出军事专家去国外帮助驻外使团分析军事问题，以便他获取军事情报。1806年，拿破仑任命了一名骑兵军官拉格朗热上尉前往维也纳担任二秘，以随时掌握奥地利部队的实力和驻地”。[④] 拿破仑亲自写指示信，命令该上尉必须“准确地了解奥地利军团的实力和驻地。为此，在办公室里，有一个卡片盒子，分几个小屉，分别存放各位将军、各个兵团和各个营地的档案，这些档案卡片应随着情况的变化不断更动。按拿破仑要求德·拉格朗热上尉每月向总参谋部和外交大臣报告奥军动向。拿破仑特别强调，该上尉“务必不遗余力地执行使命，不允许有任何奥军营级以上单位调动而未能上报的事情发生”。[⑤] 事实上，拉格朗热上尉被认为是成立现代武官制度的第一人，因此，拿破仑也称之为成为武官情报工作的奠基人。

事实上，驻外使馆大使们和武官成为国外重要情报的提供者。早在拿破仑第一次在意大利活动时，法国驻威尼斯的特命全权大使拉勒芒就花费

---

① 陈国华、高金虎著：《外国情报史》，南京大学出版社，1993年版，第6页。

② Michael Herman, *Intelligence Power in Peace and War*, London: Cambridge University Press, 1996, p. 9.

③ Peter J. Jackson & Jennifer L. Siegel, eds., *Intelligence and Statecraft: The Use and Limits of Intelligence in International Society*, New York: Praeger Publisher, 2005, p. 22.

④ Andre Corvisier and John Childs, ed., *A Dictionary of Military History and the Art of War*, Oxford: Blackwell Publishers, 1994, p. 51.

⑤ 参见杨可：“武官诞生记”，载《环球军事》2001年第9期，第32页。

了大量的时间经营间谍网络，为拿破仑搜集重要情报。拿破仑是使用间谍的高手，他在法国的境内境外、各行各业都安插了无数的特工、线人和间谍。在攻占马耳他岛一年前，一名法国外交官米亚格根据拿破仑的建议被派到了马耳他，这名经验丰富的外交官不久就与当地一个最有影响的骑士团成员达成协议：拿破仑舰队抵达时须不遇抵抗，报酬是给表现突出的骑士以优厚的补偿费，[①] 事情发展的结果是拿破仑最终如愿攻占马耳他。拿破仑在远征埃及时，也利用间谍买通马木留克[②]的一个领袖穆拉达别依，以便利拿破仑控制埃及。[③] 拿破仑的间谍舒尔梅斯特则在法皇、俄皇于1908年9月埃尔富特会见期间大显身手，他对沙皇及其周围的人实施严密监视，尽可能地不放过沙皇的任何举动，[④] 以获取重要的情报。

政略与战略（用今天的观念就是“大战略”）的有效综合实施，是拿破仑赢得战争和取得欧洲霸权的一个显著原因和重要特征。拿破仑善于利用反法同盟各国的特殊利益和愿望，运用拉拢、孤立等谋略，达到逐个挫败的目的。比如，1805年拿破仑引诱普鲁士保持中立，从而确保法国打败俄奥联军；1806年他击败普鲁士军队，但奥地利和英国却未伸援手；1809年奥地利再次被击败时，英国、俄国和普鲁士还在讨论是否该援助奥地利。拿破仑对各个潜在对手的利益、动机具有犀利的洞察力，这种洞察力有赖于政治、外交情报的搜集，遍布欧洲的外交官、间谍和线人为拿破掌握欧洲局势提供了有力的情报服务和保障。

但是，拿破仑帝国时代后期之所以会出现重大战役或会战的失败，并最终导致拿破仑时代的终结，除了诸多因素合力的原因外，在情报失误也是明显的。有关这一问题将在后文专门论述，在此省略。

---

① ［苏］E·契尔尼亚克著，傅师译：《秘密战五百年》，群众出版社，1980年版，第397页。

② 马木留克是当时埃及的特权统治阶级，参见［英］马歇尔·康沃尔著，赵汉生、彭光谦译：《作为军事统帅的拿破仑》，解放军出版社，1989年版，第84页。

③ ［苏］E·契尔尼亚克著，傅师译：《秘密战五百年》，群众出版社，1980年版，第397页。

④ 同上书，第410页。

小　结

拿破仑帝国时期的情报工作是在一个特殊大背景下进行的。拿破仑统治初期，法国面临严重的内忧外患。王党分子试图破坏颠覆新政权，欧洲间谍遍布法国内外，反法同盟军队虎视眈眈。面对如此形势，拿破仑以其超凡的战略视野，意识到情报工作在维护国家稳定和平定外部威胁的作用。他通过继承并发展情报思想，加强情报机构建设，运用密布全国的情报人员打击保皇势力、犯罪活动和其它国家的渗透，特别是在监控王党、反对派、民众和外国间谍方面的不俗表现，为其稳定政局和稳固政权立下汗马功劳。面对来自反法同盟的外部威胁，拿破仑通过以战促和的战略思维，运用其卓越的军事才能指挥军队横扫欧陆，使法国在短期内获得欧洲优势地位并确立了欧洲霸权。

拿破仑之所以能够建立一个庞大帝国，显然与其军队的辉煌战绩密不可分，而这些辉煌的战绩，除了法国军队的骁勇善战和拿破仑指挥有方外，拿破仑对情报功能认知形成的情报思想和对情报的运用实践，同样发挥了不可否认的重要作用。事实证明，正是集军事统帅和国家统治者于一身的拿破仑对情报作用和地位的深刻认识，才会对情报事业加大扶持力度，也有能力在继承传统的基础上对情报机构和获取情报的手段加以革新，其在参谋部中设立专门的情报机构和在驻外使馆派驻武官从事军事情报工作等一些举措，具有十分重要的开创性意义，对后世影响深远。而革新后的各情报机构提供的政治、军事、外交和社会等关乎国家安全的诸多情报，对确保其稳定国内局势和对外开疆拓土提供了有利的支撑。

当然，除却其他政治、军事和外交等方面的失误外，也正是由于后来在情报工作方面的重大失误或短板的出现，导致拿破仑在一些重大问题上做出错误或不当决策，直至在战役或会战中失败。因此，或许我们可以用“成也情报，败也情报”来概括拿破仑时期的情报工作。

第六章　拿破仑帝国时期情报工作的基本特点

拿破仑帝国时期的情报工作，在法国整个情报工作历程中处于近代早期阶段，情报工作的总体水平有限，主要以人力情报为主。但由于拿破仑对情报作用的认知和重视，特别是在治理国家、对外交往和战争中，整个法国情报工作在拿破仑自身的情报实践和情报思想指导和推动下，这一时期的情报工作较之以前有了较大发展与进步，尤其是军事情报工作。

第一节　情报分工趋于细化

拿破仑帝国时期之前，法国情报工作甚为简单，没有情报任务与搜集方向的分工与管理，情报活动基本以间谍活动为主。到了法国大革命和拿破仑战争时期，政治形势的复杂化以及战争规模和战争技术的新变化，均对情报工作提出了新的要求，为此，以构建分工较为明确的专门的情报机构为特征的合理情报体制成为当务之举。

一、情报组织机构与职能的改组与革新

拿破仑帝国之前的警察系统为内政部所辖，拿破仑执政后则将其置于中央的直接控制之下。拿破仑帝国时期经过改革，警务部与内政部毫无关系，它只听命于拿破仑本人。为了适当控制警务大臣（部长）的权力，拿破仑又任命了巴黎警察厅长用以监视权利过分强大的警务大臣（部长）

行动，使巴黎警察厅成为实行监察的谍报机关。[1] 为了方便实施特别行动，宪兵队也经过改组成为单独执行任务的情报机关之一。[2]

拿破仑还建立了保密局，代替原属大本营的各军指挥部的谍报组织。内外兼修的保密局最终成为拿破仑获取重要情报的最为信任的部门，也为稳固内政和对外扩张提供了有力支撑。

为赢得对外扩张战争，军事情报工作也因战争的频繁、作战规模的扩大、作战方法的变革等发生了很大的变化。参谋部制度的出现使军事情报工作有了专门的机构负责实施，军队中也由此产生了专门从事情报工作的参谋职务，铁保尔[3]将军甚至为法军总部和师级部队的参谋编写出版了一本“特务组织”工作细则，以此对部队的情报搜集和间谍活动进行指导，其中包括一些核实、验证情报的方法和建议以及准确获知情报所包含的若干主题。

向驻外使馆派驻武官进行情报搜集是拿破仑的一大创新。之前的军事外交工作由驻外大使兼职完成，军事技术的进步与军事专业化程度的加深对军事外交和军事情报工作提出新的要求与挑战。拿破仑适应时代与形势的需求，向他国派遣军事专家从事处理军事相关事务和军事情报搜集，成为现代武官制度的奠基人。武官制度正式形成后，军事情报工作的分工更加细化。

二、军事情报工作的专业化增强

拿破仑战争促进了军事情报工作的快速发展与壮大，军事情报工作的地位与作用有了明显提升，特别是作为总体情报工作的先锋作用得到显著体现。

参谋部的设立开创了参谋情报工作的先河，参谋情报业务从此形成。总参谋部是军队情报工作的领导机关，各级军队组织也有参谋负责相应的

---

① 万冲、杨晓娣著：《法兰西雄师——拿破仑》，黑龙江出版社，1999 年版，第 42 页。

② ［法］乔治·勒费弗尔著，河北师大外语系译：《拿破仑时代》（上卷），商务印书馆，1997 年版，第 89 页。

③ 铁保尔（1769—1846），拿破仑时期的一位将军，曾写过关于军事历史、作战研究和参谋组织的著作。

情报工作。在拿破仑统领意大利军团前，谢勒将军就要求下属各将领组建覆盖本部队紧邻前线地区的情报网络，1796 年 3 月 27 日拿破仑接管谢勒的军队指挥权后继承和发展了已有的情报网络。①

专门负责情报业务参谋的出现，使得一些具有情报才能的参谋军官得以施展自己的才华，这也一定程度推进了军事情报工作的发展。例如，贝尔蒂埃曾是一名经验丰富的参谋军官，曾在阿尔卑斯军团服过役。在 1796 年前，贝尔蒂埃就一直琢磨如何建立一支高效的陆军参谋队伍。在情报搜集方面，他建议对所有的特务活动进行登记造册，登记本由一名相当于上校军衔的军务副官专门负责。贝尔蒂埃建议设立的秘密登记本的记载内容包括：间谍接受的指令、间谍的活动报告、通过询问当地居民所获得的情报、侦察军官的报告、工程军官或专家提供的地形地志报告，还有通过询问过路行人以及审讯俘虏和敌方逃兵所获得的情报、阅读截获信件所获知的情报等。② 秘密登记本记录了军队几乎所有的情报活动和内容，对加强军事情报工作管理具有重要意义。

同时，更为重要的是，参谋总部的出现和情报业务的制度化，也为提高军事情报的工作效率发挥了积极作用。铁保尔将军于 1813 年编写的“特务组织”工作细则，是对 1800 年出版的详细阐述“特务组织”职能的《军士长手册》的补充，这个工作细则是铁保尔将军 1796 年担任马赛纳将军参谋时领导“特务活动”的经验总结，法国军队一直延用了二十多年。③ 根据细则，秘密登记本由总参谋部的一名军官负责管理，他要与师级部队的参谋长保持“积极的通信联络”。师参谋长则负责辖区、驻地的情报搜集和间谍活动，全军所有先锋师首当其冲。每天早上，特务组织的负责人都要从各师参谋长那里接收搜集到的情报，然后上报给总参谋长，而总参谋长则将情报的综述报告呈交总司令。④

铁保尔的细则指出，“特务组织”是指一切与间谍和间谍活动有关的

① ［英］特里·克罗迪著，杨宗杰、孙帆等译：《世界间谍史》，解放军出版社，2008 年版，第 132 页。

② 同上。

③ John R Elting, *Swords Around a Throne*: *Napoleon's Grande Armee*, Da capo press. Inc, 1997, p. 83.

④ ［英］特里·克罗迪著，杨宗杰、孙帆等译：《世界间谍史》，解放军出版社，2008 年版，第 133 页。

机构，组织实施间谍特务活动是军队中最为重要的事情。[①] 他还写道，“一支军队，要实施用假情报误导敌军或获知敌军有意隐藏之情的目标，唯一的办法就是使用间谍。”[②] 他对间谍的本质和招募使用的看法是，要尽可能地大量使用间谍，要确保间谍能接收到最清楚、最简练、最完整的指令，要记录间谍的所有言论。他还将间谍分为五种不同的类型：一是对敌政府心怀不满的人；二是那些出于为国家作贡献的责任感自愿当间谍的人；三是人数最多的一类，即为了金钱出卖情报的人；四是那些专门从事间谍侦探行业的人；五是因为害怕而被迫充间谍的人。铁保尔很少轻信某一个间谍的情报报告，他认为所有情报都需要得到其他间谍汇报情况的印证。他还列出了准确获知情报的 11 项主题，具体有：敌军总司令和主要将领的总部驻地；敌军将领的姓名、性格、位置；敌军炮兵和骑兵的阵地部署、实力情况；敌军每个军团的番号、实力及其国家民族属性、枪炮数量；敌军部队是集中还是分散；敌军在后勤补给、交能运输和医疗保障方面采取的措施；敌军部队的营养补充、衣着被装、工资报酬、士气、病员情况、部队疾病流行情况、部队死亡率等；敌军部队调动是在昼间还是夜间，是大规模调动、军团调动还是以分队的形式调动；敌军部队的预计增援情况；敌军部队是否进行检阅或者是否进行野战机动演练；敌军部队是否正在修建防御工事，有多少人参加。[③] 另外铁保尔还阐述了发展使用间谍应遵循的一些基本准则，还特别强调了报酬问题，他认为部队要按照之前承诺的数额为间谍提供的服务支付酬劳。他还非常注重间谍管理者的素质，认为“军队要考虑发展使用间谍的人必须是知识渊博、机智老练、通达事理的人。他们要善于雇用那些有野心的人、胁迫那些有疑惧的人、利诱那些贪婪之人。总之，要善于发现人性中的缺陷和弱点并加以利用。”[④]

由此可见，正是在参谋部情报人员专业的情报规划和实施中，法国军事情报工作才有了长足的进步与发展。

---

① ［英］特里·克罗迪著，杨宗杰、孙帆等译：《世界间谍史》，解放军出版社，2008 年版，第 130 页。

② 同上书，第 133 页。

③ 同上书，第 133—136 页。

④ 同上书，第 136 页。

第二节 积极拓展情报源和情报覆盖面

情报源的拓展是情报工作的活水源头，缺乏情报源的情报工作难以达到预期目的，而国家安全与发展需要全方位的情报保障，能否做到源无死角是情报工作的重中之重。19 世纪之前，情报的来源主要局限于间谍活动的刺探，但到了拿破仑帝国时期，由于拿破仑情报思想的影响，法国情报工作开始积极探索、改革，情报源得到积极扩展，情报活动渗透到更多领域，所获取的情报内容也更加广泛。

一、情报来源广泛

积极拓展情报源是拿破仑帝国时期法国情报活动的一个鲜明特点，各种来源的情报及时送抵拿破仑手中，使之及时掌握和印证时局与战局，成为决策的重要依据。

人力情报在拿破仑帝国时期仍是获取情报的一个重要手段，但在一些方面发生了较大变化。其中，使用间谍已改变了过去那种随需随用的临时性做法，取而代之的是一种较为机制化、持久和更具专业分工的使用方式。除间谍外，公开情报得到前所未有的重视，拿破仑自己就经常利用公开资料获取相关情报。此外，法军还经常通过截取信件、审讯战俘、询问边民等方式获得敌军情报。

拿破仑雇佣各种各样的人充当间谍，以获取所需情报。随同拿破仑进军意大利的画家皮奥奇普曾写道，这位法军总司令每天要接待一大批谁也不认识的人，“其中有穿着雅致的太太、有牧师及各阶层的人。他付给他们许多钱，于是他就一切都知道了。”①

铁保尔在说明五类间谍类型时写道，对敌政府心怀不满而被发展为间谍的人大多受过良好教育，他们能够做出正确判断，因而要对这类间谍不

---

① ［苏］E·契尔尼亚克著，傅师译：《秘密战五百年》，群众出版社，1980 年版，第 395 页。

惜代价以发展利用；对因责任感而成为间谍的人应给予重赏，而且最好是以荣誉奖励为重；对人数最多的依靠金钱交换情报的一类间谍，他认为可以从僧侣和牧师、放纵的女人、需要获得政府帮助的人、无法靠诚实方式立身社会的人、敌军军官等中发展，而且他建议要充分利用妇女和天主教国家的牧师，因为他们有其他人所不具备的情报获取方式和方法，而且人们容易信任他们；对专门从事密探行业的人，他认为必须谨慎使用并要随时随地对其进行单独讯问以防刻意欺诈；被迫充当间谍的人可以是农民、商人、旅行者、敌占区的居民、战俘和逃兵，对他们所提供情报的可靠性要设法核实，同时他们的情报也可核实印证其他渠道的情报。① 从铁宝尔对间谍的分类和对其利用方式和价值判断理念中，我们可以清晰地发现，拿破仑帝国时期，仅从间谍的渠道，其情报源就非常广泛。更为重要的是，其对间谍活动的利用已经上升到理论研究层次。

除了认识到间谍的重要作用外，拿破仑已经意识到公开情报的价值，书籍、史料、地图、报纸和政府公报等，都成为拿破仑经常获取情报的来源和进行情报活动的工具。酷爱看书是拿破仑自青少年时代养成的习惯，称帝后他甚至要求为自己准备一个便于搬运的图书馆与之相伴，这个移动的图书馆要有约3000卷包括历史、地理内容在内的书。② 他还指示编辑一些从克拉苏时期至18世纪在幼发拉底河和进攻帕提亚人的战役记录，并在地图上标出各个部队的行军路线以及注明有关国家的地理情况和从原始材料中引用的每次远征的历史记载。③ 而在情报的获取和使用方面，亚历山大、汉尼拔和凯撒等的作战指挥和安邦治国方略给拿破仑留下了深刻的印象，他们在建立丰功伟业中充分的情报准备和善于使用情报的做法，对拿破仑形成自己的情报观有着直接影响。拿破仑曾在《论攻击战》中指出，应深入研究亚历山大、汉尼拔、凯撒、古斯塔夫·阿尔道夫、秋林、叶甫根尼亲王和菲特烈7位大统帅所遵循的一些正确的作战原则，“认真阐述这八十三次战争的历史，可以写成一部完整的作战艺术研究指

---

① ［英］特里·克罗迪著，杨宗杰、孙帆等译：《世界间谍史》，解放军出版社，2008年版，第133—135页。

② John R Elting, *Swords Around a Throne: Napoleon's Grande Armee*, Da capo press. Inc, 1997, p. 76.

③ 王养冲、陈崇武编著：《拿破仑书信文件集》上海人民出版社，1986年版，第249页。

南，并且可以把这种历史作为制订一切防御战和攻击战规则的原始资料”。[①] 充分反映出拿破仑从历史中汲取营养的理念和做法。事实上，在拿破仑还是一个年轻军官时，他就充分利用史料研究过意大利战场上的战役、梅里布元帅1744—1745年的战役及其参谋长布塞拟定的入侵皮埃蒙特的作战计划，他还在指挥意大利军团炮兵的14个月中对阿尔卑斯山滨海地区的地理和天气情况做过调研，[②] 这些情报积累为日后拿破仑取得意大利战场的辉煌战绩起到了积极作用。

在远征埃及时，随同拿破仑前往的除了3.8万陆军、1.6万水兵和180余名考古学家、地理学家和数学家外，还有大量有关埃及及其周围地区历史、地理、风土人情等内容的书籍，[③] 这些书籍是拿破仑了解埃及以及东方的原始情报来源，其中包括1781年出版的内含印度斯坦一侧的战区和贸易区的孟加拉湾地图册。[④] 报纸和各类公报是拿破仑的另一公开情报来源，他通过报纸、公报了解国内外政局的发展和军事动向。在埃及任职期间，拿破仑正是在阿布基尔之战结束交换战俘时获得的报纸上，得知国内局势急转直下而定下回国决心的。[⑤] 拿破仑曾于1801年要求他的图书管理员仔细阅读所有刊行的报纸并对可能影响公众舆论等内容作好摘要，每天五六点钟呈送给他，并要求每隔十天呈报一份其间所有书籍和小册子的分析报告。[⑥] 拿破仑还要求驻外公使定期或不定期地寄给他各国的公报，以便随时掌握各国动向，比如他通过俄国的公报了解俄皇亚历山大的态度及部分战况。

此外，拿破仑一手缔造的各种情报机构，通过其各自的情报源，也源源不断地获取大量的情报。这些来源广泛的情报，不仅发挥了相互印证的作用，而且更多地为拿破仑的帝国统治和取得战争胜利发挥了重要作用。

---

① ［法］拿破仑著，陈太先译：《拿破仑文选》（下卷），商务印书馆，1980年版，第342页。

② ［英］马歇尔·康沃尔著，赵汉生、彭光谦译：《作为军事统帅的拿破仑》，解放军出版社，1989年版，第39页。

③ 陈文海著：《法国史》，人民出版社，2004年版，第274页。

④ ［英］马歇尔·康沃尔著，赵汉生、彭光谦译：《作为军事统帅的拿破仑》，解放军出版社，1989年版，第85页。

⑤ 同上书，第98页。

⑥ 王养冲、陈崇武编著：《拿破仑书信文件集》，上海人民出版社，1986年版，第148页。

从情报理论上讲，情报来源的多元化不仅可以保证情报需求，也是发挥情报战斗力的重要因素。因为多元化的情报来源可以消除盲区，综合发挥作用。

以军事情报为例，拿破仑在耶拿－奥尔斯泰特战役前后的情报工作就相当具有代表性，充分体现了对多种情报来源的综合利用。战前拿破仑命人侦察周边的地形、渡口状况和敌人的设防情况。他还指示贝尔蒂埃寻找最佳地图，派人查清普鲁士军队的调动情况。① 充分的侦察工作产生了良好的效果：侦察人员发现了普军主力部队所在地，贝尔纳多特查明了普军左路军的情况和动向，② 抓获的敌军俘虏称普鲁士国王与20万人在埃尔富特，从敌方截获的信件部分证实了所获情报的真实性，③ 寻找到的向导则给法军指出了一条通常不为人所知的小道。④ 这些情报最终都成为拿破仑判断对手行动和制定作战计划的基本依据，事实证明作战行动的成功离不开出色的综合多元情报保障。

二、情报内容广泛

拿破仑帝国时期的法国情报工作，从情报内容上看，较之以前已有了较大扩展，国内安保情报受到青睐，技术情报也开始受到重视，军事情报的搜集范围有所扩大，政策情报成为决策依据之一。

安保情报是拿破仑实现国内稳定和政权牢固的重要保障，对国内舆论的掌握、对英国势力及王党分子的监控和对颠覆破坏活动的打击成为拿破仑时期安保情报的重点。拿破仑对各种情报有一种近似狂热的心理，他穷其所能希望掌握一切动向，唯有这样他才能保证自己地位的牢靠。他曾在给元老院议员的指示中要求他们到田庄连续住3个月以巡视各郡，旅行和居住的表面目的是了解田庄的情况，实际最重要的责任是对政府可能感兴

---

① 王朝田、梁湖南编著：《从土伦到滑铁卢：拿破仑战争评述》，解放军出版社，1985年版，第187页。

② ［英］马歇尔·康沃尔著，赵汉生、彭光谦译：《作为军事统帅的拿破仑》，解放军出版社，1989年版，第182页。

③ 同上书，第189页。

④ 王朝田、梁湖南编著：《从土伦到滑铁卢：拿破仑战争评述》，解放军出版社，1985年版，第202页。

趣的任何方面提供正确可靠的情报，为此必须每周向他直接呈送报告。[①]拿破仑所列举的报告条目有很多，几乎涵盖了方方面面，由此看出拿破仑对国内情报的需求是既多又全。

拿破仑对技术情报的作用也有深刻的认识，虽然没有受过正式的科学教育，但敏锐的洞察力使他深刻体会到科技进步对战争的重要影响，甚至意识到科学或技术上的进步可能会在很短的时间里决定战争的成败。拿破仑深知正在发生的科技变化将对人类的战争产生重大影响，因此，执政后他十分注重鼓励科学技术的发展，他曾亲自命令法国最好的科学和技术精英密切关注每一项可能有助于实现他军事雄心的创新发明。他曾向公众承诺，只要构思出有效的科学或工业流程，帮助拿破仑大军团赢得军事胜利，就可以获得1.2万法郎的奖励。[②] 从事香槟灌装工作的艾伯特在法国工业促进会成员面前介绍瓶装保鲜工艺流程时，几乎无人认可他的想法，但在场的一名随军工程师立刻意识到这个伟大发明的巨大潜力。他向拿破仑汇报了这个新发明，拿破仑当即理解了这项发明的重要价值，于是瓶装保鲜技术得到开发和利用，拿破仑大军是这项技术的首批受益者。[③] 不幸的是，这项技术后来被英国间谍所窃取，一定程度上成为英国军力提升的因素。

拿破仑时期法国的密码技术已有了一定的发展。法军起初使用的是基于50个编码的简单密码，但不久之后便引进了被称之为“葡萄牙军队密码”的基于150个编码的更加复杂密码。后来法军又使用了基于1400个编码的“伟大巴黎”密码，这1400个编码中甚至有表示空格的编码，用来迷惑那些企图破解密码的人。[④]另外，稳定的帝国邮政网络使得信息得

---

① 王养冲、陈崇武编著：《拿破仑书信文件集》上海人民出版社，1986年版，第182—184页。

② ［美］厄内斯特·沃克曼著，刘彬、文智译：《间谍的历史》，文汇出版社，2009年版，第107页。

③ 同上书，第107—109页。

④ “伟大巴黎”密码最早于1811年投入使用，1812年12月英国已基本破译该密码，并破译出了一封约瑟夫发给拿破仑的电文，为威灵顿赢得1813年6月21日的维多利亚之战提供了帮助。此次战役中英国截获了约瑟夫的马车，缴获了密码的完整副本。约瑟夫猜到英国人可能已经破译了这套密码，随警告拿破仑不要再使用这套密码。参见［英］特里·克罗迪著，杨宗杰、孙帆等译：《世界间谍史》，解放军出版社，2008年版，第162页。

以在各主要城市传递，据拿破仑自己估计，传递速度约是凯撒时期的两倍。[①] 这些信息传递手段的进步，帮助法国情报人员更加快捷地传递获取情报，确保了情报的时效性。

拿破仑时期的军事情报的搜集内容，超越了过去局限于敌军驻地、实力、装备等传统领域，并已经开始注意到了敌军的保障条件、可能的意图以及士气等更加宽泛的内容，如敌军在后勤补给、交通运输、医疗保障方面的措施，敌军的营养、衣着、报酬、士气、伤病及疾病流行等情况，敌军是在大规模调动、军团调动还是分队调动等，几乎接近当今军事情报关注的范围。这说明拿破仑时期对敌情的搜集范围的详细、具体、全面，这更加有利于做出正确的判断和决策。

克劳塞维茨关于“战争是政治的继续，是流血的政治”论述同样适用于拿破仑对战争的判断和把握。拿破仑不仅是一位杰出的军事指挥家，同时也是出色的政治家，这就决定了他不仅关注军事情报的搜集，欧洲几个主要大国的政治动向、政策走向、外交举动也是他搜集的内容，因为这是他制定国家发展战略和内外政策、拟定作战计划和修订军事行动的重要依据。他充分认识到政治、外交动向牵动着各国的利害关系，这些利害关系又可能成为引发战争的导火索或是可以利用的工具。

第三节　情报搜集手段呈现多样化

拿破仑帝国时期，法国情报工作从搜集手段看已具有多样化的显著特点。拿破仑作为军事指挥官，时常亲自实施侦察，从而保证了在第一时间获得第一手战役战术情报。拿破仑战争期间，骑兵的侦察情报作用得到了极大发挥，它将部队侦察推向了一个新的发展阶段。而武官职能的实践更是引发了军事外交工作的革命，军事外交领域从此有了专业的军事情报人员。间谍是拿破仑最频繁使用的情报手段之一，拿破仑帝国的建立和扩张与间谍的活动关系密切。

---

① Martin Van Creveld, *Command in war*, Cambridge: Harvard university press, 1985, p. 60.

一、指挥员身先士卒亲自侦察

毛泽东同志指出："指挥员的正确的部署来源于正确的决心，正确的决心来源于正确的判断，正确的判断来源于周到的和必要的侦察，和对于各种侦察材料的连贯起来的思索"。[①] 他还曾指出，无论何人要认识什么事物，除了同那个事物接触外是没有其它法子可以解决的。[②] 作为无数次亲临战场和亲自指挥作战的军人，拿破仑非常清楚正确的指挥对战争成败的影响，而正确的指挥有赖于对敌情及时准确的掌握，此时，指挥员对战场情况的直观理解和第一手情报对战局至关重要。

拿破仑一直要求他的军事指挥官要尽可能多地掌握一线情况，他在说明亲临现场的重要性时曾说，"一个通过别人的眼睛来看事物的人，永远不能合理地指挥一支军队"。[③] 因此，拿破仑经常成为战场情报获取的实践者。亲临前线侦察已成为拿破仑的习惯，他曾于1812年在斯摩棱斯克战役前，前行到距离俄国防御线100码的地方进行查看，还曾于滑铁卢战役前一夜下马在泥泞中实施侦察。[④]

土伦战役前，拿破仑亲自调查英军要塞的地形和守卫情况，这对他制定进攻土伦的作战计划起到关键作用。在第一次意大利战争中，拿破仑曾亲自踏勘过阿尔卑斯山所有的山隘，他还对皮埃蒙特的门户地区做过实地考察，这些亲临现场的侦察对取得意大利战场的胜利发挥了重要作用。如在洛迪桥战役中，拿破仑亲自侦察该桥形势，在对洛迪桥守卫及火力情况进行一番调研后，拿破仑调来一个炮兵连，组织了一个突击队并亲自瞄准射击，日落时分奥军在洛迪桥的防御在法军的猛攻之下瓦解。洛迪桥之战

---

① 毛泽东：《中国革命战争的战略问题》，《毛泽东选集》第一卷，人民出版社，1991年版，第179页。

② 转引自彭理中著：《军事情报学导论》，军事谊文出版社，1994年版，第193页。

③ ［英］J. F. C. 富勒著，李磊、尚玉卿译：《战争指导》，广西人民出版社，2008年版，第35页。

④ John R Elting, *Swords Around a Throne*: *Napoleon's Grande Armee*, Da capo press. Inc, 1997, p. 79.

后，法军畅行无阻地向米兰推进。[①] 又如，在1809年瓦格拉姆战役前，拿破仑和他的一位元帅换上士官服亲自沿河侦察以选择合适的渡河地点，为法军的胜利奠定了基础。[②]

拿破仑身先士卒亲自实施侦察的作风，深刻影响了他的指挥官们，使得他们也时常身体力行亲自获取一手情报。例如，在马伦哥战役前，贝尔蒂埃曾亲自侦察过阻滞预备军团炮兵前进的巴尔德堡，并向拿破仑呈交了如下侦察报告，“我于今日察看了巴尔德堡，它的确是一大障碍。它耸峙在一块难以接近的岩石之上，有两道围墙，两层炮台，下层有火炮十二门，上层有五门。通过巴尔德村的道路一边是陡峭的悬岩，另一边是难以徒涉的小河。它被三座吊桥所截断，完全位于该堡炮火的控制之下。我们虽能把一些步兵送过去，但要想让大炮通过，就必须夺取该堡。”[③]

指挥员亲自侦察的作风，使拿破仑和法军能够在战场中掌握更加详尽的地形和敌情，从而在战争中争取主动，为拿破仑夺取战略要地和战役胜利打下基础。

二、部队侦察应运而生

18世纪的情报工作还处于所谓“指挥石器时代”的军事框架之下，尽管有罗马人作为先例，但在拿破仑战争期间出现“向导部队”前，战场侦察尚未成为专职活动。[④] 但是，在拿破仑帝国时期，军队和作战与以往相比具有一些新的特点：普遍征兵制的推广使拿破仑这个时期的军队人数大量增加，“到1815年时，已为拿破仑提供了200多万的士兵，并成为整个西欧和中欧征兵法的范例”[⑤]。同时，拿破仑对军队的结构进行改革，

---

① ［英］马歇尔·康沃尔著，赵汉生、彭光谦译：《作为军事统帅的拿破仑》，解放军出版社，1989年版，第58—59页。

② 陈国华、高金虎著：《外国情报史》，南京大学出版社，1993年版，第51页。

③ ［英］马歇尔·康沃尔著，赵汉生、彭光谦译：《作为军事统帅的拿破仑》，解放军出版社，1989年版，第113页。

④ Michael Herman, *Intelligence Power in Peace and War*, London: Cambridge University Press, 1996, p. 14.

⑤ ［美］杰弗里·帕克著，傅景川等译：《剑桥战争史》，吉林人民出版社，1999年版，第322页。

他将步兵、骑兵和炮兵联合起来，组成一个小型军队，既可以独立行动，也可以配合其他师联合作战，[①] 而师、军作战编制的出现产生了大兵团，步兵攻击由以前的横队改为纵队，更加强调军队的突击能力，火炮技术的进步使炮兵在野战中的作用越来越大，道路系统的改善使部队调动更加灵活迅速。上述这些军队状况的变化，给军事情报工作提出更多要求，部队侦察成为不可或缺的侦察手段。因此，部队侦察在拿破仑战争的锤炼下，组织实施趋于完善，地形和敌情侦察在作战中处于重要位置。

拿破仑战争的一个显著特点是：法军在每次进攻发起前都要对当面敌情和地形进行尽可能全面的侦察，因此，这个时期，无论是骑兵抵前侦察还是参谋军官渗透侦察，其组织和实施都有了较为完善的机制。可以说，部队侦察已成为拿破仑军队的一个例行制度。这一做法在很大程度上源于马伦哥战役的惨痛教训。因为，战役发起前拿破仑对奥军的位置、兵力和奥军指挥官的意图一无所知，根本未想到会在马伦哥平原打一场恶战，如果不是因为德塞将军率部返回救援，其结果可想而知。[②] 拿破仑在马伦哥战役中吸取了许多有益的教训，其中对骑兵的合理使用就是其中之一。在其后的战役中，拿破仑广泛使用轻骑兵担负侦察与搜索任务，而保留重骑兵作集中突击之用。

在耶拿－奥尔施泰特战役打响之前，法军就已派出分队侦察道路，拿破仑要求各军严密监视普军在各个方向的举动，前线的侦察报告接连不断地被送到拿破仑手中，普鲁士国王和普军主力部队活动范围的发现，为拿破仑的进攻决策提供了可靠的依据。[③] 结果，普鲁士和萨克森的全部军势力力量在这场会战中被消灭殆尽，死伤共计 2.5 万人，被俘约 10 万人，其余兵力也都完全瓦解。同时，会战的胜利带来了大量的战利品，其中包括 4000 门火炮、2 万匹战马和 10 万支枪。[④] 更值得一提的是，在奥尔施泰特战役中，尽管普军在兵力上 2 倍于法军，但法军依然取得了全胜。尽

---

① ［美］杰弗里·帕克著，傅景川等译：《剑桥战争史》，吉林人民出版社，1999 年版，第 322 页。

② ［英］马歇尔·康沃尔著，赵汉生、彭光谦译：《作为军事统帅的拿破仑》，解放军出版社，1989 年版，第 117—125 页。

③ ［英］J. F. C. 富勒著，钮先钟译：《西洋世界军事史》（第二卷），广西师范大学出版社，2004 年版，第 249 页。

④ 同上书，第 359 页。

管法军的这场胜利有指挥官出色指挥甚至是有天气帮助（大雾）因素，但是，战前的缜密侦察和对敌军的了解，不能不说是取得会战胜利的重要因素之一。

在第二次意大利战争中，为了达到奇袭奥军的效果，拿破仑准备让预备军团翻越阿尔卑斯山。为此，他派参谋军官去侦察合适的山口情况，参谋军官出色地完成了地形侦察任务并提出山口选择的建议。[①] 该建议被拿破仑所采纳，最后，拿破仑的预备军团如愿翻过阿尔卑斯山，如从天降地出现在奥军的背后。

除了在陆军中利用部队侦察外，拿破仑也在海战中运用舰船侦察。在远征船队驶进埃及海域时，拿破仑就曾派快速炮帆船先行侦察亚历山大港的情况，从而得知纳尔逊的舰船两天前曾到过亚历山大港，并且埃及当局不允许法国的任何船只进港，综合上述情况，拿破仑决定在港西的开阔滩头登陆。[②] 事实证明，登陆计划较为顺利，为此后控制埃及迈出了第一步。

三、谍报侦察成为偏爱

利用间谍搜集情报古已有之，法国的间谍活动也有悠久的历史。13世纪时法王腓力四世就招募英国的特伯威尔爵士为法国间谍，他提供的情报为法军的胜利奠定了基础。17世纪初路易十三执政时期，宰相黎赛留建立了法国历史上第一个正式的情报机构，他组织的谍报活动为巩固王权和提高法国在欧洲的地位出力不小。路易十四时期的马扎然秉承黎赛留的做法，继续利用间谍为法国王权服务。18世纪法国开始大规模扩展海外领地，间谍活动得到进一步发展。间谍德博蒙男扮女装打入俄国宫廷，为法俄结盟做出了贡献，[③] 德博蒙还成功窃取英国外交官的公文包，为法军

---

① ［英］马歇尔·康沃尔著，赵汉生、彭光谦译：《作为军事统帅的拿破仑》，解放军出版社，1989年版，第106页。

② 同上书，1989年版，第87页。

③ Gorge Barten, *The World's Greatest Military Spies and Secret Service Agents*, Boston: Page Company, 2008, p. 79.

入侵英格兰搜集情报，后来他因宫廷失势而投奔英国，给法国造成很大损失。①

到了拿破仑帝国时期，间谍活动越发活跃。法国面临的内忧外患促使拿破仑加大对间谍的组织和利用：一部分共和派和雅各宾分子对拿破仑执政持有疑义，国内外保皇派蠢蠢欲动意图复辟波旁王朝，反法同盟的威胁近在眼前。此外，英法两国在经济、政治、势力范围上的矛盾导致两国冲突不断，大革命爆发后，英国政府一直支持王党的破坏和阴谋，英国针对法国的秘密情报活动遍布法国内外，间谍甚至渗透到拿破仑的军队。为了应对上述问题，间谍成为拿破仑的重要选择。大革命期间选择间谍的标准很大程度上取决于革命热情而非情报搜集能力，谍报领域的混乱可想而知。为了稳固政权和对外扩张，拿破仑及其情报组织发展了大批专业或非专业的间谍，在法国境内外的各行各业安插了无数的特工、线人和密探，拿破仑既利用他们对付敌人，也依靠他们监视自己的官员和将军。拿破仑帝国时期的警察系统、外交机构、军队等不但都发展了大量间谍，就连拿破仑本人也有自己的间谍网。富歇的警务部、杜布瓦的巴黎警察厅和萨瓦里的宪兵队都在参与间谍活动，拿破仑的军队甚至为招募和使用间谍编写了工作细则。

拿破仑将间谍活动与军事行动紧密结合在一起，以间谍活动刺探军情、利用间谍释放假情报、指示间谍实施舆论宣传甚至要求间谍策划秘密行动等，可以说是军队未动，间谍先行。例如，早在1811年拿破仑着手准备进军俄罗斯时，就开始招募间谍。他在致外交大臣的信中指示，找两名善于说俄语的波兰人，而且他们还要熟悉立陶宛和乌克兰的情况。另外还要找一名会说德语并对利沃利亚和古尔兰情况熟悉的人。拿破仑还指示，对这些人所作的任何报告都得给予报酬，他们对军队可能经过的地区也应同样提供情报。②

拿破仑可以说是一个利用间谍的能手。早期拿破仑曾广泛地审问战俘并在战俘中选募自己的间谍，他还利用战俘动员更高级别的军官为法国效

① 刘宗和、高金虎主编：《外国情报体制研究》，军事科学出版社，2003年版，第262—263页。

② 王养冲、陈崇武编著：《拿破仑书信文件集》，上海人民出版社，1986年版，第277页。

劳，后来他在各行各业发展了许多间谍，只要他们提供的情报有利于他的执政和军队行动。早在1796—1797年征战意大利的时，他就有成功使用军事间谍的先例，舒尔梅斯特就是他们中的佼佼者。[①] 占领米兰后，拿破仑成立了专门的谍报和反间谍组织“保密局”，它的谍报人员有僧侣、出狱的刑事犯、工程师、交际花、旧贵族以及外国军官等。拿破仑还使用双重间谍技巧向敌人提供假情报，为自己秘密的军事行动施放迷雾。

诚如《法国秘密机构》一书中所言，“在谈到拿破仑建立欧洲政治新霸权时，不能不提及间谍在当时所发挥的重要作用，无论是军事领域还是政治和外交方面。”[②] 可见，间谍从事的谍报工作对拿破仑帝国的重要性。

四、武官侦察破土而出

武官制度的建立可谓是拿破仑的一个创举。这一制度的出现有赖于军事技术的发展、军事制度的革命和战争的新变化。19世纪中期以前大约200年间，除了法国大革命和拿破仑战争之外，战争规模以及战争技术处于一个基本停滞的状态，受经济、技术条件的限制以及战争目的有限，使得当时的战争相对有限和温和，没有大规模的运动战和歼灭战。法国大革命和拿破仑战争使得政治、外交斗争变得更加复杂，也使得用兵之道、战略原则和战术手法有了很大不同。派驻国外的外交使团已经无法满足日益复杂的军事斗争所需情报保障的要求，因此，拿破仑感到需要派出军事专家去国外帮助驻外使团分析军事问题，以便获取急需的军事情报。为此，如前所述，拿破仑于1806年任命拉格朗热上尉前往法国驻维也纳使馆担任二秘，称之为军事随员（Military Attaché，即今日“武官”的称谓），以随时掌握奥地利部队的实力、部队调动和驻地情况，[③] 此举开创了武官成为专业军事情报人员的先河，也成为现代武官制度的萌芽。

---

① 舒尔梅斯特是拿破仑时期的王牌间谍，曾打入奥地利军队并为拿破仑取得乌尔姆战役的胜利立下汗马功劳。参见 Gorge Barten, *The World's Greatest Military Spies and Secret Service Agents*, Boston: Page Company, 2008.

② Martyn Cornick & Peter Morris, eds., *The French secret Sevices*, New Brunswick: Transaction Publishers, 1993, p. ix.

③ Andre Corvisier and John Childs, ed., *A Dictionary of Military History and the Art of War*, Oxford: Blackwell Publishers, 1994, p. 51.

受拿破仑的运用武官搜集情报的启示，1809 年奥地利向巴黎大使馆派出了一名军事副官，1813 年奥地利皇帝、俄国皇帝和波兰国王互派了军事代表，普鲁士也认识到在外交使团中派驻军事助手的意义并于 1830 年向其巴黎代表团任命了一名军事专家，1833 年法国还对外交部雇佣参谋军官在大使馆和驻外使团工作做了专门规定。① 1815 年至 1914 年的欧洲和亚洲战争促使大国建立强有力的对外常驻国防体系，使其能够获取到最新情报并评估盟国和敌国的武装力量。到了 1860 年，“武官”（Military Attaché）这一术语普及开来。② 其它国家认识到武官工作的重要性后，也纷纷向驻外使团派出军事人员搜集和研究驻在国的军事情况，这样，武官制度被专拣推广。这些无疑都源自于拿破仑的开创性做法。

拿破仑时期的武官工作规模不大，工作内容与范围也极其有限，这与当时世界的整体军事水平不高有关，也与初期武官工作的不完善和人们对武官作用认识的局限有关。如今武官制度已成为现代军事外交的一个重要组成部分，其工作内容和方式经过 200 年的演变有了很大发展，这个由拿破仑首创并自维也纳会议后就形成的惯例，在当今军事外交活动中的作用也越来越大，它的军事情报工作职能也越发显现出其强大的生命力。

可以说，18 世纪初期拿破仑敏锐地意识到派遣专业军官搜集军事情报的必要性和重要性，他的勇于创新和实践使武官工作得以形成和发展。现在世界上绝大多数国家都向国外派驻武官，一些大国甚至向一国派出不止一名武官。

武官工作发展到今天，已成为不可或缺的情报工作内容之一。随着技术的发展和情报需求的加大，武官工作的搜集方式越发多样先进，其搜集内容越发广博细微，它的综合调研功能也得到较大开发与利用，武官工作在军事外交和军事情报领域发挥着越来越重要的作用。这一切都源于拿破仑的情报战略视野。

---

① Keith Hamiton and Richard Langhome, *The Practice of Diplomacy: Its Evolution, Theory and Administration*, New York: Taylor & Francis, 2010, p. 125.

② Andre Corvisier and John Childs, ed., *A Dictionary of Military History and the Art of War*, Oxford: Blackwell Publishers, 1994, p. 51.

第四节　反情报工作广泛有效

拿破仑时期情报工作的组织实施渐趋完善，开展情报活动的方法也多种多样。拿破仑军队的一大特点就是它的灵活机动，这一时期的情报活动的开展同样也不拘泥于某一两种做法，拿破仑广泛应用一些进攻性反情报措施，如双面间谍、情报欺骗、舆论战和心理战，同时对诸如保密这样的防御性反情报措施也实施的相当严格，并且效果显著。这充分反映了拿破仑的情报谋略思想和对情报谋略的灵活运用。

一、大胆有效地利用双面间谍

间谍活动具有很大的风险性，他国反间谍机构可能会发现某个间谍活动，这个间谍还有可能被策反为敌人的间谍。因此拿破仑从一开始就认识到反间的重要性和逆向利用间谍的好处。

前面提到的托里，他1797年起曾为拿破仑服务，后于1799年投奔奥地利军队，当他为奥地利军队侦察拿破仑的进军路线时，被法军抓获，拿破仑充分利用这一机会，说服托里重新为法军提供情报。最终，拿破仑从托里那里得到有关奥地利军团的重要情况，此外，拿破仑还以高于奥地利承诺报酬的很多倍，要求托里查清奥军总部的最新情况。对此，拿破仑的秘书布里恩作了如下记录，“马伦哥战役后，法军为托里提供的准确、重要情报支付了1000路易。”①

双面间谍是间谍活动中并不少见的现象，双面间谍游走于两个服务对象之间，双面间谍多数是为钱财而工作。例如，2001年2月18日，美国FBI特工菲利普·汉森涉嫌在过去22年内为俄窃取情报被捕，美国媒体称他是美国历史上头号的“双面间谍”。FBI认为，在22年间汉森共向俄罗斯提供了27封信件和22个邮包约6000页的绝密情报。最重要的是，

---

① ［英］特里·克罗迪著，杨宗杰、孙帆等译：《世界间谍史》，解放军出版社，2008年版，第149页。

汉森还向克格勃透露了3名被美国招募了的俄特工名单，导致2人被枪决。汉森在FBI工作27年，隐藏巧妙，甚至几次通过FBI测谎局负责人亲自实施的测谎检查。汉森在FBI长期负责针对俄驻外机构的反间谍工作，有条件接触绝密文件。时任美国国务卿奥尔布赖特的办公室被俄外交官放置窃听器一事，都与汉森有关。汉森在克格勃总部的代号为“拉蒙”。汉森从未和任何俄国人发生过联系，一直通过“秘密信箱”向俄特工转交情报，领取报酬。最终他被美国判处终身监禁，禁止保释。①

事实上，双面间谍一般都是不为人所知的，这样的间谍危害性极大。但是，一旦知道其为双面间谍还要加以利用，使其更多地服务于自己，并尽可能将假情报传递给对方，是一个极为复杂的问题。拿破仑深谙个中道理，对托里的争取，就是有效地利用双面间谍为自己服务。而拿破仑甚至还利用双面间谍成功地进行情报欺骗。

舒尔梅斯特某种意义上说就是一个双面间谍。他设法打入奥军内部，在取得奥军情报机构指挥官的信任后，一方面向拿破仑提供奥军的动向，另一方面向奥军提供法军活动的假情报，② 以将奥军的注意力吸引到错误的方向并使其指挥官做出错误决断。在乌尔姆战役的重要时刻，舒尔梅斯特谎称巴黎发生叛乱，拿破仑军队正在回撤，奥军在返回乌尔姆后被法军包围，③ 拿破仑大获全胜，奥军3.3万人、10名将军和60多门火炮全数投降。④

二、情报欺骗随时使用并行之有效

情报欺骗是情报活动的一个常用做法，拿破仑在情报欺骗与作战计划和行动结合上的精妙之举，为世人所惊叹。他多次利用假情报使敌人上

① “全球谍战大观：头号双面间谍潜伏FBI长达22年”，新浪网，http://mil.news.sina.com.cn/2010-07-11/1126600155.html。

② Gorge Barten, *The World's Greatest Military Spies and Secret Service Agents*, Boston: Page Company, 2008, pp. 8 - 12.

③ Gorge Barten, *The World's Greatest Military Spies and Secret Service Agents*, Boston: Page Company, 2008, p. 15.

④ ［英］特里·克罗迪著，杨宗杰、孙帆等译：《世界间谍史》，解放军出版社，2008年版，第153页。

当，从而取得战争主动权，为其取得最后的战役胜利打下基础。

拿破仑的情报欺骗手法多种多样，除了制造假象给敌人传递一种错误信息外，他还充分利用间谍、外交渠道、媒体、政府公报等一切可用的手段来混淆视听、蒙蔽敌人。在伦巴第战役前，为了形成在瓦兰察渡河的假象，拿破仑把一部分部队调到该地附近，并命令他们征集船只、勘察渡河地点。这些战备活动很快传到奥军耳中，敌军立即率部占领阵地以阻止法军过河。[①] 拿破仑通过这种军事欺骗行动达到使敌方获得错误情报从而做出错误决定的目的，此举既掩护了直达米兰的通道，又使他得以在皮亚琴察成功渡过波河，并由此取得了战场上有利的态势，对其后赢得整个战役的胜利具有重要意义。

在与第三次反法同盟作战期间，拿破仑也实施了一系列情报欺骗举动。为了造成将在意大利战场决战的假象，拿破仑首先在外交上作出姿态，他指示外交部长暗示法军将从意大利发起进攻。其次又命人在政府公报和报纸上透露拿破仑的“活动消息”，转移人们对他真实意图的注意力。另外他还派得力间谍给奥军传递虚假情报，导致奥军做出错误判断。[②] 一系列的情报欺骗把奥军引向歧途，法军在短期内完成了远距离调兵和占领阵地的战前准备工作。

1809 年拿破仑曾命陆军大臣致信西班牙国王，说明情报欺骗的作用，“再没有比公布某一个人的部队实力——不管是命令还是用文告或官报——更违反军事惯例的了；假定有某种原因需要讲到某个人的武装力量，人们应当两倍、三倍地夸大它的数目，使它显得可怕才是；反之，谈到敌人的时候，人们应该就它的数目缩小一半或三分之一——因为兵不厌诈。”[③]

此外，拿破仑还经常“无意”间透露出一些信息，以使听者信以为真。例如，拿破仑曾多次在间谍巴莱斯特琳娜夫人面前故意“泄露”重

---

① ［英］马歇尔·康沃尔著，赵汉生、彭光谦译：《作为军事统帅的拿破仑》，解放军出版社，1989 年版，第 56—57 页。

② 陈国华、高金虎著：《外国情报史》，南京大学出版社，1993 年版，第 53 页。

③ 王养冲、陈崇武编著：《拿破仑书信文件集》，上海人民出版社，1986 年版，第 253 页。

要情况，通过她向奥地利人提供许多假情报。[①] 成功地欺骗了对手，并达成自己的预定目标。

三、充分运用舆论战和心理战且功效显著

舆论战和心理战虽然是现代名词，但其思维和运用的历史则悠久得多。众所周知，拿破仑十分善于使用谋略，无论是在军事行动还是政治外交领域，他都将伐兵、伐交、伐谋巧妙地结合起来，在使用谋略的过程中，拿破仑经常利用舆论战和心理战的效果来达到战略战术目的。

拿破仑不光在战争中利用舆论和心理造势，鼓舞己方士气，打击敌方抵抗意志，事实上，在和平时期、休战中和战争准备期间，他也都十分注意发挥舆论战和心理战的作用。为了显示自己不是发动战争的罪魁祸首，拿破仑在掌握政权后不久就分别向英国和奥地利致信表明渴望和平的姿态，这一做法把他推上道义的至高点。当然他知道两国不会认同，根本就不指望会产生任何别的结果，这只是他籍此发动战争的借口而已。果然，英奥认为拿破仑的意图是使反法同盟解体，因此拒绝了他的要求，英王甚至在回信中称，“和平的最真实、最长久、最好的天然保障就是让法国原来的王室复位”。[②] 拿破仑此举产生了极好的效果，既让反法同盟背上发起战争的罪名，又让法国人民更紧密地团结起来。

在奥斯特里茨战役开始之前，拿破仑在情报的支持下充分掌握了俄奥军队的情况，并利用舆论战和心理战使联军仓促开战。当时，他获悉俄奥联军在是否尽快与法军会战上意见不一，即联军统帅库图佐夫主张等待普鲁士的参战，而沙皇亚历山大则认为应速战速决。拿破仑抓住这一机会命令部队做出撤退的佯动，并散布法军兵力不济的谣言，同时还建议停战和谈，另外，他在约见俄国特使的过程中故意显出信心不足的样子，[③] 拿破

---

① ［苏］E·契尔尼亚克著，傅师译：《秘密战五百年》，群众出版社，1980 年版，第 396 页。

② ［英］约翰·霍兰·罗斯著，北京外国语学院英语系译：《拿破仑一世传》（上卷），商务印书馆，1977 年版，第 249 页。

③ ［英］约翰·霍兰·罗斯著，北京外国语学院英语系译：《拿破仑一世传》（下卷），商务印书馆，1977 年版，第 31—33 页。

仑的这些表现都坚定了亚历山大决战的信念。而拿破仑的舆论战和心理战却使形势朝着有利于己、不利于敌的方向发展，结果，俄奥联军冒然上阵，被拿破仑击败。

拿破仑之所以能够出色地运用舆论战和心理战，源于他在思想上充分认识到舆论战和心理战的重要作用，即这些谋略如果运用得当往往能产生事半功倍的效果。拿破仑曾说，“报馆一间，犹如联军一队也”；“电台一座，胜过四千精兵”；“三份不友善的报纸比一千把刺刀更可怕”。① 在以武力称胜的19世纪的西方，拿破仑注重谋略运用，特别是注重利用舆论战和心理战的实践可谓独树一帜。

四、对保密措施之于作战目的达成有深刻认知

在实施行动前，拿破仑非常注意保密。他将保密问题看得与行动本身同等重要，因为保密与否关系到行动的成败，这也是情报意识的具体体现。例如，拿破仑组建预备军团之事，他一边紧锣密鼓地秘密调遣和训练军队，一面又大张旗鼓地让外界知道他将在第戎检阅军队。② 这样做既转移了人们的注意力，又有助于真实行动的保密与顺利实施。

在拿破仑进军埃及前后，保密工作做得极其出色，仅有少数几位高级军官了解舰队正驶向埃及，官方直到最后一刻还称他们是英吉利军团的左翼队伍，有关其航行的消息两周后才传到英国，即便这样，英国还认为法军要在爱尔兰登陆。③ 另外的例子同样可以说明拿破仑对于保密重要性的认识。当法军于1804年从布伦兵营急行军开赴莱茵地区同奥地利军队作战时，拿破仑在给警务大臣的信中写道，“要像军队根本不存在一样，禁止报刊谈论它”，④ 而且暂时不准私人使用当时已有的光学电报。

---

① 转引自廖毅文：“传媒——现代战争中的软力量”，载《新闻传播》，2003年第4期。

② 陈国华、高金虎著：《外国情报史》，南京大学出版社，1993年版，第51—52页。

③ ［英］马歇尔·康沃尔著，赵汉生、彭光谦译：《作为军事统帅的拿破仑》，解放军出版社，1989年版，第86页。

④ ［苏］E·契尔尼亚克著，傅师译：《秘密战五百年》，群众出版社，1980年版，第398页。

1808 年当拿破仑还在西班牙战场时，中欧局势突变，于是他决定立即返回巴黎。他指示贝尔蒂埃仍留在西班牙，并致信约瑟夫国王接管西班牙的指挥权，他在信中说："关于我离开这里的事务必须保密十四天，就说我去萨拉戈萨了。"①

关于保密措施，拿破仑自执政初始就严格控制在媒体、公报上披露军队的行动和真实情况，除非他认为有必要，而且内容是经过选择和严格把关过的。而这些保密意识和措施的实施，很大程度上确保了法国军队的战略意图得到隐蔽，这为取得会战胜利发挥了重要作用。

小 结

在整个法国情报工作的发展史中，拿破仑时期的情报工作虽然总体上还处于初级阶段，但其反映出的新发展和新变化具有鲜明的特色。拿破仑对情报工作的认知和思维极大地影响了当时法国情报工作的发展方向，也形成了极具法国特色的情报工作模式。这种模式带来的是情报源的不断拓展和覆盖面的扩大，获取的情报内容也涵盖了各个领域。情报分工的明确和细化、情报搜集手段的多样化、情报活动的灵活多样、军事情报工作的统一管理、特别是战场情报和武官作为战略情报源的拓展等，都使得当时的情报工作获得了极大的成功，极大地满足了以战争为主线的情报需求。更为难得的是，拿破仑不仅知道情报之于直接作战有着重要作用，对于对方情报工作能给自身带来危害也有清醒的认识，因此，他在情报领域如大胆使用双面间谍、有效地事实情报欺骗、充分运用舆论战和心理战、注重加强保密措施等方面也有上乘表现。而这一切均源自拿破仑的思想解放、勇于创新、政治变革和军事革新理念和意志。

尽管以现代情报思想或情报方法等来考察，拿破仑时期法国情报工作的总体水平有限，还存在着诸多不足，但是，以当时的生产力发展状况、

---

① ［英］马歇尔·康沃尔著，赵汉生、彭光谦译：《作为军事统帅的拿破仑》，解放军出版社，1989 年版，第 233 页。

科技发展水平以及战争理念或方式等来考量，这些现代人眼中的不足，远比不上其带来的成功效应。这些经历史印证过的基本事实，特别是其有关情报特征所蕴含的理念，同样可以给今人以启迪。

第七章　拿破仑帝国时期情报工作基本评价

拿破仑帝国时期的情报工作，是在继承法国情报工作传统与大革命时期情报实践的基础上展开的，但却有所推进和发展，并形成了自己的特色。无论是从情报机构的设置、情报工作内容还是情报成效来看，都取得了相当的成就，特别是其情报体制形态和机制运行都具有一定的合理性，适应时代发展需要。当然，由于时代的局限、体制的缺陷和拿破仑本人的问题，当时的情报工作也存在许多不足，甚至出现了一些严重的情报失误，直接影响到一些军事行动的成败，直至成为拿破仑帝国土崩瓦解的重要因素之一。

第一节　拿破仑情报思想的形成根源

作为中央集权政府的专政者和统率数十万大军的军事领袖，拿破仑的情报思想和情报实践无疑对当时的法国情报事业发挥了重要的指导作用，也就是说，拿破仑个人对当时法国情报工作的影响深刻。任何思想的产生都有其形成的根源，情报思想也不例外。拿破仑情报思想的形成与其个人经历、当时的社会环境和那个时代的军事变革密不可分。

一、个人经历是其情报观产生的基本源泉[①]

拿破仑·波拿巴于1769年出生于科西嘉的一个意大利贵族世家，9岁时前往法国本土，次年进入布里埃纳军事学校学习，15岁进入巴黎皇家军事学院深造，1785年被任命为炮兵少尉，从此开始其军旅生涯。

科西嘉人吃苦耐劳、勇敢无畏并富于独立精神，这些特点在拿破仑身上得到充分的体现。从传统上看，科西嘉人的家族观念和凝聚力极强，拿破仑终生都为一种对亲属的责任感所困扰，这构成他性格中的多愁善感。就本性而言，科西嘉人喜好彼此猜忌并善于政治权术，这在拿破仑后来的执政生涯中也显露无遗。

科西嘉岛原先是热那亚共和国的一个属地，后来割让给法国国王并由法军占领。科西嘉人像反对热那亚统治者一样反对法国的统治，拿破仑的父母起初都参加过保利领导的反对法国占领的抵抗运动。法国粉碎科西嘉人的抵抗后，起义领袖保利逃往英国，法王承认了拿破仑家庭的贵族身份，拿破仑藉此进入教会学校，而后进入军校。

拿破仑在军校学习勤奋，数学、历史和地理方面尤为突出。在皇家军事学院深造期间的学习更加专业化，课程中增加了筑城学，此外还有操练、射击和骑术。在奥松炮兵学校服役期间，拿破仑得以学习本兵种的最新战术和技术，并得到炮兵专家及炮兵学校校长杜特将军的赏识。在随部队驻防各地期间，拿破仑阅读了大量军事和政治史方面的书籍并写了很多摘要，这些摘要内容涉及许多学科，从中可以看出作者的思想倾向和抱负。他曾对亚历山大、汉尼拔和凯撒的生平做过认真的研究，对他们的战略和政略非常推崇。他还深受卢梭“社会契约论”的影响，年轻时主张科西嘉自由和独立。

法国大革命爆发后，拿破仑回到科西嘉，希望以共和方式推动科西嘉的独立，但遭到亲英反法的保利集团排挤，最后全家逃往法国本土。当时法国政局变幻莫测，形势风起云涌。大革命初期，代表大资产阶级和自由

---

① 本部分有关拿破仑·波拿巴的生平的部分内容参见参见［美］文仑·肖恩著，贺天同译：《拿破仑大传》，上海社会科学出版社，2005年版。

派贵族利益的君主立宪派掌握了政权，他们建立了君主立宪制，1791 年国王路易十六勾结外国反动势力，结果阴谋败露，王政被废除。1792 年法兰西王国改成法兰西共和国，1793 年初路易十六被处死。英、奥、普等国因担忧革命波及本国、损害其利益而组成反法同盟，法国革命面临严重的危机。1793 年 6 月，以罗伯斯庇尔为首的雅各宾派掌握了政权，法国大革命达到了高潮。7 月，已经是少校的拿破仑带兵攻下了保王党的堡垒——土伦，因此受到雅各宾派的赏识，被破格升为准将。1794 年“热月政变”中，拿破仑由于和罗伯斯庇尔兄弟关系亲密而受到调查，后因拒绝到意大利军团的步兵部队服役而被免去准将军衔。1795 年他受巴黎督政官巴拉斯之托成功平定保王党武装叛乱，也就是著名的镇压保王党战役。拿破仑一夜之间荣升为陆军中将兼巴黎卫戍司令，此后开始在军界和政界崭露头角。

拿破仑沉默寡言、秉性清高。虽然由于科西嘉口音、生活不宽裕等原因在军校受到嘲笑，但具有坚强意志的他反而增强了克服困难、维护个性的决心。大量的阅读和思考使拿破仑具备了敏锐的洞察力和把握时局的气质，他的个人经历塑造了其钢铁般意志和在关键时刻果敢决断的性格，而这种决断的依据则是他对情报的掌握和对时局的分析。拿破仑在军校的学习和其后的自我修炼，特别是对历史的研读使他对情报的功能有了初步认识，真正带兵打仗及治理国家使他切身体会到情报在战争、政治、外交等领域的重要作用。可以说，拿破仑的个人经历是其情报观最终形成的基本源泉。

二、社会环境成为拿破仑情报思想形成的助推剂

拿破仑的青年时期正处于法国大革命如火如荼的热潮中，激情与理智交杂是这个时代的主题。思想的解放和新生力量的扩张，让革命以洪流之势在法国爆发，革命的狂热与局势的频繁变化使这一段历史始终处于混乱状态，而外国的武装干涉和保王势力的阴谋破坏又令新生的共和国面临重重危险与威胁。拿破仑处于这个新旧思想交锋、新旧制度交替、新老势力角逐的过渡年代，从一开始他的人生就与国家、民族的命运紧紧缠绕在一起。

拿破仑出生时启蒙思想已在法国遍地开花，卢梭的思想给他留下深刻印象。法国爆发大革命时，拿破仑 20 岁，革命的激情促使他抛弃科西嘉独立的想法转而追随共和派的方针和路线。君主制垮台后共和政府面临巨大挑战和严峻威胁，革命时代中人类史无前例的需求和个人远大抱负，使得雄心勃勃的拿破仑一步步进入法国历史舞台的中心。

在新旧势力和各个派别此消彼长、明争暗斗的过程中，掌握尽可能多的情报往往至关重要。共和派和保皇派针锋相对，但其中又有激进派和温和派之分；革命既要对付反革命，又要防备周边君主势力的武装干涉，大革命期间的形势复杂由此可见一斑。可以毫不夸张地说，当时的情报斗争无所不在、无时不有且异常激烈。出于执政需要、扩张目的和个人打算，身居要位的拿破仑，既要掌控国内的舆论，又要防止保皇派的复辟企图；既要设法得到武装干涉军队的行动计划与企图，又要想办法了解反法同盟国家的政治外交举动。总之，国际形势与国内局势的风起云涌，促使拿破仑必须想尽一切办法得到涉及他个人以及法国利益的各种情报，以帮助他维护国内统治和建立欧洲霸权。因此，社会环境成为拿破仑情报思想形成的助推剂。

三、军事变革是促进拿破仑情报思想成熟的催化剂

大革命期间和拿破仑时期是军事创新的一个高潮，它是 17 世纪中叶到 19 世纪中叶约 200 年来军事停滞后的一个飞跃。普遍征兵制使军队人数大增，以战养战理念使大兵团在外征战时解决了给养问题，多兵种合成建制大大增加了军队的作战潜能。这些创新使战争中法军兵员数量充足、机动能力加大、战役范围扩大。然而，战争规模和战争技术的新变化使得部队对情报的需求越来越紧迫、多样、细化，情报的作用和地位愈发显得突出，情报越来越引起指挥官的关注与重视。

拿破仑战争与以往战争有很大的不同，拿破仑赋予战争以新的面貌和特点。富勒在谈到拿破仑战争的原则时用 10 个字做了精辟总结：进攻、机动、奇袭、集中、保护，即总是依靠进攻、认为加快速度可以节省时间、实行有效的战略性袭击、坚持在战场上集中优势兵力、慎重地考虑部

队的保护系统。[①] 这些战略战术要想成功运用，需要情报工作的密切配合和高效情报的有力保障，情报工作的突出作用越发凸显，如何合理地配置情报资源和更加有效地发挥情报作用，自然被列入拿破仑的战争运筹范围。

拿破仑充分发掘和利用军事变革所带来的巨大潜力，对作战指挥做了许多发挥与发展，给予战争艺术以新的气象。拿破仑战争对情报需求的加大，使得情报来源和内容不断扩展，甚至有了涉及士气、后勤、指挥员特性这样的情报要求。拿破仑认为，采取进攻必须十分谨慎，要充分估计具体情况和敌我双方的兵力与火力。他说他已习惯在3—4个月以前就思考应该做的事情，习惯采取多种防患措施而不是靠所谓的机会。[②] 这充分表明拿破仑开战前是做过精心准备的，其中就包括对战争进程具有重要影响的情报准备。

拿破仑战争的特点是强调在决定性的战役中集中优势兵力，而后进行旨在歼灭敌人的大规模会战，部署部队时注重先头部队、侧翼和主力之间的联系和配合，同时强调步兵、炮兵和骑兵的有机配合，这些新战法对情报的需求极大促进了情报工作，因为它对情报工作提出了更多要求，即只有掌握了地形、敌情、敌方的动向和意图，才能更好地达成战略目的并取得战役的胜利。

上述拿破仑对作战样式的改革和对情报需求的提升，使得拿破仑对情报工作在新形势下作战的作用有了更加完整和充分的认识。因此，可以说，军事变革与实践是促进拿破仑情报思想成熟的催化剂。

第二节 拿破仑帝国的情报体制具有相当的合理性

拿破仑执政时期，虽然他背离了法国自由民主思想的革命初衷，最终

---

① ［英］J. F. C. 富勒著，李磊、尚玉卿译：《战争指导》，广西人民出版社，2008年版，第46—51页。

② 转引自［英］J. F. C. 富勒著，李磊、尚玉卿译：《战争指导》，广西人民出版社，2008年版，第45页。

采取了专制手段甚至实行了帝制，但客观上保卫了革命的果实，并以法律形式将其确立而后又推广到欧洲各国，对整个欧洲反对封建统治并确立新生资产阶级执政起到了积极的推动作用。拿破仑帝国时期的情报体制是因法国的国家生存与发展需求应运而生的，在法国情报史上起到了一定的积极历史作用，符合情报工作的基本规律。

一、符合国内斗争现实需求

拿破仑处于乱世，若要在乱世中生存和发展，情报的作用自然凸显。拿破仑执政初期，法国中南部匪患严重，他们甚至打着为波旁王朝复仇的旗号无恶不作；旺代等地的王党活动非常猖獗，更为严重的是叛乱活动在诺曼底、布列塔尼、旺代等地迅速蔓延，一部分农民已被吸引到叛乱队伍中；立宪派、雅各宾派等虎视眈眈，寻找机会实施阴谋；英国和保皇派发展了大批针对法国的间谍，他们在法国和欧洲各地秘密活动并且策划谋反和暗杀活动。这种形势使得革命后的法国危机四伏，革命成果危在旦夕。

为了对付封建反动势力阴谋和外国干涉，随时监视和掌握敌对分子动向，拿破仑改组了旧的警察情报系统，将其置于中央的直接管控之下，并且以警察厅长代替过去的警察总监职务以维持首都秩序，还建立市卫队协助警察厅长工作。另外，在各地增设警务专员接管地方警务权，有些地方还派驻了特派员；还周密地改组了宪兵队，使他们能够单独执行特殊任务；设立多个邮政秘密检查室分部，实施广泛的邮件审查秘密行动。此外，实施严格的书报刊及新闻控制和审查制度，取缔了巴黎 73 家报纸中的 60 家，各省只留一家受中央控制的报纸。① 同时拿破仑还派出大量特工、密探、间谍，用以对付英国、王党、立宪派、共和派或是革命派。警务部还编制了一套卡片，上面记载着上千名活跃分子及他们的详细资料。

总之，通过一系列警察和情报系统的改组，拿破仑掌握了大量安全及舆论的动向情报，并据此有效控制了国内局势。从前述的很多例证中可以看到，情报在拿破仑国内斗争中的作用是显而易见的，尤其是在反阴谋、

---

① ［法］乔治·勒费弗尔著，河北师大外语系译：《拿破仑时代》（上卷），商务印书馆，1997 年版，第 93 页。

反颠覆甚至反谋杀中作用显著。而这一切都是因应国内形势需要的，其情报体制符合国内斗争的现实需求。

二、适应对外战争的需要

大革命后，法国一直处于欧洲各封建君主国的严密关注之下，由于欧洲各国有千丝万缕的关系，他们既担心革命浪潮可能危及本国安全，又忧虑本国利益可能受到牵连，因此，英、奥、俄、普等国先后多次组成强大的反法同盟进逼法国领土。

尽管刚刚执政的拿破仑需要和平与稳定来巩固政权，但国家独立与安全的外部威胁迫使他不得不很快开动战争机器，而对外扩张与霸权野心的膨胀，使战争机器一经开动就难以停止。因此，各国的战略考量、反法同盟的实力、敌军的意图与动向等，都是法军作战计划顺利实施需要掌握的情况。然而，情报效益的有效发挥有赖于情报体制的合理构建和机制的良好运行。为此，拿破仑发展了参谋总部体制，由参谋部统一协调军事情报工作；为混合编制的部队配置实施侦察与搜索任务的轻骑兵分队，将搜集的地形与敌情等战场情报及时向指挥员报告；专门成立实施特务工作的保密局，负责谍报和反间谍工作；出台特务组织工作细则，为军队总部和各级机关的参谋提供工作指导；向敌军和敌区派出大量间谍，获取各种情报；开创性地向驻外使馆派驻武官，搜集驻在国的军事情报。此外，还注意利用现代科技成果，使得情报传递速度大大提高。

从拿破仑建立的法国情报体制看，它涵盖了法国对外战争所需情报的从战略到战役战术的方方面面，并通过有效的运行机制良好运转。这种情报体制的构建和机制的运行，不仅符合法国国情，更符合法国军队的对外战争模式。总之，与反法同盟中的其它国家相比，拿破仑构建的情报体制和运行机制为其提供了较好的情报保障，适应了法国的对外战争需要。同时需要指出的是，情报活动是伴随战争发展而发展的，战争则刺激了情报工作的进步，因此，拿破仑时期情报活动的繁荣有其历史必然性。

三、反映了情报工作的继承与革新的规律

作为人类社会发展到一定阶段的产物，情报活动与其它社会活动一样，有其继承、发扬和革新过程。情报工作的继承与革新是一种自我调适和纠错能力，即根据时代变化和需求转变等具体情况，对适应当时情报工作需要的旧有内容予以保留，对影响、阻碍情报工作发展的机制进行改革和创新。拿破仑帝国时期的情报工作就是在继承、发扬和革新中得到较大发展的，体现了当时法国情报界特别是拿破仑在情报工作上的自我调适和纠错能力。

大革命之前，法国的情报工作主要局限于一些间谍活动，组织和实施具有临时性和零散性，黎赛留时期虽然建立了法国历史上第一个情报机构，但其作用也仅限于监视敌对势力活动。大革命时激进的雅各宾派在外交部建立了中央情报局这样一个情报组织，试图以革命的恐怖对付内外敌人的挑战，但由于它被利用，最终成为滥杀无辜的工具而遭民众唾弃。

拿破仑上台后，重建并强化了秘密警察制度，遍布各地的警察和密探搜集各种情报并逮捕他们认为有嫌疑的人。这类似于旧时的密札制度，但其情报内容与范围有了较大扩展，而且具有一定的执法职能，虽然在社会上造成了一定的恐怖气氛，但对于打击犯罪和王党活动作用显著。

邮检制度早已有之，欧洲各君主国都心照不宣地都采用这种方式截取情报。拿破仑不仅继承了这一传统获取情报方式，还将其发扬光大，在庞大帝国的许多城市建立诸多邮检分部，邮检活动极为活跃，邮政部长实际成为警务第二部长及拿破仑的反间领导人之一。

大革命时期参谋制度就已出现，拿破仑发展了大本营的参谋班子，指派专人负责军事情报工作，使得参谋部成为协调军事情报工作的中心，这对有效整合军队情报资源、提高情报工作效率具有重要意义。

同时，拿破仑帝国时期出台了特务工作手册，这是法国历史上第一次出现的有关情报工作的细则。细则有效地规范了情报工作，使法国情报机构朝着机制化方向发展，这是现代情报工作的重要特征。因此，不能不说拿破仑在法国情报工作机制化建设上具有重要的功绩。

另外，拿破仑还成立了专门的间谍及反间谍机构——保密局，使军队

的间谍工作有了专门的组织、协调和实施机构。从远古时期开始，就有军官随使团一同被派出执行任务的先例，路易十五就曾于1757年派出一名相当于中校的炮兵军官前往驻奥地利使团工作。① 但真正将军官作为名正言顺的外交官派驻驻外使馆，并依据国内指示从事军事外交和军事情报两大任务的，是拿破仑。这不仅是拿破仑对当时法国军事情报工作的一大突出贡献，也是对世界军事情报工作发展的一大贡献，他向驻外使馆派驻武官的作法，为现代武官制度的最终建立具有划时代意义，他的创新性运用，使武官这个职能一直延续至今。

继承与创新是各个时代的永恒主题，唯继承与创新才能紧跟时代发展潮流，唯继承与创新才能在千变万化的世界中立于不败之地。拿破仑帝国时期的情报工作继承了大革命时期乃至更早的情报经验，并在实施和运作中根据实际需求融入新的元素、内容和方法，其情报工作因此适应了历史需求并发挥较好效应。

第三节　拿破仑帝国情报工作中的非合理因素

尽管拿破仑的情报工作总体开展得有声有色，较之以前有很大的拓展与进步，但由于时代的局限、体制的原因以及拿破仑本人的因素，当时的情报工作有其固有的制约性及缺点，主要表现在：

一、针对战略情报对战争进程影响的认识不足

拿破仑是军人出身，他一生大部分时间都是在指挥作战中度过的。他试图通过战争来达到政治和外交目的。作为一线指挥官，他十分强调战场情报，甚至亲临战场侦察，同时，穷尽一切方法试图获取尽可能多的敌军情报，并不惜采用各种方式迷惑和混淆敌人的视听，从而形成对已有利的

① Keith Hamiton and Richard Langhome, *The Practice of Diplomacy: Its Evolution, Theory and Administration*, New York: Taylor & Francis, 2010, p. 125.

作战态势。

尽管拿破仑也派人搜集欧洲各国的政治、外交秘密动向，但很明显，拿破仑对反法同盟国家的政治外交举动、意图和打算的关注，远不及对战场中战役战术性军事情报的重视程度。虽然拿破仑的政略和战略时常交织，但他对欧洲各君主国的反法态度一直估计不足，对国内各界关于频繁战争的看法也了解不够，也没有清醒地意识到他后来的扩张战争与早期捍卫革命的战争由于性质不同将会导致不同的结果，况且战争后期的战略态势明显对他不利，但他未能依据形势的变化而适时调整其对外战略。主要原因在于，所有这些非战场的、但却对战争全局具有重要影响的战略情报，显然没有受到拿破仑的足够重视，从而导致搜集和分析不足，这也是他最后失败的重要原因之一。

忽略战略性情报对战争影响的最典型表现之一，是在莱比锡战役之后拿破仑对反法同盟提出和平建议的种种反应。当时，俄、奥、普鲁士和英国在莱比锡一战后向拿破仑提出和谈建议，要求拿破仑放弃占领之地并停止战争，法国的疆界维持在 1801 年《吕内维尔和约》时的状态。[①] 该和约是拿破仑在取得马伦哥和戈根林顿战役后签订的，如果维持这一疆界，法国仍是头等强国的主宰。但拿破仑没有考虑国内民众的牢骚和怨气，也没有重视保王党和塔列朗之间的秘谋，更没有掌握各国关于在波旁王朝、共和国和拿破仑之间进行选择的态度情况，他以拖延的方式加紧征兵和备战，试图用以往的大决战迫使各国按自己的意愿行事。当两个月之后联军提出法国的疆界应与 1790 年相同，也就是说没有革命战争时期合并的莱茵河左岸的地区时，[②] 拿破仑断然拒绝接受。战事再起后，拿破仑虽依靠其军事才能又取得了一些战役的胜利，联军再次建议停战和谈，但拿破仑在赢得蒙特罗战役胜利的情况下又坚持法国的“自然边界”，谈判因此中断。此时一些秘密举动正在私下进行：塔列朗已与联军秘密联系提出让波旁王朝复辟，但联军倾向于让法国在共和国和拿破仑之间做出选择；而此时拿破仑的元帅们已没有了斗志，有的正在为自己寻找退路。拿破仑本人却完全忽视了这些影响全局的动向，还在继续试图用纯粹的战争方式解决

---

① 万冲、杨晓娣著：《法兰西雄师——拿破仑》，黑龙江出版社，1999 年版，第 172 页。

② 同上书，第 173 页。

问题。结果塔列朗力促联军进攻巴黎，法军主力部队元帅马尔蒙率部投入塔列朗一方，波旁王朝卷土重来。从中可以看出，在战争后期，拿破仑过度依赖军事行动而忽视了与战争密切相关的政治、外交、民心等因素的重要影响，这种为了战争而战争、一味倚重战场情报而不考虑诸多战略因素的做法，最终导致拿破仑帝国的崩溃。

其实，自法国陷入西班牙战场开始，战略态势就逐渐向盟国倾斜，无论是人心向背、战略物资、军事实力还是战术战法都越发不利于法国。针对西班牙的征战是一场侵略他国的战争，这与早期跟封建势力的博弈明显不同。侵略战争使拿破仑失去了道义上的支持，西班牙民众的反抗加之英国的鼎力相助，使法国军队陷入西班牙的人民战争达 6 年之久，10 万军队被牵制在西班牙宽广的战场不能脱身，几场较大规模的战斗使法国损失惨重。在这样一种不利的形势之下拿破仑又冒然出征俄国，使自己处于两线作战的局面，加之这同样是一场侵略战争，且俄国地域的广阔、气候的恶劣、人民的决心、战法的独特等等，使拿破仑在俄罗斯战场上输得更大、更惨、更彻底。由于东征西伐、奴役异族、粗暴践踏许多国家的利益，拿破仑最终成为欧洲最令人痛恨的统治者，实际上已被欧洲国家所孤立，连年的战争和战争性质的改变也使包括法国人民在内的欧洲民众不再狂热。由于俄国和普鲁士的民族情结越发强烈，情报也越发难于获得。[①]到 1813 年，普鲁士和奥地利相继对法国宣战，这预示着反法联盟越发坚定与团结，盟国对拿破仑的战术特点也有了一定了解和应对措施，此时法国的兵力和物资供应明显不足与匮乏，可以说整个战略态势对法国十分不利。但拿破仑执迷不悟，仍意在决战，终以惨败收场。

严重依赖战役战术情报，而对与之相关的影响战局的战略情报缺乏应有重视，是那个时代的通病，大情报观念在那时还远未出现，指挥官往往只着眼于战场，更加专注于战场情报的搜集与获取，战略性情报则较少顾及。入侵西班牙、远征俄罗斯、夺取圣多明各等军事行动的失败无不与不注重战略情报有关系。如果历史性地客观看，这与其说是拿破仑的情报失误，不如说是时代的失误，但归根结底还是拿破仑未能充分重视战略情报的重大失误。

---

① Martin Van Creveld, *Command in war*, Cambridge: Harvard university press, 1985, p. 67.

二、对情报的综合分析与评估不足

拿破仑帝国时期情报工作虽然有较大发展，决策者对情报工作也很重视，并且成立了一些专门的情报机构从事各类情报活动，但当时的情报工作基本上是简单的搜集、积累与判断，尚未形成综合性分析与评估机制。

拿破仑帝国时期的情报工作属于近代早期的情报活动，尚未形成当代情报工作的合理体制和运行机制。尽管拿破仑帝国的情报工作是伴随着科技发展和军事变革进行的，其情报工作也呈现出了某些适应时代要求的变化，一定程度上适应了法国维护国内稳定和对外扩张战争的需要。但总体来说，当时情报工作整体水平有限，情报工作者只限于本领域现时的情报获取与上报，没有中央分析机构，更谈不上对情报进行综合评价，绝大部分情况下还是军事指挥官对情报作自我估计与判断。

例如，情报参谋把从前线或间谍那里得到的情报简单汇总后直接上报总指挥，而非经过仔细的研究和综合分析研判，更谈不上得出评估结论甚至提出建议，无论是决策者、情报工作领导者或是情报人员都没有意识到综合分析与研究的作用和重要程度，当然也就没有专门的研究与分析机构。事实上，在经过普法战争的教训后，法国才下决心成立总参情报局，也就是总参二局的前身，这是法国专职军事情报机构的雏形，即便如此，在情报综合分析和评估上，仍存在着很大的不足。

缺少对情报的综合分析与评估是那个时代的普遍现象，从观念上看，当时情报工作与现代情报工作存在着很多理念差距，甚至在很多问题上的基本概念也有很大距离，情报人员的工作更多的是从事情报的搜集与汇总，所谓情报处理，其过程也只是对情报进行简单的整理，因而处于较原始的阶段。尽管拿破仑也知道情报是其进行决策的依据，但他更多的是将情报作为核实其行动方案的手段，并未将其看作决策过程中的核心环节和不可或缺的重要依据。可见，缺乏情报综合分析与评估也是导致战略与战场情报脱节的一个原因，并最终影响到战争进程和结局。

三、缺乏统筹的情报协调机构

拿破仑时期的各情报机构单独运作，相互间没有协调，它们都只为拿破仑一人服务。虽然从某种程度上说，这种模式可以保证拿破仑更加及时地掌握情报并迅速决策，但这种缺乏统筹情报协调机构的情报体制，难以形成一个相对统一的情报产品，而完全取决于拿破仑个人对情报的研判能力，这也增加了因对形势的不完全估计而做出不适当决定的可能性。

由于没有情报协调机关，各情报机构之间各自为政，相互竞争。拿破仑甚至为了监控这些机关并掌握其忠心程度鼓励它们相互监视，如巴黎警察厅对警务部举动的监视、邮政秘密检查室对其它机构的监视等。因而富歇、杜布瓦、拉瓦莱特、萨瓦里等情报机构的头目之间也就毫无合作可言，他们的关系只剩下互为对手与相互防范。虽然从理论上讲，竞争可以促进情报工作的发展，但是这种缺少协调的竞争是无序的，在很大程度上妨碍了情报工作的良性发展和情报效益的更大发挥。比如，1810 年拿破仑免去富歇警务大臣（部长）职务，由萨瓦里接任这个职位，富歇在交接前藏匿一部分秘密材料并且销毁很多情报资料，[①] 人为地给萨瓦里掌握有关情况和警务部的情报工作设置了诸多障碍。

缺乏情报协调的弊端最终显现在战争中，它给法军在战场上造成了很大麻烦，甚至导致某些战局逆转或行动失败。如在西班牙战场上，拿破仑的将军们各自为战，相互间缺乏情报协调，因此也就谈不上相互支援和战略牵制。与此形成鲜明对比的是，威灵顿公爵的情报改革之举使各行动分队之间能够互通有无，军队的战术情报与非军事部门搜集到的所有情报都能被半岛的英军所掌握，情报工作的相对协调，使英军对法军的情况了解较为全面，因而能够使威灵顿公爵根据法军各部的具体情况制定不同的作战方案，从而成功地在西班牙战场牵制了相当大的一部分法军。

---

① ［苏］E·契尔尼亚克著，傅师译：《秘密战五百年》，群众出版社，1980 年版，第 415—418 页。

四、决策者自我充当情报者的局限

拿破仑集国家元首与军队统帅于一身，他既是国家政策的决策者，又是情报工作的领导者，甚至还亲自实施情报侦察、搜集情报并进行研判，即时常充当情报工作的实践者。特定的历史时期和特殊的身份，加上独断专行的性格与事无巨细、事必躬亲的行事风格，使拿破仑帝国时期的情报工作具有明显的决策者自我充当情报者特征。

从指挥土伦战役起，拿破仑就亲自侦察敌情、做出判断并制定作战计划。在其后约20年间，无论是军事决策还是政治决策都由拿破仑一人敲定，他的头脑实际充当了帝国的“中央信息处理器”，[①] 他周围的人基本上起一个上传下达的作用，难怪贝蒂埃常说他只是皇帝的邮差而已。以色列情报历史学家和理论家马丁·克列威尔德曾在《战争中的指挥》一书中写道：拿破仑白天忙于旅行、视察、会见下属、询问边民和囚犯、侦察和收集情报，晚上批示报告、制定计划、下达命令、书写信件和编排通告，所有这一切都是为了亲自倾听、目睹和处理事务，防止自己成为参谋的“囚徒”。[②] 这一方面反映出拿破仑扎实细致的工作作风和旺盛的精力，但同时也反映出他对下属的不信任，不懂得抓大放小而导致每天事务缠身。

应该说，情报的分析和研判是一项十分复杂的系统工程，需要专业人员缜密而科学地进行。诚然，领导人作为决策者自己进行情报处理（分析研判）并非完全不可取，有时甚至还具有一定的优势，确实可能提高决策效率，但是它的弊端也是显而易见的。因为人是影响情报工作效益的决定性因素，无论是决策者、情报工作的领导者还是普通的情报人员都能对情报工作的成效发生影响，尽管其影响程度因情况而异。作为决策者，其对本国所处战略环境的认识、对情报工作本身的认识、对情报使用功效的认识等，都会对情报工作的效能产生积极或消极影响。即便是决策者的

---

① Peter J. Jackson & Jennifer L. Siegel, eds., *Intelligence and Statecraft: The Use and Limits of Intelligence in International Society*, New York: Praeger Publisher, 2005, p. 23.

② Martin Van Creveld, *Command in war*, Cambridge: Harvard university press, 1985, p. 64.

个人素质，包括个人品格、从政经验、领导作风等也会对情报工作有举足轻重的影响。拿破仑集决策者、情报工作领导者和情报员三者的职能于一身，从一方面说有利于掌握情况、迅速及时做出判断和不失时机地做出决策。但情报分析和研判等毕竟是一种专门的学问，而决策者终究不是从事情报分析和研判的专业人员，无论是从背景知识的掌握、认识上的广度与深度、看法的客观程度上都可能要打一定的折扣。更何况情报分析研判不仅需要专门的知识和技能，还需要连续不断地跟踪和缜密的验证等，而决策者终日事务繁忙，很难有时间和精力专注于这件复杂的系统工程，也更容易受镜像思维等问题的干扰，失去对情报分析研判的客观性，进而导致情报失误。例如，1800 年的阴谋暗杀事件，拿破仑仅凭主观臆断认为是雅各宾分子所为，随即打击了一大批雅各宾成员。但富歇根据自己掌握的情况则认为是王党所为，最后经过详细和深入的调查表明，这一暗杀事件确系英国与保皇分子合伙策划。

又例如，在入侵西班牙的决定上，拿破仑没有听从其他人的建议，执意向西班牙派出至少 10 万军队，以巩固约瑟夫的王位并镇压由英军支持的西班牙和葡萄牙人的激烈反抗。当时有人指出，法军将被卷入人民战争的汪洋大海，充满敌意的民众实际上很可能会变成一支庞大的反法力量和间谍队伍，英国的支持也会使法军面临正面和敌后两线作战。然而，拿破仑并未认识到这些问题，而依然决意开战。事实表明，拿破仑的这个决定是一场注定要发生的灾难，大批人马被牵制在伊比利亚半岛的广阔土地上不能自拔。这是拿破仑军队失败的开始，也是拿破仑帝国衰落的前兆。

同样，在远征俄罗斯这个计划上，拿破仑依旧无视政治顾问和军事顾问的反对意见，最终酿成大错并为之付出巨大代价。拿破仑的计划是在波兰集合部队后直捣俄国，然后在一系列决定性会战中击垮俄军，迫使亚历山大求和。他的政治顾问们都强烈反对与俄国开战，其军事顾问也指出了战略上的困难，但拿破仑一概置之不理，① 为打消下属的不安，他甚至提及自己 7 年前曾在奥斯特里茨一役中打败过俄国军队。② 然而，拿破仑的

---

① ［英］马歇尔·康沃尔著，赵汉生、彭光谦译：《作为军事统帅的拿破仑》，解放军出版社，1989 年版，第 270 页。

② ［美］厄内斯特·沃克曼著，刘彬、文智译：《间谍的历史》，文汇出版社，2009 年版，第 124 页。

顾问指出，奥斯特里茨战役是在奥地利领土上实施的，而现在俄国将是为保卫家乡而战，况且法国人对俄国国内情况知之不多。虽然拿破仑于出征前半年就开始搜集俄国地形资料进行研究，也着手招募间谍搜集俄国相关情报，尽管这也是战略情报研究的一部分，但是，拿破仑却在对亚历山大会对法国入侵作何反应、俄军将如何战斗、俄国人可以调动哪些资源等一无所知的情况下就决定开战，显然他对战略情报的研究尚不全面。况且当时西班牙战事还未结束，这就犯了两线作战的禁忌。实际上，他的军事进攻时间表安排得满满当当，根本就没有时间继续深入搜集详细情报，他只是臆想将一如既往地速战速决而后凯旋而归。一意孤行加上战略情报的缺失，使拿破仑大军陷入俄国的烂泥中不能自拔：俄军以空间换时间的大撤退战略使拿破仑没有机会实施歼灭战；俄国人采取摧毁一切可为法军所用资源的焦土政策令法军的补给成为突出问题；哥萨克人的偷袭与侵扰使处于困境的法军不断受到损失。莫斯科成为空城，补给线受到破坏，决战遥遥无期，万般无奈的拿破仑只好撤军，而别烈津河的大水又令法军损失大量人马。加之极其严寒的天气和传染病[①]，最终使拿破仑 60 万人出征俄国，只有不到 3 万人返回，远征俄罗斯使拿破仑帝国元气大伤。而这一切的根源都来自于拿破仑缺乏战略情报支撑的侵俄盲目决策。

拿破仑集决策者与情报处理者于一身，其所导致的情报失误远非限于欧洲大陆，情报不灵甚至让法国失去圣多明哥和路易斯安那。拿破仑一心想夺回圣多明哥岛，以此牵制英国在新大陆的影响并以该岛为据点继续扩张，为此他制定了周密的夺岛计划，但唯独没有费心收集有关圣多明哥当地的信息。事实证明，指挥的天分并不能弥补情报的缺失：岛上流行黄热

---

① 有关拿破仑军队在侵俄战争中士兵大规模死于传染病的说法一直存在，但一直没有直接证据。2001 年 11 月，施工人员在维尔纽斯铺设光缆时发现了一个墓地，从中挖掘出数千具遗骸。专家们对这些遗骸及墓中遗物进行研究后认为，死者是 1812 年在拿破仑指挥下进攻俄罗斯的法国士兵。2005 年 12 月 30 日，立陶宛和法国专家公布一项研究结果称，对当年进攻俄罗斯的拿破仑士兵的遗骸进行的研究表明，他们当中有 1/3 可能死于通过虱子传播的传染病。这一研究进一步证实了疾病是拿破仑兵败俄罗斯的一个主要原因的说法。维尔纽斯大学人类学家利曼塔斯·扬考斯卡斯说，立陶宛和法国专家共同分析了埋葬在维尔纽斯地区的拿破仑士兵遗骸的形态和 DNA 等，发现这些遗骸有患斑疹热和掩体寒热病病原体的痕迹。掩体寒热病在第一次世界大战中也曾流行过。参见“拿破仑兵败俄罗斯专家称传染病是主因”，新华网，http：//news. xinhuanet. com/mrdx/2006-01/04/content_ 4008187. htm。

病，拿破仑的数千人马因病倒下；当地军队不进行正面交战，他们焚毁一切可用资源并实施游击战术。[①] 人民战争使圣多明哥占尽优势，也使法国最后失去了对该岛的控制权。

低价出售路易斯安那，是拿破仑自我处理情报而导致情报失误的又一大败笔。早在北美战争期间，曾在法国担任公使的美国外交官杰弗逊就已组建了一个由外交官和商人组成的覆盖范围很广的情报网络，间谍及时向杰弗逊汇报拿破仑遇到的麻烦：圣多明哥一役的惨败使法国遭遇财政危机。于是杰弗逊让法国外交官向拿破仑暗示美国可能与英国达成亲善协议，其中包括对美国最南边的土地采取某种“安置措施”。英美可能结盟的暗示触动了拿破仑的神经，在没有掌握任何相关情报以证实这个暗示内容真伪的情况下，拿破仑主动提出将路易斯安那卖给美国。[②] 这是历史上最大的一笔土地交易：约 82. 8 万平方英里的土地以每英亩 11 美分的低价售出。[③] 从此法国失去了北美最大的一块殖民及前进基地，美国也由此走上世界强国之路。

小　结

由于体制原因，拿破仑帝国时期的法国情报工作受到拿破仑本人的极大影响，甚至可以说是法兰西帝国情报工作就是拿破仑情报工作。

个人经历、社会环境和军事变革的因素构成了拿破仑情报思想形成和发展的土壤，国内斗争的现实和对外战争的需要又很大程度上推动了情报工作的发展，拿破仑对传统情报工作的继承和革新确实成为这一时期法国情报工作的最大亮点。以今天的视野看，当时的法国情报体制尽管有诸多弊端，但却具有相对的合理性，因为它不仅适应当时的体制要求，也适应了当时的各种保障需求。尽管如此，我们即便是以历史的眼光看历史，也可以发现：由于时代、体制和拿破仑个人原因，当时的法国情报工作确实

---

① ［美］厄内斯特·沃克曼著，刘彬、文智译：《间谍的历史》，文汇出版社，2009 年版，第 126—127 页。

② 同上书，第 127 页。

③ 同上。

存在着明显不合理因素或短板。诸如，过分依赖战场情报而忽视影响战争全局的战略情报；缺乏综合分析与总体评估；没有专门性全国情报协调机构；拿破仑作为决策者过分干预情报工作以至于出现现代意义上的“情报政治化”等。这些不合理因素或短板，其最终结果就是制约了情报发挥更加高效的作用，甚至由于缺乏对情报的缜密分析和研判导致对形势的误判。这既是拿破仑个人的悲剧，也是他所领导的法国情报机构的悲剧。

以今天的眼光看法国情报工作的这段历史，还必须指出，在研究拿破仑帝国时期法国情报工作时，应将其放到一个大的历史环境中去考察，既要看到在当时条件下情报工作的进步和闪光点，挖掘其形成根源，发现其存在的合理性，同时也必须注意发现它的内在缺点和历史局限性，探寻制约其发展的因素，只有这样才能比较客观地看待那个时期法国情报工作的情况，得出相对科学的结论。

因此，总体而言，拿破仑时期的情报工作，很大程度上顺应了时代发展规律和法国生存与发展的情报保障需求，其呈现出的合理性是拿破仑个人智慧在客观环境的压力下催生的，其存在的非合理性因素也是拿破仑个人局限性与历史必然所导致的。因此，从拿破仑帝国时期的法国情报工作历史中我们至少可以感受到，成功的情报工作可以为促使法国强盛发挥重要作用，而失败的情报工作也可以成为导致法国衰败的重要因素，这种局面与其说是拿破仑个人的悲剧，不如说是法国历史的悲剧，即所谓：成亦拿破仑，败亦拿破仑，情报的力量在拿破仑帝国的兴衰轨迹中清晰可见。

第八章　拿破仑帝国时期情报工作的影响

拿破仑并非情报领域的专业人员，但由于其执政者和军事统帅的身份和对情报工作的重视并具有情报工作的亲身体验，拿破仑逐渐形成了自己独特的情报思想，且在构建和改革法国情报体制上颇有建树。而从实践看，拿破仑帝国时期的法国情报工作，对法国的兴衰、法国情报事业和欧洲情报思想都产生了一定的影响。

第一节　拿破仑帝国兴衰的重要因素之一

拿破仑帝国时期的法国，其国家命运一直与维护国内稳定和对外扩张战争紧密相连，法国情报机构的各种情报工作在这个时期为此提供了必要的保障，特别是最终对战争的结局产生了十分重要的影响。从情报与国家关系的视角看，拿破仑帝国时期情报工作的得失，最终与拿破仑帝国即法兰西第一帝国的兴衰史有着千丝万缕的联系。

一、捍卫革命果实并建立法国的欧洲优势地位

大革命爆发后，各种势力间殊死搏斗，法国国内形势堪忧。其中保王派与共和派展开了拉锯战，一个要维护波旁王朝的至高无上，一个要将共和进行到底。共和派内部出现严重分化，温和派希望维持君主立宪制，只进行相对平缓的改革，但激进派则态度强硬，主张彻底改天换地。地方民众在大革命浪潮的影响下也分化成不同派别，有的跟随保王派与共和派作

对，有的拿起武器将矛头对准封建势力，还有的加入到匪患的胡作非为中去。整个法国因大革命而沸腾，财政与民生问题令人们走上街头，频繁的政变使局势变得更加捉摸不定。国内矛盾重重，国外危险丛生。由于欧洲封建势力错综复杂的相互关系以及各国利益的交互与冲突，法国发生大革命后，欧洲各君主国家严密注视革命的发展动态。而随着革命力度的加大与激进强硬措施的出现，欧洲各国开始由旁观转向军事干预，反法同盟的逼进使法国的安危受到严重威胁。

在这个内外交困的关键时刻，拿破仑步入历史舞台，他用出色的指挥才能和对情报的重视将法国从危机中解救出来。他指挥的土伦战役有力地打击了英国势力，极大地振奋了法国民众的士气，而战前周密的调查与侦察为赢得此次胜利立下大功。在意大利战场上他充分利用间谍为部队提供情报服务，同时，拿破仑亲自上阵搜集敌情，进行详细的调查和周全的侦察，这些情报侦察措施为其在意大利战场上取得一系列的胜利奠定了基础，也使法国彻底瓦解了历时 4 年的第一次反法同盟。拿破仑于 1796 年 4 月通过取得皮埃蒙特战役的胜利，与撒丁王国签订了停战协定；1796 年 5 月洛迪战役取胜后击溃奥军并进入米兰；1796 年 8 月至 1797 年 1 月法军又通过先后赢得一系列战役胜利，最终与奥地利签定和约。此和约承认法国对比利时、莱茵河西岸的占领以及在北意大利建立的山内共和国，这实际上是承认了法国占有其几个世纪以来梦寐以求的以莱茵河、比利牛斯山以及阿尔卑斯山为界的“自然疆界”，[①] 使法国开始崛起并朝着欧洲霸权国家迈进。而这一切都是拿破仑军事胜利的结果，其中他出色的情报工作发挥了无法否定的重要作用。

“雾月政变”后，拿破仑已开始在事实上领导法国。当时的法兰西共和国面临英、奥、俄第二次反法同盟的威胁，国内也是匪患猖獗、濒临内战。拿破仑曾向三国君主提出停战建议，但均遭拒绝。在开动战争机器之前，拿破仑首先开始整治国内的混乱局面。为此他采取了严厉措施，毫不留情地惩罚罪犯及其帮凶，给旺代地区的复辟势力以毁灭性打击，并开始严格新闻审查与舆论掌控，出台一系列法令改革国家建设，基本实现了国内的稳定。这些成就的取得应该说离不开拿破仑改革后的国内警察系统情

① 唐晋中主编：《大国崛起》，人民出版社，2007 年版，第 213 页。

报工作的帮助与支持，而法国情报工作在协助国家机器正常运转的过程中也促进了自身的发展。警务部的成立以及巴黎警察厅和各地警察特派机构的建立将法国置于中央机构的严密控制之下，拿破仑通过大量的密探、特工、线人和间谍获取一切与法国有关的情报，有力地打击了国内反对势力以及英国和保王党的渗透与破坏。到1800年春季以前，拿破仑基本完成了建立新国家机构的迫切任务：初步完成了立法工作；肃清了遍及全国各地的匪患；建立了警察密探网络；缓和了旺代的局势；严惩了投机倒把行动；实行了有效的中央集权制。①

1800年4月，依据警务大臣（部长）富歇掌握的英国与巴黎保王分子联系的证据，拿破仑对此进行了有效的镇压。随后5月至12月，拿破仑实施了第二次意大利之战。他率领军团越过阿尔卑斯山，出敌不意地出现在敌人的后方，在赢得数次战役后，最终取得马伦哥会战的大胜利。在第二次意大利战争期间，拿破仑的对意情报工作依然做得有声有色：继续使用间谍搜集情报；实施战略欺骗与舆论误导；在战前进行周密的地形和敌军驻守情况的侦察与搜集；在战争中根据获取的敌方情报适时改变作战计划和部署；将敌军将领的指挥特点列入研究内容。他把“出奇制胜”作战理念由过去的战役战术范围扩展到战略领域，把战略欺骗与战略奇袭有效地结合起来，为最终取得第二次意大利战争的辉煌战绩提供了必要的情报保障。1800年7月28日法奥签定和平草约并于次年签订《吕内维尔和约》。1801年法国先后与那不勒斯缔结和约、同英国签订和约初步条款、与俄国签订协议，并于1802年3月25日最终同英国签订《亚眠和约》。这些合约和协议有效地拓展了法国的利益。

其中，《亚眠和约》的签订被认为标志着第二次反法同盟的失败及法国在欧洲优势地位的确立，而这种局面的获得，是拿破仑在运用有效的情报保障下的一系列军事胜利和出色的谋略实现的。例如，拿破仑根据收到的各种情报及时掌握了各国君主的态度，他利用反法同盟的内部矛盾特别是俄英矛盾，极力拉拢俄国、孤立英国，不久俄国退出反法同盟，奥地利也在战场上失利，英国则因此陷入孤立而被迫接受和谈。

---

① 万冲、杨晓娣著：《法兰西雄师——拿破仑》，黑龙江出版社，1999年版，第44页。

二、确立了欧洲霸权并构建了大陆封锁体系

马伦哥战役的胜利和《亚眠和约》带来的和平，使拿破仑的统治地位更加稳固，但是，他并不满足于法国已取得的优势地位，继续朝着更加高远的目标前进。凭借军事上的优势，拿破仑于1802年先后吞并了厄尔巴岛和皮埃蒙特，并占领了帕尔马，同年又派兵占领了瑞士。拿破仑甚至将势力扩充到莱茵河以东地区，将德意志领土进行重新划分，扩大普鲁士以及巴伐利亚、巴登、府腾堡等亲法邦国的领土，削弱奥地利在南德的影响。与此同时，拿破仑还积极在海外进行殖民扩张并染指中东地区。此外，法国于1802年12月宣布，荷兰和意大利的港口禁止向英国商人开放，并将自己的战舰建造数量提高一倍。拿破仑的一系列霸权行为引发英国的不安，遂于1803年5月向法国宣战。但是，在英国对法宣战后的两年间，其它国家慑于拿破仑帝国的强大并没有加入到英国的反法战争中去，甚至一些国家还公开追随法国，如西班牙于1803年10月与法国签订同盟条约并于次年12月紧随法国向英国宣战。这表明欧洲大陆各国已经承认了法国的欧洲霸主地位。①

然而，拿破仑永无止境的扩张和称帝行为，使得欧陆一些国家感到恐惧和不满，继而在大量的外交活动后，逐渐结成反法同盟，以抗击法国的霸权。1804年11月，瑞典与英国签订条约并加入反法联盟，1805年4月，英、俄两国签订反法同盟条约，英国答应向俄军提供战争补助金。1805年5月，拿破仑宣布自己为意大利国王，随后吞并热那亚和卢卡。1808年8月，奥地利加入反法同盟，至此第三次反法同盟正式形成。其中欧陆大国俄罗斯和奥地利最终加入反法联盟，使得同盟的力量得到很大的加强。

反法同盟国家与法国的战争分别在海上和陆上进行。在海上，英国海军在情报的支撑下，运用合适的战法，于1805年10月在特拉法加海战中战胜在数量上超过自己的西班牙和法国海军，其中法国海军全军覆没，这使拿破仑登陆英伦三岛的企图完全破灭。英国取得此次战役的胜利归功于

① 参见唐晋中主编：《大国崛起》，人民出版社，2007年版，第214—215页。

英国海军的作战水平、纳尔逊的出色指挥以及对法国海军情报的掌握。而法国的失败，充分暴露出法国海军作战经验不足和海上情报工作与英国的差距。但是，海上败北并未最终决定法国的全面失败，因为在陆上法军大获全胜。1805 年 10 月，拿破仑取得乌尔姆大捷，奥军统帅率部投降。1805 年 12 月，拿破仑在奥斯特里茨战役中以少胜多，大败俄奥联军。充分的情报保障、出色的战略欺骗、卓越的军事指挥和拿破仑大军的骁勇善战是这些战役胜利的不二法宝，尤其在乌尔姆战役的取胜过程中，情报活动起到至关重要的作用。

战后，奥地利被迫与拿破仑签订和约，第三次反法同盟勉强维持四个月即宣告失败。和约规定奥地利承认拿破仑在意大利的占领并认可拿破仑为意大利国王，把在德意志境内的部分土地割让给法国的盟国巴伐利亚，这使奥地利丧失了 1/6 以上的人口并结束了它在德意志的优势。1806 年 6 月奥地利皇帝弗兰茨取消了自己神圣罗马帝国皇帝的称号，历时 800 余年的德意志神圣罗马帝国寿终正寝。[①] 1806 年约瑟夫·波拿巴和路易·波拿巴先后被封为那不勒斯国王和荷兰国王，拿破仑本人成为包括南德 16 邦在内的莱茵联邦保护人。至此，拿破仑已建立了一个包括法国本土、意大利半岛和德意志南部地区，势力波及西班牙的庞大帝国。

1806 年 7 月，英、俄、普组成第四次反法同盟。10 月，法军侵入普鲁士和萨克森。10 月 14 日，拿破仑取得耶拿－奥尔施泰特会战的大胜利。在这次会战中，情报工作发挥了至关重要的作用。早在战前，拿破仑就通过情报获悉了普军的备战活动，做好了迎战的充分准备。在耶拿战役中，拿破仑更把对情报的利用发挥得淋漓尽致，情报与作战指挥的完美结合为这次战役的胜利打下了坚实的基础。他运用各种手段，不断雇用间谍获取情报，派遣军官实施战场侦察，指示骑兵部队搜索整个地区，命令审问俘获人员，加强信件截取活动。通过上述多渠道的情报侦察，有关敌军行动的报告不断地被送到司令部，使得拿破仑对敌方每一支部队的情况都能追踪到。他还通过情报知晓普鲁士同英国和俄国谈判的细节，并正确地估算了随后普法两军的作战行动，他在战役中自始

① ［法］乔治·勒弗阿里著，河北师大外语系译：《拿破仑时代》（上卷），商务印书馆，1997 年版，第 238—240 页。

至终都紧密地关注着奥地利的发展动向。他深知普鲁士领导层受反方向的牵制，他对普军情况了解的非常详细，对部队可能行军或交战地点的地形状况更是了如指掌。[①] 这些情报为拿破仑最终取得战场上的胜利奠定了重要基础。

战争胜利后，法军进入柏林并颁布《柏林敕令》，宣布对英国实行大陆封锁政策。1806 年年底法军进入华沙，1807 年 6 月至 7 月，法军在弗里德兰之战中取胜，之后俄皇与法国和谈，第四次反法同盟彻底瓦解。1807 年 7 月，法、俄、普签订《提尔西特和约》，合约规定：法俄瓜分了普鲁士的部分土地，法国在所瓜分的普鲁士土地上建立由热罗姆·波拿巴任国王的威斯特伐利亚王国；俄国承认法国在欧洲所作的领土变动并加入拿破仑的大陆体系；普鲁士失去一半的人口和土地，并承担义务加入大陆封锁以及支付巨额战争赔款。[②] 同年 10 月，拿破仑颁布《枫丹白露赦令》和《米兰赦令》，英国在欧洲大陆的盟友纷纷易帜，英国面临政治和经济双重孤立。法国的欧洲霸权地位得到进一步巩固。

应该说，尽管法国欧洲霸权的建立是多方面力量合力促成的结果，但是，不能否认，军事上的胜利是取得优势地位和霸权的硬实力，也是促成政略成功的关键话语权，而这一切都有高效情报保障作用的影子。因此，可以说有效的情报保障下的军事胜利和精妙的政略，才促使了拿破仑帝国盛极一时。

三、陷入战争困境继而失去帝国辉煌

尽管欧洲大陆上的主要国家都加入了拿破仑的大陆体系，但是其大陆封锁政策却困难重重，其主要原因集中在：成员国的心猿意马、大陆体系经济上的内在缺陷、英国雄厚的资金和工业实力、英国在北海和地中海甚至是法国沿海岛屿的走私及渗透，等等。

同时，在反封锁斗争中，英国派出大量情报人员潜入法国及周边地

---

① Jay luvaas, *Napoleon's Use of Intelligence: the Jena Campaign of 1805*, in Intelligence and National Security, Vol. 3, No. 3, 1988.

② 唐晋中主编：《大国崛起》，人民出版社，2007 年版，第 217—218 页。

区，获取法国的各类情报，为制定对抗法国战略提供保障和依据。但是，为了征服葡萄牙和西班牙并使其成为对抗英国的忠实盟友，拿破仑命令进军伊比利亚半岛，于是法军于1807年10月进入葡萄牙，1808年3月侵入西班牙首都马德里。然而，由于未对西班牙做深入的调查与了解，法军一进入西班牙就不断受到英军和西班牙人民武装的侵扰，陷入西班牙战局长达数年之久，当地的游击队不仅充当了刺探法军情报的侦察员，还组织实施对法军情报传递系统进行全面破坏。与此同时，英国威灵顿公爵建立起战略情报与战术情报相结合的情报搜集方式，并实行情报初步评估方式以对情报的真实性等进行研判，还发展西班牙本地人从事情报活动。上述做法使法军在西班牙严重受挫。1812年7月，威灵顿公爵在西班牙击败马尔蒙，昭示着拿破仑在伊比利亚半岛上的彻底失败，这使欧洲的君主国大受鼓舞。

但是，拿破仑并没有很好地总结和吸取西班牙战场的失败经验、教训，在没有做好对俄国国内情况的周详调查的背景下，尤其是对俄国的抵抗决心、俄民族特性、俄国内环境对战争的影响等情报掌握不周、考虑不全的情况下，于1812年6月24日冒然出征俄国，结果以失败而告终。

俄军在深入研究拿破仑的战法后，且战且退，并采取摧毁前途一切可利用资源的“焦土政策”，以空间换时间，诱使法军拉开过长战线。这导致法军既无法就地解决给养，也无法通过一场决战迫使俄皇投降，拿破仑突袭歼灭战的军事理论在俄国的战法面前彻底失效，最终在严寒、饥饿和疾病袭扰情况下黯然撤出莫斯科。

相反，拿破仑在俄国的行动始终处于俄军、哥萨克和俄国人民的监视之下，尽显被动。从情报角度看，法军孤军深入俄国作战，天时、地利与人和样样不沾，完全处于被动的不利态势之下，拿破仑想要的决战始终没有出现。且在进军俄国的过程中，法军已损失大部，后撤行动中哥萨克对法军的侵扰、俄主力军队对法军的打击和渡河行动的损失，再次使拿破仑兵员大减。加之疾病的袭扰，法军已无战斗力可言，最终在马洛雅罗斯拉维茨被库图佐夫率领的俄军打败。

拿破仑入侵俄国的失败更加鼓舞了反法同盟的士气，这也加速了拿破仑帝国的崩溃。1813年6月，包括英国、瑞典、俄国、普鲁士、西班牙以及葡萄牙在内的第六次反法同盟形成，8月奥地利也对法宣战。在反法同盟拥有绝对优势兵力的情况下，拿破仑虽然取得了吕岑、包岑、德累斯顿等战役的胜利，但最后还是在敌我力量悬殊的莱比锡战役中败北。在征战俄罗斯后，法军因严重缺少骑兵，不能对战场作大范围的搜索侦察，同时在作战地域内愿意帮助法军侦察敌情的居民也大大减少，[①] 因此，拿破仑的作战计划基本上是在有限的情报基础上做出的，而情报的不足使他难以对敌情作出准确的判断。相比而言，联军在高效的情报保障下则对法军的行动较为清楚。

莱比锡会战后，联军两次提出和谈建议，但拿破仑先是以拖延的方式进行备战，后来又在一系列作战胜利的情况下拒绝联军提出的条件。此时，塔列朗派秘使与亚历山大会面，劝告联军进攻巴黎与保王党呼应。而联军在犹豫不决之际截获拿破仑的皇后玛丽·路易莎和警察总监萨瓦里给拿破仑的信件，[②] 亚历山大从中确信法国人民不会进行抵抗。于是联军最后决定进军巴黎，守城元帅马尔蒙在塔列朗的影响下投降。而在联军还在考虑是否让拿破仑的儿子接替帝位之时，马尔蒙又率部倒向塔列朗领导的"临时政府"一边，拿破仑被迫签署退位文告。

退居厄尔巴岛后，拿破仑获悉法国政局混乱后决定重返巴黎，他趁该岛监督官外出休假之机，成功逃离该岛，后又重登王位，开始了他的"百日王朝"。但是，欧洲国家组成第七次反法同盟，拿破仑最终在滑铁卢战役中败北，第二次被迫退位后，被囚禁在圣赫勒拿岛上，直到1821年郁郁而终。拿破仑的退位，宣告法兰西第一帝国彻底结束。

法军在滑铁卢战役失败的原因是多方面的，历史学家和军事学家的观点也不尽相同。从大的层面上讲，既有历史条件的影响，也有政治和精神层面的作用，更有主观因素的羁绊。但是，军队中缺乏高素质军官以执行他的作战计划和兵源不足且兵力分散难以形成优势兵力，以及后来的重要指挥官没有严格执行拿破仑的命令，当然还有在关键时刻拿破仑没有使用其最后的预备队等都是重要原因。而从情报工作的视角看，放松敌情的侦察和对己方情况的不明了导致对敌军动向做出错误判断。例如，在里尼之

---

① 王朝田、梁湖南编著：《从土伦到滑铁卢：拿破仑战争评述》，解放军出版社，1985年版，第307页。

② 晓林主编，万冲、杨晓娣著：《法兰西雄师——拿破仑》，黑龙江出版社，1999年版，第182页。

战时，拿破仑在敌情不明的情况下，却派出内伊大军迂回普军右翼，结果内伊突遇英军2万，即放弃迂回围歼普军的任务，被次要敌人牵制，后仅迟缓的派出一军团，也没能到达战场。[①] 而在会战的关键时刻，战场情报工作十分混乱，参谋部甚至“既不知道普军的来援，也不知格鲁希的去向”[②]。这使得拿破仑的指挥也不顺畅，为此丧失了不少战机，甚至包括可以击垮威灵顿公爵主力的机会。因为，威灵顿自己称：“我必须坦白地承认，我从来没有像这一次如此地接近失败。”[③]

相反，威灵顿公爵不仅知道拿破仑的军队在哪里，还知道他们士兵的情况。因为，他对其对手有着较好的研究，他不仅派侦探了解法军的情况，还注重研究其他人的研究成果，其中霍沙依（Hoissaye）对法军的评价，就深得他的认同。霍沙伊认为：他们是冲动的、易怒的、没纪律，对于长官缺乏信心，害怕阴谋，可能随时发生惊恐的现象，但是在一怒之下，可以有英勇的表现。因此，富勒对此无不惋惜地评价称，拿破仑从来不曾运用过这样的战争工具。[④]

法国的失败对欧洲的政治和经济形势都产生了重要影响，不仅标志着法国军国主义和大一统主义的失败，更标志着法兰西第一帝国（拿破仑帝国）的消亡。1815年11月20日签订的《第二次巴黎条约》重绘了欧洲政治版图，大英帝国的再次崛起，而法国“所剩下来的力量恰好足以在欧洲权力平衡局势的维持中贡献其一部分作用，这也正是为了维持英国安全所必须的”[⑤]。

第二节 对法国情报体制建立影响深刻

法国的情报体制是在历经几个世纪的过程中逐渐形成的。各个时期的

---

① “滑铁卢战役”，百度百科，http：//baike. baidu. com/view/67415. htm#6。

② “拿破仑为何会兵败滑铁卢？揭开世界历史之谜”，和讯网，http：//news. hexun. com/2013-06-19/155289658. html。

③ ［英］J. F. C. 富勒著，钮先钟译：《西洋世界军事史》，第二卷，广西师范大学出版社，2004年版，第445页。

④ 同上书，第407页。

⑤ 同上书，第446页。

情报工作都具有明显的时代特点，它反映了当时情报工作的需求和要求，在整个情报史中起到承上启下的作用，它既包含对之前情报经验的继承与改革，也会对其后的情报思想与实践产生影响。尽管拿破仑帝国仅仅存在了16年，但这一时期的情报工作在法国情报史上却独树一帜，它是在继承大革命时期乃至更早的情报经验基础上，并顺应时代需要通过实践发展起来的，对后来的法国情报体制的形成和建立具有较大影响。

一、形成甚至一定时期固化了后世的警察体制

在中央及至全国设立严密的警察情报网络，是拿破仑帝国时期情报工作的一大特点。遍布法国全国的警察密探，既为拿破仑提供国内外敌人实施阴谋破坏的情报，也向拿破仑报告上层人员的动向和普通民众的思想情绪。如前所述，拿破仑的警察机构不但具有情报搜集职能，也是一个执法机构，警察部门可以逮捕任何有阴谋破坏和事实破坏的嫌疑人且有处决权。

可以毫不夸张地说，当时，帝国的秘密警察系统是拿破仑政权的耳目与爪牙。在管理方式上，帝国警察系统不受其它机构的监督而直接由中央控制，也就是说直接受拿破仑领导，因而警务部、巴黎警察厅以及各地的警察分部具有极大的权力。它们不但逮捕政治嫌疑犯，甚至还徇情枉法，为了某些权势家族的利害关系而逮捕不能判定有罪或法院宣告不予起诉的普通案件的被告，有时还为了一些利益敲诈民众。① 总体来看，作为政府的职能机构，拿破仑帝国时期的法国警察情报系统虽然是独裁体系下为专制统治服务的工具，但从维护统治者利益和国家利益的视角看，却一定程度保证了对威胁国家安全行为的监控与打击，对当时法国的独立与稳定起到一定的积极作用。

拿破仑利用警察情报系统加强中央集权统治的做法在法国影响深远。1800年2月17日，拿破仑下达法令改组警察行政组织，这是法国历史上

---

① ［法］乔治·勒费弗尔著，河北师大外语系译：《拿破仑时代》（上卷），商务印书馆，1997年版，第89页。

首次理性基础上的警察架构，直到1940年，法国警察体制都没有大的变化。[①] 法兰西第一帝国之后的历代政府都充分发掘警察系统作为秘密情报来源的潜能，或追踪国外势力的渗透，或监视国内反对派及民众的动向，有时甚至沦为派系斗争的工具。[②] 这一现象及至在二战后法国的几届政府中都有表现，戴高乐、蓬皮杜、吉斯卡尔·德斯坦政府都有严密控制警察特工机关的做法，利用其监视反对派领袖、工会领导人、新闻记者、左翼知识分子等，或者指示其组织、策划、实施秘密行动。[③] 后来的法国领土监护局可以说在很多方面都有拿破仑秘密警察机构的影子，在一定程度上延续了它的职能与作用。领土监护局担负情报、侦破和安全三大任务，它既是一个情报机构，又是一个特种司法警察机构，同时还是一个安全机构，这与拿破仑秘密警察情报机构的性质如出一辙。而它的反渗透、反破坏和反颠覆职能也与拿破仑时期类似。所不同的是，领土监护局于20世纪80年代取消了对反对党和民众的监控，其工作重心更多地转向专业情报领域，比如对恐怖主义的侦察与打击力度。[④]

二、深刻影响了军事情报工作的理念与机制建设

大力发展军事情报工作是拿破仑帝国时期情报工作的鲜明特色，其中的一些理念和做法可以说对法国甚至世界军事情报工作做出突出贡献。

重视军事情报工作既是历史造就的，也是拿破仑军事才能所决定的，或许更精确地说，重视军事情报工作本身也是拿破仑军事才能的一个重要组成部分。因此，正是他的这种才能，使他总体上在依靠获取必要情报基础上进行战争计划的制定，同时运用正确指挥从而取得众多战役的胜利。拿破仑说过："一个将军不应该对情况画图画；他的情报要像望远镜的镜

---

① Ton Van Der Eyden, *Public Management of Society*: *Rediscovering French Institutional Engineering in the Europe Context*, Amsterdam: IOS Press, 2003. p. 152.

② 参见［法］菲利普·贝尔奈尔著，华汶译：《谍海孤舟——法国情报部门一个负责人的自诉》，世界知识出版社，1981年版。

③ 刘宗和、高金虎主编：《外国情报体制研究》，军事科学出版社，2003年版，第294—297页。

④ 李莉主编：《法兰西的狩猎人——法国情报机构揭秘》，国防大学出版社，1998年版，第167页。

头那样清晰。”[①] 拿破仑不但重视彼方情报的获取，即深知“知彼”的重要性，而且他还注意到掌握己方情况，即深知“知己”的重要性。情报的“知彼”作用很好理解，也是几乎所有军事指挥官所奉行的。但是作为情报的“知己”作用，就非所有人能意识到的了。但是，拿破仑的一个每日命令是却这样写的：“一个营的指挥官，只有当他熟悉了一切细节之后才能休息；在指挥作战六个月以后，他应该了解营中所有官兵的姓名和能力。”[②] 他的作战部长还每半月向他汇报各部队的最新情况，内容包括团级军官姓名、实力、驻地、给养等方方面面的形势。[③] 在作战手段和作战方式相对有限的拿破仑时代，掌握己方情况、了解官兵的能力是“知己”的一种充分表现，在情报思想相对落后的那个时代，无论拿破仑是否受到中国孙子“知己知彼，百战不殆”情报思想的影响，他能够明确认识到“知己”的重要意义且付诸实践，不能不说是他情报思想的一个闪光点。

拿破仑在绝大多数情况下，打一场战争之前总是根据已经掌握的情报预先考虑到各种方案，在战争中又根据现实情报随时调整修改作战计划，从而保证充分利用不可多得的战机，创造有利于己的战争态势，并迅速取得作战优势和决战胜利。拿破仑的军事情报搜集体系包括骑兵侦察与搜索、谍报、信件截获、审讯俘虏等等，他通过这些方式得到地形情报以及敌人的兵力和部署情况，从而弄清疑点并证实或消除原先的假定。在假设情况被不断证实或消除后，预案的不确定性被降低到最低限度，随着敌人的计划被发现，拿破仑也就掌握了敌人的意图，剩下的就是拿破仑最擅长的——打有把握的袭击歼灭战，这是拿破仑战争艺术和情报艺术完美结合的写照。

到拿破仑二世时，拿破仑一世军事情报工作的优良传统没有被法国很好地继承与发扬，反倒是普鲁士吸取了拿破仑战争的经验与教训，开始加强军事情报工作，在对法军事情报工作中取得了突出成绩，有力地保障了

---

① 转引自［英］J. F. C. 富勒著，李磊、尚玉卿译：《战争指导》，广西人民出版社，2008年版，第41页。

② 同上书，第43页。

③ John R Elting, *Swords Around a Throne: Napoleon's Grande Armee*, Da capo press. Inc, 1997, p. 77.

普军在普法战争中大展身手。然而，普法战争中法国的惨败也让法兰西全国上下受到极大震动，特别是对军事情报工作的反思，从而引发常设性军事情报专门机构的成立。而这根源不能不追溯到拿破仑。

拿破仑对使用军事间谍比较偏好，军队的谍报工作也因此得以迅速发展。当第一次征战意大利时，拿破仑就建立起了有效的谍报网，一些功勋卓著的间谍为拿破仑取得若干战役的胜利立下大功。更加值得一提的是，此时法国情报界对谍报工作的理解和研究已小有成就，已出现了“特务组织”工作细则，其中的内容甚至包括间谍的情报主题和印证情报的方法和建议，招募间谍为军队服务开始走向理论层面。而“保密局”的成立则使军队间谍与反间工作走向新的阶段，谍报与反间业务有了组织与实施的专门机构。拿破仑的这些做法都对后来乃至当今的法国军事情报工作产生了很大影响。目前法国的谍报活动由对外安全总局负责实施，是由国外情报暨反间谍局改组后成立的，它的主要任务之一就是向国外派遣特工人员，同时还负责法国境外的反间谍活动，编制隶属国防部，由国防部长领导，但实际权力掌握在总统手中。[①] 对外安全总局的职能与任务与当初的保密局相类似，但它在继承中已发展成为法国的中央情报机构，其程度之现代化与任务范围之广，是拿破仑时期的保密局所远远不能比拟的。法国的人力情报工作现在依然开展得相当出色，在很多行动中都表现突出，从中可以看到当年拿破仑情报思想和实践的影子。

参谋班子的出现使拿破仑的大军团作战有了统一指挥和协调组织，更使军事情报活动有了专门机构负责，虽然当时军事情报业务还没有成为完全独立的活动。拿破仑大本营的参谋班子定期地被指派担任师、军团的参谋长和军团的主要参谋，他们既了解拿破仑的总体战略精神，又亲历各战区的具体情况，大大有助于各单位在保持一定行动自主的同时服务于一个全面的战略规划。[②] 起初这个体系运转良好，但是随着西班牙、俄国战事的失败，加之越来越强大的反法同盟作战的压力，拿破仑越来越独断专行。他的参谋班子逐渐发展成为一个汇合他需要的情报、传达他的命令和

---

① 李莉主编：《法兰西的狩猎人——法国情报机构揭秘》，国防大学出版社，1998 年版，第 168—171 页。

② 时殷弘主编：《从拿破仑至越南战争》，团结出版社，2003 年版，第 38 页。

汇报情况的组织。他的命令越来越细，而他的元帅则无法将这些细致的命令与形势联系起来。从这种意义上看，毫无节制的独裁和完全依靠个人指挥，最终导致拿破仑大军的覆灭。

尽管如此，拿破仑的参谋部体制和军事情报管理方式却被后人所继承和发展。拿破仑帝国时期的参谋体系处于萌芽阶段，发展还很不健全，但无疑它是军事指挥控制体制的一个很好的模式。因此，普鲁士继承了这一良好体制，并对这一体系做了改革和发展，建立了新型的参谋本部制度，到了老毛奇那里逐渐成为一个完善的制度。由于耶拿和奥尔斯泰特战役的失败，沙恩霍斯特重组了普鲁士军事机构，在作战部内建立了一个和平时期备战的特别体系。这一体系的主要任务是明确战略计划、动员部队和监督训练与教育情况。它强调要认真学习军事史，对巧妙机动进行实践，并且引入了战争演习做法。这一改革对情报工作提出了新的要求，如果参谋部在战场上不能掌握敌我双方的详细情况，那么它就不能履行其主要职责，而且这些情况要能很快被分类和传递，这就促使常任情报参谋最终产生。[①] 普法战争前普鲁士成立了常设总参情报部，情报人员活跃在法国各地，把法国的统治情况、民众对战争态度、法军的兵力部署及未来战争的地形情况搞得清清楚楚。法国战败后痛下决心成立了总参情报局，这是法国现代军事情报机构的前身。如今军事情报局是法国的军事情报机构，更多地通过合法渠道获取军事情报，它主要负责战场情报，即搜集和处理关于外军战役部署的战术情报。[②]

拿破仑对军事情报工作的另外一大贡献就是将军官派往驻外使馆从事专业情报工作，对现代武官制度的形成功不可没。我们甚至可以说，武官制度的始作俑者是拿破仑，这是拿破仑对世界军事情报工作的一大创举，它不仅丰富了现代外交使节制度，更拓展了军事情报的手段。武官职务出现以后，各国纷纷效仿，武官制度逐渐发展成熟，如今已经成为各国军事情报的重要来源渠道。就法国本身而言，拿破仑以后的法国也非常重视武官侦察，且卓有成效。即使二战中出现了法国迅速战败并投降的情况下，

---

① Peter Jackson, *Historical Reflection on the Uses and Limits of Intelligence*, in Intelligence and Statecraft: The Use and Limits of Intelligence in International Society, Peter J. Jackson & Jennifer L. Siegel, eds., New York: Praeger Publisher, 2005, pp. 23 - 24.

② 刘宗和、高金虎主编:《外国情报体制研究》，军事科学出版社，2003 年版，第 283 页。

当时法国的武官侦察工作水准也不亚于任何国家。驻在国武官每年发回的年度报告通常都超过100页，每个武官平均两星期就发回一个书面报告，汇报驻在国的政治动向、经济发展、军备建设等重要情况，大量的附件内容使巴黎对各国的战斗序列得以修正。在国际局势紧张之时，武官发回报告的频率上升至每3—4天一份，对于特别紧急的事件则通过电报或电话直接上报。[①] 目前，法国驻外武官采取的是职业武官和非职业武官相结合的体制，由军事情报局负责派遣和管理，派驻至各国的武官通过外交和社交等公开合法渠道搜集驻在国和相关国家的战略、战役和战术情报。由于国际局势的变化，像大多数国家武官一样，其情报搜集范围尽管仍以军事为主体，但已拓展到政治、经济、外交和社会领域，成为军事情报的重要来源。

三、对法国情报传统形成产生了重大作用

如果不提及情报工作，那么就无从理解对塑造当代法国具有重要作用的20世纪的战争。[②] 同理，如果不研究拿破仑帝国时期的法国情报工作，那么就无法见证法国中央情报机制的初期发展及它对法国当今情报体制的影响。

拿破仑实施的是独裁专制统治，他牢牢控制着国家情报机构，将情报机构变成统治者实现个人抱负和监督大众的机器和工具。包括警务部、宪兵队和市卫队在内的秘密情报机关既是安全机构又是情报机构，同时还具有执法权力，组织和实施一些特别行动，即后来所谓的隐蔽行动。拿破仑控制着若干这样的情报机构，同时他还建立自己的情报网，这些情报组织虽相互竞争但都对拿破仑一人负责，它们成为拿破仑控制帝国的有力帮手，情报机构甚至沦为政治斗争的工具。这些机构不但监视保王党的动向，而且对民心向背、新闻媒体、反对党甚至是统治集团内部也实施严密的监控，范围涉及普通民众、军队、国家机关以及外交人员。正是基于这

① 刘宗和、高金虎主编：《外国情报体制研究》，军事科学出版社，2003年版，第304页。

② Martyn Cornick & Peter Morris，eds.，*The French secret Sevices*，New Brunswick：Transaction Publishers，1993，p. ix.

些情报机构对于维护统治地位发挥过重要作用，因此，这一做法也为后来的法国执政者广泛效仿使用，至少一直延续至法兰西第五共和国，直到20世纪80年代才有所改观。

例如，19世纪末的德雷福斯案件（Dreyfus Affair）[①]中情报机构扮演了极不光彩的角色，这不禁让人想起拿破仑时期的当甘公爵一案[②]，稍有不同的是，当甘公爵被处决，而德雷福斯一案则在一个世纪后才被真正平反。法国情报机构与国内政治事务结合得如此紧密，使得情报机构很难在政治生活中保持超脱。拿破仑利用情报机构实施特别行动、打击反对派和镇压人民。而第五共和国的领导人则利用情报机构进行隐蔽行动、参与派

---

① 即19世纪90年代法国军事当局对军官德雷福斯的诬告案。德雷福斯出生于阿尔萨斯犹太商人家庭，在总参谋部任上尉军官。1894年9月，情报处副处长亨利巫陷德雷福斯向德国武官出卖军事机密，被以间谍罪逮捕。1894年12月22日军事法庭在证据不足情况下判处他在法属圭亚那附近的魔鬼岛终身监禁。1896年3月，新任情报处长皮卡尔在调查中发现，真正的罪犯是亨利的朋友F. W. 埃斯特哈齐，要求军事法庭重审。亨利伪造证件，反诬皮卡尔失职，后者被调往突尼斯。1898年1月，经军事法庭秘密审讯，埃斯特哈齐被宣告无罪，激起了社会公愤。1月14日，作家E・左拉在《震旦报》发表致总统的公开信《我控诉》。要求重审德雷福斯案件的社会运动广泛开展，法国社会分裂为德雷福斯派和反德雷福斯派两个阵营。民族主义右翼分子妄图借此推翻共和政府。不久，亨利伪造证件的事实暴露，被捕供认后自杀。埃斯特哈齐也畏罪潜逃伦敦。在群众强大压力下，1899年8—9月，经军事法庭重审，德雷福斯仍被判有罪，但改判10年徒刑。9月19日，总统决定赦免德雷福斯，以息民愤。直到1906年7月最高法院才撤销原判，为其昭雪。德雷福斯恢复名誉，被晋升为少校。1930年，德国原驻法国武官施瓦茨考本的回忆录《德雷福斯案件真相》出版。同年6月，施瓦茨考本的妻子将回忆录寄给德雷福斯，并附信说，她的丈夫一直想证明德雷福斯是受害者，但由于人所共知的原因，使他生前不能如愿。该书有关施瓦茨考本与埃斯特拉齐等人的秘密来往的详细描述，澄清了德雷福斯案件的一些细节。1923年，真正的告密者埃斯特拉齐客死英国。1935年，德雷福斯在巴黎去世。

② 1804年3月初，在破获一起由流亡英国的路易十六的兄弟们策划的谋刺第一执政的案件时，波拿巴得到情报部门的不确的情报：住在中立区巴登大公国的当甘公爵是这一阴谋的指挥者。时任外长的塔列朗力主逮捕并枪决当甘公爵，他有意激怒波拿巴称："显然，波旁家族以为，您的血没有他们的血那样高贵。"这句不冷不热的话触到了波拿巴的痛处，3月14日，一队法国宪兵闯入巴登，把当甘押送到巴黎东南的万森城堡监禁。塔列朗还为他们侵犯别国领土的非法行为，给巴登政府送去了谎话连篇的公文。3月20日，当甘被交军事法庭审判，虽未发现他与这次暗杀阴谋有任何牵连的罪证，仍在3月21日夜被处死。为此，拿破仑一直遭受各国宫廷和贵族的咒骂。本来，在严酷复杂的政治斗争中，错杀无辜也是难免的，但塔列朗的无耻却在于：当波旁王朝复辟后，他竟然在友人中大肆宣扬自己曾冒险秘密通知当甘逃走，但当甘未听劝告致遭横祸等等。谎言编得活灵活现，以致当甘的父亲都信以为真了。他于1818年专程登门拜访塔列朗表示感谢，而塔列朗也居然厚着脸皮接受了老头的拥抱和感恩。更为无耻的是，他后来甚至对此评论说："杀死当甘公爵是一件比罪恶更可怕的事情，因为那是个错误"。

系斗争及监督工会、新闻界、左翼团体等。拿破仑帝国时期的秘密邮件检查室，到了第五共和国的法国，最终被执政党发展成专门截收政治反对派以及外国人邮件的“黑室”；拿破仑时期派出大量密探四处探听消息的做法，到了20世纪特别是二战后被用于对反对派领袖、工会领导人、左翼知识分子等的窃听。甚至在1983年到1986年间，时任总统的密特朗曾下令成立了一个秘密小分队，对法国的数百名头面人物实施了窃听，包括法国的许多政治家和高级官员，比如法国国民议会外交委员会主席埃斯捷、戴高乐政府时代的部长叙德罗以及当时的外长谢松的顾问，监听事件因最终败露而成为法国版的“水门事件”。①

如今，法国被称作“安全侦检”的“行政”和“司法”窃听已于1991年获得法律授权，但条件是必须得到总理的批准，② 这不能不说是历史悠久的监听活动的又一发挥。虽然监听活动受到国家控制委员会的监督，但这种外部监督的力度值得怀疑，因为未经授权的监听活动一直都在继续。在前述法国版“水门事件”中，1986年“左右共治”后总统密特朗决定成立自己的监听机构，该机构就绕过部际委员会，无需总理批准，③ 并且监听范围非常广泛。法国这种政府权力大、议会监督职能有限状况，为实施窃听、邮检等反情报手段找到了继续存在的理由，这实际上与拿破仑帝国时期执政者有无限权力而两院形同虚设的情况如出一辙。显然，拿破仑帝国时期所广泛使用的这种情报手段，已经成为法国的情报传统。

法国情报机构这种介入政治生活并且沦为政治工具的现象，与典型的西方政治制度架构下军队、警察和特工部门保持中立而不介入党派斗争的传统形成鲜明对比。英、美等西方国家普遍认为反情报更多属于警察治安工作，但由于法国历史上颠覆政权的事件不断发生，因此，内部颠覆问题受到法国执政者的高度重视，这样，国内情报与反情报工作一直在法国情报工作中占据主导地位。这既是法国情报传统的体现，也是法国情报工作的一大特点。

---

① 有关法国版“水门事件”，参见“法国版“水门事件”开审12名前政府官员受牵连”，搜狐网，http：//news. sohu. com/20041116/n223014849. shtml。

② 刘宗和、高金虎主编：《外国情报体制研究》，军事科学出版社，2003年版，第297页。

③ 同上。

第三节　对后世情报思想影响深远

拿破仑战争使欧洲乃至世界震惊，因为它彻底颠覆了过去人们对封建王朝战争的印象。由于当时经济、技术条件以及政治社会制度的限制，王朝战争的目的有限，战争手段和烈度也就相对有限和温和。但到了法国大革命和拿破仑帝国时期，政治社会革命和军事技术创新使战争规模和战争技术焕然一新，拿破仑战争所用兵力之众多、作战之迅速、战役范围之广阔、战略原则之新颖都是近二百年来欧洲前所未闻的。被亲历战争的克劳塞维茨称之为“革命的皇帝”的拿破仑①，显然是这场战争的主角。战争的变革让拿破仑军队所向披靡，欧洲的旧军队无不闻风丧胆。在与拿破仑的多次交战中，欧洲其它大国开始逐渐研究并了解拿破仑的战略思想、军事体制和作战方法，他们甚至都在不同程度上效仿、学习或借鉴拿破仑帝国的经验和教训，最终，拿破仑被受他奴役又被他唤醒的欧洲各国联合打败。

法国大革命和拿破仑战争是西方历史上重要的转折点，在拿破仑战争的刺激下，欧洲大多数国家的军事体制都在不同程度上实施了改革，整个欧洲具有现代意义的军事体制开始逐渐建立起来。拿破仑战争给后人带来了很多的影响，其本身也成为一直研究的对象，其中，拿破仑的军事思想和作战指挥艺术已成为重要的研究内容，而显然，拿破仑的情报思想对后世的影响也应该加以认真地研究和探讨。

一、成为谍报思想的重要源泉

罗奇·艾蒙伯爵是拿破仑时期的一名老兵，他结合亲身经历和自身经验曾写过一本关于轻骑兵战役作战的手册。在该手册中，他表现出对使用

① 参见自时殷弘主讲：《从拿破仑至越南战争》，团结出版社，2003 年版，第 25 页。

神职人员做间谍的偏爱，称其为最适合、最安全的间谍。[1] 这显然受到了拿破仑间谍情报思想的影响，因为关于这一点，我们可以从拿破仑使用神职人员做间谍的成功案例中得到确证。

此外，德·布拉克则于 1834 年写了一本名为《轻骑兵的前哨阵地》的书，成为轻骑兵军官在前沿阵地服役的指南。德·布拉克认为，运有间谍的能力对于前卫部队的军官而言就像一座金矿，一旦学会和拥有将会长期受益。他指出，挑选间谍时首先要了解他周围的人，并通过这些人搞清此人的道德水准和职业操守，他强调要对间谍保持高度警惕，实行“胡萝卜加大棒”政策。同时，他还以问答的形式，对如何使用间谍和防范敌人间谍等诸多问题给出了具体建议，比如：前卫部队是否应该自己雇佣间谍；是否有必要对首次活动的间谍进行测试；是否应该使用同一间谍搜集多种情报；如何区分书面指令和口头指令的使用范围；从什么样的人里发展间谍；怎样识别敌人派来的间谍；怎样使士兵防范敌人派来的间谍等。[2] 这类似于铁保尔的《军士长手册》中关于使用间谍的指导，但其内容更加全面具体，具有很强的针对性和实用性。这些同样都不同程度地受到拿破仑时期间谍情报工作的影响。

总之，拿破仑对使用间谍的偏爱、成功利用间谍获取重要情报抑或通过间谍达到战略或战役目的的经验，在法国间谍史乃至世界间谍史中都占有一席之地。因此，通常论及法国情报史必谈拿破仑对情报的运用，而拿破仑的间谍情报活动又是其情报实践中不可缺少的内容。拿破仑对间谍作用的深刻认识和利用间谍的方法和技巧，一直以来都是情报界研究的主要对象，他的间谍情报经验无疑对谍报研究有一定的帮助和启发。

二、对克劳塞维茨的情报理念产生重大影响

拿破仑的军事思想（当然包括其军事情报思想）对参加过拿破仑战争的许多人都产生过重大影响，其中就包括后来成为享誉世界的军事理论

---

① ［英］特里·克罗迪著，杨宗杰、孙帆等译：《世界间谍史》，解放军出版社，2008 年版，第 164 页。

② 同上书，第 164—166 页。

家克劳塞维茨[①]。其中克劳塞维茨对拿破仑战争的研究引发了人们对战争与情报关系的关注。克劳塞维茨的军事理论主要建立在对以往战史研究的基础上，其中拿破仑战争在他的研究中占有很大比重。

克劳塞维茨在拿破仑战争时期服务于普鲁士军队，拿破仑善于运用伪装和情报欺骗使普军难以获悉法军的动向和意图，拿破仑军队的机动灵活和行动迅速又使普军得到的法军情报常常派不上用场。[②] 显然，这些经历对克劳塞维茨的影响是存在的，因此我们看到，虽然克劳塞维茨对情报的作用和地位十分重视，但他对如何鉴别情报的真实性并发挥作用却持一种较为悲观的态度。

在《战争论》中，克劳塞维茨专门就情报问题设立章节加以探讨，可见作者同样给予情报以高度的重视，而他所谈论的又显然是以往战争特别是拿破仑战争的直接经验。在“战争中的情报”一章中他指出，“情报是指我们对敌人和敌国所了解的全部资料，是我们一切想法和行动的基础”。[③] 这句话鲜明地阐述了作者对情报的本质看法，在注重武力强弱的

---

① 卡尔·冯·克劳塞维茨（Carl Von Clausewitz，1781.07.01 – 1831.11.16.），普鲁士将军，军事理论家。克劳塞维茨出生在普鲁士马格德堡的一个贵族家庭，12岁时就参加了普鲁士军队，13岁就第一次走上了战场。1803年从柏林普通军校毕业后担任奥古斯特亲王的副官。在1808年，克劳塞维茨进入到格哈德·冯·沙恩霍斯特奠基的普军总参谋部中任职。当时法国大革命及拿破仑的军事行动使普鲁士内部也涌动着改革的潮流，这场变革与香恩霍斯特、威廉·冯·洪堡、施泰因、哈登堡等人的名字紧紧相连，克劳塞维茨所在的普鲁士总参谋部自然成为了军事改革的先锋。克劳塞维茨在1812年发表了名为《三个信条》的日尔曼民族解放纲领，在其中表达了改革派联合俄国，抗击拿破仑的观点。他和19世纪另一位大军事思想家约米尼并列为西方军事思想的两大权威。就在1812年5月，克劳塞维茨来到俄国军队，在俄国抵抗拿破仑进攻的卫国战争中克劳塞维茨参加了奥斯特洛夫斯诺、斯摩棱斯克、博罗金诺等会战，担任过柏林骑兵军与乌瓦洛甫骑兵军的作战军官。1814年回到普鲁士军队，1818年出任柏林军官学校校长并晋升为将军。在担任军官学校校长的12年中，克劳塞维茨为后人留下了大量的资料，遗孀玛丽整理出版了《卡尔·冯·克劳塞维茨将军遗著》。这部巨著共十卷。著名的《战争论》是其前三卷，后七卷为战史战例，包括了1566 – 1815年中大小130余例会战，记述了荷兰独立战争、古斯塔夫二世·阿道夫战争、腓特烈大帝战争、拿破仑战争、1812年俄法战争和1813年德意志解放战争等。

② Victor M. Rosello，*Clausewitz's Contempt for Intelligence*，in Intelligence and the Security Strategist：Enduring Issues and Challenges，Roger Z. George & Robert D. Kline，ed.，Lanham：Rowman and Littlefield Publishing，Inc.，2006，p. 14.

③ ［德］克劳塞维茨著，军事科学院译：《战争论》，第一卷，解放军出版社，1982年版，第93页。

19世纪，克劳塞维茨能有这样对军事情报的清醒认识不能不令人称道。而他所归纳的精神、物质、数学、地理、统计五个战略要素，就是以情报和正确的估计为依据的。而拿破仑在实施战争的过程中恰恰对这五个要素关注颇多：关于精神的作用，拿破仑曾说精神状态足以保证四分之三的胜利。① 他经常用精神力量激励国民和将士，他还善于用谋略实施心理战。因此，在对各战略要素的讨论中，克劳塞维茨尤其强调精神力量对战争结果的作用，他说，“精神状态对军事力量具有决定性的影响”②；对于物质要素，拿破仑一向关心部队的后勤给养保障，他事无巨细地过问一切，但到了后期过度的扩张使他的目的与资源严重脱节，克劳塞维茨在研究中也发现了这一问题，他论述道，“知道了敌人最多有多大的力量，自己不致遭到完全的毁灭就有了相当的把握；意识到自己力量有限，就会选择适当的目标。既然不致遭到极端的打击，自己也就没有必要去追求极端了”③；还在学生时期拿破仑就偏爱数学、地理和统计，这些因素在他的战略和战争中一直占有重要地位，受此影响，克劳塞维茨对这三个战略要素的研究则更加详细、系统和深入。

尽管克劳塞维茨在情报的定义中只提到敌方情况而没有提及己方情况，但实际上，他在整个《战争论》中关于情报工作的认识不仅限于《战争中的情报》一个章节，他在其它章节曾写道，例如，“为了明确进行战争要使用多少手段，必须考虑敌我双方的政治目的；必须考虑敌国和我国的力量和各种关系；必须考虑敌国政府与人民的特性，它们的能力，以及我方在这些方面的情况；还必须考虑其他国家的政治结合关系和战争可能对它们发生的影响。”④ 而显然，对于这些问题的了解和把握都离不开情报的支持。同时，从他谈论的问题看，他的情报范畴事实上包含了敌我双方情况，即所谓的“知己知彼”，这与指挥官必须了解敌我双方的情况才能做出正确判断与决策的实践是相一致的。

---

① ［苏］米尔施泰因等著，黄良羽等译：《论资产阶级军事科学》，军事科学出版社，1985年版，第273页。

② ［德］克劳塞维茨著，军事科学院译：《战争论》，第一卷，商务印书馆，1982年版，第101页。

③ ［德］克劳塞维茨著，军事科学院译：《战争论》，第三卷，商务印书馆，1982年版，第871页。

④ 同上书，第864页。

虽然克劳塞维茨对情报的本质有了深刻认识，但是他说“战争中得到的情报，很大一部分是互相矛盾的，更多的是假的，绝大部分是相当不确实的”，“只要考虑一下这一基础的性质、它的不可靠性和多变性，我们立刻就会感觉到战争这座建筑物是多么危险，多么容易倒塌，而将我们埋葬在它的瓦砾下面”。[①] 很显然，他认为情报是判断和行动的基础，但由于其不可靠性和多变性所获取的情报很难直接反映真实情况，运用获取情报的困难性一目了然。但是，从另一个层面上看，也反映出他对情报对战争影响重要性的深刻思考。

克劳塞维茨几乎与拿破仑是同时代的人，曾亲自参加过拿破仑战争中的多次战役。拿破仑战争占到他战史研究的三分之二，他在《战争论》中曾60多次提到拿破仑战争，可见拿破仑战争和拿破仑本人对他有多么大的影响。拿破仑作战指挥的独特新颖、法军行动的灵活迅速再加上拿破仑所采取的保密措施和战略、战术上的欺骗，使欧洲几个大君主国在面临拿破仑大军的时候常常显得手足无措。考虑到克劳塞维茨曾参加过耶拿－奥尔施泰特会战并且奥古塔特亲王和克劳塞维茨曾有过被法军俘虏的经历，[②] 他对情报有这样的态度就不难理解了，无怪乎他在整个《战争论》中都一再强调情报的不确实性。

虽然战争中的情报有很大的不确实性，但克劳塞维茨并不像表面看上去的那样认为不确实性无法克服。他指出，“像没有超出我们认识能力的任何对象一样，战争这个对象用研究的精神也是能阐明的，它的内在联系也是或多或少可以弄清楚的”[③]，为此，必须遵循概然性的规律，根据已知情况去估计各种事件发生的可能性，“敌对双方的任何一方都可以根据对方的地点、组织、设施状况以及各种关系按概然性的规律推断出对方的

① ［德］克劳塞维茨著，军事科学院译：《战争论》，第一卷，商务印书馆，1982年版，第93页。

② Victor M. Rosello，*Clausewitz's Contempt for Intelligence*，in Intelligence and the Security Strategist：Enduring Issues and Challenges，Roger Z. George & Robert D. Kline，ed.，Lanham：Rowman and Little Field Publishing，Inc.，2006.

③ ［德］克劳塞维茨著，军事科学院译：《战争论》，第一卷，商务印书馆，1982年版，第136页。

行动，从而确定自己的行动。”[①] 而这种观点其实与拿破仑主张对战争中可能发生的各种情况进行假设、再通过情报加以印证、取舍，从而减小预案的不确实性并不矛盾，所不同的是他们看问题的出发点不同，拿破仑以及约米尼看到的是情报的优势作用（有关约米尼受拿破仑情报思想的影响下文专门论述），克劳塞维茨强调的是情报感知的劣势，这正如面对半杯水有人看到的是希望而有人看到的是失望道理一样。

在谈到如何克服情报的不确实性时克劳塞维茨指出，“如果事先已冷静地考虑过一切，曾经毫无偏见地寻找过和研究过可能性最大的情况，那么就不应该放弃既定的看法，应该对新接到的情报进行分析，把几个情报相互比较，并派人搜集新的情报等。这样错误的情报往往立即被否定，或者最初得到的一些情报就得到证实。”[②] 由此可见，克劳塞维茨已经超越了拿破仑时期重搜集轻研判的弊病，从而把情报分析提到了一定高度，这是近代情报思想的一个扩展和进步，也是对军事史特别是拿破仑战争研究的一个喜人成果，这显然也是受拿破仑在情报问题上的前车之鉴影响的成果。

在对情报的研判上，克劳塞维茨还特别强调了指挥官的个人素质，他说，“这就要求指挥官具有一定的辨别能力，这种能力只有通过对事物和人的认识和判断才能得到”，“指挥官必须坚持自己的信念，像屹立在海中的岩石一样，经得起海浪的冲击”，[③] 同时他还指出指挥官必须具有的两种特性——智力和勇气。[④] 此外，克劳塞维茨还专门用了一个很长的章节论述“军事天才”的地位与作用，并试图强调指挥官的个人才能在战争的重要意义，这也不能不说同时代的拿破仑个人对克劳塞维茨认识论的形成和发展具有深刻而持久的影响。克劳塞维茨甚至认为，在不能通过情报获得战场真实情况的时候，要依靠指挥员对作战构思孤注一掷的信任，甚至依靠幸运，他说，“必须靠才能去推测，或者靠幸运解决问题，因此，

---

① ［德］克劳塞维茨著，军事科学院译：《战争论》，第一卷，商务印书馆，1982 年版，第 33 页。

② ［德］克劳塞维茨著，军事科学院译：《战争论》，第三卷，商务印书馆，1982 年版，第 991 页。

③ ［德］克劳塞维茨著，军事科学院译：《战争论》，第一卷，商务印书馆，1982 年版，第 94 页。

④ 同上书，第 69 页。

在对客观情况缺乏了解的场合，就只好依靠才能，甚至依靠幸运了”[①]。这颇具拿破仑在很多情况下的指挥风格，或者干脆说就是拿破仑的写照。虽然当时已经实行了参谋制，情报与指挥职能有所分离，但由指挥官进行自我情报处理的传统还根深蒂固，这不仅是拿破仑时期军事情报工作的特点，同时也是那个时代各国的普遍现象，这种做法有可能加重指挥员的负担，同时又不利于研判水平的提升和研判结果的客观。这是那个时期的局限，克劳塞维茨同样没能跳出时代的束缚。

在《战争论》中，克劳塞维茨反复强调政治对战争的决定作用，他的“战争是政治的继续”论述是对诸多战史研究之后得出的结论，也是对拿破仑战争教训的总结。拿破仑在前五次同反法同盟的斗争中作决策时充分参考了政治因素，并且运用各种政治情报，利用各国在政治上的考虑，成功地达到利用矛盾分化瓦解的目的。但是，很显然在其统治后期，拿破仑混淆了目的和手段的界限，把战争当作政策的主体，从而忽略了政治因素对战争结局的重要影响。因此，在政治情报的搜集和研究上有所降低，也影响了战争的结果。

总之，虽然克劳塞维茨与拿破仑在许多问题上的看法不尽相同甚至有一些差异，但很显然，克劳塞维茨的战略观和情报观受到拿破仑个人和拿破仑战争的影响重大，他的许多看法直接来源于对拿破仑战争的直观感受和研究，这是一个十分明显的事实。

三、对约米尼的情报思想的形成影响非凡

约米尼[②]有过在拿破仑军队任职的经历，也曾长期服务于俄国亚历山

---

① ［德］克劳塞维茨著，军事科学院译：《战争论》，第一卷，商务印书馆，1982 年版，第 121 页。

② 安托万·亨利·约米尼（Antoine-Henri Jomini，1779. 3. 6 – 1869. 3. 22），军事理论家，法国拿破仑时期的将军，后投奔俄国，成为俄国步兵上将。他的最大贡献是几部军事理论的鸿篇巨著，对战争的性质和规律、战略战术、军队建设等各方面从理论上进行了探讨，创立了较完善的军事理论体系。他和 19 世纪另一位大军事思想家克劳塞维茨并列为西方军事思想的两大权威。约米尼的著作从 19 世纪起便成为西方国家各大军事院校的教科书，直到今日仍是军校生的必读课本。主要著作：《战争艺术概论》、《论大规模军事行动》、《拿破仑的政治与军事生涯》和《战略学原理》等。

大军队。由于亲历过拿破仑指挥的战斗并亲身体验过拿破仑军队的情况，因此，约米尼对拿破仑的军队体制和战争体系有较为详细的了解，对拿破仑的指挥才能和战争艺术较为推崇。

与克劳塞维茨对待情报的相对消极态度完全不同的是，约米尼对情报的作用持积极乐观的态度。这是他从拿破仑时期情报对赢得诸多战役和战争中直观感觉和理性思考后得出的。他甚至说，在一位关于准确把握敌情的军官和另一位通晓理论的军官中他宁愿选择前者作将才。① 约米尼对情报的看重由此可见一斑。约米尼在其代表作《战争艺术概论》中有关战争勤务的篇章中，专门对战争勤务与侦察和及时查明敌人情况做了论述，他已将情报放到战略高度来考虑。约米尼认为，老的战争勤务学只是解决行军器材的一门细节性科学，而当今参谋部的职能包括了最高的战略计划，因此应当使战争勤务学得到新的发展，使它成为一门新的科学：不仅包含参谋学，而且还包括司令官的领导艺术。② 这一现实变化，在很大程度上是由于拿破仑战争赋予近代战争和指挥艺术以新的内容所带来的。约米尼论述说，随着新方式作战的出现，参谋长开始负责把最高统帅的意图传达到战场上最远的各点，并为其收集各种资料，以便确定作战行动；由于参谋长参与所有计谋的策划，并负责传达、解释和监督其执行的重任，因此，他的职责必然会直接关系到一个战局中的全部作战行动。③ 在拿破仑战争的刺激下，欧洲主要大国的参谋体制有了不同程度的发展，约米尼对各国参谋体制的实践与发展做了深入系统的思考与总结。

约米尼在“军事政策或战争哲学”一章中，专门提出和讨论了制定战争计划必须充分考虑的问题，其中包括：敌对民族的战斗意志、军事组织、预备兵力、经济资源以及他们对本国政府和国家制度的忠诚态度；国家领袖和军队长官的特性和才干，以及政府或军事委员会在首都能对战争的进行所施加的影响；敌军总参谋部所遵循的主要作战原则，双方军队的兵力编成和武器装备；所企图入侵国家的军事地理的军事实力统计，一切

---

① ［瑞士］约米尼著，刘聪、袁坚译：《战争艺术概论》，解放军出版社，1986 年版，第 291 页。

② 同上书，第 277 页。

③ 同上。

资源及一切可能遇到的障碍等。[1] 这类似于了解与研究敌方情况的简明提纲，而这所有的一切都需要情报的支持，这是对包括拿破仑战争在内诸多战争研究的总结。

更为值得注意的是，约米尼在战争勤务学中明确提到情报任务，即“组织和指挥各种侦察，通过这种侦察和间谍手段获取有关敌人配置和运动的尽可能准确的情报”[2]。另外他还特别关注到保密和反情报问题，司令部“要特别隐蔽行动，以免敌人察觉我军作战意图和有关行动”[3]。约米尼特别指出，在战争勤务这一重要问题上拿破仑的做法比较合适，他只下达与每个元帅有关的局部性命令，最多也只限于让他们了解与之共同作战的左右邻各军的有关情况，而不告诉他们全军的整体作战行动。之所以这样做一是使作战计谋蒙上一层神秘色彩，另外也是出于担心他的总命令会落入敌方。约米尼对拿破仑这种反情报和保密方法做了进一步发挥，他认为可以给将军们下达一些局部性命令，另外再附上用密码编写的几行文字说明，从而简要地指示他们作战全局和他们应参与的部分。在没有密码的情况下，应当派一位理解力强、表达准确的军官口头传达命令。[4] 这样做既防止了泄密，协同作战的全局也得到了保障。

关于侦察问题，约米尼认为一般情况下有两类侦察：一类是纯属地理测绘和统计方面的，其目是：获取有关国家及其地形、障碍、道路、桥梁等基本情况，了解它的各种资源和财政状况。第二类是查明敌人的行动情况，这类侦察往往要派一支稍强的部队去执行，如果敌人已在当面，应当由主将或参谋长亲自进行侦察，如果敌人还在行军中，则可派骑兵部队去打探。[5] 他还列出了四种获取敌人军事行动情报的方式：间谍、侦察、审问战俘和印证推理，[6] 这些方法无不出自拿破仑的实践运用。与拿破仑一样，约米尼也对间谍比较偏爱，认为普通侦察无论做得多好都无法了解到敌人前线后面的情况，间谍在了解敌营情况上比所有其他部门做得都好。

---

① ［瑞士］约米尼著，刘聪、袁坚译：《战争艺术概论》，解放军出版社，1986 年版，第 58 页。

② 同上书，第 278 页。

③ 同上书，第 281 页。

④ 同上书，第 281—282 页。

⑤ 同上书，第 290 页。

⑥ 同上书，第 291 页。

当然，他也认为使用间谍也有很大局限性，因为渗透到敌人内部并搞到敌人可能制定的秘密计划难度很大，即使间谍搞到行动计划也无法预知下一步将会发生什么。

约米尼在获取情报问题上总结说，“一位将军任何时候都不应忘记掌握敌情这件大事，为此他应当动用一切手段，包括组织侦察、派遣间谍、组织由能干的军官领导的轻装部队，规定各种信号以及派遣训练有素的军官到前线去审讯俘虏；由侦察得来的情报都要积累起来，尽管这些情报并不完善，甚至矛盾百出，但真情实况往往就是从这些相互矛盾的情报中寻觅出来的；然而，在考虑自身的作战计划时，对于运用上述手段获取的情报不能持完全相信的态度，我们不能过分依赖它们；在缺乏可靠而精确的侦察材料的情况下，一位能干的将领是从不轻举妄动的，他会在开始行动之前根据敌我双方情况的可能性假设提出两三个以一定原则为基础的实施方案。”[1] 显然，相比而言，约米尼对情报的看法比克劳塞维茨更加乐观和积极主动，他认为虽然情报不确实并且多变，但通过努力是可以找出真实情况的，这也是源于拿破仑情报运用的重要影响。

另外，约米尼还注意到了情报技术的发展，他提到发报机和电报的作用，并举出拿破仑战争的实例进行说明。他还谈到法军利用气球进行侦察的试验，[2] 虽然拿破仑于1799年解散了法军的气球单位。[3]

总之，拿破仑的情报思想和实践，对约米尼战争理论中情报思想的影响是直接和深刻的，这也从另一个侧面反映了拿破仑情报思想和实践的生命力和影响力。

小　结

虽然情报本身不能完全左右战争的胜负，也不能决定一个国家的发展与命运，但是，从情报为国家安全服务、为决策提供依据、为军事斗争提

① ［瑞士］约米尼著，刘聪、袁坚译：《战争艺术概论》，解放军出版社，1986年版，第296页。

② 同上书，第297页。

③ 纽先钟著：《西方战略思想史》，广西师范大学出版社，2003年版，第190页。

供保障的职能视角看，战争的胜负和国家的发展却会因缺少情报而改变。从这个层面上说，情报不仅在解决生存问题上能发挥积极作用，还可以为国家的发展发挥积极作用。相反，情报工作出现重大问题，同样直接威胁着国家的生存与发展。

拿破仑帝国时期的情报工作正是上述辨证关系的最好佐证，它不仅见证了情报工作的高效运转帮助拿破仑赢得战争、称霸欧陆的历史，也见证了因情报工作反映出的弊端而导致情报失误，致使拿破仑错误频出，最终兵败战场和帝国大厦的崩塌。但是，无论怎样，拿破仑帝国时期的情报思想和工作实践，特别是拿破仑自身的情报思想和实践，不仅是继承传统的产物，其本身最终也成为一种传统，在法国情报史中占有重要地位，对后来的法国情报体制的形成与发展具有深远的影响，其中某些做法甚至在一段时间内得到保留和固化。

更为重要的是，拿破仑的情报思想和实践，对后世的军事理论大家产生了重大影响，其中最为突出的是克劳塞维茨和约米尼两位 19 世纪最具代表性的军事理论家。今人在研究战争、战略抑或军事情报问题时，少不了要研读克、约二氏的著述，但殊不知，他们不仅是拿破仑战争理论的传承者，也是拿破仑情报思想的借鉴者，甚至可以毫不夸张地说，拿破仑的情报思想和实践是克、约二氏自身情报理念形成的根本源泉和养分。因此，从更广阔时空来看，我们今天在研读克、约二氏的情报思想时，事实上就在间接地研读拿破仑的情报思想。从这种意义上说，拿破仑时期情报工作的影响显然还不仅限于 19 世纪，即便对于 20 世纪或 21 世纪依旧产生着重要影响。

第九章　拿破仑帝国时期情报工作启示与思考

拿破仑帝国时期的情报工作是整个法国情报史中非常短暂的一小段，尽管如此，作为那个时代的反映和产物，其对法国情报工作和对世界情报工作带来的影响确实很大，给后人以良多启示与思考。实践证明，除政治、经济和军事等诸多因素本身的问题外，情报工作的成效对国家的生存和发展确实具有一定影响，而情报工作的成效与决策者对情报工作的态度、决策与情报的关系以及情报体制的优化与否关系密切。

第一节　决策者对情报工作的态度决定情报工作的命运

决策者提出情报需求，情报为决策服务，这是情报的普遍因果关系。情报工作的出发点与归宿点都集中在决策者身上，因此，决策者的态度最终决定情报工作发展方向。

一、决策者的情报观对情报工作的发展至关重要

决策者的情报观是决策者情报态度的重要指针，它决定了决策者对情报的认识和对情报命运的掌控。一个对情报作用持有科学、客观态度的决策者，知道如何根据实际情况利用和取舍所获得的情报。反之，一个对情报作用持否定、消极态度或过分依赖情报的决策者，则可能会做出错误判断和决策，甚至可能产生严重后果。

拿破仑对情报的重视态度使他得以充分利用可用资源，全面发掘潜在情报价值，使情报在保障国家的生存和发展方面发挥突出作用。他积极建立若干情报机构并经营自己的谍报网，这充分显示出他对情报建设的关心程度，而对军事情报的着重搜集和灵活运用，为确保他取得一个又一个战役的胜利并促成了拿破仑帝国在欧洲的优势地位。拿破仑的情报观源于他早期的学习训练和担任军事统帅及政治领导人的宝贵经验，同时，这些亲身经历又进一步加深了他对情报作用的认识。注重战场情报的搜集与保障是拿破仑前期取得诸多决战胜利的法宝，但也正是因为极端依赖战役战术情报而忽略战略性情报的获取与分析，也最终使拿破仑陷入入侵西班牙和远征俄国的泥潭，继而导致帝国的崩溃。

决策者的情报观往往会影响到一个国家的情报政策和情报工作发展方向。拿破仑重视培养间谍和利用间谍获取情报，因此，对间谍组织的投入较大，给予间谍的报酬也十分丰厚，也正是因为如此，当时的谍报工作得到极大发展。对比而言，后来的美国的卡特总统对情报工作持消极态度，这使美国情报经费被削减、情报人员被裁减，情报机构的士气也因此受到牵连而特别低落。[①] 与卡特形成鲜明对比的是里根总统，他对情报机构作用的重视使情报经费大幅增长，情报机构迎来它的黄金时期。[②] 由此可见，决策者对情报工作的态度直接影响甚至决定着一个国家的情报工作前途和命运。

当然，在决策者与情报这对关系中更为重要的是，决策者能否正视情报的功能与作用，能否客观看待情报的效能和情报作用的发挥，能否正确处理决策与情报、情报机构、情报人员以及情报工作的关系，同样影响并决定着决策与情报关系能否健康和谐发展。

二、决策者的用人观是情报工作能否高效运行的关键

决策者的用人观是影响情报工作能否高效运行和情报事业发展好坏的一个关键因素，它一定程度上决定着决策者是否能够及时全面地获得不带

---

① 高金虎著：《美国战略情报与决策体制研究》，陕西师范大学出版社，2004 年版，第 130—131 页。

② 同上书，第 131—132 页。

偏见的情报，减小或消除情报政治化问题。在情报事业上用对了人，会极大地促进情报工作的发展，相反，把不合适的人放在情报工作岗位上，既浪费人才又妨碍情报事业的进步。

拿破仑在用人方面以不拘一格、人尽其材著称。富歇被称之为“现代警察的创立者”,[①] 他阴险狡诈、手段残忍，是督政府时期的警察总监。尽管拿破仑一点也不喜欢这个总是面无表情的前警务总管，但他还是大胆起用在警务方面确有特长的富歇执掌警务部。事实表明富歇确实在警察事务和国内安全方面能力超群，尤其是在打击英国和王党的渗透、破坏与颠覆活动上表现不俗，其中，对1800年暗杀拿破仑事件的调查结果就足以说明富歇是胜任此职的。继任者萨瓦里虽然才能比不上富歇，但是，他的忠诚与勤勉执着，使他的情报网发展迅速。此外，拿破仑招募的间谍，身份可谓五花八门：既有达官贵人，也有平民百姓，甚至还有僧侣、逃兵、商人等。只要能提供有用的情报，拿破仑就不惜重金招募旗下。拿破仑还充分意识到这样做可能产生的后果，如以虚假情报换取金钱、叛变或倒戈、招募到敌人的密探等，因此，法军和拿破仑的做法是：将其提供的情报与其它渠道的情报和现实情况相互印证，对情报人员实施严密监控，逆向使用敌方人员等。

人是影响情报工作最活跃的因素，如何在情报工作中用对人以及如何调动他们的积极性是摆在决策者面前极为现实的问题。拿破仑的总参谋部设有一个测绘组，成员都是具有测绘专门技能的参谋军官，他们在这个工作岗位上既发挥了特长，又为拿破仑的情报工作做出了贡献。前苏联克格勃的“剑桥五杰”[②] 都曾是剑桥大学的优秀人才。美国战略情报局的许多

---

① Ton Van Der Eyden, *Public Management of Society*: *Rediscovering French Institutional Engineering in the Europe Context*, Amsterdam: IOS Press, 2003. p. 152.

② “剑桥五杰”是克格勃历史上非常重要的人物。克格勃始终认为这五名来自剑桥的间谍是那时招募来的最实干的优秀外国间谍。他们虽然出身贵族，但是却是最坚实的共产主义信仰者，他们向苏联提供情报但不收一分钱。二战期间，他们以“剑桥五杰”著称。在“五杰”中最先暴露的是唐纳德·马克林和盖伊·伯吉斯。他们在1951年跑到了莫斯科。哈罗德·金·菲尔比在1963年逃往苏联后被英国报刊称为“第三人”,“第四人”是1979年暴露的安东尼·布兰特。在20世纪80年代，记者们寻遍蛛丝马迹想找“第五人”，但始终未果。这神秘的第五人的名字，直到戈尔季耶夫斯基在筹写克格勃第一总局第三部的秘史时才被发现，并首次予以披露，他叫约翰·克恩克罗斯。

工作人员则是各个领域的专家，他们都因各有所长并在各自情报领域发挥了重要作用。因此，正确把握用人原则不但可以使出色的专业人才人尽其才、各尽其用，更可激发情报人员的积极主动性，从而推动情报事业向前发展。这是历史已经证明并将继续证明的。

总之，决策者的用人观直接或间接地影响情报工作的发展，情报工作发展的好坏又直接影响到决策者对情报工作的看法，它们之间是相互影响、互为作用的。

第二节　决策与情报关系决定情报工作成效的发挥

情报是否得到利用和情报效能是否得以发挥，还在于决策与情报之间的关系，即情报是否能够发挥应有的作用，关键是看情报是否受到决策者的重视、是否在决策中起到应有支撑作用和发挥积极影响，总之，决策者是否合理地采用了情报人员所提供的情报和情报成果。美国国防情报局资深职员乔治·艾尔德曾写道："不是技术或物质的优越而是准确、及时的情报与领导人愿意把情报看作决策的一个主要因素相结合导致成功或取胜"。[①] 这一句道破了情报与决策关系的本质以及情报功效的实质。

一、决策者对情报价值的评判影响到情报功效

决策者对情报的利用主要表现为在做决策时，决策者以所提供的情报作为判断的基础并做出相应决定，这时情报就真正发挥了效益。如果情报机构及时提供了准确情报，但没有得到决策者的重视，那么情报就失去了应有的价值，再珍贵的情报都成为垃圾。

拿破仑通常以骑兵搜索、出动间谍、截取信件或审问俘虏等方式获得的情报来推断敌人的意图、证实或修改自己的作战方案，此时，这些战场

① Gregory Elder, *Intelligence in the War*: *It Can Be Decisive*, in Studies in Intelligence, Vol. 50, No. 2, CIA, 2006.

情报就发挥了很好的效能，为下定决心和作战胜利打下基础。但是到了帝国后期，拿破仑全然不顾战争性质的不同、欧洲各国具体情况的变化、帝国内部的思想分化、无休止的扩张和穷兵黩武，这时情报虽然依旧得到重视，但已经演变成拿破仑个人独断专行的依据，情报机构只能按拿破仑的意愿提供其需要的情报，这也是造成战略情报缺失和错误决策的重要原因。

历史实践证明，决策者对情报的信任与否会导致截然不同的后果。斯大林先入为主，认为希特勒不会入侵苏联，至少在半年或一年之内不会有所行动。因此，尽管间谍机构的情报、前线的消息、俘虏的证实和友军的提醒都表明德国在蠢蠢欲动，但斯大林独断专行，他宁可相信自己的直觉与判断，而视各方情报于不顾，[①] 结果导致苏联面临德国的突然进攻束手无策，在付出惨重的代价后才逐渐扭转局势。古巴导弹危机之初，虽然肯尼迪对情报机构持有怀疑看法，但他最终认可了情报机构提供的证据，[②]因而在与苏联的较量中争取了主动并占据上风。

决策者对情报的态度还涉及到情报政治化问题。最常见的一种是情报被用来证实普遍的正统看法和预先决定的政策，前者是迎合某种倾向，后者其实就是先入之见。为了避免被忽视或被边缘化，情报官员往往生产符合政治领袖政策喜好的情报。情报政治化的表现之二是情报过程中官僚政治的介入，这通常由情报机关间为获取更大影响和更多资源的竞争所引发。还有一种情报政治化现象由意识偏好所导致。当情报机构被利用为政策工具时尤其会有情报政治化的危险，而情报政治化的出现则会歪曲情报和战略评估。[③]

人生阅历、政治个性和政策水平的差异导致决策者对情报持有不尽相同的态度，决策者在领导情报工作的过程中或多或少地以自身喜好和个人看法对情报工作的内容和模式加以影响，使情报工作朝着自己所希望的方

---

① 参见［俄］帕维尔·苏多普拉托夫著，魏小明、陆柏春等译：《情报机关与克里姆林宫》，东方出版社，2000 年版，第 136—197 页及 Timothy Walton，*Challenges in Intelligence Analysis*：*Lessons From* 1300*BC to the Present*，London：Cambridge University Press，2010. pp. 79 – 88。

② 参见［美］约翰·拉纳勒夫著，郭国和、费惠芳编译：《神秘的第三只手》，知识出版社，1990 年版，第 130—192 页。

③ Peter Jackson，*Historical Reflection on the Uses and Limits of Intelligence*，in Intelligence and Statecraft：The Use and Limits of Intelligence in International Society，Peter J. Jackson & Jennifer L. Siegel，eds.，New York：Praeger Publisher，2005，p. 16.

向发展。相应的，情报机构和情报人员往往也会在某种政治倾向的影响下有意无意地投其所好，使情报工作符合决策者的意愿。这种使情报工作脱离正常轨道而陷入情报政治化的现象无疑会对情报工作产生不良影响或后果。

因此，决策者增强对情报的理解与领悟能力十分重要，这样才能使本已来之不易的情报体现其应有的作用与价值，使情报真正在决策中发挥作用并使决策与情报形成良好的互动关系。在这个问题上，学者和情报机构的领导人能够发挥积极的推动作用。

二、决策者的情报思维对情报机构运作影响重大

情报机构是情报工作赖以生存和得以实施的一级组织，情报机构的运作情况影响到情报工作的开展，决策者是通过对情报机构的领导来实施对情报工作影响的。

由于深知情报的重要，从进入意大利战场开始，拿破仑就着手情报机构的建设与发展。他在继承了法国大革命时期的情报网络后，结合现实需求，积极采取措施改革特务组织并一手组建了谍报与反间谍机构——保密局。由于这个机构受到他的高度重视，包括对间谍报酬不菲，间谍提供了许多高价值和高准确率的情报。掌握政权后，拿破仑立即着手建立若干谍报组织，富歇的警务部、杜布瓦的巴黎警察厅、萨瓦里的宪兵队、拉瓦莱特的邮政系统等都参与其中，此外他还建立自己的个人专职间谍网。无所不在的情报网络源源不断地为拿破仑提供各种情报，这些情报发挥了相互印证和补充的作用，拿破仑的战争机器在这些情报机构的情报支持下捷报频频。从中我们可以看出，决策者的情报思维对构建有效的情报体制能够产生重大影响。

情报机构的工作任务往往受到决策者的很大影响。戴高乐在抵抗运动中领导过秘密情报机构，许多军事将领也参与情报机构的工作，抗战胜利后许多老兵、警察和有背景的将领都在情报机构工作，戴高乐与情报机构的关系因此十分密切，1958 年当选总统后，法国情报机构为配合其“第三条道路”政策的实施策划了一系列隐蔽行动。1969 年蓬皮杜上台后清洗了大批老特工人员，将主要精力放在与苏、美情报机构的抗衡上。密特

朗出任总统后则对情报方向作了较大调整，将工作重心转向反恐、经济、科技等方面情报的搜集。[①] 可以说，法国情报机构的工作重心深深地打上了决策者的个人印迹，决策者则通过情报机构实现其部分政治抱负。法国如此，其它国家也不例外，以美国为例，不同政府施政方针有所不同，对情报机构的管理和要求也有差异，因此，不同时期情报机构的发展历程也不尽相同。

无论是拿破仑帝国时期还是当今各国的情报工作实践，无不折射着决策者与情报机构的复杂关系，但历史提示我们，决策者只有理顺了与情报机构之间的关系，正确地看待情报机构的作用，科学合理地指导情报工作，才能使情报机构发挥职业专长，为国家安全与发展提供必要的重大决策所需的情报保障。

三、决策者与情报人员的关系能够影响甚至决定情报工作的兴衰

决策者与情报人员的关系最突出地表现在决策者与情报机构领导人之间的关系上，他们之间关系的好坏直接影响情报机构的前途和情报事业的发展。

拿破仑与富歇之间的关系十分微妙：拿破仑既依赖富歇为他提供治国安邦所需要的各种情报，同时也时刻防范着富歇；富歇既为拿破仑提供各种情报保障，又探听和监视着拿破仑家族的一举一动。拿破仑的信任使富歇在警务方面卓有成效，拿破仑的不信任为富歇日后的背叛埋下伏笔。[②]

---

① 刘宗和、高金虎主编：《外国情报体制研究》，军事科学出版社，2003 年版，第 275—276 页。

② 富歇自 1807 年起即阴谋反对拿破仑。1808 年封帝国伯爵，1809 年封奥特朗特公爵。1809 年 6 月任警务部长和内务部长，由于擅自下令在全国招募国民自卫军而触怒拿破仑，不久被免职。拿破仑为了把他赶出法国，于 1812 年任命他为伊利里亚行省总督。拿破仑倒台后，他于 1814 年 4 月回到法国，但受到路易十八冷遇。拿破仑从厄尔巴岛返回以后，他再度任警务部长。百日统治期间，他规劝拿破仑采取开明政策。滑铁卢战役后，他劝拿破仑同意第二次退位。后当选为临时政府主席，路易十八任命他为警务大臣，但极端保王党不久就迫他辞职，出任驻德累斯顿全权公使，1816 年《弑君者法》颁布后，流寓布拉格、林茨等地。塔列朗评价富歇：一个没有心肝和眼泪的人。

决策者与情报人员关系密切，无疑在一定程度上能够促进情报工作的发展，他们之间关系的恶化则可能会使情报工作遇到障碍或受到打击。这个问题，在世界各国的情报工作实践中都可发现，例如，伊丽莎白一世对沃尔辛厄姆的信任与支持，使后者得以顺利对已不适应时代需求的旧有英国情报体系进行改革，最终建立了富有成效的情报机制，为英国开疆拓土提供了重要支撑。日本和以色列领导人对情报机构和情报人员一贯的重视，使两国情报机构得到长足发展，并成为世界著名的情报机构。与此形成鲜明对比的是，由于斯大林生性多疑，苏联情报局的指挥机构、领导人和大批工作人员在他发动的“大清洗”运动中无法幸免于难，导致当时苏联情报工作几近瘫痪。

但事物总有两面性，有时决策者与情报人员两者关系过于密切，也有可能给情报工作带来弊端。梅厄夫人对以色列情报首脑的过分依赖，最终导致以色列在赎罪日战争初期发生严重的情报失误，使以色列军队在战场上陷入从未有过的被动局面。[①] 艾森豪威尔对艾伦·杜勒斯的极端信任，使艾森豪威尔竟然相信杜勒斯和国防情报局提出的“蝙蝠轰炸计划”，即在蝙蝠身上绑上小型燃烧弹，由飞机投下去燃烧日本的木质房屋，结果大量蝙蝠在空中就被冻僵而再也没有飞起来。

由此可见，决策者与情报人员的关系很大程度上影响着情报工作的兴衰，而如何在决策者和情报人员间构建一个平衡和良性的互动关系，不仅需要而且必要，更需加以认真研究和探索。

第三节　情报体制的优化与否影响情报工作的成败

情报体制是情报领域的组织形式的制度，它关系到其内部各部分的机理及相互关系，是情报工作运行系统的根本体现，它是依据国家战略需求而构建的，非一蹴而就，而是在发展和建设中逐渐形成的。历史实践证明，情报体制的优化与否直接影响到情报工作的成败。

---

① 刘宗和、高金虎主编：《外国情报体制研究》，军事科学出版社，2003 年版，第 363 页。

一、情报组织机构应因势适时地优化与完善

情报组织机构是一个国家情报工作的基本框架和基础结构，它一经形成，即具有相对的稳定性，所以它对情报工作的影响是不容轻视的，情报组织机构的合理布局与优化与否对情报事业的发展十分重要。

情报工作是一门实践科学。虽然拿破仑时期情报工作有了很大发展与进步，但就整个法国情报史而言还属于相对初级阶段，情报机构的组织形式较为原始，情报工作方式也相对落后，情报理念较为简单，工作层次仍比较单一，这些都与当时生产力水平不高、技术手段不多、战争形式和规模有关。然而，尽管当时的情报工作水平有限，但是，从以历史与现代眼光相结合地看，我们还是能从中发现可以继承和借鉴的有益理念和元素，其中就包括拿破仑应因形势变化对情报机构不断优化的理念和做法，这使得那个时期的情报体制总体而言适应了当时的历史条件和形势发展需要。因此，拿破仑帝国时期的情报工作在法国情报历史中占有一定的重要历史地位，甚至在世界情报历史中也占据一定的地位，因为它不仅对法国情报工作的发展起到一定的积极作用，一些理念和做法对世界情报工作的发展也产生过积极影响。

情报体制虽然在一定时期具有稳定性，但也不是一成不变的，当它不能适应某个时代或时期的发展需求，就会促使情报理念发生改变，从而对情报工作提出新的要求，受此影响，情报体制也会相应发生一些调整和变化。例如，法国在经历了普法战争的教训后，痛下决心将拿破仑三世时的特别警署改组为总参情报局。而当美国意识到需要建立一个统筹国家情报的机构时，战略情报局便应运而生，并最终成为世界闻名的美国中央情报局。

由此可见，情报组织机构的优化与完善是时代发展需要促成的，它反映出情报工作发展的必然性。这种优化与完善，使得从体制上为情报工作创造了一个良好的大环境，为情报工作又好又快地发展打下坚实的组织基础。因此，如果想要使情报组织发挥最大效能，就必须适时因势对其进行相应的调整和优化，这是历史给我们留下的可借鉴的宝贵经验。

二、优良情报传统不仅应继承还必须发展

情报体制有一个形成、发展、变化、再形成、再发展的过程，它是循序渐近的，不是突然发生的。它是对已有情报体制中的适应部分进行继承、发扬和对阻碍部分进行改革、创新的结果。因此，情报传统的继承与创新就成为情报机制优化与完善的永恒主题。

秘密警察早已有之，它一直在防止颠覆与破坏国家秩序方面发挥着重要作用。因此，拿破仑执政后保留了督政府时期的秘密警察系统，并根据当时帝国的国内状况需求对其进行改组，使其牢牢地控制在中央手中。为了维持首都秩序，拿破仑还以警察厅长的各义恢复了过去的警察总监职能。同时，他还在各大城市派驻警察专员，将整个法国置于秘密警察的监控之下，以确保一切反政府的行为企图都能得到及早发现和处理。邮检制度不是拿破仑的专利，它是自民族国家产生之后就开始实行的一个制度，但是，拿破仑对其加以继承并作了大胆发挥，使其成为反间环节上的一个重要组成部分。保密局则完全是拿破仑的一个创举，它使谍报与反间工作有了专门机构。派出军事专家进入驻外使馆帮助大使分析军事问题是拿破仑的又一创新，此后各国纷纷仿效，由此推动了现代武官制度的产生。参谋部的发展是军事史上的一大进步，从此军事情报工作有了相对集中的依身之所，这一新生事物在拿破仑时期还处于萌芽状态，普鲁士将其发扬光大建立了参谋本部制度，经过老毛奇的精心培育后，参谋制度发展成一种较为完善的作战指挥和情报保障体系。

但是，传承必须与现实相结合，只有与现实相结合才能使其具有合理的因素，才能发挥应有的功效。秘密警察制度和邮检制度在拿破仑时代对巩固政权、保持社会稳定、维护资本主义发展有其功绩和积极作用，对于21世纪来说它仍有一定的借鉴作用。但是，我们显然不能照搬那个时代的做法，因为，虽然今天的社会仍需要一定程度的审查和监控以打击破坏和颠覆活动，但民主理念的扩展和民主制度的建立，使得公民的自由权与隐私权意识不断增强，这就使得执政者必须顾及社会民主和公民自由，不能对其随意侵犯。这就造成了执政者、情报机构与社会民主、公民自由两者间的必然矛盾和冲突，如何平衡利害和解决问题也就成为当今面临的严

峻现实问题。笔者以为，在当今社会，应首先健全关于审查、监控以及公民权利等的法律制度，使其合理化、法制化，做到有理可据，有法可依。只有这样，才可能实现既维护国家的正常秩序，又避免引起民众的不满情绪。现代社会已进入信息化时代，通信技术与计算机网络极其发达，这对监控工作来说既是有利条件又困难重重，这就更加需要加大力度对情报工作领域的一些新情况和新问题进行研究、创新与开拓。

继承与创新乃是人类进步的阶梯，也是社会发展的一个过程。情报工作之所以从古到今在不断取得新的进步，与情报实践中对前人经验的学习和对现实要求的适应是分不开的。在这一点上，以色列情报机构表现得尤为突出：以情报机构一方面传承以往情报工作的优良传统，另一方面又积极采取措施应对各个时期出现的新挑战。于是我们看到，“犹太情报”① 这个不同于他国的特色在以色列建国史上发挥了重要作用，已成为历史的“拉卡姆”② 在以色列发展核武器的道路上做出了不朽贡献。美国情报史也是一个很好的案例，美国中央情报局的成立和国家情报主任一职的设立就充分说明了继承和发展对情报工作的重要推动作用。

从某种意义上来说，继承、发展、创新是情报工作提升的一个突破口，它是促进情报工作向前发展的源动力和推动力。如此，情报工作才能更上一层楼，情报史才得以丰富，后人才可以从前人的经验和教训中得到借鉴，情报事业才能呈蒸蒸日上之势。

三、情报工作的成败是关乎国家生存与发展的重要因素

从理论上讲，情报本身不会对一场战争或一个国家的兴衰产生直接后果，但是，历史证明，情报的功能和作用的确会影响到战局发展乃至国家命运，是关乎国家生存与发展的重要因素。简言之，情报是通过掌握它的决策者运用其价值在进行决策时产生影响和作用的。当然，决策者在进行

---

① “犹太情报”指以色列情报机构旨在将海外犹太人迁回以色列的任务。参见［美］斯图尔特·史蒂文著，浦洱译：《以色列间谍大师》，群众出版社，1986 年版，第 86—90 页。

② “拉卡姆”是以色列在 1957 年成立的旨在负责核武器情报的搜集工作和核计划保密工作的核情报专门机构，又称“科学联络局”。参见曹宏编著：《摩西的门徒——以色列情报机构揭秘》，国防大学出版社，1998 年版，第 80—86 页。

决策时要综合考虑各方面情况，以战争为例，除了情报，在战争中还要衡量兵力、战法、后勤、交通、武器、技术、士气等等因素。也就是说，情报是战争成败或国家生存发展的必要条件而非充分条件。有了完备的情报并不一定能保证战争胜利或国家强大，但没有情报则无从谈及打胜仗或国家兴旺。换句话说，情报不是万能的，但没有情报却是万万不能的。

情报工作是国家安全的重要基础，也是国家发展的重要保障。但情报工作必须适应国家发展的时代需求，否则难以对国家发展起到积极推动作用。两者之间的关系是相辅相成、辩证统一的。

从军事情报的视角看，军事情报活动历史悠久，据历史记载，早在公元前 21 世纪中国奴隶社会就出现了运用侦察获取情报的史例。情报是伴随战争发展而产生的，是战争需求的产物。同时，情报工作则是伴随着战争中情报实践和经验总结而不断进步的。但是作为一种机制化的军事情报工作，它是由早期非专职、零散、临时性和内容手段相对简单发展到今天体系化、综合性、现代化的一个从简单到复杂、从低级到高级的过程。军事情报活动在各国的发展历程中所起的作用各不相同，但有一点可以肯定的是，各个国家目前都十分重视本国军事情报事业的发展，这一普遍态度源于一国军事情报工作与国家发展之间的互动关系与相互作用。

古埃及、罗马、希腊、波斯等都很早就建立了军事情报工作机制并有一定的发展。但在封建社会时期世界各国的情报工作发展均较为缓慢，侦察技术、手段及传递方式无较大创新，这与当时的生产力水平、技术因素和人类发展阶段有关。随着欧洲工业革命的兴起、资本主义的发展及帝国主义的对外扩张，情报工作逐步发展起来。19 世纪末 20 世纪初电子、航空等科技的出现以及一战的爆发极大地促进了情报工作，情报工作的活动范围也因此大大扩展。二战进一步促进了情报工作的发展，特别是以技术手段获取情报的方式得到广泛运用。战后国际形势的变幻和局部战争的不断发生使各国更加重视情报的获取和研究，情报工作的触角几乎延伸到各个领域层面和角落，情报活动从最初的军事国防领域扩展到政治、经济、外交、科技、反恐、文化和环保等各个领域。

情报工作对国家生存与发展的重要性，仅从世界范围内情报工作的发展以及各国对情报工作的态度和投入就可见一斑。早期的情报活动大多直接服务于军事，因此形成了战争前后情报工作兴旺、战争结束即受冷落的景象，情报工作具有临时性特点。伴随着自西方民族国家兴起，出现了常设性情报机构，虽然这是一个革命性变化，但人们通常对情报的认识依然局限于军事方面，忽略了经济因素、国民士气和战争潜力的影响，没有真正的战略情报概念，因此，在涉及到战和大计的问题上时常犯错。但是，到第二次世界大战时，各国开始真正认识到大战略指导下情报工作的迫切需求，因此，它对情报工作发展的影响至深。战后美苏争霸、第三世界国家的兴起以及各国的竞争使情报角逐前所未有地激烈，东西方之间以及其内部的竞争使世界范围内的情报活动如火如荼，新技术和新手段的运用使情报工作有了质的飞跃，各国竞相利用情报工作为其安全和发展提供保障。

一个国家情报工作的开展总是与其国家发展轨迹有着千丝万缕的联系的，出色的情报工作小到取得战斗胜利，大到赢得战争，或是对推动一国发展无疑都起到积极作用，蹩脚的情报工作则对战斗结果、战争全局或国家的生存与发展进程产生负面影响。以色列的复国历程和生存发展之路，与其情报事业的紧密相随和鼎力相助关系密切；日本的战后崛起与其发达的经济与科技情报工作不无联系；法国战后 30 年的辉煌也得益于出色的情报保障；美国之所以成为世界最强盛的国家且保持不衰，其庞大且高效的情报机构无疑发挥了重要作用。这些都可以从其各自的情报历史中找到佐证。如今，各国在制定国家发展战略中无不考虑到情报事业对国家发展的重要支持作用，不断加强对本国情报体制的改革，加大对情报界的资源投入，情报工作已真正成为国家发展不可缺少的重要内容，美国甚至推出了“国家情报战略”，以确保其国家和全球战略的顺利实施。

小　结

即使仅从拿破仑时期的情报工作实践我们也可看出，决策者、情报机构领导人和情报工作人员是情报工作环节上的三个重要因素，三者在一定情报体制下通过情报体制相互影响、相互作用。决策者对情报工作的态度、决策者的政治个性和决策水平同样影响情报工作的发展，情报工作的好坏又直接影响到国家安全与发展。因此，如何使决策和情报适应时代发展需求，使二者之间处于良性互动和发展状态，是每个国家各个时期的永恒追求。由于特殊的历史时期，拿破仑集决策者、情报工作领导者和情报实践者于一身，这虽然有利于情报工作的统一整合与快速开展，但它的弊端也显而易见。

然而，拿破仑的情报观、用人观、对情报价值的判定、对情报机构的运作、与情报人员的关系、对情报组织机构的优化完善和对情报传统的继承与发展等，均具有历史继承的合理因素。决策者是情报工作的出发点和归宿。决策者对情报工作的态度、决策者与情报机构及情报人员的关系、决策者对决策与情报作用关系的认知等，决定着情报工作的发展方向和情报效益的发挥，而情报体制的优化与否则会影响三者关系的平衡进而影响到情报工作的成败。这归根结底集中反映在领导人能否在继承传统的同时保持开放的思维问题上。传承优秀传统的习惯可以消化吸收前人最合理的内核并结合现实加以运用，而开放的思维则是发展和创新的最佳动力。这些至少是拿破仑时期情报工作给今人最为明确的有益启示。

结　　论

情报史是情报学的重要组成部分，历史之所以重要，是因为它可以给人以启示和借鉴。法国的情报体制不同于其他西方情报体制而独具特色，究其原因，这与法国情报传统、社会政治体制不无关系。当今法国的情报体制是在情报实践的不断探索中逐渐形成的，其中法国早期的情报机制无不对其产生影响，尤其是拿破仑帝国时期的情报思想与实践。

拿破仑帝国时期是一个新思想、新制度与旧有体系相互较量的年代，是资本主义与封建君主制激烈斗争、最终资本主义制度在法国开花结果的时期。动荡和战争是拿破仑时期的时代主题，其情报工作正是因乱世和战争的催生并得到发展的。拿破仑对法国情报工作的贡献是显而易见的，作为军事统帅，他清醒地认识到情报对于赢得战争的作用，因此他十分注重军事情报的侦察与获取；作为执政者和国家治理者，他也知道政治、经济、外交等情报对于维护社会稳定和获得国际地位的重要作用，因此，他大力拓展情报来源，确保各种情报的获取。正是由于拿破仑对情报作用和地位的认知，使其不断加大对情报工作的人力、物力和财力的投入，并以此成就了这一时期的情报工作的大发展，尤其是军事情报工作。他通过一系列改革措施，强化了情报意识，丰富了情报获取手段和内容，其中包括：不断强调战前情报搜集和指挥员亲自侦察，部队侦察在战争中被提到前所未有的地位；派遣和发展间谍搜集军事情报、截获信件和密文成为惯用手段，审问战俘和询问边民成为获取情报的补充途径；派遣武官到驻外使馆和发展情报参谋体系，开拓了情报获取途径并规范和推进了军事情报管理体制，这些都成为军事情报史上的重要贡献。拿破仑帝国时期的情报实践还应用了一些颇具现代理念的情报技巧，如舆论宣传、情报欺骗、双面间谍等，这可以说是情报舆论战、情报心理战和情报秘密战的早期实践。

但是，拿破仑帝国时期的情报工作也具有历史或时代的局限性。以历史的眼光看，拿破仑的确通过自己的努力，推动了当时法国情报工作的大发展。当时的情报工作不仅在法国情报史上地位显赫，即便在世界情报史上也应被给予重要的评价。但以现代的眼光看，拿破仑时期的情报工作总的来说属于早期的情报实践，情报思想和具体实践尚存在着很大的局限性和非合理因素，其中包括情报工作内容相对单薄、战略情报缺失严重、综合分析与研究观念淡薄、没有整体有效的情报协调机构、决策者对情报工作的过度干预甚至“政治化”等等，这些都违反了情报科学的基本原理，也是导致拿破仑战争最终失败和帝国大厦崩塌的重要原因之一。

然而，以历史的眼光看历史，拿破仑帝国一段时期内的情报工作优势，为保卫革命果实、拓展法国疆域、确立法国优势地位和欧洲霸权起到了积极的推动作用，这点必须予以高度的肯定，特别是其情报工作中的一些理念和做法，至今看上去仍有闪光之处，其中就包括拿破仑对情报功能的认知和勇于变革及创新精神。

高效的情报工作曾一度帮助拿破仑使法国成就了欧洲霸主地位，但也由于其情报工作中的一些弊端导致或加速了拿破仑帝国大厦的崩塌。但无论如何，法国早期的情报传统对法国情报体制影响颇深，这也是法国情报体制迥异于其它西方国家的原因之一。法国现行情报体制是在情报传统的继承、发扬和创新基础上形成的，其中就传承和发展了拿破仑帝国时期情报工作中的有效合理因素。同时，拿破仑的情报思想和实践也对后世的军事理论家们的军事情报观产生过重大影响。因此，从拿破仑帝国时期情报工作的研习中我们不难发现，早期情报工作实践的经验和教训是现代情报工作发展的一个智慧宝库，这也正是对早期情报史研究的价值所在。

正如一位德国将军于一战前夕在《拿破仑的将道以及其对我们时代的意义》一文中写到的那样，“虽然拿破仑的时代到现在已经很远，但拿破仑战争的研究对我们还是有其重大价值的。因为这些战争的教训构成今日军事思想的基础。”[①] 而柯林在《战争的演变》中所做的评价则更加深刻，即“虽然我们不能照抄拿破仑的模式，但他还是能赐予我们以很多

① 纽先钟著：《西方战略思想史》，广西师范大学出版社，2003 年版，第 191 页。

的灵感。对于拿破仑战争若能作反省的思考，则所获得的理念可以用于20世纪。”[①] 因此，显然对拿破仑时期情报工作问题的研究，对于今天情报工作的发展也具有重要的学理基础意义与现实工作反思价值。

更要指出的是，当今中国正在迅速崛起，但是诸多安全威胁多样并存，对中国的国家安全构成巨大挑战。我们虽不能像拿破仑一样通过战争开疆拓土建立霸权，但严峻复杂的国际形势和周边安全环境，面临武力干涉的可能性依然存在，中华民族依然处于危险时刻。即便从非传统安全的角度看，在确保国内稳定、促进经济社会发展上，依然需要情报工作的高效进行，更不要说争取更大的国际地位和话语权，实现中华民族的伟大复兴，这些如若缺少高效的情报保障显然是无法成就的。因此，我们应该学习、借鉴和传承国内外历史上各阶段所有情报工作的合理内核，结合中国的具体实际，将其融入中国的当代情报工作之中，同时，对其中的不合理因素，也需科学、历史地加以客观分析，使其成为有价值的戒律，为当今的情报理论与实践提供借鉴依据。这也正是研究拿破仑帝国时期情报工作的历史和现实意义以及价值之所在。

---

① ［美］彼得·帕雷特主编，时殷弘译：《现代战略的缔造者：从马基雅维利到核时代》，世界知识出版社，2006年版，第131页。

第三部分

情报工作与美国国家的建立和扩张（1775—1898）

当今，美国情报界堪称世界上最为强大的“情报帝国”。但当人们纷纷被声名显赫的中央情报局、联邦调查局等全球首屈一指的情报机构所吸引和赞叹时，却鲜有人了解美国情报工作的历史源流。美国成为当今世界唯一超级大国不是偶然的，在通过美西战争将美国利益覆盖整个太平洋和拉美地区时，美国已经种下了强盛的种子。而再往前追溯，为这颗种子提供优良土壤的独立战争和南北内战，前者建立了美国，后者捍卫了统一。这三场战争对于第一次世界大战前的美国历史具有重大的转折意义。纵观美国史，其国家诞生于战火之中，战争是使其快速成长的催化剂。因而，战争作为纽带将军事情报工作和美国的发展联系起来，它们之间相互影响、相互适应。情报特别是军事情报工作对于美国国家自然疆界的形成、政治疆界的拓展和国民特性的形成均发挥了重要作用，其对国家崛起所作的贡献，对于正处于崛起中的中国而言具有重要的启示意义。

本部分采用总分总的结构形式，共分为五章，最后是结论。前三章结构一致，分别从独立战争、南北战争和美西战争的角度描述了美国的国家发展历程，再结合每场战争中的军事情报工作分析情报在该时期的地位和作用。在前三章通过史实论证了军事情报工作重要性的基础上，第十三章提出国家的建立与扩张应由自然、政治疆界的开拓和国民特性的形成两部分组成，并分别分析情报工作与这两者的相互基本联系，再进一步运用组织行为学的相关理论指出其对国家的发展进程产生影响的基本途径。最后，第十四章对前四章进行归纳总结，并提出美国从建国到全球扩张这段历史时期内军事情报工作与国家发展的关系，以及其对中国的借鉴性意义和启示。

第十章　独立战争：美国传统军事情报工作的开端

列宁指出："现代的文明的美国的历史，是由一次伟大的、真正解放的、真正革命的战争开始的。"[①] 列宁所说的这次战争就是美国独立战争。美国独立战争是殖民地人民反抗英国残暴统治的正义斗争，是美利坚人民族意识的大觉醒，它奠定了近现代史上美国走向强盛的基础，从军事情报史的角度来说，更是当代最庞大的"情报帝国"的发端。美国独立战争时期，军事情报工作有着出色成功的表现，借以夯实了美国革命事业的基础，使美国军队能够以弱胜强，战胜当时最为强大的殖民帝国，更为美国国家的建立发挥了重要作用，并实质性地影响了美国历史的进程、社会的发展和国民特性的形成。

第一节　独立战争与美国的建立

美国独立战争以1775年4月19日"来克星顿的枪声"揭开序幕，武装起义后于1776年7月4日"大陆会议"宣布独立，此后历经战略防御、战略相持、战略反攻三个阶段[②]，至1783年《巴黎和约》正式签署而宣告结束。其中具有转折性质的重要战役有邦克山战役、萨拉托加战役和约克敦战役等。

---

① ［苏联］列宁：《给美国工人的一封信》载《列宁选集》第三卷，人民出版社，2004年版，第596页。

② 何顺果著：《美国史通论》，学林出版社，2001年版，第51—54页；艾伦·布林克利所著《美国史》中按作战地域将独立战争划分为新英格兰、大西洋中部地区和南方三个阶段。

一、独立战争时期的时代背景

独立战争是北美殖民地经济、政治发展到一定阶段并最终与其宗主国英国的利益矛盾不可调和时发生的历史必然，这种历史必然中所包含的矛盾运动按重要程度又依次分为英国与北美殖民地、英国与法国等欧洲列强、殖民地与欧洲列强、殖民地内部等几组错综复杂的关系，因此，独立战争中既包含美国及其盟友与英国的战争，亦有内部的政治斗争。

“一直到十八世纪五十年代末期，美国几乎没有人觉得必须拒绝承认自己是不列颠帝国的成员。”[①] 英法之间争夺霸权的七年战争唤醒了美利坚人。1763 年，英国以微弱优势赢得法国在北美的大部分殖民地，战争的需要使原本因政府的“忽略政策”而比较松散的不列颠一殖民地关系变得紧张，潜在矛盾也因此而逐渐激化。特别是 1756—1757 年英国在殖民地实行强征政策，而 1758 年又将兵役权重新交回殖民地议会，这些行动证明了英国干涉地方事务的非法性，使得殖民地人民首次表现出团结一致的面貌。战争中，殖民地人民出于对战争的反感不仅拒绝为不列颠提供经济援助，还一直向西印度群岛的法国人出售食物和商品，这也使得伦敦在战后立刻开始了对帝国的重组，试图通过土地、驻军和征税三方面的政策加强对殖民地的控制。最终，波士顿惨案、波士顿倾茶事件的发生使矛盾迅速激化为战争。英国和北美殖民地成为对立的双方，而在全球争霸中落于下风的法国、西班牙和荷兰成为了新生合众国的潜在盟友。正如当时法国外交大臣维尔让所说：“美国革命给予法国的不是将要避免的危险，而是法国无可选择但必须抓住的机会。”[②]

在北美殖民地内部最初对于是否应该独立（即战争的目的）充满了争论，这种犹豫不决在由第二届大陆会议发布的态度截然相反的两个通告《橄榄枝请愿书》和《关于拿起武器的原因和必要的公告》中表露无疑。虽然后者态度强硬，但还是明确表示“并不怀有野心，想要同大不列颠

① ［美］艾伦·布林克利著，邵旭东译：《美国史》，海南出版社，2009 年版，第 97 页。

② 赵晓兰著：《美国的诞生》，复旦大学出版社，2001 年版，第 108 页。

分离和建立独立的国家”[①]。当《独立宣言》发表时，带来的最直接效果是促使保皇派确定了向乔治王效忠即为“美好”的原则[②]，从而造成了殖民地人民彻底分化为两个集团：坚决主张使用武力解决问题的革命派，和希望用妥协方式的效忠派。效忠派（也被称为保皇派、托利党）在战争爆发后还组织军队加入了英国一方作战。1780 年初全美托利党组织了“效忠派联合会”，年底还成立了武装指挥机构“效忠派行动指挥部”。效忠派分子估计为 10 万人，约占当时人口总数的 3％。[③] 在整个独立战争中两派的斗争贯穿始终。此外，虽然大部分印第安人选择远离战争，但仍有一些部落怀着对美利坚人一直试图入侵他们土地的恐惧和怨恨加入了英国阵营。革命派美利坚人显然从战争伊始就处于十分不利的地位。

二、独立战争开创北美新纪元

美国和美利坚民族是在战火中诞生的。马克思曾对此指出：“美国独立战争开创了资产阶级取胜的新纪元。”[④] 美国思想家托马斯·潘恩[⑤]认为：独立战争比以往任何……历史事件都更多地启发了世界，在人类社会传播了自由平等的精神。[⑥] 与其说独立战争为北美历史开辟了一个新的纪元，不如说其为世界历史掀开了新的一页。

对于北美而言，首先，独立战争创造的历史性转折塑造了美利坚的国民特性。历史学家迈克尔·霍华德认为：“从确切意义上说，没有哪个国

---

① 何顺果著：《美国史通论》，学林出版社，2001 年版，第 47 页。

② ［英］J. F. C. 富勒著，钮先钟译：《西洋世界军事史》（第二卷），广西师范大学出版社，2004 年版，第 223 页。

③ George Brown Tyndall, *America: a Narrative History* (Vol. 1), W · W · Norton, 1984, p. 209.

④ 转引自赵晓兰著：《美国的诞生》，复旦大学出版社，2001 年版，第 128 页。

⑤ 托马斯·潘恩（Thomas Paine，1737. 01. 29 – 1809. 06. 08）英裔美国思想家、作家、政治活动家、理论家、革命家、激进民主主义者。生于英国诺福克郡，曾继承父业做过裁缝，后来做过教师、税务官员，后来投身欧美革命运动。美利坚合众国的国家名称也出自潘恩。他撰写了铿锵有力并广为流传的小册子《常识》极大地鼓舞了北美民众的独立情绪，也被广泛视为美国开国元勋之一。后来受到法国大革命影响，潘恩撰写了《人的权利》，成为启蒙运动的指导作品之一。1792 年他被选入法国国民公会。1802 年在杰斐逊总统的邀请下，潘恩返回美国。1809 年 6 月 8 日在纽约格林尼治村林苑路 59 号去世，享年 72 岁。

⑥ ［美］艾伦·布林克利著，邵旭东译：《美国史》，海南出版社，2009 年版，第 125 页。

家不是诞生于战火之中的……没有哪一个有自我意识的群体能够不经历武装冲突或战争威胁，就把自己确立为世界舞台上的一个新的和独立的角色。”[①] 正是通过战争的洗礼，美利坚人的民族认同感才真正团结和确立起来，这种认同感是建立在社会契约上的公民身份的认同，而非种族、民族、宗教的传统因素。其次，独立战争创造了美国。虽然独立初期，殖民地之间的关系仍是松散的，甚至“在1780年代中期，联邦议会已变得不受欢迎、没有实效，如同一个躯壳”[②]，但战争打破了州界的桎梏，宪法精神、国家政体、政府与军队的关系等基本构架已确立起来，只是各殖民地人民的意识还暂时落后于汹涌的革命浪潮。

“历史的美国之所以成为今天的美国，伴随着它的诞生，强盛的基因已经深植于它的肌体之中”[③]。独立战争对于世界最大的影响就是奠定了此后300年深刻影响了世界格局的强大美国的基础。这个基础包括政治、经济、价值观等各个方面，特别是为国家的建立做出巨大贡献且此后一直为国家的发展壮大提供支撑的军事情报工作。

第二节　独立战争时期的军事情报工作小史

由于北美殖民地与欧洲之间密不可分的传统关系和当时的国际环境，美国独立战争时期的军事情报工作分为国内和国外两个部分，国内主要由华盛顿负责，国外特别是欧洲主要由富兰克林等人创立的秘密通讯委员会领导。战争时期大陆议会根据不同的军事需求成立的主要军事情报组织包括秘密通讯委员会、秘密委员会和间谍委员会等。军事情报工作包括隐蔽行动、政治活动、国外情报活动、战时特别行动、反情报、欺骗活动、宣传等。[④] 美国国父乔治·华盛顿将军是独立战争时期军事情报工作的组织

---

① ［美］塞缪尔·亨廷顿著，程克雄译：《谁是美国人？美国国民特性面临的挑战》，新华出版社，2010年版，第22页。

② ［美］艾伦·布林克利著，邵旭东译：《美国史》，海南出版社，2009年版，第159页。

③ 刘瑞峰：《从“根”上解读美国》，复旦大学出版社，2001年版，参见赵晓兰著《美国的诞生》序言第2页。

④ *Intelligence in the War of Independence*, see http://www.cia.gov/library/center-for-the-study-of-intelligence/csi-publications/books-and-monographs/intelligence/index.html.

者之一和杰出代表，他被认为是“美国第一个善于用间谍的军事家”[①]，因而又被誉为“美国间谍之父”。在华盛顿的领导下，美军的军事情报工作卓有成效，和秘密通讯委员会内外配合，为以弱胜强赢得独立战争提供了有力的情报支援，成为美国国家建立基石中最为坚强的一部分。

一、乔治·华盛顿的军事情报工作

乔治·华盛顿因其丰富的军官经历和崇高的威望被大陆议会任命为大陆军总司令，1775 年 6 月，他上任之后就开始着手建立情报网络，随后被授予了大陆军情报全面活动的最高权力。在战争财务支出档案中，第一笔可观的花费就是为向波士顿派遣一名间谍而支出的[②]。战争初期，华盛顿自己出钱建立了一些间谍网，“独立战争期间他为秘密情报大概花去 1.7 万美元，这在那个时候是笔很大的款项”[③]。在内森·黑尔[④]牺牲以后，他开始建立系统的战时情报机构，向大陆议会争取了“秘密行动基金”，并逐步取得了许多重大成果。

华盛顿善于指导军事情报工作。他在 1777 年 7 月 26 日写给下属情报组织用于情报指导的信中，事无巨细地表明了所想要得到的情报：敌军的状态、其所拥有的护卫及护卫的力量和部署、船只的实际数量和所需数量、敌人数量和实力、位置等等。[⑤] 在整个军事情报工作流程中，华盛顿认为情报的获取和传递是成功的关键，他亲自发展间谍，来源包括爱国者和托利党；除间谍外，他还注意从旅行者和战俘口中获取情报，更十分重视部队侦察。1776 年，他成立了诺尔顿巡逻小队，可以直接将侦察到的情况向他汇报；华盛顿还要求各级大陆军将领要尽一切可能搜集情报，他任命自己的亲信为情报助手协助自己进行情报工作；华盛顿要求间谍提供

① ［美］内森·米勒著，王业桃等译：《美国谍报秘史》，译林出版社，1991 年版，第 3 页。

② 同上书，第 4 页。

③ ［美］艾伦·杜勒斯著，陈秋慧译：《情报术》，2014 年 1 月，第 23 页。

④ 内森·黑尔，美国上尉军官，在侦查英军阵地时被诱捕牺牲，被认为是美国历史上第一位间谍。

⑤ *Intelligence in the War of Independence*, see http：//www.cia.gov/library/center-for-the-study-of-intelligence/csi-publications/books-and-monographs/intelligence/letter.html.

的情报必须迅速准确，并坚持要求使用书面汇报以防止在传递过程中出现信息丢失甚至失误；他还注意多方印证，对各种来源的情报亲自加以分析研究；他非常注意情报工作中的保密，在1777年7月26日的一封信中强调成功依赖于保密，无论计划多么精巧，离开了保密都必定失败①；此外他还是个宣传高手，非常注重利用假情报和通过情报欺骗的手段去赢得胜利；他的间谍不仅从事获取情报工作也致力于反间谍工作。从以上情况不难发现，华盛顿是一个真正的情报工作多面手。

因此，美国中央情报局技术官员、中情局退役间谍协会会长、“国际间谍博物馆”顾问尤金·波蒂特认为，华盛顿在间谍情报工作上的学习能力和独创性才是赢得独立战争更为重要的原因。因为，1775年，英国军官布拉多克的军队在法军的伏击下几乎被全歼。而“法军有一套高效的间谍网络，这使他们对布拉多克的每次行动都了如指掌。”波蒂特说，“英军的惨败给华盛顿留下了不可磨灭的印象，他第一次认识到间谍在军事活动中的巨大能量。”这使得华盛顿开始着手创建自己的间谍网络。②

二、独立战争中的军事情报机构

当不列颠与北美殖民地之间的矛盾越来越公开化时，北美各地开始出现零星的起义和公开骚动，在这些运动中诞生了诸如“自由之子”之类的激进抗英组织，其成员也进行情报活动，有记载的第一个爱国者的情报网就是从“自由之子”成长出的“mechanics”（意为熟练的工匠）。美国后来成立的一些军事情报机构源头都可以追溯到这里，且它的一些领导人也成为此后独立战争时期军事情报工作的领导者和中坚力量。

独立战争爆发后，第二届大陆会议于1775年9月18日通过决议，决定成立秘密委员会，该委员会被赋予广泛的权力并给予庞大的资金支持，其主要职能是秘密获取和分配军事补给，并出售军火给大陆议会特别授权的个人。另外，委员会还负责严格地执行和管理议会关于军火的秘密合同，通常没有正式文书，这些交易也是严格保密的。围绕这些主要职能，

---

① 刘宗和、高金虎主编：《外国情报体制研究》，军事科学出版社，2003年版，第2页。

② “华盛顿间谍博物馆”，铁血社区网，http：//bbs. tiexue. net/post2_ 3142702_ 1. html。

秘密委员会也在海外招募特工（通常与后来的秘密通讯委员会合作），在国内收集关于托利党秘密弹药储备的情报并逮捕他们，在南方殖民地执行劫掠英国补给的特别任务。

随后，议会又于1775年11月29日成立了通讯委员会，后改名为秘密通讯委员会，这是独立战争军事情报史中地位最重要的一个组织。该委员会的职能包括招募海外秘密特工，指导隐蔽行动，设计代号和密码，资助宣传活动，授权检查私人信件，获取用于分析的外国出版物，建立信使系统和发展独立于海军的海运能力等。1777年4月17日，秘密通讯委员会又被命名为对外关系委员会并保留了所有情报职能。随着1781年1月10日国务院前身对外关系部的创立，原来为最大范围获取与对外关系相关重要信息的职能转为新的形态，其部长被授予一切可以从所有人的通信中获得他想得到的有用信息的权力。

间谍委员会的主要职能是反间谍。其于1776年6月5日成立，是由5人组成的间谍惩治委员会，起因是本杰明·丘奇博士间谍案，当他被作为英国间谍受到起诉时，却发现没有平民间谍法案，而华盛顿等领导人又认为军事法律规定的惩罚不够严厉，与丘奇造成的损失无法相当（军事法庭规定的最严刑罚是鞭笞39下，开除出军队①）。1775年8月21日，由该委员会提交、大陆议会审议通过了美国第一个间谍法案《间谍惩治法》，规定对从事间谍活动的人判处死刑，从法律上为严惩间谍行为提供了保障。

三、军事情报工作与独立战争史中的转折点

意识到军事情报在战争中的重要作用并不是美国人的专利，而如何正确运用情报力量获取最大作战效能，却是美国人在独立战争中的出色实践，尤其是在革命进入低潮并出现危机的时候，出色的军事情报工作最终以不对称的优势挽救了新生的美国。

在独立战争爆发前，正是上文提到的“熟练的工匠”情报网看穿了

---

① ［美］内森·米勒著，王业桃等译：《美国谍报秘史》，译林出版社，1991年版，第11页。

英军暗中向来克星顿和康克德进军的计划，并将此情报分别通知了当地民兵，使他们有所防备，此举保护了革命的火种并使之熊熊燃烧起来。如果这还不算是爱国者的自发行为，那么独立战争开始后，在华盛顿领导下的军事情报工作则真正地数次挽救了危局并造成了战争的转折。

1776 年冬天，在战争的战略防御阶段，华盛顿所率领的合众国军队虽然作战英勇，但在相继丢掉了普林斯顿和特伦顿之后，其残部只能隐身在山谷中度过寒冬，严酷的生活和对未来信心不足致使不少人开始逃离部队。华盛顿迫切需要一场胜利为美国革命带来转机，此时他最需要的就是敌军的情报。这时，一位名叫约翰·霍尼曼的间谍和华盛顿成功演出了一场苦肉计，向驻守特伦顿的英国雇佣军司令约翰·雷尔上校传递了假情报，成功使其放松警惕并被击溃，合众国军队还乘胜袭击了普林斯顿，重创英军两个团。由此可见，通过这场战役，一名间谍重新点燃了人们对美国革命的信念，拯救了革命，这不能不说是华盛顿情报实践的力量所致。为此，当时的《宾夕法尼亚日报》盛赞华盛顿"如果生活在偶像崇拜时代，他会被尊奉为神"①，其意义可见一斑。

在独立战争最为重要的转折点萨拉托加战役中，军事情报工作也发挥了重要作用。美军灵活运用宣传和欺骗行动等手段逐步扭转了军事上的劣势。战争期间，双方的宣传战一直较为激烈，1777 年 7 月 27 日一名叫简·麦克里埃的妇女被英军中的印第安人杀害，8 月 14 日的《桑德斯报》又刊登了英军轻步兵和印第安人一起屠杀了 700 名男女老幼的假新闻②，这则消息引起了北美军民的强烈愤慨，从而迅速提振了士气，许多平民开始自愿加入作战中来。阿诺德曾成功利用一个俘获的半疯的混血印第安人散布夸大美军实力的谣言而瓦解印第安人部队，极大地削弱了英军的实力，从而解开了圣李格尔对斯坦维克斯堡之围，对后来印第安人的全面崩溃做出了巨大贡献。

萨拉托加大捷的意义在于促使一直犹豫不决的法国人最终选择了与美利坚结盟，战争的天平也因此开始倾向美利坚人，而秘密通讯委员会在欧

---

① James Thomas Flexner, *George Washington in the American Revolution* (1775 – 1783), Pen & Sword Books Limited, 1968, p. 189.

② ［英］J·富勒著，钮先钟译：《西洋世界军事史》第二卷，广西师范大学出版社，2004 年版，第 238 页。

洲的情报活动对此起到了巨大的推动作用。早在1775年，富兰克林就任命住在海牙的尼德兰科学家弗雷德里克·托马斯为“秘密通讯委员会观察员”，其任务是探寻欧洲各国对援助美国的态度。富兰克林还成功说服法国主动派来的间谍邦弗洛尔，其在给法国外交部长的信中夸大了美军的实力，促使法国为美国提供了宝贵的援助。正是富兰克林积极开展的这些情报工作，为萨拉托加大捷后赢得法国的参战谱好了前奏。富兰克林自己亲自出使法国后，还借萨拉托加的胜利，使用欲擒故纵的欺骗手法，利用英国特工局之手最终使法国同意与美国结盟。而当1780年法国的第一支远征军在北美登陆，又是华盛顿极为重视的“库尔珀”间谍网及时提供了英军的攻击计划，维护了来之不易的法美同盟。

在独立战争最后的决定性战役约克敦战役之前，华盛顿又利用假情报手段使英军统帅克林顿相信了美法联军的目标是纽约，从而成功地声东击西包围了康华里的军队，促使其于1781年10月19日正式投降，彻底击垮了英国人的信心，自此再无大的战斗，独立的大局已定。

此外还有许多默默无闻的间谍为独立战争作出了巨大贡献，常常是以一己之力而扭转乾坤。例如，著名的代号“355”的女间谍，揭穿了叛将尼狄克·阿诺德将西点要塞以两万英镑卖给英军的背叛，并单枪匹马擒获英军间谍首脑约翰·安德烈少校，使英军情报工作陷入瘫痪。因此，甚至可以说，是这些人共同建造了美国。

第三节　独立战争时期的军事情报工作评述

独立战争时期的军事情报工作无疑是富有成效的，其成功之处不仅在于得道者多助，且在于美利坚人对情报工作有全面的认识，作为间谍之父的华盛顿拥有先进的情报指导思想，针对自身的情报需求建立了完善的情报机制。而虽然英国人从军事实力和武器装备上都优于美军，更拥有良好的情报工作基础，但英国人固有的傲慢使其军事情报工作效率低下，漏洞百出。

一、作战对象决定了从欧洲到北美广泛的情报需求

需求是军事情报工作的先导和前提。在华盛顿时代，情报机构的存在就是以情报需求为前提发展起来的，其工作也是紧紧围绕着赢得战争、争取独立的需求而展开。但是，当时的情报需要是有特定的环境和条件所决定的。

首先，当时的情报需求还是以战役战术情报为主，因为，当时处于信息不发达时代，战争的规模也相对有限。在战争爆发之前建立的类似"自由之子"之类的秘密组织，也是基于各殖民地间互通英军动向等情报的需要。华盛顿间谍网获取的也大多是敌军的力量、意图、作战计划等一类的情报。

其次，美利坚人在独立战争之初就意识到可以利用英法等殖民大国间的矛盾争取援助的可能性，因此，其情报需求从北美延伸到了大西洋彼岸的欧洲，为此成立了秘密通讯委员会负责领导在欧洲的情报和外交活动。间谍委员会也是由于处理丘奇案的现实需要而成立的。

再次，一些隐蔽行动的运用也是出于现实的需要进行的，例如允许海盗式的劫掠英国运输船队。因为，此举可以给不可一世的大英帝国舰队以不对称的威慑，破坏英军的补给。1778 年，富兰克林甚至还策划了战争期间对英国本土的唯一一次攻击，他帮助美国海军琼斯舰长袭击了怀特黑文港，沉重打击了英军的士气。这样的形式填补了北美、欧洲两个情报工作区域之间的空白。

因此，美国独立战争期间的军事情报工作是属于需求导向型的工作组织形式，其组织构建、工作形式无不符合情报的需求。战争结束后，一些用于战时的情报工作组织和手段也就不再存在，但是，一些像秘密通讯委员会这样的组织机构，因为还具有现实作用则仍以其它形式继续保留并发挥作用。

二、华盛顿情报思想的基本特点

作为美国"间谍之父"的华盛顿有着非常系统的情报思想。他的思

想来源于自身的情报实践。1753 年，在英军中服役的华盛顿奉命潜入俄亥俄探查法军的实力和向英国殖民地扩张的计划并顺利完成任务。1756 年法印战争杜肯堡战役中，他又目睹了英军主帅爱德华·布莱德克因不重视情报而招致惨败的事实，从而认识到高质量的情报对于作战的巨大意义。[①] 总体来看，华盛顿情报思想有三个特点：

一是全面而细致。“全面”不仅体现在情报工作手段运用的多样化，即无所不用间，还体现在他对于情报获取、情报传递、情报分析、情报指导、反间谍和保密等各方面都有十分具体的要求且运用自如。“细致”则主要体现在他对情报人员的指导上，他强调情报搜集中要注意那些细微不起眼的东西，前文所引的信就是最好的证明，这也是他充分重视情报工作的体现。

二是善于运用假情报。华盛顿时常采用假情报的手法迷惑、欺骗敌军。假情报多数时候是依靠指挥官的个人谋略，但并不是所有聪明的指挥官都懂得利用假情报。英军统帅都是经历七年战争的老将，经验不可谓不丰富，曾多次奇袭美军差点得手，但就是因为对情报的掌握不准确或者情报工作不到位而功亏一篑。因此他们面对华盛顿的假情报手法往往无法识破而掉入陷阱。

三是善于用人。华盛顿的谍员多是因为受到爱国主义的鼓舞而自愿投身间谍行业的，这也是华盛顿发展情报人员的先决条件。他对为了金钱和其他利益而充当间谍的人一直保持高度警惕，他曾诙谐地说：“敌人可以付出比我们多的价钱收买他们的忠诚。”[②] 但另一方面，他一直坚持从有限的经费中拿出一部分作为奖赏对间谍进行激励。

但是，令人遗憾的是，虽然华盛顿运用个人在军事情报工作方面的聪明才智带领大陆军历经艰险战胜了英国，但却没能使其大部分优良情报传统传承下去，这也是华盛顿无法突破的历史局限性所致。

---

① 李景浩、李志刚：“美国间谍之父——华盛顿”，中国公众科技网：http：//arm. cpst. net. cn/gfsh/2008 -03/205301961. html。

② ［美］内森·米勒著，王业桃等译：《美国谍报秘史》，译林出版社，1991 年版，第 6 页。

三、独立战争时期的军事情报工作奠定美国现代情报体制基础

美国独立战争刚好处于情报体制萌芽向军事情报体制形成[①]的过渡时期。一方面，当时美国军事情报工作尚未摆脱传统需求导向型的窠臼，另一方面已为常设型情报机构的设立打下了基础。

当今美国情报界由为政府决策服务的国家级情报机构、为政府各部门服务的政府情报机构和军事情报机构三类组成，统一由国家情报总监进行协调并直接向总统负责。然而，这些机构的设立和职能分配都可以追溯到独立战争时期，特别是秘密通讯委员会，因为，当时美国的整个情报体制运行雏形业已形成。现在设立国家情报总监（2004 年之前的中央情报主任）与华盛顿当年任命情报助手的做法是一脉相承的。以往美国总统任命的中央情报主任，其权力仅限于中央情报局而无法影响到整个情报界其它机构的现象，同样与华盛顿的情报助手职权仅限于大陆军内部，影响不到秘密通讯委员会如出一辙。而大陆会议设立三个与情报工作相关的委员会的做法，最终成为了美国情报界的独特传统，即情报工作必须得到立法机构的授权，这是现代美国情报界分散管理模式的雏形。这样做的优点是防止情报机构成为独裁工具，而产生的弊端就是总统和国会在情报工作上争权会导致效率降低，情报政治化也肇端于此。当年，富兰克林曾认为“国会的人太多了，无法保密”。[②] 为此，最高领导人就常常会避开国会而单独行动，事实上形成了在情报领域的独裁现象。独立战争结束后，这种弊端就已显现出来，华盛顿经常避开国会和国务院派遣间谍到国外执行任务，甚至不等国会批准经费。[③]

此外，现代美国表现出的一些情报工作现象也起源于独立战争时期，

---

① 根据刘宗和、高金虎主编的《外国情报体制研究》，情报体制的形成分为萌芽时期、军事情报体制形成时期、国家情报体制形成时期三个阶段。见该书导论第 2 页。刘宗和、高金虎主编：《外国情报体制研究》，军事科学出版社，2003 年版。

② ［美］内森·米勒著，王业桃等译：《美国谍报秘史》，译林出版社，1991 年版，第 37 页。

③ 同上书，第 60 页。

例如情报“旋转门”现象[①]。美国自当时起就开始利用私营部门的力量弥补军事情报机构的不足，军情界和私营部门之间的人员也存在着规模不大的交流，以提高情报工作效率。

四、英军的情报失误反证了美国军事情报工作的成功

从本书的英国部分可以看出，英国人进行军事情报工作的历史并不算短。16 世纪下半叶，伊丽莎白一世的国务大臣就已创建了英国第一个情报机构“保密局”。在英国资产阶级革命中英国的情报工作也是非常成功的，以至于威尼斯公国驻伦敦大使曾感叹：“世界上没有一个政府能像英国政府那样保密保得牢、了解别人的事了解得这样快的。”[②] 1660 年，英国政府还专门设立了秘密勤务基金。

独立战争中，从实力上看英国人明显占据优势，因此，理论上讲英国人没有不获胜的理由，但是，他们在实力占据绝对优势的情况下却输掉了战争。究其原因有多个方面，在关键时刻的情报失误就是其中很重要的一个。例如 1777 年 12 月 2 日晚，英国人在辉格党成员达拉家开会，计划偷袭华盛顿军队，虽然当时大多数辉格党成员都在战争中严守中立，但英国人并不知达拉一家已经投身革命而忽视了保密，结果，所有计划都被送给了华盛顿，美军因此避免了灭顶之灾。

当七年战争使英国成为当时世界上最为强大的殖民国家时，他们性格中的傲慢开始表露无余，这使他们缺乏投身情报工作的热情，轻视情报工作的作用，所谓的“秘密勤务基金”也从来没有真正完全用于情报工作，而封建式的官僚机构则使情报工作效率变得极为缓慢。英国人热衷于收买那些社会底层缺乏政治信仰的人和一些政治投机者，从这些人获得的缺乏真实性和准确性的情报无法发挥太大的作用。英国特工局名义局长乔治三

---

① 旋转门的含义是指公务人员离开政府到私营部门工作，并通过在政府中供职时得到的知识、特别途径或人脉影响获益；私营部门高层人员也随着换届选举等机会加入政府，并可能做出有利于前雇主或未来雇主的决策。参见宋世锋：“美国军事情报机构的‘旋转门’现象”，载《当代世界》2009 年第 4 期。

② 陈国华、高金虎著：《外国情报史》，南京大学出版社，1993 年版，第 17 页。

世国王自己都认为他在北美的每个间谍都只会提供欺骗性的情报。[①] 当得到美法即将结盟的报告时，他从自身很高的道德标准出发仍然拒绝相信间谍提供的情报。另外一个明显的例子就是英军统帅亨利·克林顿任命轻率的安德烈少校为其情报组织负责人，不仅是用人不当，更是情报工作上的严重失误。而从最根源上讲，正如在本书英国部分总结的那样，1775 年 4 月，“列克星敦枪声”打响后，英国情报部门并未认识到事态的严重性，对殖民地认识的匮乏让他们做出了“些微叛乱苗头”的论断。这一错误的判断无疑干扰了英国政府的决策制定，延误了派兵时机。同时，列克星敦事件却让殖民地独立事业呈燎原之势，越来越多的殖民地民众在爱国主义的感召下参与到民族解放运动中。显然，是情报失误让英国政府错失了遏制起义势头的最佳时机。

历史的必然往往通过偶然的事件表现出来。英国的情报失误看似有极大的偶然性，但隐藏在偶然背后是他们一贯的傲慢和自大，这就使失败成为了必然。虽然最根本的原因还是因为英军失道寡助，但仅从军事情报工作专业的角度来讲，还是他们的态度决定了命运。反观美军，华盛顿从内森·黑尔的无谓牺牲吸取教训开始建立系统的情报组织，其组织的成员也多是所谓“爱国间谍”；1776 年发生理查德·李泄密事件后，大陆会议就立即吸取教训开始对情报工作实行集中统一管理[②]。因此，正如法国思想家德·托克维尔在其访美过程中所说：“美国人的巨大优越性，不仅在于他们比其他民族明智，而且在于他们犯了错误之后能够改正。”[③] 由此可见，兼收并蓄和知错必改不仅帮助华盛顿建立起高效的情报体制，也最终为赢得独立战争发挥了重要支撑作用。而英国在独立战争中对情报作用的相对忽视，也最终酿成了帝国悲剧。

---

① ［美］内森·米勒著，王业桃等译：《美国谍报秘史》，译林出版社，1991 年版，第 51 页。

② 同上书，第 37 页。

③ ［法］德·托克维尔著，董果良译：《论美国的民主》，商务印书馆，2002 年版，第 257 页。

小　结

独立战争是美利坚合众国诞生的发端，独立战争时期美国卓有成效的军事情报工作为赢得战争提供了出色保障，特别是在关键的转折时刻，其精彩表现多次挽救了命运，最终为建国大业的完成做出了关键性贡献。这既是军事统帅华盛顿的军事才华所致，也是他出色的情报思想和实践结果。

作为美国传统军事情报工作的开端，尽管其存在着这样或那样的不足，但在当时的历史条件下，对情报作用的认知和情报工作的大力扶植，不仅为美国走向强大埋下了种子，也为美国现代情报体制谱好了基因。虽然历史不容假设，但如果没有华盛顿、富兰克林等人在军事情报工作方面的杰出才华，没有那些关键性的情报在存亡之际扭转战局，历史就有可能是完全相反的另一番模样了。在艰苦卓绝的战争条件下，出色的情报工作表现依靠的是全面细致的情报指导、完善高效的情报机构、灵活多变的情报手段和忠诚英勇的情报精神，这是美国最终赢得独立战争胜利和最终建国的一个重要战略遗产。在华盛顿领导下的独立战争中的军事情报工作也成为美国军事情报工作的第一个高峰。

第十一章　南北战争：美国传统军事情报工作的危机

19 世纪上半叶，美国进入了大陆扩张时期。在“天定命运”说的指引下，美国人通过美墨战争、西进运动最终造就了现代美国的大部分版图，将资本主义建立在了土著印第安人的土地上。从 1803 年到 1853 年，美国通过兼并、战争或购买的方式仅花费 5169.6448 万美元就获得了 212.0132 万平方英里的土地①。快速扩张建立起许多新的州，但它们加入联邦时是否允许蓄奴制的问题成为所有纷争的焦点，并最终导致国内北方废奴主义者和南方蓄奴派之间的政治失衡。随着北方代言人共和党亚伯拉罕·林肯当选总统，美国南北内战于 1861 年爆发。由于战争爆发前后一段时期北方联邦缺乏有效的军事情报工作，一度造成了军事上的危局。直到葛底斯堡战役，包括情报工作在内的所有军事形势才得以逆转，美国的统一也才最终得以维护。

第一节　南北战争与美国历史的分岔口

南北战争是美国历史的分岔口，如同林肯在他最著名的竞选演说中所称：“事实的结果只能是完全联合，或完全分裂。”② 归根到底，这场战

---

① 参见杨生茂、刘绪贻主编：《美国的独立和初步繁荣 1775—1860》，人民出版社，1993 年版，第 233 页。

② ［美］艾伦·布林克利著，邵旭东译：《美国史》，海南出版社，2009 年版，第 385 页。

争的性质是资本主义制度与奴隶制度之争，因此又被认为是美国第二次资产阶级革命。战争最终维护了美国联邦的统一，解放了南方的生产力，为资本主义的发展铺平了道路，并对美国社会产生了巨大影响。

一、南北战争时期美国的国内外形势

在美国当时的对外关系中，英国和法国由于历史原因一直处于举足轻重的位置。由于英法两国的纺织业均较依赖从美国南方进口棉花，而北方从战争开始就制订了所谓的“蟒蛇计划”——对南方港口实施封锁，导致英法两国当局都倾向于同情南方。然而，两国普通民众却相信北方从事的是正义事业，而且事实证明没有美国棉花，纺织业受到的影响并不大；加之美国的快速扩张使曾在北美拥有大片土地的英法一直耿耿于怀。因此，考虑到这诸多因素，英法两国都乐见美国的实力因内战而受到消耗，均采取了中立的态度。英法两国的这种态度使美国北方在战争时受到国际金融财团的压力而导致财政困难，还同英国爆发了两次外交危机（“特伦特号”事件和英国向南方出售六艘“商业驱逐舰”的事件）；而南方的“棉花王国外交”最终也宣告破产，没有得到任何一个欧洲国家的承认，也没有任何国家参与内战。

内战前的美国可以用“三个区域，两种制度”来形容。西部和东北部由于其紧密的经济联系而形成了政治联盟，打破了原本在国会中势力均衡的废奴派和蓄奴派间的政治形势，成为内战的诱因。南北两方在政治、经济和社会等诸方面都处于分裂状态并建立起了各自独立的体系，甚至是两种不同的文明，其原因是北方的经济核心是以资本为基础的制造业，而南方则是以种植园为主的农业。北方的物质基础占据着优势，占有当时全美工业生产的9/10，铁路线总长的2/3[①]，人口几乎是南方非奴隶人口的4倍[②]。此外，北方在海上也占据着绝对优势。然而北方内部对于战争的看法却存在分歧，部分民众担心解放的奴隶会危及自己

---

① 何顺果著：《美国史通论》，学林出版社2001年版，第151页。

② ［美］艾伦·布林克利著，邵旭东译：《美国史》，海南出版社，2009年版，第394页。

的工作，和平民主党也质疑共和党所秉执的国家主义会损害各州的地方权利。同时，1863 年国会通过全国征兵法，强制征兵引发了民众普遍的反战情绪并出现了纽约暴乱。若不是军事上联邦军接连告捷攻下亚特兰大，1864 年总统大选时林肯甚至差点被民主党拉下总统宝座。在如何对待蓄奴制问题上，执政的共和党内部也分化成激进派和保守派，这种政治形势曾一度使林肯在解放黑奴的问题上保持谨慎。在为联邦军提供了大部分兵员、粮食和装备的西部，联邦派和分裂派间也存在着激烈的冲突。

北方的废奴运动实际是随着战争的进行才逐渐兴起，而南方的抵抗态度从一开始就非常坚决，他们深切感受到了来自北方统治的威胁。或许是预料到战争不可避免，内战前夕作为奴隶主代理人的前总统 J·布坎南曾设法将大量武器和金钱转移到南方。[①] 南方虽然战争资源上总体不如北方，但拥有地利的优势。虽然小部分蓄奴制有限地区的白人反对战争，但大多数民众倾向于支持内战。北方虽然握有军事上的主动权，但其内部的分歧使南方在战争初期屡获胜绩，这不断动摇着北方人继续战争的意志。直到 1863 年《奴隶解放宣言》的发表和葛底斯堡战役造成的转折，战争的天平才越来越倒向北方。

二、南北战争时期联邦的“危”与“机”

南北战争分为两个阶段，1861 年 4 月至 1862 年 12 月为第一阶段，1863 年 1 月至 1865 年 4 月为第二阶段，葛底斯堡战役为其重要转折点。联邦的“危”是指战争第一阶段北军的接连失利，而“机”则指 1863 年决战之年所迎来的转机。

“危”主要有三个方面：一是虽然英法宣布中立但仍有介入战争或对南方进行援助的可能性，南方也一直在进行此类的外交努力。1861 年英

---

① 陆原责任编辑：“战争史系列：美国南北战争”，摘自新华网：http：//news. xinhuanet. com/mil/2009-06/08/content_ 1148022. htm。

美间发生“特伦特号”事件，由此产生的外交纠纷几乎引发战争①。维持现状最符合北方的利益，因而林肯采取了拖延战术最后息事宁人，这也成为战争期间北方外交的最高目标。二是军事连尝败绩。林肯作为北方军的最高统帅，他的军队经历只是“黑鹰战争”期间的短期州内服役②，其军事履历完全无法跟国父华盛顿相比。而且当时美国正规军的高级指挥官按惯例由南方人充任，多数人在战争爆发后都回到了邦联军队服役，例如，虽然反对蓄奴但仍然返回了南方并成为总司令的罗伯特·E·李将军。这使得林肯直到1864年才找到合适的前线指挥官。于是从1861年第一次布尔河战役开始，虽然格兰特在西部战场取得了一些胜利，但作为主要战场的东部局势却一直不甚乐观，甚至首都华盛顿一度受到威胁。林肯从陆地进攻里士满的计划也因第二次布尔河战役的失败严重受挫。直到1863年5月的钱瑟勒斯维尔战役，北方军队在东部战场始终都没有起色。三是军事情报工作的严重滞后使林肯摸不清对手的情况。可能由于对战争的准备和认识不足，联邦在战争开始时没有情报来源，反之南方在华盛顿的间谍活动却已经非常活跃且卓有成效。

然而，危机中往往隐藏着机遇。虽然邦联的戴维斯总统是军人出身，并将军事和情报工作两方面的决策权都抓在自己手中，但他在政治上实在是庸碌无为，直到战争结束都没有建立起行之有效的指挥体系和情报系统。他性格上有着谨小慎微的特点，一直忠实执行着宪法和法律，强调各州的主权和利益，然而，这样的做法虽迎合了地方政治势力的需要，但在战时对赢得战争却有百害而无一利。体制上的失败将优势变成了劣势。例如，虽然南方运用从独立战争的先辈那里习得的游击战战法和向海外派遣间谍的做法都是切合现实力量对比的上策，但最终却未能成就大业。他们

---

① 该事件是指1861年11月8日英国邮船“特伦特号”在旧巴哈马海峡的狭窄航道被北美军舰“圣贾辛托号”舰长查尔斯·威尔克斯拦截，并扣留了船上南部同盟任命出使英法的弗吉尼亚的詹姆斯·梅森和路易斯安那的约翰·斯利德尔及其秘书，并被带往波士顿，“特伦特号”游轮继续其航程。梅森等人经法庭判决后被投入波士顿监狱。该事件传到英国后引起极大的反响，甚至导致英国股市出现大恐慌，英国各阶层骚动不安，纷纷表达强烈不满。英国政府要求美国对一个海军军官犯下的反对一个中立友好国家的残暴行动进行充分赔偿，并训令驻美公使理查德·莱昂斯敦促美国释放梅森和利斯德尔，对侮辱英国国旗“正式表示道歉”，并要求美国在7天内做出反应。如果得不到满意答复，就立刻开战。

② ［美］艾伦·布林克利著，邵旭东译：《美国史》，海南出版社，2009年版，第407页。

试图通过各种方法拉拢欧洲、西部和印第安人，但均告失败。因此，先天的不足，再加上后天政治、军事、情报上的失误，南方的失败自在情理之中。

第二节 南北战争时期的军事情报工作小史

从独立战争胜利到内战前夕的70多年间，美国的军事情报工作虽然不是空白，但在极其要求领袖意志和个人情报素质的传统情报工作时代，华盛顿之后在此方面有建树的人寥寥无几，而且每次战争之后立下汗马功劳的情报人员都受到了冷落。在1812年的战争①中，军队里没有任何一级机构中组织过情报工作或使用间谍，这个时期的军事情报工作反而不如独立战争时的英国人，最后导致英军直逼华盛顿，联邦政府陷入了岌岌可危的境地，这场战争的惨败因此也标志着美国情报工作的低谷。② 美国人没有从华盛顿或者战争那里得到任何启示或教训，依然维持着其需求导向型的低水平情报工作，到1846年的美墨战争时仍然毫无起色，陆军部甚至不能提供一份详细的墨西哥北部地图。这个低谷一直持续到南北战争前夕。

一、战争初期的情报危机

从战争一开始，虽然南北双方都没有做好情报准备，但南方的军事情报工作率先活跃起来③，而北方则面临着情报危机。联邦首都华盛顿的地

---

① 1812年战争：由于美国南北方对领土的共同需求，以及共和派对威胁国家前景因素的担忧，总统麦迪逊在国会的压力下于1812年6月18日向不列颠宣战。在经历了一系列败仗之后，美国最终于1814年与英国达成和平条约。

② ［美］内森·米勒著，王业桃等译：《美国谍报秘史》，译林出版社，1991年版，第81页。

③ 刘宗和、高金虎主编：《外国情报体制研究》，军事科学出版社，2003年版，第5页。

理位置靠近蓄奴州弗吉尼亚，距离马森—迪克森线[①]也只有60英里，国会和联邦机构中还充斥着南方的同情者。这为南方的情报工作提供了良好的条件，在炮轰萨姆特要塞后不久，第一个间谍招募者弗吉尼亚州长约翰·莱切依靠托马斯·乔丹上尉在华盛顿建立起一个包括专业人员、政府职员、店员、银行家和政治家在内的能渗透到联邦政府上层的间谍网。[②] 这个间谍网在第一次布尔河战役中送出了关键性情报，帮助南方军队取得了胜利。事实上，邦联在华盛顿至少还有两个间谍网，它们都是由秘密勤务局建立并由骑兵经营的。从巴尔的摩途经华盛顿到里士满之间，南方建立起一条不断改变的"秘密线"用以传递情报。[③] 南方还对从公开资料获取情报颇为重视，一位情报军官曾这样说道："从这些报纸中，我们不仅了解到部队的调动情况，而且知道各师各旅所担负的任务，把这些情报综合起来，我们常常相当准确地掌握敌军的兵力。"[④] 在内战第一阶段，联邦军队的节节失利就与这样的情报工作有着千丝万缕的关系。1862年，当第二次布尔河战役打响的时候，南方间谍托马斯·康拉德就得知华盛顿守备空虚，若不是他没能联系上南军骑兵统帅斯图尔特，历史必将重写，而且这样的情况在1863年葛底斯堡战役中又重现过一次。1862年他还为南方提供了相当准确的情报，造成了新任波托马克军区司令伯恩赛德将军的弗雷德里克斯堡之败，北军损失惨重。由此可见南方间谍当时的军事情报工作做得已相当深入且是成功的。

反观北方联邦军队，战争开始时统帅林肯不知道欧洲的态度和南方的意图、实力、装备等等事关胜败的关键信息，甚至尚未找到合适的获取渠道。在过去的70年中，虽然历任总统都有国会核发的用于对外情报活动的费用，但从乔治·华盛顿开始，总统和国会围绕着特工费用途是否公开问题不时会爆发争吵，而且大部分情报工作的重心都是旨在争夺西部土地

---

① 马森—迪克森线是美国宾夕法尼亚州和马里兰州的分界线，也是南北战争之前美国的南北区域分界线。这条分界线是美国历史上文化和经济的分界线。

② ［美］内森·米勒著，王业桃等译：《美国谍报秘史》，译林出版社，1991年版，第99页。

③ *Intelligence in the civil war*, CIA , Washington DC, 2007, p. 11. http: // www. cia. gov/liberary/publications/additional-publications/civil-war/index. html。

④ ［美］内森·米勒著，王业桃等译：《美国谍报秘史》，译林出版社，1991年版，第134页。

的秘密行动。陆军部有限的情报工作仅限于勘探道路和绘制地图，尽管可能这也是出于开拓西部的需要，而在西部前线为政府充当耳目的只是那些印第安事务官员。但是，这样情况造成的却是对南方情况几乎一无所知，军事情报工作的低谷为国家的统一带来了巨大的危机。

二、军事情报与葛底斯堡战役

1863 年的葛底斯堡战役是美国南北战争中最负盛名的一场战役，经此一役，南方同盟彻底失去了战略主动权，军事上再未对北方构成威胁，这也是南北双方军事情报工作的转折点。南方军统帅李将军进军宾夕法尼亚的目的是为分散联邦兵力，解开维克斯堡之围，并争取一场在北方土地上的胜利以争取英法的支援。[①] 此外，有的历史学家还认为李此举若获胜还将对华盛顿、费城和巴尔的摩构成直接威胁，并可能增强北方不断壮大的和平运动。[②] 林肯一直关注着李军的动向并派波托马克军团迎敌，两军在葛底斯堡遭遇，由此展开内战中最具转折意义的一场战役。

南方军的失败或许在战前就已注定，因为李将军的计划已被北方军事情报处获悉，他的部队在渡过波托马克河的时候已经处在严密监视中。李过度依赖于斯图亚特的情报，他曾在信中对他的骑兵指挥官这样说：“只有从你这里我才能得到敌人确实的信息和动向。”[③] 虽然后来李曾责备自己没有给斯图亚特下达明确的命令，但就在这次最为重要的战役前夕，李将斯图亚特的骑兵分散使用，然后失去了与他之间的联系。在南军渡河的时候没有情报支援，李只能凭空推论敌军还在弗吉尼亚，他第一个失误就是没有充分运用手头上仍可以充当侦察兵的 3000 名骑兵，这已决定了他将在错误的地点和错误的时间开始没有情报来源的葛底斯堡战役，他毫无根据的作战计划就是失败的开始。

早在 6 月中旬，胡克将军的间谍就从两个黑人小孩口中得知了北弗吉

---

① ［美］艾伦·布林克利著，邵旭东译：《美国史》，海南出版社，2009 年版，第 417 页。

② Edwin B. Coddington, *the Gettysburg Campaign: a study in command*, New York: Charles Scribner's Sons, 1968, pp. 8 – 9.

③ Douglas Southall Freeman, *R. E. Lee: A Biography* (Vol. IV), New York: Charles Scribner's Sons, 1934 – 35, p. 171.

尼亚军团的构成和行动，从而离开了拉帕汉诺克河堵住了通往华盛顿的缝隙，确保了首都的安全。更重要的是，这次转移使联邦军队在葛底斯堡战役中不至于力量失衡。对于联邦而言，战前最大的情报成果是在审讯俘虏中得到的。这个俘虏是南方信使，带着给一名不知名上校的急件，内容大致是侦察葛底斯堡附近地域和一小股美国骑兵的情况①。这份情报使米德将军弄清了李将军的主要作战方向。而在战役的第二天，北方信号部队设在小圆顶的信号观测站在不经意间改变了战役进程。当天李将军命令朗斯特里特率部突袭联邦军的左翼，并且为了达成攻击的突然性务必要躲开北方的监视，因此，朗斯特里特不得不向反方向行军，使得攻击时间被延迟了好几个小时而错过了战机。这一事件对战役进程产生了不可估量的影响。但颇具戏剧化意义的是，情报也是当南军疲惫不堪而联邦却按兵不动坐视其离开的重要原因。② 因为，情报官夏普的报告虽然准确无误，但却影响了米德的判断，他甚至不敢冒险使用哪怕一个旅进行火力侦察，而最终选择了坚守阵地，因此成就了美国内战史上一场具有决定性意义却没有战争形式结局的胜利③。

三、军事情报与联邦的胜利

情报不能保证一定会赢得战斗，但没有它却往往是被打败的重要因素。④ 虽然开局不利，但在美墨战争中军事情报工作经验的基础上，内战初期头 6 个月的接连失败反而刺激了林肯对于优质情报的需求，这也促进了联邦情报工作的发展。

在对外情报方面，联邦因握有外交资源配合，使得在北美执行的封锁明显占据了情报优势。当南方的代理人到欧洲购买武装船只和军火时，北方都派有间谍和密探进行监视，1861 年 12 月的伦敦《编年史》称："一

---

① Edwin C. Fishel, *The Secret War for the Union: The Untold Story of Military Intelligence in the Civil War*, Houghton-Mifflin Trade and Reference, 1996, p. 519.

② Ibid., p. 536.

③ Ibid., p. 535.

④ James P. Finley, *U. S. Army Military Intelligence History: A Sourcebook*, U. S. Army Intelligence Centre & Fort Huachuca, 1995, p. 35.

个时期来，一个无孔不入的庞大间谍系统在伦敦活动，凡是带有战争性质的步骤都立即向美国政府报告。”① 当时美国在欧洲的隐蔽行动是由驻比利时公使亨利·桑福德负责控制的，在南方炮轰萨姆特要塞之前，他就接到了国务卿苏厄姆的指令，要他以外交领事人员为主体建立起广泛的情报网络以阻止南方在欧洲的间谍活动。结果，他们的活动是积极有效的，曾成功地迫使英国扣留为南方制造的武装船只，为执行林肯的封锁政策做出了贡献。

真正对联邦的胜利起到决定性作用的还是在北美战场上的战役战术情报。对南北双方成功的军事情报工作进行对比（表 11.1），可以看出联邦军队胜在两个方面：一是情报来源广泛。联邦的情报人员中有间谍、士兵、信号部队和该时期广泛应用的骑兵，还有由平民组成的侦察力量。此外，他们还注重从俘虏口中获得情报。而南方虽然在战争初期情报工作开展得比较出色，但情报来源却较为单一，真正对战争贡献较大的情报却均来自骑兵，这导致作为统帅的李将军过度依赖他们甚至是斯图亚特一人的情报，最终造成了葛底斯堡不可逆转的失败。二是情报计划周全。虽然从表 11.1 中统计得来的意义较大的成功案例之比为 13 ∶ 11，联邦方面的数量并不特别占据优势，但是其中有四个是在己方混入了反叛者的情况下取得的。这说明联邦军队的情报与反情报工作比较周密，可以多方印证、排除干扰并切实保密。因而，如果说在小规模的战役战斗行动中，南方较为单一的情报工作还能胜任，那么在大的会战中就会出现疏漏，暴露出指挥与情报工作脱节的缺点。

此外，先进的生产力作为影响军事情报工作的重要因素，在南北战争中也得到了一定体现。南北战争已经比较接近于现代战争，投入了许多新技术，产生了许多新战法。特别是铁路、电报、摄影在情报工作中的运用，由此诞生了信号侦察、照相侦察等新的工作样式，双方都建立了信号部队，美军也因电报的广泛运用而拥有了第一个 C^3 系统②。联邦的工业基础原本就强于南方，而且主要战场均在南方，因此南方的铁路和电报系

---

① ［美］内森·米勒著，王业桃等译：《美国谍报秘史》，译林出版社，1991 年版，第 119 页。

② James P. Finley, *U. S. Army Military Intelligence History: A Sourcebook*, U. S. Army Intelligence Centre & Fort Huachuca. 1995, p. 26.

统利用和完善程度肯定低于北方，这无疑会对情报工作的开展造成一定影响，并最终影响到战争的胜败走向。

表 11.1　南北双方成功的军事情报工作对比①

北方联邦	南方邦联
第一次布尔河战役：联邦主义者报告了舍南多阿谷的军队向玛纳萨斯开拔的消息。 1861—1862“欺骗战”：从 1861 年 10 月至次年 4 月，平克顿的五位特工进出里士满达 14 次，如同走私者或信使一样容易。他们的情报来源主要是中下层军官。 明尼苏达战役：平克顿识别出李所有的 178 个团。 第二次布尔河战役：由于得到一位自里士满便尾随南方军队的间谍的警告，波普从一次奇袭中逃脱。 波普有力的骑兵侦察挫败了李沿拉皮丹和拉帕汉诺克河进行包抄的努力。 安蒂特姆战役：李丢失的命令中对杰克逊和朗斯特里特两方内容的明显偏差被两次混进邦联军营的一位巡回牧师发现。 钱瑟勒斯维尔战役：一位警官间谍对邦联骑兵进行了深入的调查，并两次沿着李在弗雷德里克堡的前线骑行。 联邦的信号部队发现敌人能读懂己方的旗语，于是设置了一条虚假消息诱骗李派出斯图亚特追踪一支虚构的联邦骑兵部队。胡克派三支部队通过斯图亚特腾出的区域抵达南军的后部。 1863 年 4 月 27 日　联邦的情报预测到南军的动向开始葛底斯堡战役。	第一次布尔河战役：虽然缺少进军日期和攻击计划等信息，罗斯·格林豪仍获悉联邦军队向玛纳萨斯进发的决定。 战斗中，邦联信号部队及时发现了联邦军的迂回动作而提前占据了防守位置。 入侵卡罗莱纳海岸：一支联邦远征军奉命于南卡罗莱纳的罗约尔港建立海军基地，虽然命令内容未知，但在其出发地安纳波利斯或汉普顿罗兹就发现了其目的地。 杰克逊的山谷战役：得知联邦山谷军队暴露的一翼，杰克逊将其赶过了波托马克河。 明尼苏达战役：斯图亚特的骑兵围绕麦克莱伦的军队获得了李展开七日战役攻击所需的情报。 第二次布尔河战役：在对波普部队后部的突袭中，斯图亚特缴获了关于麦克莱伦部队正在逼近的电报，然后离开了明尼苏达。 1863 年进军：停在马里兰的伯恩赛德的两个师从明尼苏达向俄亥俄方向运动的情况被李的一个间谍侦察到，他的报告中对运动的规模夸大了两倍多。 联邦军队一个骑兵师过河的运动及时被发现，但李按其为胡克部队攻击的假设作出反应。 钱瑟勒斯维尔战役：斯图亚特的骑兵发现联邦军队右翼的薄弱部位，杰克逊由此将其击溃。

① Edwin C. Fishel, *The Secret War for the Union*: *The Untold Story of Military Intelligence in the Civil War*, Houghton-Mifflin Trade and Reference, 1996, pp. 563 – 565.

续表

北方联邦	南方邦联
葛底斯堡战役：一队士兵间谍花了四天时间在敌后舍南多阿山谷中了解到李军大部队的部署。 由当地组织的平民侦察兵覆盖了明尼苏达州的中南部，不断报告邦联军队的动向。 有力的骑兵侦察抓住了信使并查明敌军已靠近葛底斯堡。 在战斗中，了解李军构成的情报官通过审问数百战俘得知在两天的战斗中只剩四个旅还有战斗力。米德的作战顾问一致否决了他向马里兰预想中更有利的位置运动的提议。	葛底斯堡战役：在联邦沿拉帕汉诺克河设置的眼线监视下，李从弗雷德里克堡向西撤退而没有暴露意图。一个可能由官方散步的谣言导致联邦相信邦联的计划是一次大的骑兵突袭。 李及时地从朗斯特里特派出的一名间谍处得知联邦军队已渡过波托马克河，开始集中相互间隔六十英里的部队。

第三节　南北战争时期的军事情报工作评述

南北战争时期是美国的军事情报工作走出低谷的契机，也是传统情报工作走向现代的开端。经历了战争初期的情报工作空白和混乱，南北双方开始在独立战争时形成的传统情报大厦之上添砖加瓦。但是，近70年的贫瘠土壤并未再次培育出乔治·华盛顿一样的情报高手，业余间谍主导了这一时期的秘密斗争。然而，值得一提的是，虽然人力情报仍然是最主要的情报手段，但现代技术与情报工作的结合已经在南北战争中显示出巨大威力。

一、对军事情报工作的忽视造成了战争初期无法满足情报需求

南北战争时期，对情报需求的认识过程经历了从无到有、从被动到主动的过程。战争对情报的需求是客观的，只是人为地忽视了它。这种忽视体现在三个方面：一是在南北矛盾的形成过程中没有未雨绸缪；二是认为

其它方面的优势可以弥补情报的劣势；三是尽管指挥官们被动地建立起情报组织，却依然更信任自己的主观臆断。

南北双方对于情报的重视程度是相当的，在重视与不重视之间，只有早晚区别，并无轻重不同。其主要原因是作战形势与情报需求的关系所致，即他们对于情报的需求都是在作战的压力之下形成的，当指挥官认为其它作战元素超过对方时情报就不那么重要了，而当对战场形势拿捏不准时，就又会半信半疑地询问情报部门。总体来看，南方的情报观念比北方率先苏醒，它根据自身的需求在华盛顿、欧洲和加拿大都建立起自己的间谍网络。而北方在军事情报工作方面的滞后，使其在战争头两年中陷入被动，战事一度告急使联邦政府陷入危机。这样的形势刺激联邦产生了比独立战争时期更为庞大和急迫的情报需求，并催生了内战史中最为完备的一个军事情报机构——胡克的军事情报处。从第一次布尔河战役到钱瑟勒斯维尔战役，北方联邦基于情报需求之上的情报意识逐渐成长起来，并最终使得情况在葛底斯堡产生了“U 型”大转折——李将军对于胜利的自信超过了对情报的重视，造成了不可逆转的战略失败，而北方经此一役奠定了胜利的基础。

由此可见，尽管从传统军事或情报理论上看，情报并不直接产生战斗力，只是作为战斗力的支援保障，但事实证明，尽管情报本身之于作战而言没有战斗力，但在恰当时机与战斗力相结合即可发挥出巨大的能量，因此，从这个意义上说，情报本身同样具有战斗力，只是这种战斗力并不像作战所取得的胜利看上去那么直观而已。退一万步讲，情报的作为战斗力的重要元素体现在作战力量之中。

北方在战争头两年之所以陷入被动，很大一部分原因是对情报的忽视，而南方在 1863 年决战之年后之所以陷入被动，也是出于同样的原因。因此，如果联邦能继承乔治·华盛顿的情报传统，对于情报的作用或功效早有清醒成熟的认识，再加上它各方面的优势，战争的过程可能就真能如林肯等人所期望的那样——直接攻下里士满——便可结束，而美国也就不需要付出死亡 61.8 万人[①]的巨大代价了。

---

① ［美］艾伦·布林克利著，邵旭东译：《美国史》，海南出版社，2009 年版，第 413 页。

二、情报思想在经历战争初期的混乱后由传统走向创新

内战初期，由于对于情报的忽视，需求导向型情报系统的弊病显现出来，南北双方的司令部都发现对对方的情况一无所知，整个军事情报领域都陷入了混乱。但是，独立战争时期军事情报工作所树立的榜样，并未在半个世纪的情报低谷中被彻底掩埋，混乱只是产前的阵痛，战争对情报的巨大需求又重新接续起根深蒂固的情报传统。

以历史记载较多的北方联邦为例，林肯总统作为统帅虽然并不熟悉情报工作，但历经战争被动后，他开始对情报与反情报的重要性有了十分清楚的认识，并千方百计地开辟情报获取渠道。由于林肯非常注意保密，他发展起的私人间谍网，在历史上并没有留下记录，但可以相信，该间谍网在战争中一定发挥了重要作用。在反情报方面，他非常支持众议院政府雇员审查委员会主席约翰·波特对政府部门进行的残酷大清洗，并亲自制订了严格的效忠誓词。但是，由于他在军事情报工作方面确实缺乏经验，发展的间谍也缺少训练，所以只能说是在思想上非常重视，在创立健全有效的情报系统方面却力不能及。

而胡克将军则是这一时期北方军界少有的情报高手，他不仅创立了美国内战史上最为完备的情报机构，而且在乔治·华盛顿的基础之上革新了情报工作流程，现在美国情报界称之为“全源情报”（all-source intelligence）[①]，它是指情报产品或组织、活动包含所有渠道来源的信息，通常最终形成的情报产品包括人力情报、图像情报、测量和特征情报、信号情报和公开来源数据。胡克命令其宪兵司令帕特里克准将负责建立了“特工处”，协同军队周围的侦探、特务、业余间谍和侦察员[②]。后来夏普在此基础上又成立了“军事情报处”，与胡克、帕特里克形成三角情报指挥体系，帕特里克作为夏普名义上的直接领导，主要负责人事和经费，夏普直接向胡克上报情报。夏普的情报包含了自己所掌握的各种来源得来的情

---

① Edwin C. Fishel, *The Secret War for the Union: The Untold Story of Military Intelligence in the Civil War*, Houghton-Mifflin Trade and Reference, 1996, p. 298.

② 参见［美］内森·米勒著，王业桃等译：《美国谍报秘史》，译林出版社，1991 年版，第 139 页。

报，还包括与审俘部门和信号部队共享的情报。这种情报处理方式明显优于单一来源的情报，便于指挥官对所掌握的情报进行综合利用。胡克的这一情报思想一直沿用至二战，并于 1947 年以立法的形式在《国家安全法》中确定下来，成为中央情报局的重要指导思想。[①]

但是，传统中不好的一面也是根深蒂固的。战争结束后，需求导向型情报理念导致不再需要军事情报，即战争的结束意味着军事情报的消亡，没有人意识到常设性军事情报机构的重要性。因此，随着南北的统一，军队中的情报系统再一次被解散。虽然此为后话，但是，从中可以看出情报传统的影响力。

三、业余间谍是内战时期的主要情报来源，但现代技术情报手段开始崭露头角

美国内战战场成为业余间谍的舞台。自建国以来，美国总统和将军们都喜欢建立私人的间谍网以弥补情报不足，这可能是出于更加信任、保密和政治斗争的原因，但是，这显然也反映出他们对于情报工作认识的肤浅。因此，由独立战争建立起来的国家常设情报机构的雏形被抛弃，而非官方或半官方的情报活动异常活跃。因此，当内战爆发而导致情报又成为作战必需品时，虽然业余间谍们对于军事情报工作一知半解，但他们迅速填补了情报真空，保障了司令官们的作战需求。因而，到内战结束，南北两方都没有建立起一个相对完整和正规的官方统一的综合性情报系统。

尽管战争期间，北方的海军、陆军和国务院各自建立了自己的情报网，但情报工作相互间没有协调。在整场战争中表现得最为突出的是由阿伦·平克顿（以及继承者夏普）和拉斐特·贝克分别建立的“军事情报局”，虽然名称一致，但实际上是互相竞争的两个半官方机构。前者主要服务于麦克莱伦将军，而后者先后服务于斯科特将军、国务卿和陆军部。平克顿领导的机构主要任务是通过间谍活动和审讯战俘获取情报，也从事

① Edwin C. Fishel, *The Secret War for the Union: The Untold Story of Military Intelligence in the Civil War*, Houghton-Mifflin Trade and Reference, 1996, p. 299.

过反情报活动。他的主要功绩是获得关于刺杀林肯的“巴尔的摩”阴谋的情报和破获了格林豪间谍网。平克顿情报机构的全班人马实际上是他于1850年在芝加哥创办的侦探公司[①]，而正是由于平克顿在军事情报分析方面的“业余”，最终于1862年随着麦克莱伦的解除职务而离开内战情报舞台。拉斐特·贝克的主要工作是反情报和调查犯罪（为此他还称自己的机构为国家侦探警察局），搜集情报只是副业。他和国务院下属的情报机构“叛国惩治局”一起做了大量清洗工作而广为历史学家诟病，但客观上对于战时的联邦确实起到了积极作用。

南方的主要情报机构是由诺里斯少校负责的陆军部特工局，负责管理进出联邦的间谍和邦联政府同加拿大、欧洲的信息联络[②]。但这个机构并不负责反情报工作，而且提供的情报重要性并没有超过其他渠道。[③] 甚至在钱瑟勒斯维尔战役前夕，还曾发生信使带着加密情报返回里士满时忘记解密密钥的情况，该机构的水平之“业余”可见一斑。

在内战中虽然人力情报仍是主流，但首次出现将现代技术运用于军事情报工作的现象。战争初期，南北双方就都成立了信号情报部门，虽然没有有线电报窃听的案例（但以当时的技术条件已不是难事），但通过电报传递情报已是普遍做法，这无疑极大地革新了情报传递的方式，使情报传递的速度产生了质的飞跃。1861年6月，世界上第一份电子传送的情报从空中侦察平台——热气球上直接发给了林肯总统，2个月后北方就成立了热气球部队，并曾成功侦察到南方军队大规模集结准备进攻弗吉尼亚费尔奥克斯的动向。现代科学技术与军事情报工作的这一结合所生成出的巨大战斗力是空前的，它曾多次提供了有价值的情报，成为人力情报的有力补充，但是，由于限于技术水平未能得到大规模应用而引起足够的重视。

---

① 这个公司现在仍然在美国从事商业情报活动，是美国情报界“旋转门”现象的又一表现。

② *Intelligence in the civil war*, CIA , Washington DC, 2007, p. 13, http://www.cia.gov/liberary/publications/additional-publications/civil-war/index.html.

③ ［美］内森·米勒著，王业桃等译：《美国谍报秘史》，译林出版社，1991年版，第135页。

四、南北双方普遍存在的情报失误对战争进程产生了巨大影响

富勒在其《西洋世界军事史》中指出，美国南北战争所有的会战都是建立在错误战略基础上的消耗战。[①] 他同时认为，双方都试图以“速战速决，高潮型的拿破仑式战争”[②] 攻占对方的首都达成胜利，而没有认识到战争真正的战略重心实际上是在查塔努加—亚特兰大地区（格兰特将军后来逐渐意识到这一点）。因此，这场历时四年的战争异常惨烈，北方最后只是凭借其物质优势赢得了战争。笔者认为，正确的战略是建立在对双方实力对比的准确掌握和作战意图的合理判断之上的，而这两方面都需要大量准确的情报作为支撑。战争初期南北双方军事情报工作的不力，应该是造成战略失误的最主要原因。

在战役、战术层面上，鉴于双方指挥官都不同程度地轻视情报的作用或者怀疑某些渠道得来的情报，还有业余间谍们在情报获取、传递、分析和隐蔽行动等各方面的拙劣表现，因此，情报失误是南北双方军事情报工作共同的缺点（见表 11.2）。南北双方重大的情报失误对比可以通过表 11.2 一目了然。尤其是当一方出现失误，另一方没有善加利用反而自己也出现失误的情形，更加说明了当时情报失误的普遍性。

军事情报工作本身是必然性与偶然性的综合体，不可否认有运气的成分存在，但指挥官自身包括情报意识在内的情报素质才是决定性因素。例如，胡克虽然具有比较先进的情报意识，但也有不相信由科学途径得来的情报产品而导致失误的情况存在。此外，在 1863 年葛底斯堡战役造成转折之前，北方与南方重大情报失误之比数量上达到了 9∶4，这正好和联邦连续的军事失败相对应。而李将军在葛底斯堡战役中两次重大情报失误，也正好说明了其失败的根本原因，凸显出特别是当敌对双方势均力敌时情报工作所能产生的巨大影响。

在 1863 年末形成重大的战略转折之前，情报失误给南北双方均造成

---

① 参见［英］J. F. C. 富勒著，钮先钟译：《西洋世界军事史》（第三卷），广西师范大学出版社，2004 年版，第 44 页。

② ［美］拉塞尔·F·韦格利著，彭光谦等译：《美国军事战略与政策史》，解放军出版社，1984 年版，第 113—155 页。

了巨大损失，对战争进程也产生了一定影响，既没有使战争如联邦主义者所愿以压倒性优势击垮南方，也没有如南方的将军们预想的那样消灭联邦军。至少，南方的李将军在七天战役后对戴维斯总统发出这样遗憾的喟叹："在正常情况下，联邦军本应被消灭。"[①] 尽管有学者分析认为，李所谓"正常情况"，是指师级指挥和参谋工作达到他本人的表现水准。李将自己所以未能实现真正的目标即歼灭敌军，归因于在一支太少职业军官的新军队中缺乏这些，而不是归因于麦克莱伦被唤醒的能力。[②] 但是，这位学者显然忽视了"情报"因素。同时，李将军作为拿破仑的忠实信徒，显然只是注意研究了拿破仑的战法，而忽视了拿破仑在情报问题上的造诣，这不免成为其遗憾中的遗憾。

表 11.2　南北双方重大的情报失误对比[③]

北方联邦	南方邦联
第一次布尔河战役：舍南多阿山谷中的联邦指挥官拒绝相信平民提供的敌军离开山谷的消息，这支敌军抵达玛纳萨斯使战斗有利于邦联。 1861—1862 年"欺骗战"：麦克莱伦认为平克顿故意夸大了的敌军数字太少，并代之以自己的数字。 邦联从玛纳萨斯的隐蔽行军：麦克莱伦忽视气球观测者关于敌军从前线撤离证据的报告。反叛者毫发未损地逃脱。 杰克逊的山谷战役：联邦军队未能发现杰克逊的部队向东穿越蓝色山脉，这是他想欺骗性地向反方向行军时采取的吸引敌军注意的临时动作。	明尼苏达战役：在李和约翰斯顿意识到明尼苏达是敌军进军里士满的既定路线前三周，联邦军队已在明尼苏达南部登陆了。 没有发现联邦军事情报的漏洞：虽然麦克莱伦获得丢失的命令的消息被媒体迅速地报道了，但李几个月都没有发现。另一个关于胡克部队准确数量的情报在送交李的途中模糊了而无法使用。 弗雷德里克堡战役：伯恩赛德如同麦克莱伦在明尼苏达一样毫不掩饰地抵达弗雷德里克堡，迷惑了李许多天，致使严重耽误了他将杰克逊从山谷的召回。

① ［美］拉塞尔·F·韦格利著，彭光谦等译：《美国军事战略与政策史》，解放军出版社，1984 年版，第 113 页。

② 参见［美］彼得·帕雷特主编，时殷弘译：《现代战略的缔造者：从马基雅维利到核时代》，世界知识出版社，2006 年版。

③ Edwin C. Fishel, *The Secret War for the Union: The Untold Story of Military Intelligence in the Civil War*, Houghton-Mifflin Trade and Reference, 1996, pp. 565－567.

续表

北方联邦	南方邦联
第二次布尔河战役：杰克逊和李军的半数，沿佩普的右翼行军而未被发现，并摧毁了其在玛纳萨斯的补给基地。 安蒂特姆战役：由于拒绝相信和李丢失的命令中不一致的运动的报告，麦克莱伦在调动部队中犯下错误抵消了从获得该命令得到的巨大优势。 弗雷德里克堡战役：伯恩赛德忽视情报准备并制定了对邦联防守最强的部分实施主攻的计划，结果是一场大屠杀。 钱瑟勒斯维尔战役：联邦军队的警戒和侦察兵观测到敌军正在己方右翼集结；师和军司令部都相信邦联正在撤退，同在一侧的杰克逊横扫该翼的大部。 1863 年 6 月 8 日：如同斯图亚特的部队，胡克的司令部对敌方散布的骑兵计划突袭的谣言信以为真。这份大错特错的报告和严重延误的关于李军大致动向的 4 月 27 日的预测同时抵达华盛顿，转移了对该动向的注意。由于缺乏敌军步兵达到的足够预警，联邦的山谷部队被击溃了。	钱瑟勒斯维尔战役：李被联邦信号部队的欺骗信息完全地骗倒，导致他离开杰克逊清空的实质上无人巡逻的农村地带，因此未能发现和阻止胡克向钱瑟勒斯维尔的进军。 葛底斯堡战役：由于他允许斯图亚特在敌军的右方提前到达明尼苏达的命令，李在一周对敌军的动向一无所知。甚至在靠近他关注的焦点葛底斯堡的时候，他还不知道敌军已经先于己方达到了。 希尔的部队散布的关于朗斯特里特—敌军的尾部已经超过他们的假消息，加速了联邦军队的行进。假如没有这个失误，邦联军队可能已经先于敌军达到并占领了葛底斯堡的关键制高点。

小　结

独立战争后，美国军事情报工作开始逐渐陷入低谷，其中主要的原因是战争的需求降低所导致的人为轻视，是需求导向性情报思维作用的结果。但是，在美国南北战争前期，南方军队在情报意识的苏醒较快，并一定程度上占据了情报优势，从而在战场上屡屡获胜，这就导致北方因情报工作的失利而引发了战争形势的危机。但是，战争激发了独立战争留下的情报传统，需求导向性情报重归北方军队，林肯开始通过手下逐渐建立起行之有效的情报网，基本形成了具有被当今美国情报界称之为“全源情报”的情报系统雏形，军事情报工作大为起色，从而赢得葛底斯堡战役的胜利，以此成为内战中联邦由“危”转“机”的战略转折点。

从这一阶段的历史实践看，对于军事情报工作是否重视和有效利用，一定程度上成为这一时期南北双方战争进程的重要影响因素。总体来看，这一时期，尽管南北双方在战争中均注重军事情报的作用，但是，由于历史的局限性，实际上并未建立起相对正规统一的情报管理协调体系，业余情报人员成为情报工作的主角，这一定程度上影响了情报工作的效能。但是，值得欣喜的是，对最新科技的运用，使得这一时期的情报工作显现出现代情报工作的雏形，现代科技与军事情报工作的结合，使军事情报工作的传递手段和功效发生了巨大的变化。

总体来看，虽然这个时期的情报工作远不及独立战争那样出色，但基本上符合当时的情报思维、技术条件、国力状况和国家利益拓展程度。美国南北战争挽救了国家分裂的危机，成为美国完成第二次资产阶级革命走向帝国主义的起点。在南北完成统一后，军事情报工作也开始逐渐被美国的有识之士所重视，并在后来美国海外扩张中爆发出前所未有的力量。

第十二章　美西战争：美国现代军事情报工作的萌芽

南北战争结束之后，美国国内形成了统一的大市场，进入了迅速工业化和商业化时代。历史学家查尔斯·比尔德和玛丽·比尔德这样写道："在林肯去世后25年时间内，美国已在产品数量和产品价值上成为世界上首屈一指的工业制造国。"① 美国的工业产品横扫了整个美洲大陆。随着1880年代首个托拉斯联合企业的出现，垄断经济组织在美国如雨后春笋般发展起来。基于社会达尔文主义的理论基础，个人奋斗、强者生存等资本主义理念开始向政治领域渗透，催生了美国的帝国梦想。早有1823年门罗主义珠玉在前，1898年美西战争成为这一梦想光辉的起点。在吸取先前军事情报工作经验教训的基础上，美国海军部率先建立了永久性军事情报机构，并开始将情报与战略计划结合起来，在战争之前进行了充分的情报准备。美国现代军事情报工作在这段时期内萌芽，虽然美西战争的持续时间短暂，但正是其出色的军事情报工作赋予了这场战争以超乎寻常的意义。

第一节　美西战争和美国的帝国主义扩张

美国内战后，巨大的政治裂痕和资本主义自由发展带来的社会问题使联邦政府变得软弱无能。19世纪90年代，从1890年农民运动起美国出现了严重的政治危机，1893年又发生了美国建国以来最严重的经济危机，

① ［美］艾伦·布林克利著，邵旭东译：《美国史》，海南出版社，2009年版，第497页。

直到1897年威廉·麦金利成为总统时，国家才逐渐恢复政治平稳和经济复苏。这种情况使美国人达成了两个共识：一是必须在海外需找新的原料产地和产品市场；二是国内冲突必须以激进的外交政策加以转移。因此，结合了社会达尔文主义的新“天定命运论”，再次激起了美国人的帝国野心。

一、美西战争时期的国内外形势

美西战争是第一次重新瓜分殖民地的帝国主义战争。美国是新兴的垄断帝国主义国家，而西班牙则是日薄西山的老牌殖民帝国主义国家。虽然从1880年开始美国就在拉丁美洲和太平洋地区以各种理由干涉当地事务并攫取了巨大利益，但美西战争则是美国第一次通过暴力手段打破旧的国际殖民秩序的全新举措。

早在战争爆发之前，美国就已做好了在古巴和波多黎各作战的计划。而且政府于1870年代就开始了造船计划，到1898年时已跃居世界第五大海上强国。① 所以西班牙只是美国走向对外扩张的第一块磨刀石，也是探测英法等殖民强国意向的风向标。

而英法列强的注意力当时仍聚焦在非洲、远东和内部的争夺，对于这场美西之间争夺几个加勒比海岛屿的战争似乎并不感兴趣，加之此处又位于美国的后院，与他们的利益无关，即使强行干涉，美国也会根据门罗主义②表示反对，因此只是进行一般的观望。

美西战争之前，西班牙与古巴起义军已经作战4年，严重危及了美古之间的蔗糖贸易，且西班牙统治者反动残暴，激起了美国民众的同情和义

---

① ［美］艾伦·布林克利著，邵旭东译：《美国史》，海南出版社，2009年版，第582页。

② 门罗主义（Monroe Doctrine）发表于1823年，表明美利坚合众国当时的观点，即欧洲列强不应再殖民美洲，或涉足美国与墨西哥等美洲国家之主权相关事务。而对于欧洲各国之间的争端，或各国与其美洲殖民地之间的战事，美国保持中立。相关战事若发生于美洲，美国将视为具敌意之行为。此观点由詹姆斯·门罗总统发表于第七次对国会演说的国情咨文中。这是美国涉外事务之转折点。此学说初由约翰·昆西·亚当斯等诸人构思而成，以宣布美利坚合众国在道义上反对殖民主义；后经多方重新诠释为种种广义之说法；西奥多·罗斯福总统即以之作为行使美式殖民主义之许可，即以门罗主义之罗斯福推论（Roosevelt Corollary）而知名。

愤。1898 年发生的“杜普伊·德洛梅书信事件”特别是“缅因号事件”[①]使美国全国上下被战争狂热所席卷，政府也分化为以总统麦金利为代表的主张避免战争的保守派，和以代理海军部长西奥多·罗斯福为代表的积极好战派。最终在与西班牙当局谈判未果的情况下，国会于 4 月 25 日决定宣战。

这场战争只经历了 4 个月就以美国的胜利而落下帷幕，因此被当时的美国国务卿海约翰称作“漂亮的速决战”[②]。这场战争虽然从表面上看是帮助古巴摆脱西班牙的残暴统治，但从后来的一系列动作看显然这只是一个借口，因为好战派罗斯福早在战争之前就计划将战争从加勒比海引向菲律宾，他命令亚洲海军中队司令乔治·杜威一旦战争爆发就马上进攻马尼拉。事情的结果是：在其他西方列强尚未作出反应的时候，美国已将其利益扩展到了远东地区。

为避免引起英法等强国的猜忌，战争刚一结束，美国总统麦金利就发表声明，宣布了既能遏制列强瓜分中国、增强美国利益又能避免战争的“门户开放”政策。虽然列强们对此表现冷淡，但他们今后却已不得不重视美国的利益诉求。毫无疑问，美国通过与西班牙的战争步入了世界列强之列，并自此走上了全球扩张之路。因此，美西战争不可不谓是美国世界霸权之路的开端。

二、美西战争塑造了百年后的美国

历史学家 F· 特纳于 1893 年就曾指出：“扩张力是美国人固有的一种力量。”[③] 而这种扩张力的最佳注脚就是艾尔弗雷德·塞耶·马汉的海权论。马汉认为美国要参与全球竞争以维护自身的商业利益，必须成为一个海上强国并控制具有战略意义的地点，拥有由海军、商船队和殖民地构

---

① 1898 年 2 月 15 日，在西班牙的殖民地古巴哈瓦那港，停泊着不少船只。美国的“缅因号”军舰也停靠在这里，夜幕时分，“缅因号”突然爆炸。据事后统计，这次爆炸造成 164 人死亡，100 人受伤。不久，美国有关方面公布了调查结果，声称这艘军舰是西班牙人用水雷炸沉的，将责任归在西班牙政府头上。

② ［美］艾伦·布林克利著，邵旭东译：《美国史》，海南出版社，2009 年版，第 585 页。

③ 何顺果著：《美国史通论》，学林出版社，2001 年版，第 207 页。

成的海上实力。而所谓具有战略意义的地点就是指远东和古巴。[①] 海权论迎合了好战派的政治需要，并迅速进行了第一次实践——美西战争。可见，如果“天定命运论”为美国的对外扩张提供了自欺欺人的道义指引，那么海权论就为那些急于参与全球利益分配的人提供了毫不掩饰的行动指南。

美西战争之后，美国将菲律宾、关岛和波多黎各变成了自己的殖民地，而通过操纵古巴制宪会议使其取得名义上的独立，这样构建起自己的殖民体系。从此，有了菲律宾和古巴作为跳板，美国在“门户开放”和“大棒”政策的指导下开始了向远东和拉美的新殖民主义扩张，初步形成了全球扩张的态势。

美西战争还是推动美国新式海军向前发展的催化剂，为其在20世纪中作为全球主要大国承担不断增多的责任奠定了基础。[②] 而在战争中获得的菲律宾，在随后1900年八国联军干涉中国义和团运动的时候发挥了重要作用[③]。美国花费了大量人力物力来打造这个位于东南亚的桥头堡，其在马尼拉的统治一直持续到了第二次世界大战日本占领之前。而关岛和强制租借的古巴关塔那摩基地，作为美国全球战略的重要节点至今仍在发挥作用。这三个地方成为美国此后百年间亚太和拉美政策的战略前沿和基地。

第二节　美西战争时期的美国军事情报工作小史

在美西战争之前，世界军事发展有了翻天覆地的变化，对于美国军事情报工作产生了巨大的影响。1870年的普法战争震撼了美国的军事家们，美国军队开始系统学习德国的军事思想，尤其是克劳塞维茨的军事理论。由此美军的高级军官们开始讨论设立德国式的参谋部及情报部的计划。

---

① 参见［美］马汉著，李少彦等译：《海权对历史的影响（1660—1783）》，海洋出版社，2013年版。

② “Spanish-American War”，http：//www. conservapedia. com/Spanish-American_ War.

③ Philip Katcher，*the US Army* 1890 - 1920，Osprey publishing Ltd.，1990，pp. 6 - 7.

1882 年 3 月 23 日，美国海军部长发布第 292 号命令，决定在航海局建立海军情报部，并规定其职能为“搜集、记录在战时和平时可能对海军部有用的情报。”[①] 这是美军第一个常设性情报机构。随后于 1885 年，陆军也成立了陆军情报部，隶属于军队地产部总务局，任务是搜集“能够供陆军部和全陆军使用的我军或外军的军事资料”。[②] 这两个情报部门的建立，可以说开创了美国军事情报历史的先河，为后来美国军事情报系统的构建打下了基础。

一、美西战争前美军的情报准备

随着垄断资本主义向帝国主义转型，急需开拓海外殖民地的美国在美西战争之前军事方面先于政治完成准备，其中包括军事情报工作的准备。这种准备包括情报观念和情报机构两个方面。

首先，美军对军事情报工作的认识，在向外军学习的过程中，经过不断反思自身的战争实践而逐渐改变。普法战争和德意志统一战争中普鲁士军队辉煌的战绩，使世界各国军队看到了总参谋部制度的优越性，因而引发了世界范围内的军事改革。各国都比较认同将情报机构设在总参谋部之下，使之成为领率机关的组成部分的做法。[③] 这一做法明显地有效利用了情报资源，大幅提高了指挥机关制订作战计划的科学性。这些情况对于美国派到欧洲的观察员触动很大，他们通过出版军事著作等形式开始推动改革。美国人从历次战争中尤其是南北战争中学习到军事情报的重要性，从实践中深刻体会到没有情报支撑的战争所要付出的惨重代价。当时海外利益的拓展凸显了情报工作的不足，增强了更为迫切的情报现实需求认识。于是，他们立即着手针对传统军事情报工作的弊端进行改革。

其次，美国对军事情报机构进行了改革。在内战完成了国家统一之后，尽管美国的军事情报机构仍在需求导向思维的影响下，未能免于遭到忽视和裁减的命运，但是，传统军事情报工作模式向现代模式的转换已在

---

① ［美］内森·米勒著，王业桃等译：《美国谍报秘史》，译林出版社，1991 年版，第 162 页。

② 同上书，第 164 页。

③ 刘宗和、高金虎主编：《外国情报体制研究》，军事科学出版社，2003 年版，第 7 页。

积极酝酿当中。在新的军事思想冲击下，从现实需要出发，美国开始师从欧洲军事强国进行情报体制改革。在国家层面上，美国建立了正式的武官制度，其武官在军事情报方面的主要工作是进行公开情报资料的搜集和观察驻在国军队的动向等。在军队层面上，海军和陆军分别建立了情报部，尤其是海军，历来就有比较好的情报传统，其情报部成立之初的目的是观察和报告海外海洋技术的发展①，成立后为美国海军的发展贡献良多。一位权威人士如此评价："美国海军第一批钢铁舰艇的建造，无一没有情报部的直接帮助。"② 美西战争之前，海军情报部早就系统地根据海权论所认为的战略要冲开始了情报搜集活动，并在古巴等地建立起间谍网。而陆军情报部也完成了古巴、波多黎各和菲律宾等国大部分地区的地图绘制和对部分外军的研究，而且专门有一个部门随时关注着西班牙在加勒比海地区殖民地的有关动向。

在美西战争爆发之前，美国人运用更新的情报观念对传统军事情报工作进行了划时代的改革，基本完成了应对在海外争夺殖民地的军事情报准备。美西战争因此成为"美国历史上第一场在开战之前军事情报职能就已确立和运转的战争"③。

二、美西战争中美国的军事情报工作

由于在战前就有了充分的情报准备，美西战端一开，整个情报系统就全力运转起来，并不断地通过公开或秘密渠道获取有关西班牙军队的各种情报。这个系统的构成包括武官情报系统、海军情报部、陆军情报部和反情报部门。不过，在内战中被运用于战场情报获取的一些情报技术在这个时期并没有产生质的飞跃。

美西战争一爆发，许多派驻欧洲的美国陆军或海军武官们就立即从收

---

① Raymond J. Batvinis, *the Origins of FBI Counterintelligence*, Lawrence, Kan.: University Press of Kansas, 2007, p. 33.

② ［美］内森·米勒著，王业桃等译：《美国谍报秘史》，译林出版社，1991 年版，第 163 页。

③ James P. Finley, *U. S. Army Military Intelligence History: A Sourcebook*, U. S. Army Intelligence Centre & Fort Huachuca, 1995, p. 69.

集公开资料转为了全面地侦察。① 这些武官的主要情报来源除了公开情报，还包括间谍和收买。例如驻伦敦海军武官约翰·科尔韦尔中尉建立的间谍网，他的情报来源十分广泛。除了直接向马德里派遣的间谍，还有人专门负责监视从伦敦到马德里的货运情况，有人潜伏在西班牙使馆，有人负责监视苏伊士运河等。② 武官情报系统为美西战争取得胜利提供了大量非常有价值的关于西班牙的动向情报。

从“缅因”号爆炸到美西战争开始之前，美国海军情报部就一直通过安插在古巴电报局中的间谍关注着事态的发展，事实上，“缅因”号爆炸的消息也正是由这个间谍网首先发回国内的。战时对于海军情报部最重要的情报，是关于原定分别驶向古巴和菲律宾的西班牙西印度舰队和卡马拉舰队的情报，因为作为曾经最强大的海洋国家，西班牙舰队的实力依然不容小觑。为此，海军情报部派遣了一名间谍到马德里探听虚实。他通过伪装身份混入卡马拉的宴会，并从卡马拉本人那里套取到关于舰队还有6个星期才能完成改装的情报。而另一名间谍化妆成游客，驾着游艇一直尾随着卡马拉的舰队进入苏伊士运河。期间驻巴黎的海军武官到处散布美军即将袭击西班牙本土的假消息，卡马拉舰队被迫回防。而关于西印度舰队的情报最终还是由古巴电报局中的间谍发现，只是令人遗憾的是位于华盛顿的战争指挥部直到9天后才相信这个消息。

美国海军在菲律宾进行的战斗，其情报支援主要是由亚洲海军中队司令杜威准将的间谍网完成的，这个间谍网包括美国驻马尼拉领事与一些往返于香港和马尼拉之间的商人。通过情报杜威了解到西班牙的战备情况，最终制定了科学的作战计划，在只牺牲一人的情况下打败了西班牙舰队。

陆军情报部的情报工作在亚瑟·L. 瓦格纳少校的主持下也开展得卓有成效。在整个为时不长的美西战争中，他最著名的行动是派遣罗恩中尉和亨利·惠特尼中尉分别去古巴和波多黎各执行侦察任务。尤其是罗恩中尉找到古巴起义军首领加西亚，获得了关于西班牙军队实力和部署的情

---

① 参见美国中央情报局网站：https：//www. cia. gov/kids-page/5-12th-grade/operation-history/history-of-american-intelligence. html。

② ［美］内森·米勒著，王业桃等译：《美国谍报秘史》，译林出版社，1991年版，第173页。

报，并将加西亚有关美古联合打击西班牙军队的建议带回了美国[①]。此外，瓦格纳还在制定美军进入古巴的计划时，提供了当地传染病的医学情报并建议推迟行动，然而，其建议并未被上级采纳，最终导致5200人死于当地的流行疾病的悲剧。[②]

此外，美西战争时期的反情报工作由成立于1865年的财政部特工局负责，该机构是参与美西战争最主要的非军队情报机构。特工局组织了紧急情况援助力量追踪西班牙间谍，动员了数百平民执行监视任务，并协助军队逮捕了许多间谍。[③] 其反情报工作的主要成绩是破获了前西班牙驻华盛顿海军武官拉蒙·卡伦扎中尉组建的间谍网，消除了威胁隐患。[④]

由于这一时期科学技术并没有较大的突破，因此，南北战争中所使用的照相侦察等战场情报技术，只是被美西战争继承下来且只停留在原有的水平。例如：照相器材在内战中曾经被安装在热气球上用于侦察，考虑到成本和便携性，美西战争中它们被安装在大风筝上，其快门靠定时装置控制。尽管如此，热气球在这场战争中仍然得到了应用，但仍未摆脱其致命的缺点，即因在空中行动缓慢而容易成为敌军火力的目标。对此，瓦格纳有这样的评价："这是军事史上第一次将热气球实际运用到火线上，但这也可能是最后一次见证这样英勇的事迹。真是很难理解何种古怪的'战争艺术概念'，在第一次运用的地方就能够让大家一直不明究里地注视着它。"[⑤] 由此可见，限于当时科学技术水平，新技术尚无法带来军事情报体制的革新，而这一时期促进其进化的唯一动因就是国家利益的扩展。

---

① James P. Finley, *U. S. Army Military Intelligence History*: *A Sourcebook*, U. S. Army Intelligence Centre & Fort Huachuca, 1995, p. 69.

② ［美］艾伦·布林克利著，邵旭东译：《美国史》，海南出版社，2009年版，第585页。

③ Brain A. Jackson, *the Challenge of Domestic Intelligence in a Free Society*, RAND Corporation, 2009, p. 16.

④ 由于拉蒙·卡伦扎中尉缺乏情报工作经验，一开始活动就被特工局监视起来，并很快被逮捕，因此并未能发挥多大作用。

⑤ James P. Finley, *U. S. Army Military Intelligence History*: *A Sourcebook*, U. S. Army Intelligence Centre & Fort Huachuca, 1995, p. 70.

第三节　美西战争时期的军事情报工作评述

美西战争虽历时短暂，但其结果却使美国建立了横跨太平洋的庞大帝国。国家利益的迅速扩展为军事情报工作的发展带来了新契机，其促成了国家战略与情报的迅速融合。为了在地球两端同时作战，美国的军事情报部门在开战前就做好了充分的情报准备。此举打破了美国传统军事情报工作单纯因战争需求而开展的做法，常设性军事情报机构成为国家发展之必须。当美国新的情报思想将视野铺向全球的时候，现代军事情报体制逐渐萌芽了。

一、海外利益拓展的现实需求促成了战略决策与军事情报工作的融合

当国会的保守派们还在坚持用和平手段来完成“上帝”所赋予他们的扩张事业时，激进的好战派们已经认识到，美国的全球利益必须和英法等老牌殖民国家一样建立在武力征服上。马汉在其被美国海军奉为经典的《海上实力对历史的影响》一书中写到：“为了使本国民众所获得的好处超过寻常的份额，有必要竭尽全力排斥掉其他竞争者，要么通过垄断或强制性条令的和平立法手段，要么在这些手段不奏效时诉诸直接的暴力方式。”① 而美国海军部代理部长——后来的美国总统——西奥多·罗斯福早就意识到战争的不可避免而未雨绸缪了。

事实上，美国海军于 1895 年开始计划发动与西班牙的战争，并通过海军战争学院的演习确定了战争的数个战略进攻选项。在其后的几年间，作战方案所需的相关情报由海军情报部负责搜集并不断修改，最后由一个计划委员会进行审核并报告海军部长。1897 年 10 月，罗斯福为了做好可能与西班牙发生战争的准备，任命与自己同样好战的杜威准将为亚洲海军

---

① ［美］艾尔弗雷德·塞耶·马汉著，萧伟中、梅然译：《海上实力对历史的影响》，中国言实出版社，1997 年版，第 2 页。

中队司令，而杜威在离开华盛顿之前就已着手制订菲律宾行动计划了。[①] 显然，罗斯福的计划已经超出了政府决策的范围，尤其是夺取菲律宾的计划。后来的历史证明，正是这一计划使这场所谓为了古巴独立的战争演变成与西班牙争夺殖民地的帝国主义战争。

在"缅因号事件"发生后，罗斯福曾要求海军情报部提供有关美国和西班牙军舰性能的材料。[②] 当时西班牙在马尼拉湾的舰队由2艘老旧的没有武装的巡洋舰、4艘鱼雷艇和1艘炮艇组成，此外还有23艘炮艇位置不明，在马尼拉附近部署有数个岸炮连，拥有两个位于马尼拉湾内的补给基地，主要航道也都布设了水雷。而杜威的舰队只有4艘巡洋舰、2艘炮艇、1艘武装缉私小艇和2艘没有武装的补给船。[③] 从表面上看，除了火炮口径和数量外，西班牙舰队似乎更有优势。然而，战争之前，杜威建立起自己的间谍网以获取更加深入的情报，还派副官与马尼拉到香港的船员谈话套取情报。这样，他最终摸清了西班牙舰队的舰只其实已经非常破旧、不堪一击的情况，并根据马尼拉的布防情况制定了相应的作战计划。最终，马尼拉一役歼灭了西班牙的主要军事力量，菲律宾易手成为美国在二战前东亚的重要基地，并由此构建起美国横跨太平洋的一个庞大海上帝国。

美国海军的马尼拉战役，从最初始的战略构想，到由情报部门全面搜集情报充实战略内容，并最终形成战略决策的过程，在美国历史上尚属首次，并由此开创了军事情报工作参与制订战略计划的基本模式。这对于充分认识情报工作重要性，并建立以情报为基础的科学决策流程具有重大意义。从情报工作的角度来讲，情报用户的情报需求不再仅仅来源于战争体制的需要，而开始尝试在和平时期里就根据国家的整体战略而自我调整，这对于美国在此后百年里逐渐称霸全球起到了积极的示范作用。

---

① Lawrence Burr, *US CRUISERS* 1883-1904: *the birth of the steel navy*, Osprey publishing Ltd., 2008, p. 26.

② ［美］内森·米勒著，王业桃等译：《美国谍报秘史》，译林出版社，1991年版，第169页。

③ Lawrence Burr, *US CRUISERS* 1883 - 1904: *the birth of the steel navy*, Osprey publishing Ltd., 2008, pp. 26 - 28.

二、美西战争中美军军事情报思想发展的重大意义

虽然以今天的标准来看，美西战争中的军事情报工作仍处于初级阶段，情报在决策和作战中发挥的作用依然比较有限，但对于美军的情报思想发展而言，却至少具有两方面重大的意义。

第一，情报先行在战略上的常态化。上文已提到，美西战争是美国历史上第一次在战前就开始针对预定作战地域展开系统情报工作的。"缅因号事件"后，美国的决策者为陆军和海军情报部下达了三项任务：一是观察派往加勒比海域阻扰美军行动的西班牙舰队动向；二是监控正驶向菲律宾以对抗美国的西班牙大舰队；三是必须保持同古巴起义者间的情报联络以达到与西班牙军事动向同步。[1] 在美国历史上，独立战争和南北战争中的军事情报工作基本上在战争开始后才根据作战需要而进行，只有在西部和印第安人的战争中才小规模地使用骑兵或友好的土著人进行作战前的侦察，这是由和印第安人作战的游击性质所决定的。而美西战争之前，美国的决策者们认识到这场在两个洲同时进行的战争仍具有极高的风险性，因而在战争规划中就必须引入准确的情报作为支撑。由此，美国的情报部门在和平时期也被赋予了了解潜在对手的职能。虽然美西战争之后，美国还是花了很长一段时间才建立起符合需求的情报体制，但情报先行在战略上的常态化已成为后来决策者们的共识。美西战争后，情报工作在争夺巴拿马运河控制权的斗争中的运用，就是基本按照这一模式进行的。

第二，军事情报对于国家的贡献超出了军事作战的范畴。在美西战争中，军事情报在战略上发挥的作用，在美国历史上首次超过对于战役的贡献。独立战争、南北战争这两场关乎美国命运的关键性战争中，军事情报工作对于国家的贡献，主要是通过在关键性战役中制造转折来实现的。而在成就美国成为殖民帝国的美西战争中，军事情报工作的主要贡献则是在战争前为制定正确的战略计划服务时就已经确定下来。这完全得益于决策者和指挥官敏锐的情报意识。国家决策层对于军事情报工作、战争胜负和

---

① DIA Office of Historical Research, *A History of the Defense Intelligence Agency*, www.dia.mil/publicaffairs/Foia/dia-history.pdf, p. 11.

国家战略的实现三者关系的认识由此得到升华，而战后关于提升军事情报部门在指挥体制中地位的呼声也越来越高。1903 年，在新成立的总参谋部中，将陆军情报部列编为第二部，与负责军队管理的一部和统制规划的三部并列。①

美西战争可以说是在美国决策者们新的情报思想指导下进行的一场战争，战争的结果又对情报思想、情报体制的变革产生了巨大的推动作用。正是在此条件下，美国现代军事情报工作体制在 19 世纪末 20 世纪初逐渐萌芽了。

三、美西战争中形成的美国现代军事情报体制的萌芽

情报体制现代化的一个标志是国家情报体制的出现，及战略情报分析在情报工作中中心地位的确立。② 美西战争前后，美国的决策者们一方面对情报在战略谋划中所起到的作用赞赏不已，一方面也意识到情报机构的政出多门已影响到情报工作的效率，势必要对传统的军事情报工作进行一定的改革。

1898 年特工局破获卡伦扎在加拿大的间谍网引起的外交纠纷，以及陆军和海军情报部之间恶性竞争事件的层出不穷，使决策者们深感有必要统一协调情报部门之间的关系。在总统的授意下，国务卿兰辛将这一任务交给了顾问弗兰克·波尔克，由他协调海、陆军情报部、特工局和新成立的司法部调查局之间的关系。这成为美国情报史上文职人员对军事情报工作控制的开端。③ 这一职位同后来的中央情报主任比较相似，只负责确定情报需求和协调各机构间的关系，而对各机构的内部事务无权管辖，因此，他的影响力十分有限。但是，波尔克以美国情报机构协调人的身份与英国情报机构进行了非常成功的合作。

在美国军事情报工作体制中，武官系统率先成熟起来。虽然美国的武

---

① James P. Finley, *U. S. Army Military Intelligence History: A Sourcebook*, U. S. Army Intelligence Centre & Fort Huachuca, 1995, p. 70.

② 刘宗和、高金虎主编，《外国情报体制研究》，军事科学出版社，2003 年版，第 1 页。

③ ［美］内森·米勒著，王业桃等译：《美国谍报秘史》，译林出版社，1991 年版，第 192 页。

官制度师承欧洲，但自身的渊源可以追溯到独立战争期间的秘密通讯委员会，其在富兰克林的领导下，一些派往国外的军官在欧洲进行了有效的军事外交和军事情报工作。在美墨战争期间，美国派遣了数名军官去欧洲担任观察员，他们带回的情报促使美军军校、炮兵和骑兵战术进行了改良。[①] 美国之前没有产生派遣常驻外国军事代表的需要，更多的原因是由其地缘战略位置所决定的，即其地理位置远离世界政治中心，加之地位卑微、交通不便，尚无需也不便与欧洲列强进行高层次军事交往。但是，随着交通和通信技术的发展和国家利益的扩展，这样的需求很快被提上了议事日程。1885 年格罗弗·克利夫兰总统在给国会的文件中批准向国外派遣陆、海军武官。1889 年美国向伦敦、柏林、巴黎、维也纳和圣彼得堡派驻非临时性武官，1896 年又增加了驻罗马、马德里和布鲁塞尔武官。[②] 美西战争前，美国已在欧洲构建起肩负军事外交和军事情报双重职能的较为成熟的武官系统。

美西战争后，美国海军作为其国家利益对外拓展的主力军，其情报部也更多地负起搜集战略情报的责任。陆军情报部则在指挥体制改革中成为总参谋部的第二部，其职能包括“搜集、整理和出版历史、统计和地理信息；陆军部图书馆；美国及国外的作战地图库；搜集关于外军和军事据点的基本信息；通过官方记录对历史上的重大战役进行分析和总结；管理武官系统”[③]，其下根据职能又分有六个不同的部门。二部为三部制订计划提供了大量的情报，因此两个部门间的关系极为密切。这样的结合方式在 1906 年计划在古巴策动叛乱然后军事介入的行动中起到了重要作用。虽然从职能上看，陆军情报部还没有被赋予战略情报搜集的任务，但这个时期的作战行动已经脱离不了国家战略全局的筹划。因此，战略情报在情报工作中的中心地位正在逐渐建立起来。

在国内的情报和反情报工作方面，加拿大外交风波特别是 1901 年麦金利总统刺杀案，使美国决策者们认识到在国内建立专业反情报机构的重

---

① ［美］内森·米勒著，王业桃等译：《美国谍报秘史》，译林出版社，1991 年版，第 90 页。

② 参见美国国防情报局网站：www. dia. mil/history/histories/attaches. html。

③ James P. Finley, *U. S. Army Military Intelligence History: A Sourcebook*, U. S. Army Intelligence Centre & Fort Huachuca, 1995, p. 70.

要性。1908年，首席大法官正式签署命令成立司法部调查局。实际上，首席大法官的调查权力源自1871年的一个拨款专项法案，他被赋予运用专项资金“对针对美国的犯罪进行调查和诉讼”[①] 的权力。不过在美西战争期间，他还没有获得使用秘密特工从事反情报工作的权限。司法部调查局成为联邦调查局的前身，并此后一直是美国反情报领域的最高机构。

至此，美国构建了情报协调员加四个主要情报机构的完整情报体系，其现代军事情报工作体制正是在此基础上，伴随着科技的发展和任务的拓展不断成长起来。在中央情报局成立之前，这些机构一直担负着情报与反情报的重任，只是由于没有法律的支持和当时情报工作的历史局限性，这个体制尚不十分稳定，所发挥的作用也还相当有限。

四、美西战争中传统情报陋习所造成的情报失误

由于战前进行了长时间的情报准备，美西战争得以成为“漂亮的速决战”，这也是第一次对成立不久的海、陆军情报部进行的实战检验。但是，在这场持续时间并不长的战争中并非不存在情报失误，而且这个失误暴露出了当时美国军事情报工作的最主要问题——轻视情报的传统惯性。

本章第二节中曾提到瓦格纳在制定美军进入古巴的计划时，提供了当地传染病的医学情报并建议推迟行动，但该建议没有被上级采纳而最终导致5200人死于当地的流行疾病的悲剧发生。之所以会出现这种情况，其原因是当时的陆军部长阿尔杰在听到杜威于菲律宾大获全胜的消息后，害怕被海军抢尽风头而急于求战的功利心所致。同时，当瓦格纳提出野战情报处随远征军出征古巴的建议时，又被远征军司令沙夫特将军以不需要有关敌人的任何情报为由拒绝了。[②] 同样因为传染病的原因，远征军很快也变得十分脆弱。[③] 虽然这些情况并未对战争的最终结果产生多么严重的影

---

① U. S. Senate Select Committee to Study Governmental Operations with Respect to Intelligence Activities, Supplementary Detailed Sta Reports on Intelligence Activities and the Rights of Americans, Book III: Final Report, Washington, D. C., April 23, 1976, p. 378.

② ［美］内森·米勒著，王业桃等译：《美国谍报秘史》，译林出版社，1991年版，第172页。

③ ［美］艾伦·布林克利著，邵旭东译：《美国史》，海南出版社，2009年版，第590页。

响，但已经显示出美军部分指挥官们漠视情报的一面。而这种漠视很大程度上来自于传统的指挥意识中对军事情报工作的认知不足和不重视，甚至是根深蒂固的偏见。这种情报认知传统在世界军事史中屡见不鲜，且十分顽固。

更为严重的是，1908 年，对军事情报工作满怀偏见的美军参谋长贝尔将军，因与陆军情报部部长范德曼的个人恩怨最终下令将二部并入三部，由战争军事学院院长任部长，此举实际上是裁撤了二部。情报工作改由在该学院中新成立的军事情报委员会领导，而实际上到 1915 年，战争军事学院的军事情报部从事的更多是日常参谋业务，很少担负情报任务[①]。于是，陆军情报部在 1906 年起对古巴干涉行动中的杰出情报工作[②]很快就被遗忘了，来之不易的经验教训也没有引起决策层的重视。整个陆军因为情报问题而整整痛苦了近 10 年，直到 1917 年范德曼重建二部和陆军情报系统。

固然，在当时的战争条件下，情报工作的重要性还不是很高，而且主要依靠人力获取的情报价值也有限，但是，忽视情报的作用，轻则失去战机或扩大己方的损失，重则败走麦城，这是历史血的教训。独立战争、南北战争和美西战争后军事情报机构都经历了相同的命运，这种情报传统中顽固不化的一面对于国家的发展产生过巨大的不良影响。尽管如此，这个时期美国现代军事情报工作体制开始萌芽，并已逐渐在国家决策层中建立起符合时代要求的情报观念，原有的这种情报传统陋习的根基也随之开始动摇了。

小　结

美西战争对于美国的情报事业发展具有里程碑意义，它是美国战争史上第一次将情报工作引入战略计划的战争。情报先行的做法极大地提高了

---

① James P. Finley, *U. S. Army Military Intelligence History: A Sourcebook*, U. S. Army Intelligence Centre & Fort Huachuca, 1995, p. 71.

② 1906 年 10 月，美国历史上情报机构和人员第一次成为大型军事行动的先头部队。

战争的效能和缩短了战争的进程。

尽管一些传统的情报陋习依然存在，甚至出现撤裁军事情报部门的情况，但总体来看，对于军事情报的重视程度已远远高于以往。特别值得一提的是，战争爆发前，美国海、陆军情报部等各个情报机构就已完成了情报准备，这在美国历史上也属首次。这表明，情报用户的情报需求不再仅仅来源于战争体制的需要，而开始尝试在和平时期里就根据国家的整体战略而自我调整，开始抛弃固有的需求导向性情报习俗。

同时，国家利益拓展的需求促使美国设立了第一个常设性军事情报机构，并逐渐发展成具有统一协调的四个情报部门构成的情报体系，这不仅刺激了其现代军事情报体制的萌芽，也为美国此后百年间逐渐称霸全球奠定了基础。这一时期，新的情报观念通过实战的检验已深入人心，即使战后仍然和以前一样出现了反复，但新的军事情报工作模式已经不可阻挡了。

第十三章　军事情报工作与美国国家的建立和扩张的关系

只有 200 多年历史的美国史也可以说是一部战争史。从反抗英国人的暴政走向独立，到驱赶、征服印第安人将边界推移到西海岸，再到依靠坚船利炮跨越浩瀚的太平洋将星条旗插在遥远的亚洲，从建国伊始美国就不断地利用战争开创出广阔的自然和政治疆界。此外，在疆域膨胀的过程中，美国还形成了独特的国民特性，并借此支撑和保持国家领土和主权的稳定性。美国国家的建立和扩张就是建立在自然、政治疆界和国民特性这三者基础之上的。

战争是大殖民时代的主题，而国家利益的核心是军事安全。军事安全是维护国家独立和公民利益的基本保证，因此战争成为美国不断拓展安全边界、维护内部统一的工具。而为军事安全提供重要信息保障的军事情报工作，其成败除了能对战争的胜负产生直接影响，还因其具有积极和消极两方面的社会效果，在美国国家建立和扩张过程中对美国社会意识的形成也间接发挥了重要作用。由于其自身的隐秘性，军事情报工作的这种作用以往很少被人提及，但正如里根总统所说："让我们永远不要忘记，好的情报拯救了美国人的生命并保卫了我们的自由。"①

具体说来，军事情报工作与美国国家建立和扩张的关系，包含了军事情报工作与自然、政治疆界的拓展，疆界拓展与国民特性的形成以及军事情报工作与国民特性这三组互相影响的关系。这三者自美国独立后的发展轨迹从本质上来说是高度重合的，通过对比重大转折点前后美国国家的发

---

① DIA Office of Historical Research, *A History of the Defense Intelligence Agency*, www. dia. mil/publicaffairs/Foia/dia-history. pdf, p. 47.

展、理清三者间关系的脉络，就可以发现军事情报工作在这组三角关系中所处的重要位置，从而形成对从独立战争至美西战争间这段时期内的军事情报工作的正确理解。

第一节　美国自然、政治疆界与国民特性之间的关系

国民特性没有准确的定义，其实质是一个国家的自我认知，即“我们是谁”。[①]“我们是谁”的概念具有不确定性，从自然环境而言疆域对于形成“我们”的概念其重要性在于确定了群体和种属的地理范围，而从政治的角度敌人的界定则是形成“我们”这一社会群体的基本前提，这是出于弗洛伊德所谓人类“力求保护和联合的本能”[②]。因此，自然疆界是国民特性形成的基础，而政治疆界的划定则是国民特性得以确立的标杆。

一、美国自然疆界与国民特性形成之间的关系

让·德·克雷夫在其《一位美国农民的来信》一书中写道：“人类如同植物，果实的丰腴甘醇概出于其生长的土壤与特定的地理环境，而我们则无非是在赖以呼吸之空气，适以生存之气候，匍匐其下之政府，宣奉至上之宗教，以及就业谋生之根本等诸因素共同作用下的产物。”[③] 因此，美国民族的个性与价值观念，社会与政治的构成，也必然与自然环境无法分开。一方面他们继承了从欧洲大陆移殖而来的盎格鲁—新教文化，一方面又在新环境中形成了新的特点，并在对疆域的不断开拓中产生着激烈的

---

① 参见［美］塞缪尔·亨廷顿著，程克雄译：《谁是美国人？美国国民特性面临的挑战》，新华出版社，2010年版，第17—25页。

② Albert Einstein and Sigmund Freud, *Why War?*, in The Standard Edition of the Complete Psychological Works of Sigmund Freud, Hogarth Press, 1964, p. 215.

③ Hector St John De Crevecoeur, *Letters from an American Farmer*, Read HowYou Want. com, 2006, p. 67.

变化。

历史上大部分国家的国民特性均是先产生于对主体民族发祥地地理和环境特点的认同感，进而才认同国家的。也就是说这些国家的国民对国家的认同包含地域和政治两个方面。而美国人的国民特性则是在国家建立和扩张的过程中逐步形成的，尤其是他们对于西部持续不断的开拓运动使美国真正找到了作为一个大国的重心，[①] 并成为美国国民特性中相当具有凝聚力的因素。这种凝聚力的价值，体现在美国人于开拓未知世界中所形成的自我实现主义，而这种外向型的主义给予了美国人充分自由和民主的天赋，并最终形成了其国民特性中带有理想主义色彩的扩张性这一重要特点。因此，美国国民特性的形成不是构建在某一特定的或神圣的地点之上，他们没有乡土一类的观念，不断扩展的自然疆界带来的人口不断运动、迁徙和流动，即皮尔逊谓之"M 因素"才是国民特性的决定性因素[②]。

更进一步而言，美国的国民特性不是产生于人对自然环境的依赖，而是人与自然的冲突。在这场冲突中获得的胜利，成为美国精神中自豪感的来源。事实上，自然疆界在美国国民特性中所发挥的与众不同的基础性作用，更多是在政治上唤醒了美利坚人，而在精神上背离了欧洲。1849 年，一位欧洲人亚历山大·麦基访问美国后认为"美国人是自视为特定政治信念的门徒"。而百年后的一次调查人们对自己国家最引以为豪的是什么的民意测验中，只有 5% 美国人对国土感到自豪。因而对于美国人而言，由开拓疆域中所产生的意识形态已经高出了疆域本身对国民特性的影响。[③]

二、美国政治疆界与国民特性形成之间的关系

比之于自然疆界，美国政治疆界与国民特性形成之间的关系要复杂得

---

① 何顺果著:《美国史通论》，学林出版社 2001 年版，第 109 页。

② 运动（movement）、迁徙（migration）和流动（mobility）三词的英文首字母均是 M，故称"M 因素"。参见［美］卢瑟·S·利德基主编，龙治芳、唐建文等译:《美国特性探索》，中国社会科学出版社，1991 年版，第 39 页。

③ 参见［美］塞缪尔·亨廷顿著，程克雄译:《谁是美国人？美国国民特性面临的挑战》，新华出版社，2010 年版，第 39 页。

多。一方面，政治疆界的形成总是落后于自然疆界的拓展，原先的政治理念在新的领土上有一段适应过程；另一方面，国内外政治势力的斗争也总是存在着塑造和摧毁两方面的影响。例如，1840 年到 1865 年间的奴隶制度之争，政治疆域的撕裂也差点使美国国民的意识形态一分为二，其流毒为祸至今。

历史学家罗杰斯·霍林斯沃斯认为，美国是一个定居者社会的产物，英格兰定居者的生活方式“发展成一整个社会”，并“引出了居主导地位的政治文化、政治体制、语言、工作和居住模式以及许多的习俗，后来的移民都必须适应它们。”① 历史表明，美国不仅要求新移民适应英格兰定居者的政治理念，并主动将其运用到扩张之中，在所谓上帝的名义下将其向西部和海外输出，千方百计迫使其他民族和国家接受美国式的改造。随着美国政治疆域的不断扩展，其国民特性中上帝所命的责任感也开始形成和不断加强。尽管不同的民族进入美国社会对其价值观产生了影响，但凡是新移民都被要求接受盎格鲁—新教文化及其价值观，这成为美国国民特性的核心而不可动摇。因此，在大部分时间里，除非像内战一样从内部产生裂变，这一核心都能基本维持美国政治疆界的稳定。无论多少不同阶级的人涌入美国，定居者仿效英国都铎宪制建立起的国家基本体制，其基本因素都能毫不动摇地被保持到 20 世纪。②

因此，美国国民特性为其政治疆界的扩展提供了坚定的民意支持。但是，因其仍然具有保守的一面，也为政治疆域的开拓带来了阻碍、破坏和极其血腥的一面。亚瑟·施莱辛格认为在很长一段历史时期内，美国都是“一个种族主义的国家”③。虽然美国是多元化文化的大熔炉，但盎格鲁—新教文化所具有的排斥性，强迫新移民加入美国主体价值体系的同时产生了极端民族主义的副作用。所以，虽然美国人具有理想主义的政治信念，但在自由的同时也存在着天然的矛盾，一方面认为自己的体制才是真正幸

---

① J. Rogers Hollingsworth, *the United States*, in Raymond Grew, eds., *Crises of Political Development in Europe and the United States*, Princeton University Press, 1978, p. 163.

② Samuel P. Huntington, *Political Order in Changing Societies*, Yale University Press, 1968, p. 93.

③ Arthur M. Schlesinger, Jr., *the Disuniting of America*: *Reflections on a multicultural society*, W. W. Norton, 1998, p. 18.

福的"山巅之城"，而另一方面仍避免不了世俗的政治法则所带来的巴比伦塔式的争斗。正如丹尼尔·贝尔在《资本主义的文化矛盾》一书中所称："美国是一个精神分裂的民族。"[①] 但是，这种性格中的自相矛盾最终能在所谓美国式的新教精神里找到奇特的平衡点，这个点不仅包含福音传道的精神，还有通过"持异议中的持异议"[②] 所表现出的强烈自由精神，而这两种精神之和，就是不断地革新和变化，进行"创造性的破坏"[③]。

这种国民特性中的矛盾性贯穿于美国人政治思想的方方面面，造成了在政治疆界的拓展上，一方面自诩为"救世之国"，又一方面出于天生的政治不合作主义对自身加以否定。这使得美国政治疆界的拓展呈现出与其他殖民大国不同的形态。在不同历史时期，政治疆界的拓展又使这种矛盾变得更为突出，分别体现为联邦派与共和派的分歧[④]，蓄奴派和废奴派的战争，以及清教徒式的孤立主义和功利十足的拓疆文化之间的斗争等。

第二节　军事情报工作与美国自然、政治疆界开拓的关系

从原始社会起，人类进行捕猎、生产、垦殖、部落间的交往等活动无不以信息的获取为前提，这是人类智慧的天性。军事活动随着人类社会生产力的发展，逐渐成为国家政治生活的重心，军事情报活动就成为保障统治阶级实现政治、军事目标的工具。虽然由于生产力和科技因素的制约，军事情报活动一直徘徊在较低水平，而且没有形成真正的工作体系，但其对国家的建立和利益的扩张仍具有重大的作用。客观地说，美国自独立战争开始的军事情报工作未能克服其历史局限性，但也不能否认其为美国开

---

① ［美］卢瑟·S·利德基主编，龙治芳、唐建文等译：《美国特性探索》，中国社会科学出版社，1991年版，第26页。

② Edmund Burke, *Speech on Moving Resolutions for Conciliation with the colonies*, in Ross J. S. Hoffman and Paul Levack, eds., *Burk's Politics*, New York: Knopf, 1949, p. 71.

③ ［美］卢瑟·S·利德基主编，龙治芳、唐建文等译：《美国特性探索》，中国社会科学出版社，1991年版，第27页。

④ 参见［美］艾伦·布林克利著，邵旭东译：《美国史》，海南出版社，2009年版，第168—172页。

疆拓土、成为世界大国做出的贡献。美国自然、政治疆界的扩张主要通过战争兼并、购买等形式进行，虽然军事情报工作在每次重大战争之后都被人为地降到极低地位，但是，出于对信息需求所保留下来的那部分情报工作，仍然发挥了巨大作用。

一、战争时期军事情报工作对美国自然、政治疆界开拓贡献巨大

如前所述，美国是在战争中成长的。处于战争时期时，美国的军事情报工作相对活跃，尤其是在独立战争和美西战争期间，由于建立有相对完善、系统的情报体系，以及领导者拥有敏锐的情报意识，其为美国自然、政治疆界的建立和拓展起到了基石和先锋作用。而在南北内战时期，由于战争本身所具有的内战性质，军事情报工作对于这方面的贡献，更多地体现在维护了其疆界的完整，挽救了国家的危机。

独立战争时期，美国通过北美大陆和欧洲两方面的军事情报工作，成功地以弱胜强，打败世界头号殖民大国英国而建立起北美第一个独立国家。对于整场战争的各个转折点，军事情报工作都起到了不可代替的重要作用，一直保护着美国革命的火种并为之添加燃料使其熊熊燃烧起来。另一方面，独立战争初期，入侵加拿大的失败部分是因为孤军深入，部分是情报失误以及军事外交工作的失败。这些因素综合作用的结果，形成了美加的部分边界和美国初期的自然疆域。在政治疆域的开拓上，首先，军事情报工作的作用是为华盛顿成为“军队和全体人民中具有凝聚力的稳定核心”[①] 提供了信息支持。一方面，他利用成功的军事情报工作赢得战争来树立威信增强凝聚力，另一方面也利用它成功地击败任何谋害自己的企图，维护权力中心的稳定，例如，破获了所谓“康韦阴谋”[②]。其次，富兰克林在欧洲进行的军事情报工作成功地促成了美法同盟的结成，直接改变了战争的胜负天平，也初步在国际上赢得了政治承认，这对于政治疆域

---

① ［美］艾伦·布林克利著，邵旭东译：《美国史》，海南出版社，2009 年版，第 132 页。

② 康韦阴谋：美国革命初期爱尔兰裔将军托马斯·康韦策划的一次试图罢免乔治·华盛顿大陆军总司令的阴谋。

的形成起到了奠基作用。再次，针对亲英派托利党的情报工作，由于战争的敌我性质而变得异常残酷，战争中爱国者对他们进行监视、打击，造成约 10 万人因无法忍受而逃离美国。[①] 这种结果带来了深刻的社会变化，对于肃清英国的政治影响具有重大意义，是美国新形成的政治疆域内的一次重大自我清洁行为。

而在美西战争期间，军事情报工作对于自然、政治疆界的开拓更多是起到了先锋的作用。在海权论的指导下，美国海、陆军情报部的军事情报工作很早就有意识地在预定作战地域开展起来，为通过战争将自然疆界扩张到国家利益所及的地区提供了第一手资料，也成为国家政治影响力向更远地域辐射的探测器。在自然疆界的拓展方面，军事情报工作更为深远的意义在于，通过美西战争的准备工作积累起来的太平洋地区水文资料是美国此后百年间称霸整个太平洋的基础。美西战争前后，太平洋上许多岛屿成为美国庞大海洋帝国的领土，这样庞大的疆域使美国成功跻身世界顶级强国之列。到了 21 世纪的今天，美国仍然对这些帝国时代的领土进行着有效的管辖。而在政治疆域的开拓方面，军事情报工作在加勒比海成功开展，其意义在于维护了美国所拥有的地区霸权，而在西太平洋地区则是建立了美国国际政治利益的据点。战争在带来这些岛屿的同时，也造成了内部兼并与反兼并的分歧，而最终麦金利选择了在基督的名义下兼并菲律宾的决定。但是，美国决策层都知道，如果没有全面深入的军事情报工作，不仅难以取得战争的胜利，即便胜利后他们也很难驾驭远在万里之外地域辽阔、人口众多的菲律宾。虽然后来历史证明，陆军部关于菲律宾的情报严重不足将美军拖入了 3 年惨痛的战争，但最终美国还是保有该地区直到第二次世界大战，并依靠其成为在远东拥有巨大政治影响力的大国之一。

美国国家的命运、战争的胜负和军事情报工作的成败在内战时期都经历了巨大的 U 型转折。在美国面临分裂的历史岔口，军事情报工作虽然以今天的眼光看来相当落后，但是，如果以历史的目光去考察，其对战役的贡献因为历史赐予的机遇而超出了战役本身。其通过战争胜利发挥出的作用不仅包括维护了美国自然疆界的完整，还为国内政治发展扫除了最大的障碍，“从根本上调整了三大区域的关系，美国从此进入了一个协调发

① ［美］艾伦·布林克利著，邵旭东译：《美国史》，海南出版社，2009 年版，第 141 页。

展的新时期"[1]。由此可见，如果否定军事情报工作在这其中所发挥的作用，那就是否定对美国历史影响深远的内战本身。

二、和平时期军事情报工作对美国自然、政治疆界开拓贡献颇丰

第一次世界大战之前，美国历史上影响最大的三场战争后，军事情报机构均遭到了被裁撤的命运，但这并不代表美国的军事情报工作就完全陷入了停滞状态，而只是进入了低谷时期。因为，只要国家和军队依然存在，军事情报工作就会在某种程度上自然存在。在这三场战争之间存在两段相对和平的时期，分别有近 80 年和 30 年的时间。建国后至内战前的军事情报工作，对于国家自然疆界的开拓的贡献主要体现在对西部的开拓上，美西战争前则如前文所述主要体现在海军对海洋的探索上。

美国人及以前的英格兰定居者与位于他们西边的印第安人一直充满着冲突与战争。英国人曾试图通过《1763 年皇家宣言》[2] 控制移民的西进运动。在独立战争中，易洛魁人还曾和英国人结盟，以期战胜美国人后可以阻止白人侵犯他们的领地。独立战争后，美国向西部拓殖遇到的最大阻力就是印第安人。此外，英国、法国、西班牙等老牌殖民帝国也与美国发生过激烈的争夺。因此，在美国的西部开拓中，注定要通过枪与火来夺取和保卫土地。在这个过程中，由于印第安人游击作战方式的原始，美国在边远地区的军事情报工作也相应处于较低的水平。针对印第安人的情报工作主要由驻边的印第安事务官负责；在对印第安人的进攻中，针对他们游击战的特点，美国士兵和亲美的印第安人组成联合侦察队侦察敌情。加上火器的优势，这些情报已经能基本满足同印第安人作战的需要。除了这些战术情报手段外，美国还大肆利用隐蔽行动推行扩张政策，例如 1801 年派遣秘密考察队对路易斯安那进行探查的计划。这个考察队的任务是

---

① 何顺果著：《美国史通论》，学林出版社，2001 年版，第 161 页。

② 1763 年 10 月，英王乔治三世签署了《1763 年皇家宣言》（Royal Proclamation of 1763）。宣言强调了英国王室对北美殖民地的主权，但是也承认了原住民对所居住的土地拥有不可侵犯的所有权，同时禁止私人收购原住民土地。

“调查在密西西比河与太平洋之间的辽阔地区居住的是些什么人，勘察地形，为建立防御工事选择地点”①。这些活动都是基础性的军事情报工作，能为以后可能发生的战争提供非常有用的情报资料。另一例典型的案例，则比较类似于20世纪中央情报局在尼加拉瓜对付桑蒂诺政府所采取的行动，1811年美国国会授权了麦迪逊总统使用隐蔽行动占领东佛罗里达。1812年的美英战争中，美国还曾建立了测绘分队对作战地域进行测量、制图。虽然在这一时期军事情报工作的水平很低，整个都处于低谷时期，甚至无法满足军队的作战需求，隐蔽行动也多以失败告终，但对于美国自然疆界的开拓而言，仍然具有基础性意义，因为，这是一个对未知地域的认知进行逐渐积累和深入的过程。美西战争前美国海军的情报工作大致也是如此，只是决策层对于情报的重视程度在主观上加强了。

而对于政治疆界的开拓，军事情报工作发挥了更大的作用。为了保证自身的安全和维护扩张中获得的利益，美国开始频繁向欧洲、拉美甚至东亚派遣间谍。例如，门罗总统曾于1823年派遣间谍亚历山大·麦克雷前往欧洲搜集关于欧洲国家对南美意向的情报，同时，另一名间谍被派往古巴观察当地的局势。这样的行动是为了维护美国在拉丁美洲的影响力，遏止欧洲列强重新涉足西半球的企图，而且也就是在这一年“门罗主义”发表。从这两者之间存在的必然联系可以看出，情报对于美国初期政治疆域的构建发挥了重要作用。此外，19世纪20年代，美国还通过英格里希在土耳其的间谍活动，获得了在该国与英法等其他大国相同的特权；30年代，通过埃德蒙·罗伯茨的秘密活动，同暹罗和马斯喀特的统治者签订了条约，同时了解了东亚国家的基本情况。这些活动都成为美国开始构建全球利益的基础，为美国政治疆界向全球扩张立下了桩脚。而美西战争前的情报工作在此基础上更加前进了一步，军事目的也更加明确，就是为了美国的帝国主义战争和扩张服务。

因此，在两段美国历史上相对和平的时期，军事情报工作对于其自然和政治疆界的开拓均起到了基础性的作用，虽然有限但却极为关键。

---

① ［美］内森·米勒著，王业桃等译：《美国谍报秘史》，译林出版社，1991年版，第67页。

第三节　军事情报工作与美国国民特性之间的关系

由于军事情报工作隐秘性的本质特点，使其并不像其他工作那样为公众所熟知。但是，从广义上来讲，军事情报工作又必须扎根于公众并依靠公众才能取得成功，因而，公众又得以从某一侧面看到部分的军事情报工作。军事情报与公众两者关系的联结点，就产生于公众对于军事情报工作的认知中。当这一认知成为公众的普遍看法并影响到他们的行为后，就可能进一步影响到国民特性的形成。对于美国而言，和其国民特性的本质特征一样，这种影响的结果也是互相矛盾的。这种矛盾来源于军事情报工作中的天生症结，即如何对权力极大甚至超脱法律的军事情报工作进行监管的问题。更抽象一点说，就是力量与原则的关系。围绕这一问题，军事情报工作在某些方面塑造着国民特性，而国民特性在形成的过程中也不断地制约着军事情报工作的开展。

一、军事情报工作对美国国民特性形成的影响

在独立战争中，军事情报工作在正义的名义下发挥了巨大作用，不仅成为国家独立的基石，更深刻地印刻在美国民众的公民意识中。情报工作本身所具有的深层次矛盾也使公民对这种隐秘活动持有截然相反的两种态度，并由此开始影响到国民特性的形成。

在公众的印象中，间谍总是阴谋的代名词，例如，法国在黎塞留主政时期，间谍被广泛用来控制人民，成为中世纪黑暗统治的支柱。因此，军事情报工作本身也受到了歧视甚至是固执的偏见。但是，在独立战争时期，以内森·黑尔为代表的“爱国间谍”，首次成为军事情报工作的主体力量，改变了整个工作的性质，因而得到了大多数公众的支持。因此，军事情报工作中所透露出来的爱国主义气息凝聚了民心，成为追求自由和独立的象征。更为重要的是，军事情报工作的开展艰苦卓绝，体现了爱国者在危险的境地对于美国价值的坚守，以及自我实现主义在公众意识中的成

长。这种坚守的意义与美国第一部《宪法·序言》中所阐述的宗旨极为接近，即“我们，合众国的人们，为了组织一个更完善的联邦，树立正义，保障国内的安宁，建立共同的国防，增进全民福利和确保我们自己及我们后代能安享自由带来的幸福，乃为美利坚合众国制定和确立这一部宪法”①。从某种意义上说，美国人从事军事情报活动的根本动力也是来源于此。因此，在美利坚人团结起来为了自由和独立斗争的时候，军事情报工作就成为支援战争有力的工具。而军事情报工作也确实为美国的自由做出了巨大的贡献，其对于自由思想的传播和爱国思想的确立均发挥了建设性作用。通过军事情报工作树立起来的这部分追求自由的精神，也成为今天美国建立庞大情报帝国的基础。

另一个方面，军事情报工作客观上对于美国民主精神的形成也有一定影响。美国历史形成的国民特性中的民主精神，实际上就是指受拥戴、负有责任、尊重人权的政府体制②。军事情报工作的集权属性使美国人一直心存疑惧，这起源于法国革命后法美联盟的打破在美国引发的有害间谍热。当颠覆和阴谋的谣言四起时，联邦主义者对内使用间谍手段打击颠覆分子，并通过了处置外侨和惩治煽动叛乱的一系列法律，但其真实目的是监视和打击政治对手，这就造成了所谓的“联邦主义恐怖时期”。这样的行为已违反了人权法案中保护公民不受国内间谍监视的条款。此时，军事情报工作被用作了政治工具，使公众认识到情报手段的阴暗一面，重新对统治者的这种独裁工具产生了警惕，并造成了美国后来的历史中不断产生国内政治和宪法争端、以及外交事务与真真假假的安全威胁相互纠缠的问题。③ 华盛顿等人绕开国会向海外派遣间谍的做法也引起了部分人的反感，并造成了总统与国会对情报工作控制权的争夺。在这种争夺中，体现的正是美国人追求自由而形成的民主精神，他们反对任何形式的独裁。如默西·沃伦在其《漫谈新宪法、联邦大会和州大会》一书中所说，“人类

---

① ［美］J·艾捷尔编，赵一凡、郭国良主译：《美国赖以立国的文本》，海南出版社，2000 年版，第 51 页。

② ［美］安玛丽·斯劳特著，马占斌、田洁等译：《这才是美国：如何在一个危险的世界中坚守我们的价值》，新星出版社，2009 年版，中文版序言第 7 页。

③ 参见［美］内森·米勒著，王业桃等译：《美国谍报秘史》，译林出版社，1991 年版，第 61—66 页。

的幸福很大程度上取决于政府模式和执政者的美德”①。当执政者缺乏美德时，政府的模式就至关重要了。美国国会对军事情报工作的监督和控制（主要通过控制经费得以实现），使其没能成为独裁的工具。军事情报工作从反方向促进了美国民主精神的形成，在某种意义上也保卫了美国的民主。同时，军事情报工作使美国国民特性产生了一个独特的特点，那就是“当美国人得知政府或一些机构了解到一些他们并不知晓的事情时，从来都未感到过自在。”②

二、美国国民特性对于军事情报工作的制约

肯尼迪总统曾说：“在一个自由和开放的国家里，‘保密’这个字眼本身就令人厌恶，我国人民从天性和历史上来看就反对秘密团体、秘密誓言和秘密程序。”③ 虽然，军事情报工作客观上为国民特性的形成发挥了一定的作用，但其本质是与美国人自由与开放的天性相违背的。因此，在美国历史上第一个常设性情报机构海军情报部设立之前，其情报意识相较于其他大国是比较淡漠的。一方面是因为以当时美国弱小的国力在和平时期不需要特设情报机构，另一方面是因为国民特性中自由与民主的天性对军事情报工作的限制。

最大程度体现这种限制的事例就是每次重大战争后对军事情报机构的裁撤，或说是人为地将其降低到很低的水平。由美国国民特性所产生的社会对情报的敌意是美国政治生活中的一种现实状况，且几百年中一直存在。因此，当国家面临危机的时候，军事情报工作能够顺利地开展，甚至得到广泛的支持，而危机一旦解除，公众对于情报机构原有的敌意又会复燃④。这显然是美国国民特性中自相矛盾特点的又一体现。

---

① ［美］J·艾捷尔编，赵一凡、郭国良主译：《美国赖以立国的文本》，海南出版社，2000年版，第78页。

② ［美］布鲁司·D·伯尔考威茨、阿兰·E·古德曼著，张力等译：《绝对真实—信息时代的情报工作》，时事出版社，2001年版，第229页。

③ ［美］戴维·怀斯、托马斯·罗斯著，北京编译社译：《无形政府》，世界知识出版社，1965年版，第61页。

④ Walter Laqueur, *The Uses and Limits of Intelligence*, New Brunswick: Transaction Publisher, 1993, p. 79.

实际上，美国人并非排斥情报工作，相反对于笃信宗教的他们，从宗教的角度出发认为情报工作是合理的，因为，在《圣经旧约·民数记》第十三章中有这样的描述：耶和华让摩西派十二个人去窥探其所赐给以色列人的迦南地，“看那地如何，其中所住的民是强是弱、是多是少，所住之地是好是歹，所住之处是营盘是坚城，又看那地土是肥美、是贫瘠，其中有树木没有”[①]。因此，可以说，利用情报工作对未知地域进行探索是上帝的旨意。尤其是在“天定命运”论的指引下，军事情报工作的开展是理所当然的。但所有关于美国的命题都可以归结到“自由”和“民主”这两个核心词汇上来，这是解决所有问题的前提。军事情报工作也不例外，秘密机构要在一个民主社会受到欢迎，就必须反映那个社会的价值观念[②]。因而当美国人发现情报工作有可能威胁到他们的自由时，他们宁肯没有情报工作。这也是美国信念中爱国主义的体现，如同内战名将卡尔·舒茨所说：“爱国不是‘爱我们的国家，无论其对错’，而是对的要保持，错的要纠正。”[③] 美国人不能允许任何事物威胁到他们的核心价值和信仰。

总的说来，独立战争、南北战争和美西战争后美国军事情报工作低谷的出现，是因为国民特性中因对自由的坚定维护而针对情报工作产生的恐惧战胜了并不十分急迫的军事情报需求。在此基础上，美国形成了基于需要而知道的情报文化，因此，直到美西战争前，美国利益在全球的扩张产生了更大、更广的情报需求，这种国民特性对军事情报工作的制约才有了破冰的迹象。

---

① 《新旧约全书》，中国基督教协会、中国基督教三自爱国运动委员会，1988 年版，第 176 页。

② ［美］内森·米勒著，王业桃等译：《美国谍报秘史》，泽林出版社，1991 年版，第 460 页。

③ ［美］安玛丽·斯劳特著，马占斌、田洁等译：《这才是美国：如何在一个危险的世界中坚守我们的价值》，新星出版社，2009 年版，中文版序言第 5 页。

第四节 军事情报工作对美国国家建立与扩张发挥影响的途径

情报是一种普遍存在的社会现象，是人类社会的基本需求之一。[①] 情报也因此而成为社会的支柱之一，是一个国家建立与发展、维护自身安全和利益、保持社会稳定的重要工具。军事情报属于情报的一个重要分支，囊括了任何与军事相关的信息而且并不仅仅局限于军事领域。前文曾提到美国史就是一部战争史，战争作为美国的发展历程而言，有着比其他国家更为突出的重要性。尤其是独立战争、南北内战和美西战争这三场决定美国命运的战争，使美国历史呈现出螺旋式上升的态势——独立战争播下强大的种子、内战为其祛病除害、美西战争使其开枝散叶。这三场战争的胜利，如果没有成功的军事情报工作作为支撑，即使不会得出相反的结果也会被延迟。虽然，历史上由于美国人性格中的矛盾性等诸多原因，军事情报工作的地位和作用不相对称，但可以肯定地说，其为美国国家的建立与扩张贡献了相当大的力量。情报工作能对国家和社会产生影响，虽然表面上是通过战争这一媒介，但从根本上是由自身的社会属性所决定的。分析军事情报工作对国家的生存与发展发挥影响的途径，可以从其成为发展动力源的原因、动力输出的管道以及最终针对社会所产生的效果这样三个方面着手。

一、军事情报工作是国家生存和发展最重要的信息源

一个国家和所承载的社会是物质世界与精神世界的结合体。人类通过主观能动性有目的地去了解客观世界，所产生的意识又反作用于客观世界，在这种物质和精神的交流中就产生了情报（广义的社会信息）。因而，情报与社会的关系包含两个方面：情报是人类社会实践的产物，其同

---

① 赵保佑、李正平、李允豹编著：《情报社会学》，东方出版社，1992 年版，第 1 页。

时又指导人类进行社会实践。两者互相影响、互相制约、互相作用。[①] 情报对于社会的发展具有重要作用，情报社会学认为其与物质、能量一道构成了人类社会，情报信息交流是社会的基本属性。[②]

没有情报，就没有社会，更谈不上社会发展。社会是由人的个体所组成的，多数人的需要就代表了社会的需求。哈佛大学教授戴维·麦克利兰曾就人的需要和动机提出了“三种需要理论”，他认为人在工作情境中有三种重要需要：①成就需要：争取成功希望做得最好的需要；②权力需要：影响或控制他人且不受他人控制的需要；③归属需要：建立友好亲密的人际关系的需要。[③] 这三种需要如果成为多数人的共同需要，就会被放大到社会的层面，而作为独立社会的载体，国家也就同样具有这三种需要。

一般而言，国家要生存并取得成就，就要努力发展自身综合国力；国家要在国际社会中实现控制他人而不被他人控制就必须有强大的军事力量作为后盾；而国家要满足自身的归属需要就必须善于运用外交手段而开展与其他国家的交往并建立利益链。军事能力也是一个国家综合国力最重要的内容之一。因此，军事与外交成为国家满足基本需要的途径。而军事情报工作的目的就是为这两者提供决策的依据，并在执行决策的过程中提供信息支持。此外，军事情报工作还与国家的行为模式间存在着内在联系。两者相互影响、相互制约，军事情报工作决定了国家行为模式的选择和行动力，而国家行为模式也制约着军事情报工作的开展。

因此，军事情报工作是国家生存与社会发展最重要的信息源，在整个国家生活中起着至关重要的作用。没有军事情报工作，国家的生存将会受到威胁，社会的发展将会陷入停滞。美国在南北内战前对于军事情报工作的漠视，导致了战争初期国家陷入了巨大的危机即是最好的例证。

---

① 参见赵保佑、李正平、李允豹编著：《情报社会学》，东方出版社，1992 年版，第 9—13 页。

② 赵保佑、李正平、李允豹编著：《情报社会学》，东方出版社，1992 年版，第 47 页。

③ 参见杨忠等编著：《组织行为学：中国文化视角》，南京大学出版社，2006 年版，第 96 页。

二、军事情报机构与社会的关系

军事情报机构属于社会的一个组成部分，但它属于非常特殊的社会组织。由于军事情报工作的保密需求，通常从事该工作的机构在国家或军队层面都处于较为独立的位置，并作为一个完整的系统组织独立运转，古今概莫能外。但这种相对的独立并不是指军事情报机构可以在社会之外另起炉灶，自行其事，同其它的社会组织一样还受到社会的制约。前文提到军事情报工作是国家和社会最重要的信息源，因为，其为后者提供了安全保障和发展信息，因而，从事该项工作的机构在社会结构中也属于基础性的组织。军事情报机构虽然独立于社会但又发挥基础性作用，看似矛盾的两面实际是统一的整体，因为，军事情报工作要求其机构深入从国际到国内的社会各阶层，只有这样才能获取对社会发展有益的情报。所以，相对独立的军事情报机构在社会的构成和发展各方面都发挥着基础性作用，两者之间存在着互相融合的关系。

军事情报机构与社会间的关系决定了其独特的行为模式。从组织行为学的角度来看，分析军事情报机构的行为模式必须从个体、群体和组织三个层次分别进行。[①] 军事情报机构由情报个体组成，由于个体的知觉[②]具有选择性，因而，个体会从主观因素出发去看待和解释自身所处的整个情报情境（包括组织内外的小环境和大环境），从而对所从事的情报工作产生不同影响。这些主观因素包括个体的兴趣和爱好、需要和动机、知识和经验、自我概念、认知结构、价值观等。[③] 军事情报工作对从业的情报个体在这些方面均有较高的要求，因而个体的知觉水平会直接影响到所从事的情报工作。当个体聚集在一起就形成了群体，在军事情报机构则表现为由相应情报个体所组成的相对独立的情报单元。群体并不是个体的简单集

---

① 杨忠等编著：《组织行为学：中国文化视角》，南京大学出版社，2006 年版，第 2 页。

② 知觉是直接作用于感觉器官的客观事物的整体属性或各个部分在人脑中的反映，是个体对情境的独特描绘和解释。参见杨忠等编著：《组织行为学：中国文化视角》，南京大学出版社，2006 年版，第 17 页。

③ 参见杨忠等编著：《组织行为学：中国文化视角》，南京大学出版社，2006 年版，第 19 页。

合，其通过压抑个体自觉的个性而形成新的集体心理，表现出新的集体特征。法国社会心理学家勒庞对群体有过这样的描述，可以很好地反映群体的性质："群体可以杀人放火，无恶不作，但是也能表现出极崇高的献身、牺牲和不计名利的举动。"[①] 大多数情况下，情报群体由拥有不同技能、分工完全不同的个体所组成，在本质上属于有名称的异质性群体，这种群体十分强调责任感，拥有共同的行为规范，但在某些特定情况下也会做出不理智的行为，这是由群体性格中的野蛮状态所引起的。[②] 组织则是通过一定的规则将个体和群体聚合在一起的集团。组织最大的特点就是权力，权力是形成组织的"粘合剂"[③]，其表现形式是组织政治。这三个层次中，群体是中心环节。

军事情报组织属于高度集权化的组织，这是由情报工作的特殊性和历史条件共同决定的。但同时军事情报工作又强调个人素质，这就与组织形式产生了冲突。而且，美国是一个崇尚个人主义的国家，这一点可以证明其军事情报工作比较成功的原因，也可以解释其军事情报体制存在弊病的原由。特别是作为中心环节的情报群体，其具有的组织性和原始性是军事情报工作存在积极和消极两方面社会效果的根本原因。

三、军事情报工作具有的社会效果

所谓情报的社会效果是指情报通过政治、军事、经济和科技等各个部门或从事各项事业的个人而产生的效益或后果。[④] 军事情报来自于社会，其与军事活动相结合形成的潜在军事实力因素也最终作用于社会。在这个作用过程中，群体对于最终形成的社会效果起到了决定性作用。例如，美国在独立战争时期，军事情报工作的成就直接为国家的建立立下汗马功劳，也间接地凝聚了国民意志，推动了其国民特性中自由、民主精神核心

---

① ［法］古斯塔夫·勒庞著，冯克利译：《乌合之众：大众心理研究》，中央编译出版社，2005 年版，第 39 页。

② 参见［法］古斯塔夫·勒庞著，冯克利译：《乌合之众：大众心理研究》，中央编译出版社，2005 年版，第 131—134 页。

③ 杨忠等编著：《组织行为学：中国文化视角》，南京大学出版社，2006 年版，第 333 页。

④ 赵保佑、李正平、李允豹编著：《情报社会学》，东方出版社，1992 年版，第 119 页。

的形成。这就产生了积极的社会效果。华盛顿领导的情报群体所具有的组织性是其成功的基础，组织性提高了情报工作的效率。而在独立战争之后，情报群体遭到弱化，组织的不完整使其原始性的一面暴露出来，再在间谍恐慌的推波助澜下，就造成了对英情报工作的失误和国内的恐怖统治，间接使民众产生了对情报工作的负面印象，这就形成了消极的社会效果。

在军事情报工作中，个体也会产生积极和消极两方面的社会效果，这主要通过对情报的分析和运用得以实现，尤其是最高级的情报用户——决策者。决策者会受到群体的影响，但个人的特质也会导致其对情报的研判和运用走向截然相反的两个极端。不同国家习惯于不同的决策模式，美国比较重视个人决策。在决策过程中，美国人善于分析和归纳，但通常表现出强烈的自我精神，虽然言行一致却不注重求稳，对权威的崇拜意识比较淡漠，喜欢我行我素，集体主义弱。① 这可以解释美国情报界中出现的许多重要现象，诸如美国情报机构历来对隐蔽行动的热衷，冷战时期中情局对暗杀行动的偏爱，等等。当情报运用得当时，可以使个人的成功得以放大，形成积极的社会效果，反之则形成消极的社会效果。前者例如富有冒险精神的威廉·多诺万在二战期间所取得的辉煌，他个人的情报组织能力为美国的胜利做出了巨大贡献，同时，他一手缔造的战略情报局成为后来中央情报局的前身，中情局的情报工作作风至今还有多诺万的个人印记②。后者则例如2003年美国总统小布什根据错误的情报发动伊拉克战争，使美国深陷近10年的残酷战争，给美国社会造成了巨大的创伤。

小　结

军事情报工作在帮助美国建立国家和开疆拓土的同时，不仅扩大了自然疆界，也拓展了政治疆界，同时也塑造了美国的国民特性。无论是战争

① 杨忠等编著：《组织行为学：中国文化视角》，南京大学出版社，2006年版，第183页。

② 参见洪堡著：《中央情报局档案》，上海社会科学院出版社，2005年版，第20—38页，和秦磊、王加团：“‘野人比尔’—美国中央情报局之父威廉·杜诺万及其对美国现代情报体制发展的贡献”，载《军事情报研究》2009年第3期，解放军外国语学院，第92—100页。

年代还是和平年代，军事情报工作对美国的国家生存与发展都贡献颇丰，甚至是在关键时刻发挥了关键作用，为未来美国成为世界霸权国家奠定了基础。

事实上，军事情报工作与自然、政治疆界的开拓和国民特性的形成这两者间存在着互相影响、互相制约的基本关系，而形成这种关系的原因，是因为军事情报工作是国家生存和社会发展最重要的信息源，其发挥影响的途径是由军事情报机构与社会的特殊关系所产生的积极或消极社会效果。军事情报工作所产生的这两方面效果不仅是美国形成现在地理版图和政治影响力的部分原因，也是美国民族所表现出的矛盾性的部分来源。

虽然，军事情报工作因其特殊的秘密属性而比较隐秘，但是，作为社会的必须品，情报特别是军事情报工作在美国国家和社会生活的各方面所烙下的印记也并非无迹可寻，甚至是比较明显的。国家要生存并取得成就需要强大的军队、国家在国际社会中对权力的追求、国家为满足自身的归属而需要与其他国家建立利益链，这些都为军事情报成为国家生存与发展的天然所需。而美国正是通过对情报在战争和和平年代作用的不断认知，将军事情报这一特殊社会群体逐渐建设成为有序系统的。所以可以说，现代美国能拥有庞大的一个情报帝国并非偶然，它源自于美国深厚的情报工作历史积淀，其中，善于总结经验并因应变化了的环境和需求进行改革，成为美国情报传统中最为核心的要素。

第十四章　美国情报工作历史的反思和启示

美国从建国至今虽不过200多年，但其国家史与情报史相互交织成就的伟业，成为现代国家崛起的典范。历史不能假设，但通过对历史的反思可以将过去的成功的经验与失败的教训服务于现在和将来。古希腊人认为“著名事件的历史是值得记取的，以便作为判断预兆的一个基础”，这些重要的历史“不是可证明的但却是可能的，它不是说明将要发生什么而是可能会发生什么，并指出历史发展的节奏中现在正在行进着的危险之点。”[①] 历史研究的作用和重要性就在于此。

第一节　军事情报工作在美国成长之路上的地位与作用无法取代

军事情报工作在美国成长之路上的地位与作用无法取代。虽然在海军成立第一个常设性军事情报机构之前，美国的情报机构往往是根据作战的临时需要而设置，情报人员的专业程度也十分有限，在许多学者的研究中，其处于重大战争之间的情报工作甚至被忽略不计，但这些都不足以抹杀军事情报工作对美国国家自然、政治疆界的开拓和国民特性形成的重大影响。在研究美国国家史和情报史的关系的过程中，我们不能

---

① ［英］柯林武德著，何兆武、张文杰译：《历史的观念》，商务印书馆，1997年版，第56页。

犯奥克肖特[①]所谓的“历史学家的哲学错误，认为现在是过去”[②]，而要将其放置在当时的历史条件下加以考察。因此，当时的军事情报工作不成熟也是历史的一部分，这与国家、社会发展程度是相一致的，并不成为其无法影响美国成长的必要条件。军事情报工作所产生的积极与消极两方面的社会效果应该辩证统一地看待，并要以历史的、发展的眼光来看待。

一、美国军事情报工作积极社会效果远大于消极社会效果

通过对美国军事情报工作所产生社会效果的积极与消极两方面对比，也可以局部反映出其在美国历史中不可替代的地位。而总体看，在本部分所研究的历史时期，美国军事情报工作的积极社会效果是主流，但这种积极社会效果是通过长时间反映出来的，同时其社会效果的历史作用也大为不同。

首先，军事情报工作所产生的积极社会效果要大于消极社会效果。美国军事情报工作通过三场重要战争推进了美国历史的发展，增强了公民的自由意识，丰富了国民的社会认识，使美国人对国家的强大抱有强烈的自信，并使其逐渐外溢，进而发展成为自誉为全球普适的责任感。如果没有军事情报工作作为战争胜利的保证，即使历史慷慨地给予美国独立的机会，那么强大也是与其无缘的。而军事情报工作的消极社会效果则明显少得多，主要是其背后专制统治的影子始终困扰着崇尚自由的美国公民，这种影响仅限于社会意识的层面，且多体现在和平年代，而当国家面临危机的时候这种担忧会相对减弱，如何有效地应对威胁成为最关键的问题，任

---

① 奥克肖特（Michael Oakeshott，1901—1990，英国人，又译为“欧克肖特”），当代英国著名哲学家，也是20世纪世界上最重要的、也是最富有个性的政治思想家之一，往往被认为是20世纪保守主义政治哲学的重要代表，代表作有《经验及其模式》（1933）、《政治中的理性主义》（1962、1991）以及《论人的行为》（1975）等。奥克肖特是剑桥大学史学出身，后留校任教，亦曾访学于德国，二战中曾在英军服役。1951年，他接替著名政治理论家哈罗德·拉斯基（Harold Laski）在伦敦经济学院的政治学讲座教授一职，后担任该学院政府系主任直到1968年荣休。退休后的奥克肖特，仍未停止思考与著述。他的论著文笔优美，如同散文一般，却又富含浓厚的哲学气质，往往令人感觉“好读但不好理解”。他为人低调，似乎总在自说自话，在英美世界都长期不为人们所关注。但实际上，撒切尔夫人曾提议授予他“名誉爵士”的荣誉，却遭到他本人的回绝。

② ［英］柯林武德著，何兆武、张文杰译：《历史的观念》，商务印书馆，1997年版，第229页。

何有效化解危机的手段都可能被认可。同时，更为重要的是，如果消极社会效果多于积极社会效果，历史就会产生明显倒退。

其次，积极社会效果产生影响所需的时间比消极社会效果要长。积极社会效果所产生的影响往往是潜移默化的，只有将其放在较长的一段历史时期内加以考察，才能发现和确定其积极与否的属性。而消极社会效果往往集中在一段时期内或一个事件点上爆发，其危及国家和社会发展与进步的情况更加容易发现。尽管从时间上看，两者存在着不小的差距，但如果两者产生影响所需时间长短相反，历史就会停止不前甚至产生倒退。

第三，积极社会效果和消极社会效果的历史作用大小不同。从人类历史发展角度来说，积极社会效果的作用必须要大于消极社会效果社会才能进步。美国军事情报工作所产生的积极社会效果也是这样，例如，尽管美国军事情报工作参与塑造的美国民族性格中存在着矛盾性，但其积极向上的一面表现得更为突出。如果消极社会效果的历史作用占主要地位，那么历史也必然会产生倒退。总体而言，美国军事情报工作的积极社会效果是全面而深入的，如果没有军事情报工作为战争提供支撑，没有这种积极与消极社会效果的对比，积极的社会作用最终不能给美国提供正能量，美国的历史发展就不会那样光彩夺目，很可能只是昙花一现便被历史的巨浪所淹没，从一开始就走上自我衰败的道路。

此外，从哲学视角看，积极与消极的社会效果之间并没有不可逾越的鸿沟，它们不过是历史事件所产生影响的两个方面，而是在不同历史条件下所形成的截然相反的两种表现形式而已。而且，这两者在对比中共同产生了向前的合力，推动历史向积极的一面发展。在某些条件下，积极和消极因素可以互相转换，而这种转换的过程中也能产生对历史的推动力。

之所以说军事情报工作在美国历史中的作用和地位不可替代，是因为其积极与消极的社会效果在互相转换的过程中所产生的历史推动力同样不可替代。例如，前文所举间谍恐慌的例子，虽然其对政治和社会产生了不良影响，加深了“政治权威”与“公民不服从”① 之间的矛盾，但在国

---

① 公民不服从的思想根源可以追溯到基于犹太—基督教传统的盎格鲁—美国人的政治观念，这在美国政治思想中尤为突出。参见［美］卢瑟·S·路德克主编，王波、王一多等译：《构建美国——美国的社会与文化》，2006 年版，第 421—432 页。

家制度本身尚不完善的情况下，也从另一方向促进了国民公民意识和自由意志的提升，且这种提升作用的幅度之大是积极社会效果的缓慢所不能带来的。这种恐慌反复在美国政治史中出现，引发了美国社会的数次大震荡。客观而言，这些震荡的结果，带来的不仅仅是人们所见的血腥一面，更是其国内政治的整合和进化。这样，消极的社会效果也就发挥了积极一面的实质性作用。

二、军事情报工作与其他因素一起影响了美国国家与社会发展

通常来说，影响国家和社会发展的因素包括政治、经济、军事、外交、科技、文化等。毋庸置疑，这其中的每个方面都是影响历史发展的重要因素。但是，美国的历史有其特殊性，大大小小的战争贯穿着整部美国成长史，国家生活的其它方面仿佛只是战争的前奏或后果。战争对美国国家具有重大意义的同时，也提升了军事情报工作的影响力。对比美国历史中其他影响其国家和社会发展的因素，仍然能得出军事情报工作的作用不可替代的结论。

以政治和经济因素为例：

政治方面，美国政治的发展从联邦建立初期开始，其背后就有情报工作的影子。从独立战争时期革命派和托利党之间的斗争，到建国后联邦派和共和派的矛盾，军事情报工作在其中都扮演了重要角色。前文曾提到独立战争时期，反情报机构对托利党的清洗使国家政治形成了争取自由和独立的合力。在联邦派和共和派之争中，由“XYZ 事件”[①] 所引起的美法准战争，以及期间爆发的间谍恐慌被联邦主义者所利用，造成了美国政治史上一段所谓“联邦主义恐怖时期”，在这些事件中，军事情报工作产生了消极的社会效果。因为，当一切真相大白的时候，联邦派的名誉扫地，失

---

① “XYZ 事件”是指 1797 年发生在美国与法国之间的外交事件，法国外交大臣特利昂王子的三位特使（在最初公布国会报告中被分别称为 X、Y、Z）向前来进行和平谈判的美国总统约翰·亚当斯的外交使节索取巨额贿赂，作为继续谈判的条件。参见［美］艾伦·布林克利著，邵旭东译：《美国史》，海南出版社，2009 年版，第 176 页。

去了民众的支持，间接导致了大选的失败。革命派和共和派的胜利奠定了美国政治的基础，对于其政治发展史具有极其重大的意义。

经济方面，美国经济的发展也曾得益于军事情报工作，具体体现在其军事情报史中开展时间最长、从未间断对未知地域的测绘工作。这项对于军事和经济都具有基础性的工作，在美国对西部的开拓中起到了独特的作用。美国独立战争刚刚结束，国会就通过了“1785 年条例”，在测绘的基础上将俄亥俄河以西的土地划分为正方形镇区，此举极大地加速了美国西部地区的建设。[①] 此后，美国在西部获得的新土地均按此条例划分，对美国农业的发展具有重大的历史意义。事实上，美国一直处于军事扩张的过程中，因此，无论情报机构怎样设置，无论其是否被裁撤，但测绘工作始终作为半军事情报工作被保留下来。另外，军事情报工作在帮助北方联邦打败南方的同时，使得原有的生产关系发生了根本性变化——废除了其落后的生产关系，加速了其与北部、西部的经济融合，这不能不说是军事情报工作通过战争这一媒介所起到的积极社会效果。

此外，在其它因素影响国家与发展的过程中，军事情报工作也部分参与其中，其它因素也成为其发挥影响力的渠道，在此不一一例举。军事情报工作的不可替代性，不仅是由于其在军事活动中处于重要地位，更是因为其所具有的独特影响力和对其它领域的渗透力。这种影响力和渗透力至今还对美国社会的发展产生着作用，即便看看自二战后至今美国从未间断的战争和局部战争就可明了。

第二节　美国早期军事情报工作对中国崛起的启示

通过 30 多年的改革开放，中国以令世界瞩目的速度迅速崛起，正在成为当今国际格局中的重要力量。历史赋予了中国宝贵的战略机遇期，在和平与发展的时代主题下，中国集中力量大力发展国家的综合国力最终实

---

① 参见［美］艾伦·布林克利著，邵旭东译：《美国史》，海南出版社，2009 年版，第 152—154 页。

现“中国梦”——中华民族的伟大复兴——显然是重中之重。但是，实现中国崛起是一项复杂的系统工程，特别是作为一个世界最大的发展中国家，国家建设的每一个方面都不可偏废，且没有现成的实例可循。中国正面临着来自各方面的严峻挑战，复杂多变的安全环境和安全隐忧，使得如何处理经济发展和国防建设之间平衡关系成为一道难题。

对此，胡锦涛同志指出，“富国与强军，是发展中国特色社会主义、实现中华民族伟大复兴的两大基石。”[①] 军队在新世纪新阶段要为党巩固执政地位提供重要的力量保证，为维护国家发展的重要战略机遇期提供坚强的安全保障，为维护国家利益提供有力的战略支撑，为维护世界和平与促进共同发展发挥重要作用。履行军队新的历史使命，就必须着眼于提高遂行多样化军事任务的能力，这对于军事情报工作提出了更高的要求。虽然，中美两国在文化背景等各个方面都存在巨大的差异，美国模式我们也无法复制，但是，其崛起史中军事情报工作如何发挥对国家和社会发展的助推作用，仍能给予同样处在崛起期中的中国以有益的启示。

一、重视军事情报工作对国家发展意义重大

对军事情报工作的重视程度影响国家的生存与发展。从美国早期历史的经验来看，决策者对情报工作的重视与否，很大程度上关系到战略、战役意图的能否实现。在美西战争之前，美国总是在安全受到极大威胁的时候才会重视情报工作，但是，显然，临阵磨枪对于情报工作而言是一种灾难。南北内战的前期，情报工作的缺失给国家带来了巨大的危机就是如此。因此，情报工作应持之以恒，而不应以国家安全形势的好坏作为对军事情报工作重视程度的标尺，而应该居安思危、未雨绸缪，始终保持对军事情报工作重视和投入，使其处于高效运转状态。

当美国通过内战完成了国内政治、经济区域的统一后，生产力的蓬勃发展、生产方式的革新使国家迅速进入上升期。美国的崛起始于 19 世纪 60 年代—90 年代之间。在这段时期内，美国现代军事情报体制开始萌芽，

---

① 全军深入学习实践科学发展观活动领导小组编：《国防和军队建设贯彻落实科学发展观重要论述选编》，解放军出版社，2008 年版，第 104 页。

并产生了第一个常设性情报机构，其对美国利益迅速向太平洋地区乃至全世界扩张意义非凡，充当了开路先锋的角色。同时，美国还根据其国家利益的拓展，不断改革和完善其军事情报体制，注意将新技术运用于军事情报工作，这使得美国军事情报体制逐渐朝着现代情报体制发展，不仅提升了情报工作效率，也对促进美国国家和社会发展发挥了重要作用。

中国目前不仅面临着同当时美国相似的历史机遇，而且在第三次技术革命的新一轮浪潮推动下，经济迅猛发展，面临着难得的国家发展“战略机遇期”。现在的时代主题已不是战争与革命，而是和平与发展。中国已经制定了以“互信、互利、平等、协作”为核心要义，以建设持久和平、共同繁荣的和谐世界为终极目标的新安全观。尽管，当前中国面临着这样或那样的威胁与挑战，但始终坚持优先以和平方式解决问题的原则。但是，这并不意味着中国会彻底放弃运用军事手段解决问题的选项。习近平主席“军队要能打仗、打胜仗”的重要思想，“为中国国防和军队现代化赋予了新的时代内涵，确立了新的建设标准，明确了新的实践要求，是我们推进军事工作全面发展的根本依据和遵循”[①]。因此，对于中国而言，尽管，军事情报工作通过战争发挥作用的机会不大，但并非不会通过战争发挥作用。同时，更为重要的是，更不意味着和平时期军事情报工作不能为国家的发展做出巨大贡献。因此，尽管处于和平年代，对军事情报工作不能有丝毫的懈怠和轻视，而是必须清醒地认识到其能为国家提供安全保障和发展信息的重要性，并着力于提高情报工作的能力，将其作为战略策划的核心和重点，这样才能牢牢抓住历史发展机遇，促进国家发展。

具体说来，就是要深化我国的军事情报体制改革，构建起平战结合的高效军事情报体制。改变目前“烟囱林立”缺乏协调状态，组建国家层面的情报协调机构，将军事情报工作纳入统一协调范围。同时，整合军事情报资源，深化和扩大军事情报参与国家决策的程度和范围。提高对军事情报工作的重视，加大对军事情报工作的投入和建设，将其打造成为维护国家安全和促进国家发展的利剑。而对于开展军事情报工作本身，不仅要着眼于现实需要，更要从国家的长远利益出发，未雨绸缪，增强该工作的

① “求是：军队要围绕能打仗、打胜仗目标推进军事工作”，中国网，http：//www.china.com.cn/military/2013-02/01/content_ 27858485.htm。

战略特性。只有这样才能最大限度地维护中国国家安全利益，使中国国家发展具有可持续性。

二、重视军事情报工作的社会效果

胡锦涛同志指出，当今军事斗争与政治、经济、外交、文化、法律等的联系更加紧密，在战略层面上的相关性、整体性日益增强。① 军事情报工作作为一种特殊的领域，由于其固有的融合性和影响力，与其它影响国家和社会发展的因素也出现了前所未有的大融合，其产生的社会效果也将更加惊人。

当前，中国正处于加速转型期，各种社会问题也应运而生，在加速改革开放的同时，受西方思潮影响，自身的民族特性也在流失。从美国军事情报工作对增强积极社会效果的经验看，通过军事情报的出色工作，和平时期不仅可以对维护社会稳定发挥重要作用，战时可以维护国家统一和利益拓展。因此，中国军事情报工作应该在此方面发挥出应有的功效，即不仅能够和平年代为社会发展有所作为，更要在维护国家主权与领土完整上发挥积极作用，成为实现“中国梦”的正能量。

同时，值得注意的是，美国的历史经验显示，在着力加大军事情报工作对国家和社会产生积极的社会效果的同时，必须注意到其消极的另一面。首先要认清军事情报工作是辨证统一的矛盾体，要努力保持该工作的科学性，注意其组织性的发扬，而避免其内部隐含的原始性作祟。当今世界是高度信息化的世界，庞大的信息交流在为军事情报工作提供巨大便利的同时，也会放大其消极的社会效果。这一点对于国家和社会的长远发展是极其有害的。因此，要把握住军事情报工作中矛盾的双方，寻找趋利避害的途径，使情报工作能发扬社会效果积极的一面为国家和人民造福。

---

① 全军深入学习实践科学发展观活动领导小组编：《国防和军队建设贯彻落实科学发展观重要论述选编》，解放军出版社，2008 年版，第 7 页。

三、军事情报工作必须具有全球视野

军事情报工作本身具有很强的对外指向性。美国的历史经验告诉我们，随着其力量的不断提升，国家利益最终跨越两洋、遍布世界，并成为世界的超级大国。尽管中国不会复制美国的模式最终走向世界霸权国家，但是，拓展中国的战略空间并使中国国家利益最大化却是无法回避的历史规律和战略选择。特别是，随着全球化的深入发展，国家间的联系更加紧密，相互关系更加复杂，已经形成“你中有我、我中有你”的复杂结构。中国不仅融入了国际社会，国际社会也不能没有中国，中国已经成为国际社会的重要一员，作为维护世界和平的重要力量，在国际重大问题上具有重要的话语权，因此，中国的军事情报工作必须放眼全球。

同时，随着中国改革开放的不断深入，中国的国家利益已经几乎扩展至全球。因此，狭隘的军事情报视野已无法适应当今特别是未来中国发展的需要。我们必须将军事情报工作的触角伸向所有现有或潜在的中国国家利益之所在处，军事情报工作不仅要为国防和军队建设服务，还应该为一切关乎国家生存与发展的国家利益服务。只有这样，才能符合军事情报工作的时代发展潮流，才能为中国国家建设发挥更加有效的作用。

结　　论

从美国1875—1898年的历史研究中我们发现，军事情报工作曾是其国家生存和发展的重要支撑力量，因此，美国军事情报史是美国军事史的的重要组成部分，也是构成美国国家发展史的重要部分。

当从北美革命火焰中诞生出近代史上最重要的国家，筚路蓝缕的革命者在乔治·华盛顿的率领下，灵活运用军事情报手段，将其在战场与外交两个领域共同发挥作用，最终以少胜多，争取到宝贵的国际支援，成功迫使英国承认美国独立的事实并使自由与民主的精神深入人心；当美国南北分裂国家与民族岌岌可危之时，代表先进生产力的北方，虽军事情报工作力量微薄，但在关键时刻却能力挽狂澜，最终造成美国历史上最为重要的战略转折并促进了美国信念的统一；当美帝国主义雄心勃勃地将美国利益铺向全球，军事情报工作在欧洲军事思想的影响下进行了巨大变革，现代情报体制也由此萌芽，美国国家利益、军事情报工作以及其国民特性空前地统一起来。从以上历史发展脉络清晰可见，一旦美国需要进行历史性选择时，军事情报工作总是在幕后为正确性的抉择提供了关键性保障作用；而当其因为人为原因严重缺失时，则总是呈现出混乱和迷失的一面。

选择独立战争、南北战争和美西战争作为研究美国军事情报与国家生存发展关系的范本，就是欲从美国军事情报工作的积极和消极两方面作用来发掘其对国家生存发展影响的证据。研究表明，由于积极一面发挥了巨大作用，因此军事情报工作成为推动美国国家发展的重大力量之一；而消极一面，例如：独立战争后的“联邦主义恐怖时期”反情报机构所扮演的角色，总统与国会对情报工作控制权的争夺以及情报机构相互间的倾轧，“旋转门”等情报政治化现象等等，都曾在一定时期内对美国国家发展产生过消极影响。但是，善于总结经验的美国人从一个个失败教训中，学会了如何将失败转化为成功之母，因此，军事情报工作的积极和消极作用最终都成为了推动其为美国国家发展提供动力的源泉。

更进一步地讲，将一般公开的美国正史和隐秘的情报史、以及至今难以明确定义的“国民特性”这三者联系在一起的，可称之为“情报的社会效果”。美国国家独立、地理和政治疆界的拓展、国民特性的形成和军事情报工作的发展，这几者的历史进程呈现出相似的曲线，即在重大历史时刻有极大的交集。这表明几者间的关系是相互影响、相互制约的，且出现这种相关性彰显出历史的必然性。特别是地理、政治疆界的拓展与国民特性的形成本身就具有直接的联系；军事情报工作为地理、政治疆界的拓展提供重要支撑，从而也能间接地影响到国民特性形成；而民众对军事情报工作的或深或浅的认识，也直接影响到国家国民特性的形成。在这段美国崛起重要的历史时期，军事情报工作在三者关系中起到了较为核心的作用，这不仅在于有战争这一重大历史命题作为纽带，更在于其特殊的发挥影响途径。如果将这个途径分解为源头、管道和结果进行分析，就可以发现：军事情报工作之所以能对国家和社会发挥巨大影响，是因为它是国家和社会发展的信息源；它与国家和社会相互融合；它的独特行为模式能够对国家和社会发展产生积极与消极社会效果，总之是至少这三种特殊的逻辑关系相互作用的结果。这样，我们就从美国这段历史的表象中，剥离出军事情报工作所拥有的重要地位和作用。

因此，军事情报工作与美国国家的建立和扩张之间的联系，揭示出了前者对于国家的生存与发展的独特作用，也警示我们必须重视对它的经营和发展。尤其是中国现阶段由于国民经济的飞速发展和国家综合国力的急剧提升，在世界上激起了不同的声音和反响，同时，更为严重的是还面临着领土争端问题，一些周边国家以中国快速崛起对其造成威胁为由，加大军事发展力度，而美国的战略重心东移和“再平衡”战略，导致这种现象更趋严重，这些都导致中国面对着十分复杂的国际环境。而且，当今中国在全球的某些利益诉求和美国快速发展的历史时期具有一定的相似性，军事情报工作在这样特殊的一段历史时期内，该怎样为中国国家的发展提供重要支撑是必须正视和考虑的问题。以史为鉴，通过辨证地看待美国崛起时期的军事情报工作发展历程，可以为中国今后的发展提供许多有益的启示。

第四部分

第三帝国德国的军事情报工作

（1933—1945）

德国由于在第一次世界大战中战败，其后，国家发展经历了一段历史上最低潮时期。魏玛政权的平庸无能难以再度提升德国的国际地位，加之全球经济危机的爆发，德国国内经济状况陷入极度困难之中，民众对魏玛政权的表现极为不满。在这一背景形势下，纳粹党利用国内外形势的变化，因势利导，特别是希特勒凭借强大的宣传攻势及手中的武装力量打压其他党派，最终成功地于1933—1945年间执政德国，建立了第三帝国。希特勒上台后，第三帝国制定了对内高压统治、对外军事扩张的国家政策，希望通过发动侵略战争来扩大德意志民族的“生存空间”。

从情报的功能视角看，军事情报工作为第三帝国的建立和其后政策的推行都发挥了十分重要的支撑作用。也从一个方面印证了军事情报工作与国家崛起和衰败有着紧密的联系。即高效缜密、务真求实的军事情报工作不仅可以更好地为本国的军事、政治斗争服务，还会促进国家的发展，同时，国家的良性发展也为本国的军事情报工作提供了积极的指导。混乱失实的军事情报工作则严重地阻碍国家的发展，反之亦然。因此，在第三帝国存在的12年间，德国军事情报工作对德国的再度崛起及随后的失败都产生了重大的影响。

本部分以1933—1945年间第三帝国德国军事情报史为研究对象，分析了德国军事情报工作对德国崛起与失败的影响，从历史与军事情报学的角度进一步探究德国军事情报工作与德国发展之间的关系。

本部分分为四章进行探究：第十五章主要介绍和阐述了第三帝国军事情报机构及其工作方式；第十六章分析了影响第三帝国军事情报工作变化的主要原因；第十七章论述了军事情报工作对1933—1945年德国崛起与失败的影响；第十八章对第三帝国德国军事情报工作进行了总体评价并对其中的一些问题进行了思考性阐述。

第十五章　第三帝国军事情报机构建立及其工作方式

1919 年，在第一次世界大战中战败的德国被迫签下《凡尔赛和约》。此和约规定，德国的军备必须受到严格限制，而被认为是德国发动战争策源者的德国总参谋部，按照和约规定必须废除，且不得以任何形式重建。但事实上，这一规定并未得到严格执行，德国从被解除武装的第一天起，就开始了秘密重整军备的准备工作。1933 年，希特勒上台执政，建立了第三帝国，开始大力推行军事扩张，向德国民众灌输其纳粹思想，并公开宣称“用德国的剑为德国的犁取得土地”[①]。正是在此背景下，德国的军事情报机构逐步建立并快速发展。其中较为著名的是德国国防部的军事谍报局、德国纳粹党党卫队情报机构——保安处以及分别附属于德国陆、海、空三军的德国军种情报机构。

第一节　国防部军事谍报局的建立与工作方式

第一次世界大战后，德国于 1918 年 12 月建立外交部人事预算处 5 科，这个科是根据当时总统兴登堡元帅命令成立的，其任务主要是开展无线谍报活动。[②] 这个战后德国最早建立起来的情报组织，由于

---

① 张春林、孔祥智、邓一海编著：《改变世界的 100 件大事》，中国经济出版社，1993 年版，第 540 页。

② 郑博著：《恐怖的火山口——德国情报机构的过去与现在》，国防大学出版社，1998 年版，第 21 页。

不属于军事系统及开展情报活动手段方式的局限，还不能算作严格意义上的正规情报机构，也未在情报活动中取得突出成绩。随后，为了满足德国对情报，特别是军事情报的需求，德国国防部军事谍报局应运而生。

一、国防部军事谍报局的建立

虽然依据《凡尔赛和约》规定德国总参谋部被撤销，但是，原先隶属于总参谋部的情报部却并未消亡，它在战争结束6天后即归属到外国军队处建制，成为军队部三局（统计局）的一个处，称为“阿勃韦尔”（Abwehr）。

表面上，阿勃韦尔与情报完全没关系，但实际上，这一词的字根典型地显示出情报机构的特点。“wehr”在英文字根中是“堤坝”的意思，表示防御；而“ab”在英文字根中是“离开”的意思，同“wehr”结合起来就是“挡开”之意。因此，即便是从字面意思上看，阿勃韦尔就是一个反间谍组织。但是，事实上，反间谍只是它的一部分职能，德国军方使用这一词，主要还是为了掩盖其最重要的功能——情报搜集、情报评估，这是现代情报机构的基本职能。[①] 由此可见，阿勃韦尔是德国在一战后成立的第一个真正意义上的军事情报机构。

1928年4月1日，根据德国国防部长兼国防军总司令格鲁纳发布的命令，“阿勃韦尔”脱离统计局，海军情报机构也从海军中分离出来，两者共同组成国防部“阿勃韦尔”处，也叫国防部军事谍报局，这标志着德国军事情报机构军事谍报局正式成立。命令还规定，通信情报机构必须将它截获的无线电情报交给“阿勃韦尔”，“阿勃韦尔”成为德国国防部唯一的情报搜集单位。[②]

---

① 参见周桂银编著：《黑夜战争》，四川人民出版社，1997年版，第3页。

② 参见高金虎主编：《喋血柏林墙》，东方出版社，2005年版，第14页。

二、国防部军事谍报局的工作方式

1933 年，执政德国的希特勒对德国情报部门的四分五裂状况十分不满。为了重新武装德国军队并扩大德国的“生存空间”①，希特勒急需一个高效率的军事情报机构开展军事情报工作，以达到摸清别国对德国扩军所持态度的目的，他将这一任务交给了军事谍报局。

1935 年 1 月 1 日，希特勒任命海军上将威廉·卡纳里斯（Wilhelm Canaris）为军事谍报局局长。他鼓励卡纳里斯说：“我想建立一个像英国情报局那样的机构——团结起来的一群人，满腔热情地去工作。”② 有了希特勒的大力支持，卡纳里斯的军事谍报局开始了全面扩张。工作范围涵盖了英国、法国、意大利和美国等，建立一个庞大的间谍系统。

由于卡纳里斯是谍报人员出身，有着丰富的情报实践经验。③ 卡纳里斯甚至被誉为纳粹的“间谍大王”，不仅被本国人所赞誉，甚至对手也对

---

① 参见王绳祖主编：《国际关系史》（第五卷），世界知识出版社，1995 年版，第 10 页。“生存空间”：德国扩张主义者的地缘政治学理论和口号，诡称国家是一种有机体，服从有机体生长和发展的规律，人口必须同土地面积保持一定的比例，国家必须拥有足够的领土和属地。

② Jeffrey Richelscn，A Centuryof Spies：lntelligence in the Twentieth Cernuy，New York：Oxford University Press，1995，p. 84.

③ 卡纳里斯 1877 年出生于德国北部多特蒙德市郊一个非常富裕且颇有权势的资产阶级家庭。18 岁进入基尔海军学院学习，后被分配到“德累斯顿”号轻巡洋舰上服役。具有超凡的语言天赋。据说他英语流利，掌握了法语、意大利语，还能说一些俄语，并利用他远航南美的机会又掌握了西班牙语，这些为其后来的间谍活动打下重要的基础。第一次世界大战爆发时，卡纳里斯任职于“德累斯顿”号，担任军舰上的旗手和情报官。1915 年 12 月他以雷德·罗萨斯之名被德国间谍机关派往西班牙首都马德里，真正开始了他的间谍生涯。由于这期间的良好表现，使卡纳里斯斯成为魏玛共和国防卫军总司令泽克特将军在凡尔赛条约空隙中千方方百计地保留下来约 4000 名战时表现出卓越才干的军官之一，目的勾是为了使德国能有一批六来重振军备的“种子”。此后，虽然他不在情报部门而是在海军部门任职，比如在波罗的海舰队执行海上任务、在“柏林”号巡洋舰及威廉港分舰队司令部任职，但私下里却为希特勒的事业四处奔走。值得指出的是，即使如此，他的海军部门工作都表现得非常出色，对他的评语毫无例外都是优秀。请看当时对他的报告：“具有成为一名高级军官所应具有的一切品质”。他的一个上司还这样评价他：“政治和外交活动是他的强项。他善于与外国人（无论是低级还是高级人士）打交道，而且能立即赢得他们的信任。如果分配他做此类工作，他是不会有什么困难的。没有哪个区域对他来说是禁区，他可以出入任何地方，接触所需接触的人，然后以惊人的速度展开工作，而且还能以一副天真无邪的面孔出现。”参见方慧颖编著：《德国特工全传》，凤凰出版社，2010 年版，第 19—21 页。

其赞誉有加，例如，德国情报机构称他为“空中飞人杂技员”、“诡计多端的人”，意大利驻柏林武官对他的评价是“毫无顾忌，智力超群”。而原美国中央情报局局长艾伦·杜勒斯也称他为“现代历史上最勇敢的人”。① 因此，他领导的军事谍报局也将谍报侦察作为主要工作方式。1936年，卡纳里斯对“阿勃韦尔”进行了改组，设立五个处：一处是负责搜集敌对国经济、军事情报的秘密情报处；二处负责进行破坏、颠覆、心理战和突击队活动；三处负责反间谍、反情报工作，此外，还有外事处及中央处。每个处又根据不同的专业分成若干科，还设有驻外站，每个驻外站负责规定的地区。② 这样，隐蔽行动同情报搜集、反间谍活动处于同等重要的地位。

卡纳里斯对军事谍报局的改组，适应了希特勒提出的重整第三帝国军备的需要，加之军事谍报局从事的许多对外情报搜集与分析活动取得了很大成绩，因此，军事谍报局逐渐从德国的众多军事情报机构中脱颖而出，成为推动德国军事发展和对外扩张的重要工具。

随着德国军事扩张的脚步愈发加快，德国的国内情况及所处的国际战略环境也产生了很大的变化。尤其是德国发动第二次世界大战后，不仅使得德国国内矛盾凸显，还使德国在国际社会中受到越来越多的反击，原先制定的一系列工作方式不得不进行改革与改进。

在国内，卡纳里斯组织了反间谍组织“私人乐队”，将报刊、军需工厂、政府机关、武装部队等许多部门都处于军事谍报局的监视控制之下。德国国内的重要党政机关部门内部都有军事谍报局的眼线，任何政府官员、高级军官、要害部门的领导人等都是军事谍报局的监控目标。

在对外军事情报工作方面，卡纳里斯创造性地将对德国来说比较重要的国家，按照与德国关系的远近划分为三类，即：第一类的国家有法国、捷克斯洛伐克、波兰、英国、苏联和西班牙；第二类国家包括比利时、瑞士、南斯拉夫、罗马尼亚和美国；第三类国家是奥地利、意大利、匈牙利、芬兰、爱沙尼亚、日本和保加利亚。③ 军事谍报局根据目标对象国所

---

① 参见方慧颖编著：《德国特工全传》，凤凰出版社，2010年版，第18页。

② 方慧颖编著：《德国特工全传》，凤凰出版社，2010年版，第22页。

③ Heinz Höhne, *Canaries*: *Hitler's Master Spy*, Cooper Square Press, New York, 1999, pp. 205 – 206.

属的不同类别，相应地开展不同的军事情报工作，这极大地提高了军事情报工作的效率。

此外，卡纳里斯还十分注意争取友好国家军事情报机构的支持，使得即使在德国遭到同盟国制裁与封锁的情况下，德国军事谍报局仍然能顺利地开展军事情报工作。例如，与德国军事谍报局关系比较密切的立陶宛军事情报局就向其提供了大量的苏联军事情报，还帮助德国间谍打入苏联；匈牙利军事情报局全力帮助德国军事谍报局对捷克斯洛伐克、南斯拉夫和罗马尼亚进行监视。卡纳里斯还利用访问维也纳的机会，同奥地利国防部情报局建立了联系，捷克斯洛伐克的许多情报就是通过奥地利情报机构这个途径传递给德国军事谍报局的。[①] 在这些外国友好军事情报机构的帮助下，德国军事谍报局可以游刃有余地开展军事情报工作，并取得巨大的成功。

德国军事谍报局的军事情报工作改革与改进是富有成效的，通过改革与改进，军事谍报局在国外建立起了庞大的情报网，将许多重要的情报源源不断地摆到希特勒的办公桌上。著名的“莱茵兰事件”[②] 之所以会发生，并非是希特勒仅仅凭勇气就做出的冲动决定，而是有军事谍报局准确情报的支撑。[③] “莱茵兰事件”极大地刺激和鼓舞了德国国内长期压抑的民族主义情绪，德国纳粹主义在德国民众间获得巨大的响应，希特勒被视

---

① 周桂银编著：《黑夜战争》，四川人民出版社，1997 年版，第 18 页。

② 根据《凡尔赛和约》，莱茵兰地区作为非军事区，德军是不能在此有驻军甚至不能在此部署军队。但希特勒为了搞清国际大国对其军事扩张的态度，决定先将莱茵兰西岸作为切入点。1936 年 3 月 1 日，希特勒派遣几十个营的兵力，占领莱茵兰非军事区，原本德军以为会出现的法国军队并未出现，希特勒的第一步取得了胜利。他在德军顺利占领 2 小时后向国会议员发表演说，指责法苏互助条约使《诺加罗公约》失效，德国不再受《诺加罗公约》的约束，重新确立了德国在非军事区不受任何限制的绝对主权。莱茵兰的军事化，彻底消除了法国和德国之间的缓冲区，使法国直接面临德国的威胁。参见“Remilitarization of the Rhineland”，wikipedia，http：//en. wikipedia. org/wiki/Remilitarization_ of_ the_ Rhineland。

③ 德国武装入侵莱茵兰，英法两国的相应举动很重要。军事谍报局在英国的间谍与英国王子爱德华八世交往甚密，王子直言对其说：“虽然先王确实对德国不满，但是，爱德华国王对德国怀着友好的同情心。”间谍本人报告说：“在我们频繁而且经常是长时间的谈话中，我深信这种同情是根深蒂固的。我们应该相信坐在英国王位上的统治者对德国不乏理解”。而军事谍报局打入法国最高统帅部的间谍报告称，法军总司令莫里斯·加穆林将军表示，如果德军开往莱茵兰，他无法派遣自己的军队抵抗德国人的任何行动，除非得到英国的支持。这些都显示英法不会阻止德国进军莱茵兰。参见高金虎主编：《喋血柏林墙》，东方出版社，2005 年版，第 22 页。

为民族英雄，这更加坚定了其推行对外扩张政策的决心，德国也正式走上对外军事扩张的道路。

第二节　党卫队情报机构的建立与工作方式

1930 年 9 月，纳粹党在德国选举中赢得胜利。同年，纳粹党的街头武装褐衫军成立了纳粹党的第一个情报机构，随后，纳粹党内陆续成立了多个情报机构。但这些情报机构组织建设不严密，开展情报工作能力相对较差，远远不能满足纳粹党对情报的需求。为加强党内的情报工作，改变以往一盘散沙的局面，作为纳粹党的急先锋——党卫队急需建立一个高效的情报机构以满足纳粹党的情报需求。正是在此背景下，党卫队情报机构开始组建。

一、党卫队军事情报机构的建立

党卫队建立于 1925 年 4 月，纳粹党把党卫队看作自己的精英部门和禁卫军。党卫队于 1931 年 8 在各区都建立起情报科，同年 10 月 5 日，希姆莱向全国党卫队发出通知，任命海德里希为党卫队情报机构的主管。第二年，海德里希的情报科改名为新闻和情报处，不久改名为保安处。[①] 这标志着对日后的德国军事情报工作产生重要影响的党卫队情报机构——保安处正式成立。

由于利益纷争，海德里希打着保卫党卫队利益的幌子，大肆打击党卫队内部的其他情报部门。1932 年年中，保安处取代了党卫队地区宣传干事劳歇和助手舒曼于 1931 年夏天建立的、隶属于纳粹党中央的情报机构。

① 郑博编著：《恐怖的火山口——德国情报机构的过去与现在》，国防大学出版社，1998 年版，第 55 页。

特别是在“长刀之夜”① 行动后，党卫队彻底清除了褐衫军及其附属的所有机构组织，至此，海德里希控制了纳粹党的所有情报机构，保安处的情报分支机构开始涉入德国的各个角落，使“党卫队的力量和情报活动达到了实际上几乎控制整个国家的程度”②。

1934 年 4 月 22 日，希姆莱正式出任国家秘密警察总监，海德里希则代表希姆莱接管“盖世太保”③。1936 年 6 月 17 日，希特勒签署“帝国元首关于任命德国警察总监的命令”，希姆莱正式接管帝国警察系统。希姆莱将警察系统分为两个部分：普通警察和安全警察。海德里希成为安全警察总监，主管秘密警察（盖世太保）和刑事警察。事实上，自 1934 年海德里希接管盖世太保后，他就将盖世太保和保安处结合使用以开展军事情报工作，并取得了重要成绩。于是，在海德里希的不断建议下，1939 年 9 月 27 日，德国将海德里希的党政机构合二为一，成立了一个新的情

---

① 长刀之夜（德语：Nacht der langen Messer）或蜂鸟行动（Operation Hummingbird），在德语更常称罗姆政变（德语：Röhm-Putsch），是个发生于德国 1934 年 6 月 30 日至 7 月 2 日的清算行动，纳粹政权进行了一系列的政治处决，大多数死亡者为纳粹冲锋队成员。希特勒因无法控制冲锋队的街头暴力并视之为对权力的威胁，故欲除去冲锋队及其领导者恩斯特·罗姆。他还想安抚害怕及厌恶冲锋队的国防军高层，特别是当罗姆企图想把国防军纳入自己领导的冲锋队之下。最后，希特勒清算其政权的政敌，特别是忠于副总理帕彭的人马。至少有 85 人死于清算，不过最后的死亡人数可能达几百个。超过一千的反对者被逮捕，大部分参与行动的是党卫队及盖世太保，此次行动加强并巩固国防军对希特勒的支持。同时，德国法律虽已禁止以对政权的忠诚为理由进行法外处决并已执行过百年，但因为德国法院及内阁解禁及消除相关障碍，此次行动为纳粹政权带来法理上的依据。

② 方慧颖编著：《德国特工全传》，凤凰出版社，2010 年版，第 27 页。

③ “盖世太保”是德语“德国秘密警察”（Geheime Staatspolizei）的缩写 Gestapo 的音译。1933 年春季，戈林在接管普鲁士警察局之后，以政治警察为核心组建普鲁士“国家秘密警察处”，简称“盖世太保”。1934 年 4 月，希姆莱任普鲁士警察总监和盖世太保首脑。1936 年 6 月，希姆莱任德国警察总监、盖世太保首脑和党卫队帝国长官，具体组织实施法西斯恐怖统治。希姆莱将警察系统改组为保安警察总局（下辖秘密警察局和刑事警察局）、治安警察总局和风纪警察总局。1936 年 10 月，全国政治警察统一名称为国家秘密警察。1939 年，秘密警察局转隶德国中央保安局。秘密警察共有 3 万余名成员，渗透并控制着德国社会的各个领域和德占区，拥有大量监狱和集中营，利用发布监护拘留令和押送集中营的特权，大肆迫害和残杀犹太人、共产党人、民主人士和无辜居民。参与制造 1938 年的“布洛姆贝格事件”和“弗里奇事件”，导致德国国防部长布洛姆贝格和陆军总司令弗里奇的去职；参与吞并奥地利和侵占捷克斯洛伐克；参与制造所谓波军士兵袭击德国格莱维茨广播电台、造成波兰进攻德国的假象的事件；组织实施对犹太人的所谓“最后解决”，在欧洲范围内制造全面恐怖。纳粹德国战败后被取缔。1946 年，被纽伦堡国际军事法庭宣判为犯罪组织。

报机构，即德国保安总局。[①] 这一总局是由保安警察和党卫队保安处总部合并而成的，但对外仍按照习惯传统称为保安处。此次机构合并，使得盖世太保和保安处完全掌握在海德里希的手中，这也标志着德国党卫队在情报搜集与分析方面，拥有了能与国防部军事谍报局相抗衡的、触角遍布德国国内外的军事情报机构。

二、党卫队军事情报机构的主要工作方式

希特勒一直对党卫队保安处十分重视。在党卫队内，从事保安工作就是从事情报工作，海德里希对保安处的建设很符合希特勒对情报的要求，所以，希特勒赋予了海德里希极大的开展情报工作的自由权利，海德里希也逐步开始按照自己的构想发展保安处。从 1932 年开始，海德里希就亲自到德国各地挑选情报人员，其所招募的情报人员几乎全是来自各行业的专业人士，包括各社区、团体的头面人物，党卫队保安处逐渐成为了一个由工程师、律师、会计师、经济学家和国防军退役军官组成的覆盖广、机构庞大的军事情报机构网络。

随着国内外形势的不断变化，海德里希根据情报工作发展特点和第三帝国对军事情报的需求，对保安处及其工作方式进行了改革与改进。1936 年，保安处扩编为局级编制，但习惯上仍然沿用保安处的称呼。扩充后的保安处下辖有三个部分：一处是组织处、二处为镇反处、三处为国外处，各处之下又有很多的科，如一处下辖有组织和督查科（Ⅰ1 科）、组织任务科（Ⅰ2 科）、人事任免科（Ⅰ3 科）等。

此外，海德里希还在德国按照行政区位置的不同，分别设立各区处本部，在各区的处本部之下建立分处，分处之下设立外勤站。至此，一个层次分明、体制严密、无处不在、无孔不入的德国内部谍报王国正式建立。海德里希掌握的党卫队军事情报机构成为德国纳粹党获取情报的重要耳目。

由于盖世太保更多肩负着开展具体行动的职能，所以海德里希对其也

---

① George. H. Stein, *The Waffen SS: Hitler's elite guard at war*, 1939 – 1945, Cornell University Press, New York, 1996, pp. xxvii – xxviii.

颇为重视。1934 年 4 月 22 日海德里希接管盖世太保后，随即利用其权力和个人对情报功能如何有效发挥的认知能力，对盖世太保进行了较大的改革。改革后的盖世太保主要在两个方面有重大的发展：

首先，盖世太保的社会地位进一步提升。海德里希认为，秘密警察就应该是全面控制整个德国事务的、如同社会细胞一样深入到整个德国内部的机构。德国的国家秘密警察首先是从法律和行为上将魏玛时期执法机关的许多习惯，比如遵守司法程序，尊重公民基本权利等全部摒弃。盖世太保的法律专家贝斯特博士认为："盖世太保的职责是保护国家政权，这就要求其行动必须紧跟敌情的变化，并不受司法桎梏的拖累。"① 纳粹政权也适时地为这一想法的实施创造了条件。1935 年 5 月，普鲁士行政法庭判决盖世太保免受司法调查，法院将不接受关于秘密警察"保护性拘留"的上诉。这使得盖世太保有了高于普通德国执法机构的行动特权，从法律的角度将其定位为德国社会的特殊阶层。

其次，盖世太保开展工作的方式逐步趋向以暴力，甚至是恐怖手段为主。纳粹党通过操纵德国国会，不断将盖世太保的暴力工作方式合法化。盖世太保不仅使用警告、保护性拘留和送集中营关押等三种合法措施，后期还明目张胆地进行绑架和暗杀，在社会中制造恐怖气氛。

1936 年 6 月 17 日，海德里希出任保安警察总局局长。他又进一步对保安警察总局进行大刀阔斧的改革，在总局之下设立了四个处：行政和法律处、政治警察处、谍报警察处和刑事警察处。② 这四个处的设立，使得盖世太保的工作针对性更强，所涉及的内容更广。此时的盖世太保已成为在全国有 20 个局，下辖 39 个分局、300 个边防警察中心和 850 个分站的庞大机构。这个由 4. 5 万名秘密警察、6. 5 万名保安警察和 280 万名风纪警察，以及分布在 20 座集中营和 160 座劳动营的 4 万名看守人员所构成的巨大的情报网，将整个德国民众置于党卫队严密监控之下。③ 海德里希还不断地根据局势的变化对保安处和盖世太保的军事情报工作进行具体的

---

① 方慧颖编著：《德国特工全传》，凤凰出版社，2010 年版，第 31 页。

② C. G. McKay, *from Information to Intrigue*: *Studies in Secret Service Based on the Swedish experience*, 1939 – 1945, Frank Cass & Co. LTD, London, 1993, p. 193.

③ 高金虎主编：《喋血柏林墙——二十世纪德国情报机构绝密行动》，东方出版社，2005 年版，第 61 页。

调整，使得希特勒在德国国内的统治进一步得到巩固。

党卫队的军事情报机构经过海德里希的改革与调整后，已经能高效地开展工作。但海德里希并不满足，他不断向希姆莱抱怨机构过于分散，有些部门甚至出现各自为政的情况。于是，1939 年 9 月 27 日，德国保安警察总局和党卫军保安局总部合并成立德国保安总局，将原来的保安总处和保安警察总处的部门编成德国中央保安局的七个局。第一局：负责保安警察和保安队人员的培训和组织。第二局：负责财政和经济。第三局：负责德国的生活区，其作用等同于国内保安处，党的机构。第四局：负责考察和反对敌人，其作用等同于盖世太保，国家机构。第五局：负责同犯法行为作斗争，其作用等同于刑事警察。第六局：负责外国情报工作。第七局：负责世界观的研究和评价。①以上各局下设若干组，组下又设若干分队，有着极为详细的分工。

从当时的工作实践来看，如果将盖世太保看作是负责逮捕、搜查和审讯的行动部门，那么，保安处就是主要的情报搜集部门。保安处的工作目标比盖世太保更为细微，任何普通民众内心深处的想法都是其刺探的目标。保安处如同一种毒素一般溶进了德国的每一个社会细胞中。此外，由于保安处是纳粹党的情报机构，其开展军事情报工作时还带有一种不可置疑的“正义”之态。党卫队全国领袖、警察总监对保安处的性质有着明确的解释，即“党卫队保安处是党的，说到底也是国家的大型世界观情报组织……保安处关心的是世界观的大问题”②。保安处与盖世太保两者合力形成维护纳粹统治的情报网，为希特勒在国内实行独裁统治提供了重要的情报保障。

随着第二次世界大战的爆发，海德里希指挥下的盖世太保和保安处有了更为广阔的空间来发挥其作用。其基本的工作方式沿袭了 1939 年改革后的部署，但各自又有了不同的工作重点。如盖世太保更加突出了对集中营制度的贯彻和实施，重视在德国国内实施维护纳粹党统治的政治防范。在保安处方面，海德里希加强了保安处的技术能力，将大量先进的技术设

---

① C. G. McKay, *from Information to Intrigue*: *Studies in Secret Service Based on the Swedish experience*, 1939 – 1945, Frank Cass & Co. LTD, London, 1993, pp. 196 – 198.

② 谢志强编著：《盖世太保揭秘》，大众文艺出版社，2009 年版，第 59 页。

备引进到保安处的军事情报工作中，同时，还强化了保安处参与武装行动的职能。1942 年，海德里希遇刺，其继任者恩斯特·卡尔滕布鲁纳未对盖世太保和保安处的组织结构和情报工作有过多的调整，这种状况一直持续到战争结束。

事实上，党卫队军事情报机构的工作范围已不仅局限于德国国内，而是扩展到了世界各个角落。只要德军统帅部有需要，党卫队情报机构就会源源不断地为其提供各种情报。特别是重新整合后的党卫队军事情报机构，其工作内容所涵盖的不仅仅是军事情报，还包括政治、经济、外交等情报，党卫队军事情报机构的重要性也因此不断提升，成为德国军事情报领域一支极其重要的力量。

第三节　军种情报机构的建立与工作方式

德国在第一次世界大战失败后，军队发展受到极大限制，但对军队情报工作的重视程度并未降低，事实上，从一开始就积极组建军队各军种的军事情报机构。但是，由于各军种自身特点不同，所受重视程度与国家发展规划也有着很大的联系，特别是到了第三帝国时代，各军种情报机构依据国家发展需求，出现了不断的变化。因此，德国军种情报机构的建立情况与演进程度存在不尽相同状况。

一、军种情报机构的建立

第一次世界大战结束后，德国军队被束缚在《凡尔赛和约》的各种条条框框之内，但德军的军事情报机构却凭借改变身份得以保留。在阿勃韦尔改头换面重生的同一天，德国三个军种的军事情报机构也随之建立。最初，德军三个军种的军事情报机构都属于阿勃韦尔或与阿勃韦尔隶属于同一个机构。随着时代发展的需要，特别是纳粹党上台和第三帝国对外侵略的需要，三个军种的军事情报机构先后脱离阿勃韦尔，成为独立的情报机构。

（一）德国陆军情报机构的建立

德国陆军军事情报机构前身是第一次世界大战期间的外国军队处。1919 年 1 月 25 日与军事谍报局的前身阿勃韦尔一同划归军队部统计局，外国军队处改名为统计局第三处，即统计处。

第一任处长是一战时任外国军队处处长的冯·劳赫少校，他在战争结束后组建这样一个全面分析和评估情报的机构，当时主要是为了对付因德国战败而引起的国内骚乱。1920 年 6 月，第二任处长伯蒂歇尔对这一军事情报机构进行了改组，分为东方组和西方组。东方组负责德国以东国家，包括东欧、巴尔干和苏联的军事情报，西方组负责搜集西欧、北欧、南欧和美国的军事情报。

1933 统计处又改名为外国军队处，这标志着希特勒掌权德国后，德国陆军情报机构——（新）外国军队处正式成立。

1936 年，蒂佩尔斯基当上了（新）外国军队处的处长，他在加强（新）外国军队处情报工作的同时，还对（新）外国军队处进行了第一次改革：在以原有的东方组和西方组为基础的结构框架下，调整体制结构，在处长之下设有行政组、武官组、登记组和五个地区组，分为东、西两个梯队。[①] 随后，在当时的陆军总参谋长哈尔德的授意下，（新）外国军队处于 1938 年进行了第二次改革：外军处的规模扩大一倍，并分为东线外军处和西线外军处两个处；东线外军处的序号为十二处，西线外军处的序号则保留原来三处的序号；同时，陆军总参谋部还增设一个副总参谋长的职位专职管理情报工作并领导这两个情报机构。

（二）德国海军情报机构的建立

同样由于《凡尔赛和约》对德国海军发展有着严格的限制，所以海军情报机构的发展也受到极大的影响。德国海军情报机构一直隶属于最高统帅部，其工作方式较为单一，只是简单地做一些统计数据之类的工作。但是，在德国挑起第二次世界大战后，德国为了封锁大西洋，切断英国的

---

① 郑博编著：《恐怖的火山口——德国情报机构的过去与现在》，国防大学出版社，1998 年版，第 113 页。

海上补给线，迫切需要相关的军事情报。因此，在1939年底，德国在海军的作战指挥部之下设立了专门的军事情报机构，即海军作战指挥部三处或外国海军处，负责有关外国海军舰船及商船情报的搜集与分析。

在德国海军情报机构中，最值得夸耀的恐怕要属海军通讯情报处（又称“海军观察处”），代号为“XB”。它是基于战争需要，由原来的外国海军处无线电侦察组扩大并独立出来而产生的，且随着战争发展不断壮大，“1936年，观察处在柏林总部的机构只有30人，到1939年夏天扩大到90人。1937年，它的14个截收站一共截收了25万2000份电报，平均每天700份。两年之后，又增设了两个截收站。16个截收站中的每个截收站集中截收离它最近的那个舰队的情报。把各个截收站的工作人员计算在内，到1939年夏天，观察处一共雇用了500多人”①。

可以说，海军情报机构——外国海军处和海军通讯情报处等的正式建立完全是出于为战争服务的目的，或者说是战争催生了第三帝国的海军情报机构。

（三）德国空军情报机构的建立

空军方面的情报工作最初只是向阿勃韦尔专门派出一人，负责对外国空军情报进行研究。随着形势的发展和对外国空军情报需求的增加，开始形成了一个空军情报组。

1927年4月，空军情报组脱离阿勃韦尔，成立空军机构的第六小组。1930年后，出于战略侦察需要，由特奥多尔·罗韦尔（Theodor Rowehl）组建了一个航空侦察小队，集中了一些技术熟练的飞行员和5架飞机，开始对俄国和德国的一些邻国进行空中侦察，这些侦察包括苏联的海军基地、马其诺防线和一些国家的防御工事。高分辨率的照片甚至显示出马奇诺防线的机枪口和一些国家的隐蔽工事。因此，罗韦尔的侦察机群被认为是“世界上最早和最成功的战略航空侦察机构之一”②。

第三帝国时期，一贯强调空军力量建设的戈林抓住时机大力发展德国空军。为了加快发动战争的准备工作，希特勒命令迅速武装空军部队，以

---

① 方慧颖编著：《德国特工全传》，凤凰出版社，2010年版，第56页。

② 同上书，第61页。

便与装甲部队一起发动闪电战。因此，1937 年，经过长时间的矛盾斗争和复杂的酝酿，德国空军恢复了参谋部，空军情报组也随之扩大为空军参谋部外国空军处（五处），德国空军情报机构正式建立。

空军参谋总部五处普遍称为作战部的情报处。它按照地理位置划分为两个分支机构，一个负责东线外国空军情报，另一个负责西线外国空军情报。条令规定第五处的任务是分析评估涉及到空战的外国情报。其中包括搜集有关轰炸目标的材料。图片中心处理和研究具有战略意义的航空照片。空军特别战俘审讯中心是第五处的一个战地单位。[①]

二、军种情报机构的主要工作方式

德国军种情报机构结合各军种自身的特点与情报需求，独立开展军事情报工作，工作方式虽然还有一战时期德国军事情报工作方式的影子，但也出现了一些新情况。

（一）陆军情报机构主要工作方式

德国陆军情报机构与其他军种相比规模较大，工作效率也相对较高，基本满足了希特勒的战略、战役和战术情报需要。最初，（新）外国军队处的情报搜集主要集中于对国外公开资料的研究，如外国报纸、杂志，特别是外国军队的报刊杂志，包括英国的《每日电讯报》、《联合军事评论》、《皇家联合军事研究所季刊》、《皇家陆军季刊》、《皇家工兵杂志》、《皇家炮兵杂志》、《皇家陆军后勤部队季刊》、《骑兵杂志》和《泰晤士报》。[②] 这项任务主要由（新）外国军队处的西方组负责，他们通过阅读上述报纸和杂志，从中搜集有用的情报。但是，他们在通过对公开资料的研究，还对一些大国的军事潜力和战争能力进行评估，如搜集有关大国人口方面的统计资料，将这些统计数字和其他资料一一填入各国的档案。每年春季，（新）外国军队处以这些档案为依据，将所掌握的情况整理汇总、编印成册，以便整个陆军和德军最高统帅层了解同盟国的军事动向。

---

① 方慧颖编著：《德国特工全传》，凤凰出版社，2010 年版，第 61 页。

② 周桂银编著：《黑夜战争》，四川人民出版社，1997 年版，第 96 页。

这种方法，与当今世界各国情报部门对某国的军事基本情况进行研究和评估的做法十分相近。

通过两次成功的改革后，（新）外军处的情报体制编制得到了相对合理的安排。值得注意的是，出于对未来重要战略对手苏联的战略情报积累需求以及后来对苏战争的战场情报需求，东线外军处处长盖伦还根据情报的作用和功能对东线外军处进行了进一步改革，设立了三个科，每个科都有着自己的工作对象和方法。

第一科的中心工作是搜集、处理苏联军队的战斗序列情报，每天汇报苏联红军的序列、军队部署、武器装备等情况，这是东线外军处最重要的一个科，其所提供的情报是德军总参谋部制定对苏作战计划的基础。

第二科负责汇报苏联总的军事状况。其中的一组根据各项报告，分析苏联最高统帅部的作战意图，将苏联军队的组织结构、指挥系统和后备力量等情报进行汇总，使得德军高层对苏联军事状况有整体而直观的了解；二组将苏联战俘的口供、德军无线电侦察机构提供的报告及苏联公开报刊的文章等进行综合性分析；三组研究苏联经济和军备状况；四组向德军最高统帅部和东线各集团军提供苏军战略原则方面的材料。

第三科的中心工作是审讯来自苏联的战俘：一组负责审讯俘虏；二组负责翻译苏军文件，这些文件一般是来自野战部队，通过翻译分析这些文件，掌握苏军的组织、装备和训练情况；三组负责重新印刷红军的文件，然后分发给其他组，只留下苏军最高当局下达的指示和命令；四组处理苏联报刊、信件和传单等公开材料；五组翻译特别重要的文件；六组负责搜集苏联出版的规章和书籍，并将其归入三科档案室；七组则通过无线电日夜监听苏联的电台广播；八组归纳和总结三科其他小组的所有情报，写成《东线外军处详细材料》定期发给部队。①

盖伦改革东线外军处的最重要一个特点就是使其军事情报工作不仅为决策机关服务，更是为德军东线的野战部队提供军事情报保障，为后者提供的军事情报甚至要比前者还全面，这也使得东线外军处成为德军军事情报机构改革的经典案例。

（新）外国军队处依据战争发展需要而进行的军事情报工作改革，很

---

① 周桂银编著：《黑夜战争》，四川人民出版社，1997 年版，第 125—127 页。

好地适应了战场形势的变化，满足了德国对军事情报的战略、战役情报保障需求，使得德国陆军情报工作更有效地为德国统帅部门和作战部队提供有力的情报保障。

（二）海军情报机构主要工作方式

外国海军处作为德国海军的情报部门，主要是负责有关外国海军及商船情况的分析与评估。这个处主要根据对外国造船厂生产建设能力的评估及海上航行船只通讯信号的分析，估算出同盟国船只和运载货物的数量，特别是在同盟国商船的计算和统计方面，德国海军情报机构所掌握的情报较为精准。例如，该处在 1943 年的一份报告中称，美国在 1942 年建造了大约 592 艘货船和 62 艘油轮。后来事实证明，美国在 1942 年建造了 597 艘货船和 61 艘油轮。但是，德国海军作战部统帅们在建立了外国海军处后发现了一个很重要的问题：单单掌握同盟国的总体船只数量对进行战役、战术级别的作战并没有什么明显的帮助，特别是在实施大西洋海上封锁政策时，明确掌握同盟国船只确切地点成为当务之急。而“XB”此时发挥了重要作用。

“XB”的主要工作方式就是通过截获和破译密码掌握外国海军的动向。其成立之初就取得了不俗的成绩，破获了英国和法国的多种密码，其中包括英国浩繁的政府电码、英国四字海军密码、法国所有舰船使用的密码、法国军舰使用的密码和法国战术信号密码等。这些密码的截获和破译，使德国可以随之截取和破译英国关于外国舰船的活动，包括窥视英国皇家海军的所有演习和在大西洋的护航情况，了解法国包括海军在内的所有舰船的航行情况。[①] 事实上，早在战争开始之前，德国海军密码破译就取得了骄人的成绩，“在 1937 年破译了另外四种英国密码系统，五种法国密码系统，四种俄国密码系统和三种丹麦密码系统”[②]。战争开始后，德国海军情报部门在与盟国的密码战中也一直处于相对优势地位，这为德国海军在战场的取得骄人战绩发挥了重要支撑。

在二战中，对大西洋海上运输线的控制成为争夺的焦点，其重要程

---

① 参见方慧颖编著：《德国特工全传》，凤凰出版社，2010 年版，第 55 页。

② 方慧颖编著：《德国特工全传》，凤凰出版社，2010 年版，第 56 页。

度，用英国首相丘吉尔的话说，是“大西洋战役是整个战争过程中压倒一切的因素”[1]。由于“XB”的出色工作，使得德国海军对大西洋上航行的盟国船只几乎了如指掌，为此德国海军元帅邓尼茨运用其创造的“狼群战术”，与英、法等国在大西洋运输线上展开了激烈海战，一度几乎切断了同盟国的大西洋航线，控制了大西洋海域，其中1943年3月的一次截击行动中，德国运用28艘潜艇对盟国的51艘船只展开进攻，结果以仅损失一艘潜艇的微弱代价，击沉了盟国的21艘船只[2]。这一重大战果，其关键因素不能不说是“XB”提供了最重要的情报保障。

因此，德国海军元帅邓尼茨对“XB”有着非常高的评价，他说：“德国海军在第二次世界大战中，尤其是在大西洋海战中所使用的情报，有一半是‘XB’提供的。我认为‘第三帝国’的所有其他情报机构都比不上它对海军的贡献大”。[3] 由此可见，德国海军情报机构的工作为德国海军提供的战役、战术情报具有极高的准确性，为德国海军在战场上的军事行动提供重要情报保障的同时，也为德国国家战略的成功实施发挥了积极的作用。

（三）德国空军情报机构主要工作方式

1937年，刚成立时的外国空军处主要任务是分析并评估英、法等德国潜在敌国空军方面的军事情报。到了第三任处长施密德时期，外国空军处的任务得到进一步明确，外国空军处将工作重点调整为分析有关德国空军作战部队方面的各种问题，并进行必要的轰炸目标研究。

由于工作量增加，为了有效使用仅有的29名军官，施密德调整了外国空军处的组织结构，将其分为五个组：一组负责行政管理；二至四组分别负责针对不同的国家和地区进行情报搜集、分析与处理，如二组负责法国、比利时、意大利和西班牙的空军情报等；五组负责飞机型号的分析研

---

① 转引自方慧颖编著：《德国特工全传》，凤凰出版社，2010年版，第56页。

② 方慧颖编著：《德国特工全传》，凤凰出版社，2010年版，第57页。

③ James A. Boutilier, *The RCN in Retrospect*, 1910 – 1968, the University of British Columbia Press, Vancouver, 1982, p. 187.

究。[1] 外国空军处在施密德的领导下，有两项成绩比较突出：一是轰炸档案[2]更加完善，二是比较准确地掌握了英、法等同盟国空军的规模、装备和制造飞机的能力。

外国空军处在德国发动第二次世界大战的战争准备阶段取得了突出成就，特别是为“闪电战”的成功实施发挥了重要作用。但在战争开始后，暴露出来的问题也不小，最主要体现在节节胜利的德国人出现了盲目自信，在一些方面的情报搜集严重不足，最为典型的就是1940年对英国的“海狮计划”[3]。由于过分自信，德国过低估计了英国皇家空军的作战能力，特别是战前对英军的雷达情况的情报严重不足，导致判断上出现了较大的偏差。相反，英国不仅破译了德国的密码，使得他们可以通过无线电监听获取更多的情报，而且成功地发现了德国人的无线电导航系统，并且实施了干扰，极大地破坏了德国空军夜间轰炸的精确度。[4] 最终导致“海狮计划”的失败。

尽管从另外一个视角看，“海狮计划”最终客观上起到了掩盖“巴巴罗萨计划”的战略伪装和欺骗作用，但它的失败，也给第三帝国很大的震动，特别是给德国军事情报机构造成了沉重心理打击。然而，空军情报机构在“海狮计划”上的不良表现，也促使德国空军下决心对其情报机构进行再次改革，以提高其工作效率，适应未来战争的需要。

因此，1943年，为了更好地配合战场形势的发展，德国空军参谋部进行改组，外国空军处被合并到作战部，改名为空军作战部情报处。同

---

① 高金虎主编：《喋血柏林墙——二十世纪德国情报机构绝密行动》，东方出版社，2005年版，第107页。

② 1931年，德国空军情报机构建立起一个轰炸档案，档案中比较详细地记录了未来战争中德国空军拟对付的主要目标。这个档案的建立可以说是德国空军情报机构的第一个成绩。参见郑博编著：《恐怖的火山口——德国情报机构的过去与现在》，国防大学出版社，1998年版，第125页。

③ 海狮计划，是第二次世界大战中德军对英国作战的计划。二战开始不久，纳粹德国的目光就盯上了英伦三岛。为尽快征服英国，纳粹头子希特勒亲自拟定了名为“海狮”的行动计划。但是，充当“先锋官”的德军战机飞临英国上空的时候，等待它们的却是一场以弱胜强的空中“游击战”。最终德军的海狮计划失利，使得英国得以保存军事上的优势，而后继续同德国抗争，把德军拖入了致命的长期持久战，最后成为英美反攻欧洲大陆的跳板，使德军陷入了两线作战的困境。希特勒发动战争来首次遭遇失败，德国的空军遭受重创。

④ Leonard Mosley, *The Battle of Britain*. Time-Life Books Inc. 1977.

时，新成立的空军作战部情报处还将空军的情报监听机构——空军无线电侦察处收编其中。这次改革改进德国空军情报机构获取情报的方式，并且使情报工作效率得到显著提高。同盟国空军广泛使用的“西科”地对空密码体制被德国空军作战部情报处成功破获，这成为二战后期德国空军情报处的主要情报来源，也为德国空军实施局部战术性空袭提供了极为准确的情报。

此外，根据侦察目标所处地域不同的实际情况，德国空军参谋部将空军作战部情报处分为三个部分：353 侦察团负责侦察苏联方向的无线电通讯，位于地中海附近的 352 侦察团负责侦察中东和北非方向的盟军无线电通讯，351 侦察团专门负责侦察英、美空军无线电通讯。这一有效的分组改革，使得空军作战部情报处实现了人员优化配置，避免了资源重叠浪费。此外，每个侦察团都有相对独立的工作环境，能够自主地根据侦察对象的特点，有目的、有意识地改进其工作方式。这些改革与改进提高了其工作效率，为德国空军提供了很多重要情报，其中最大的成就当属成功侦获盟军将轰炸普洛耶什蒂油田的情报，并发出准确的预警。

1943 年年中，空军作战部情报处 352 侦察团截获了一份重要情报：美国第九轰炸机司令部所属的 B－24 “解放者” 式战略轰炸机中队将空袭德国的重要石油供应基地——普洛耶什蒂油田。① 同年 8 月，美国按计划派出轰炸机准备对这一油田进行轰炸，但对此已有防备的德国空军早已做好战斗准备，结果可想而知，德国空军成功击退美国的大规模轰炸机队。此后，虽然盟军又对普洛耶什蒂大油田进行了多次的轰炸，但都由于德国空军作战部情报处及时地向德国空军和防空部队发出空袭预警，使得美军的空袭计划无法达到预计效果且损失惨重，最终不得不放弃了对德国石油基地轰炸的计划。可以说，保卫普洛耶什蒂大油田的胜利，既是德国空军在重要战略目标上的胜利，也是德国空军情报机构通过改革以提高情报保障能力的代表性胜利。

随着战争的进行，军事情报机构之间的竞争也愈发激烈，很多军事情报机构根据不同手段所获取的情报常常会出现情报内容不一致、情报要素

---

① Dénes Bérnad, *Rumanian Aces of World War 2*, Osprey Publishing, Oxford, 2003, pp. 94－96.

相矛盾等情况。为了改变这一现象，1944 年 2 月 12 日，希特勒下令成立“统一的德国秘密情报机构”。新的联合情报机构于 1944 年 6 月 1 日正式成立。此时，纳粹党将全德国所有的军事情报机构统归到自己的麾下。德国的军事情报机构进入到一家独揽大权的时期。但尽管如此，由于德国在政治、军事、经济等各方面都已是强弩之末，其军事情报机构的改革未能从根本上改变德国的命运，最终，第三帝国还是走向了覆灭。

第四节　其他部门情报机构的建立与工作方式

事实上，除了上述十分明确的军事情报机构，总体而言，第三帝国“德国的情报机构存在于社会的四个方面：武装部队、政府各部、纳粹党和私营部门”[①]。应该说，由于第三帝国期间，整个德国已经成为一部战争机器，社会部门所有专业情报机构和非情报机构都在从事军事情报工作，或者说军事情报工作已经渗透至各个领域。其中一些机构或领域，对当时德国的战争进程同样产生了重大影响。本节主要介绍第三帝国社会部门情报机构的建立与工作方式和武装部队的战场军事情报力量建设与工作方式。

一、社会部门情报机构的建立与工作方式

第三帝国时期，德国社会部门从事军事情报活动的部门主要有外交部、经济部和研究部。其中以外交部和研究部的军事情报活动最为活跃，其对第三帝国统帅部的影响也最大。

外交部建立了一个情报处即三处，事实上，这是外交部长约阿希姆·冯·里宾特洛普为了揽权而建立的，主要从事在国外的间谍活动。第三处由安多尔·亨克领导，他以德国驻外使馆为据点，建立了一个庞大的情报网络。每个国家情报网络的负责人，都是德国使馆的外交官。尽管由于战争原因，德国的很多驻外使馆不得不一个个关闭，其情报工作也影响也逐

① 方慧颖编著：《德国特工全传》，凤凰出版社，2010 年版，第 25 页。

渐削弱，但不可否认的是，由于第三帝国外交部在军事情报的搜集、分析上做出过很多重大贡献，因此也成为当时德国统帅部决策倚重的情报部门。

外交部的情报工作方式主要是通过驻外使馆人员从事情报活动获取情报，外交部政治部接收并分析研究这些情报；商务机构处理经济情报；外交部新闻司负责阅读外国报刊，从中寻找政治、经济情报。外交部拥有自己的密码破译员，他们隐蔽在行政人员之中。官员坐在外交部里，接收着来自万里之外的不可胜数的情报，犹如沙里淘金，从中找出有价值的情报来。①

武官作为驻外使馆的外交官，既受军队的领导也接受外交部的领导，因此，从某种意义上说，作为外交部管辖的驻外使馆外交成员，武官也是第三帝国外交部情报获取的最重要来源，特别在外交部三处的不断建议下，自1933年起，德国开始大量向很多国家派出武官进行军事情报活动。1933年1月5日，德国陆军任命了7位武官，在美国、英国（兼比利时与荷兰）、法国、意大利（兼匈牙利与保加利亚）、波兰、捷克斯洛伐克（兼南斯拉夫和罗马尼亚）、苏联（兼立陶宛）等国设立了代表机构。海军向伦敦、巴黎和罗马尼亚派了武官。空军事务原来由陆军兼管，后来空军也开始派遣武官。到1939年，总共有18名陆军武官、12名海军武官、13名空军武官和他们的副手被派驻到30个国家。② 这样大规模地向国外派驻武官，在当时而言是很十分可观的。这些武官为第三帝国提供了大量高质量的情报，特别是成为战前德国最有价值情报的来源，一些武官的情报不仅帮助德国的武器装备的发展，而且一些情报成果甚至极大地影响了希特勒的战略决策。

例如，著名的驻美国武官冯·伯蒂歇尔将军就是德国众多武官中最具代表性的一位。伯蒂歇尔于1936年1月递交的一份有关罗伯特·戈达尔教授的火箭实验室情况的情报，曾帮助德国在导弹发展上发挥了重要作用，最终使德国研制出著名的V-1和V-2火箭，事实上就是今天导弹。

---

① 方慧颖编著：《德国特工全传》，凤凰出版社，2010年版，第35页。

② 刘宗和、高金虎主编：《第二次世界大战情报史》，解放军出版社，2009年版，第30页。

这种导弹（主要是 V－2）后来主要用于攻击英国，曾一共发射过 1403 枚，其中 1115 枚打到了英国境内，517 枚命中伦敦。由于这种全新的导弹突防能力强，在当时几乎完全无法防御，给英国朝野造成很大的恐慌。但是，伯蒂歇尔的战略情报工作是极为失误的，他对犹太人的极度偏见导致其对美国国内政治的判断，包括美国对外战略的主要方向和对德国的影响能力等的判断都产生了偏差，最终认为美国的全部力量主要集中在太平洋，不可能干涉欧洲战事，即便干涉，德国也在其发挥作用之前结束了战争。① 由于伯蒂歇尔的情报与希特勒基本理念相一致，因此，其情报深受希特勒重视，甚至成为其对美宣战的主要依据。

除了外交部的驻外机构，德国外国研究所也是第三帝国的情报来源地。这个成立于 1918 年的研究机构原本属于宣传机构，但是甚自第一次世界大战起就开始从事情报搜集工作，当时主要是出于维护德国人的海外利益，帮助德国人寻找工作。然而，纳粹党的上台彻底改变了这一机构的工作性质和任务，成为第三帝国推动战争的情报机器。他们主要通过对报刊内容的精选，为武装部队最高统帅部和海军总司令部提供每日军事新闻。他们的情报受到武装部队的重视，卡纳里斯甚至认为外国研究所“经常为德国军队作出了宝贵的贡献”②。

经济部中的外国经济局设立了外国经济情况统计和外国经济研究中心，为军队提供情报。事实上，第三帝国对经济情报的重视是在总结第一次世界大战的经验教训中形成的，因为在第一次世界大战期间，正是由于对经济情报的忽视，没有充分估计到美国的经济实力对战争潜力的影响，从而导致德国的最终战败。因此，第三帝国在经济部中设立了情报机构，专门从事对外国特别是主要对手国家的经济问题研究，这些研究成果成为统帅部制定战争计划的重要参考依据。

研究部（Forschungsamt）成立于 1933 年，以“德国防空部”为名从事情报工作，事实上是当时第三帝国最大的密码分析机构，规模最大时雇员达到 6000 人，也成为后来德国最为成功的情报机构之一。这个机构被

---

① David Kahn, *Hitler's Spies: German military intelligence in World War II*, Da Capo Press, Cambridge, 2000, pp. 81－82.

② 方慧颖编著：《德国特工全传》，凤凰出版社，2010 年版，第 53 页。

认为是当时德国同类情报机构中最有钱、最机密、最纳粹化和最有影响力的，由第三帝国的重要人物赫尔曼·戈林领导。研究部有六个处，到1941年，处升为局：一局负责行政，二局负责人事，三局负责分发收到的请求信件和精选收到的报告，四局负责密码破译，五局负责情报估价，六局负责技术设备研制和保管。各局所得来的材料汇总到三局这个负责整理情报的单位，筛掉没有价值的情报，将剩下的情报送给五局的各个处，进行分析研究，并写成报告。最后由五局局长瓦尔特·赛费特将筛选后的情报压缩成60至150篇报告。这些文件用纳粹党的淡褐色纸上套套印紫色字体的报告，用于对外发行，后来成了研究部的有名的褐色活页报告。①

二、武装部队的战场军事情报力量建设与工作方式

第三帝国的扩张使德国军队将战火燃遍整个欧洲，作为指导战争进行的最重要情报，特别是战役、战术情报主要还是来自于一线战场，这是自古以来的古老的传统方式，也十分有效。

德国人在战争中将这种古老的情报侦察方式加以改进，使之更加系统化，并逐渐形成了独具特色的军事情报力量，即观察组、巡逻队和侦察营。在这些力量的运用上，也有着一定的方式，例如，观察组主要用于被动的防守战中，他们通过对前方敌人动向的观察，为防守提供参考依据。而主动获取情报则需要动用巡逻队进行，他们通过抵近侦察、搜缴文件和审讯俘虏了解当面敌人的情况。侦察营则是全面开展战争军事情报的主力。当时，德军每个步兵师都配备了一个侦察营，每个侦察营由一个主要作战单位和若干支援单位构成，人数大约为600人，有的甚至配备200名骑兵，还配备了火炮等重型武器。侦察营将侦察结果直接上报师长，主要是敌方的位置和地形。

随着战争进程，在科技发展的推动下，德国出现了装甲侦察营，以轻、重型装甲侦察车为主要平台，实施抵近侦察。装甲侦察营的配备情况一般是：每个营有两个装甲车中队。每个中队有一个重型侦察车排和两个

---

① 方慧颖编著：《德国特工全传》，凤凰出版社，2010年版，第51页。

轻便侦察车排。重型侦察车排有6辆较大的装甲车。任务一般是听从师长指挥，设法进入师主力部队前面的陌生地区调查情况并及时用无线电向师部汇报。诸如哪里有障碍物，哪里有路障，哪里有反坦克炮，以及它们同敌人遭遇的情况等等。总之，侦察营通常侦察的是最当前、最局部、最富有战术意义的形势，为部队的战术布置做了最直接的调查。由于装甲车的越野性能优良，可以在复杂地形中完成侦察任务，因此，这种侦察方式贯穿于整个战争，成为部队战场侦察的重要方式。

航空侦察既可作为战略情报获取手段，也是战场侦察的军事情报重要力量。前文曾提到特奥多尔·罗韦尔于1930年组建了一个航空侦察小队，集中了一些技术熟练的飞行员和飞机，对俄国和德国的一些邻国进行空中侦察，并取得了很到成绩。30年代后期，罗韦尔的航空侦察小队拍摄了很多波兰、法国、捷克斯洛伐克、苏联和英国的一些重要战略目标，如军工厂、边界防御工事和内地公路网等，这些都成为后来德国进行战略轰炸的重要依据。[①] 后来，空军接收的罗韦尔的航空小队，将其编入空军总参谋部第五处即外国空军处，并更名为特种勤务航空中队。战争爆发后，出于战争需要，特种勤务航空中队迅速发展为3个中队，改名为空军总司令部侦察组，实施战场侦察。他们将拍摄的波兰桥梁、反坦克障碍物和野战防御工事等照片提供给地面部队指挥官，为其成功实施闪电战发挥了重要作用。随着战争的进程，德国的空中侦察力量出现了飞速发展，达到了53个中队共602架飞机，其中有30个近程侦察机中队（342架飞机）为陆军进行战术侦察和战场侦察，23个远程侦察机中队（206架飞机）进行战略空中侦察。[②] 在进行闪击战时，空军每个大机群和航空师都配备一个侦察机中队，负责侦察敌方的机场、确定敌方空军的集结地点和拍摄轰炸目标。陆军的每个集团军和集团军群也都配备了一个远程侦察机中队。[③] 应该说，在战争前期，德国的空中侦察力量为闪电战的顺利实施发

① Jeffery Richelson, *A Century of Spies: Intelligence in the Twentieth Centuey*, New York: Oxford University Press, 1995, pp. 96 - 97.

② Jeffery Richelson, *A Century of Spies: Intelligence in the Twentieth Centuey*, New York: Oxford University Press, 1995, p. 163.

③ 刘宗和、高金虎主编：《第二次世界大战情报史》解放军出版社，2009年版，第343页。

挥了重要作用。但是，随着战争进程的发展，德国逐渐丧失了制空权，航空侦察也难以再发挥应有的作用。

第五节　军事情报人员的选拔与培训

德国的军事情报文化中，十分注重对情报人员的选拔与培训。第三帝国建立后，希特勒制定了对外扩张的德国国家战略，具体实践其早期提出的“先欧陆、后海洋”的扩张战略，德国的军事情报工作面临着前所未有的挑战，工作任务日益增多。人才作为军事情报工作的根本和核心，受到了空前重视，因此，作为第三帝国德国军事情报工作的一个重要内容，军事情报人员的选拔与培训走出了一条具有德国特色之路。

一、情报人员的选拔

自克劳塞维茨将情报人员的选拔范围从贵族阶层扩展到所有德国民众后，德国的军事情报工作突破了腓特烈大帝（即弗里德里希二世 Friedrich II）时期关于选拔情报人员的局限而有了长足发展，来自于普通民众家庭的情报人员在德国军事情报工作中发挥了积极的作用。

第三帝国时期，希特勒大力宣传种族理论，宣称只有雅利安民族才有资格进行情报活动，并对情报人员的血统和外貌形态有着严格的要求，这无异于又一次重新划定了情报人员的狭隘选拔范围，一定程度上阻碍了德国军事情报工作的顺利开展。但随着第三帝国对外扩张政策的推行，德国对情报特别是军事情报的需求量越来越大，需要补充大量情报人员才能完成任务。特别是，由于当时的情报工作还是以人力情报为主，原有的谍报人员数量已经无法保证正常开展军事情报工作，这些原因都促使海德里希首先将情报人员的选拔作为改革目标。

海德里希在选拔情报人员时，一改以前希姆莱过分注重血统和外形的挑选标准，按其十分崇拜的英国情报机构雇佣大批知识分子和社会精英的做法，更加注重挑选基于纳粹信仰而为德国提供义务服务的高素质情报人员。所以，保安处的核心成员都是高学历、高智商且对纳粹党无比忠诚的铁杆纳粹分子。如：保安处的二号人物贝斯特博士是行政法学的专家，负责调查天主教党派的帕丁拥有神学和法学两个博士头衔，负责国内事务部的霍恩博士曾经是柏林大学宪法教授，负责犹太团体和共济会的西克斯博士曾是柏林大学外国研究教授。后来成为著名德国谍报大王的施伦堡，被军事情报机构选拔为情报人员时虽然才 25 岁，却已是位小有名气的政治法律学者。[①] 正是这些情报人才的加入，使得党卫队的军事情报工作有了突破性地发展，在各方面都取得了显著的成绩。

军事谍报局局长卡纳里斯在这方面也展现了其务实的一面，他大胆启用谍报工作经验丰富的谍报人员，无论这些谍报人员是否是雅利安民族、也无论这些谍报人员参与情报工作是出于对纳粹信仰的忠诚还是对金钱的渴望，只要能为军事谍报局获取、分析及传递情报，卡纳里斯都会根据其特点与要求而大胆启用。正是在这种理念下，卡纳里斯很快就建立起一个庞大的情报帝国，在短短的两年时间里，其麾下从原有的区区 150 名雇员的小小情报局，快速增长到 1000 人，战时更是达到了 1.5 万人。[②] 当然，在招募人员时，卡纳里斯同海德里希一样注重专业人才的发现和录用，因此，在招募的众多情报人员中，同样不乏教授、律师等高端人才。

事后证明，这种基于实效的情报人员选拔政策变革，对于德国军事情报机构更有效地开展军事情报工作产生了重要影响。

二、情报人员的培训

作为战争指导思想，第三帝国形成了自己的理论体系。但是，这一切都是围绕着人展开的。尽管德国十分重视科技的发展并积极将其运用与军事实践，但重点关注人的地位和作用，认为“在技术面前，人的作用仍是决定性的。在分散的战斗中，人的作用愈发显得重要。空旷的战场要求有独立思考和自主行动能力的战士，他们在任何情况下都深思熟虑，定下

---

① 方慧颖编著：《德国特工全传》，凤凰出版社，2010 年版，第 31 页。

② 同上书，第 21 页。

决心和大胆行动，时刻怀有必胜的信念”[①]。因此，第三帝国秉承了以往传统，注重加强对人员的专业化技能的培训。

德国的军事情报机构不仅是开展军事情报工作，还肩负着对情报人员开展培训的工作。这一培训工作的主要载体就是德国众多的情报院校。德国的军事情报文化中始终重视情报人员的培训工作，尤其是依托情报院校培训体系来开展有针对性的人员培训。德国在国内的情报人员培训院校，根据所培训情报人员以后将要从事情报工作类型的不同，分为谍报人员培训学校、无线电侦察人员培训学校、密码破译人员培训学校、外交官培训学校等等。[②]

在这些学校内，情报人员接受专业性情报知识培训的同时，德国军事情报机构还会定期派遣在相关专业内工作出色、情报工作经验丰富的高级情报人员到相关情报学院进行讲学。这些参与到讲学的高级情报人员以授课的形式，将其在情报工作中遇到的问题、处理问题的经验、通过实践总结出来的理论等都传授给受训的情报人员，使参加培训的情报人员在参与军事情报工作之前就已经对所从事的工作有了直观了解，并对可能遇到的问题有了基本掌握。

同时，在二战开始后，德国在占领国招募情报人员，并建立情报培训班对其进行情报培训。这些被培训的情报人员利用自身对当地社会、地理等条件熟知的优势，成为德国军事情报机构的中坚力量。

小　结

第三帝国德国的军事情报机构建立和改革进程，都是围绕如何为保障德国国家战略的顺利实施这个中心任务而开展的。德国的军事情报工作是人力侦察与技术侦察的统一。既有通过武官、谍报人员、前方战场侦察人

---

① Militargeschichtliches Forschungsamt：Handbuch zur deutschenMilitargeschichte 1648 – 1939 (Band 5)，Bernard & GraefeVerlag，Munchen，1979，p. 557. 转引自戴耀先主编：《德意志军事思想研究》，军事科学出版社，1999 年版，第 680 页。

② David Kahn，*Hitler's Spies*：*German military intelligence in World War II*，Da Capo Press，Cambridge，2000，pp. 431 – 442.

员等传递回来的人力情报，也有通过技术手段如无线电监听和航空拍照等获取的技术情报，实现了情报来源的多渠道和多方式。同时，更重要的是，德国军事情报工作通过不断的改革，功效大大提高，使其作用得到了最大程度发挥。

人才是军事情报工作的核心要素，德国打破常规的军事情报人员选拔招募机制与专业培养工作，为德国的军事情报机构输送了大量高素质军事情报人员，保障了军事情报工作的顺利开展，成为第三帝国推行国家政策、贯彻实施国家战略的重要支撑。而依据不同国家在德国战略中的轻重，将其分门别类地开展不同程度的军事情报工作方式，更是有效地整合了有限资源，大大地提高了工作效率。这充分体现了第三帝国军事情报工作的务实性和效率性。

通过对德国军事情报机构工作演进的研究可以看出，德国情报人员不断地将其在军事情报工作中所获得的一系列经验系统地总结成理论，并积极实现认识的第二次飞跃，大胆地将这些从经验中提炼出的理论转化为实践，贯彻到情报工作的改革与改进中。将理论转化为实践，并将实践中得出的经验再一次升华为理论，实现了认识的两次飞跃，这是德国军事情报工作的演进中最突出的亮点。

但是，在实行法西斯独裁统治的第三帝国，军事情报机构在处理军事情报问题时，难免会出现故意违背情报根本属性与规律的情况，即根据希特勒的喜好而上报片面夸大或忽视对德国不利的情报，甚至是上报假情报。失实低效的军事情报工作影响了德国决策层对国际局势的判断，使得德国在制定错误的国家战略之路上越走越远。这也是德国这一时期情报工作的最大败笔。

由此可见，军事情报机构能否发挥维护国家安全、捍卫国家利益的作用，不仅是取决于情报人员的文化程度、情报机构使用设备器材的科技水平、体制的完善程度，更重要的是要科学而又合理地进行整合部署，实现资源配置的优化，并向统帅决策机构提供准确、及时的情报。只有这样，军事情报机构才能充分履行自身使命，高效缜密地开展军事情报工作，不仅能够保障战争的胜利，也能对国家的兴盛起到积极的推动作用。

第十六章　影响第三帝国军事情报工作变化的主要因素

德国在经历了第一次世界大战的失败后，日耳曼民族坚忍不拔的勃勃雄心、不甘于被外部力量所征服的民族自尊心等因素，在纳粹党的民族主义情绪鼓动下，使得众多德国人投身于情报事业中。《凡尔赛和约》限定下的德国面临着国家发展受钳制、军事情报机构体制结构不健全、情报人员缺乏等诸多困难，可以说，德国的军事情报工作是从困境中开始的。除却后来德国发动战争的非正义性，仅就其军事情报工作而言，这种困境中发展起来的军事情报工作，经过不断地改进与革新，最终成为了不仅在战争中为德军提供强有力情报保障的精锐力量，更是影响德国政治决策的重要力量。第三帝国时期德国军事情报工作的变化固然不是仅仅凭借本国、本民族人民的一腔热血就可以完成的，其中必然还有更深层次的原因。

第一节　德国军事情报文化的历史传承

情报文化（Intelligence Culture）是西方使用的一个学术术语，既指情报活动中情报人员的精神活动及其现象，也指情报界居于主流地位的思想和行为模式。国内有学者基于对情报的通常定义的理解，将情报文化定义为“所谓情报文化，即一个国家的思想文化与情报相结合，它是在一定的历史和文化传统的基础之上形成的情报思想和情报理论，具有观念形态、历史继承性、国体与区域特征等属性。通俗地说，一个国家的情报文化是指一个国家或一个民族对情报工作的态度，如人们对情报工作的认识、情报实践中的惯例、情报实践中遵循的准则、国家的意识形态，等等”[①]。尽管人们对情报文化的本源内涵还存在着一定的差异，主要反映在对“情报”（intelligence）本身的理解不同。那么，既然“情报文化”是一件“泊来品”，在汉语的语境中，“情报”概念也不应局限于“情报产品”的范畴，而是包括了英文中原有的“情报部门和情报工作”的内容。[②] 因此，从军事情报学的角度看，在研究一国的军事情报文化时，我们可以以更宽阔的视野来考察其在军事情报工作领域的一切传统与现实相结合的、业已形成具有某种规律性或普遍性的极具个性的思维和行为方式。而基于文化的核心内涵应该是价值和制度，在考察一国军事情报文化时，则应该重点聚焦于其所崇尚的价值观和制度建设。

第三帝国的军事情报工作在第二次世界大战前乃至中后期表现出的编制体制科学合理、组织管理严格规范、工作任务清晰明确、情报装备精良先进、从业人员训练有素等优势特点表明德国成功的军事情报工作并非朝夕之间实现的，所谓“冰冻三尺，非一日之寒”，从历史传承性的角度来看，有着悠久历史积淀的德国军事情报文化对德国军事情报工作产生了重要影响。

一、一战前的德国军事情报文化：历史传承与务实创新

普鲁士王国凭借三场王朝战争统一德国的同时，也奠定了德国重视军事力量建设的国家和民族传统及重视情报文化的军事传统。

德国的情报活动有着悠久历史，其开展军事情报工作最早可追溯至1740年。当时的普鲁士国王腓特烈大帝[③]为实现对外扩张的野心并进一步扩大普鲁士王国的领土，连续发动了对周边王国的战争。在进行战争前，为了解作战对象国的具体情况，腓特烈大帝授意伯恩哈特·戈尔茨男爵建

---

① 高金虎著：《美国战略情报与决策体制研究》，陕西师范大学出版社，2004年版，第41页。

② 高元新著：《美国情报文化研究——从思维行动到决策的透视》，军事谊文出版社，2008年版，第6页。

③ 即弗里德里希二世（Friedrich II，1712—1786），普鲁士国王（1740—1786年在位），著名的军事家，亲自率军打过多大仗，包括奥地利王位继承战争、七年战争、对波兰的瓜分战争和巴伐利亚王位继承战争等。

立了普鲁士第一个情报组织。[①] 由于德国与普鲁士在历史上有着传承性联系，因此，这也可以看作是德国第一个情报组织的正式出现。绰号“大王”的腓特烈（弗里德里希二世）也被认为是德国现代谍报之父。此时的情报组织主要将工作重点放在各国驻柏林的大使馆内部，将这些大使馆与其国内联系的情报呈报给腓特烈大帝，作为普鲁士制定国家战争战略的重要依据。

值得注意的是，腓特烈大帝时期的情报组织并不是常设部门，而是一个单纯为了作战目的的临时性组织，所以，在战争结束后情报机构就处于无事可做的状态。这之后的普鲁士情报部门也未能进一步的发展，由于缺少财力保障及人员选拔受限，1870 年普法战争中的普鲁士情报机构只是在仓促准备下开展了一些规模较小的情报活动，远未达到正规的军事情报机构应具有的规模和职能。[②] 同时，当时德国的情报组织上不是专职部门，例如在 1866 年期间还肩负着政治工作，普法战争期间还必须担任政治和宣传工作。[③] 由此可见，德国早期军事情报机构虽有发展，但总体上处于起步阶段，对军事情报作用的认识也还只停留在粗浅的程度，不仅手段相对单一，更重要的是具有很强的应急性、临时性和随意性。这充分反映出当时军事情报文化思想具有很大的局限性，制约了军事情报工作的进一步发展，军事情报文化的革新也就成为必然。

克劳塞维茨是德国军事思想史上有着重要影响的人物，他创新了德国情报文化，为军事情报工作的跨越式发展打下了重要的思想基础。他将战争定义为“战争无非是政治通过另一种手段的继续”[④] 后，还强调了人民群众直接参与到战争中的重要性。他称：“战争发展要素已经从一切因循守旧的桎梏中解脱出来，爆发出全部自然的力量。”[⑤] 这一思想的提出以及以后的具体实践打破了腓特烈大帝时期对军事人员选拔方面的束

---

① 刘宗和，高金虎主编：《外国情报体制研究》，军事科学出版社，2003 年版，第 310 页。

② Michael Barry Miller, *Shanghai on the Métro: Spies, Intrigue, and the French between the Wars*, University of California Press, Berkeley, 1994, p. 23.

③ 方慧颖编著：《德国特工全传》，凤凰出版社，2010 年版，第 3 页。

④ 薛国安著，《〈孙子兵法〉与〈战争论〉比较研究》，军事科学出版社，2003 年版，第 95 页。

⑤ ［德］克劳塞维茨著，李传训编译：《战争论》，北京出版社，2007 年版，第 7 页。

缚，使得不仅贵族阶层，普通德国民众也可以加入德国军队，参与军事行动。特别是对于军事情报工作而言，德国军事情报工作人员遴选范围的扩大，为其后更好地开展军事情报工作打下了良好的人才基础。

随后在19世纪中叶，普鲁士王国威廉姆斯一世在铁血宰相俾斯麦的带领下实现了对德国的武力统一，这期间德国的军事情报机构也有了较大的发展。俾斯麦任用了一位具有特殊才能的情报机构负责人威廉·施蒂贝尔，这个被间谍界誉为“半个上帝”的人为德国军事情报机构带来了前所未有的创新：

1. 最早在情报机构中建立假情报处，专门用来混淆敌方视听；
2. 建立电报和书刊检查制度，为铺天海选情报开启先河；
3. 美人计正式引入情报组织，并成为此后间谍活动必杀锏；
4. 在国外建立秘密情报站，使国外情报的猎取范围进一步扩大而且固定化、细致化。[①]

他的这些创新使德国的情报机构完成了从业余到专业的转变。1861年2月11日，普鲁士成立了常设的总参情报部。这是德国第一次拥有正式而独立的情报机构，[②] 其情报的搜集和分析能力得到了加强。1889年，德军任命了一批副参谋总长，情报部划归第三副参谋总长（主管情报）领导，德军统帅层开始高度重视情报工作、大力发展情报机构的做法也一直传承下来。

在对外积极开展情报工作的同时，对内维护君主专制的重要情报力量也迅速建立。1811年2月，普鲁士秘密警察局成立，它可以逮捕、监禁任何普鲁士臣民，可以向政府各部索取情报，而政府各部不得过问秘密警察局的事务。此外，到了威廉二世时期，德国对情报活动的经费投入也越来越多，德国军事情报机构在英、法、俄等敌对国和边境地区布下了密集的间谍网，探入到这些国家的各个领域，洞悉其各方面情况，这也是德国军队在一战初期战无不胜的重要法宝。

从一战前德国军事情报工作实践中我们可以发现，重视情报工作是德

---

① 参见方慧颖编著：《德国特工全传》，凤凰出版社，2010年版，第4页。

② 刘宗和，高金虎主编：《外国情报体制研究》，军事科学出版社，2003年版，第312页。

国统治层的一贯主张和传统，已成为德国军事文化的重要内涵。征兵制度的改革也为军事情报机构的人力资源提供了源头活水，同时，多种情报工作方式的灵活运用，特别是一些特殊情报工作方式的创新和引入，使得军事情报工作效率有所提高。总之，德国务实性的情报文化内涵，在一战开始前的军事情报工作中已经得到了传承和贯彻。

二、一战至二战前的德国军事情报文化：人力与技术并重

第一次世界大战对德国情报工作有着重要影响。第一次世界大战不仅奠定了魏玛共和国和第三帝国时期情报工作的基本框架，还使得情报工作成为德国政治、外交和军事行动不可或缺的组成部分。因此，一战至二战开始前这一时期的德国情报文化，发展为强调装备技术上的升级和情报人员的培训，这又是一次引导世界军事情报工作潮流的创举。

崇尚一技之长一直是德国的文化传统，所有拥有专业素养和资质的人都会受到尊崇，否则相反。因为德国人认为，专业的事情只有具有专业资质的人才能完成或做得最好。德国文化研究者曾以日常生活中的个例来说明这个问题，“在德国你要买了一个带镜子的卫生间储物柜，镜子还带灯。有一大堆说明文字写给欧洲各国的使用者。给其中 10 个国家的说明文字告诉顾客应该在哪儿放置镜子和如何安装电器设备。而给奥地利和德国的说明文字却告诉顾客只有有资质的专业人士遵照具体的电工守则才能做这项工作。就是说如果是销售给奥地利人或德国人，购买者是不允许随意安装的，必须由有资质的专业人员安装。本来一件很简单的事，基本上每个成年人都可以做到，但就是不允许你这么做，对此你也只能无奈地接受”[①]。这个例子可以很好地说明，德国人对于专业资质的要求已达几乎刻板的程度。但是，也正是这种文化传统，最终成就了德国军事情报的专业性。

德国军事情报机构在第一次世界大战期间就建立了世界上第一所情报人员培训学校。其目的是在将情报人员与普通士兵区别开来的同时，使得

① 肖华：“德国人的价值观”，中国红中德文化论坛网站，http：//www. chinarot. com/new/dispbbs. asp？ boardid =33&Id =30493。

情报人员进一步受到专业化训练，拥有了在复杂国际形势下面对突发事件时极强的应变能力。这一举措不仅壮大了德国的军事间谍队伍，提高了其工作能力和效率，也对第一次世界大战中的德国军事情报工作提供了生力军，还为德国培养了数名优秀谍报人员和多位二战时期德国情报机构领导人。

一丝不苟，严谨甚至有些教条是德国文化的价值取向之一，而机械的精准也许更能传达这种理念，因此，德国人对科技的热衷和精密仪器的崇尚，也反映在其科技的应用上。它反映在军事情报领域，就是在充分尊重人的价值同时，十分注重科技的力量。第三帝国时期的德国情报文化，在重视情报人员培训以提高人的专业素养同时，还十分强调将科技与情报工作紧密结合，尤其是在装备技术升级以及利用新科技开展军事情报工作方面更是有突出的关注。

20 世纪初无线电侦听技术发展迅速，德国也紧随潮流开展了相关方面的分析与研究。1914 年底，德军成立了无线电截听站的同时，以西方国家为目标进行侦察、分析、研判的德军密码分析所宣告成立。[①] 这些配备了新技术装备的军事情报机构，在军事情报工作中取得了很大的成功，尤其是对俄国的电讯侦察成绩显著，对战争局势起了非常重要的作用。东线德军参谋长霍夫曼称："俄国参谋部的无线电报，总是预先告诉我们他们部队集结的地方和新的行动计划。"[②] 由此可见，在德国情报文化指导下，德国情报机构积极吸收先进的科技装备和先进理念，同时对其进行改革与创新，促进德国军事情报工作的发展，为德国军队在马苏里湖战役中击败俄国军队提供了重要情报保障，也为德国在军事作战及国际政治斗争中处于有利地位有很大的帮助。

此外，德国在 1915 年发明了电话窃听装置，并迅速地装备到各情报机构，到 1918 年，德国的军事情报机构已经在使用 292 个这样的装置来

---

① Wihelm. F. Flicke, the early development of communications intelligence, Washington, D. C, see https: //www. cia. gov/library/center-for-the-study-of-intelligence/kent-csi/vol3no1/html/v03i1a09p_ 0001. htm.

② 高金虎主编：《喋血柏林墙——二十世纪德国情报机构绝密行动》，东方出版社，2005 年版，第 6 页。

窃听电话。[①] 同时，飞机侦察和空中摄影等技术手段也被引用到了军事情报工作中，航空摄影成了德国空军情报侦察的主要手段。至此，德国军事情报机构已经开始走向人力与技术结合的全面发展模式。

魏玛共和国时期的德国被其他西方大国绑上了民主改革的枷锁，使得其军事情报工作在《凡尔赛和约》的束缚下无法正常发挥作用，只能在固定的框架下进行一些简单的情报搜集活动。但随着希特勒纳粹党的上台和对外扩张政策的确定，第三帝国一心要打破《凡尔赛和约》的限制，实现德国的重新崛起，这就需要大量的情报保障。可以说，巨大的情报需求，激活了第三帝国的情报工作程序。在传统军事情报文化思维和作风的引导下，德国的军事情报工作又有了极大的发展，德国军事情报机构也进入了快速发展新时期。

在机构体制建设方面，除了上文提到的几个主要的军事情报机构外，德国外交部人事行政处、德国邮电部研究所、德国外国研究所、研究站、信件电报检查机构等，如雨后春笋般建立并发展壮大。这些情报机构运用人力和技术手段相结合的方式，通过各种途径为希特勒提供了几乎所有他所需要的情报，使其掌握了周边国家动向，特别是军事能力和战略意向等，为德国制定国家发展战略提供情报保障，也成为德国发动第二次世界大战的决策依据。

三、德国军事情报文化的特征与精髓：开放·务实·效率

自普鲁士国王腓特烈大帝开始的普鲁士军事改革，为俾斯麦日后发动统一德国的三次战争提供了不仅是人员、装备上的基础，更是一种军事思想、情报文化及民族战争精神的准备。腓特烈大帝在决策体制上将军事与政治做了紧密结合。他既是国王又是统帅，把自己置于战争指导的中心地位，不允许其他机构插手，整个社会生活都与战争进程协调一致。这种类似于日后纳粹独裁统治的决策体制的变革，使得底层士兵对上层的领导者有着绝对的服从。更为重要的是，腓特烈大帝充分认识到“知己知彼”

① 刘宗和，高金虎主编：《外国情报体制研究》，军事科学出版社，2003 年版，第 315 页。

在战争中的作用，这也是构成其军事思想的重要部分。[①] 他指出，真正的将才必须对政治有正确的概念，这样可使他了解亲王们和国家各政治派别的企图；他必须知道亲王们以及他们的盟友们所能派往战场上部队的数量；他要能判断亲王们的财政状况；他必须对他与之作战的国家具有充分的了解，并将这些作为一切战略的基础。在他最著名的著作《战争总则》中，着重分析了普鲁士军队的长处和短处。在了解己方的基础上，他指出，还必须随时掌握敌人的情况。他说，如果我们时刻都能知道敌人的位置，那么即使我们是一支弱小的军队，也能总是占据上风。应了解敌军将领的意向，以便能识破他们的行动意图，知道如何对敌军贯彻你的行动计划，知道运用何种策略打击敌人。为此，他十分重视间谍的作用。他认为，应当利用各种机会和各种方法，向敌军内部派遣化装的军人，以及市民、农民、牧师、甚至妇女儿童，以刺探敌情；还可利用某些人物的双料间谍身份向敌营散布假情报。七年战争中，弗里德里希二世正是靠着对敌情的明了，才得以化险为夷，并以劣势兵力取得较好战果。他通常能根据奥军和法军仓库和炊烟的情况，判断出敌人宿营和即将开战的准确时间。在《战争总则》一书中，他专门在“可以判断敌人意图的迹象”一条中将他的全部有关经验列出，供其将领们学习。[②] 可以说，这种军事情报思想对后世的德国人产生了重大影响。

在冯·威廉伯爵的“士兵的举止行为是靠服从和荣誉两者共同维系”的思想的影响下，每一名德国军人都有一种在纪律和自觉能动性的双重推力下忠实履行自身使命的责任感。腓特烈大帝曾说过“苏比士元帅通常有 100 个厨师跟在他身后，我却通常有 100 个间谍在我的前面”。[③] 这表明自 18 世纪起，德国就对务实性的军事情报工作十分重视。后来的克劳

---

① 有学者将腓特烈大帝的军事思想总结为八个方面，即：第一，战争艺术要勤于思考，不断总结；第二，谋求与敌军进行决定性会战；第三，集中兵力进行决战；第四，强调主动进攻，突然袭击，以攻势防御掌握战略主动权；第五，充分发挥内线作战和本土作战的优势，化不利为有利；第六，骁勇但注重谋略，大胆而不失缜密；第七，努力做到知己知彼；第八，最大限度地发挥国家战争潜力。参见戴耀先主编：《德意志军事思想研究》，军事科学出版社，1999 年版，第 141—155 页。

② 戴耀先主编：《德意志军事思想研究》，军事科学出版社，1999 年版，第 151—152 页。

③ 高金虎主编：《喋血柏林墙——二十世纪德国情报机构绝密行动》，东方出版社，2005 年版，第 3 页。

塞维茨、毛奇、施利芬、塞克特等一些对德国军事产生重大影响的军事理论家也无一例外地结合时代的特点，创造性地发展了务实性的军事情报工作。可以说，德国的军事情报文化是一种以德国民族坚韧顽强、永不服输的民族性格为精髓，以独裁集权下实用（务实）主义为特征且具有一定历史传承性的军事情报文化。

具体表现为：思想高度解放（开放），具有强烈的创新意识，不仅注重历史传承，更注意重视发挥现代科学技术的力量，特别是能将军事情报工作作为一种特殊的专业加以发展（其开创性地建立情报人员培训学校就是最好的佐证），这种追求效率的开放性思维，完全可视为德国军事情报文化的重要核心成分，这也是务实精神的最好体现和诠释。

第三帝国时期，军事情报工作依然得到高度重视，在 1939 年 5 月改编后的最高统帅部的编制中，情报部成为下辖四个部之一[①]加以建设。在陆军总参谋部中，外军处作为负责外国军事情报处理和驻外武官事宜部门得到高度重视；空军专门设立了侦察部队，并在 1934 年后得到了很大的发展，到 1938 年又在空军总参谋部下设立了侦察航空兵和航空照相监察处，拥有 13 个侦察小队，战争开始后的 1939 年 8 月达到了 23 个远程侦察中队（装备 275 架 Do 型飞机）和 30 个近程侦察机中队（装备 356 架 He45、He46、Hs126 型飞机）；海军除了将原有的情报处加以发展外，1939 年 8 月起，舰队中还专门设置了侦察舰队司令，下属鱼雷艇舰队指挥官、扫雷艇舰队指挥官和潜艇舰队指挥官，负责海军的军事情报侦察工作。[②] 而上述这些情况都是在继承德国军事情报文化传统，并结合实际需要而建设和发展的。

说到底，德国这种军事情报文化中蕴含着国家决策者高度关注军事情报工作，并使得情报人员有着极强的危机意识，且高度服从的工作作风，能将自觉能动性贯穿于军事情报工作始终，使之成为推动德国军事情报工作发展的强大动力。

但是，第三帝国时期，由于希特勒的独裁统治，德国军事情报文化传

---

① 最高统帅部下辖的四个部为：指挥参谋部、情报部、国防军一般事务部和经济参谋部。

② 参见戴耀先主编：《德意志军事思想研究》，军事科学出版社，1999 年版，第 672—679 页。

统中的“务实”一面也受到一定的影响，因为，“元首准则中包含的谄媚会改变比希特勒本人更坚定的人。希特勒得到的信息是筛选过的，他时刻受着戈培尔和那些天生激进分子的影响。……他对现实没有真正的了解，常常会要来全部德国报纸，却忽视了这样一个事实，就是这些报纸的内容只有一个来源。他会把报纸从头看到尾，试图找到他找不到的那样东西——事实”[①]。有关这个问题，将在本部分第三章详细论述，在此不赘言。

第二节　德国面临的国际战略环境

1919年6月28日，在法国巴黎的凡尔赛宫举行了结束第一次世界大战的签约仪式。当时的美国总统威尔逊在了解了《凡尔赛和约》的具体内容后表示，如果他是一个德国人，那么他肯定不会在这份和约上签字。而当时的联军总司令、法国福煦元帅，在听闻这一和约正式签署后也表示：“这不是一个为了实现和平而缔结的和约，这只是个为期20年的休战和约。”[②] 1939年，随着德国战车驶入波兰，第二次世界大战的正式爆发验证了福煦元帅的预言。

依据史学家的公论，《凡尔赛和约》可能要算是近代史中最恶劣的和约，它违背了同盟国在休战以前对德国人所作的承诺，但又并不能真正地和长久地阻止德国再度崛起。更为糟糕的是，它破坏了欧洲权力平衡的悠久传统，在欧洲中央造成一个权力真空，使后来的权力结构无法长期维持安定，最后终于导致第二次战争的爆发。[③] 归根结底，德国难以忍受苛刻的国际生存环境，为其发动第二次世界大战提供了极好的借口。

---

① ［德］恩斯特·汉夫施丹格尔著：《不为人知的见闻》，费城利平科特出版社，1957年版，第228—231页。见［英］理查德·奥弗里著，朱鸿飞译：《第三帝国图文史：纳粹德国浮沉实录》，金城出版社，2013年版，第130—131页。

② Samuel W. Mitcham, *Panzers in winter: Hitler's Army and the Battle of the Bulge*, Greenwood Publishing Group, Westport, 2006, p. 2.

③ 钮先钟著：《第二次世界大战的回顾与省思》，广西师范大学出版社，2003年版，第5页。

一、国际战略环境变化成为德国军事情报发展的契机

德国位于欧洲中部，东邻波兰、捷克，南接奥地利、瑞士，西接荷兰、比利时、卢森堡、法国，北接丹麦，濒临北海和波罗的海，是欧洲邻国最多的国家，同时靠近地中海、隔波兰与苏联相望。按著名地缘政治学家麦金德[①]的“心脏地带”学说的理论解释，德国所处的地理位置是西部欧洲的核心部位。

德国地缘政治学者将东欧与心脏地带的重要战略作用及陆权与海权的对立作为其理论依据，认为欧洲战略是在海上列强与陆上列强共同支配世界的背景下所产生的战略，而德国在一战中的失败正是这两大势力暂时结成联盟的结果所致。在一战结束后，德国地缘政治环境有了很大变化：东部的强邻奥匈帝国已经解体成为很多独立的小国，土耳其也发生了解体，这使得德国东南方向的威胁彻底削弱；而德国东北方向的俄国发生了国家变革，在变革的动荡中其国力大打折扣，同时独立出来的波兰成为了德国与苏联的一个很好的缓冲区；在德国的西边，英国与法国在一战中都有巨大损失，战败的德国一时又不被认为是一个威胁，失去了共同目标的英、法之间矛盾不断加剧。

在全球范围内，当德国的存在不被其他欧洲强国和美国认为是一种威胁时，德国所处的战略环境和国际政治环境便有了极大改善。特别是，承受《凡尔赛和约》制裁的德国不断地在西方社会面前扮演受害者的角色，使得西方国家政要或多或少都对其产生了同情心。此外，苏联吞并多个波罗的海国家的行为，使得原本就对共产主义有所抵触的欧洲国家更加担忧国际战略平衡进一步被打破。从地缘政治的视角出发，他们认为稍微强大点的德国不仅能成为阻挡共产主义思想侵略的屏障，还会遏制苏联势力的

---

① 麦金德（Halford John Mackinder，1861.02.15—1947.03.06），英国地理学家与地缘政治家。本来是地理学家，后来也介入政治理论与经济学。生于盖恩斯伯勒，卒于帕克斯顿。历任牛津大学高级讲师和第一任地理系主任、伦敦经济和政治学院院长、英国下院议员。认为地理学是探讨人类与自然环境相互作用的科学。提出陆心说，首次以全球战略观念分析世界政治力量。对英国大学地理教育的发展起了重要作用。著有《历史的地理枢纽》、《不列颠与不列颠的海洋》和《民主的理想和现实》等。

强劲崛起。同时，德国的纳粹党领袖希特勒本人对于共产党也是持敌对态度，这更加符合世界资本主义国家联合抵制共产主义的国际思潮。因此，绥靖政策在这种国际战略环境和政治背景下一步步地发展到顶峰。纳粹党控制下的德国在国际舞台上获得了极大的行动自由，这使得其出兵莱茵兰、吞并奥地利与捷克等不断升级的军事行动没有遇到丝毫阻碍。

国际战略环境影响国家制定对外政策的同时，也影响了国家军事情报工作的发展。一战后的德国显然有些因祸得福，西方各国采取了更宽容的态度来对待这个输掉了战争的国家，这使得德国的军事情报工作在这种有利的国际战略环境下进入了迅速发展时期。

二、周边国家态势促成德国战略思维的改变

二战前，德国军事战略和外交策略主要围绕着三类国家展开，这三类国家构成了德国周边的“地缘政治”。首先是法国和波兰，这两个国家不仅与德国接壤，而且存在复杂的领土纠纷和历史旧怨，并且法国和波兰还结成了针对德国的联盟。其次是苏联，其与德国的政治制度和意识形态截然相反，是一个有可能成为伙伴但更可能成为敌人的东方大国。第三是英国，这个依托海洋控制陆地的海上强权凭借其独特的地理优势，借助大陆力量对抗德国。[①] 这三类国家在德国周围如同织起了严密的防范网，德国要想从凡尔赛体系的夹缝中发展并崛起，必然要跟这三个角色发生冲撞。

事实上，德国东、西两侧的邻国一直对德国虎视眈眈，一战前为法国和俄国，一战后则成了法国和波兰，因此，德国早期的战略着眼点可以总结为“为了生存”。由于受到《凡尔赛和约》的苛刻制裁，德国西部重要工业区和军事缓冲带莱茵兰、南部萨尔等地区被法国军队占领，北部大部分被划为非军事区，这一划分使得德国工业的心脏地带鲁尔区完全暴露在法军可能的攻击之下。1923 年由于德国赔款能力枯竭，法国出兵轻松占领鲁尔区，德国虽极为愤慨，但无能为力。另外一边的波兰虽然国力弱小，却也有极大的侵略野心。波兰通过《凡尔赛和约》将但泽走廊从德

---

① 参见［德］托尔斯滕·克尔讷著，李工真译：《纳粹德国的兴亡》，湖南人民出版社，2010 年版，第 28 页。

国割走后，除了获得一个出海口外，对东普鲁士的合围态势也直接威胁了德国的国家安全。

再向东，占有“心脏地带”的俄国成了苏联，现已成为“事实上的占据者”。拿破仑进攻俄国失败的事实更是证明了使用武力对待“心脏地带”是危险的。德国地缘政治学家豪斯浩弗等人认为，苏联在地理上曾被肢解，它也受到过西方的反对，是一个被遗弃的国家，因而它有可能与德国“组成一个被排挤的大陆联盟来反对国联的海权统治和世界强权。所以，德国对苏联的态度不应是树敌而是结盟，控制心脏地带不是靠武力征服，而是靠外交和秘密手段来完成。尽管德国与苏联在意识形态上存在严重分歧，但与苏联的主动结盟是非常必要的”[①]。正是在这种思想的影响下，德国对于来自东部的威胁判断主要集中在波兰身上，苏联则被视为可以争取哪怕是暂时的和平对象。

对其西边的海权国家英国，德国地缘政治家早在20世纪20年代就已指出，英国是德国最大的天敌。在考察了英帝国的权力基础后，德国愈发断定，英国在20世纪30年代已经走过了它的历史顶峰。因为，英国的领土面积广阔且分散，渐显无力维系这种统治的态势。随着空中力量的发展，当时的军事作战样式已不利于海洋国家，英国更易受到来自大陆的空袭。因此，豪斯浩弗认为，海权优势现在已告结束，未来应由陆权势力支配。所以，德国将会同它发生较大范围的对峙。在这种对抗发生之前，首先需要处理与法国的“大陆问题”。[②] 这就使法国成了德国的首要敌人，即要重振德国的大国地位，则必须首先消除来自法国的威胁。

更为重要的是，纳粹党魁希特勒上台后，引起世界各国的强烈关注。但出于各自利益，对纳粹的第三帝国的未来发展有着不同的判断。

首先，作为拥有当时世界霸权的英国仍将主要威胁认定为法国，因此，继续推行大陆“均势”（balance of power）政策，实行“扶德抑法”。因为，英国认为纳粹党对于修改《凡尔赛和约》的要求并不比其他政党更苛刻，只不过是叫得“较凶”罢了。且认为德国的外交政策不会出现

---

① ［俄］B. П. 丘德诺夫著，国玉奇译：《地缘政治学与世界秩序》，重庆出版社，2007年版，第40页。

② 同上书，第41页。

大的改变，基本还会延续以往的外交政策。在这种大的对德认识的潮流下，对“德国正在以史无前例的规模和劲头进行备战活动”[①] 的告诫无法引起英国决策者的重视。

意大利早已建立了法西斯制度，在意识形态上与纳粹得德国有着很多共同点，但是，由于两国在一些问题上存在争议，对奥地利也都怀有野心，因此，意大利政府对德国纳粹政权的态度充满矛盾，它既希望德国能适度扩军，以抗衡那些小协约国的后台法国，同时又害怕德国强大后会吞并奥地利，甚至威胁到自己的既得利益。因此，1933 年 3 月，墨索里尼提议缔结意、英、法、德“四国公约”，打算通过对德国作适度让步以制约德国的实力过度膨胀。[②]

作为德国的宿敌《凡尔赛和约》主要受益者，法国外交界和新闻界对希特勒上台表现出强烈的不安，认为希特勒内阁是“战争工具”，这样的内阁上台执政实际上已“打开了军事冒险之门”。但是，以法国最高国防委员会副委员长魏刚为首的一批人却认为，德国在相当一段时期内不会对法国构成军事威胁，相反，希特勒上台有助于削弱世界各地包括法国的共产主义运动，恶化德苏关系，使法国得利。新近上台的达拉第内阁受此种观点影响，对纳粹政府采取妥协态度。面对意大利的提议，达拉第政府基本上表示接受，但同时又提出重大的修改意见，将公约的应用范围缩小到仅仅同四国有关的“维持和平的有效合作政策”问题，强调了保障国联会员国权利的国联盟约第 10 条和第 16 条，并规定对任何国家作出处理必须征得该国的同意。1933 年 6 月 7 日，四国在罗马预签了根据法方意见修改过的《法、德、英、意四国谅解和合作协定》。[③]

法国的东欧盟国波兰和“小协约国”都是《凡尔赛和约》的受益国，非常害怕德国重新崛起。1933 年 3 月 25 日，新近成立的小协约国常务理事会发表声明，强调大国不得以任何借口在没有得到小协约国同意的情况下处理小国的领土。波兰国内很多报刊谴责拟议中的“四国公约”，强烈

---

① 这是英国保守党人达夫·库伯于 1933 年访问德国后得出的结论。参见王绳祖主编：《国际关系史（1929—1939）》（第五卷），世界知识出版社，1995 年版，第 93 页。

② 王绳祖主编：《国际关系史（1929—1939）》（第五卷），世界知识出版社，1995 年版，第 94 页。

③ 同上。

反对重新武装公然准备复仇的德国和修改和约。同年4月，波兰向法国政府递交一份关于德国军备情况的备忘录，建议举行双边会谈，商讨采取坚决措施，以阻止进一步武装德国和以武力加强凡尔赛体系。尽管达拉第政府拒绝了波兰的建议，但东欧盟国的反应仍然影响了法国政界。1933年7月15日，《罗马公约》在罗马正式签署，但事后法国政府将公约提交下议院请求批准时，却引起了激烈的辩论，最后未获通过，德、英、意三国也未交存批准书，因而该文件最终未能生效。①

显然，面对希特勒的上台，周边主要国家基本上看到了德国将外进行军事扩张的战略走向，但是，仍出于自私的心态对德国采取了容忍甚至是纵容的态度与做法，最终形成了对德国姑息、退让，以牺牲别国利益以求暂时和平与苟安的"绥靖政策"（appeasement policy）。

显然，周边国家的战略态势，很大程度上影响了德国的战略思维和战略判断。因此，在清楚地分析了周边国家的实力及其对德国的战略政策后，德国在对外扩张战略的指引下，积极开展军事情报工作，有目的、有意识地将工作重点放到重点国家上，这对德国在后来战争初期掌握战场主动权发挥了重大作用。

第三节　德国国内的政治、经济和军事生态

毛泽东同志曾指出："唯物辩证法认为外因是变化的条件，内因是变化的根据，外因通过内因而起作用。"② 因此，影响事物发展的不仅仅是外部因素，更重要的是内部因素。德国国内的政治、经济、军事生态都因为第一次世界大战而遭到了极为严重的破坏，战争结束后的德国国内呈现一片混乱景象。魏玛共和国企图依靠外部力量的帮助实现德国的民主化改革，但由于缺乏强有力的政策指导和军事支撑，最终未能带领德国走出低谷。纳粹党上台后，通过对国内各项制度的改革，使得德国的政治、经

① 王绳祖主编：《国际关系史（1929—1939）》（第五卷），世界知识出版社，1995年版，第95页。

② 中共中央毛泽东选集出版委员会编：《毛泽东选集》（第一卷），人民出版社，1952年版，第291页。

济、军事生态发生了很大的变化，这也为军事情报工作的发展奠定了物质基础，而对外扩张战略的形成更是极大地促进了德国军事情报工作的顺利开展，国力日盛的德国逐渐走向发动战争的道路。可见，不同时期、不同情况下的德国国内政治、经济、军事生态对德国的军事情报工作产生着不同的影响。

一、复杂的国内政治生态是影响德国军事情报变化的思想因素

《凡尔赛和约》的本意是将德国解除武装，使其无法再进行侵略性军事行动。同时，战胜国想把德意志帝国改造成为典型的，甚至比他们本身还民主的民主国家。因此，战后所制定的新德国宪法也许在当时的欧洲算得上是最进步的，但这一民主制度是由战胜国强加给德国的，所以，德国民众对此极为反感。德国兴登堡元帅于 1919 年 11 月 18 日公开宣称："德意志军队是从背后被刺中的。"[①] 事实上，这代表了多数德国当权者的心声，他们认为德国的海、陆军在战场上并没有失败，德国是被这些政党和这场革命出卖了。这一思想在德国国内得到广泛认可，使得德国民众将矛头直指魏玛政权，从而导致社会主义者成为了替罪羊，魏玛政权在成立伊始就面临举步维艰的困境。

诚如亨廷顿所说："对于发展中国家来说，政治发展首要的问题不是自由，而是建立一个合法的公共秩序。"[②] 虽然，魏玛政权在德国国内推行政治民主化，提倡政治自由，却未能适时地建立适合本国国情的民主秩序。这使得德国的政治自由偏离了正确的方向，党派林立的德国陷入了无休止的党派混乱争斗中。同时，由于其实行的是多党制及"比例代表制"的议会选举制度，使得德国内阁更换频繁，魏玛时期德国政府工作效率低下。此外，德国民众广泛参与到政治中，即政治的公众参与面扩大，但传

---

① ［德］托尔斯滕·克尔讷著，李工真译：《纳粹德国的兴亡》，湖南人民出版社，2010 年版，第 11 页。

② 转引自岳世平：《亨廷顿的政治制度化思想及其当代启示》，载《理论探索》2006 年第 5 期。

统的德国专制统治使得德国民众普遍缺乏民主政治意识，德国政府也忽视对民众的政治教育，导致公众缺乏判断力，还不能适应突然出现的党派竞争。[①] 加之各党派手中都掌握武装力量，暴力往往成为各政治党派解决分歧的一种有效途径。这些问题暴露出了德国魏玛时期诸多的政治弊端，而这种不稳定的政治生态严重影响了德国军事情报工作。1933 年，实际上独揽军、政大权的兴登堡元帅根据魏玛宪法第 48 款直接任命希特勒为总理。成为总理的希特勒立即进行了一系列政治改革，以实现其独裁统治的目的。

首先，利用兴登堡的帮助废除魏玛共和国权利。纳粹党暗中实施的“国会纵火案”促使兴登堡签署了《保护民族和国家的条令》，这意味着魏玛共和国以民主理念为核心的所有基本权利失效。随后，希特勒政府宣布德国实行“无限期紧急状态”，由此，纳粹党所属的武装力量冲锋队和党卫队可以无需任何证明、无需任何理由抓捕任何人，为其暴力行动披上了“合法”的外衣。更为重要的是，推出新法《国家元首法》（ON THE LEADERSHIP OF THE GERMAN REICH），使希特勒获得了德国唯一最高权力，成为至高无上的独裁者[②]。

其次，加强政治宣传，统治民族思想、感情和言论。凡是对纳粹党不利的言论、出版以及集会自由都被禁止和废除，信件被随意开封、电话被监听。纳粹党宣传部门动用一切可能的宣传手段，宣传并唤起人民的期望，使民众不去考虑他们是否需要某种东西，而是让其完全肯定地去相信这就是他们所需要的东西。

第三，通过《授权法》解散国会。尽管“无限期紧急状态”帮助纳粹党获得了所有选民中 43.9% 的选票，但德国社会民主党和共产党分别获得了 18.2% 和 12.2% 选民的选票，他们仍能在国会中申诉自己的权利。[③] 对此，希特勒又设法通过了《授权法》。《授权法》明确规定政府被授予颁布法律的权利，这意味着法律的颁布无需得到国会和联邦议院的

---

① 参见王桂琴、汪志波：《从政治制度化看魏玛政府的短暂性》，载《安徽文学》2008 年第 2 期。

② ［英］理查德·奥弗里著，朱鸿飞译：《第三帝国图文史：纳粹德国浮沉实录》，金城出版社，2013 年版，第 129 页。

③ 丁建弘著：《德国通史》，上海社会科学出版社，2007 年版，第 340 页。

通过，即使它是违背宪法的。虽然这个法案也有4年的有效期，但这使得希特勒取得了不受总统限制的独立发布命令的权利。同时，内阁也渐渐失去了应有的权力，例如，“1933年召开了72次内阁会议，1934年召开19次，到1935年，只召开了12次。帝国法律越来越多地让位于元首命令”①。

最后，逐步在德国国内实现“一体化”的权力征服。德国国会通过《各邦与帝国一体化法》后，各邦议会根据该法案最后一节“国会选举的比例”一项进行改造，纳粹党的地方长官取代各邦总理掌控各邦的事务，各邦失去了它们以前的独立性。

在进行政治体制改革的同时，希特勒为加强自己的权力，扫除一切反对势力，加强了政治警察力量建设。1934年，戈林入主普鲁士政府后，很快在普鲁士内务部的基础上建立了一支秘密警察部队。起初，此机构命名为“秘密警察署”，简写为GPA，但由于与苏联秘密警察“契卡”的简写GPU太相近，最后命名为“国家秘密警察”，简写为“GESTAPO”即盖世太保。② 盖世太保基本上沿承了原普鲁士内务部的政治警察系统，一开始就结构完整，实力强劲。后来，盖世太保经过了几次改革调整，其机构编制越来越大，所负责的范围越来越广，涵盖了德国政治生活的方方面面，为希特勒对内实行法西斯独裁统治提供了重要的情报保障。

此后，德国通过政治变革，特别是1933年7月14日颁布的《禁止组织新党法》（LAW AGAINST THE FORMATION OF THE NEW PARTIES）和一部对查封资产行为进行事后许可的法律，终止了内部的党派争斗，逐步确立了纳粹党一党独大和希特勒的独裁统治，德国国家战略重点也由维持内部稳定调整为对外积极扩张。明确的军事情报工作任务，统一的政令，稳定的国内政治生态等都对促进德国军事情报工作的顺利发展有重要的作用。

---

① ［英］理查德·奥弗里著，朱鸿飞译：《第三帝国图文史：纳粹德国浮沉实录》，金城出版社，2013年版，第129页。

② George C. Browder，Foundations of the Nazi Police State：The Formation of Sipo and SD，the university press of Kentucky，Lexington，2004，p. 57.

二、经济生态窘迫对情报的需求为德国情报机构发展提供了契机

第一次世界大战后，德国重要的经济部门被英、法等国所把持，德国成为一个无法自主决定其经济命运的国家。此外，由于德国在第一次世界大战期间对于战争形势过于乐观而过度开支，及战后为支持法国占领的莱茵兰地区的德国人罢工而滥印钞票，1922 年至 1923 年初，极度的通货膨胀使德国笼罩在死亡的阴影下。1921—1922 年仅仅一年的时间内，德国国内的批发价格指数上涨了 18 倍，1923 年批发价格指数更是升至 1913 年时的 12610 倍，这一严重的经济崩溃使得德国已经处于极度不稳定之中。[①]

1929 年的世界经济危机使得德国本已脆弱的经济雪上加霜。长期依赖美国短期贷款来偿还债务的德国财政失去了主要贷款来源，财政捉襟见肘，纯国民生产总值从 1929 年的 790 亿马克跌落到 1932 年的 510 亿马克，同时，德国还需要按照《凡尔赛和约》的规定交付战争赔款。根据和约规定，德国共需赔偿 2260 亿马克（约合 113 亿英镑）且以黄金支付，比纯国民生产总值还要高出 4 倍多的战争赔款，无疑给德国经济戴上了一副沉重的枷锁。1929—1933 年期间，德国的失业率升至历史高记录，失业人口从 130 万升至 600 多万，1932 年更是达到最高峰 800 万，即平均每个德国家庭至少有一人失业。[②] 1930 年有 1750 万德国人靠政府救济生活；到了 1931 年，有 1500 万德国人实际上处于挨饿状态。显然魏玛政权在失去了外部援助的情况下无法应对这一经济危机。

于是，希特勒所率领的“民族社会主义德意志工人党”借机向魏玛政权发难，斥责其经济上的不作为，同时，希特勒极力宣传其诱人的经济政策，不断吸引普通德国民众对纳粹党的关注与支持。希特勒的出现及戈培尔对其夸张的宣传，使得对魏玛政权失去信心的德国民众迅速转向这位

---

① 景德祥：《1929 年经济大危机与希特勒的上台》，载《史学理论研究》2009 年第 2 期。

② 同上。

承诺能给他们带来工作和食物的纳粹党领袖。1932 年 7 月德国国会选举时，纳粹党一跃成为德国第一大党。希特勒上台后，通过各种经济改革和刺激经济发展政策，1933—1936 年期间，德国的失业人口数由 600 万减为 100 万，[①] 而从经济指数上看，从 1932 年到 1937 年，德国的国民生产总值增长了 102%，国民收入也增加了一倍。这些数据表明：纳粹当局的确在不长的时间里，创造了德国经济复兴的奇迹。[②] 这一经济奇迹更增加了德国民众对纳粹党的信任和对希特勒个人的崇拜。

严重的经济危机使德国的经济和科研力量受到很大的打击，德国军事情报工作也因受经济危机的严重冲击而一度停滞不前。失去可靠的经济实力为基础的德国军事情报工作如同无源之水、无本之木，与德国经济一同步入寒冬。

但是，全球性经济不景气和危机也给德国的发展带来契机。因为，全球经济不景气使整个西方世界都受到很大影响，美、英、法等主要大国都忙于应对来自国内的巨大压力，已无暇顾及受《凡尔赛和约》限制的德国。希特勒上台后明确地意识到这段时间对德国来说是一个难得的发展机会或战略机遇期，他利用这个时间空档，在不必担心国外干涉的情况下从容完成了一切部署。

希特勒着重强调了经济对国家的重要性，他命令经济部成立情报机构，选拔文职经济学家作为情报人员。由于这些经济学家对经济发展问题有着敏锐的洞察力，其分析处理后的情报准确度和可信度很高，为德国经济的良性发展提供了具有较高参考价值的经济情报，加速了德国的经济恢复与发展，为德国军事力量的恢复成长奠定了物质基础，也给军事情报的情报机构发展提供了重要契机。总之，各类情报机构助推经济发展的同时，也确保了德国“先大陆，后海洋”夺取欧洲和世界霸权战略的实施。

应该说，正是窘迫的经济生态，促使德国在发展经济中加强了经济情报工作建设，而经济情报工作最终为德国经济的快速恢复发挥了重要作

---

① 钮先钟著：《第二次世界大战的回顾与省思》，广西师范大学出版社，2003 年版，第 8—9 页。

② 刘锋、许诺编著：《战争：冲突的战略与军事的哲学》，哈尔滨出版社，2009 年版，第 179 页。

用。经济快速增长和财富的增加，为德国庞大的“扩军备战计划”[1] 奠定了物质和财政基础，军费成倍增长，军事情报机构也得以快速发展并为德国全面发展提供了巨大助推力，特别是使德国的军力快速提升，由一战后的孱弱状态很快重新打造成一个军事大国。

三、特殊的军事生态和战略需求导致各类军事情报机构快速发展

《凡尔赛和约》对德国军事的限制尤为引人注目：解散德国参谋部及其类似组织，不得以任何其他形式再成立；废除德国义务兵役制；严格限制德国军备的数量，陆、海军总人数分别不准超过 10 万人、1.5 万人，不得保留空军；禁止拥有坦克、潜艇、军用飞机等重型武器装备，海军舰只最高限额为战斗舰、轻型巡洋舰各 6 艘，驱逐舰、鱼雷舰各 12 艘；成立协约国监督委员会以监督上述军事条款的实施。[2] 这些对德国军事的苛刻限定无疑是意图将德国解除武装后，使其在周边国家的刀剑下忍辱偷生，这对于珍视荣誉的德国军人来说是难以容忍的。

---

① 1933 年 12 月，纳粹德国制定了陆军扩军计划，规定在一年内建立 21 个步兵师，3 个骑兵师及 1 个骑兵旅，1 支装甲部队和 1 个轻装师，和平时期陆军总兵力要达到 30 万人，战时有能力扩展到 63 个师，其中 33 个师为野战部队。1936 年 8 月，德国又提出了一个新的陆军扩充计划“八月计划”，规定以 1939 年 10 月为期。建立 32 个步兵师，4 个摩托化步兵师，1 个山地师，3 个装甲坦克师，3 个轻装师和 1 个骑兵旅，和平时期总兵力 83 万人，战时扩大到 462 万人，其中野战部队 102 个师。为了实现这个计划，陆军的财政拨款增加到每年近 90 亿马克，比以往增加 2 倍多。希特勒上台时，德国空军只有 550 名飞行员和 180 名飞行观察员，只有 5 架轰炸机，3 架战斗机，5 架侦察机，连同其他飞机总共才 250 架。德国的航空工业也处于十分低下的水平，1931 年只生产了 13 架飞机，1933 年生产能力也仅达到 368 架。希特勒上台后，立即任命纳粹党头目戈林为德国航空专员，同年 3 月 28 日，又任命他为内阁航空部长。4 月，希特勒委托垄断企业头子蒂森召开航空会议，确定大规模发展军用飞机的方针。5 月，德国国防军的空中防卫办公室并入航空部，军用和民用航空统一归戈林掌管，当月就进行了大规模发展空军的研究。总体上说，纳粹德国的空军发展计划更新很频繁，而且指标成倍地增长。海军的拨款在原来 1.86 亿马克的基础上，再追加 1.157 亿马克。1934 年，海军拨款增至 4.87 亿马克，1935 年为 6.5 亿马克。参见王绳祖主编：《国际关系史》第五卷（1929—1939），世界知识出版社，1995 年版，第 100—101 页。

② 参见戴耀先主编：《德意志军事思想研究》，军事科学出版社，1999 年 6 月版，第 578—579 页。

当德国依据《凡尔赛和约》被迫进行裁军时，德军总参谋长、德国国防军总司令冯·塞克特[①]将军力排众议，将德军最大的特色优势——军官团保留了下来。《凡尔赛和约》规定德军人数不得超过10万，所以塞克特制定的加入国防军的新标准是：士兵身体良好，有12年以上的服役经验；军官要有25年以上的从伍经验。一旦成为国防军的一员，要接受某一方面，重点是领导才能的专门培训。[②] 同时，德国国防军通过每半年进行一次演习，使得其专业技能得到精进，职业素养得到提高。在军官团中，情报人员也占有一定的比例，这为德国军事情报工作的发展起到了很好的传承与延续作用。情报人员的军事情报工作能力在演习中得到了锻炼，为日后开展军事情报工作积累了大量的经验。后来的事实证明，被称为“10万陆军”的超一流军官团和素质极高的士官们是军队赢得远比一战更为辉煌的胜利的源泉所在，德国的军事情报工作也在这一时期有了很重要的积累与发展。

德国国防军在军事建设上没有丝毫放松的同时，德国政党也更加明白掌握武装的重要性。德国被《凡尔赛和约》用法律禁止武装10年后，武装在德国却比以往任何时候更普遍。几乎每个政党都建立了自己的军队。由于德国青年不允许服兵役，他们便成群结队地向私人军队涌去。如兴登堡亲自指挥的“钢盔队”、共产党指挥的“红色阵线”、纳粹党麾下的冲锋队及党卫队。这些政党的武装不仅训练人员如何战斗，也同样重视从中挑选优秀的人员进行军事情报技能的培训。例如，党卫队的军事情报机构就是在这一时期发展壮大的。这些实践都为德国军事情报工作发展起到了传承和延续的重要作用。

后来，在希特勒对外扩张战略的牵引下，德国开始秘密扩充军备，其

---

① 约翰内斯·弗里德里希·列奥佩德·冯·塞克特（Johannes Friedrich Leopold von Seeckt，1866－936），常被称为汉斯·冯·塞克特，1866年4月22日生于石勒苏益格（Schleswig），1936年12月27日死于柏林。他是德国“十万陆军”的缔造者，奠定了德国陆军得以重新崛起的基础，当之无愧的二战德军之父。他还在中国帮助蒋介石打赢了“第五次反围剿”，也是德军总参谋部“少说多做”原则的完美样板。他沉默寡言的天性和谦虚保留的处世方法为他赢得了“斯芬克斯”（狮身人面像）的外号。英国驻德大使曾评论说：“他的头脑比其拘谨的军人外表广阔，他的见识比其严谨整洁的外貌广博”。

② ［德］瓦尔特·瓦利蒙特著，军事科学院外国军事研究部译：《德国国防军大本营（1939—1945）》，军事科学出版社，1990年版，第144—146页。

中，陆军奉命在1934年10月1日前将总兵力增加两倍，即从10万增加到30万，且自1932年起不再对外公布陆军军官名单，以免因军官人数的快速增长而暴露秘密扩军的计划。为防止外国情报机构获得任何德国秘密扩军计划和行动。德国国防会议工作委员会主席凯特尔将军早在1933年5月22日就告诫他的助手们说，“不得失落任何文件，因为不然敌人就将加以利用来进行宣传。口头传达的事情是无法证实的；是可以赖掉的。”[①]空军和海军也秘密扩军，特别是开始秘密建造大型水面舰艇和潜艇。为此，军费不断增加。此外，参谋总部也秘密建立起来，同样秘而不宣。而到了1935年，由于英国和法国等国家的“默许”或“视而不见”，希特勒开始公开进行扩军，3月16日，他颁布一道法令：实施普遍军役制，并规定为和平时期建立12个军和36个师的军队，大约50万人。这道法令事实上宣布“《凡尔赛和约》对德国的军事限制就此寿终正寝，除非法国和英国采取行动；不出希特勒所料，它们提出抗议，但是没有采取行动。而且英国政府还赶紧去问，希特勒是否仍然愿意接见它的外交大臣。”[②] 德国的重整军备，为军队情报机构的重建和发展提供了前所未有的契机，各军事情报机构如军队的扩展一样，开始完善机制，并为后来的军事行动开展一切可做的工作。

小　结

第一次世界大战是德国军事情报工作重要的分水岭。一战伊始，德国军事情报工作的地位就有了历史性的改变。首先，情报机构职能实现完全专业化，不再如从前那样一身多职，这使得情报机构能够独立地开展情报工作，在更广阔的空间发挥其能力。也正是由此，德国虽然遭受战败的重大打击和《凡尔赛和约》的严格限制与束缚，但德国军事情报机构仍然可以在战争结束的四年内恢复到相当于一战时期的工作水平。其次，德国

① ［美］威廉·夏伊勒著，董乐山等译：《第三帝国的兴亡》（上卷），世界知识出版社，2005年版，第322页。

② 同上书，第325页。

在一战期间所取得的巨大情报成就鼓舞了国家统治层，使其对军事情报工作更加重视，情报机构领导人对情报工作也更加专注投入。一战后，德国的国内经济困境与国际压力为纳粹党的上台提供了有利条件。希特勒在推行各种改革和独裁统治的同时，也的确一定程度上加大了军事情报事业的建设力度，使得德国军事情报机构有了显著的发展。

总体说来，德国军事情报工作的发展受到了各种各样因素的影响，这些影响因素既包含了其自身情报文化传统上的天然遗传性，也有与时代背景休戚相关的国际战略格局改变所产生的影响，既有德国国内政治、经济改革的因素，亦有纳粹上台后德国军事力量改变所产生的影响。可以说，正是多种因素的合力作用，使得德国军事情报工作在以一定军事情报文化为基础的前提下，结合本国国内政治、经济、军事的实际情况及特定历史条件下的国际战略环境特点，严格遵循国家的发展战略，在困境中能够不断发展。

第十七章　军事情报工作对第三帝国崛起与崩溃的影响

领土被重新划分、经济上承受巨额的战争赔偿、军事上受到严格限制，这些《凡尔赛和约》对德国的限定使得愤怒和屈辱感迅速在德国国内蔓延。1933 年 1 月 30 日，希特勒成为德国总理，1934 年 8 月 2 日，希特勒宣布取消总统职衔，将总理与总统的职务合并为一，称为元首兼国家总理。同时，德国军队向希特勒宣誓效忠，希特勒将德国武装部队的统治权把持在手中。至此，希特勒集总统、总理、三军最高统帅的职务于一身，在德国建立起独裁统治，德国也在希特勒的引领下重整军备、对外扩张、发动大战直至最终战败和第三帝国崩溃。在这一过程中，德国的军事情报工作扮演着十分重要的角色，对德国的崛起与失败整个过程产生了重大影响。

第一节　军事情报工作对第三帝国政治的影响

由于纳粹德国的特殊政治体制和运行机制，德国军事情报工作在德国政治生活中一直扮演着特殊角色，情报机构不仅成为希特勒独裁统治的有效工具，也成为推行和传播纳粹思想和恐怖政治统治的载体，对德国政治产生了很大的影响。

一、情报机构成为希特勒独裁统治的有效工具

希特勒上台后，德国军事情报工作不仅在德国的军事方面产生重要影

响，同时也在政治方面起了一定作用。在党卫队保安处的精心安排和积极参与下，经过“长刀之夜”清洗后的纳粹党成为希特勒一个人的政党。随后，整个德国的国内政治也在这种模式下进一步发展：情报机构不断通过监视、阻挠其他政党集会，暗杀政治人物等手段加强希特勒的独裁统治。

特别是海德里希在成为盖世太保的领导人后，为了迎合希特勒的政治主张和加强其个人权力，积极向希特勒提出绝对完善的监视论，意图在全国建立起完整的监视网，并把 8000 万德国人民罩在这张无形的大网之中。[①] 1939 年 5 月 23 日，希特勒向所有军事和民事当局发布第一号令，其重要内容是：1. 任何人不应知道与己无关的秘密事情。2. 任何人不应知道超出完成任务所必须知道的事情。3. 任何人不应提前知道他所要接受的任务。4. 任何人，即使为了达到目的而不可避免的话，也不得把应保密的任务过多地或过早地传达给下级。[②]

这一规定为盖世太保在德国施行监控活动提供了法律依据，使盖世太保在国内拥有超乎法律框架之外的特权。此时的盖世太保已经成为纳粹党监控整个德国的工具，无论是国内还是国外，无论是军事机构还是民间组织，到处都隐藏着盖世太保的身影，到处都有盖世太保的活动。过去，德国领导层认为国家敌人主要就是共产党人和马克思主义者，而海德里希却为盖世太保关于“谁是国家的敌人”这一问题带来了明确的新概念。海德里希认为：“国家敌人是一切蓄意反对人民、党和国家及其世界观基础和政治行动的人。”[③] 为了更高效地实行监管，海德里希创造性地设计出一套卡片登记索引系统，用来记录并存储纳粹政权的敌人。

这种卡片索引系统是按照对纳粹政权的威胁程度分为三种类别：第一类，使用红色检字器标出记号的索引卡。这一类记录的是已经着手采取各种秘密措施，准备进行一次大规模普遍动员予以逮捕的政权敌人。通常这一类中大部分是犹太人或与反对纳粹政权的人；第二类，使用蓝色检字器作为区分标志的索引卡，这一类记录的是纳粹党准备公开发布通令并予以

---

① 麦顿著：《黑色军团：希姆莱与党卫队》，沈阳出版社，1995 年版，第 102 页。

② 谢志强编著：《盖世太保揭秘》，大众文艺出版社，2009 年版，第 57 页。

③ Richard S. Levy，*Antisemitism：a historical encyclopedia of prejudice and persecution*，ABC-CLIO，Santa Barbara，2005，p. 199.

逮捕的敌人；第三类，使用绿色检字器标出记号的索引卡，记录的是暂时尚未对纳粹政权构成安全威胁的公民。但海德里希认为，这类人物，在严重困难的时刻，将是左右德国纳粹政权形势的一个团体，也是非常危险的，故需要考虑予以逮捕或重点进行监视。[①]

这一套卡片索引系统由于其极具操作性，在后来的实践中被证明对盖世太保的军事情报工作有很大帮助，也为盖世太保维护纳粹党在德国的统治发挥了重要的作用。盖世太保对国内政治进行监控的同时，海德里希领导的另一支情报机构——保安处也积极在占领区建立类似的情报监视网。到1937年时，它已拥有3000名总处一级工作人员和众多不暴露身份的情报员。

这些军事情报机构事实上已经成为希特勒独裁统治德国有效工具，它帮助纳粹建立起一个恐怖的社会形态。

二、情报工作成为推行和传播纳粹思想和恐怖政治统治的载体

随着战争的进行和德国侵略范围的扩大，军事情报网几乎覆盖整个欧洲，这为德国在占领区推行苛刻的政治制度及实行残暴的统治提供了重要的情报保障。

战争开始后，为更稳定地统治新占领地区，德军的铁蹄每踏入一地，盖世太保和保安处便联合组成“特别行动队”，跟随德军迅速进入。这些“特别行动队”进入被占领的土地后立即开始逮捕当地有影响力的政治人物和公众人物，根据他们的政治态度将他们立为傀儡或者消灭。例如，吞并奥地利时，海德里希的“特别行动队”就随军前进。跟在德军身后进入波兰的“特别行动队”为更好地实现纳粹全面接管波兰的目标，会随时消灭遇到的一切反对德国的波兰上层人物。在征服捷克斯洛伐克时，“特别行动队”更是充当起了开路先锋的角色，以致纳粹党内部称呼海德里希为“布拉格屠夫”。

---

① Götz Aly，Karl Heinz Roth，Edwin Black，Assenka Oksiloff，*The Nazi census：identification and control in the Third Reich*，Temple University Press，Philadelphia，2004，p. 81.

德国情报机构在统治区进行的恐怖政治统治，对德国在当地迅速扶持傀儡政权产生了重要的社会影响。此外，德国还使用集中营的形式，将无辜的人投入到集中营，进行所谓“保护性”拘留。尤其是在对待犹太人的问题上，德国在“最后解决”的过程中用以实施暴行的重要工具之一，就是盖世太保所掌控的遍布德国国内和占领区的各种类型、规模不等的集中营。①

可以说，希特勒的独裁政治离开了德国军事情报工作的帮助是无法正常维持并进一步推行的。但也正是这些情报工作使得民众对希特勒的独裁统治日益不满，尤其是在德国占领区内，盖世太保和保安处的压迫激起了德国占领区民众的更为强烈的反抗，1942 年海德里希在捷克遇刺事件可以看作是德国占领区民众反抗德国统治活动的高潮。失去民心的纳粹党越来越被孤立，民众间对希特勒及纳粹党的抗争活动也日渐升级。因此可以说，德国军事情报机构和工作，既在维护希特勒独裁统治上发挥了重要作用，也在一定程度上动摇了德国纳粹政权统治的基础，成为导致纳粹德国最终衰败的众多因素之一。

总之，客观地说，德国情报机构（包括军事情报机构）的“特殊”情报工作，为希特勒最终实行独裁统治发挥了重要的助推、支撑和保障作用，德国政治因此失去了过去的相对民主氛围。希特勒的法西斯统治的确曾一时将德国带入繁荣和强盛，但也将德国带入了军事扩展的道路。作为政治的继续和延伸，德国发动的战争，不仅给欧洲众多国家带来了巨大的灾难，也给德国人民带来了灭顶之灾。纳粹德国虽然在情报（特别是军事情报）工作的助推、支撑和保障下盛极一时，但也最终伴随着战争的失败而灰灭烟飞，这其中不能不说有情报工作失误的原因。从这点看，也许可以说，德国政治在情报工作的助推、支撑和保障下，一度走入了一个幻化的“辉煌”，而这种幻化的“辉煌”最终必然走向破灭。从这种意义上说，德国情报工作在这期间扮演了一个并不光彩的角色，也是情报政治化的牺牲品。

---

① 谢志强编著：《盖世太保揭秘》，大众文艺出版社，2009 年 4 月第 2 版，第 182—184 页。

第二节 军事情报工作对第三帝国外交的影响

外交离不开情报、情报为外交服务，这是所有国家都遵循的基本原则。军事情报工作是为国家安全服务的，特别是为国家军事安全服务的，外交的职能同样是维护国家安全利益的，这其中也包括军事安全。特别是战时，一国的外交基本上是围绕着战与和问题展开的，国家外交政策的制定也少不了军事情报工作的支撑。二战时期，由于对战争所持立场的不同，世界总体上分为两大阵营：坚持正义战争的同盟国阵营与发动非正义战争的轴心国阵营。前者包括中国、美国、英国、苏联等，后者则涵盖了德国、日本、意大利及一些仆从国。德国的军事情报工作针对所属阵营不同对象国，其工作方式也有很大的不同，其工作成果对德国的外交产生了重要影响。

一、德国军事情报工作恶化了其与同盟国的外交关系

情报的搜集手段有多种，其中通过外交官是其中重要的一种，也是世界各国通行做法。

外交是“国家以和平方式通过正式代表国家的行为在对外事务中行使主权，以处理与他国关系，参与国际事务，是一国维护本国利益及实现对外政策的重要手段，不同的国家利益和对外政策决定一国外交的不同性质、内容和特色，形成不同形态的外交”①。从事外交活动的外交官通过公开、合法渠道获取驻在国的政治、经济、军事和文化等信息（情报）是国家法所允许的，也是世界各国通行的惯例。但是，寻求和平与合作仍是工作的主要目标，因此，通过公开、合法的手段搜集驻在国的信息（情报），其目的也是为了能够更好地了解驻在国的情况，加深理解与互信，促进两国关系发展。

但是，纳粹德国却为推行扩张战略不择手段地利用外交官搜集驻在国

---

① 钱其琛主编：《世界外交大辞典》，世界知识出版社，2005 年 3 月版，第 2045 页。

的情报。早在第二次世界大战爆发前，德国利用外交官置身于驻在国可以全方位感受及把握驻在国的政治、经济和军事动态的有利条件，要求德国的外交人员不要费尽心思在追求和平方面做努力，而应积极配合德国的扩张计划，开展对驻在国的情报工作。特别是德国驻同盟国的武官们，他们不仅通过参观演习和检阅、旁听讲演会、阅读报纸和专刊、同驻在国的军官交谈、与其他武官和记者交换情报等方式获取公开的政治、经济、文化和军事方面的情报，[①] 还必须按照希特勒的命令，在军事谍报局的要求和指导下进行非法的间谍活动。此外，希特勒还直接要求德国军事谍报局和党卫队保安处等军事情报机构在驻外使馆安插谍报人员。因此，德国外交部也就成为“第一个参与军事情报活动的政府机构”[②]，这也导致大量的外交部官员加入到军事情报的搜集大军之中。

但是，由于这些外交人员常常使用非法手段获取情报，因此，这些违背国际外交原则的行为使得德国的驻外使馆在第二次世界大战期间名誉受到严重的损害，恶化了德国的对外关系，许多国家都关闭了德国驻本国大使馆。驻外使馆的关闭使得德国无法通过正常、合法的渠道获得有关欧洲同盟国的社会民情及当地经济、政治、军事等方面的情报，也使得德国的军事外交方针无法通过正式渠道得到有效贯彻和落实。随着战争的进行，同盟国向德国境内不断地派遣谍报人员，盖世太保抓捕到的同盟国间谍往往被送往集中营进行非人的折磨，且不允许进行间谍交换，这更加恶化了德国与同盟国之间的外交关系。

尽管如此，必须指出的是，德国对后来成为同盟国的重要国家的外交行动也取得了一定的成果。特别是战前，德国对同盟国的情报工作（包括军事情报工作），为更加深入地了解西方大国对于德国的战略考量，有了更加深入的解读，使之充分认识到“绥靖政策”给德国提供了更广阔的战略扩张空间，因此更加肆无忌惮地发展军事力量。英国“麦克唐纳计划”的流产、《东方公约》的失败、英国外交大臣西蒙访德造成的英法关系矛盾、《英德海军协定》和《慕尼黑协定》以及《苏德互不侵犯条

---

① 刘宗和、高金虎主编：《第二次世界大战情报史》，解放军出版社，2009 年 6 月第 1 版，第 30 页。

② 方慧颖编著：《德国特工全传》，凤凰出版社，2010 年 3 月版，第 35 页。书中原文为“政府机构中第一个参与军事情报活动的是外交部”。

约》的签署等一系列外交行动充分证明，情报机构的积极配合和外交谋略成功的运用使国外交取得了重大胜利。这些外交上的成就，为后来德国军事扩展战略的实施，特别是在对一些欧洲国家采取军事行动和“巴巴罗萨”计划的顺利实施，起到了关键性作用。因此，这不能不说是情报（包括军事情报）工作为德国平衡与同盟国外交关系的重大贡献。战争爆发导致德国与同盟国外交关系的破裂本属自然，德国遂将主要精力投入到与协约国的外交之中，期间情报（包括军事情报）也同样发挥了重要影响和作用。

二、德国军事情报工作强化了其与轴心国的外交关系

希特勒曾在其《我的奋斗》中写道：“一国的政治领导，其对内政策的任务是铸造利剑；而其对外政策的基本任务就在于保护铸造利剑的工作和寻求战友。”① 处于共同的利益追求和战略目标，使德国、意大利和日本走到一起，外交关系不断升温，战前形成了“轴心”同盟。战争爆发后，三国关系主要以战时军事外交为基轴，军事情报合作日益紧密，促进了其德、意、日三国总体“轴心”外交关系的进一步发展。

（一）德国与日本的军事情报合作促使了反苏、反美军事联盟的形成

第一次世界大战结束后，由于德国和日本都仇视共产主义，也都想改变凡尔赛－华盛顿体系的束缚和现状，因此，德国和日本都先后退出了国际联盟，并逐渐走到一起，同时开始了紧密的军事合作，其中包括军事情报合作。

德国与日本的军事情报合作针对的主要目标是苏联。早在1932年德国军事谍报局和日本的陆军情报机构就已开始交换关于苏联陆军的情报。1936年德、日两国签署针对共产国际的协议——《反共产国际协定》，交换有关共产国际的情报。在签订《反共产国际协定》前，1935年5—6月间，日本驻德大使馆武官大岛浩开始和当时负责处理重大外交问题的约阿

① 转引自王绳祖主编：《国际关系史》第五卷（1929—1939），世界知识出版社，1995年12月版，第171页。

希姆·里宾特洛甫（后任德国外交部长）频繁接触，秘密商定合作事宜。年底，日本又派出参谋本部情报部欧美课德国组组长若松前往协助大岛浩进行会谈。在里宾特洛甫提出了缔结《反共产国际协定》建议后，日本军部对此甚表赞同，并要求外务省积极配合，加速谈判。[①] 因此，可以说，军事情报机构推动了这个协议的签署。

此外，1938 年，德、日两国在东京举行年度情报交流会议，将交换情报的范围扩充到美国、英国和法国的情报，同一时间，意大利也加入了德国和日本的情报交流。[②] 意大利的加入，使得德日两国间的情报合作有效地牵制了盟军的军事行动，为轴心国在战场上适时地发动协作式的反攻创造了条件。

战争开始后，德国与日本的军事情报工作联系得更为紧密。尤其是日本发动太平洋战争后，其对美国的情报需求更加迫切，这也促成了 1941 年德国和日本情报机构开展更进一步的军事情报合作——交换破译的英国和美国外交电报。[③] 情报工作作为最为敏感的领域，绝非一般国家间可以做到。因此，可以说，随着德、日两国间情报交换机制的形成，军事情报合作不断升级，双方在情报领域里合作的广度和深度均不断加大，对双方外交关系的进一步发展起到了极大的推动作用。

军事领域的合作为德日两国外交关系的发展提供了强大动力，加之，共同的战略利益，不仅使德日关系进一步加深，还最终将意大利彻底拉入，使三国绑在同一战车之上。1940 年 9 月，在“轴心”同盟的基础上，德、意、日三国签署了《同盟条约》，从而形成了被认为是“一箭双雕——反苏也反美”[④] 的真正意义上的军事同盟，成为法西斯侵略军事集

---

① 参见王绳祖主编：《国际关系史》第五卷（1929—1939），世界知识出版社，1995 年 12 月版，第 175 页。

② 刘宗和、高金虎主编：《第二次世界大战情报史》，解放军出版社，2009 年 6 月第 1 版，第 330 页。

③ Tajima Nobuo, “Signals Intelligence Collaboration among the Triparti States on the Eve of Pearl Habor”, *Japan Forum*, No. 2, 1991.

④ 这是战后德国外交部长里宾特洛甫交代之语。但是《同盟条约》里并无针对苏联的条款，主要是日本是想以此稳住北方，避免两线作战；德国则是为了掩盖它正在积极进行的对苏备战活动，以收突然袭击的效果。参见王绳祖主编：《国际关系史》第六卷（1939—1945），世界知识出版社，1995 年 12 月版，第 41 页。

团。尽管后来三国并未按条约所规定的内容精确实施，甚至在战略上出现各行其是，既没能阻止美国参战，也没能实现夹击苏联，但是，“它仍是三国争霸世界的重要步骤”①，对国际战略态势产生过重大影响。而在这个过程中，军事情报工作一直扮演着十分重要的角色。

（二）德国与意大利的军事情报合作加深了两国关系

德国与意大利的军事情报合作始于1933年底，意大利海军为了与法国争夺地中海的控制权，开始同德国海军交流法国的海军电报和外交电报。卡纳里斯成为德国军事谍报局局长后，大力推进与意大利军事谍报局的情报合作：双方开展经常性的军事情报交换，情报局技术人员定期进行技术交流。到1935年，德国与意大利间的军事情报合作的内容范围扩大到了交换关于苏联和英国的情报。②

德国与意大利军事情报机构间的军事情报合作与交流，不仅促进了两国情报工作的进一步发展，为战场上的军事行动提供重要保障，也同时密切了两国的军事外交关系，推动了两国总体外交关系的发展，为两国在国际社会中突破外交困境提供了动力。德国对波兰和挪威等战争开始后，意大利在德国的“威胁（故意透露可能对意动武）利诱（保证意煤的全部供应）”③ 下对法国宣战，此举使得两国政治、军事和外交联系更加紧密，德、意两国签署了多项情报合作协议，将军事情报工作以外交文书的形式确定下来，尤其是信号情报更是德、意两国情报机构最有成果的合作领域，成为战争期间德国的一个重要的战术情报来源。其中，德军信号情报机构最大的成功是破译了美国武官使用的黑色密码。密码处劳夫监听所截收的美国驻开罗武官邦纳·费勒斯的电报，并用电传打字机发往柏林，密码处迅速将它们译成英文，再译成德文，然后再以隐蔽的形式将它们从柏林发往各个情报站。费勒斯的电报为隆美尔提供了整个战争期间“所有

---

① 王绳祖主编：《国际关系史》第六卷（1939—1945），世界知识出版社，1995年12月版，第41页。

② 刘宗和、高金虎主编：《第二次世界大战情报史》，解放军出版社，2009年6月第1版，第328页。

③ 王绳祖主编：《国际关系史》第六卷（1939—1945），世界知识出版社，1995年12月版，第21页。

轴心国指挥官所能得到的有关敌军情况的图画中最全面、最清楚的一幅图画”①。

总之，德意两国间的军事情报合作不仅促进了双方各方面的军事联系，加深两国军事关系，也为双方日后构建军事同盟关系打下了外交合作基础。

（三）轴心国间的军事情报合作对轴心国在战略上采取协调配合的外交政策有着重大的影响

如前所述，尽管德、日、意三国曾签署过《同盟条约》，并构建起针对美国和苏联的军事联盟。但是，在军事情报领域，三国间的军事情报合作关系并非是紧密无间。特别是德国出于自身战略利益考虑，在与日本和意大利进行情报合作时始终留有一手。其中，“由于日本在太平洋战争爆发前与美国保持外交关系，在整个二战期间也一直与苏联保持外交关系，所以德国始终对日本怀有戒心，在与日本进行军事情报交流中也未向日本提供核心机密”②；同时，战争开始后由于意大利军队在战场上屡次失败，使得德国军事情报机构对意大利军事情报工作的能力很不满，尤其是到了战争后期，甚至将意大利提供的军事情报看作情报噪音而有意忽略掉，也未向意大利提供过重大情报。

应该说，是统治世界的野心促使了三个轴心国结成了军事联盟。但由于三个国家在文化观念、战争准备、战争潜能、军队素养等方面有很大差异，导致他们对战争的进展也有着各自不同的认识和解读，这也很大程度波及军事情报工作领域。总体上看，尽管轴心国之间保持着情报合作关系，但情报交流规模不大、涉密程度不高，甚至很多交流的情报内容比较滞后。尤其是在战争开始后，德、日、意三国对情报的重视程度不同、所关心的情报内容各异，使得轴心国间情报合作的成效远不如同盟国之间开展的军事情报合作。然而，从情报与外交关系的成效看，尽管轴心国之间

---

① David Kahn, *Hitler's Spies: German Military Intelligence in World War* Ⅱ. New York: Macmillan Publishing Co., 1978. p. 193. 转引自刘宗和、高金虎主编：《第二次世界大战情报史》，解放军出版社，2009 年 6 月第 1 版，第 335 页。

② 参见［日］服部卓四郎著，张玉祥等译：《大东亚战争全史》第一册，商务印书馆，1984 年版，第 58—59 页。

的军事合作距离真正意义上的军事战略同盟标准还有差距。但是，三国间军事情报工作领域的合作确实为彼此间的外交关系升温打下了有利的基础和发挥了推动作用。

第三节　军事情报工作对第三帝国军事的影响

希特勒上台后，不遗余力地推行对外扩张政策，这一政策落实到军事领域就是积极实施对外侵略。德国军事情报机构从战前准备阶段开始到发动战争，直至战争结束的整个过程中，都积极地开展军事情报工作，并提供了大量有重要价值的军事情报。德国军事情报工作在为德军提供战役、战术情报的同时，更是为德国的决策者提供军事战略情报，对德国军事的发展产生了重要影响。

一、目标明确的军事情报工作成为战争准备的推进剂

在发动第二次世界大战前，德国各情报部门积极开展军事情报工作，对周边国家和计划入侵国家和地区的军事情报工作做得十分细致扎实，并在入侵行动中发挥了重要作用。但是，希特勒就认定德国最终的战略对手主要有两个，即苏联和美国，所以，德国在战争的准备阶段就对这两个国家积极开展军事情报工作，这些军事情报工作都对日后战争的发展有着重要的影响。

（一）战争准备阶段对欧洲主要战略目标国家的军事情报工作

作为军事情报的重要机构，德国军事谍报局在经过机构重建和力量扩充后，积极贯彻执政希特勒的扩展战略，建立起一个针对英国、法国、意大利和美国的谍报系统。德国进攻莱茵兰、吞并奥地利、征服捷克斯洛伐克和闪击波兰等重要军事行动，都得到了谍报局的支持。[①]

---

① 刘宗和、高金虎主编：《第二次世界大战情报史》，解放军出版社，2009 年 6 月第 1 版，第 29 页。

事实上，吞并奥地利是希特勒的夙愿，早在他的《我的奋斗》中他就写道，奥地利和德国的重新结合是一个"我们一辈子要用各种方法来实现的任务"。因此在他成为总理后不久，他就委任了一个国会议员西奥多·哈比希特为奥地利纳粹党督察。过了没有多久，他把流亡在外的奥地利党领袖阿尔弗雷德·法劳恩菲尔德安顿在慕尼黑，后者从那里每天晚上广播，煽动他在维也纳的同志们暗杀奥地利总理陶尔斐斯。在 1934 年 7 月以前的几个月里，奥地利纳粹分子用德国接济的武器和炸药造成了一种恐怖局面，炸毁铁道、发电厂和政府建筑物。最后，希特勒批准了设立一个由几千人组成的奥地利军团，驻扎在沿奥地利边界的巴伐利亚境内，准备在适当时机越过边界占领奥地利。① 德国驻奥地利大使弗朗兹·冯·巴本 1936 年上报给希特勒一份报告，称"只有使联邦总理（许士尼格）受到可能范围内的最强大的压力，才能够获得进一步的进展"。这个建议很快得到了执行，而且其十足的程度甚至超了他的想象。②

对于莱茵兰，德国军事情报部门也进行了大量工作，最终掌握了法国国内由于内讧和几乎陷于瘫痪，法国人也深陷失败主义的情绪中。尽管德国的将领们担心以少量的部队去占领莱茵兰会可能会被法国消灭。但希特勒根据对形势的判断还是最终决定冒险进行一次"突然行动"。

对捷克斯洛伐克，德国人为达到分裂其目的，展开了外交战并为军事行动做准备，因为，"一个没有斯洛伐克的捷克国家，更可以受我们自由摆布。斯洛伐克境内的空军基地在对东方作战时十分重要"③。为此，德国对捷克斯洛伐克有两套平行的做法，即一方面是使斯洛伐克脱离布拉格而独立，一方面是准备用军事占领捷克本土波西米亚和摩拉维亚的办法来清算这个国家的剩余部分。为此，德国各情报部门一方面关注主要国家对德国做法的反映，一方面加紧对捷克斯洛伐克一切有利于军事行动的情报搜集。其中，当捷克人在斯洛伐克独立问题上犹豫不决的关键时刻，外交部的一份有关匈牙利军队已在斯洛伐克边境调动的情报，促使德国加大了

---

① ［美］威廉·夏伊勒著，董乐山等译：《第三帝国的兴亡》（上卷），世界知识出版社，2005 年版，第 321 页。

② 同上书，第 371 页。

③ 《德国外交政策文件汇编》第 4 卷，第 82—83 页。转引自［美］威廉·夏伊勒著，董乐山等译：《第三帝国的兴亡》（中卷），世界知识出版社，2005 年版，第 507 页。

对捷克包括军事威胁在内的外交压力，最终使斯洛伐克于 1939 年 3 月 14 日“独立”①，完成了兵不血刃的领土征服。最终，德国军队开进捷克斯洛伐克，占领了其全境。

对于波兰，由于《凡尔赛和约》规定建立波兰走廊，给波兰出海通道并把东普鲁士同德国分割开来，这样的条款被认为是最使德国感到屈辱和怨愤的。因此，波兰被消灭事实上是难以避免的，正如德国冯·西克特江源早在 1922 年就预言的那样，“波兰的存在对德国生存的基本条件来说是不能容忍的，不能并存的。波兰必须去掉——由于它自己内在的孱弱而且由于俄国的行动的结果——也一定会在我们的协助下去掉……消灭波兰必须成为德国政策的一个根本目标……［这］是可以利用俄国并且在俄国的协助下达到的”②。于是，在经过战略分析和判断后，希特勒首先采取了破坏《凡尔赛和约》所造成的欧洲体系做法，即，1934 年与波兰签订了一个条约，乘机取得一个坚决反俄的友谊国家，并使之疏远日内瓦和巴黎。在解决了莱茵兰、奥地利和捷克斯洛伐克后，1939 年德国开始发动外交攻势和军事威慑，对但泽走廊交通权利提出了要求。在占领默默尔后，德国驻波兰大使报告了波兰的对此不悦情绪和已经开始征召后备兵入伍。与此同时，谍报局局长卡纳里斯也报告称，波兰已动员了三级役龄的后备兵，并且正把部队向但泽周围地区集中。凯特尔将军也指出，陆军参谋总部对此持比较严重的看法。③ 这些情报和判断，促使德国进一步加强了对波兰的外交攻势，这种外交攻势甚至被波兰驻德国大使认为是“这是想用刺刀逼着谈判”④。其后，在对国际形势，特别是对欧洲大国的对德国在波兰问题上态度的判断后，希特勒最终在 1939 年 4 月 3 日制订了一个绝密的代号为“白色方案”的文件，做好了对波兰进行突然打击的军事准备，并在 5 月 23 日的绝密会议上，决定为向东方拓展生存空间而

---

① 因为，这种斯洛伐克的保护国是德国，因此，这种所谓的独立只是相对的，在斯洛伐克宣布独立前的两天，即 1939 年 3 月 12 日，希特勒已经下令德国军队进驻捷克斯洛伐克，并下令把捷克斯洛伐克并入德国，因此，这种所谓的独立，不过是斯洛伐克成为德国的傀儡。

② ［美］威廉·夏伊勒著，董乐山等译：《第三帝国的兴亡》（中卷），世界知识出版社，2005 年版，第 532 页。

③ 同上书，第 537 页。

④ 同上书，第 539 页。

破釜沉舟地“一有合适的时机就进攻波兰”①。显然，这个决策的背后都有军事情报部门的影子。而后来制造代号“希姆莱计划”导致德国借口对波兰进攻的正是保安处。② 因此，可以说，德国军事情报部门是德国进攻波兰和发动第二次世界大战的急先锋。

对英国，战争爆发前，谍报局在英国安插了250余名间谍，有几名间谍甚至成为英国高级官员的佣人，根据他们的情报，谍报局对英国的战争能力有了清晰的了解。③

对法国，军事谍报局派出女间谍马里亚混入法国上流社会中，结识法国达官显贵以进行谍报活动，并成功地将法国政府的对德政策、法军在法德边境军事部署图等绝密情报源源不断地送回到军事谍报局。

上述这些军事情报工作，为希特勒的第三帝国进行战争决策和发动第二次世界大战发挥了重要影响。但是，从另一个角度看，这也是在为第三帝国自掘坟墓。

（二）战争准备阶段德国对苏联的军事情报工作

希特勒成为国家元首后，德国就开始为发动侵略战争而进行大量准备工作。当德国开始入侵东欧小国时，苏联仍固执地认为其与德国签订的《苏德互不侵犯条约》能保护边境或至少拖延时间。但苏联不知道的是，他们在一开始就是德国和希特勒的侵略目标。这一侵略计划从一战刚结束就开始形成，希特勒甚至将苏联看成是“第三帝国”征服世界的最大障

---

① 这是希特勒的副官鲁道夫·施蒙特中校的会议手稿记录上用加重体书写的。这次会议因为是绝密会议，没有誊录任何副本。此记录是在缴获的德国文件中发现的。当时参加这次会议的只有14人，其中包括陆军元帅戈林，海军元帅雷德尔（现在他已晋级元帅），勃劳希契将军，哈尔德将军，凯特尔将军，空军总监埃哈德·米尔契将军，海军参谋长奥托·施尼温海军上将等。参见［美］威廉·夏伊勒著，董乐山等译：《第三帝国的兴亡》（中卷），世界知识出版社，2005年版，第562—563页。

② “希姆莱计划”是希特勒指使其情报机构——谍报局实施的。谍报局局长卡纳里斯和保安处处长海德里希被要求，利用党卫队的秘密警察用集中营的警察穿上波兰陆军军服，向靠近波兰边境的德国广播电台发动假进攻，以造成波兰军队入侵德国的假象，为德国进攻波兰制造借口。这项计划最终是由秘密警察头子海因里希·缪勒具体组织实施的。

③ 时代生活丛书编辑部编：《隐蔽战》，海南出版社，2005年版，第26页。

碍。[①] 因此，在发动第二次世界大战之前，德国就着手开始对苏联开展军事情报工作，这其中最成功、最有影响力的案例当属“图哈切夫斯基事件”。

1936年底，党卫队保安处成功策反的苏联内务部间谍、前白俄将军斯科布林向保安处提供了一个情报：由于苏联内部图哈切夫斯基元帅与斯大林之间在处理德国问题上的矛盾愈演愈烈，[②] 在苏联出现了一个以苏联副国防人民委员米哈伊尔·尼古拉耶维奇·图哈切夫斯基元帅为首的试图用暴力来推翻斯大林的集团。海德里希抓住机会，以这个情报作为入手点开展军事情报工作。从1936年底到1937年6月，保安处情报人员利用图哈切夫斯基与德国军事机构进行军事合作时期留下的信件，伪造出图哈切夫斯基元帅及其同事与德军高级将领之间往来的书信，其内容是准备发动政变，刺杀斯大林并希望得到德国军方援助。为了使苏联方面更信任这份“情报”，保安处采取间接途径，通过捷克总统贝奈什辗转将这一“情报”交到了斯大林的手中。

随后的事实证明，德国的这次军事情报工作取得了巨大的成功：苏联的图哈切夫斯基元帅等八人因犯“间谍和叛国”罪被处决。紧接着，斯大林开始对红军进行大清洗。从1937年至1938年，共有3.5万名军官成了牺牲品，差不多占全军军官的半数。苏联五名元帅中的三名，15名集团军司令级干部中的13名，85名军级干部中的57名，196名师级干部中的110名，406名旅级干部中的220名，所有11名国防部人民委员，最高军事委员会80名委员中的75名以及上校以下的军官约3万名都遭到清洗。不久，军事法庭5名成员中的2名元帅布柳赫尔和叶戈罗夫也被处决。至此，红军丧失了全部的军区司令、90%的军区副司令和参谋长、80%的师级指挥员。红军中约1/3的团长被指责，中、下级军官损失惨

① 郑博编著：《恐怖的火山口——德国情报机构的过去与现在》，国防大学出版社，1998年版，第2页。

② 图哈切夫斯基与斯大林的主要分歧集中在对待德国的问题上。当时，对于德国必将发动战争这一点，斯大林与图哈切夫斯基两人看法一致，但是，他们对苏联应采取何种措施对付德国有重大分歧。斯大林主张与希特勒达成谅解，实现两国间的和平，以便让德国调转枪口进攻欧洲他国，待参战双方都有了较大的军事和财力上的损耗，苏联再对欧洲进行军事干预。图哈切夫斯基则主张对德国发起“预防性战争”，将德国的任何对苏联不利的企图都提前清除掉。由于斯大林与图哈切夫斯基在这一问题上都坚持己见，互不让步，最终发展成苏联内部激烈的权利斗争。

重，技术人员也未能幸免，仅空军就有 5616 名飞行员被清洗。[①] 大清洗使得苏联军队的人员基础遭到毁灭性打击，这直接导致了在德国对苏联开战时，苏联由于缺少战场经验丰富的将领和军官而节节败退，无法抵御德军的进攻。由此可见，德国将苏联作为潜在敌人，大力开展军事情报工作所取得的成功，这为在日后德军在对苏作战中处于有利地位提供了重大帮助。

事实上早在 1940 年秋《苏德互不侵犯条约》签订一周年之际，希特勒已经开始了对苏联入侵的部署，即在普鲁士的拉斯腾堡附近修建一座大本营，将一批工程专家送到靠近苏联的地方安营扎寨。[②] 但德国的欺骗行动是成功的，以致于苏联对德国的战略野心并不清楚，因此，苏联对德国对欧洲国家的入侵行为不仅视而不见，甚至赞誉有加。例如，1940 年 4 月 9 日当德国开始入侵挪威和丹麦时，代表斯大林的莫洛托夫还称："苏联政府谅解德国被迫采取的措施"，以及"我们祝德国在它采取的防御措施中取得完全成功"。[③] 事实上，苏联利用德国入侵他国的契机，扩大自己的东欧地盘。尽管英国的丘吉尔在一封私人信件中告诫斯大林，"德国的征服除了对英国有危险以外，对俄国也有危险"[④]。但斯大林并未加以重视。在这种氛围下，德国人在军事情报部门的支撑下，认真研究"巴巴罗萨"计划，并采取了一系列战略欺骗行动。

1941 年 2 月 15 日，国防军统帅部外国与谍报局局长卡纳里斯海军上将接到统帅部长官凯特尔关于对苏战略欺骗的命令。3 月初，该局第三处（反间谍处）接到卡纳里斯的三点指示：第一，"对苏联进行积极的反间谍活动，使苏联情报组织陷入瘫痪"；第二，迷惑各国的情报机关，"使他们认为德国真的改善了同苏联的关系，德国正在准备同英国开战"；第三，"为反苏攻势的准备工作和军队东调严守秘密"。他们的主要目标是制造准备执行"海狮"计划的舆论，给苏造成德国人正在准备对英国进

---

① 方慧颖编著：《德国特工全传》，凤凰出版社，2010 年版，第 80 页。

② 同上书，第 82 页。

③《德国外交政策文件汇编》，第 9 卷，第 108 页。转引自［美］威廉·夏伊勒著，董乐山等译：《第三帝国的兴亡》（下卷），世界知识出版社，2005 年版，第 931 页。

④［英］丘吉尔：《他们最美好的时刻》，第 135—136 页。转引自［美］威廉·夏伊勒著，董乐山等译：《第三帝国的兴亡》（下卷），世界知识出版社，2005 年版，第 933 页。

行大规模进攻的假象。在英吉利海峡东岸的港口，张贴了“打到英国去，活括捉丘吉尔”的标语，并给部队印发英国地图，配备英语翻译，在海峡沿岸大量集结渡海、登陆器材，频频进行登陆演习，以掩饰“巴巴罗萨”计划的准备。而在摩洛哥出现了60万德国军队，或已有6万德军部署在西班牙的谣言也到处流传。此外，为了避免苏联对德军东调产生疑虑，希特勒还指定德国驻苏大使向苏联进行解释：向波兰调兵是为了接替退伍的老兵；部队进驻罗马尼亚是派一些教官去协助该国进行军事训练等等，以保障德军隐蔽地向东线集结。而暗地里到6月初，约550万军队，4.7万门火炮，3500辆坦克，4900架飞机和数以万吨的装备，全部运抵苏德边境，德军三个强大的集团军群全线做好出击准备。德军也奉命采取伪装，装甲部队被称为“建筑部队”或者“训练部队”。[①]

在《苏德互不侵犯条约》签署前，谍报局局长卡纳里斯也从德国最高统帅部长官凯特尔的副官那里得到需要派间谍去观察边境上苏军的变动情况。并告诉卡纳里斯希特勒认为苏联在边界战斗之后就会垮台。[②] 由于苏联反情报措施的高效，德国一直很难向苏联派出像样的间谍，只有从芬兰和土耳其的间谍中才获得了一些稍有价值的情报。而通过访问苏联的船只向苏联派遣特务、发展德国驻苏联商人提供情报，以及对苏联驻德国外交官的策反等都收效甚微。《苏德互不侵犯条约》签署后，希特勒为避免刺激苏联，要求停止一切对苏谍报活动。[③] 因此，应该说，德国早期对苏情报工作并不顺利。这种局面直到吞并波兰与苏联形成共同边界后才有所改观。但是，大批的德国间谍和军事侦察人员被苏联抓获，众多在苏联的情报网被破获。“据统计，从1940年1月到1941年3月，苏联反间谍机构共抓获了1300—1500名德国间谍。战前阿勃韦尔在苏联建立谍报网的目图没有一件成功”[④]。而对苏联的战略情报评估也缺乏应有的准确性，以至于有评估认为只要一个强大的敌人同苏联发生战争，共产党政权就难

① 方慧颖编著：《德国特工全传》，凤凰出版社，2010年版，第83—84页。

② Robert W. Stephan, *Stalin's Secret War: Soviet Countermtelligence agcinst the Nazais*, 1941–1945, University Press of Kansas, 2004, p. 127.

③ 刘宗和、高金虎主编：《第二次世界大战情报史》，解放军出版社，2009年版，第98页。

④ Robert W. Stephan, *Stalin's Secret War: Soviet Countermtelligence against the Nazais*, 1941–1945, University Press of Kansas, 2004, p. 127.

以维系而很快垮台，苏联就会土崩瓦解，形成一连串的独立国家。而谍报局甚至认为这个判断“特别准确”。[①] 由此可见，当时德国谍报部门对苏联情报工作特别是战略情报工作的水平之低下。而德国东线外军处的一项统计更是让人们对间谍们的工作成果产生怀疑，他们“1944 年 11 月的统计表明，间谍的报告只有 20% 的准确率”[②]。为此，德国军方并不十分相信谍报局间谍们的情报，转而更加相信无线电信号侦察、战俘审讯和苏联的报刊。

但是，事实上，德国对苏联的情报工作在武官、航空侦察和无线电侦察方面获得了更多的成功。其中德国驻苏联武官尽管对经过大清洗后苏军的战斗力评价并不十分准确，但在战争爆发前还是报回了苏军地面部队力量的比较具体的数字。而罗韦尔的飞行中队在对苏联的边境甚至腹地侦察中，对苏联边境地区的地形、经济状况和军事部署有了较为全面的了解，为后来德军的战略轰炸提供了重要依据。无线电侦察方面，由于苏联地域辽阔，且苏军基本使用有线通讯器材，尽管配备了 250 台收报机，但依然难以获得高价值的情报，只是后来芬兰加入了德国阵营，德军可以从芬兰的情报部门分享一部分高价值情报。1940 年由于波罗的海三国并入苏联，德国通过在波兰的无线电侦察设备了解到了进入波罗的海三国的苏军战斗序列。

尽管德军的大规模军事调动依然被苏联各情报部门发现，并将若干情报发往莫斯科，但这些都没有使斯大林相信德国人真的会进攻苏联。直到德军的进攻开始，方如梦初醒。

（三）战争准备阶段德国对美国的军事情报工作

尽管德国在对苏联的情报工作上取得了重大成绩，但对美国的情报工作虽也有一定成绩，但失误却是致命的。

《凡尔赛和约》禁止德国军队部派遣“任何陆海空军代表到任何国家

---

① David Kahn, *Hitler's Spies*: *German military intelligence in World War II*, Da Capo Press, Cambridge, 2000, p. 454.

② Timothy Mulligan, “ Spies , Ciphers, and Zitadelle: lntelligence and the Batde of Kursk, 1943,” *Joumal of Cowtemporary History* 22/2, 1987. 转引自刘宗和、高金虎主编：《第二次世界大战情报史》，解放军出版社，2009 年版，第 98 页。

去”，使得德国失去了通过军事代表获取外国军事情报的途径。武官是一国武装力量的外交代表，可以凭借其外交人员的身份，通过公开合法方式搜集有关驻在国军队的信息、情报。拿破仑时期武官制度出现后，武官一直是获取军事情报（也包括政治、经济等其他情报）的重要手段和渠道，一直为世界绝大多数国家所采用。因此，德国逐渐突破禁锢，从1933年开始，德国政府就公开而大规模地派遣武官到国外进行军事情报活动。由于希特勒很早就将美国作为德国重要的潜在对手，因此，德国驻美武官被赋予了更多开展军事情报工作的任务，并有重大收获，但也在一些重大战略决策的失误中扮演过重要角色。

例如，德国驻美国武官的伯蒂歇尔将军在1936年1月7日向德国政府提供了美国罗伯特·戈达德教授的火箭试验情况的报告，这是当时最早发现情况的一份报告。这份报告使得希特勒充分掌握了美军最新的军事科技，对于德国及时调整战略部署有重用意义，希特勒也因此对伯蒂歇尔将军十分赏识。或许是伯蒂歇尔早期的情报工作做得太出色，使得希特勒对他异常信赖，于是，希特勒对伯蒂歇尔此后的报告几乎是完全采纳，并将其作为德国制定对美政策的依据。但事实是，伯蒂歇尔的报告带有极强的主观性和片面性，他认为犹太人统治着美国并“控制着美国武装部队的关键岗位”，而且罗斯福总统是“维护犹太人的”。[1] 伯蒂歇尔关于美国的判断同时又带有严重地错觉，他认为美国将会把主要的精力放在太平洋上，不会干涉欧洲战事，不会给德国带来危险。这一系列不切合实际的判断严重的影响了希特勒在制定国家战略时的思考，以致战争开始后，德国始终错误地、一厢情愿地将美国排除出潜在敌人之外。此外，德国人的民族优越感与对这场战争的盲目自信也同样严重地影响着其军事情报工作，这使得以后的德国对美国军事情报工作在错误的方向上越走越远，并对日后德军在与美军作战时处于被动地位有重大影响。

总的来看，有强大的军事情报工作做保障，德国在战争准备阶段获取了大量且重要的侦察对象国的情报。在了解国际环境，掌握对手的国内动态情况及国家政策的前提下，希特勒更坚定了发动侵略战争的决心。但是

---

① David Kahn, *Hitler's Spies*: *German military intelligence in World War II*, Da Capo Press, Cambridge, 2000, pp. 81 – 82.

对美国的战略情报失误所导致的战略判断偏差，为日后的战败埋下了伏笔。

二、缜密的军事情报工作成为战争初期取得胜利的保证

1939 年 9 月德国发动对波兰的进攻，拉开了第二次世界大战的序幕。与一般战争由作战部队开场不同，此次是由德国军事情报机构直接策划并打响了这引发第二次世界大战的第一枪。由军事情报机构部署并执行如此重大任务，这在世界军事史上鲜有先例。

经过精心组织和安排的“希姆莱行动”① 使得德国人民震惊，国际舆论哗然，大家都认为德国是受害者，而这正是希特勒所追求的最佳效果——受害者是有权反抗的。此时，由戈培尔指挥的宣传部门也抓住机会对这种气氛进行夸张式宣传。1939 年 9 月 1 日，德国《人民观察家报》登出了大字标题文章：“波兰暴徒越境进犯德国”，报道称，格荣维茨事件是波兰游击队全面进犯德国领土的信号。《黑色团》刊载文章称：“在边界地区执勤的保安督察分队奋起迎击入侵者。到目前为止，战斗仍在继续。”德国外交部也照会各国使馆、领事馆，并“悲愤”地通报这一不幸的消息。②

在这种背景下，德国军队随后冲进波兰领土去“寻找公道”的行为就变得顺理成章。党卫队保安处自编自演的这一出“苦肉计”为德国发动第二次世界大战提供了借口，党卫队直接打响第二次世界大战第一枪的同时，也为德国军事扩张之路铺通了最后一块石板。德国穷兵黩武的军事扩张战略更加得到推崇，整个德国开始了更为疯狂的军备扩充，德国在战争的道路上也越走越远。

但是，仅从技术层面上看，从战法和战争最初的推进速度以及取得的

---

① 1939 年 9 月，在德军进攻的前一天夜里，党卫队情报官员诺约克斯率领一伙亡命徒身穿波兰军装袭击并占领了德波边境的德国“格列维茨”电台，并对着麦克风用波兰话辱骂德国。与此同时，在另外两个地方，由德国军人伪装的“波兰军队”和“游击队”也沿德波两国边界向德军发动了“进攻”，制造波兰侵犯德边界事件。

② 郑博编著：《恐怖的火山口——德国情报机构的过去与现在》，国防大学出版社，1998 年 9 月第 1 版，第 73—78 页。

战况看，德国军事情报工作的事前功课的确发挥了巨大作用。

首先，“闪击战”① 理论和新型军队建设中有军事情报保障的身影。“闪击战”理论的形成是机械化时代德国军事革命成果。因为，德国“出自侵略扩张的需要，面对战争潜力不足与其略野心的矛盾，以古德里安为代表的一批较少保守思想和勇于创新的部队领导人，继承毛奇、施利芬、鲁登道夫等人的有关理论，学习引进国外先进的军事理论，特别是在‘机械化战争’理论关于集中使用坦克、以装甲兵团实施纵深突击等双观点的基础上，对机械化作战进行了长时期的深入探索和反复演练”②。而这种理论是建立在机械化装备基础之上的，是以高性能机械化武器装备为前提的。德国扩军备战中，武器装备的数量和质量都有了飞跃式发展，其中一些就是依靠国外先进技术才完成的。例如，德国曾从美国获得合成橡胶、陀螺仪、航空仪器飞机和柴油机上的启动器等关键性技术情报，这些后来都被应用于相关的军事装备之上。而德国的法本化学公司早在1928年就专门成立一个名叫克姆尼科的公司，专门获取美国的技术情报，直到德国向美国宣战为止。法本化学公司还成立专门机构，将所获得的情报写成报告，提供给盖世太保和党卫队保安处。③

其次，“闪击战”的运用是基于德国对进攻目标国军事实力、军事思想、训法战法、战略目标临战部署、调动、作战企图等综合研判的结果。德国以集群式机械化部队进行“宽正面、高速度、大纵深”为核心的作战理念远超传统军事强国，特别是那些一战战胜国的老将们仍迷恋于传统战法。他们相信第一次世界大战的获胜经验依然能够成为继续胜利的法宝。因此，法国人迷恋马其诺防线，英国人则对传统的海上封锁抱有极大的自信。这也一定程度上印证了利德尔·哈特关于“胜利者往往骄矜自

---

① 闪击战——由古德里安创建的战争模式（英译 Blitzkrieg 或 lightening war），也叫闪电战，是第二次世界大战期间德军首先并且经常使用的一种战术，它充分利用飞机、坦克的快捷优势，以突然袭击的方式制敌取胜。它往往是先利用飞机猛烈轰炸敌方重要的战略设施——通讯中心，把敌人的飞机炸毁在机场，取得制空权，并使敌人的指挥系统瘫痪。闪电战就是将奇袭、快袭集中一起，像闪电一样打击敌人。可以使敌人在突如其来的威胁之下丧失士气，从而在第一次巨大的打击之下就会立即崩溃。参见“闪击战”，百度百科，http：//baike. baidu. com/view/1253. htm #7。

② 戴耀先主编：《德意志军事思想研究》，军事科学出版社，1999年6月版，第760页。

③ 方慧颖编著：《德国特工全传》，凤凰出版社，2010年3月第1版，第43—45页。

满，每每产生保守思想，结果遂成为下一次战争中的失败者”[①] 的论断。对作战对象国作战理论和思维的了解背后显然需要大量军事情报的支撑。以进攻波兰为例，德国仅 27 天就征服了波兰，这与波兰陈旧的作战思想和落后的武器装备有极大的关系（波兰运用骑兵去进攻德国的坦克群就是例证），而有关这些，战前德国已了如指掌。再例如，德国之所以敢无视英国的强大舰队而进攻挪威，并 23 天征服挪威，就是靠着缜密的军事情报保障。因为，早在进攻前，德国军事情报局就开始了广泛的军事情报工作。

1940 年 3 月，德国海军的信号情报机构——海军观察处（又称“XB”）[②] 截获并破译了英国海军在北海和挪威海的兵力部署及作战企图的情报，从战后公布的德国情报局资料看，该局在 1940 年 3 月 13 日发出的一份电报反映：“这一天，密码破译部门破译了英国海军部命令其驱逐舰队归属本土舰队总司令指挥的密电。柏林方面注意到在斯卡帕弗洛的皇家海军驱逐舰队力量的加强和集中的行动是这一战区重要的敌对行动。此外，无线电侦察单位再次成功地以破译密码的办法截获了英国潜艇新部署的详情，他们的判断同以前观察到的北海潜艇公布情况相反，今天在斯卡格拉克有 15 艘英国潜艇（是以前的 2—3 倍）整装待发……这或者是为了从侧翼保护己方计划在挪威展开大规模登陆行动，或者是已发现了德方的一些准备行动，害怕德国攻打挪威领土。”没过多久，德国情报机构又通过破译英国海军密码电报发现英国海军当时只是一般地判断德军可能在挪威登陆，而并未搞清德军具体的登陆地域和时间。针对这一情况，德国海军司令部决定使用调虎离山计，以便把英军的注意力从挪威方向引开。挪威登陆作战开始前，德国海军大洋舰队首先派出一支佯动编队驶往挪威北部的纳尔维克海区活动，当在北海和挪威海游弋的英国本土舰队驶向该海域寻找德国海军编队决战时，德国主力舰队便顺利地通过斯卡格拉克海峡，掩护陆军部队在挪威南部的奥斯陆、卑尔根地区和中部的特隆赫姆地区登陆。从挪威的军事地理环境看，在特隆赫姆登陆成功，等于卡住了整

---

① ［英］利德尔·哈特著：《战略论》，战士出版社，1977 年版，第 328 页。

② 刘宗和、高金虎主编：《第二次世界大战情报史》，解放军出版社，2009 年 6 月第 1 版，第 34 页。

个挪威的战略咽喉。挪威军队虽然进行了顽强的抵抗，但因挪威情报不力，进行战争准备太晚，在德军入侵时挪威仅有 6 个不满员的步兵师和 3 支要塞部队，共 1.6 万人和几千名刚刚征召来的新兵，空军的飞机不到 190 架，海军只有 60 多艘舰艇。因此，在德军的强大攻势下，挪威的抵抗显得苍白无力，尽管英、法军队于 4 月 14 日开始在挪威仓促登陆，共同抵抗德军，但为时已晚，无法挽回败局。①

当然，从另一个方面说，战争初期，德国之所以能取得战场上的节节胜利和快速推进，既是德国军事情报工作的成果所致，也是被进攻国的军事情报失误导致的恶果。但这终归说明了军事情报工作在战争特别是发动突然袭击以及预防突然袭击中的重要作用。

三、效能渐低的军事情报导致德国战争中期风光难再

法国面对德国的军事进攻毫无反抗之力，在抵抗了两个月后即全国沦陷，德国的下一个军事目标直指英国。德国决策层依据所掌握的情报经过认真分析后认为，将英国围困于英伦三岛之上并切断其外部供给，使其内部产生动荡，并在此基础上发动军事进攻，是当前战胜英国的最理想的方式。于是，一个旨在封锁英国海上运输线的“狼群战术”随即被提出并贯彻实行。

“XB”与德军空军情报机构相互配合，即将无线电侦察与航空侦察相结合，取得了很大的成就。如 1940 年 1 月，英国海军开始使用商船海军密码；同年 3 月份，这种密码首次被“XB”破译；同年 5 月份，德国海军从一艘英国商船上缴获了这种密码的记录材料，使得“XB”阅读英国商船信息的能力大幅增强。② 此外，“XB”还破译了英国用来传递作战情报的海军一号密码，至 1940 年 4 月底，英国海军使用海军一号密码发送

① 参见“‘闪电战’急先锋——德国军事情报局”，铁血社区，http://bbs.tiexue.net/post2_2672387_1.html。

② John Winton, *Ultra at Sea: How Breaking the Nazi Code Affected Allied Naval Strategy during World War 2*, New York, 1988, p. 105.

的军事情报有40%—50%被“XB”快速破译,[1] 使得德国海军对英国海军部署有了更详细的掌握。“XB”高效准确的情报工作基本上保证了在大西洋战役初期邓尼茨实施“狼群战术”的要求，也为德国实现将英国困于三岛的战略目标做出巨大贡献。

但是，到1942年底，同盟国开始在不同地区使用不同复式加密密码，密码破译工作难度加大，“XB”已无法再投入更多的人力和物力参与到密码破译工作，至此，德国的军事情报工作无法再为海军提供有效的情报保障，这使得德国海军的行动逐步受到限制。随后，由于德国潜艇的密码本——“埃尼格码”密钥丢失，盟军破译了德军密码并掌握了德国潜艇的行踪，德国在海战中开始处于不利地位。1943年5月，邓尼茨元帅下令德国潜艇撤离北大西洋，这标志着失去了“XB”情报支援的德国海军最终在大西洋海战中失利。

1943年9月前，德国还与同盟国在北非进行了阿曼拉会战[2]、与苏联进行了库尔斯克会战[3]，这两场会战的较量对第二次世界大战的战争走向有着重要的影响。盟军在阿拉曼的胜利致使纳粹德国欲占领埃及、控制苏伊士运河及中东油田的希望破灭，扭转了北非战场的形势。这次战役结束了德国非洲装甲军团的攻势，轴心国在北非战场转入战略撤退运作。阿拉曼战役与同时期的斯大林格勒战役与瓜达尔卡纳尔岛战役成为同盟国进入战略反攻阶段的开始。而库尔斯克会战被认为是苏德战争的分水岭，会战之前德军在战略上保持着主动权，能够自主选择攻击方向；会战之后，德军完全丧失了战略主动权，苏联从这里开始了收复国土的大规模的全面攻

---

① 郑博编著：《恐怖的火山口——德国情报机构的过去与现在》，国防大学出版社，1998年9月第1版，第119—125页。

② 阿拉曼会战，是第二次世界大战北非战场上，轴心国司令埃尔温·隆美尔所指挥的非洲装甲军团与英国伯纳德·蒙哥马利将军统领之英联邦军队在埃及阿拉曼进行之战役。会战从1942年10月23日一直持续到11月3日，最终以英国为首的盟军的胜利而告终。

③ 库尔斯克会战是第二次世界大战东线战场中，德国与苏联于库尔斯克爆发的一场会战，双方共投入了超过250万名士兵和6000多辆坦克，是史上规模最大的坦克会战和单日空战。库尔斯克会战也是德军最后一次对苏联发动的战略性进攻，欲从由南北两端自中央夹击，合围歼灭中央突出部的苏军，重夺战略主动权，但由于苏军已做好严密防务和驻守数量极为庞大的兵力，德军进攻步调缓慢且损失惨重，最后因为南线意大利被盟军登陆了西西里岛，不得不抽调兵力防卫意大利而被迫中止攻势。此次战役后期，苏军发动一连串巨型攻势，相继攻占奥廖尔、别尔哥罗德以及哈尔科夫，德军向第聂伯河方向全面撤退。

势。为此，库尔斯克会战同时也被视为第二次世界大战的转折点。

这两场会战不仅仅是战场前线的火力交锋的比拼，其背后更是暗藏着交战各方军事情报工作的暗中角力。德国军事情报工作在此期间不可谓不积极，如西线外军处在隆美尔的授意下散布假情报迷惑蒙哥马利，东线外军处与苏联总参情报部正面交锋等。但这些军事情报工作最终都由于种种原因未能取得预期的成功，也因此对德国军事战略的制定和执行产生了消极的影响。

概括地来说，德国的军事情报工作在战争中期渐现疲软之势，而盟军高效的军事情报工作与德国低效的军事情报工作形成了鲜明的对比，德国军事情报部门已不再能为战场上的德军提供有效的情报支援。加之盟军军事反击力量的增强和战略战术运用得当，德军也由战争初期的锐不可当之势陷入到拉锯苦战之中，其军事前景已越来越暗淡。

四、重大情报失误是德国战争后期一败再败的重要因素

1943年9月是第二次世界大战中一个重要的时间节点。一方面，输掉了库尔斯克战役的德军在苏联战场上全面陷入被动；另一方面，由于美国的参战，盟军将在西线欧洲登陆已经成为无法回避的事实。相比较而言，盟军在欧洲西部登陆显然对德国的影响更大。因此，希特勒要求德国军事情报机构将工作重点放在获取盟军登陆情报上，并以此情报为基础筹划、制定防范盟军登陆的对策。德国陆军西线外军处是开展此项情报工作的主要机构。

西线外军处本身是一个情报分析机构，其情报来源一般是其他情报部门通过前线谍报、战俘招供、空中侦察以及无线电破译等方式所获取的情报。由于当时德国军事谍报局的卡纳里斯已经有意与盟军接触以进行反希特勒的活动，所以并未在谍报侦察方面给予西线外军处积极支持；再加之当时德国失去了制空权，已很难开展航空侦察活动，因此，西线外军处所得到的情报基本是通过无线电侦察方式获取。此外，由于大量专业性情报人员的缺失，德国密码破译技术无法顺利高效地开展。同时，在情报获取方式上已经受到很大限制的西线外军处，其情报分析、处理过程中也存在着很大不足。加之西线外军处在这一时期所获得的情报中间夹杂着大量盟

军情报机构发送的假情报，① 情报分析人员在上报情报时带有明显的主观功利色彩，特别是在未对双重间谍提供的情报进行核实情况下就将其匆忙上报，使得德国决策层在虚假情报的引导下做出一系列的错误判断，并进行错误的军事部署。最终，盟军在德军未设重点防御的诺曼底登陆，德国西面门户洞开，最终德军在盟军强大的攻势下已成强弩之末而溃不成军。

有必要说明的是，在诺曼底登陆前，德国并非没有获取有关登陆的地点或时间，因为，盟军的登陆是在1944年6月5日开始的，但早在1944年1月，卡纳里斯就获知在登陆日前，英国特种作战局将通过英国广播公司的法语广播，向法国地下抵抗组织发出命令，要求其破坏交通设施，配合盟军登陆。英国广播公司将在法语广播中播送保尔·魏尔伦“秋天的歌”中的两行诗句。播送第一行“秋日小提琴绵长的呜咽”表明登陆日期初步定下，播送第二行“不变的抑郁使我心伤痛”意味着进攻在48小时内开始。在6月1日和2日，英国广播公司播送了魏尔伦诗篇的第一句，6月4日夜，第15集团军的情报处监听到了第二句。第15集团军立即用电报向B集团军群司令官隆美尔、西线总司令龙德施泰特和国防军指挥参谋部参谋长约德尔将军作了汇报，但没有引起重视。其原因可能有二，其一是这一情报是已经失宠的卡纳里斯上将原先提供的，对他提供的情报，德军已经不再重视；其二是，隆美尔和龙德施泰特都认为，根据当时的气象条件，盟军不可能发起登陆战役。只有第15集团军司令冯·扎尔穆特将军于6月5日晚上命令所属部队进入一级战备状态。② 应该说，这是严重的情报失误。

虽然德国在二战中的最终失败原因是多样的，但仅从军事层面看，盟军诺曼底登陆后形成的第二战场，使德军开始处于劣势，后经一系列重要会战，德国最终被击垮。而从一定意义上说，西线外军处在军事情报工作中犯下的严重错误是盟军成功登陆的直接原因，这也从一个侧面反映出德国的军事情报工作在战争后期已经无法正常开展的事实。情报人员的缺乏及情报获取手段的减少，加之情报分析过程的不客观，使得战争后期的德

---

① 周桂银编著：《黑夜战争》，四川人民出版社，1997年版，第113页。

② 参见［德］瓦尔特·瓦利蒙特著，军事科学院外国军事研究部译：《德国国防军大本营（1939—1945）》，军事科学出版社，1990年版，第424—425页。

国军事情报工作难以为继，也注定了德国难逃在二战中战败的命运。

小　结

军事情报工作涉及到政治、经济、军事和外交等多方面内容，它可以成为稳定国内政治的重要手段；就军事特别是战争而言，虽不能直接决定战争的胜负，但对改变战争进程甚至战争整体走势能够发挥重要影响；就对外交关系的影响而言，可以有效地提升双边或多边外交关系；在经济领域，它可以成为推动经济发展的重要因素，成为其他情报工作的有力补充。应该说，纳粹德国时期的军事情报工作在这些方面都产生了重要影响。集中表现在：希特勒的独裁统治受益于盖世太保等情报机构在德国国内开展的军事情报工作；德国军事情报机构获得的大量、准确的军事经济方面的情报使得德国在了解对手军事经济潜力的情况下，为制定军事扩张战略发挥了重要作用；战前的军事情报工作为德国军事战略的形成和“闪击战”、“狼群战术”等重要战法提供了支撑，也使德国在战争初期的战略进攻取得了令人瞠目的效果。同样，在外交方面，德国军事情报工作为促进其与友好国家的外交关系和平衡国际战略关系等方面也发挥了极其重要的作用。

特别需要指出的是，军事情报工作在军事领域的表现，充分说明了其在战争中地位和作用，是影响战争结局的重要因素之一。一战结束后，德国虽遭受《凡尔赛和约》的苛刻制裁，但并未因此一蹶不振，德国军事情报机构改头换面后得以保留，军事情报工作也继续开展，充分反映出德国人对军事情报工作作用的认知。在战争准备阶段和战争前期，有效的军事情报工作为德国发动第二次世界大战打下了良好的军事基础，使得德国在战争初期对战争局势做到知己知彼，特别是高效缜密的军事情报工作与德军良好的军事素养及先进武器装备的结合，保证了德军在战场上的胜利。反观到了战争后期，由于各种原因，德国的军事情报工作不能及时、准确、客观地反映战争进展情况，不能有效地向最高统帅部提供同盟国在政治、军事、外交等方面最新的发展情况，失去了情报保障的德国陷入一片混沌之中，最终导致彻底失败和第三帝国的覆灭。

客观地看，德国最终战败是多种因素综合作用的结果。首先，从战争性质上来说，德国发动的战争是非正义战争，所谓得道多助，失道寡助，德国为满足一己私利而发动的这场战争自始就注定了其最终必然失败的命运。其次，民众是时代发展的决定性力量，希特勒的对内独裁统治、对外扩张侵略的国家战略严重阻碍了民众追求自由与和平的权利，民心向背是决定国家发展的最主要因素，希特勒妄图通过个人力量来阻止时代发展的潮流，这是绝无可能的。再次，与同盟国的强大实力相比，德国的军事、经济等实力无法保障其发动如此大规模的战争，同时，在社会人口、教育体系、资源储备等战争潜能方面德国更是差得很多。最后，失去了有效情报保障同样是德国输掉战争的因素之一，低效、失实的军事情报工作误导德国统治层作出一个又一个错误的军事部署和国家战略决定。从这点看，虽然不能说军事情报工作是导致德国战败的首要原因，但无疑是重要原因之一，甚至可以说是压垮第三帝国大厦的最后一根稻草。

可以说，高效缜密的军事情报工作曾一度促进了德国在一战后的迅速崛起，也为德国在二战前期取得战场胜利、掌握战争主动权发挥了积极的作用，但是，在战争中后期，低效、失实的德国军事情报工作则加速了德国在战场上的失败，并使德国最终成为战败国，国家被分区占领，直至分裂成东、西两个德国。

总之，从国际政治的视角看，是《凡尔赛和约》埋下了德国人复仇的种子，是英法等国的绥靖政策助长了纳粹德国的扩张意识，但是，是希特勒战略野心导致贪得无厌的征城掠地，最终驱使第三帝国走上了通往灭亡的快车道。

第十八章　对第三帝国军事情报工作的评价与思考

一战后的德国是在战争废墟上兴起壮大的，但其经历从弱到强、由盛转衰直至再次变成废墟并消亡（被分区占领并最终于 1949 年 5 月肢解为东、西两个德国）也仅仅只用了 16 年。在这个过程中，德国军事情报工作扮演了重要角色（被分区占领时除外）。其中，对内，军事情报工作对协助纳粹党兴盛和希特勒顺利上台执政发挥了重要作用，并逐渐成为为希特勒清除政见异己者，维护其独裁统治的工具。尽管这种统治是残酷的并被后人所诟病，但就德国本身而言，它使当时德国国内政治生态处于一战后最为稳定状态。对外，为军事扩张和发动战争发挥了重要作用。德国军事情报机构高效地搜集对象国的情报，为德军在战场上的军事行动提供战役、战术情报保障的同时，也为德国决策层提供战略情报保障，使德国赢得了战争初期的胜利。但是，由于德国这场战争的非正义性，在世界反法西斯力量的强力反击下，第三帝国最终走向灭亡。如何评价这一时期德国的军事情报工作，以及这一时期德国的军事情报给我们以那些学理意义上的启示，都是值得认真思考的问题。

第一节　对第三帝国军事情报工作的基本评价

德国是第二次世界大战的战争策源地，最终在世界反法西斯力量的强力反击下战败。但是，仅从纯军事角度看，德国这一时期的很多创造性发明都成为后人认真研究的对象，诸如“闪击战”等。这一时期的德国军事情报工作，同样也被许多国家认真加以研究和借鉴。如果从“不以成败论英雄”和排除意识形态的理念出发，仅从军事情报学理论与实践的视角看，1933—1945 年的德国军事情报工作，尽管存在很多不足，但总体上确有很多值得称道之处。仅就这点而言，第三帝国时期德国军事情报工作的种种理论和实践，对我国发展军事情报工作仍有借鉴之处。

一、第三帝国军事情报工作的基本特点

第三帝国时期德国军事情报工作经历了起起伏伏，尽管工作方式等发生了很大的变化，但其情报工作的基本特点始终鲜明。通过对这一时期德国军事情报工作的历史考察研究，简而言之，大致可以总结为以下六点（由于当时所有情报机构都有为军事扩张目标工作的特性，故下文所提“情报工作”可泛指“军事情报工作”）：

第一，开展情报工作的中心任务十分明确，即为希特勒和纳粹的军事扩张战略服务。具体表现为包括情报机构设置、人员任用、手段方式等所有情报工作的进行都是按照希特勒的指令展开的。

第二，突出情报人员专业化。按照不同的情报获取方式来分别有针对性地招募和培训情报人员，特别是招募了一些专家型人员充实情报工作队伍，这样保证了情报人员在其专业领域内的领先性。

第三，重视科学与技术。德国的许多先进科学技术都是首先装备到军事领域，尤其是军事情报领域，此举保证了德国在情报获取、传递、分析评价等环节上具有明显的优势。

第四，良好的情报文化传承性。德国自腓特烈大帝时期开始就有鲜明的重视情报传统，这一情报文化特性一直得到传承，到了第三帝国时期，德国对其情报文化更是不断进行改良和改进，发展创造新的情报理论，进一步推进了其情报文化的发展。

第五，军事情报工作与时俱进。德国在战争中后期创造出了新的军事情报工作方式，即特种侦察作战部队。这是德国根据当时国际战略背景和战场需求，结合自身的条件而对军事情报工作进行的跨越式、创新式的发展，体现了其与时俱进的特点。

第六，特别重视保密工作。德国军事情报机构一直十分看重密码的保

密与破译，也从中得到了很多好处。情报传递环节是最容易泄密的，为了将泄密的机会降低到最小，重要的军事情报往往选择人力传递方式进行。

客观地说，德国军事情报工作鲜明的特色影响了世界情报工作的潮流和发展。但是，这并非说，德国的情报工作完美无缺，其不足之处犹如其长处一样反映得十分明显，这些不足很大程度上影响了德国的发展。有关其不足，笔者将在最后的思考部分进一步论述，此处不做展开。

二、第三帝国军事情报工作的功效

第三帝国时期德国军事情报工作是在内忧外患的国际战略环境下展开的，其中的发展经历了复杂多变的过程，其创建的许多新型工作方式、情报工作理论及实践等，为其自身发展带来了巨大的动力。准确地讲，德国这一时期军事情报工作的最大作用就是：对内为推行希特勒的高压统治和确保纳粹一党统治服务；对外为实现军事扩张战略服务。

但是，正是由于第三帝国军事扩张的错误战略选择，特别是发动侵略战争的非正义性，其军事情报工作最终沦为帮助德国进行对外扩张的工具。应该说，德国的最终战败是众多因素合力的结果，军事情报工作本身不会也不可能对如此庞大的战争胜负起到决定性作用，它也只是影响战争胜负的众多因素之一。但是，作为军事行动的重要保障因素，第三帝国军事情报工作中的一些问题，特别是随着战场上的不断失利逐渐出现了混乱局面，并频频导致情报失误的情况发生。因此，从单纯的军事视角看，德国失效的军事情报工作的确在德国的战败中起到过负面作用。

诚然，我们必须清醒地认识到，军事情报工作是影响战争进程的重要因素之一，必需客观看待军事情报工作与战争胜败的关系，既不可轻视这一因素的重要性，更不能片面夸大这一因素的作用。从 1933—1945 年的德国即第三帝国的军事情报工作来看，尽管有很多值得称道之处，也确实为德国的兴盛发挥过重要作用，但是，也正是由于其严重的“情报政治”化倾向，成为希特勒发动非正义性战争的助推剂，也最终将第三帝国推上的覆灭的快车道。“情报不是万能的，但没有情报是万万不能的”理论人人皆知，因此，即便第三帝国的情报工作在战争后期不出现大混乱局面，在强大的反法西斯力量面前，它也难以继续发挥扭转战局的作用，只能同第三帝国大厦一起被世界反法西斯浪潮所淹没。

第二节 对第三帝国军事情报工作的历史思考

以史为鉴是研究外国军事情报史的重要出发点。从1933—1945年第三帝国德国军事情报工作的理论和实践中，取其精华、去其糟粕，启迪思维、更新观念，符合军事情报研究的基本理论要求。同时，依据军事情报工作的基本规律、基本内涵和工作实践，客观考察1933—1945年德国军事情报工作的历史实践，无论是理论上还是实践上都有很好的现实意义。而通过对这一时期的德国军事情报工作的历史考察，的确引发了许多值得深思的问题。而这些问题都对我军未来军事情报工作科学发展具有很好的借鉴意义。

一、军事情报工作必须顺应国家战略需求

军事情报工作是一项连续性、持久性、专业性的工作，为政治、军事斗争服务的军事情报工作，其根本作用就是为维护国家安全利益服务。国家在不同时期、不同发展阶段根据特定情况会制定不同的发展战略，军事情报工作的中心任务和组织结构等方面也必须作出相应调整，特别是改革与创新，以便与国家的整体发展战略保持一致。姑且不论第三帝国的国家发展战略对错，1933—1945年的德国军事情报工作总体上一直围绕着国家战略展开，这一点从理论上讲是符合军事情报工作的特殊属性的，也符合国家战略对军事情报工作的基本要求。

魏玛政权的倒台使德国出现了权力真空，德国国内政治党派林立，包括纳粹党在内的各个政党都希望抓住这一机会执掌德国政权。希特勒依靠强大的宣传攻势、经济危机时期国民对纳粹党重振经济的渴望及褐衫军、党卫队对政治的暴力干涉等诸多因素最终成功上台，其中军事情报机构的工作扮演了重要角色。

而成为德国元首的希特勒，最初将国家战略重点放在维护国内政治稳

定上，德国军事情报机构的工作重点也随之调整为以国内政治为中心，各军事情报机构积极配合纳粹党的战略需求展开工作。其中，党卫队保安处和盖世太保联合行动以清除对希特勒党内权力构成威胁的冲锋队；盖世太保建立各种集中营，将国内持不同政见的政治家、“劣等种族人”、“从人种生物学的角度来看发育低劣者”、“罪犯”、“不适应社会生活者”[①] 等全部关押进去，以达到“净化德国社会”的目的。这一系列行动都有大量的情报保障，军事情报机构甚至直接参与一些具体行动（如发动“长刀之夜”）。尽管这些行动具有一定的残暴性和极端性，但从效果上看，党卫队保安处与盖世太保确实通过有效地开展军事情报工作，为纳粹党实现成功执政提供了巨大帮助，也为希特勒实现其预期政治目的提供有力保障。同时，苛暴的集中营政策对于希特勒在国内建立独裁统治和在德国占领区顺利扶持傀儡政权也发挥了重要作用。特别是由卡纳里斯领导的反对希特勒的“黑色乐队”等组织被盖世太保破坏后，德国军队内部基本上实现了对希特勒的绝对服从，为纳粹党和希特勒的独裁统治打下了重要的社会基础。

在稳定了国内政治后，大权独揽的希特勒迅速调整了国家战略。为了追求他所谓的优秀人种——雅利安人——的“生存空间”，希特勒将国家战略定位于对外扩张。为此，军事情报工作重点也随即有所转变：除了盖世太保继续监管集中营外，其他的情报机构都将工作重心转向对外情报的搜集与分析。正是由于军事情报工作及时、有效地进行了调整，并顺利、积极地开展，才使得德军在 1939 年 9 月发动对波兰的战争开始前，就掌握了周边国家大量军事情报和主要大国的外交情报，充分把握的这些国家的对外政策，最终通过积极的外交活动促使了“绥靖政策”的蔓延。这不仅对德国决策层定下战争扩张计划起到了重要作用，也为德军最初在战场上确立军事优势提供了有效情报保障。应该说，德国这一时期军事情报工作的重点，遵循了情报与政策关系的基本原理，紧紧围绕着国家战略需求展开，也确实发挥了重要作用。

军事情报工作，是军事情报机构为主的情报机构为取得战争胜利或军事斗争优势，自觉从事的一系列有组织、有计划、有目的的以军事为主要

---

① 谢志强编著：《盖世太保揭秘》，大众文艺出版社，2009 年 4 月第 2 版，第 119—120 页。

内容的情报搜集、传递、分析和应用等活动的全部。由于情报本身的特殊敏感性，因此，军事情报工作具有秘密隐蔽性、斗争对抗性、广泛普遍性以及长期艰巨性的工作特点。这些特点要求军事情报机构要在一定的科学理论指导下并结合实际情况开展军事情报工作。而首要的一点就是发现并明确军事情报工作的内在要求，只有以内在要求为核心开展军事情报工作，才能对国家的军事斗争和政治发展产生积极的作用。

因此，军事情报工作应必须以贯彻国家战略作为首要任务。军事情报工作的工作方向、侦察目标、体系构建、体制设计、人才培训、手段建设和器材研发等，都要时刻与国家战略保持高度一致。同时，随着军事形势的变化，还必须不断地进行调整与改革以适应军事斗争的需要，进而提高军事情报工作的水平和情报保障能力。

国家战略规定了军事情报工作的方向，明确了军事情报工作的任务，决定着军事情报工作的发展。军事情报工作只有认真贯彻国家战略，才能依据国家战略需求获取相应的情报，经过分析评估后上报至国家决策层，成为其决策依据，为其及时根据国际形势和国内情况调整国家战略提供保障。第三帝国军事情报工作正是根据不同时期德国国家战略的不同而及时地进行了调整，使得军事情报工作时刻配合国家战略的需求，对德国的兴盛发挥了重要保障和支撑作用。因此，国家战略决定了军事情报工作的重心，军事情报工作又对国家战略的制定有着重要影响。

总之，军事情报工作将贯彻国家战略作为其首要任务是其正常发展的必然内在要求。军事情报工作要始终与国家发展战略相一致，只有以国家战略为中心，及时调整工作重心，确定工作重点，以保障国家战略的顺利实施为中心任务，将先进的科学技术广泛地应用到军事情报工作中，同时，合理地调整编制体制，实现资源的优化配置，才能最大化地发挥军事情报工作的积极能效。

二、开放思维和创新精神是军事情报体系建设的关键

德国人似乎总给人以刻板、机械和固执的个性特征。但是，从1933—1945年第三帝国期间德国人在军事情报工作建设方面看，却显示出高度开放的思维和创新精神。这种高度开放的思维和创新精神，除了体

现在一些情报搜集方式等的创新方面外，在军事情报组织体制建设上更有着重要体现。

如本部分第一章中所述，1933 年希特勒上台时，德国情报部门正处于四分五裂的状态，希特勒对此现状十分不满。因为这样的情报机构显然无法为纳粹党和其个人抱负的实现提供保障。1934 年希特勒将总统和总理这两个职务合二为一后，为了实现其成为国家政权独裁者及将军队和教会之外的所有政治社会机构一体化的目标，希特勒开始着手对军事情报机构进行调整。1935 年希特勒任命卡纳里斯为军事谍报局局长，对军事情报机构的大规模改革也拉开帷幕。在希特勒宏大愿望（即要建立一支像英国一样强大的情报机构）的指示下，卡纳里斯重点加强了军事谍报机构的改革，将原来的阿勃韦尔重新进行了资源配置和结构调整（参见本部分第一章第一节）。此次调整不仅优化了阿勃韦尔的组织结构，也提升了谍报在军事情报工作中的地位，而在实践中，其在国外建立起的庞大谍报网络和实施的诸如“莱茵兰事件”等，也为刺激和鼓舞因《凡尔赛和约》压抑的德国民众情绪并最终推动纳粹主义在德国的兴盛发挥了重要作用。这是希特勒十分期待和乐见的，因为这是他推行军事扩张战略的必要士气保障和国内基础。

此外，在希特勒授意下，德国还新设、合并了多个情报机构，提拔与重用了一大批有创造力、情报工作经验丰富的情报人才担任领导职务。这些新设或合并的情报机构，在军事情报搜集和处理上，均较以往有了很大的效率提高。到 1937 年，为了更好监控国内的政治和社会情况，第三帝国保安警察总局与党卫队保安处合并，成立了保安总局，统一负责国内的情报工作。从前面的研究我们得知，在第二次世界大战准备阶段和战争前期，德国军事情报机构主要存在于社会的四个主要方面：政府各部门、军事武装部队、纳粹党内部机构和私营与个人组织。这四个主要方面又分别下设更为详细的军事情报机构分类，如军事武装部队下辖军事谍报局、各军种情报机构等；政府部门的如外交部下辖专门在国外执行间谍任务的三处、分析情报的政治部、分析阅读外国报刊以便从中寻找情报的新闻司等；私营与个人机构的如德国外国研究所等等。这些机构利用各自的优势与特长，高效地开展军事情报工作，为希特勒推行扩张政策提供了有效的情报保障。而重要的是，德国军事情报机构的改革一直没有停滞，甚至到了 1944 年，为改变情报机构之间的无序竞争，加强协调与控制，希特勒还下令要建立统一的德国秘密情报机构。

但是，随着战争的进行，尤其到了战争中后期，随着盟军强大反击，德军已失去了战场主动权而由攻势转变为守势，德国高层认为不再需要那么多的军事情报机构为其提供国外军事情报，并对情报机构作出了调整：同一部门中业务上有重复的机构进行精简合并，职能相同的不同部门情报机构实行存优汰劣，特别是到 1944 年，德军面对同盟国的强势反攻，不得不集中力量进行本土防御，为此对军事情报机构进行了大规模的裁撤。这些做法充分反映出德国人的务实精神和锐意改革的勇气。尽管其中的一些改革并不成功，特别是后期对情报机构的大规模裁撤，使得德国更加难以掌握盟军的进攻动态，难以组织起有效的防御。

然而，从第三帝国军事情报工作的总体情况看，应该说，德国人开放的思维和创新精神一直贯穿其军事情报组织机构建设和机制体系改革上。尽管其中的一些调整和改革并不符合情报工作的特有规律（有关这个问题将在本章第七点专门论述），但总体上，编制体制改革顺应了德国国家战略的变化，也一定程度上实现了资源整合和优化配置，形成了一个覆盖面广和功能齐全的军事情报网络，使各军事情报机构综合发挥出最大的效能。

三、将情报对象分类是提高情报工作成效的有效途径

国际政治领域有句名言，“没有永久的敌人，也没有永久的朋友，只有永恒的利益”。利益变化可以使今天的朋友很快成为明天的敌人，而今天的敌人也很可能立刻变为明天的朋友。同时，每个国家不同时期面临着不同的安全威胁，而同一时期安全威胁的主次和轻重程度也有所不同，因此，国家所面临的威胁通常会随着战略环境的变化而随时发生改变，敌友的转换和敌手的重要程度也会依据这种改变而不同，因此，军事情报工作必须顺应这种变化而进行调整。弄清安全威胁来自何方、主要的安全威胁来自哪里和主要的对手是谁，分清主次和轻重缓急，有计划、有目的地调整自己的主要工作对象和工作方式，合理配置有限的情报资源。这样，不仅能够起到引领军事情报工作方向的作用，也使情报工作效能最大化。有

关这点，德国1933—1945年间的军事情报工作方式，给我们提供了借鉴。

当时，德国军事谍报局不仅对这一问题有着清醒的认识，并在实践中加以贯彻。主要体现在军事谍报局负责人卡纳里斯依据当时面临的国际环境，将德国的现实对手和潜在对手，按重要程度进行了分类（见第一章第一节）。这种分类，对于军事情报工作而言，具有创新性的开拓意义。因为，它明确了情报工作的重点，提高了针对性。依据重要程度的不同，可以集中利用有限的情报资源对重点国家进行重点投入，将有限的资源效能最大化。具体到德国的实际，排在第一类的法国、英国、苏联、波兰、捷克斯洛伐克和西班牙，显然就是后来德国进行军事扩张的主要对象，也是其战略对手。“闪击战”之所以能够在战争初期得以成功，跟战前对这些重点国家的重点情报工作投入是分不开的。因此，德国的这种按照战略对手的重要程度进行主次排序和分类做法，是值得肯定的，因为，它不仅丰富了军事情报工作的基本理论，更对军事情报工作实践具有指导式意义。

然而，值得注意的是，军事情报工作在重点突出的同时，也必须做到全面兼顾，注意平时战略情报的积累，以适应情况的变化而不至于当情况发生变化时两眼一抹黑。特别是当形势发生变化时，更要及时调整工作重点，改变工作方式，以适应威胁变化的需求，最大限度地利用有限资源，实现资源的有效整合，发挥其最大效能，维护国家利益，促进国家兴盛。

四、牢牢把握人技合一手段建设和适时创建工作方式

德国的军事情报工作之所以能够取得成功，一个很重要的原因在于其并没有只是局限于固定的模式与手段，而是随着时代的发展而不断变革与创新，尤其是手段方式的改进与创新，更是符合德国军事情报工作与时俱进的工作原则。不拘泥于原有的经验和条件，在客观条件成熟的时候大力开创新型情报工作方式，是军事情报工作取得成功的重要因素。

（一）加强谍报工作发挥人力情报的最大作用

1933—1945年德国军事情报工作的主要方式之一是谍报活动，这与其军事情报工作思想的历史传承性有很大关系。德国自俾斯麦时期开始就

极为重视谍报人员的培训和使用。随后，情报组织负责人威廉·施蒂贝尔进一步对德国军事情报机构的谍报工作方式进行了创新：在情报机构中设立假情报处，专门用来混淆敌方视听；建立电报和书刊检查制度；正式引入美人计；在国外建立秘密情报站，使国外情报的猎取范围进一步扩大且固定化、细致化。[①] 施蒂贝尔这种谍报工作创新经过实践后，逐步被提炼总结为德国情报文化的重要部分，扩大了情报文化的内涵，影响了情报文化的发展，甚至驻外使馆也一度成了谍报站。

正是在这种情报文化的影响下，德国谍报工作成绩显著、人才辈出，也正是因此，德国的谍报工作一直引领着世界谍报工作的发展潮流，是世界各国谍报工作学习的重要典范之一。此外，为提高谍报人员的专业素养，德国还开创性地专门成立了军事谍报人才培训院校，将谍报工作作为主要课程对谍报人员进行针对性地系统培训。卡纳里斯的军事谍报局之所以能够深得希特勒的信任，这与其拥有一批具备较强的谍报工作能力的训练有素情报人员是分不开的。

（二）充分运用最新科学技术拓展情报获取新手段

德国的科技水平一直处于欧洲先进行列，其发明的密码机、无线电情报截收设备、信号分析设备等，都是当时世界科技领域的高端技术。德国也很善于将这些先进的科研成果转化为开展情报工作的工具和载体，进而拓展了军事情报工作的手段，强化了军事情报工作能力。究其原因，主要是德国情报文化中十分强调将科学技术与军事情报工作相结合，这种重视科学技术与军事情报相结合的开放思维和理念，务实求效的行为方式和雷厉风行的工作作风，是德国军事情报工作的一大特色。例如，一战前德国研制成功无线电手动发电机后，被迅速装备到部队中，1914 年就以此装备为基础建立了无线电截听站和以西方国家为对象的密码分析所。1915 年德国发明了电话窃听装置，很快就被全国秘密警察广泛应用于情报工作中。1918 年德国研制出了“恩尼格玛”密码机，经过几年对其安全性和可靠性的试验后，1926 年这一密码机开始正式装备德国海军，1928 和 1935 年德国陆军与空军也分别正式配发了这一密码机。德国在第二次世

---

① 詹来宇编著：《谍海泛舟》，华文出版社，2007 年版，第 189 页。

界大战期间的几乎所有军事、外交等情报都是使用“恩尼格玛”作为标准的制式密码机来传递的。[①]

德国人深知科学技术对于军事实力增长的作用，因此，当德国逐渐走出经济危机困境后，更加重视发展本国的科学技术，一大批高科技装备被发明、创造，其中很大部分被迅速应用到军事情报工作中。最为典型的是德国邮电部研究所在发明出能将正在进行的变频通话内容还原出来的装置后，一个月内就进行批量生产并在第一时间迅速配发到西线外军处、军事谍报局及党卫队保安处等情报机构，[②] 这对德国及时获取英国和美国之间的电话联络情报有重要帮助。此外，德国先进的光学设备也广泛应用到情报领域，为德国空军情报机构提供了先进的情报侦察器材，如罗韦尔侦察机群利用先进的拍摄装备通过航空拍摄的方式来获取战场情报，为德军作战部队及时掌握战争进展、了解敌方武装防御工事等情况提供了有力的情报支援。

因此，第二次世界大战的中后期，由于德国通过人力或其他方式获取军事情报的手段受到了很大限制，很大比重的情报已由通过谍报手段获取转变为通过技术手段获取。德国的信号研究部通过开展信号侦察活动，截获大量英、美两国间的军事、外交情报，破坏了美、英等国的外交活动，为德国赢得了时间和部分外交主动权。此外，德国各军种部的信号分析机构直接为战场上的德军提供及时、准确的军事情报，使得德军能够全面掌握敌方的军事行动意图，为尽可能争取战场主动权提供了保障。

当今世界正处于知识大爆炸时代，每天都有新的科技被发明、新的理论被创造，科学技术突飞猛进、日新月异。军事情报工作只有及时广泛使用最新科技成果才能提高功效，已成为各国军事情报机构的共识。科技成果的广泛运用，不仅拓宽和增加了军事情报的搜集途径和手段，也提高了情报的传递速度和安全性，而计算机广泛运用于情报分析领域，不仅提高了军事情报工作的效率和客观性，更催生出军事情报自动化的新理论。因此，只有将科技与军事情报工作紧密地结合在一起，特别是将创新型、颠

---

① Francis Harry Hinsley, *British intelligence in the Second World War*, Vol3, HMSO, Cambridge, 1984, p. 946.

② 参见方慧颖编著：《德国特工全传》，凤凰出版社，2010 年 3 月第 1 版，第 50 页。

覆传统性的最新科技大量运用到军事情报工作中，才能保证军事情报工作顺利高效地开展，推动军事情报工作实现创新型与跨越式发展。

（三）适时创建新型情报工作方式

军事情报工作的基本特质决定了它是一种与时俱进、时刻发展的工作样式，需要随着时代的变更而不断改革和创新，因此，根据时代发展变化而创建新型情报工作方式已成为各国情报机构的广泛共识。从第三帝国的军事情报工作历史看，无论是其信号分析机构的创立还是航空侦察方式的推广，抑或监听机构的普及，都明确反映出其与时俱进的发展特征，而创建特种部队侦察作战则是这一特征最显著的体现。

1939 年 10 月 15 日，德国军事谍报局正式组建特种任务训练与建设第 800 中队，总部设在普鲁士的老城勃兰登堡，勃兰登堡部队因此而得名。[①] 由于主要任务是针对国外进行情报活动，因此，参加这支部队的人员在被招募之前就已是至少能熟练使用一种外语的情报人才，这使得勃兰登堡部队的触角可以遍布到世界各地。勃兰登堡部队队员不仅可以熟练掌握侦察地区当地语言，更是熟知执行任务区域的风俗习惯，最典型的例子就是他们一进入苏联后，就知道“如何像俄国人一样吐唾沫”[②]。也正因如此，当德国军事谍报局训练出的勃兰登堡部队队员在被派往外国执行任务时，就连当地人也不知道他们竟然是德国人。此外，这支部队的队员还接受了军事素质训练和秘密行动及自我生存技巧等一系列培训，更加突出其小规模、敌后行动、出奇制胜等特种战的特点。在 1939 年的波兰战役、1940 年的西欧战役及随后的巴巴罗萨战役中，勃兰登堡部队都立下了赫赫战功。在这支 600 人的队伍中，有超过 3/4 的人获得了铁十字勋章。[③]

基于德国军事谍报局的这支特种部队取得辉煌成绩，党卫队保安处也积极组建类似部队——奥宁堡部队。1944 年党卫队在全国范围内选拔人才并进行培训后，组建了第 150 装甲旅。这支特种作战部队在“格里芬

---

① 刘宗和、高金虎主编：《第二次世界大战情报史》，解放军出版社，2009 年 6 月第 1 版，第 397 页。

② Paul Leverkuehn, *German military intelligence*, Praeger, Westport, 1954, p. 47.

③ 刘宗和、高金虎主编：《第二次世界大战情报史》，解放军出版社，2009 年 6 月第 1 版，第 397 页。

行动”中取得了成功，虽未能最终阻止德国的失利，但也引发了同盟国极大的恐慌。德国的特种部队开创了军事情报工作方式的新局面，是德国军事情报工作根据其时代的发展变化而改进的突出表现，对世界军事情报工作的发展产生了重大影响。

五、通过专业性训练锻造高素质情报人才基础

术业有专攻。情报工作专业性极强，从事此项工作人员的主观能动性及自身素质与能力在情报的搜集、传递和分析过程中都发挥着巨大的作用，因此，情报人员业务素质的高低对情报价值的大小和效能强弱具有重要影响。

德国情报文化的内涵中一直包含着对情报人员素质十分重视的思维，强调对情报人员进行培训的重要性。在此思想的指导下，如前所述，德国在一战时就创办了世界上第一所情报人员培训学校。随着时代发展和科技进步，德国的情报人员培训也与时俱进，将以往单一的只对谍报人员进行培训扩展为按照情报搜集方式的不同，对从事不同情报工作的情报人员进行针对性培训。如无线电信号培训班、特种作战培训班等，并聘请曾经在相关工作中取得过辉煌成绩的高级情报人员到学校进行授课，结合情报工作中遇到的典型事例进行讲解分析，以达到更好的培训效果。此外，德国情报机构还专门从科研机构、知名学府中选拔情报人员，利用这些人员所学的专业特长，将他们安排到与其专业相关的情报工作岗位上，以便实现资源配置的最优化，最大程度地发挥专业人才的作用。同时，德国情报机构为了提升情报人员素质，强化情报人员的情报意识，还定期在情报工作的相关领域开展各种交流活动。这些有利于情报人员培养的举措，为德国军事情报领域输送了大批能力强、素质高的情报人员。

后来的实践证明，由于德国对情报人员专业素质培养的重视，加上选拔一些各领域的专家，由这些具备专业素养人员组成的情报队伍，是一支高效的军事情报工作团队，在德国的各个阶段都发挥了重要作用。尽管最终输掉了战争，但这种以专业视角培养专业情报人才的做法依然值得肯定。特别是不拘一格的选才思维和作风，走专业化培养军事情报人才的做法，给人们以很大的启示，提供了可借鉴的经验。因此，战后（甚至包

括战争期间），许多国家纷纷效仿德国经验，建立起各类培养情报人才的专门院校（包括在一些院校中设立相关专业）。

虽然当今的军事情报工作有了高科技的参与，逐步实现了信息化情报处理，极大地解放了军事情报工作的劳动力，减少了情报人员的工作负担。但情报人员的能力与素质在军事情报工作的巨大作用不能被忽视。特别是在情报的分析与预测这一过程中，情报人员的情报意识和专业素养具有极为重要的作用。优秀的情报分析人员能在浩如烟海的情报素材中去粗取精，准确找到有价值的情报；也能在情报噪音中去伪存真，找到真实可信的情报。而要想做到这些，必须要有过硬的专业技术知识。因此，重视对情报人员的培训，特别是在专业院校中进行有针对性地培训，是高效地提高情报人员的情报能力与素质的重要途径。同时，情报人员在工作中不断积累的情报知识与情报思维经过总结、整理与提炼，又成为情报培训学校开展培训的理论依据与案例，使情报人员培训机制达到在学习中促进工作、在工作中积累学习的目的，只有这样，才符合军事情报工作的内在要求，才能为保障军事情报工作的顺利开展奠定人才基础。

六、反情报和保密工作是军事情报工作的生命线

军事情报工作包含两部分：获取情报工作与反情报工作。人们常说的军事情报工作更多关注的是获取情报工作，而情报的获取则多以利用对方情报工作中的漏洞和保密上的疏忽为基础或前提的。可见，反情报和保密对于军事情报工作的重要性。当今随着获取情报手段的不断发展，情报触角的不断延伸，特别是高科技不断介入到军事情报工作中，情报装备不断增多，情报网络不断扩大，情报载体不断拓展，军事情报安全问题更加成为世界各国高度关注的问题，尤其是情报传递和情报存储成为失泄密的重要环节，必须引起高度重视。

反情报的运用，和平时期是维护国家安全与稳定的利器，战争时期影响战略实施和战役胜利和战争结局的重要手段。二战期间，德国海军“XB”正是利用无线电密码破译技术破译了盟军的无线电通讯内容，协助了邓尼茨元帅成功地实行“狼群战术”；东线外军处也正是依靠截获苏军传递中的无线电信号及监听军事电话，才能基本掌握苏联的军事部署；盖

世太保在德国国内同样是通过信件检查制度来查找国内政见异己者及抓获同盟国情报人员。同时，德国也对保密工作极为重视，尤其重视行动和计划的保密。希特勒往往下达口头命令，而不是通过电台发布命令，[①] 这使得盟军的军事情报工作难以有实质性的收获。由此可见，重视保密工作确保了德国军事情报工作的顺利开展，也是军事情报工作的重要原则。

但是，百密而一疏，盟军同样运用这样的原理，即依靠德国的保密失误获取了大量有价值情报。其中最著名的案例之一就有英国谍报女杰“拯救伦敦的女英雄”贝格·史妮芬打入德国内部获取有关德国飞弹基地的重要军事情报并最终将其摧毁。此举被认为“对二战初期的进程起到了决定的作用”[②]。

秘则成，露则败，这是情报工作的一条铁律。军事情报理论家孙子曾说：“间事未发而先闻者，间与所告者皆死。”[③] 明朝的军事理论家揭暄在其著作《兵经百言》中对“秘”有着颇为详尽的解释：“谋成于密，败于泄。三军之事，莫重于秘。”[④] 前人对保密工作的思维迄今影响着当今军事情报工作，保守秘密已被公认为是对国家安全有着重要影响的因素，也是军事情报工作的基本准则之一。再细而推之，我们甚至可将保密视为军事情报工作的生命，因为它将从根本上影响军事情报工作的成败，也就是说，在一定条件下，军事情报工作的成败，很大程度上取决于对军事情报工作的保密程度。

在反情报问题上，盟军在二战中最大的成功莫过于在实施诺曼底登陆前的战略欺骗和反间计使用。美国情报部门使用“美男计”，成功让德国女谍汉尼·哈露“来之不易”地盗取盟军将登陆荷兰的秘密文件，并用“苦肉计”以两名荷兰游击队员被捕的代价，严刑拷打之下交代了同样的情报，以印证这个情报的准确性。德国情报部门对此情报综合研判后，信以为真，遂将大量部队调防荷兰。美国情报部门的成功反情报措施，为盟

---

① 刘宗和、高金虎主编：《第二次世界大战情报史》，解放军出版社，2009 年 6 月版，第 80 页。

② 刘峰、许诺编著：《战争：冲突的战略与军事的哲学》，哈尔滨出版社，2009 年 10 月版，第 193 页。

③ 任俊华、赵清文著：《孙子兵法正宗》，华夏出版社，2006 年版，第 336 页。

④ 许宝林著：《中国兵书通览》，解放军出版社，2002 年版，第 32 页。

军诺曼底登陆的成功发挥了重要作用。而诺曼底登陆则是第二次世界大战中对德国的决定性反击，成就了战争的最后胜利。同盟国情报部门正是利用反情报等欺骗手段，加之在其他领域利用德国的保密失误，在与德国的情报战较量中笑到了最后。

由此可见，在军事情报工作中，必须认识到情报保密和反情报手段预防的重要性。思想上，“保密大于天”必须深深扎根于情报人员的思想中，并贯穿整个军事情报工作的全过程，特别是在科技高速发展的的当今社会，更是应当将保密作为不可触碰的“高压线”及军事情报工作的生命线。技术上，不断开发军事情报安全防护技术和装备，在存储、传输和应用三个环节上实现真正意义上的物理安全。机制上，建立有效的安全监控和风险评估体系。只有这样才能最终将军事情报安全最大化。

七、无序和失误是军事情报工作的致命伤

从第三帝国军事情报工作的总体看，尽管有很多值得肯定和称道之处，但其存在的问题也是明显的。这些问题要么单独发挥作用，要么与其他因素一起共同发挥作用，成为第三那帝国最终覆灭的重要影响因素。这些问题主要反映在军事情报的无序和失误上。

（一）军事情报机构间无序竞争，恶化了情报界的环境，消耗了大量资源

从军事情报学理论上讲，情报的多寡对情报的分析研判具有十分重要的影响，不充分和不完整的情报资料对生成准确的情报成果具有极大的挑战性和不确定性。国家决策层和军队统帅层通过情报机构所掌握的情报越多，对事物或事件的了解就越充分，对其制定战略和战争计划越有帮助。因此，国家常常会建立多个情报机构来满足其情报需求。这些情报机构种类繁多，任务也不尽相同，如按搜集情报内容的不同可分为搜集经济情报的机构，搜集军事情报的机构、搜集外交情报的机构等等；也可以按照搜集方式的不同分为人力搜集、信号获取（捕获）、航空、航天侦察等，凡此种种，不胜枚举。是否需要任务重复的情报机构？答案是肯定的。因为情报是需要得到印证的，需要通过反映同一情况和事件的不同来源的情报

来相互佐证情报的真伪。这些情报机构之间在面临情报竞争的时候，难免会出现各种矛盾甚至无序竞争。所以，科学设置任务重复和功能重叠机构的合理数量，协调好情报机构之间的关系成为了军事情报工作顺利进行的一个重要前提。

尽管开放性思维和创新精神推动了德国军事情报机构建设和改革，使德国逐渐构建起一个庞大的军事情报组织体系。特别是处于战时情况下，一切情报机构均成为以军事情报为主要工作目标的保障部门。但是门户林立的情报部门之间，为了各自利益，出现了严重的无序竞争即情报机构之间的情报竞争远比情报合作要严重的局面，特别是情报机构以吞并对方为主要目的导致情报机构之间的互相排挤，严重阻碍了军事情报工作的顺利进行，也影响了战争的进程。这种局面导致第三帝国时期特别是后期的军事情报工作环境逐渐走向恶化，在消耗了大量资源的同时，也降低了效能。尽管德国高层意识到了这个问题的严重性，也进行了补救措施——成立统一的“德国秘密情报机构”，但为时已晚，随着战争进程不利于德国的发展，德国情报机构也在一片混乱中与其国家一起走向失败。

因此，必须指出，军事情报机构之间在一定范围内开展合理适度的情报竞争是应当值得鼓励的，但更应该把握有序并存的原则，应将维护国家安全、捍卫国家利益作为军事情报工作的最终任务，在科学合理的军事情报工作一般规律指导下发展军事情报机构，只有这样，军事情报工作才能对国家的兴盛发挥积极的影响。

（二）军事情报机构改革中出现了重大失误

顺应时代发展进行机构改革是军事情报应该遵循的原则。但是，纵观第三帝国时期的军事情报机构改革，不可谓不频繁，但是从结果看，既成就了这一时期的军事情报工作，但也给其带来的重大损害。

战争中后期，德国对其军事情报机构的关停并转，特别是认为战略防御阶段不再需要大量的情报机构，随即开展对同盟国的情报工作而进行大规模地撤裁，显然是个极为错误的观念。出于资源优化和力量有限，德国由战略进攻转为战略防御，对情报部分机构的精简合并虽然有一定的必要性，但其大规模地撤裁军事情报机构的做法并不科学，它违反了情报工作的一般规律，反映出德国领导层对作战与情报或情报与防御辩证关系的认知偏差。理论上讲，情报不仅在军事进攻时能够发挥重要保障作用，在军事防御中同样也能发挥重要的保障作用，缺少军事情报保障的战略防御，特别是在力量已经产生较大悬殊的情况下，难以集中优势兵力进行有效的防御，其结果必败无疑，这是历史经验已经给出还将继续证明的答案和结论。

（三）在战略情报评估中未将美国列为最重要的战略对手

德国一直将战略重点放在欧洲，因此，在对重点国家的排序中将远在大西洋远端的美国排位在第二类，这样就意味着对美国的情报工作并不在各军事情报机构的最重要议事日程之中，派出的情报人员也不是最优秀的。这样的局面显然难以形成对美战略情报评估的科学结论。因此有评论认为，当时德国对美国的情报工作“既没有为希特勒巩固其政权做出实际的贡献，又未能对美国为促使希特勒垮台所作的努力造成严重的障碍”①。更为严重的是，由于对美国是否会加入到欧洲战场的情报不足和认知偏差，加之，对德国赢得战争胜利的速度过分自信，最终认定美国的关注重点在太平洋而非欧洲，不会加入欧洲战场。德国情报人员甚至将美国总统罗斯福与英国首相丘吉尔的会晤认定为并不代表美英将联合对付德国，而是虚弱的表现。② 这些情报最终直接导致德国战略判断和战略决策

---

① ［英］菲利浦·奈特利著，林汉、宫宇、王璋、张玉河译：《谍海风云》，军事谊文出版社，1988 年 7 月版，第 150 页。

② 德国驻美国武官冯·伯蒂歇尔（Von Boetticher）在给希特勒的报告中认为，“控制着美国武装部队的关键岗位”的是犹太人，而罗斯福总统是“维护犹太人的”。这与希特勒的想法完全一致。伯蒂歇尔对美国政治目标的看法也同希特勒一致。希特勒认为战后美国将继承英国的遗产，伯尔的电报则印证了这一论断。他认为美国在大西洋广泛奉行帝国主义政策，美国的力量全部集中在太平洋，因此它不可能干涉欧洲战事。他在报告中指出：“现在同以往一样，决定美国行动的牵制因素是日本。”当事实证明他的判断是错误的时候，他依然为自己辩护。他认为租借法不过是骗人的把戏，根据租借法而提供的价值 70 亿美元的物资意味不了什么，因为立即运送这些东西是不可能办到的。罗斯福和丘吉尔的会晤并不表明两国要联合起来对付德国，而是“再好不过地暴露了英美的军事弱点”。尽管他也警告不要低估美国的力量和决心，提请人们注意美国对它的军官的要求很严格，军事装备精良，士气旺盛，但是，所有这一切都来不及发挥作用，德国在美国发挥自己的力量之前就能赢得战争的胜利。这一判断符合希特勒的心意，“考虑到美国目前的军备情况，它在 1942 年以前是不会起重大作用的。到那个时候，英国将被占领，或者被夷为平地。”参见 David Kahn，*Hitler's spies*：*German military intelligence in World War II*，Collier Books，London，1985. pp. 82 – 84 和刘宗和、高金虎主编：《第二次世界大战情报史》，解放军出版社，2009 年 6 月第 1 版，第 31 页。

的重大失误——对美国宣战。这种草率至少还反映在珍珠港事件之前十天，希特勒仍认为美国参战不是在威胁德国。

事实证明，美国力量加入欧洲战场，是促使纳粹德国战争败局的最重要因素。可以断言，如果没有美国的加入，欧洲战场的局势或许就会是另一番景象，不仅第二次世界大战的历史，世界历史也将重写。同样可以假设，如果德国充分加强对美国的军事情报工作，摸清美国的战略意图，或许能够通过外交上的纵横捭阖使美国采取“隔山观武斗”或绥靖主义，专心对付日本而不加入欧洲战场。但是，历史就是历史，没有如果、假设和或许。德国在战略判断上的失误，一切的一切都来自战略情报评估的失误，当然还有过分的盲目自信。这不能不说是重大的战略情报失误。

（四）轻视对手导致重大战役中的情报失误

德国对战略对手判断的失误不仅反映在对美国，还反映在对英国的轻视而未进行缜密的军事情报工作上，其导致的直接后果就是在重大战役上的失败，最为典型的就是“海狮计划”。

事实上，在实施“海狮计划”之前，德国已错过进攻英国并获得胜利的机会。因为，当时法国已经战败，英伦三岛三面被围，其本土兵力只有26个师、500门大炮、200辆坦克和1300架飞机，又无盟军助战，形势岌岌可危[①]。甚至丘吉尔后来回忆认为，“1940年只要有一支约15万人精锐部队来进攻，就会使我们十室九空，生灵涂炭”[②]。这说明，德国军事情报工作并未提供精准的且能为决策起到支撑作用的高效情报，因而仍寄希望于通过施压来迫使英国屈服，但却低估了英国威武不屈的精神。当武力威胁和外交施压无效后，遂想以“空中闪击战”一举击垮英国，迫使其退出战争。“海狮计划”正是在这种战略目标下开始的。

但是，即便如此，由于对英国过于轻视，导致战役、战术情报的保障

① 王绳祖主编：《国际关系史》第六卷（1939—1945），世界知识出版社，1995年12月版，第29页。

② 《丘吉尔在下院秘密会议上演说集（1940—1943年）》，伦敦1940年版，第22—23页。引自［苏］戈尼昂斯基等：《外交史》第4卷（上），三联书店，1980年版，第113页。转引自王绳祖主编：《国际关系史》第六卷（1939—1945），世界知识出版社，1995年12月版，第29页。

不利（最重要的就是对英国雷达系统数量、性能和位置的无知），加之英国同仇敌忾，战法得当（当然也许还有运气），最终导致“海狮计划”以失败而告终。这虽然只是一场战役的失败，德国军事上遭受了重大损失，但其更大的意义在于德国被英国打破了其空军甚至德国不可战胜的神话，极大地鼓舞了欧洲抗击德国法西斯的士气，同时也“为世界反法西斯联盟保持了一块根据地”[①]，这在一定程度上为赢得反法西斯的最终胜利奠定了人力和物质基础。由此可见，德国军事情报工作即便在占尽优势之时也存在着很多问题，轻敌则成为其最大的敌人之一。

而随着德国军队在战争中走向颓势，德国军事情报工作更走向下坡。特别是在第二次世界大战中后期，低效、失实的德国军事情报工作已无法再为德国决策层提供有效的情报保障，直接导致战役的接连失败，并最终在世界反法西斯力量的强大攻势下走向灭亡。

纵观 1933—1945 年的德国军事情报工作，是以一定的情报文化历史积淀为基础，结合本国的国情和时代特点，以保障德国国家战略的顺利实施为中心任务，综合运用多种手段和方式而开展工作的。这个时期的德国军事情报工作顺应了第三帝国军事扩张战略，为其提供了重要保障。其基本形态与德国本身一样，经历了一个从低到高再向低的起伏变化过程，它随着国家的兴盛而发展，也伴随着第三帝国大厦的崩溃而走向覆灭。从第三帝国军事情报工作的发展轨迹看，它曾不仅为国家的兴盛提供了强大的推力，也是最终败战的重要因素之一。无论如何，第三帝国发动的非正义战争，在世界反法西斯力量的抗击下最终走向毁灭，这也许是第三帝国军事情报工作终结的最根本原因。

---

① 王绳祖主编：《国际关系史》第六卷（1939—1945），世界知识出版社，1995 年 12 月版，第 31 页。

结　　论

军事情报工作不是万能的，但没有军事情报工作对于国家和军队来说却是万万不能的。

毛泽东在《论持久战》中指出："政治是不流血的战争，战争是流血的政治"①。由于国家是由政治集团所治理，所以某种意义上说，军事情报工作的总任务就是为一国的政治服务，开展军事情报工作要符合国家的整体战略部署，要具有前瞻性，要为国家制定发展战略提供重要的情报保障。同时，国家所制定的发展战略对该国军事情报工作的总任务、开展方式、组织结构、技术手段等多方面具有重大影响。

理查德·迪肯曾说过："一个国家如果没有一支精明强干的情报部队，则必然遭到失败，这是从特洛伊时代至今的历史中得出的教训"。②从第三帝国的军事情报工作看，尽管其建立了一支庞大且有效率的情报力量，为国家军事、政治服务的根本目标和任务十分明确，也为此做出了努力并取得了一定的效果，却最终没能也无法对整个战争成败起决定性作用，跟没能阻止帝国大厦的崩塌，这是由军事情报工作的性质和作用的有限性所决定的。客观地说，第三帝国的最终灭亡，其军事情报工作是其中的一个重要影响因素，但却不能完全归结于军事情报工作的失误或失效，因为情报工作不会也不可能具备如此强大的功能和广泛的影响力，归根结底，是德国对外扩展战略和非正义性发动战争所招致的，是被世界反法西斯力量的洪流所淹没的。然而，这并不意味着对这一时期德国军事情报工

① 毛泽东著：《毛泽东选集》，第二卷，人民出版社，1991年6月版，第480页。

② ［英］理查德·迪肯著，陈秩、乐爱妹等译：《英国谍报史》，世界知识出版社，1983年版，第2页。

作与国家盛衰关系的研究没有意义。

从这段德国军事情报工作的历史我们不难发现，开展军事情报工作并非简单地增设或减少机构、漫无目的地搜集情报及杂乱无章地对情报进行筛选、整编等，只有在科学合理的、经过实践检验的正确理论体系指导下开展军事情报工作，才能对国家的兴盛产生有利的影响，起到积极的作用。反之，其消极作用也是十分明显的。军事情报理论和实践都充分表明，军事情报工作是在国家战略的指导下进行的，同时又与国家战略一样受到时代条件的制约。国家战略指导军事情报工作的发展，军事情报工作又对国家战略的制定产生一定的能动作用。

通过对1933—1945年第三帝国军事情报工作的研究，我们可以明显地看出，这个阶段的德国军事情报工作不仅对德国的军事产生了重要影响，也对德国的政治、经济和外交等诸多领域产生了重要影响，在德国国家的盛衰中扮演了十分重要的角色。以军事领域为例，在第二次世界大战的战争准备阶段和战争前期，总体高效缜密、准确无误、有序合理的军事情报工作为德国政治和军事斗争提供了重要保障，对德国实现兴盛产生积极的作用。而在第二次世界大战中后期，碌碌无为、失误连连、混乱无序的军事情报工作则严重地影响了德国决策层和德军统帅层制定正确的战略计划和战争部署，缺少及时准确情报依据而制定出的不符合当时客观实际的国家战略又反作用于军事情报工作，阻碍其正常发展，最终在各种因素共同作用下使第三帝国走向覆灭。因此，正是因为军事情报工作对国家的生存与发展、强盛与衰败有着重要的影响，明确提示我们必须正视军事情报工作的重要性，积极思考军事情报工作发展的正确方式与途径，使其为推动国家的兴盛发展发挥积极的作用。

德国是一个有着悠久情报文化历史的国家，德国进行的每次战争都强调了情报工作的重要性。第三帝国军事情报机构在国家战略指导下，将既定的敌对国作为军事情报工作的主要目标，利用各种手段和方式获取所需的情报。在开放思维的引导下，不断调整其情报机制，以适应国家战略对情报的需求。同时，高度重视对情报人员的培训，众多经过专业培训的情报人员凭借优良的情报能力在军事情报工作中大展拳脚。此外，德国的军事情报工作与科学技术高效地相结合，不仅拓展了军事情报工作的方式，重新规范了军事情报机构的体制体系，还创新了军事情报工作理论，高效缜密的军事情报工作为德国的兴盛发挥了重要的影响。这些都值得从事军事情报工作的人员和机构认真研究和借鉴。

在二战的中后期，德国的国家战略随着国际战略环境和时代条件的改变而进行了调整，德国的军事情报工作也出现了新情况，暴露出了新问题。军事情报机构之间恶性竞争、情报人员严重流失、军事情报工作中失泄密事件频频发生，不能真实、客观地分析、处理情报等问题，严重阻碍了军事情报工作的顺利正常开展，导致了德国在这一时期军事情报工作的连连失误，进而导致战略决策的重大失误，对德国的发展产生了消极的影响，这样的教训也值得记取。

军事情报工作能否发挥维护国家安全、捍卫国家利益的作用，不仅取决于情报体制的完善程度、情报人员的专业素质、情报器材的科技水平，更重要的是要以国家战略为中心设置主要任务的内容和方向，并以此为原则进行科学合理的情报机构整合部署，实现资源配置的最优化。只有这样，军事情报工作才能及时、准确地为国家决策层提供高效的情报，也只有这样，才能高效缜密地开展军事情报工作，对国家的兴盛起到积极的影响，免于成为国家发展的负能量。

我国现阶段所处于国际环境的大变革和大调整时期，安全环境十分负责且不确定安全因素重多，尤其是众多传统安全问题与非传统安全问题多点并发，不仅给中国的可持续发展带来了巨大挑战，也给人类生存与发展带来巨大挑战。诚如罗马史学家波利比奥斯（Polybius）指出的那样："最具有教训意义的事情莫过于回忆他人的灾难"。[①] 面对新时期新情况下的新任务，我国开展军事情报工作完全没有现成的可参照的理论和样本，第三帝国军事情报工作的成败至少可以成为参考样本之一，吸取精华、去除糟粕。在总结经验、反思教训的同时，重视理论联系实际，结合我国具体国情和时代背景来发展军事情报工作。特别是要从体系建设入手，加强情报人员的情报能力与素质培训，坚持科技先行、在整个军事情报工作过程中重视保密，不断创新科学的情报保障模式，只有这样，军事情报工作才能满足国家发展的需要，为国家兴盛提供积极有力的情报保障。

---

① 钮先钟著：《第二次世界大战的回顾与省思》，广西师范大学出版社，2003 年 9 月版，第 4 页。

军事情报学理论认为，“军事情报历史事实是进行军事情报史研究的出发点和基础。军事情报历史事实是客观存在的。只有坚持从历史事实出发，才有可能如实显现军事情报工作发展的真实的具体的过程总结与揭示军事情报工作的经验与规律”[①]。李德·哈特曾说：“历史最实用的价值就是为后人提供警告”。[②] 通过对第三帝国军事情报工作对德国崛起与失败的影响这一问题的研究，无疑能为我国发展新时期军事情报工作提供重要参考。但是，“横看成岭侧成峰，远近高低各不同”。对德国这段军事情报史的研究，每个人从不同的角度出发会得出不同的结论。笔者只是试图从军事情报学的视角，依据对自己所掌握的有限资料的研读，管窥军事情报工作在德国崛起与失败过程中扮演的角色和产生的影响，难免有不周到或以偏概全之嫌。同时，对于从德国的这段军事情报史中能够为我军军事情报工作的建设提供哪些可以借鉴的内容，笔者只是提供了一个基本思路和线索，相信每个从事军事情报工作的人可以从中解读出自己的更加精准和丰富的答案。

---

① 张晓军主编：《军事情报学》，军事科学出版社，2001 年 12 月版，第 170 页。

② 参见 Liddell Hart，*Why don't we learn from history*？http：//infohost. nmt. edu/ ~ shipman/reading/liddell/c01. html。

第五部分

情报工作与日本帝国的兴亡

（1868—1945）

日本帝国从1868年建立至1945年败亡，存在不足百年，可谓速兴骤亡。在此期间，情报工作与其他诸因素共同作用，书写了日本帝国的兴衰史。在日本帝国发展过程中，明治维新、中日甲午战争和日俄战争三大事件彻底改变了日本的国际地位，帮助其确立了东亚地区霸权地位。而在这三大事件和日本的发展过程中，情报工作发挥了重要作用，为日本帝国的发展提供了有力保障。但是，日本帝国的过度扩张、挑战强权和国际秩序，特别是发动全面侵华战争和太平洋战争，情报工作一度发挥了积极支撑作用，确保了其战略行动的顺利展开。但是，由于总体战略的失误，特别是在后期接连出现重大战役、战术情报失误，最终导致日本帝国的加速衰亡。

从日本帝国的兴衰史中我们发现，情报工作与日本帝国的兴衰有着密不可分的关联。本部分以1868—1945年的日本帝国为历史范本，从情报工作的视角去审视、考察和分析情报工作在其中扮演的角色和产生的影响。其中第十九章简要介绍和梳理了日本帝国情报机构和体系构建。第二十章和第二十一章分别对日本帝国的发展期（1868—1931）和大规模扩张及败亡期（1931—1945）中日本情报工作，特别是在重大事件和具有重要转折意义事件中，情报工作所扮演的角色和产生的影响，力求勾勒出彼此间的因果关系。第二十二章是基于对情报工作在日本帝国兴亡过程中的作用和影响及彼此因果关系的研究，结合一般情报理论和我国情报工作实际，对日本帝国情报工作经验和教训的反思。

第十九章　日本帝国情报体系的建立

为了满足国家发展对情报的需求，明治政府自 1868 年成立伊始，便高度重视对外情报工作，不断加强情报工作建设。正因为如此，日本帝国的情报体系逐渐建立起来，并随着形势的发展不断加以调整和完善，成为日本快速发展的助推器。日本帝国情报体系本身是一个有机整体，其构成部分之间相互联系、相互作用。为了方便叙述，整体上将日本帝国情报体系分为军事情报机构、政府情报机构和民间情报机构三个有机组成部分。

第一节　军事情报机构的建立

日本帝国建立伊始，就一直将以侵略扩张拓展生存空间作为其实现国家强盛的根本手段。因此，作为战争机器的重要组成部分，军事情报机构在其中扮演者十分重要的角色，与其他情报机构相比，军事情报机构是日本帝国情报体系的核心。经多年发展，日本先后建立了众多军事情报机构，基本上都隶属于陆军和海军，其工作主要由陆军参谋本部和海军军令部负责。但是，由于派系的影响，再加上缺乏统一协调的情报机制，陆军情报机构和海军情报机构基本上处于各自为战的状态，相互之间缺乏有效的合作，有时甚至存在着恶性竞争，一定程度上影响了功效的发挥。

一、陆军参谋本部下属情报机构

为了适应对外扩张需要，1871 年 7 月，日本兵部省设立陆军参谋局，

“参与筹划机密事务，编辑兵要地志以及管理谍报事宜”[①]。从此，日本对外情报工作开始进入有组织、有计划的新阶段。

普法战争中德国的胜利使日本逐渐倾向于效仿德国的军政、军令二元化军事体制。经过佐贺之乱[②]和西南战争[③]，日本深感军事体制改革的迫切性，遂即于 1878 年 12 月将参谋局升格为参谋本部。为了做好侵略中国和朝鲜的情报准备工作，参谋本部一成立便设置了管东局和管西局。其中，管东局专门负责调查从中国东三省到西伯利亚、库页岛、堪察加的地志及政情，管西局专门负责调查从朝鲜到中国沿海的地志及政情。[④]

日本于 1886 年 3 月对参谋本部进行了重大改革，使其成为陆海军联合的中央军令机关，其下并列设置了陆军部和海军部，陆军情报工作由陆军部第二局主管。1888 年 5 月 12 日，日本下达废除参谋本部条令，改成参军官制，参军下设陆军参谋本部和海军参谋本部。1889 年 3 月 7 日，日本又废除参军官制，陆海军的军令机关分离，形成参谋本部与海军参谋部两套组织，参谋本部重新成为陆军的中央军令机关，而海军参谋部重归海军省管辖。在此期间，陆军情报工作一直由陆军中央军令部下属的第二局负责。

1896 年 5 月 9 日，参谋本部进行体制调整，下设次官部、第一部（作战）、第二部（动员）、第三部（情报）、第四部（运输通信）和编纂部，从此，情报工作开始作为独立业务从作战部门中分离出来，由第三部掌管，主要负责调查外国的军事及地理情况、开展谍报活动和进行军事统计。[⑤] 日俄战争后，情报工作的地位和作用进一步凸显，参谋本部自身存在的问题也不断显现。于是，参谋本部 1908 年 12 月 18 日对其机构设置

---

① ［日］森松俊夫著，黄金鹏译：《日军大本营》，军事科学出版社，1985 年版，第 15 页。

② 佐贺之乱：1874 年 2 月，曾任文部大辅、司法卿的江藤新平，在佐贺发动征韩党 3000 人的叛乱。内务卿大久保利通在木户孝允的支持下亲自镇压，政府军迅速平定了叛乱。江藤被枭首示众。参见孙仁宗著：《日本：速兴骤亡的帝国》，三秦出版社，2005 年版，第 69 页。

③ 西南战争：1877 年 2 月至 9 月日本政府军在日本西南部平定以西乡隆盛为首的士族叛乱的一场著名战役。叛军战死近 4000 人，战伤约 1 万人；政府军阵亡 6500 多人，战伤 9200 余人。其激烈程度大大超过戊辰战争，政府军在戊辰战争中只牺牲 3500 人。参见孙仁宗著：《日本：速兴骤亡的帝国》，三秦出版社，2005 年版，第 70 页。

④ 张皓主编：《铁账难销：日本到底欠中国人民多少》，新华出版社，2005 年版，第 11 页。

⑤ 梁陶著：《日本情报组织揭秘》，时事出版社，2012 年版，第 72 页。

再次做出调整，第二部成为专门负责情报工作的部级单位。此后，参谋本部第二部作为陆军中央情报机关一直持续至1945年日本战败投降。

此外，日本当时将以密码破译为核心的信号情报称为“特种情报”或“无线电谍报”。[①] 早在20世纪20年代，参谋本部就设置了负责陆军信号情报工作的组织，虽然几经调整，但是级别一直不高。但是，随着苏联和中国反情报工作的不断加强，参谋本部也开始逐步加强了对信号情报工作的重视，于1939年3月成立直属参谋总长的第18班，主要负责陆军的信号情报工作。太平洋战争爆发后，信号情报工作逐渐成为日本陆军最主要的情报来源，信号情报机构也因此迅速发展。1943年，参谋本部将第18班改组为直属参谋总长的“中央特别情报部”，除实际侦研工作外，还负责指导和协调整个日本陆军的“特种情报”工作，到1945年战败时，仅参谋本部从事信号情报工作的人员就多达2400名。[②]

应该说，逐步建立起来的参谋本部第二部是陆军情报系统的指挥中枢，其机构最为完整、功能最为齐全、手段最为多样，是日本军事情报工作的急先锋和主力军。

二、海军军令部下属情报机构

虽然与日本陆军相比，日本海军情报机构成立得稍晚些，但是，由于海军在对海上航线、海军基地、舰队编制、港口设施、岛屿、海岸情况、海防设施等侦察方面比陆军更具优势，因此，海军情报工作建设也逐步受到重视。

1884年2月8日，日本海军省撤销军务局，改设军事部。该部除负责以前军务局掌管的业务外，还主管有关舰队编制、出师准备、海防、谍报等项工作，这标志着日本海军设立情报工作专职机构的开始。1886年3月，日本撤销海军省军事部，将其业务移交至参谋本部海军部。其中，海军情报工作由第三局负责。该局下设两个课：第一课负责搜集欧美各国的

① 吴明冰著：《特种战线：百年来国际无线电信号侦察和信号保密的斗争历程及经验教训》，金城出版社，1996年版，第163页。

② 同上书，第167—168页。

情报，第二课负责搜集邻国的情报并调查邻国海上航线及地理政志。1888年5月12日，日本设立海军参谋本部，情报工作仅成为参谋本部第一局主管的业务项目之一。1890年3月7日，海军参谋部取代海军参谋本部，作为海军军令机构重归海军大臣管辖，其下属的第三课负责情报工作，情报工作又重新成为独立的课。随着海军实力的不断壮大，日本于1893年5月20日废除海军参谋部，建立海军军令部。其中，第二局负责监视教育训练、情报及编纂工作。情报工作再次被降格，成为第二局的主管业务项目之一。① 甲午战争结束后，日本海军对情报工作更加重视。海军军令部于1896年3月26日新设部长直辖的“情报课”。从此，海军情报工作完全从作战部门独立出来。②

1896年11月30日，情报课升格为第三局，负责情报、文献翻译与编纂工作。日俄战争爆发前夕，为了满足对俄作战的情报需要，海军军令部于1904年1月6日对其下属机构进行了重大调整，下设副官部、第一班、第二班和第三班，其中第三班负责情报工作。③ 1933年10月1日，海军军令部改为“军令部”，原来的班均改为部，情报工作由第三部负责。特别要指出的是，第三部各课基本上都处于缺编状态，为此，军令部第三部征召大量预备役军官，以弥补人员的不足。到1945年二战结束，军令部第三部人员共达294名。④

此外，1929年初，海军军令部在第二班设立第四课分室，主要负责通过无线电侦听和密码破译获取美国、英国的军事情报。从此，日本开始有组织地进行信号情报工作。1933年10月，海军军令部将第二班第四课分室改为第四部（通信）第十课，其业务内容如下：负责通信情报实施计划、通信情报的实施、通信情报需要的各种研究、通信情报需要的训练教育和通信情报资料的获取。⑤ 此后，第四部第十课的规模不断扩大，到1937年2月，成员多达60人。同年，第十课经过调整，分为第十课（主

---

① ［日］实松让著，王云辅、杨坚、张林译：《情报战》，江苏人民出版社，1981年版，第31—34页。

② 梁陶著：《日本情报组织揭秘》，时事出版社，2012年版，第74页。

③ ［日］实松让著，王云辅、杨坚、张林译：《情报战》，江苏人民出版社，1981年版，第35页。

④ 同上书，第44页。

⑤ 同上书，第53页。

管编密）和第十一课（主管密码破译）。随着世界局势尤其是远东地区局势日益紧张，信号情报工作所具有的独特优势使其重要性进一步凸显，信号情报逐渐成为日本统治集团进行战略判断与决策的重要依据。1940年12月，军令部第十一课脱离第四部，升格为军令部总长直辖的“特务班”，总人数达200余人。[①] 特务班的任务包括：根据作战及情报要求，制定通信情报计划，指导并监督计划的实施，综合发表通信情报，实施通报，培养人员，通信训练，搜集、编纂和发行通信情报资料。[②]

从以上的情况不难发现，海军军令部是日本海军情报系统的指挥中枢。从日本海军军令部的演进情况看，尽管几起几落，但总体呈发展和壮大趋势，特别是随着对外扩张战争进程的推进，情报工作人员随之不断增多，其中从事通信信号情报的人员最多，体现了日本海军对信号情报的偏爱。

三、宪兵队的情报职能

日本宪兵制度是效仿法国的宪兵制度于1881年依据《宪兵条例》[③]设置的，隶属于帝国陆军，由陆军大臣管辖，主要是军事警察，也有行政警察和司法警察。日本宪兵的编制系统与一般军队不同，宪兵司令下设各地宪兵队，在这个基本单位下，设置由十几个人组成的宪兵分队，宪兵分队下是分遣队。这些宪兵机构除了部署在日本本土各城市外，还部署于其侵占国家和地区，隶属于各军区或野战军。例如，在被日本占领的中国各大城市都有日本宪兵队。

最初，日本宪兵队与其他国家的宪兵队基本相同，是一个负责维持军纪和军内治安等工作的军事警察机构。但后来，随着职能不断扩大，这支宪兵队逐渐演化成一支同大多数国家的军事警察大相径庭的武装组织，最

---

① 吴明冰著：《特种战线：百年来国际无线电信号侦察和信号保密的斗争历程及经验教训》，金城出版社，1996年6月第1版，第171—172页。

② ［日］实松让著，王云辅、杨坚、张林译：《情报战》，江苏人民出版社，1981年版，第54页。

③ 《宪兵条例》根据明治31年（1898年）第337号勅令全面更改，并于昭和4年（1945年）依据第64号勅令将《宪兵条例》更名为《宪兵令》。

终形成了一个兼具英国反间谍机构（军情五处）、特警署和法国国内反间谍局（国内情报机关）几种职能的混合体。[①] 不仅如此，东条英机担任首相期间，他还运用宪兵对付反对派，宪兵因此甚至被称之为“东条宪兵”。

宪兵队的主要情报职能是反情报。其中，英国詹姆斯·考克斯间谍案（时任路透社驻东京分社社长）的侦破就是宪兵队的成就之一。[②] 除了反情报，宪兵队还从事一定的情报搜集，其情报获取途径主要包括：派遣间谍与特务，监视、获取文件，审查邮件，审讯战俘，侦测无线电通信，交谈和跟踪等。

日本宪兵由日本国内及其殖民地的“国内宪兵”和日军作战区、占领区、傀儡政权地区的“海外宪兵”构成。国内宪兵受陆军大臣指挥，海外宪兵受当地日军作战司令官指挥。随着形势的发展，宪兵队的规模不断扩大，到1945年，国内宪兵共有11685名，海外宪兵共有2.2万名，其中，大部分海外宪兵被派往中国。[③]

如果说情报搜集工作是“矛”的话，那么反情报工作就是“盾”。反情报工作是情报工作的重要组成部分。从情报职能上看，宪兵队主要是在反情报方面发挥着重要作用，其规模之庞大、成果之丰硕，足以认定其是日本参谋本部和海军军令部的有力补充。

四、关东军情报部[④]

关东军情报部是日本关东军设立在中国哈尔滨的一个特务机构，是日本借第一次世界大战之际向俄国东部和中国东北扩张战略思维的最终产物。

---

① ［英］理查德·迪肯著，姜文灏、赵之援译：《日谍秘史》，世界知识出版社，1984年版，第40页。

② Kent Kotani, *Japanese Intelligence in World War II*, Westminster: Osprey publishing, 2009, p. 64.

③ Ibid., 2009, p. 58.

④ 此部分主要参阅了辽宁大学日本研究所张劲松《日本关东军特务机关述略》一文，正文中不再一一注释。文章来自网络360图书馆，http://www.360doc.com/resaveArt.aspx?articleid=134755945&isreg=1.

1917年俄国十月革命后，日本军国主义的侵略扩张更增添了“防止赤化”的色彩。日本为积极准备出兵干涉苏联，军事间谍活动更为猖狂。此前，军部已在早就建立的军事间谍据点哈尔滨设立了“黑泽机关”和“武藤机关”。这实际上就是关东军情报部的前身。

1918年春，军部决定谍报部门总动员，实施间谍扩张计划。谍报首脑参谋本部第二（情报）部长中岛正武亲自前往哈尔滨，俄国班长坂部十寸穗赶赴海参崴。8月，日本发表“出兵宣言”，伙同英、美、法等帝国主义国家武装干涉苏联。至是年底，日本先后出动第12、第7、第3师团，占领了远东地区及外贝加尔的赤塔地区。这期间，日军派出以武藤信义为首的特务机关进驻高尔察克反动政权所在地鄂木斯克，成为有史以来日军向西和向北推进最远的陆军部队。

在遭受苏联红军的沉重打击后，最令日军头痛的是“如何解决第一线部队遇到的纯作战以外的各种复杂问题”。于是，军部于1919年2月决定将军事间谍机关正式命名为“特务机关”。各机关原则上归军司令官统辖，在军参谋长指挥下开展业务。其任务规定为“统帅范围以外的军事外交和收集情报”。由此，日本特务机关正式出现。

1919年秋，日军经过整顿确定了包括哈尔滨在内的9个特务机关，除了哈尔滨外，其他8个均设在苏联境内，即海参崴、尼科尔斯克、伯力、布拉戈维申，斯克、赤塔、伊尔库次克和鄂木斯克。日本调整殖民地侵略体制时，将关东都督府一分为二，分别设立了关东厅和关东军。哈尔滨特务机关转隶于关东军。当日军战事失败不得不于1922年6月发表撤兵声明并于10月从苏联撤军（库页岛除外）时，日本特务机关也随之撤出，只在北满的哈尔滨、满洲里和黑河保留了三个据点。

此后，关东军以哈尔滨作为“北向”情报战略的中心据点，一面加强中苏边境地区的间谍据点的建设，密切注视苏联的动向，并积极指导所谓“白俄工作”，一面加强进行对苏作战情报资料的研究。其重点一是北满兵要地志，二是中东铁路及西伯利亚铁路的运输能力。为此，关东军与满铁相勾结，别出心裁地搞出了一个“满铁嘱托员制度”。即选拔优秀的情报军官出任哈尔滨特务机关助理，并以满铁哈尔滨事务所调查课嘱托的身份进行间谍活动。他们所刺探的情报和研究的成果，对日本后来发动“九·一八”事变及迅速占领东北发挥了重要作用。

关东军的情报工作是分两路展开的：一路是以哈尔滨特务机关为据点针对苏联的“北向”情报活动；另一路是以奉天（即今天的沈阳）为中心针对中国的“北向”情报活动。事实上，自日俄战争后，日本在旅顺设立了关东都督府，旅顺成为军部“对满”间谍特务活动的中心，但由于东北的政权中心在奉天，为了更好地掌握这一地区的情报，关东军成立后，便于1920年5月设立了奉天特务机关，一直由关东军直辖，是关东军的代言人。在“九·一八”事变前，该机关的任务是，刺探东北的政治、军事、经济情报，干涉、控制和颠覆东北政权。关东军特务机关“对满”工作的次重心在吉林。早在关东军独立之前，军部就于1918年6月设立了吉林特务机关，协助“奉天大哥”开展工作。

1939年关东军挑起诺门坎战役，最后以失败告终，事后总结教训，关东军决定彻底改革特务机关。1940年8月正式成立了关东军情报部，原哈尔滨特务机关改为情报部本部，各地特务机关改为支部。

关东军情报部成立以后，形成了规模庞大、手段多样、制度较为完善的军事间谍系统。本部设有六个班，第一班（总务）、第二班（文谍）、第三班（白俄）、第四班（谋略、器材）、第五班（情报）、第六班（宣传）。下属支部14个，其下有分派机关、派出所数十个。其他隶属或指挥的机关和部队共有7个，其任务主要有谍报、宣传、谋略、防谍、人员培养等。

五、陆军中野学校：情报人员的培训基地

日本全面侵华战争爆发后，随着战争规模的迅速扩大，中日两国的情报斗争日趋激烈，这对日本的情报工作提出了更高要求，日本情报人员培训机构便应运而生。

1937年12月，日本陆军省建立了间谍培养学校，为了掩人耳目，定名为“后方勤务要员培养所”。1939年12月，后方勤务要员培养所改称为陆军中野学校，由陆军大臣直辖，后改由参谋本部管理。到1945年日本战败投降为止，该学校先后共培养8期正规学员。其中，1938年第一

期有20名学员，1939年第二期有72名，1940年第三期有近120名。[①] 这些毕业的学员都成为日本的间谍骨干分子。

起初，这所间谍学校选拔学员的标准非常高。陆军大臣在后方勤务要员培养所建立时就下达命令："各部队都务必推荐一名或数名最优秀分子参加秘密战工作人员候补"。[②] 这些被推荐的人员要经过异常严格的选拔流程才能入学。然而，随着战争规模的扩大，对情报人员的需求与日剧增，致使学员选拔标准不断降低。

陆军中野学校的培训十分严格，根据不同的工作方向，对学员进行全仿真训练，包括语言、生活环境、习惯等等，甚至要求其尽可能将自己完全融入工作对象国的生活环境中，其训练内容更是涵盖了情报搜集、通信联络、武器使用、擒拿格斗和生存能力等谍报人员必备的专业知识和技能。特别是，"中野学校的毕业生，学习结束就被派往所模拟训练的对象国，在特高课作特务、宪兵，他们或作单线联系的间谍，或者成为日本间谍部队中的成员。1942年前后，在长沙会战中就曾活跃着一支凶残的日军武装便衣队，他们都是毕业于中野学校"[③]。

情报人员的培养是情报工作的必要组成部分，情报学校也是情报系统中的重要一环。陆军中野学校不仅为日本对外侵略扩张提供了大量训练有素的情报人员，也从整体上提升了日本的情报工作效能，成为日本军事情报系统中具有特殊地位的部门。

第二节　政府情报机构的建立

由于日本军国主义的盛行，与军事情报机构相比，日本政府情报机构虽然处于次要地位，但作为国家机器的一部分同军国主义运行，因此仍是日本情报工作的重要力量，主要包括内阁情报局、外务省情报机构、内务

---

① 陈家光、郭国防："不同寻常的日本陆军中野学校"，载《环球军事》2008年第183期，第59页。

② ［日］畠山清行著，刘春兰译：《陆军中野学校》，群众出版社，1984年版，第154页。

③ "日本陆军中野学校"，百度百科，http：//baike. baidu. com/link？url = XM2zxwW9XYr1vtC4T7T47mqdTi0AlgL99JrmpuIjRENMK5thCwyVHH1iG_ B7UbiS。

省警保局和其他从事情报活动的政府机构。

一、内阁情报局

1931 年“九·一八”事变后，日本政府内部要求强化各省（即一般国家的“部”）情报共享和情报协调的呼声日益高涨。1936 年 7 月，广田内阁正式设立情报委员会，对各省实施的情报宣传和舆论指导方针进行联络和调整。而随着全面侵华战争的爆发，近卫内阁于 1937 年 9 月将情报委员会扩充为内阁情报部。1940 年第二次近卫内阁又将内阁情报部进一步扩充为内阁情报局。内阁情报局的主要任务是“对所属各省和地方厅提交的情报和发自同盟通信社的情报进行审查、评估和筛选，为内阁提供决策咨询和分析对外情势的判断材料”。[①] 可见内阁对情报之于国家决策作用的重视程度。

然而，内阁情报局并未能发挥其应有的作用，最后沦落为仅负责宣传工作且有名无实的综合情报协调机关，究其原因主要有以下两点：（1）该局总裁绪方竹虎一直忙于诱使蒋介石接受和平条件的情报谋略工作，无暇它顾；[②]（2）各省派往该局的各部、各课之间又不断争权夺利，不但没有完成预期的任务，反而导致出现竞相统制言论、思想的结果。[③] 此外，陆海军情报系统不受其管辖，内阁情报局也无法提供及时准确的军事情报供内阁决策时参考。[④] 也就是说，事实上，这个名义上最贴近内阁的情报机构，既没有担负起全面日常的情报工作，也没能统一协调好地方各情报机构间的合作，更无法涉足军事情报机构，从而使其难以发挥应有的作用。这个貌似地位最高，也最应该对内阁决策发挥重要情报支撑和影响力的机构，并未能完成给其设定的基本任务，即对所属各省和地方厅提交的情报和发自同盟通信社的情报进行审查、评估和筛选，显然，作为局长的

① 陆伟著：《日本对外决策的政治学——昭和前期决策机制与过程的考察》，人民出版社，2010 年版，第 67 页。

② 逄复主编：《侵华日军间谍特务活动纪实》，北京出版社，1993 年 12 月第 1 版，第 5 页。

③ 汤重南、王淼、强国、韩文娟主编：《日本帝国的兴亡》，世界知识出版社，2005 年 9 月第 2 版，第 770 页。

④ 陆伟著：《日本对外决策的政治学——昭和前期决策机制与过程的考察》，人民出版社，2010 年版，第 67 页。

绪方竹虎难逃其咎。

二、外务省情报机构

日本政府于1885年开始实行内阁制，外务省也随之建立起来。随着形势的发展，日本外务省的组织机构不断完善，其下辖的机构几乎都具有一定的情报职能。

为了更好地服务于日本对外侵略扩张的国家战略，外务省于1921年成立情报局，专门负责情报搜集和宣传报导工作。该局下设报导科、国内情宣科、国外情宣科三个科，[①] 主要工作目标是中国和东南亚国家。1942年大东亚省建立后，外务省情报局的使命随之终结，其所属业务移交至外务省调查局。除了外务省情报局，外务省下设的大臣官房以及其他各个方向局均具有一定的情报职能，其中各个方向局下辖的各科分别负责各自方向国家的情报工作，如亚洲局中国科的分掌业务条文规定："中国科负责处理有关中国和蒙古的外交策略，负责处理香港、澳门的政务，负责搜集情报并进行调研。"[②] 另外，外务省还设有一个电报科，负责破译外国的外交密码。[③] 从外务省的情报职能分工看，已经基本形成了以对象国方向为主的情报搜集处理模式。

日本驻外使领馆是外务省的主要情报来源，逐渐成为日本帝国获取国外情报的重要基地，不仅自身负有搜集驻在国及相关国家情报的任务，而且还会配合日本其它情报机构进行相关情报活动。此外，设于被日本侵略军占领的中国各地的"日本领事馆警察署"内都设有一个特高课，负责进行侵华特务活动和谍报活动。[④]

应该说，从性质上说，整个外务省就是一个庞大的情报部门，特别是其驻外使领馆，就像撒向世界的一张情报大网，时刻监视着世界特别是主要战略对手的动向。而就个体而言，外务省情报机构是日本获取外交情报

---

① 逄复主编：《侵华日军间谍特务活动纪实》，北京出版社，1993年12月第1版，第5页。

② 同上书，第4页。

③ 刘宗和、高金虎主编：《第二次世界大战情报史》，解放军出版社，2009年版，第125页。

④ 逄复主编：《侵华日军间谍特务活动纪实》，北京出版社，1993年版，第5页。

最重要的组织，其所提供的情报是日本政府制定外交政策的重要参考。

三、内务省警保局

日本内务省的主要情报机构是内务省警保局。警保局是日本中央警察机关，在全国都、道、府、县都设有地方警察机关，设于东京都的称为警视厅，设于北海道、京都府、大阪府和各个县的称为警察部。1911 年东京都警视厅首先设立负责政治警察任务的“特别高等课”（特高课），到 1928 年 7 月，其余各警察部都增设了“特高课”。1932 年，东京都警视厅“特高课”升格为特别高等警察部（特高警察部）。“特高课”和“特高部”既是反间谍机构，也是以反间谍为名对日本革命进步运动和反战运动等进行镇压的机构，工作手段主要为跟踪、监视、窃听、偷拆信件、窃取文件资料，以酒色财物相引诱等。[①]

反情报工作是特高警察的主要职责之一。其中，著名的佐尔格间谍案就是由特高警察侦破的。随着权势的不断扩大，宪兵队逐步介入特高警察的管辖领域，两个部门间的矛盾日渐显现。到 20 世纪 30 年代，尤其是 1931 年宪兵队开始接管常规警察职能后，特高警察与宪兵队之间的对立更加突出。[②] 这样的局面严重削弱了日本的反情报工作能力，也是苏联间谍佐尔格所布建的间谍网之所以能够长期在日本从事情报活动的一个重要因素。

四、其他从事情报活动的主要政府机构

除了上述政府情报机构外，其它兼具情报职能的政府机构主要有拓务省、兴亚院以及后来的大东亚省。

其中，拓务省成立于 1929 年，对外除负责监督日本殖民地的统治事务外，监督南满铁路和远东地区的种植拓展，同时担负着向海外移民业

---

① 逄复主编：《侵华日军间谍特务活动纪实》，北京出版社，1993 年版，第 9—10 页。

② James H. Hansen, *Japanese Intelligence: the Competitive Edge*, Washington DC: NIBC press, 1996, p. 14.

务。而搜集情报也是该部门的一项主要业务工作，主要由调查科负责。

兴亚院成立于1938年12月，首相近卫文麿任总裁，外相、藏相、陆相、海相兼任副总裁。设第一部辖政治，第二部辖经济。该院设联络委员会。是负责对伪蒙地区、汪伪地区进行殖民统治的日本政府部一级机构，在中国北平、上海、青岛、汉口、广州、厦门等地设有分支机构。这些设立在驻华的分支机构肩负着对华情报工作。由于兴亚院是日本内阁设立的专业负责处理侵华事宜的机构，因此，其在对华情报业务方面在日本情报体系中占有十分重要的地位。

1942年11月，日本政府设置大东亚省后，拓务省和兴亚院遂无存在必要而废止。大东亚省被赋予的主要职责之一就是搜集远东各国的情报。在大东亚省所属的机构中，综合事务局与情报工作的联系最为密切，活动区域主要有包括伪满洲国在内的中国、法属印度支那和泰国，其中，大部分活动集中在中国。[①] 其提供的大量情报，为维护其扩张政策和行动提供了重要保障。

第三节　民间情报机构的建立

日本民间情报活动非常活跃，是军事情报机构和政府情报机构的重要补充，并受到日本统治集团的高度重视。这些由浪人、日裔侨民、商社、报社、民间组织等组成的民间情报力量，积极配合官方情报机构开展情报活动，为日本的对外侵略扩张立下了"汗马功劳"。其中，玄洋社、黑龙会、汉口乐善堂、日清贸易研究所、东亚同文书院和南满洲铁道株式会社都是从事民间情报活动的典型机构。

一、玄洋社与黑龙会

主张军国主义、侵略主义是日本右翼秘密社团的重要特征，而积极为

---

① James H. Hansen, *Japanese Intelligence: the Competitive Edge*, Washington DC: NIBC press, 1996, pp. 29 - 30.

日本对外侵略扩张搜集情报，就成为体现这一特征的主要表现方式之一。玄洋社和黑龙会就是其中最具代表性的右翼秘密社团。

（一）玄洋社

玄洋社 1881 年由平冈浩太郎创立，在欧美殖民主义席卷世界的国际背景下，主张为保障人民权利首先必须像话国家权力。对外支援亚洲各国的独立，构想能与这些亚洲国家结成同盟与西方列强对抗，即大亚洲主义。自明治到二战结束，对日本的政界和财界有着巨大影响。

同时，玄洋社是日本第一个真正在国外从事谍报活动的组织，是积极推进军事主义的急先锋。该右翼团体标榜自己以“敬戴皇室”、“尊崇国家”和“捍卫人民权利”为宗旨，而实际上，这不过是为了掩盖它企图向海外扩张日本势力，从朝鲜、中国以及在一定程度上从俄国搜集情报的真实用心。因此，在各类与日本相关的战争中，都可看到玄洋社的影子，无论是在战前还是战争期间，其对题本军部、官僚、财阀和政界都具有强大的影响力。在情报工作方面，在中日甲午战争、日俄战争、第一次世界大战和第二次世界大战等数场战争中，玄洋社都一直从事着与情报搜集和地下工作相关的工作。

在许多年里，玄洋社向很多地区派遣了众多情报人员。仅在 1882 年，玄洋社就派遣了 100 人到中国搜集情报。他们通过开设妓院、贿赂、讹诈和实地调查等方式获取了大量有价值的情报。其中，开设妓院刺探情报是玄洋社最常用的情报获取方式。① 由于在搜集情报上的巨大贡献，仅在玄洋社建立几年后，其主要领导人头山满就受到日本军事情报部门的重视，有了与陆军情报部门共同磋商业务的资格，此点足以证明玄洋社的情报能力和受军方重视程度。

事实上，玄洋社与日本政府和军方一直保持着密切联系，曾参与密谋和策划侵略中国、朝鲜、分裂中国东北和蒙古的各项活动。如前所述，玄洋社不间断地派大批浪人和间谍到中国刺探情报，开展颠覆活动。1884 年在上海开办东洋学馆，培养侵华谍报人员。1887 年在上海开办制靴厂，

---

① ［英］理查德·迪肯著，姜文灏、赵之援译：《日谍秘史》，世界知识出版社，1984 年版，第 39—40 页。

为在中国活动的社员提供活动经费。1893 年与日本陆军参谋总长川上操六策划成立了浪人组织“天佑侠”，到朝鲜搞颠覆活动，点燃了甲午中日战争的导火线，活动能量之大由此可见一斑。

日俄战争期间，玄洋社以 10 多名社员为核心组成“满洲义军”，配合日军在中国东北收买马贼，进行游击战。武昌起义后，立即组织有邻会，派大批社员到中国同革命军联络，购买武器，筹集资金，支援革命军。但是，辛亥革命成功后，在向孙中山提出在满权益的要求被拒绝后，立刻排斥孙中山，支持段祺瑞和张作霖。1941 年，该社因与日本军方发生矛盾，被军方剥夺了政治活动权利。1946 年被盟军总司令以“日本国家主义和帝国主义中最为狂热的一支”为由下令取缔。

（二）黑龙会

黑龙会与玄洋社有着千丝万缕联系，它是玄洋社的海外事务中心，由头山满和原玄洋社重要成员内田良平于 1901 年 2 月 23 日创立。

黑龙会取名于中国的黑龙江，其含义是把俄国的势力赶过黑龙江，由日本取而代之。该会以头山满为顾问、内田良平为“主干”。黑龙会的机关报《黑龙》发刊词声称：“值此列强角逐之时，最重要、最迫切的时务，在于详查北狄西戎之虚实，此点除痴呆者之外，无人会有异议。明察其国之详情，不只是眼下之急务，亦关涉国家百年之计。”① 由此可见，搜集有关“北狄西戎”情报是该右翼团体的主要任务之一。

日俄战争之后，黑龙会与日本军方的合作日趋紧密，先后发动或参与了对“米骚动”② 的镇压和关东大地震后对朝鲜侨民的屠杀。该组织最初几乎只搜集俄国和中国东北的情报，到 1930 年，其活动范围已扩展到朝鲜、中国内地、菲律宾、马来西亚、香港、新加坡、印度、阿富汗、埃塞

---

① 中国社会科学院近代史研究所编：《中国抗战与世界反法西斯战争：纪念中国人民抗日战争暨世界反法西斯战争胜利 60 周年学术研讨会文集》（上卷），社会科学文献出版社，2009 年版，第 270 页。

② 日本发生于 1918 年（大正七年）7 月至 9 月间一系列以抢米风潮为标志的日本历史上第一次全国性的大暴动。这次暴动最初是从渔村妇女抢米开端，各地一般也以抢米形式爆发，所以在日本历史上习惯地称为“米骚动”。“米骚动”从抢米而发展到与地主、资本家进行面对面的斗争，与军警进行搏斗，最终导致日本寺内正毅内阁倒台。

俄比亚、土耳其、摩洛哥、美国以及加勒比地区和南美洲的许多国家和地区。[①] 1931 年“九·一八事变”之后，改组为大日本生产党，支持军部，鼓吹战争。1934 年，内田良平因卷入“昭和神圣会事件”[②] 而被迫淡出黑龙会，改由头山满主持。随着黑龙会实力的不断壮大，到 20 世纪 20 年代，它无论从人数、力量上还是从政治影响力上都大大增强，实质上已取代了玄洋社。[③] 成员从最初的几百人发展到 1944 年的近万人。[④]

与玄祥社一样，二战结束后，被定义为极端右翼组织，遂于 1945 年 9 月 13 日被盟国占领当局取缔，其情报活动也就此终结。

二、汉口乐善堂与日清贸易研究所

汉口乐善堂和日清贸易研究所这两个民间情报机构主要是针对中国成立的，其活动范围几乎遍布中国各地，所获情报涵盖各个方面，特别是在中日甲午战争中表现尤为积极，为日本打赢战争做出了“突出贡献”。据统计，当时有 19 名汉口乐善堂成员和 72 名日清贸易研究所师生参加了中日甲午战争，或充当军事间谍，或当军队口译，亦或参加前敌作战和后勤

---

① 关捷主编:《日本侵华政策与机构》，社会科学文献出版社，2006 年 6 月第 1 版，第 279 页。

② 第二次世界大战前，大本教因主张人人平等以及世界和平而在日本迅猛发展，影响力甚广，从而引起当时帝国政府的关注。从 1921 年（大正 10 年）起，日本政府对大本教进行镇压，史称第一次大本事件。出口王仁三郎以不敬罪、违反新闻报纸法罪名被逮捕；但次年因大正天皇的大葬而被特赦出狱。1924 年，出口王仁三郎等 6 人受中国马贼卢占魁的邀请前往蒙古传教，途中遭张作霖袭击而全部被捕。但后因被证实为日本人，6 人全部被释放，同年回国。1934 年在东京九段会馆成立昭和神圣会，信众超过 800 万人。次年又发生第二次大本事件，大本教的大量相关人员被逮捕，建筑被拆毁，著作被禁。出口王仁三郎于 1942 年被保释出狱，但活动全部停滞。1945 年日本投降之后镇压令解除，重新活跃。内田良平是以个人名义加入的昭和神圣会。神圣会被取缔时，因其在该会中具有较高地位而被警方多次传讯，险些被杀。此事对内田良平打击巨大，使其几乎未再主持过黑龙会活动，被迫淡出。

③ 关捷主编:《日本侵华政策与机构》，社会科学文献出版社，2006 年 6 月第 1 版，第 281 页。

④ ［英］理查德·迪肯著，姜文灏、赵之援译:《日谍秘史》，世界知识出版社，1984 年 12 月第 1 版，第 47 页。

运输以及为参谋本部出谋划策。[①] 由此可见这两个民间情报机构在日本军事情报工作中的地位和作用。

（一）汉口乐善堂

1886 年由荒尾精成立的汉口乐善堂，以经营药品、书籍、杂货等为掩护，网罗了大批在中国大陆的日本浪人，从事对华谍报活动。该机构不断发展壮大，逐渐建立了以汉口为中心、以各地支部和为数众多的店铺为基础、几乎遍布全中国的间谍网，对中国各地进行了详细调查活动。其中，1892 年，根津一根据汉口乐善堂成员的调查报告，编辑出版了《清国通商综览》。全书共 2300 余页，详细记载了清王朝的政治、经济、金融、商贸、教育、产业、交通运输、地理、气候、风俗习惯等方面的基本情况，为日本侵略中国提供了大量的情报资料。[②] 因该综览内容翔实，出版后立即受到日本统治集团的高度重视。甲午战争爆发不久，清政府在反间谍行动中，于 1894 年 8 月 14 日逮捕了潜伏在上海的日本间谍楠内友次郎和福原林平，汉口乐善堂也随之暴露并被清政府查封。

（二）日清贸易研究所

荒尾精于 1890 年在上海开办日清贸易研究所，其真正目的并非培养发展中日贸易人才，而是培养从事对华情报工作的间谍，使其成为执行日本大陆扩张的工具。创建时，日清贸易研究所有教职员与学生共计 200 余人。日清贸易研究所的学制为四年，其中前三年是专业学习，最后一年是实地调查和实习。

日清贸易研究所与日本官方有着密切联系，成立时就得到了日本官方的支持。特别是日本参谋本部参谋次长川上操六，甚至于 1893 年参加了日清贸易研究所第一届也是唯一一届学生的毕业典礼，足以反映出日本军方对日清贸易研究所这一民间情报机构的重视程度。及至甲午战争爆发，由于缺乏经费等问题，日清贸易研究所随之关闭。

日清贸易研究所事实上可以说是汉口乐汉堂的放大版，不仅创始人均

---

① 参见戚其章著：《甲午日谍秘史》，天津古籍出版社，2004 年 9 月第 1 版，第 89 页。

② 戚其章著：《甲午日谍秘史》，天津古籍出版社，2004 年 9 月第 1 版，第 86 页。

为荒尾精，宗旨和目标也几乎同出一辙。[①] 它是日本军国主义对中国大陆扩张思想的重要载体，也是推行这一思想的具体实践组织。

三、东亚同文书院与南满洲铁道株式会社

东亚同文书院和南满洲铁道株式会社貌似普通的民间机构，却是日本从事民间情报搜集工作的主力军。它们通过各种积极的情报搜集工作，为日本制定侵略政策与策略提供了大量的战略、战术情报。同时，两者之间联系也比较密切，据有关资料显示，东亚同文书院的许多学生毕业生都就业于满铁。“根据1920年满铁制定的东亚同文书院派遣生制度，截止日本战败，在满铁工作的东亚同文书院的毕业生总数达到130人。”[②]

（一）东亚同文书院

东亚同文书院是1901年3月由东亚同文会在上海成立的。在日本政府的资助和控制下，它最初以“保全中国”相标榜，后以“两国联络感情”为幌子，培养对华情报人员，大肆在中国各地展开实地调查。从1901年创立至1945年解散为止，东亚同文书院的调查旅行延续了45年，参与者多达5000人，“旅行”线路700条，调查足迹几乎遍及中国各个角落。[③] 日俄战争期间，英国一个军中记者拜会中国某官员，在谈及东亚同文书院时，该官员感叹称：“这是德国对法国历史的重演，1870年之役，德人对法国之一切远较法人清楚，今日，日本对中国依然。”[④] 这充分反映了东亚同文书院对华情报工作的广度和深度。

东亚同文书院每年根据所搜集的情报撰写调查报告，并分别将其提交给日本参谋本部、外务省、农商务省。后来，又在这些调查报告的基础

① 黄福庆：“甲午战前日本在华的谍报机构——论汉口乐善堂与上海日清贸易研究所”，载《近代史研究所集刊》第13期，第306页。

② ［日］薄井由著：《东亚同文书院大旅行研究》，上海书店出版社，2001年版，第149页。

③ 赵文元：“上海东亚同文书院与近代日本侵华活动”，载《史学月刊》，2002年第9期，第56页。

④ 黄福庆著：《近代日本在华文化及社会事业之研究》，台湾“中央研究院”近代史研究所，1982年版，第54页。

上，编辑出版了《支那经济全书》、《支那省别全志》等等。上述调查报告和研究成果事实上是对中国的全面透视和解剖，成为日后日本制定侵华政策的重要战略情报支撑。此外，东亚同文书院的很多学生或直接参加了日本的对外侵略战争，或在日本侵华机构中任职。

（二）南满洲铁道株式会社

日俄战争后，日本于 1906 年创立了南满洲铁道株式会社（满铁），负责经营南满铁路、抚顺煤矿和烟台煤矿，并执掌铁路附属地的行政权和警察权。其中，情报工作是其重要职能之一。在满铁存在的约 40 年里，鼎盛期人员多达近 40 万人。[①] 满铁下辖的调查部是负责情报工作的主要部门。

满铁于 1907 年 4 月增设了直属于总裁的调查部。为了积极配合日本对外侵略扩张的需要，满铁调查部规模不断扩大，1940 年人数最多时达 2345 人。[②]

满铁调查部成立初期仅对历史、地理、地志、资源、物产等进行调查，搜集有关资料文献，后来将调查范围扩大到测绘地图和调查山川地势、水位、水质、村镇位置、居民数量、谷物产量、粮食仓库、居民自储粮食等等。[③] 调查活动最初主要是搜集中国东北和以西伯利亚为中心的俄国的情报，随着活动范围的扩大，其触角不仅伸向中国华北、华中以至华南，也触及美国和德国。据统计，满铁调查部在其近 40 年的情报活动中，共为日本提供了 6200 多份调查报告，为调查研究而积累的资料（书籍、杂志、报纸的剪报）达 50 多万件。[④] 其中许多调查报告，如"远东苏军后方调查"、"中国抗战力调查"、"中国长江岸兵要调查"等，成为日本

---

① Akihiko Maruya, *The South Manchuria Railway Company as an Intelligence Organization*, 2012. 2, http://csis.org/files/publication/120217_Maruya_SouthManchuriaRailway_Web.pdf, p. 3.

② Akihiko Maruya, *The South Manchuria Railway Company as an Intelligence Organization*, 2012. 2, http://csis.org/files/publication/120217_Maruya_SouthManchuriaRailway_Web.pdf, p. 3.

③ 逄复主编：《侵华日军间谍活动纪实》，北京出版社，1993 年版，第 75 页。

④ 李娜："满铁在'九·一八'事变中的情报活动与宣传"，载《日本问题研究》1999 年第 1 期，第 56 页。

制定对华、对苏外交与军事战略的重要依据。除了调查报告外，满铁还出版了数千种图书资料和杂志。[①] 这些调查报告都成为日本对外军事扩张的重要战略情报保障，因此，满铁调查部的情报活动在日本情报体系中具有十分特殊的地位和意义。

“满铁”调查部的工作人员并未全是日本人，也有中国人和朝鲜人。日本谍报人员中有许多所谓的“中国通”，他们有中国姓名，能讲流利的汉语。人员中甚至不乏“日共”的叛徒，专搜集中共、八路军方面情报，吸纳的中国特务则是汉奸，有的是黑社会中青帮头目。“满铁”调查部以公开面目出现，它与隐蔽的日本特务互相交流情报。“满铁”调查部几十年中编写了大批情报资料，有的手写，有的油印，有的铅印，分别标为“密”、“机密”、“绝密”。有的向东京报告，有的交有关部门，有的在各地分社中交流。由于日本投降时，他们销毁了一些极端机密的资料，现在无法知道全部数字，由于“满铁”情报部的情报有很大作用，战后美国等国情报机构曾大力争夺这些情报。[②] 从中不难看出满铁调查部情报的的影响和价值。

小　结

为了满足对外侵略扩张的情报需求，1868 年明治政权建立伊始，便着手建立日本帝国的近代情报体系。之后，随着“大陆政策”的一步步推进，日本帝国的情报体系不断调整、充实和完善。日本帝国逐渐建立了以军事情报为主导，以军事情报机构与政府情报机构为骨干，以由众多浪人、日裔侨民、民间组织等组成的民间情报力量为重要补充，极具日本特色的“官民结合”情报体制。特别值得注意的是，从情报体系的构成可以看出，民间情报力量是日本帝国情报力量的重要组成部分。它不仅为日本帝国的对外侵略扩张提供一支庞大的情报工作队伍，而且还在一定程度

① 胡平著：《情报日本》，东方出版中心，2008 年版，第 121 页。

② 参见鲁海：“关于‘满铁’调查部”，中国青岛史志办网站，http://www.qingdao.gov.cn/n15752132。

上弥补了官方情报力量的不足。这成为日本帝国情报体系的一大特色并逐渐显现优势。此外，日本帝国情报体系发展的另一个突出表现就是，日本驻外使领馆逐渐成为该国获取国外情报的重要基地。

从对日本帝国时期的情报机构的梳理中发现，日本帝国情报体系凭借其“官民结合”的体制优势，为该国决策者制定决策提供了大量有价值的战略、战役和战术情报。然而，这种优势体制并非尽善尽美，依然存在着重大缺陷，即作为日本帝国情报工作的主体，政府情报机构和军事情报机构间，尤其是陆军情报机构和海军情报机构间基本上缺乏有效的合作与协调，甚至存在着恶性竞争。日本帝国政府虽然后来意识到这一问题的严重性，并组建了一个综合情报协调机构——内阁情报局，但是由于种种原因，该机构未能真正发挥其应有作用。从情报综合力量发挥的角度看，这不仅大大削弱了日本帝国情报工作的整体能力，也为国家安全与发展造成了重大影响。

第二十章　情报工作与日本帝国的发展(1868—1931)

面对西方列强的侵略和本国社会经济的落后，以及看到中国在鸦片战争后的悲惨命运，1868 年明治政府成立伊始，便进行了一系列资本主义改革，国家实力迅速增强，在将“强兵”作为“富国之本”目标下，大肆进行对外侵略扩张，逐步确立了“东洋霸主”地位。在此期间，情报工作不但加速推动了日本帝国的发展，而且在对外侵略扩张过程中扮演重要角色，帮助日本迅速称霸东亚，在日本帝国发展的过程中发挥着举足轻重的作用。

第一节　日本帝国发展的主要原因

1853 年的“黑船事件”[①] 使日本迅速认识到国家的孱弱导致的灾难性后果。随着各种不平等条约的签订，日本面临空前严重的民族危机，社会矛盾进一步激化。以中、下级武士为代表的倒幕派于 1868 年推翻幕府统治，建立了以明治天皇为首、由改革派武士掌握实权的新政府。

一、明治维新为日本帝国的发展打下了坚实基础

面对日本社会经济千疮百孔、满目疮痍的破败境况，明治政府 1868

① 1853 年 7 月 8 日，美国东印度舰队司令海军准将佩里率领由 4 艘军舰组成的特遣舰队以坚船利炮威逼日本打开国门的事件。因美舰船均涂以黑色，故被日本人称之为“黑船”。

年 3 月 14 日以天皇的名义发布了具有政治纲领性的《五条誓文》。其中，第四条（破旧来之陋习，基天地之公道）和第五条（求知识于世界，大振皇基）[①] 表达了新政府向西方学习以实现破旧立新的强烈愿望。

随着《五条誓文》的颁布，一场具有资产阶级革命意义与作用的社会变革——明治维新也开始展开：在政治领域，实行“版籍奉还”、“废藩置县”政策，消除封建割据，建立中央集权的统一国家，之后，对政治体制、身份制度、俸禄制度、法律制度等进行了一系列改革；在经济领域，改革土地、税收等制度，实行“殖产兴业”政策，引进西方先进技术，大力发展资本主义工商业，为日本近代化工业迅速发展提供了物质基础；在军事领域，实行“富国强兵”政策，进行军事近代化改革，建立近代化陆海常备军，积极引进欧美各国先进的军事科技和武器，大大提高了日本的军事实力；在社会文化领域，实行“文明开化”政策，发展近代义务教育，提倡学习西方社会文化与习惯，并选派留学生到英、美、法、德等先进国家留学等。

这场“脱亚入欧”的明治维新后，日本以资本主义取代了封建主义，实现了破旧立新，国家经济得以迅速发展。以工业为例，日本 1866—1873 年工业生产年平均增长速度为 32. 2%，而英国（1851—1873）则为 3. 3%，美国（1861—1873）为 5%，德国（1861—1873）为 3. 8%；1874—1890 年日本年平均增长速度为 12. 1%，而英国则为 1. 7%，美国为 5. 2%，法国为 2. 1%，德国为 3. 5%。[②]

明治维新的改革虽然具有不彻底性，保留了大量的封建残余，但是总体上对日本的发展起到了积极的推动作用，大大地解放和发展了生产力，使日本迅速走上资本主义的发展道路，综合国力得到快速提升，为日本帝国的发展打下了坚实基础。

二、侵略扩张为日本帝国的发展提供了强劲动力

日本是一个四面环海的狭长岛国，国土面积狭小，多山地丘陵，平原

---

① ［日］井上清著，闫伯纬译：《日本历史》，陕西人民出版社，2011 年 8 月第 1 版，第 215 页。

② 吴廷谬主编：《日本史》，南开大学出版社，1994 年 7 月第 1 版，第 399 页。

地区不足国土面积的1/4，且资源极端匮乏，并处于环太平洋地震带，地震、火山、海啸等自然灾害频发。这种恶劣的自然地理环境催生了日本人强烈的危机感。这种危机感驱使日本民族极力向外拓展自己的生存空间。然而，在拓展空间的路径和方式选择上，日本却最终选择了非和平性的武力扩张。

封建时代以来，日本统治者就曾一再鼓吹“日本是万国之本的国家”，梦想通过武力征服世界。特别是“黑船事件”给日本以强烈的刺激，以武士为核心的领导层开始意识到海军的重要性，开始大力发展海军，通过购买和建造，“维新开始前的15年间，西式舰船拥有量达190艘。其型号和性能各异，从最初荷兰赠送的400吨观光丸，到能横跨太平洋的250—350吨的咸临丸，直到幕府末期的开阳丸已达2700吨”①。有了这些坚船利炮，日本对外扩张的野心开始膨胀并付诸实施。事实上，早在明治政府成立之初，日本就确定了“富国强兵”的国家发展方略，这种战略的核心就是要通过强大的军事实力征服周边国家，以此达到富国的目标，就其本质而言即通过对外侵略扩张方式来实现民族独立和国家强盛，而中国台湾成为日本这种战略第一次海外远征的实践对象，并从此开始了对中国的入侵和掠夺。

1874年，日本出兵入侵中国台湾，却最后获得中国50万两白银的赔款，首次尝到侵略扩张的甜头，刺激了日本进一步实施对外侵略扩张和军事冒险的野心。从此，日本对外侵略扩张的步伐一发不可收，主要有：1875年挑起“江华岛事件”；1894年发动甲午战争；1900年参加八国联军侵略中国；1904年在中国领土上发动日俄战争；1914年—1918年第一次世界大战期间，出兵中国山东，占领青岛，同时抢占德国在太平洋上的属地；1927年、1928年两次出兵山东。在1931年“九·一八”事变之前，通过一系列对外侵略扩张活动，日本已将包括原中国藩属国琉球、中国台湾及其附属岛屿、朝鲜等在内的广大地区纳入其殖民版图，并在中国划得大片势力范围。

纵观日本帝国发展史，始终没有停止其对外侵略扩张的步伐，而这些

---

① 石津朋之、ウイリアムソン・マーレー编：『日米戦略思想史——日米関係の新しい視点』、彩流社、2005版，第20頁。

对外扩张行为与明治政府的扩张战略密不可分。其中，面对中国清政府强大的北洋水师，日本感到岌岌可危。因为当时，北洋水师的镇远和定远两艘铁甲舰的排水量都超过7000吨，而日本军舰最大的不过4000吨。因此，出于对外扩张的需求，“海军扩张论”一时甚嚣尘上，其中的代表人物便是福泽谕吉①。福泽作为极富影响力的人物，强烈主张发展军力且主要优先发展海军，并狂热地支持甲午战争，战争期间他破天荒地捐献了1万日元，捐献金额位居全国第三。并在战争后更加积极地推销他的“海军扩张论”。福泽认为，军备的平衡非常重要，大陆国家的邻国之间都是采取这样的原则，而日本被海洋包围，因此，取得在东亚的优势地位，特别是取得对俄、法、德三国的优势地位十分重要。并主张将从清朝得到的战争赔款全部用于海军扩张。② 这种论调，很大程度上成为了推动日本军备快速发展的思想源泉。

正如日本所期待的那样，几乎每次对外侵略战争都为日本带来了“丰厚的回报”。通过对外侵略扩张，日本不仅转移了国内矛盾，提高了自身的国际地位，而且还得到了大量的战争赔款；不仅获得大片原料产地、投资场所和商品倾销市场，而且也带动了以军事工业为中心的重工业的快速发展。这些都大大地拓展了日本帝国的利益空间，对经济高速发展、实现工业化、完成产业革命起了极大的推动作用。由此可见，日本帝国的发展源自于外侵略扩张，换句话说，日本的对外侵略扩张为日本帝国的发展提供了强劲动力。

三、灵活外交为日本帝国发展营造了相对宽松的国际环境

“黑船事件”后，日本被迫与西方资本主义列强签订了一系列不平等

---

① 福泽谕吉（1835.01.10—1909.02.03）是日本近代著名的启蒙思想家、明治时期杰出的教育家。他毕生从事著述和教育活动，形成了富有启蒙意义的教育思想，对传播西方资本主义文明，对日本资本主义的发展起了巨大的推动作用，因而被日本称为“日本近代教育之父”、“明治时期教育的伟大功臣”。主要的著述有《西洋事情》、《劝学篇》、《文明论概略》和《脱亚论》等。

② 参见石津朋之、ウイリアムソン・マーレー编：『日米戦略思想史——日米関係の新しい視点』、彩流社、2005版、第22頁。

条约，极大地受制于西方。然而，西方列强出于自身利益的考量，对日本采取了各不相同的政策，与此同时，英国与俄国、法国、美国等也存在深刻的矛盾。日本正是利用西方列强之间的利益冲突，使他们对其维新改革采取了中立和支持的态度，这为日本明治政府的建立和资本主义改革与发展创造了相对有利的国际环境。

进入19世纪80年代，国际形势开始朝着有利于日本的方向发展。美国希望与处于美亚贸易通道上的日本保持良好关系。[①] 英国则希望保持其在亚洲的主导权，而俄国也一直觊觎中国东北和朝鲜半岛，力图将自己的势力向南扩展，因此，遏制俄国“南进”便成为英国东亚政策的重中之重。随着形势的发展，英俄两国的矛盾日益凸显，他们都希望拉拢日本这一新兴国家，以遏制自己的战略对手。日本以灵活的外交手腕充分利用英俄两国之间的矛盾，将自己作为它们妥协和拉拢的一个筹码，最大限度营造对自己有利的国际环境，为侵略中国和朝鲜做好充足的外交准备。

此外，日本还于1894年7月16日趁机与英国签订《日英通商航海条约》。该条约既标志着日本基本上实现了争取民族独立的历史使命，又完成了发动中日甲午战争的最后一项准备工作。[②] 正是在这种有利的国际环境下，日本才敢于放手发动中日甲午战争，并取得了最后的胜利。“三国干涉还辽”事件后，日本面对俄国大力扩军备战，深知以一己之力无法与其抗衡。于是，日本再次利用英俄矛盾同英国结成同盟，而且还成功说服美国加入英日的反俄统一战线。在这种相对有利的国际环境下，日本于1904年发动日俄战争，并最终战胜俄国。

1914年第一次世界大战爆发后，日本乘西方列强无暇东顾之机，根据《英日同盟条约》宣布参战，最终攫取了德国在中国山东胶州湾租借地等特权以及德属南太平洋群岛的委任统治权，并趁欧洲参战各国物资紧缺之时，大发战争横财。从1915年起，日本国际收支开始出现顺差，到1918年的4年间，国际收支顺差总计达28亿日元，日本从战前11亿日元

---

① 汤重南、王淼、强国、韩文娟主编：《日本帝国的兴亡》，世界知识出版社，1996年3月第1版，第290页。

② 汤重南、王淼、强国、韩文娟主编：《日本帝国的兴亡》，世界知识出版社，1996年3月第1版，第296页。

左右的债务国一跃而成为27.7亿日元的债权国。[①] 一战后，日本帝国成了屈指可数的五大强国之一。

由此可见，日本充分利用列强之间的矛盾，运用各种外交策略，纵横捭阖，为日本民族独立的实现、资本主义改革的完成、帝国的侵略扩张营造了一个相对宽松、有利的国际环境，使得其对内发展和对外扩张战略得以有效实施。

四、高效情报活动为日本帝国的发展提供了有力保障

自古以来，日本都非常推崇《孙子兵法》，深谙“知己知彼，百战不殆”之道，并积极实践这一情报理念。日本前防卫厅情报本部长太田文雄认为，早在战国时期，武将中十分明显读过《孙子》的恐怕就是武田信玄和毛利元就，这从后人的著述中清晰可见。而“武田灭亡后，与其家臣有着千丝万缕联系的德川家康也深受《孙子》的影响。至于其他有所作为的武将，尽管没有确凿的证据，但十分明显地表明其方式都酷似孙子兵法，同时，被称为日本代表性的兵法，楠氏流、北条流、甲州流、山鹿流等，完全可以认为盖莫以《孙子》为祖”[②]。然而，不知为何，日本后人似乎远离《孙子兵法》精髓因而招致诟病。甚至“据称，二战后的昭和21年（1946年），日本天皇在涉及先前大战失败问题时，曾将不知《孙子兵法》列为诸原因之首。”[③] 此言足见日本对孙子兵法的重视。

明治政府建立伊始，就大力向日本国民灌输“忠君爱国”的思想，与此同时，还极力宣扬“求知识于世界，大振皇基”的全民情报观，强调情报活动是“一项崇高的事业，是报效国家的职责”[④]。这不仅激发了官方情报人员的工作热情，而且促使大批浪人、日裔侨民、秘密社团等民间力量积极投身于日本帝国的情报事业。日本人的情报意识，可以说很少

---

① 万峰著：《日本近代史》，中国社会科学出版社，1981年1月第2版，第462页。

② 太田文雄著：『情報と国家戦略』、芙蓉書房、2005年版、第110頁。

③ 阿川弘之・猪瀬直樹・中西輝政・秦郁彦・福田和也：『二十世紀日本の戦争』、文春新書、平成十二年版、第114頁。

④ ［英］理查德・迪肯著，姜文灏、赵之援译：《日谍秘史》，世界知识出版社，1984年版，第2页。

有国家与之相比，即便时至今日同样如此。此外，如前所述，日本恶劣的生存环境塑造了日本民族强烈的危机意识，而这种危机意识又使日本的情报工作更具进攻性。日本“官民结合”的情报体制及其情报工作所具有的强烈的进攻性，一定程度上促进了日本情报工作的高效性。

事实也证明，随着形势的发展，日本情报工作的高效性逐渐显现，并释放出巨大威力，帮助日本帝国实现了飞跃式发展，为日本帝国的对外侵略扩张提供了有力保障。推翻幕府统治后，日本统治集团认识到本国与西方列强存在的巨大差距并决定向西方学习，为此，开始加大对外情报工作的力度，主要以向西方先进国家派遣使节团、考察团和留学生的方式，从这些国家搜集政治、经济、社会、文化、教育等各方面的情报。这些战略情报为日本的改革维新提供了重要参考依据，加快了其资本主义发展的步伐。特别是，日本在学习西方的过程中吸收了强权政治理念，从而进一步刺激了其侵略野心，并确定了对外侵略扩张的国家发展战略。此后，日本情报人员积极活跃，获取了大量有关中国、俄国和朝鲜极具价值的战略、战役和战术情报。这些情报活动和取得的情报成果，为日本制定决策和策略提供了重要依据，特别是保障了日本在甲午战争和日俄战争中的最后胜利，帮助日本确立了东亚霸主的地位。

应该说，促进日本帝国的发展的因素很多，各自发挥着不同的作用。但是，我们也必须看到，这诸多因素本身的背后都有情报影子，或者说都有情报工作的积极贡献。因此，我们虽不能说日本帝国的发展是情报工作推动的直接结果，但绝对无法否认情报工作在其中扮演的重要角色并发挥了重要作用。

第二节　日本情报工作与日本帝国发展过程中的重大事件

明治维新、甲午战争和日俄战争是日本历史上的三个重大事件，对日本帝国发展产生过重要影响。正是经过这三个事件，日本的势力范围得以扩展，国力得以迅速增强，国家富强才得以实现。其中，高效的情报工作与这三个事件有着密不可分的联系，并在其中发挥了重要作用。

一、情报工作与明治维新相互促进

明治维新是日本近代史上一次具有划时代意义的历史事件，成为日本近代化的开端。明治政府成立后，在“脱亚入欧”理念的推动下，加强针对西方先进国家的情报工作，获取日本政治经济改革和“富国强兵”所需情报，逐渐成为日本统治集团的共识，日本的情报工作建设也随之不断得到加强。

（一）放眼海外，学习西方先进经验

推翻幕府统治后，日本可谓百废待兴。对于如何治理国家这个重大问题，日本统治集团很快达成共识：向西方先进国家学习，“取其之长，补己之短”，以寻求适合本国的改革与发展模式。以睦仁天皇为首的新政府，于1868年4月6日发布了具有政治纲领性的《五条誓文》。其中，“求知识于世界，大振皇基”（第五条）引发了日本从外部世界获取信息的渴求。[①] 从此，日本开始重视通过各种方式搜集其它国家、尤其是欧美先进国家的有关政治、军事、经济、教育、工业等各个方面的情报，为本国的改革与发展提供重要参考和有益借鉴。

首先，日本政府派出使节团和考察团，以“考察”、“访问”的名义搜集西方各国情报。其中最引人瞩目的就是1871年12月下旬开始访问欧美的岩仓使节团。使节团中有49名政府重量级高官，几乎占新政府官员总数的一半。更为重要的是，该使节团随团的54名留学生全都是受雇的间谍[②]。这个使节团在长达20个月的时间里先后访问了欧美12个国家，接触各国首脑、政府官员、各界知名人士，“考察”政府机构、议会、法院、公司、交易所、工厂、矿山、港口、农牧场、兵营、要塞、学校、报社和福利设施，对他们的政治、经济、军事、法制、文化、教育、宗教、

---

① James H. Hansen，*Japanese Intelligence*：*the Competitive Edge*，Washington DC：NIBC press，1996，p. 12.

② ［英］理查德·迪肯著，姜文灏、赵之援译：《日谍秘史》，世界知识出版社，1984年版，第36页。

地方自治和社会状况等情况进行了全面细致的研究。[①]“考察”的同时，他们将所搜集到的西方情报及其“体会心得”不断通过书信的方式及时传回国内。回国后，使节团成员久米邦武根据使节团成员的日记、书信等资料，编写了《美欧回览实记》100卷，共2110页。[②]显然，这是一种典型的战略情报侦察，对日本具有十分重大的意义。因此，“成立刚刚3年的明治政府拿出了当年财政收入的2%来支持这次行动”[③]。除了岩仓使节团，日本政府还向国外派遣各种专业考察团，如伊藤博文1882年率领的“宪法考察团”等。为了给出国的考察团配备谍报人员，日本还专门建立了一批外语学校。[④]

其次，日本政府向欧美各国派遣大量留学生，以“学习”的名义，搜集外国、尤其是西方先进国家的情报。幕府于1860年开始派遣留学生，到1867年，8年间共派遣留学生153人。明治政府成立后，日本开始加大留学生派遣力度，每年都拨出大笔资金以资助派往国外的留学生，留学生数目逐年增加。1869年和1870年两年就派出留学生174名；到1873年，日本的留学生共达373人；两年后，留学生总数达500人左右。[⑤]除极个别外，他们没有辜负政府的期望，不仅用其所学回国效力，而且还为本国带回国家改革发展所需的宝贵情报，为国家发展做出了卓越贡献。

最后，在“文明开化”政策的影响下，大批介绍西方先进文明的文献著作相继问世，成为日本民众了解西方和获取西方信息的重要途径，对日本社会的进步和国家的发展产生了重大影响。例如，福泽谕吉的《劝学篇》从西方天赋人权的思想出发，猛烈抨击封建制度和旧道德伦理观念，号召人民用心向学，提高自身素质；福泽谕吉的另一本著作《文明论概略》比较了日本文明与西方文明，认为日本落后于西方先进资本主义国家，主张为实现民族独立而学习西方文明，从而进一步激发了日本学习西方的热情，推动了日本资本主义的发展，对日本走上近代化道路产生

---

① 汤重南、王淼、强国、韩文娟主编：《日本帝国的兴亡》，世界知识出版社，1996年版，第215页。

② 孙仁宗著：《日本：速兴骤亡的帝国》，三秦出版社，2005年版，第74页。

③ 梁陶著：《日本情报组织揭秘》，时事出版社，2012年版，第69页。

④ ［英］理查德·迪肯著，姜文灏、赵之援译：《日谍秘史》，世界知识出版社，1984年版，第35页。

⑤ 孙仁宗著：《日本：速兴骤亡的帝国》，三秦出版社，2005年版，第76页。

了深远影响；中村正直的译著《西国立志篇》和《自由之理》介绍了西方资产阶级政治学说，宣传了民主自由思想，从而促进了日本国民思想的解放和西方启蒙思想在日本的传播。

（二）积极学习，情报工作建设得到加强

幕府统治结束后，日本开始其近代化的步伐。经过200多年的闭关锁国，明治政府痛感其薄弱的对外情报工作远远不能满足国家发展的需要，便开始向德国学习谍报方面的知识和技能。

德国“间谍大师”威廉·苏迪威尔就曾在情报工作建设方面给予了日本极大的帮助。他毫不吝啬地将自己积累的谍报经验与技艺倾囊相授。这些技艺虽然在现在看来微不足道，但是对于当时毫无经验的日本情报人员来说，却大开眼界，并将其奉为圣贤之论。[①] 对日本情报工作建设来说，另一个重要的德国人是1885年至1894年任德国驻东京军事代表团团长的陆军少校梅克尔。他反复向日本情报部门强调，日本的情报工作存在诸如手段不多、组织不强等诸多缺陷，需要予以加强。梅克尔的情报思想对日本谍报工作的确产生过重要影响，以致1904年日俄战争中的鸭绿江战役结束后，日本陆军儿玉将军曾打电话给此时已身在德国的梅克尔说，胜利归功于他的教诲。[②] 这不仅从侧面反映出梅克尔的“谆谆教诲”确实得到了当时情报部门的重视和采纳，而且也说明：经过日俄战争的检验，日本的情报工作建设已经取得了丰硕成果，并在战争中发挥了重大作用。

经过明治维新，日本的近代化情报机构不断建立起来，并在以后日本的对外侵略扩张过程中发挥了重要的保障作用。

二、情报工作强化了日本在中日甲午战争中的主动权

中日甲午战争以日本的胜利而告终，中国清政府被迫签订了丧权辱国的《马关条约》，从而使中国半殖民地化程度大大加深。而日本通过此次

---

① 魏大庆、罗克祥等编著：《诡狐——日本特工行动档案》，河北人民出版社，1998年版，第8页。

② ［英］理查德·迪肯著，姜文灏、赵之援译：《日谍秘史》，世界知识出版社，1984年版，第37页。

侵略战争，不仅确立了其东亚强国的地位，而且还获得了大片殖民地和大量战争赔款。从此，日本开始向垄断资本主义过渡。日本之所以敢于在其国力、兵力没有绝对优势的情况下发动这场战争并取得最后胜利，与其高效的情报工作是密不可分的。

（一）战略情报为日本统治集团定下侵华决心提供了依据

1868年日本明治天皇登基伊始，即发布亲笔谕示，宣称“开拓万里波涛，布国威于四方”，从此，对外侵略扩张就成为日本的基本国策。日本将其侵略矛头首先指向中国。日本虽然早就有发动侵华战争的企图，并为此进行了长期的扩军备战，但由于国力和军事方面并无对华绝对优势，故其侵华决心仍迟迟不能定下。因此，日本统治集团在甲午战争开战前又多次派出大量间谍潜入中国，有针对性地实施侦察，以便对这一问题做出最后决断。

这些间谍通过实地侦察，深入了解了清政府及其军队的真实情况，通过对所获情报的深入分析和研判，向军方提出自己的看法。其中，日本间谍出羽重远认为，“中国陆海军徒具严整的外形，实际上外强中干，仅一华丽的外壳而已”①。因此，他在向参谋本部提交的报告中指出，中国军队不足为惧。通过对这一战略情报的研判，日本统治集团感到发动战争的时机已经临近，但对能否取得战争的最后胜利仍存有疑虑。对这一问题的最后判断，便落到了负责日本情报工作的参谋次长川上操六的肩上。1893年5月，他亲自来华侦察，历时2个月。通过此行，川上“不仅看破了中国的极端腐败，而且对其陆军之强弱，乃至地形、风俗人情之微，均得一一细微观察，确信中国不足惧，增强了必胜之信念”②。由此可以看出，日本侵华战争的决心早在1893年就已下定。在甲午战争前夕，潜伏在中国的间谍泷川具和于1894年7月9日在报告中称“惟我国不变最初之决心，断然行动，终将开战”③。这份报告更加坚定了日本发动侵华战争的决心。在这种情况下，日本所需要的只是发动侵华战争的借口和时机了。

---

① 戚其章著：《甲午日谍秘史》，天津古籍出版社，2004年版，第128页。

② 同上书，第129页。

③ 同上书，第126页。

上述情报表明，日本在对中国发动战争之前，战略情报工作之深入细致，特别是通过直接观察后进行的战略情报研断之准确，都成为日本政府最终定下对华开战决心的重要依据和支撑。

（二）战役战术情报为日军作战计划的制定与实施提供了有力保障

甲午战争爆发前，日本间谍的足迹已遍布中国各地，活动触角也深入到中国社会的各个阶层，所搜集情报的内容涉及政治、军事、经济、地理、文化、地理和风土人情等几乎所有方面，内容之详尽令人咋舌。其中，许多情报不仅成为日本日后侵略中国的依据，更为日本制定具体的作战计划方案提供了重要支撑。

日本派遣间谍深入清政府内部，窃取清政府各方面的情报，对清军内部情况了如指掌，甚至“比中国人自己更清楚地知道，每一省可以抽调多少人出来作战”[①]。清政府及其军队的一举一动都在日本间谍的密切注视之下，情报活动为日军牢牢掌握作战主动权提供了有力保障。

日本一直重视利用驻外外交机构和人员搜集情报，武官是日本获取对华情报的一个重要手段和渠道。早在 1884 年赴任的驻华武官福岛安正[②]大尉在短短的一年半的任期里，通过各种调查手段，写就了多达 65 卷的《清国兵制类集》，加之其他报回的材料多达 100 余卷，其中甚至包括汉语会话读本。同时，清朝的海军实力是日本的重要关注点，由于当时日本驻华公使馆没有海军武官，因此，这项任务自然也落到了福岛安正身上，主要负责研究如何对付大清从德国购买的两艘排水量均达 7335 吨、主炮

---

① 丁名楠、余绳武等著：《帝国主义侵华史》（第一卷），人民出版社，1973 年版，第 331 页。

② 福岛安正（1852—1930）日本陆军大将，有“日本情报战之父”之称。16 岁参加戊辰战争。1878 年由翻译提升为步兵中尉。西南战争后任驻华和驻德武官。1892 年曾从事军事谍报活动。1894 年任第一军参谋。次年任台湾总督府陆军局长官。1896 年任参谋本部第三部部长。后改任第二部部长。1900 年兼西部都督部参谋长，晋升少将。同年任侵华军司令官。1904 年任大本宫参谋，后转任“满洲”军参谋 1906 年任参谋次长。1912 年任关东都督。1914 年晋升上将。1926 年因病将码头业务与碧山庄华工收容所移交满铁管理。1929 年将福昌公司改名为华工株式会社。1930 年病死大连。他是一个具有超前眼光的阴谋家、战略家。率先提出了“日本的防卫线在朝鲜半岛及中国大陆”的骇世妄言；他曾几度潜入中国腹地侦察军事情报，为日本对清朝开战提供了详实的情报依据。

口径达37厘米的堪称东亚第一舰的镇远和定远任务。[①] 而后来1892年出任驻华武官的神尾光臣，更是日本在华军事间谍的“杰出”代表。他在中国专门从事对清政府的军事情报工作，收买了一名清政府军机处官员，从此，清政府军事机密就源源不断流入日本统治集团的手中。

不仅如此，汉口乐善堂、日清贸易研究所、黑龙会等民间情报力量更是积极活跃。尤其是在甲午战争爆发后，他们的表现与日本军事间谍相比可以说有过之而无不及。回顾历史，甲午战争期间一些著名的日本间谍，大多数是日清贸易研究所的干部和毕业学生、或汉口乐善堂成员。其中，石川伍一和宗方小太郎就是典型代表。1894年7月初，石川伍一在天津通过收买的一名电报局职员，得知了北洋舰队“济远”、“广乙”、“操江”三舰及其护送的“高升”号援朝运兵船的具体开航日期。日本海军获悉后，随即调整部署，在丰岛海域对这些舰船发动突然袭击，致使清军损失惨重。丰岛海战之后，盘踞在烟台的日本间谍宗方小太郎认为，北洋舰队“已舍去进取之策，改为退守之计”，建议将其“诱出洋面”，然后“突击”威海卫。[②] 日本海军采纳了宗方的建议，于8月10日突袭了威海卫，取得巨大成功，之后，又根据他的建议制定了灵活机动的战术使日军在黄海大战之前，一直掌握着海上的主动权。黄海大战前夕，宗方又获取了“镇远”号等14艘中国军舰开赴朝鲜的具体日期这一重要情报。根据这一情报，日本海军于9月17日在黄海拦截并彻底击溃了北洋舰队。至此，日本完全获得制海权。此外，日本间谍还在战争前后深入预定作战区域，针对登陆地点、登陆后战略目标和行军路线的选择等情况进行了仔细的侦察，并向日军提出建议，为其登陆及陆上作战计划的制定与实施提供了有力保障。

综上所述，日军之所以能够取得甲午战争的最后胜利，与其情报意识和高效的情报工作密不可分。日本情报工作生成的战略、战役和战术情报成果，不仅为日本制定对华战略决策和作战计划提供了依据和支撑，而且还保障了日军作战计划的顺利实施，为日军取得甲午战争的最后胜利做出

---

① 参见篠原昌人著：『陸軍大将福島安正と情報戦略』、芙蓉書房、2002年版、第35—36頁。

② 戚其章著：《甲午日谍秘史》，天津古籍出版社，2004年版，第169页。

了“突出贡献”。

三、“官民结合”情报体制为日本赢得日俄战争发挥了重要作用

日俄战争是20世纪初日本与俄国为了争夺中国和朝鲜而在中国东北进行的一场帝国主义战争，最后以俄国战败而告终。此役某种意义上奠定了日本世界强国地位。这是世界近代史上黄种人第一次打败白种人，极大地震动了整个世界。日本在战争前的“官民结合”的情报体制下的情报工作，对其夺取这场战争的最后胜利起到了重要的保障作用。

（一）未雨绸缪，官方情报工作提前展开

日本一直将俄国视为其称霸远东的主要竞争对手。因此，早在日俄战争开始前，日本对俄情报活动就已展开。日本情报人员以外交官、商人、厨师、医生、理发师等各种身份为掩护，利用各种机会和手段，针对俄国西伯利亚和中国东北地区进行了细致的情报搜集工作。

早在1878年，日本驻俄公使榎本武扬用了68天横穿西伯利亚，成为日本进入西伯利亚的第一人，而其目的“就是要亲眼看看这个日本人一直抱有莫大恐惧感的俄国是不是真的可怕”①。之后，日本对俄情报活动就不断深入。其中，最为著名的是日本驻德国武官福岛安正的情报活动。1892年2月11日至1893年6月12日，他骑马从柏林出发，冒着严寒横穿西伯利亚，最终到达符拉迪沃斯托克，对沿途的兵要地志、风俗人情等进行了详细勘察，获取了第一手资料。这些资料成为日后日本政府和军方制定对俄战略与政策的重要依据。

“三国干涉还辽”后，日本当时深知自身实力不足以与俄国对抗，只能忍气吞声，在扩军备战的同时，进一步加强对俄情报工作。参谋次长川上操六1897年率领青木宣纯等军官深入中国东北和西伯利亚进行侦察，同时开始派遣间谍在该地区建立情报站，布建间谍网，以搜集中俄边境一带的情报。日俄战争前，参谋次长川上操六一手策划建立了众多情报站

① 篠原昌人著：『陸軍大将福島安正と情報戦略』、芙蓉書房、2002年版、第39頁。

点，其中主要有：菊地照相馆、哈巴罗夫斯克竹内商店、京都西本愿寺符拉迪沃斯托克分院、辽南谍报站、旅顺口情报站等。[①] 日本情报机构以这些情报站点为基础，搜集了大量有关俄国西伯利亚和中国东北地区的军事、经济、地理等各方面的情报，为日后对俄战争的胜利打下了坚实的情报基础。[②] 此外，1903 年，主管情报工作的福岛安正向参谋本部提交了一份报告，称“俄国目前正在修建西伯利亚铁路，一旦铁路完工，日本陆军将很难击败俄国陆军，因此，对于陆军来说，对俄越早开战越好。日本海军与俄驻远东海军的力量对比为 4 ∶ 3。海军只要能够击败俄国前来增援的波罗的海舰队，就有赢的可能。”[③] 福岛的这一战略情报进一步坚定了日本统治集团对俄开战的决心。

海军军令部在对俄情报工作方面表现得也十分突出。中国北方天然良港——旅顺是处于黄海和渤海之间的战略要地。日本对中国图谋已久，深知这一港口在未来控制中国的重要性，因此，在甲午战争前就派遣间谍对旅顺口基地进行了细致的侦察。清政府 1897 年 2 月将旅顺港租借给俄国后，日本海军进一步加强了对俄驻旅顺太平洋舰队的情报工作。日俄战争爆发前，日本海军军令部第三班派出大量间谍对俄国海军太平洋舰队的编制体制、活动情况，及其在旅顺口基地的驻泊和防御情况，展开了广泛而细致的侦察活动。其中，有些间谍甚至能够以厨师、仆人、跑堂、机车司炉和理发师为掩护，潜入俄国舰队的驻地和军舰上。[④] 川上资三就是这批间谍中的一个。经过多方侦察，他及其手下先后绘制了“旅顺要塞海陆炮台堡略图”、“旅顺要塞海陆兵营位置图” 等。[⑤] 这些地图在日军攻击旅顺时起了重要作用。为了挽救俄国驻旅顺的太平洋舰队，俄国政府决定组

---

① 王希亮：“近代西伯利亚和远东地区日本谍报活动评述”，载《西伯利亚研究》2003 年第 2 期，第 5 页。

② 孙建民、汪明敏、杨传英编著：《情报战战例选析》，国防大学出版社，2010 年版，第 43 页。

③ Kent Kotani，*Japanese Intelligence in World War II*，Westminster：Osprey publishing，2009，p. 7.

④ 郑刚、黄佳懿主编：《秘密档案：二十世纪政治秘闻、战争机密、间谍密档、秘密机构、恐怖组织》，金城出版社，1999 年版，第 15 页。

⑤ 夏阳著：《谍中谍：世界百年特工战争》，中国人民公安大学出版社，1998 年版，第 39 页。

建第二太平洋舰队，开赴远东。然而，该舰队从组建到踏上行程的每一天，都处于日本间谍的严密监视之下。其中，日本海军军令部第三班秋吉正孝和镰村建藏少佐早就潜入彼得堡，以轮船公司职员的身份为掩护，获取了该舰队的组建、军备、起航时间、具体航线等重要情报。即使在航行途中，日本间谍的密报也不断传回海军军令部第三班。最后，做好充足准备的日本联合舰队于 1905 年 5 月 27 日在对马海峡几乎全歼俄国第二太平洋舰队。

（二）积极活跃，民间情报力量全力配合

集团意识是日本战略文化中的一个重要特性，“官民结合”体制的日本情报体系建立，渗透着这种文化。各种情报机构均为实现国家战略而十分敬业地从事情报工作，为政府的国家发展战略和军事扩张积极服务。

日本民间情报力量布建了庞大的间谍网，成为官方情报的有力补充，强有力地支持了日本官方的情报工作。民间机构的情报人员在日俄战争前夕，就以各种掩护身份，进行对俄情报搜集活动，为日本搜集了大量有关俄国的军事、政治、经济、地形、风俗人情等方方面面的情报。对于日本无孔不入的民间情报工作，俄国陆军大臣库罗巴特金在回忆录中写道：“日本人准备战争已有十年之久，不但研究了该地区，而且在该地区布满了特务，这些特务对他们的贡献非常之大……他们通常总能得到关于我军实力和作战计划可靠的情报。”①

“三国干涉还辽”在日本全国上下引起轩然大波，大陆浪人更是义愤填膺，对俄国恨之入骨，“对俄开战”的呼声日益高涨。1896 年，日本玄洋社骨干内田良平与其他浪人一起在符拉迪沃斯托克布建了对外称为“柔道馆”的首个秘密情报站，搜集周边地区的俄国情报，并将其作为联络在西伯利亚地区日本浪人的据点。此后，内田良平又多次前往符拉迪沃斯托克、中国东北和西伯利亚地区，搜集有关俄国军事、经济、兵要地志等方面情报。这些情报均在后来的日俄战争中发挥了重要作用。如前所述，内田良平于 1901 年创建黑龙会。之后，黑龙会根据大陆浪人多年在

---

① 孙建民、汪明敏、杨传英编著：《情报战战例选析》，国防大学出版社，2010 年版，第 45 页。

中国东北和西伯利亚地区搜集的情报资料，绘制出版了精确而又翔实的《最新满洲图》和《俄国东方经营方面全图》。[①] 这两幅地图在日后的对俄作战中发挥了不可估量的作用。日俄战争前后，黑龙会和玄洋社等民间情报组织已经建立了多个情报据点，将位于西伯利亚和中国东北的大陆浪人组织起来，形成了一张巨大的情报网。除了玄洋社和黑龙会等民间情报组织，当时居住在西伯利亚、中国东北和朝鲜的许多普通日本人也自发搜集俄国情报。此外，东亚同文书院在日俄战争期间也积极从事对俄情报搜集工作。

正如英国著名谍报史专家理查德·迪肯所说："1904 年 2 月 8 日，日俄战争爆发。交战关头，日本人大规模的先进谍报活动出色地配合了军事行动，这是现代历史上任何一支陆军或海军都望尘莫及的。可以毫不夸张地说，这次谍报行动构想之绝妙、配合之协调，是史无前例的。"[②]

（三）贡献突出，情报谋略活动卓有成效

日俄战争开始后，在俄军后方搞破坏成为了日本情报工作的重要内容之一。其中，青木宣纯和明石元二郎的情报谋略活动表现得最为突出。

日俄战争期间，日军大本营在北京建立了以青木宣纯大佐为首的情报谋略机构，其任务是：争取中国与日本合作，侦察敌情；破坏敌后的交通线；运用地方武装部队，威胁俄军的侧翼。[③] 青木机关下设的"特殊任务班"于开战后在八达岭、大石桥附近破坏了俄国的通信联络设施。因此，当 1904 年 2 月 8 日下午日本海军在朝鲜仁川外海突袭两艘俄国战舰时，驻旅顺的俄国太平洋舰队对此毫不知情。此后，该特殊任务班不断通过俄国严密的封锁线，秘密潜入俄军后方，冒着生命危险，进行破坏活动并执行情报搜集任务。

1903 年左右，日本驻俄公使馆武官明石元二郎通过对俄国国情的分析认为，俄国幅员辽阔，单纯依靠武力无法取胜，如果运用谋略引发俄国

---

① 梁陶著：《日本情报组织揭秘》，时事出版社，2012 年版，第 97 页。

② ［英］理查德·迪肯著，姜文灏、赵之援译：《日谍秘史》，世界知识出版社，1984 年 1 版，第 56 页。

③ ［日］大桥武夫著，古月译：《战略与谋略》，军事谊文出版社，1985 年版，第 101 页。

内部骚乱，日本仍有成功可能。① 在两国开战后，他转移至瑞典，以斯德哥尔摩为基地活动于欧洲各地。除了搜集俄国情报外，他积极通过各种情报谋略活动，在俄国境内制造各种混乱，颠覆俄国政府，致使俄国政局动荡。这些情报谋略活动不仅打乱了俄国的既定战略步骤，同时也牵制了俄国大量兵力。当时的德国皇帝威廉二世赞叹道："明石一人所取得的成果，堪与大山岩统帅的二十万驻中国东北日军相匹敌"。②

"三国干涉还辽"之后，日本一直对俄国怀恨在心，大力扩军备战，以期与其"一决雌雄"。尽管如此，日俄战争前，日本的综合实力与俄国仍然相差甚远。日本之所以能够取得日俄战争的最后胜利纵然存在诸多因素，但其中"无孔不入"的情报活动无疑是一个不可忽视的重要因素。特别是，日俄战争期间，日本"官民结合"的情报体制在这场战争中再次展现出巨大优势，在海战和地面作战中都发挥了强有力的保障作用。值得一提的是，日本的情报谋略活动，尤其是明石元二郎的对俄颠覆活动，对日军赢得日俄战争更是"功不可没"。

第三节　日本情报工作在日本帝国发展过程中扮演的角色

明治维新后，日本大力发展资本主义，同时也走上了对外侵略扩张的军国主义道路，由于各方面的成功运作，日本帝国迅速发展，进而称霸东亚，最终成功跻身于世界五大强国行列，而日本情报工作在这个过程中扮演了重要角色。

一、情报工作是日本帝国实现破旧立新的助推器

应该看到，明治维新之所以取得成功除了制定了较好的国家发展规划和采取了适合日本国情的有效措施，更多地是打开了自己的视野。其中，

① ［日］畠山清行著，刘春兰译：《陆军中野学校》，群众出版社，1984 年版，第 173 页。
② ［日］大桥武夫著，古月译：《战略与谋略》，军事谊文出版社，1985 年版，第 20 页。

在强烈的危机感和饥渴感的作用下，向西方学习改革发展的经验很快成为日本统治集团的共识，获取西方一切有用信息和情报成为日本的重要需求。为此，日本政府进一步强化对西方的情报工作力度，其中以“考察”、“学习”等名义，派出大量情报人员搜集西方国家可资本国改革发展的全方位情报。这些情报活动帮助日本打破了封建制度的束缚，顺利走上了适合本国的资本主义发展道路。

前文所述的19世纪70年代初岩仓使节团的情报活动，级别之高、规模之大、范围之广、“实地考察”内容之详尽，让人为之惊叹。通过这次“考察访问”，明治政府决策层开阔了眼界，增长了见识，拓宽了思维，更新了观念，充分认识到日本与欧美各国所存在的现实差距，从而更加坚定了向西方学习的决心。同时，参访人员通过“实地考察”和亲身经历，学到了西方国家先进的治国理论和方法，为日本政府改革发展提供了大量丰富而珍贵的情报。通过对岩仓使节团所获情报的认真分析和研究，明治政府决定结合本国国情各取所长：“效仿德国的法律制度和陆军制度、英国的君主立宪制度和海军制度、法国的教育制度和刑法制度，并广泛地引进英国、美国和德国的军事和工业技术”①。从此，日本加速了其改革步伐，对政治、经济、军事、文化教育制度进行了全面改革，并通过推行“殖产兴业”、“富国强兵”和“文明开化”三大政策，使日本的生产力得到极大解放，国家实现飞速发展。此后，如前所述，为了促进国家的改革和发展，日本政府还不断派出各种考察团和大量的实为间谍的“留学生”，这些人为日本搜集了大量可资改革和发展的宝贵情报。其中，亚洲第一部近代宪法——《大日本帝国宪法》就是在日本政府“宪法考察团”的“考察”活动基础上制定的。在文明开化政策的指引下，日本近代新闻出版事业在向西方学习的基础上得到了蓬勃发展。新闻出版业中充斥着大量西方信息，一定程度上增进了日本政府和民众对西方世界的了解，促进了日本社会与西方文明的进一步融合。

此外，日本情报人员不仅搜集西方文明、先进经验等方面的情报，而且还针对西方发展过程中存在的问题进行深入分析，从中汲取教训，为日本政府提出合理化建议。例如，一位日本间谍1872年从伦敦发回一份报

① 周兴旺著：《日本人凭什么》，台北广达文化事业有限公司，2009年版，第220页。

告称，"欧洲国家不久将会汲取一个重大教训：他们的军工企业未能有效地和国家的事业协调一致。一些厂家把他们的利益置于国家需要之上，同时许多工厂的经营管理不力，导致减产倒退……"① 日本政府采纳了该间谍的建议，将电报、电话、军工等所有可能涉及国家安全、国家战略的企业都置于国家的严格控制之下，以确保这些企业完全服务于国家战略的实施。② 事实证明，此举收到了良好效果。

日本通过这种"求知识于世界"的对外情报工作，汲取了大量西方先进理念与思想以及实践经验，并结合自身实际取舍得当地加以实践，从而迅速摆脱了闭关锁国的封建主义制度桎梏，走上资本主义发展道路，大大推进了其资本主义改革的进程，最终实现了国家的破旧立新和快速发展。

二、情报工作是日本帝国实现强兵富国的催化剂

"富国强兵"是明治维新期间日本政府制定的三大政策之一（另外两项政策为"殖产兴业"和"文明开化"），位于政策的主体和首要地位。然而，纵观近代日本的发展历程，"富国强兵"之路实际上是一条"强兵富国"之路，即通过发展军事实力并借助这种军事实力发动对外侵略战争，同时带动本国以军事工业为主导的国民经济的快速发展，通过征城掠地，攫取巨额战争赔款和大片殖民地，以实现国家的富强。

日本的工业化实现和产业革命完成与甲午战争、日俄战争有着十分紧密的关联。明治维新开始时，无论是国土面积、人口数量，还是综合国力、军事实力，日本与当时的中国和俄国都存在一定的差距。但是，日本却通过甲午战争和日俄战争扭转了这种态势。尽管日本能够取胜这两场战争的胜利取决于很多因素，但事实证明，高效的情报工作是日本获胜不可缺少的重要因素。虽然迄今人们对于情报是否能够产生直接战斗力的认识尚未高度统一，但至少人们已经认识到，"情报虽然不是一种直接战斗

---

① ［英］理查德·迪肯著，姜文灏、赵之援译：《日谍秘史》，世界知识出版社，1984 年版，第 35 页。

② 同上书，第 36 页。

力，但是如果情报得到有效合理使用，就能够转化为战斗力的倍增器”[①]。我们从前面对日本在这两场战争中情报工作的运用和功效中不难发现，无论是战略情报还是战役、战术情报，都为赢得战争发挥了重要功效。因此，从情报工作的角度看，日本从这两场以“情报取胜”的战争中攫取了巨额财富和大片殖民地，并推动了国家经济的快速发展，相继完成产业革命、工业化，在第一次世界大战前夕完成了向帝国主义的过渡。

日本帝国在实现其远东霸权的过程中，从一开始就未雨绸缪，向欲征服国和主要对手国——中国和俄国——派出了大量间谍，进行了长期的情报准备工作。这些间谍以各种身份为掩护潜入相关地区进行实地侦察，最终对中俄两国的相关情况了如指掌。这些战略情报、战役情报和战术情报不仅为日本统治集团定下作战决心和制定作战方针提供了重要依据与支撑，而且还与作战行动密切配合，充分保障了作战行动的顺利实施并取得了战争的最后胜利。其中，甲午战争中国战败，使日本的国际地位得到了根本改变。日本向中国索取赔款白银2亿两，再加上赎辽费3000万两和威海卫日军守备费150万两，共2.315亿两，约合3.4725亿日元，而且还从中国掠夺了价值约1.2亿日元的“战利品”，而当时日本政府的年度财政收入才只有8000万日元。[②]也就是说，日本通过这场战争得到的“红利”超过其年度财政收入的5.7倍。日本也正是以中国的巨额赔款为基金，才于1897年实行了金本位体制。之后，日本借助甲午战争所得到的大量实惠，实现了第一次产业革命，并开始向帝国主义阶段过渡。而日俄战争的获胜，使欧美列强完全承认了日本的国际地位，确立了日本在东亚的霸主地位。从此，日本成为囊括朝鲜、库页岛南部、中国台湾及辽东半岛在内的殖民帝国。

应该说，无论是甲午战争还是日俄战争，都是日本挑战强权的战争，即从实力对比看，无论是经济实力还是军事实力，日本都与对手有差距。因此，理论上讲，日本除了在战争中合理的战略战术运用别无他解，而一切有军事常识的人都十分清楚地知晓，正确的战略战术都是以情报为支撑

---

① 孙建民、汪明敏、杨传英编著：《情报战战例选析》，国防大学出版社，2010年版，第158页。

② 戚其章著：《甲午战争史》，上海人民出版社，2005年版，第501页。

的。因此，试想，如果日本的情报工作无所作为，那么这两场战争的结局很可能完全逆转。从这种意义上说，是情报工作改变了力量对比，使日本这个原本弱者最后转化为强者而笑到最后。从众多历史实践中我们看到，出色的情报工作不仅可以决定一场战争的胜利，有时甚至可以左右一个国家的命运。对于日本而言，出色的情报工作不仅帮助日本赢得了这两场战争，而且还彻底改变了其国家命运，即从一个原本并不强大东亚相对小国，一跃成为东亚的霸权国。因此，可以说，出色的情报工作成为了日本帝国实现“富国强兵”战略的催化剂。

三、情报工作是日本帝国实施侵略扩张的急先锋

从上述内容中我们已经看到，日本帝国实现快速发展的根本途径是通过对外侵略扩张。为配合其对外侵略扩张，日本逐渐建立起自己的近代化情报系统，并不断加以完善。从此，日本的情报工作由原来的松散无序，进入了有组织、有计划的新阶段。由于官方情报人员数量非常有限，日本遂派出情报人员建立汉口乐善堂、日清贸易研究所、东亚同文书院、满铁等民间情报组织，网罗了大批大陆浪人、日裔侨民等，从事情报搜集工作。此外，玄洋社、黑龙会等日本民间右翼团体和众多日本民间人士更是不甘寂寞，与军方密切协同，积极从事对外情报搜集工作，为日本的对外侵略扩张提供情报保障。在这种情况下，日本走上了极具日本特色的情报工作之路，即建立了“官民结合”的情报体制。这种情报体制为日本近、现代情报工作发展奠定了坚实基础，并在历次对外扩张侵略中扮演着重要角色。

对于中国和俄国两个战略远东地区的战略对手，日本之所以最终取得优势地位，特别是赢得两场战争的胜利，其中一个很重要的原因就是做到了情报工作的未雨绸缪。日本在华和对俄战争爆发前，派出大量情报人员潜入相关作战区域实施侦察，并根据对外侵略扩张战略，预先有针对性地布建间谍网，为日后的侵略战争做准备。此外，日本还根据形势的发展不断对侦察重点做出调整，以充分发挥情报的保障作用。例如，19 世纪 70 年代和 80 年代初，为了侵占中国台湾，日本一直将侦察重点集中在东南沿海。在中法战争中，日本企图趁火打劫，未获成功，但从中看到了清政

府的极度腐败，这进一步刺激了日本侵华的野心。于是，日本加强了对华情报活动，并将情报工作的重点从中国东南沿海转移至渤海湾及其沿岸地区。而当俄国1891年宣布修建西伯利亚铁路后，日本决定在俄国暂时无力东扩之时发动侵华战争，同时重新部署对华谍报工作，特别加强了北洋海军及海防要塞的侦察。“三国干涉还辽”后，日本对俄国一直怀恨在心，提出“卧薪尝胆”，积极准备对俄开战，为此，加强对中国东北地区和俄国西伯利亚地区的情报搜集工作。

不难发现，明治维新后，对外侵略扩张是日本帝国的基本国策，为达此目的，情报工作始终冲在日本对外侵略扩张的最前沿，可谓是日本对外侵略扩张的急先锋，在为保障日本对外侵略活动的实施提供了重要的支撑和保障同时，情报工作自身也得到了发展，更加趋于务实和高效。

小　结

1868年的明治维新开创了日本历史的新纪元，在“破旧来之陋习，基天地之公道”和“求知识于世界，大振皇基”理念和政策下，日本不仅放弃了攘夷主义，更是坚定了积极引进西方文明的“师从西洋”意愿和决心。为此，日本开始重视对外情报工作，通过派遣使节团、考察团、留学生、翻译外国文献等方式，搜集了大量有关西方国家的政治、经济、军事、文化、社会生活等各方面的情报。根据这些情报，日本明治政府结合本国实际大大加快了明治维新改革图强的步伐，生产力得到极大解放，国家实力迅速增强。岛国心态导致的危机与扩张思维占据上风后，日本很快走上了对外侵略扩张的“强兵富国”之路。为了达成国家战略目标，日本情报工作始终冲在其对外侵略活动的最前列，为侵略决策的制定和作战的实施提供保障。也正是由于高效的情报工作协助了日本分别战胜了当时比自己强大的中国和俄国，取得了中日甲午战争和日俄战争胜利。通过这两场战争的胜利，日本不仅得到了经济上的实惠，使得综合国力得到了飞速发展，更是一跃成为东亚地区的霸主并奠定了其世界强国的国际地位。

明治维新、甲午战争和日俄战争成为日本帝国快速发展史中的重大标志性事件，情报工作在这三个重大标志性事件中表现得尤为突出。从结果看，日本的情报工作不仅加快了其资本主义改革的步伐，而且在其发动的对外侵略战争中起到了战斗力倍增器的作用，扭转了战争态势，最终以弱胜强，可谓将情报对作战的保障作用发挥到最佳状态，这些都是日本情报工作未雨绸缪、官民结合、重点突出和因势调整的结果。因此，在日本帝国的发展过程中，我们看到日本情报工作扮演着助推剂、催化剂和急先锋的角色，成为日本帝国快速发展和以弱胜强的重要原因之一。同时，也正是在高效的情报工作支撑和保障下，日本自此不再孱弱而成为世界强国。

第二十一章　日本情报工作与日本帝国大规模战争扩张和败亡(1931—1945)

日本于1931年发动“九·一八”事变，并迅速占领了中国东北。随着侵略野心的膨胀，日本进而做出重大战略决策，即悍然发动全面侵华战争，曾一度迅速攻占了中国大片地区，但随着战争的推进，在中国军民的顽强抵抗和世界反法西斯力量的支持下，日本侵略者很快陷入了战争泥潭。然而，日本统治集团不顾自身国力的有限性，在非理性战略思维的冲动下，又挑起更大规模的战争——太平洋战争，一度攻占了东南亚和西太平洋的大片地区，但最终在世界反法西斯强大的反击中最终成为战败者。客观而言，日本无论是在侵华战争还是太平洋战争中，情报工作都曾一度为其战场上的胜利提供了重要保障和支撑。但是，随着战争进程的发展，除了由于日本国力与世界反法西斯同盟存在巨大差距外，情报工作的诸多失误，也加速了日本帝国最终走向败亡。

第一节　由大规模战争扩张走向败亡的主要非情报因素

日本通过明治维新走上了资本主义道路，并借助对外侵略扩张迅速实现了国家的富强。然而，日本的侵略行径和对世界和平的破坏，遭到了世界一切爱好和平国家的抵制和全力反击，其建立在对外强取豪夺基础上的国家强盛势必难以长久。

一、战争的非正义性是日本帝国走向败亡的根本原因

“战争是人类社会集团之间为了一定的政治、经济目的而进行的武装斗争。从性质来看，战争分为正义战争与非正义战争两大类。一切由反动势力所进行的镇压革命、对外进行侵略扩张、阻碍社会进步的战争，都属于非正义战争。”① 日本法西斯虽然打着所谓“共存共荣”、“解放亚洲”、“大东亚共荣”等旗号，将自己装扮成正义力量的化身，但是其实际行动却与之截然相反，他们对外发动大规模侵略战争，对被占领的国家和地区进行残酷的殖民统治和大肆的经济掠夺，甚至以恐怖主义手段对无辜平民进行大规模屠杀，将亚洲各国人民置身于水深火热之中，痛苦和伤害之深重，世间罕见。同时，对日本国内而言，长期的战时经济体制和高压政策不仅使日本人民沦为战争机器，生活苦不堪言，战争本身更使国家面临生死存亡的危机之中。由此可见，日本帝国发动的战争毫无正义性可言。

得道多助，失道寡助。非正义战争违背广大人民群众的根本利益和社会发展的方向，具有极大的破坏性，必将招致世界正义力量的共同反对，并最终走向失败。日本军国主义发动的侵华战争，给中国人民带来了深重灾难，同时也激起了全中国人民的奋勇抗击。与此同时，越来越多的国家及其人民加入到援华抗日的行列。随着侵略野心不断膨胀，日本竟不顾中国战场的客观情况，将战争进一步扩大，于 1941 年 12 月偷袭珍珠港，挑起太平洋战争，导致美国彻底放弃“孤立主义”政策，全面参加对日作战。此后，越来越多的国家开始对日宣战，世界反法西斯阵营日渐壮大。反观日本，日本民众和经济长期被绑架在对外侵略战争的车轮之上，大多数日本民众在日本政府的高压控制之下迫于无奈，或直接参战，或参加生产。他们家破人亡，生活苦不堪言，同样迫切希望战争早日停止。同时，即便是日本民众处于政府高压的管控之下，其反战声音仍不绝于耳。日本发动的对外侵略战争不仅在国际上遭到世界爱好和平的国家及其人民的一致反对，而且在国内也得不到本国人民的普遍真正支持，必然以失败而告终。在世界反法西斯同盟的共同抗击下，日本帝国最终走向败亡的历史事

① 《中国大百科全书·军事》（第二册），军事科学出版社，1987 年版，第 2 页。

实也恰恰证明了这一点。

二、畸形发展模式是日本帝国走向败亡的内在因素

日本帝国早在1868年提出“与万国对峙”、“开拓万里之波涛，布国威于四方”等国家战略目标时，就流露出对外侵略扩张进而称霸世界的欲望。这些战略目标也成为后来日本军国主义发动侵略战争的动因。虽然明治维新使日本迅速走上资本主义道路，但是这次维新并不彻底，依然保留了大量的封建残余。这些封建糟粕成为日本滋生军国主义的肥沃土壤，从而为日本帝国最终败亡埋下了伏笔。从根本上讲，日本帝国最终走向败亡，是其走上军国主义道路、实行对外侵略扩张和挑战世界秩序的必然后果。

从日本帝国之路看，它没有把实现国家富强建立在独立自强的基础之上，而是将对外侵略扩张作为实现国家强盛的根本动力。如前所述，虽然通过“强兵”来实现“富国”路线的推行，确实曾使日本帝国的国力得到迅速增强，但是，随着国内军国主义势力的极度膨胀，妄图“布国威于四方”的日本帝国误认为国家的发展就是版图的扩张，从而对霸权的渴求日益增长，发动侵略战争的规模也因此一次比一次大。为了给战争提供足够支撑，日本军国主义者逐渐将整个国民经济、甚至国家所有资源纳入军事、战争的轨道，为其侵略战争服务，以获取更多霸权。在此力量的推动下，日本的国家发展就陷入了一种恶性循环：战争——经济、国家军事化——更大的战争——经济、国家更加军事化……直到发动侵华战争和挑起太平洋战争……。[①] 这种发展模式事实上是将整个日本变成了一部战争机器，而随着这部战争机器的不停运转，致使日本对外扩张战争规模日益增大，最终导致日本经济、人口等资源无以承受。特别是，日本帝国对外战争的步步升级，从侵占朝鲜到侵略中国，直到发动太平洋战争，唤醒美国这个“沉睡的巨人”，力量对比发生了重大逆转，日本帝国大厦也最终在世界反法西斯力量的共同打击下崩塌。

总之，日本军国主义的疯狂和冒险意识，加之国土狭小和自然资源贫

---

① 参见汤重南、王加丰等著：《强国之鉴》，人民出版社，2007年版，第156页。

乏，致使日本的岛国根性不断扩展，危机意识与扩张思维的恶性结合，决定了日本帝国对外侵略扩张疯狂有加，但这也就意味着日本帝国一步步地走入迷途深处，并加速走向败亡。

三、国力与野心的逆差是日本帝国走向败亡的决定性因素

恩格斯认为，“暴力还是由经济情况来决定，经济状况供给暴力以配备和保持暴力工具的手段”，“没有什么东西比陆军和海军更依赖于经济前提。装备、编成、编制、战术和战略，首先依赖于当时的生产水平和交通状况”。[①] 从纯军事视角看，大规模战争的胜负归根到底取决于一个国家综合国力，尤其是经济实力。就当时的日本的综合国力而言，无力为规模越来越大的战争提供足够支撑，随着时间的拖延，很难在长久而无休止战争中拖延下去，也就成为日本帝国最终败亡的决定性因素。

1931 年日本发动侵华战争，迅速占领了中国东北三省，并建立了伪满洲国。日本在伪满洲国攫取了大量资源以充实自己的国力，并从中尝到了甜头，也刺激了其野心的膨胀，于是将侵略触角渐渐伸向了中国华北地区，并于 1937 年悍然发动全面侵华战争，妄图占领全中国。

战争初期，日本凭借其自身的军事优势，举全国之力，迅速占领了中国华北、华东、华中、华南的广大地区。快速取胜使得日本口出狂言称将三个月灭亡中国。然而，就当时日本的综合国力而言，“三个月”灭亡中国的预言显然是一种臆想。中国军民的顽强抗战使得日本不得不持续向中国增派兵力，整个国家在政治、经济和军事方面都实施了举国动员的战争体制。但是，由于日本严重缺乏资源，导致其经济结构非常脆弱。例如，日本所需的石油、生铁、橡胶、有色金属等平时就几乎全部依赖于国外，战时这种依赖性更是急速增大，生产能力的扩大和对资源的需求难以满足，致使经济陷于严重混乱之中。有数据显示，“1937—1941 年，日本的工矿生产指数表面上增长约 23%，实际则是军工生产膨胀，民用工业萎

---

① ［德］恩格斯著，中共中央马克思、恩格斯、列宁、斯大林著作编译局译：《恩格斯：反杜林论》，人民出版社，1993 年版，第 171 页。

缩；国际收支逆差累计达 50 亿日元；通货膨胀，货币贬值，物价上涨约 40%。”①

到 1941 年，日本虽然占领了中国大片领土，但其日益衰退的国力在面对中国军民顽强抵抗的情况下，只能在中国战场上勉强维持。然而，日本法西斯的非理性思维和赌徒心理占据上风，竟置本国经济的客观现实于不顾，将进攻的矛头对准了正蒸蒸日上的美国，于 1941 年 12 月 8 日偷袭美国珍珠港，挑起规模更大的太平洋战争。客观地说，如果说日本当时的综合国力还可以勉强支撑其侵华战争的话，那么面对强大的美国和广大东南亚国家在西方支持下的反抗，日本完全无力将庞大的太平洋战争维持下去，失败只是时间问题。仅就日本与美国的差距而言，1941 年，“日本与美国的综合国力相差悬殊，仅战争所必需的钢铁、石油等十一种主要战略物资生产能力对比就达到 1∶77”②。同时，珍珠港事件后，美国立即进行了战争动员，巨大的战争潜力瞬间释放，日本与美国的国力差距进一步拉大。与此同时，日本也将自己推向了全世界爱好和平的国家及其人民的对立面。随着战争规模的不断扩大，战争消耗更是急剧增加，日本的国力日渐衰微，与其主要对手之一的美国的差距更是越拉越大，“1941 年日美综合国力对比为 1∶10，1943 年为 1∶15，1944 年为 1∶22”③。日本仅与美国的综合国力对比就如此巨大，如若与世界反法西斯同盟的整体实力相比，更是相差甚远。战争的巨大消耗，加之世界反法西斯同盟对日本的经济封锁和破坏，使得日本国力几近枯竭，最终无力再为其侵略战争提供支撑，帝国命运也就自然难以维系。

第二节　日本情报工作与大规模战争扩张和败亡重大事件

1931 年，日本发动“九·一八”事变，揭开了全面侵华战争的序幕。

---

① 吕万和著：《简明日本近代史》，天津人民出版社，1984 年版，第 322 页。

② 同上书，第 337 页。

③ ［日］中原茂敏：《大东亚补给战》，中国人民解放军总后勤部，1984 年版，第 205 页。

从此，日本帝国开始了大规模战争扩张之路，同时也走上了败亡之路。全面侵华战争、珍珠港事件和中途岛海战，是日本帝国由大规模战争扩张走向败亡过程中三个具有转折性意义的重大事件，日本情报工作在其中直接或间接影响着交战双方军事优势的变化，也成为影响战局结果的重要因素之一。

一、情报优势逐步丧失加速日军陷入全面侵华战争的泥潭

“九·一八”事变后，日本军队在其“官民结合”情报体制的有力保障下，迅速占领了中国东北三省，并建立了傀儡政权伪满洲国，中国东北遂沦为日本的殖民地。然而，日本并未就此满足于已取得的殖民利益，反而变本加厉，军事行动和扶持傀儡政权双管齐下，同时加强情报谋略活动，迅速将侵略魔掌伸向中国华北等地区，并于 1937 年 7 月 7 日策划了“卢沟桥事变”，发动全面侵华战争。

（一）情报活动为日军前期战略进攻提供了有力保障

全面侵华战争初期，日军在正面战场攻势迅猛，迅速占领了中国大片领土。这主要取决于当时中日两国的军事实力、经济实力和政治组织能力的现实差距。除此之外，情报工作也为日本前期战略进攻的实施提供了有力保障。

日本早在 1931 年就专门针对中国组建了陆军省“军事调查委员会”，对包括军事机构的组成、陆海空军的兵力构成以及国防计划等军事现状进行详细的调查。① 虽然后来这一部门的隶属关系几经变更，但这项工作一直没有停止。与此同时，日本不仅直接派遣间谍搜集情报，而且还利用“满铁”、黑龙会、银行、商社和医院等民间力量从事情报活动。这些情报人员利用与中国人的外貌相似的有利条件，在中国大肆开展情报活动，为日本侵华活动提供了大量情报，充分保障了其前期战略进攻的顺利实施。

---

① 杨天石、藏运祜编：《战略与历次战役》，社会科学文献出版社，2009 年 1 月版，第 57 页。

尤其需要指出的是，日本在全面侵华战争初期已建立了遍布国民政府行政院、参谋总部、海军部和军政部等要害部门的间谍网。这些间谍在战争初期为侵华日军提供了大量绝密情报，使日军对国民政府的许多重大决策与部署一清二楚。例如，抗日战争刚爆发不久，国民政府最高国防会议做出两项重要决定：一是8月中旬集中优势兵力歼灭在上海的日本海军舰艇和海军陆战队；二是封锁长江江阴要塞江面，围歼长江中上游的众多日本军舰和商船。然而，日本间谍南造云子通过时任国民政府行政院机要秘书黄浚获取了这一抗战初期最为重要的军事计划。结果，封锁长江江阴要塞的军事计划仅取得了“扣留两艘日本商船”战果，而上海派遣军司令松井石根则根据这一情报指挥日军迅速攻占了上海，并直逼中华民国首都南京。再例如，武汉会战期间，日军根据关东军参谋部第二课负责人影佐祯昭获得了马当要塞布防图，最终轻易攻破了国民党原以为固若金汤的武汉重要门户——马当要塞。

此外，由于国民党军队的密码比较简单，再加上保密意识淡薄，日军特情班很容易便将其破译，从而对国军体制编制、军事实力、兵力部署及其动向了解得一清二楚。据日本方面称，日本在全面侵华战争初期，对国民党军队密码的破译率达到90%，[①] 即使对国民党军队后来改进过的密码，其破译率也仍高达70—80%。[②] 而对于中国的外交密码，日军特情班早在1936年就获得了国民政府使用的密码书《二六电本》，对国民政府外交通讯的内容更是了如指掌。这样，日本便能够源源不断地获取中国大量的军事、政治核心机密情报，使其在全面侵华战争初期牢牢掌握着军事与外交主动权。

在全面侵华初期，这些高效的情报工作不仅使日军避免了重大的人员伤亡，而且将其军事优势发挥的淋漓尽致，确保了其作战的顺利实施。只是在武汉会战后，由于战线过长、兵力不足与分散，日军对中国的战略进攻才被迫暂时停止。

（二）情报谋略活动配合了日本灭亡中国的图谋

全面侵华期间，由于中国军民抗战热情高涨、国土面积辽阔以及人口

---

① 《民国春秋》编辑部：《民国要闻探秘》，江苏古籍出版社，1996年版，第100页。

② 梁陶著：《日本情报组织揭秘》，时事出版社，2012年版，第127—128页。

众多等因素，日本统治集团意识到单纯依靠武力无法彻底征服中国，因而决定在军事打击的同时必须运用谋略开展情报战，特别是情报谋略活动。因此，日本向中国派遣大量的间谍特务除了进行情报搜集工作外，还实施各种情报谋略活动，以达到削弱中国军民的抗战意志和分化抗日阵营的险恶目的。

日本的间谍特务利用中国国内的内部矛盾，竭力分化中国抗战阵营，削弱抗日力量。

首先，日本策反、扶持少数亲日的投降派，在沦陷区建立傀儡政权，以实现“以华制华”、“分而治之”的目的。例如，以溥仪为首的伪满洲国、以王克敏为首的伪中华民国临时政府、以梁鸿志为首的伪中华民国维新政府和以汪精卫为首的伪国民政府等。

其次，日本挑拨隶属于国民政府的地方实力派与南京中央政府的关系，以削弱正面战场的抗战力量。日军在全面侵华战争初期成立了由日本陆军省、外务省、海军省代表参加的、直属参谋本部的“对华特别委员会”，开展各种所谓的“兽工作”，尽力拉拢宋哲元、阎锡山、石友三等地方实力派；开展“山工作”，诱使国民党桂系军阀首领李宗仁、白崇禧执行亲日政策，等等。①

最后，日本竭力通过所谓的“和平工作”破坏构成全国抗日民族统一战线基础的国民党和共产党两党之间的合作。② 在全面侵华战争期间，日本始终在军事行动的配合下，以威逼利诱方式，对蒋介石及其国民政府开展所谓的“和平工作”，企图破坏国共合作。

尽管在民族矛盾成为当时中国主要矛盾的情况下，无论日本采取何种情报谋略手段，中国抗日民族统一战线总体来看始终没有瓦解。然而，也不得不指出，日本对华的情报谋略活动，确实对中国抗日统一力量的形成起到了很大的干扰作用。特别是汪伪政权的存在及其对日本的协助，一定程度上加大了国共抗日的难度，迟滞了抗战胜利的进程。

此外，日本间谍特务在深入调查中国国情的基础上，积极组织实施

---

① 刘凤翰：“论抗战前日人对中国军事之调查”，载台湾《“中央研究院”近代史研究所集刊》第17期下册，1988年版，第357页。

② 曾景忠：《近代日本分裂中国的谋略活动初探》，载《第二届近百年中日关系史国际研讨会论文集》，中华书局，1995年版，第194页。

"鸦片战略"、发行伪钞和走私等活动，以达到削弱中国抗战意志、扰乱中国经济的目的。同时，通过利用这些手段掠夺中国财富，支持日本的作战行动和包括情报谋略活动在内的情报工作等等。以发行伪钞为例，据统计，仅1939年到1945年的6年间，登户研究所伪造且流入中国的法币就达40亿左右，相当于抗日战争初期国民政府两年的战费，足见数目之庞大。[①] 这些情报谋略活动不仅扰乱了中国的金融和经济，也一定程度上削弱了中国的抗日力量。

（三）情报优势的逐步丧失削弱了日军的战场优势

尽管日本的情报工作做得可谓有声有色，但却忽视一个重要的内容，那就是中国共产党领导的抗日力量。日本向来轻视中国共产党及其领导的武装力量，也就没有将其列入对华情报工作的重点，故对其情况并没有进行深入了解。直到1940年百团大战之后，日本才开始重视对中共的情报工作，但是，由于中国共产党一向比较重视情报和反情报工作，因此，日本在与中国共产党的情报斗争中难见优势。

首先，中国共产党认识到自身在资金、技术、力量等方面的不足，扬长避短，凭借其正义事业的感召力，将情报工作深入到日本阵营内部，获取了大量有价值的情报。[②] 例如，在前期日本战略进攻阶段，中国共产党通过发展的内线获取了日军有关1938年春进攻台儿庄的作战计划，并及时将其通报给了第五战区司令李宗仁。这一关键性情报的获取，成为赢得台儿庄战役胜利的重要因素。更重要的是，这场中国在正面战场的关键性胜利，极大地振奋了中国抗日军民战胜日本法西斯的信心，奠定了最终取得抗战胜利的精神基础。除了大量的战役战术情报外，中国共产党还获得了许多有关日本战略动向的情报，从而赢得战略主动权。例如，仅在1941年，中国共产党就准确侦获远东慕尼黑阴谋、德国进攻苏联和日本袭击美国珍珠港三项重大战略情报，并做出正确判断，制得先机。[③] 这些重要情报不仅为中国战场发挥了重要作用，对整个世界的反法西斯战争的

---

① 梁陶著：《日本情报组织揭秘》，时事出版社，2012年版，第114页。

② 徐焰著：《帷幄春秋》，国防大学出版社，2007年版，第214页。

③ 郝在今著：《中国秘密战：中共情报、保卫工作纪实》，金城出版社，2010年版，第178—179页。

胜利也发挥了重要作用。

其次，当中华民族到了生死存亡的关头，中国人民迸发出强烈的爱国热情，中国共产党充分发动人民群众实施侦察，使敌后战场上的日军行动基本无密可保。中国共产党认识到战争的伟力之最深厚的根源存在于民众之中，于是便发动人民群众利用其自身便于掩护的优势，严密监视日军的一举一动。这是日军与中共领导的抗日武装在隐蔽战线的较量中之所以始终处于劣势的一个重要因素。

最后，日本对中国共产党的密码破译工作进展缓慢。随着侵华战争进入相持阶段，日本对中共军队的密码破译仍然毫无进展，而且对中共领导的抗日武装实际情况也知之甚少，对其实施进攻时毫无头绪。1940 年的百团大战使华北日军遭受重创。随后，经过几个月的潜心研究，日军终于在 1941 年 2 月 28 日首次破译了共产党的密码。[①] 然而，中国共产党非常重视保密工作，频繁更换密码，因此，日军对中共密码的破译工作始终进展非常缓慢，总体并未取得重要收获。

此外，全面侵华战争初期，面对日本间谍特务的大肆渗透，国民政府也逐步加强了防谍除奸等反情报工作和对日情报工作，以减少泄密途径，拓宽情报获取渠道。日本间谍南造云子[②]利用自身美貌和高超的交际手腕在国民政府要害部门布建的间谍网，正是在这种形势下被破获的。国民党1938 年分别成立的中统局、军统局虽然有着反共的一面，但在对日情报搜集和防谍除奸方面也发挥过积极作用。特别值得一提的是，在抗日战争后期，国民党的对日情报工作取得了显著成绩，不但有敌方阵营的一些爱国人士主动向国民政府提供情报，还有一些早期卖国投敌分子如周佛海、丁默邨等也向国民政府提供情报，以求将功补过。中国和同盟国之间的情报合作，也在一定程度上提高了中国对日本的情报工作能力。例如，1943年基于共同对日作战的目的而建立的中美合作所，在情报合作和破译日方密码方面就取得过不小的成就。

---

① Kent Kotani, *Japanese Intelligence in World War II*, Westminster: Osprey publishing, 2009, p. 21.

② 南造云子（1909—1942），日本侵华期间直属帝国大本营的特工人员，有日本第一女间谍之称。曾因黄浚案被捕，后买通狱卒逃脱，在上海参与组建 76 号，最后死于军统暗杀。但是，对于南造云子的真实性，国内仍存异议，有学者认为历史上并无南造云子这个人。

武汉会战后，日本对侵华方针做了重大调整，对国民政府采取了政治诱降为主、军事打击为辅的方针，并逐渐将主要兵力用于对付共产党领导的八路军和新四军。在这种形势下，主战场也随之从正面战场逐渐转向敌后战场。中国军队尤其是共产党领导的抗日武装不断加强对日情报工作和反情报工作，与此同时还积极与同盟国开展情报合作，日军的情报优势因此逐渐丧失，其战场优势也随之不断减弱。

二、偷袭珍珠港的战术情报成功难以掩盖战略情报失误

张鼓峰事件①和诺门坎事件②后，日本“北进”苏联受挫，转而实施“南进战略”。与此同时，日本逐渐加强了对美国和东南亚地区的情报搜集工作，为“南进”做准备。1941 年 12 月的“珍珠港事件”是日本“南进战略”的具体实施，也是太平洋战争的开端。此次偷袭重创了美国太平洋舰队，使其在短时间内不能对日本海军构成威胁，从而为日本赢得了太平洋战争初期战略进攻的主动权。这次偷袭之所以能够顺利达成，与日本缜密的战术情报工作有着极为密切的联系。

（一）缜密的情报搜集工作确保了偷袭的成效性

1932 年，美国太平洋舰队主力进驻夏威夷后，日本就派出大量间谍，并利用当地的日裔侨民广泛搜集珍珠港美军基地的相关情况，还对北太平洋和夏威夷群岛的气候、航道、水质等自然条件和美国太平洋舰队的主航

---

① 张鼓峰事件：1938 年 7 月末 8 月初，日、苏两国军队在图们江下游中国东北张鼓峰地区发生的大规模武装冲突。此战，苏军凭借优于日军的武器装备、战役指挥和诸军兵种协同作战能力，挫败日军北进企图。日军亡 526 人，伤 914 人；苏军亡 236 人，伤 611 人。参见肖裕声主编：《中国军事百科全书（第二版）·世界战争史（学科分册Ⅱ)》，中国大百科全书出版社，2007 年 3 月第 1 版，第 417—418 页。

② 诺门坎事件：1939 年 5 月至 8 月，日本和伪满洲国军队与苏联和外蒙古军队在今中蒙边境诺门坎地区发生的大规模武装冲突。此战，日军损失 1.7 万余人（苏方资料为日军、伪满洲军共损失约 6.1 万人），苏蒙军损失 1.85 万余人。苏军武器装备先进，机动能力强，坦克兵、航空兵与步兵密切协同，是其取胜的主要原因。参见肖裕声主编：《中国军事百科全书（第二版）·世界战争史（学科分册Ⅱ)》，中国大百科全书出版社，2007 年 3 月第 1 版，第 418—419 页。

线、起锚时间、航行时间以及舰队的编制等都做了极其周密的调查和研究。[①] 此后，日本对美情报工作的力度不断加强，范围不断扩展，尤其是在美国西海岸，日本的情报活动组织得更为严密。

早在实施偷袭行动确定之前，日本海军军令部第三部就已向瓦胡岛派出大批间谍，专门搜集有关珍珠港美军基地的各种情报。其中，工作最为出色的是预备役海军少尉吉川猛夫。他于1941年3月抵达夏威夷后，千方百计地搜集有关美国太平洋舰队的情报，在此后的210天里共向日本海军发出177份电报。[②] 通过吉川猛夫的情报活动，日本决策者在战前就已对美军瓦胡岛对空和对海的防御设施、飞机、舰船的种类和数量及其停泊位置，以及美军在平时和节假日的活动规律等等了然于胸，并决定选择在港内舰船停泊数量最多的日子——星期日，在美军防备最为松懈的时刻——清晨，发动突然袭击。[③] 偷袭成功后，吉川猛夫的情报活动被给予高度评价："在必要时机获得所期望之准确可靠情报，以及对美国舰队及瓦胡岛之敌情了如指掌，此乃是对未来战争留下的良好范例。"[④] 除了直接对珍珠港军事基地实施侦察外，日本驻巴拿马公使馆和驻美国西海岸各领事馆也提供了许多有关美海军舰队动向的军事情报。[⑤] 此外，日本海军临战前还派出侦察机和潜艇实施抵近侦察，从而准确地掌握了珍珠港以及瓦胡岛的相关情况。

为了选择适当的偷袭航线，日本海军对预定线路进行了详细的实地"考察"。1941年10月22日，日本海军三位士官装扮成船员、随船医务人员和实习驾驶员乘坐"大洋丸"客轮，对横滨至檀香山这条航线进行实地考察，以调查这条航线上的气候和洋面情况，以及能否在洋面上补给

---

① 张殿清著：《特殊的较量：情报与反情报》，世界知识出版社，1997年1月第1版，第46页。

② ［日］实松让著，张焕利、黄凤珍译：《珍珠港事件前的日日夜夜》，新华出版社，1984年11月第1版，第364页。

③ 忠思礼、王子超："夏威夷作战与中途岛战役之比较——日军情报战的视角"，载《军事情报研究》2008年第4期，第71—72页。

④ ［日］实松让著，王云辅、杨坚、张林译：《情报战》，江苏人民出版社，1981年1月第1版，第127—128页。

⑤ 忠思礼、王子超："夏威夷作战与中途岛战役之比较——日军情报战的视角"，载《军事情报研究》2008年第4期，第72页。

燃料、能否使用水上飞机和会不会遇到其它商船等问题，以便为进攻夏威夷做好准备。① 而这条航线正是后来机动部队进攻珍珠港的航线。与此同时，海军军令部第三部福岛荣吉少佐也乘坐往返横滨和西雅图的“冰川丸”客轮，沿途调查北太平洋的气候和洋面情况。② 此外，根据之前获取的珍珠港水域较浅这一情报，日本对鱼雷进行了改装，并在偷袭珍珠港时给美军造成了巨大损失。

上述情况只是挂一漏万地列举了部分日本在发动偷袭珍珠港前进行的情报准备。事实上，日本对将要袭击的目标情报搜集组织之周密、范围之广泛、内容之丰富和情况之精准都达到了堪称“完美”地步，这些“完美”情报最终成为日本偷袭取得成效的必要先决条件。也正是这些缜密的情报工作帮助日本海军重创美海军太平洋舰队，确保了偷袭的成效性。

（二）严格的情报保密工作确保了偷袭的突然性

为了确保偷袭珍珠港的突然性，日本对保密工作的要求极为严格，严防偷袭计划泄露或露出蛛丝马迹，以免周密的计划最终流产。

首先，严格控制知密范围。从偷袭想法的萌发、偷袭计划的制定与分发，到参战部队的备战训练，日本海军都对知情范围进行了严格的限定。例如，参战飞行员在整个训练期间对真正的作战目标并不十分清楚；联合舰队在分发《（机密）联合舰队作战命令第一号》时，与相关行动没有直接联系的部队会被“区别对待”，某些内容会被略去；③ 联合舰队在针对夏威夷作战进行图上演习时规定：只有与此次行动直接相关的单位或人员才能参演。④

其次，掩饰异常，隐蔽企图。例如，出于保密需要，日本海军将择捉岛单冠湾确定为机动部队集结地，因为单冠湾位于日本本土北端，地处偏远，人烟稀少，这样不易被外界发现；出发前，机动部队参战舰艇为了隐

---

① 孙建民、汪明敏、杨传英编著：《情报战战例选析》，国防大学出版社，2010 年 10 月第 1 版，第 129 页。

② ［日］实松让著，史人译：《偷袭珍珠港前的三百六十五天》，上海译文出版社，1995 年 10 月第 1 版，第 217—218 页。

③ ［日］实松让著，王云辅、杨坚、张林译：《情报战》，江苏人民出版社，1981 年 1 月第 1 版，第 146 页。

④ 同上书，第 146 页。

蔽企图，在前往单冠湾集结时有意将出港日期和地点错开；舰队进港后，又以演习为由立即切断了单冠湾同外界的一切联系；在航线的选择上，日本海军选择了最为隐蔽、气候条件比较恶劣的路线；机动部队出发后一直采取无线电静默措施；日军在无线电通信中，所拍发的全部为密码电报，无论是使用核心的战略密码，还是战术性的中低级密码，均避免出现袭击珍珠港的词句。①

最后，日本还积极实施外交和谈、无线电欺骗等手段，制造和平假象，隐藏真实意图。

从偷袭结果来看，日本的保密工作做得非常成功，美军对日本的突袭行动基本上毫无防备，以至于当日军飞机出现在珍珠港上空时，当地的美军还以为是自己人的演习，袭击完全达成了突然性。

（三）战略情报工作失误导致美国全面参加第二次世界大战

在珍珠港事件中，日军的战术情报工作能力可谓发挥得淋漓尽致，为偷袭的成功发挥了至关重要的作用。然而，从战略层面上看，对日本来说，这却是一个致命的战略失误。而从情报工作的视角看，这也是战略情报工作的重大失误。

在“北进”战略受挫后，日本便开始加紧实施“南进”战略。这必然加剧同英美的紧张关系。随着野心的不断膨胀，日本统治集团认为日美必有一战。在偷袭珍珠港前，美国对日本实行了石油、生铁、钢材、橡胶等战略物资的禁运。对于这些战略物资，日本严重依赖于美国。没有这些战略资源，日本不仅无法从中国的战争泥潭中脱身，而且也不能顺利实施“南进”战略，更奢谈建立“大东亚共荣圈”。于是，日本对东南亚的丰富战略资源更加渴求，对美开战的决心更加坚定。日本统治集团妄想通过偷袭珍珠港，重创美国太平洋舰队，从而迫使美国求和，实现速战速决。1941 年 11 月 5 日，裕仁天皇在御前会议上说：“我们决心与英美作战之举势在必行。……唯一的办法是速战速决，取胜的可能性很大。如果我们现在不战，两年后将无石油以供军用，海军将无法航行。……晚打不如早

① 颜春联编著：《无线谍报》，金城出版社，1995 年 7 月第 1 版，第 304 页。

打……”[①] 日本统治集团基于甲午战争和日俄战争取胜的经验，一厢情愿地认为一场海战的胜负就可以决定一场战争的胜负，对许多反映客观现实的情报视而不见。例如，1941 年赴美参加日美会谈的日本陆军省军事课课长岩畔豪雄在美国进行了半年的实地视察，回国后向东条英机提交了一份视察结果的报告，其中一部分列举如下：

表 21.1　1941 年日美主要经济实力对比[②]

	美国生产能（年）	日美比率
炼钢生产能力	9500 万吨	1∶20
石油产量	11000 万桶	1∶数百
煤产量	50000 万吨	1∶10
电力	1800 千瓦	1∶6
飞机产量	120000 架	1∶5
船舶保有	1000 万吨	1∶2
产业工人	3400 万人	1∶5

由表 21.1 可以看出，这份情报真实地反映了日美之间实力的巨大差距。但是，由于所持观点与统治集团意见相左，岩畔豪雄在回国后不久即被派往前线任职。

事实上，战前，尽管日本情报机构对美国的总体综合情报研究存在着很多的不足，但仍看到了日美之间综合国力和战争潜力的巨大差距，认为与美国开战将是综合国力的较量，难以支撑长久。日本高层对此也存在着争议，即便是首相东条英机最初也不赞成对美开战，“指出与美国那样的敌人长期作战的危险”[③]。但是，由于当时反英美情绪甚浓，同时担心美国人对德国的仇恨会转向黄种人的日本，因而不能坐以待毙，成为世界二

---

① 过毅、高鹏编著：《20 世纪重大战略决策选择》，军事科学出版社，2004 年 1 月第 1 版，第 236 页。

② ［日］秋定鹤造著，田桓、刘敬文、辛罗林、李廷江译：《东条英机——东条生平和日本陆军兴亡秘史》，1987 年 8 月第 1 版，第 269 页。

③ ［美］约翰·托兰著，郭伟强译：《日本帝国的衰亡》，新华出版社，1982 年 7 月第 1 版，第 166 页。

流国家，因此，日本统治集团对情报机构提供的战略情报视而不见，以赌博心理做出了对美开战的决策，从而导致太平洋战争的爆发。此举最终导致美国全面参加第二次世界大战，同盟国的力量大为增强，为最终战胜法西斯奠定了基础。应该说，有效的战略情报没能被决策层采纳，也是战略情报工作的一种失误。从这种意义上讲，日本战略情报工作的失误导致了战略决策的失误。事实证明，对美国的开战使日本成为自己的掘墓人。

因为当时日本统治集团内部充斥着反英美情绪，对美开战的决心已经无法阻挡，可谓箭在弦上，不得不发。对于许多客观反映日美经济实力和战争潜力存在巨大差距的情报，他们以不符合“国策”为由而将其束之高阁。这种强烈的“情报政治化”现象和忽视情报客观性的做法，充分反映出日本统治集团忽视情报规律和作用的愚蠢。由此可见，尽管从战略情报搜集的角度，日本情报人员搜集到了重要的战略情报，一些人也据此认为日本无力对美国开战。但是，日本军政府的扩张心态和非理性思维占据上风，并用错误的历史经验作为发动战争的依据，致使战略决策出现重大失误。日本虽然成功偷袭了珍珠港，但却从战略上输掉了这场战争。

虽然，珍珠港事件以后，美国太平洋舰队事实上已经丧失了战斗力，日本利用这一有利时机，到1942年5月上旬，攻占了东南亚和西南太平洋的大片地区。日本的攻势之所以这么迅猛，其卓有成效的情报工作是一个必不可少的重要因素。在进攻东南亚之前，日本已经在该地区布建了由日本驻曼谷武官田村裕大佐负责的间谍网，搜集了大量有关地形和作战情况的情报，尤其是从哥打巴鲁至宋卡的地形地理情况。这一区域也是后来日军入侵马来半岛的主要登陆区域。英国首相丘吉尔在其《第二次世界大战回忆录》中总结新加坡陷落时也指出：“……敌人有种种便利。他们在战前对于地形和条件早已进行过详细的研究。他们早已拟定了谨慎的、大规模的计划，指使特务秘密渗入，暗藏自行车车辆以供日军自行车队之用……”① 特别值得一提的是，由“藤原机关”和“缅甸机关”暗中支持的马来亚、印度、缅甸等国的反英民族独立运动，也为日军快速攻占该地区发挥了重要作用。

---

① ［英］温斯顿·丘吉尔著，北京编译社译：《第二次世界大战回忆录》（第四卷），商务印书馆，1975年10月第1版，第59页。

尽管如此，就全局而言，地区性的暂时胜利反映在情报工作上，也只是战术上的胜利，而选择扩大战争规模，特别是挑战美国这样的强国，不能不说是战略情报工作的重大失误。严重的情报政治化或战略情报与战略决策关系的异化和脱节，是导致日本最终战败的重要原因。

三、情报工作不力成为日本中途岛海战惨败的主因

1942 年 6 月的中途岛海战有力地遏制了日军的进攻势头，使日本丧失太平洋战争初期在太平洋上建立的制海权和制空权，成为太平洋战争的重大转折点。从情报战的角度看，正是情报工作的较量决定了这场战役的成败，也从侧面反映了情报在战争中的重要性。

（一）情报保密工作不力，导致作战计划被美军获取

由于偷袭珍珠港“大获全胜”，再加上太平洋战争初期风卷残云般的攻势，日本海军骄傲自满起来，保密意识异常淡薄。日军有人称：“总说什么保守机密，其实泄露一点也没啥。若是美国人出来的话，那正好。那样就可以象老鹰捉小鸡一样，轻而易举地干掉它……”[①] 不仅如此，甚至连理发师都知道此次作战行动的消息。[②] 这与日本偷袭珍珠港前严格的保密工作形成了鲜明对比，为日军的战败埋下了伏笔。

战前，日本海军原定在 1942 年 4 月 1 日更换新的密码本（日本称“海军密码本 D”，美国称为“JN25c”），后因日本海军舰船分布的战线比较长，再加上负责保管和分发密码的“海军省文库”工作混乱，不得不将新密码启用时间推迟至 5 月 1 日，此后又因攻占中途岛通信量剧增，又予以推迟，经过两度推迟，新密码在 5 月 28 日才正式启用；而在作战详细指令 5 月 20 日发布之时，美军已经能够破译旧版的 JN25b 密码，并获知日军主攻目标是一个代号为 AF 的岛屿，之后利用反情报手段得知，该

---

① ［日］实松让著，王云辅、杨坚、张林译：《情报战》，江苏人民出版社，1981 年 1 月第 1 版，第 252 页

② ［日］渊田美津雄、奥宫正武著，许秋明译：《中途岛海战》，商务印书馆，1979 年 5 月第 1 版，第 19 页。

岛屿正是中途岛。①

显然，正因为日本海军密码更换计划的一再推迟，美军才得以通过破译的老密码获取日本海军详细的作战计划，并做好充分准备，在作战中占尽先机，而日本对美军的部署却一无所知。“这致使中途岛海战成为一次‘明眼人’美国与‘盲人’日本的战斗。”② 因此，也就是说如果日军当时及时更换密码的话，美军可能短时间难以破译新密码，也就对日本的进攻计划难以察觉，那这次海战的结果可能就会大不相同。所以，可以说，作战计划的泄露是日军在中途岛海战中惨败的关键因素。

（二）战场侦察工作不力，无法及时掌握美海军舰队动态

在中途岛海战前夕，虽然日本海军制定了周密的战场侦察计划，并对此进行了具体部署，但是，在侦察计划落实不力、侦察效果不佳、侦察力量不足等因素的共同作用下，他们根本无法及时掌握美海军舰队的相关动态。对此，《中途岛海战》的作者渊田美津雄指出：“这次失败的根本原因还是在于日本海军过分强调攻击，以至于对于搜索和侦察注意不够。”③

日本海军认为，参加中途岛海战的美军舰队一定会从珍珠港驶出，因此决定执行“K 号作战”计划，即利用两架水上升机在中途的弗伦奇－弗里格特礁脉加油后对珍珠港进行航空侦察。然而该计划因故于 5 月 31 日被迫放弃。对此，联合舰队司令部没有及时采取补救措施，而是寄希望于原计划 6 月 2 日在夏威夷和中途岛之间建立的潜艇警戒线，监控从珍珠港驶向中途岛的美军动向。但是，这些潜艇直到 6 月 4 日才迟迟进入指定阵位，而就在这之前，美国舰队已经通过了这条预设的潜艇警戒线，致使日本海军毫无察觉，这就直接导致山本五十六及其幕僚完全无从了解美海军舰队的活动情况。④ 与此相反，美军指挥官却对日军的位置一清二楚。

雪上加霜的是，临战之时，日本机动部队按照预定计划派出 7 架飞机

---

① 吴明冰著：《特种战线：百年来国际无线电信号侦察和信号保密的斗争历程及经验教训》，金城出版社，1996 年 6 月第 1 版，第 156—157 页。

② ［日］实松让著，王云辅、杨坚、张林译：《情报战》，江苏人民出版社，1981 年 1 月第 1 版，第 250 页。

③ ［日］渊田美津雄、奥宫正武著，许秋明译：《中途岛海战》，商务印书馆，1979 年 5 月第 1 版，第 164 页。

④ 同上书，第 136 页。

执行侦察任务。然而，“利根”号上的2架侦察机因弹射器故障而晚起飞30分钟，“筑摩”号上的1架侦察机因故障中途返航。“筑摩”号上的另1架侦察机按计划本应从美航母编队上空飞过，但是由于侦察不仔细，并未发现美舰行踪。尽管晚起飞的“利根”号第四号侦察机发现了美航母编队，却由于当时未能判明其中是否有航母，致使日军失去先发制人的机会。其直接后果就是导致南云对敌情的判断出现重大失误，先是命令作战飞机卸下鱼雷换上炸弹，后来又命令卸下炸弹换上鱼雷，从而浪费了大量时间，贻误了战机。不仅如此，由于时间紧迫和疏忽大意，日本海军却将拆卸下来的炸弹堆放在机库中，在遭美军攻击时爆燃，致使多艘航母为此而遭受重创或沉没。因此，可谓是情报失误导致了日本舰队重大惨剧发生。

此外，密码破译技术落后、对雷达等现代化侦察手段的重视程度不够等，也是日本海军战场侦察不力的重要原因。例如，在整个战争期间，日本都没有能够破译美国的任何高级密码；机动部队出发前仅得到两套试验性雷达，分别安装在“伊势”号和“日向”号两艘战列舰，而这两艘战列舰并没有前往中途岛，而是被编在阿留申警戒部队里。①

（三）情报分析失误，导致日军误判形势

毛泽东指出：“指挥员的正确部署来源于正确的决心，正确的决心来源于正确的判断，正确的判断来源于周到的和必要的侦察，和对于各种侦察材料的连贯起来的思索。”② 客观的情报分析是指挥员制定、实施作战计划的重要依据。然而，战前，日军对敌情的分析严重偏离实际，从而导致误判形势。这种情报分析失误突出表现在战前误判美军航母编队位置这一问题上。日本海军1架巡逻机曾于5月15日报告称，在马绍尔群岛以南发现2艘美军航母正向西航行。然而，直到战斗前夕，海军军令部仍根据这份陈旧过时的情报下发敌情通报称，美国航母编队正在所罗门地区作

---

① ［美］戈登·普兰奇、唐纳德·戈尔茨坦、凯瑟琳·狄龙著，王喜六等译：《中途岛奇迹》，上海译文出版社，1991年12月第1版，第518页。

② 《毛泽东选集》（第一卷），人民出版社，1991年5月第2版，第179页。

战，这样就强烈暗示了美军还没有发觉日本部队即将进攻中途岛。[①] 而联合舰队司令部在尚未查明敌情的情况下，也轻率地做出如下判断："敌人残存的航空母舰，全在南太平洋的可能性极大……不会在中途岛方面出现。"[②] 这些错误的判断导致日军在一定程度上放松对美航母编队的侦察，再加上侦察计划执行不力、侦察效果不佳等因素，以至于在美航母编队来袭之时，仓促应战，最终以惨败收场。

中途岛海战之后，在与世界反法西斯同盟的情报较量过程中，日本所处的劣势越来越明显，其低效的情报工作根本无法为其军事行动提供保障。从此，日本帝国开始节节败退，直至败亡。

第三节　日本情报工作对日本帝国由大规模战争扩张走向败亡的总体影响

日本帝国在走上大规模战争扩张之路后，接连出现重大战略情报工作失误，使其一步步朝着崩溃败亡的方向发展。出色的情报工作虽曾一度为日本对外侵略扩张提供了有力保障，但是，由于日本统治集团进行了错误的战略选择，出色的情报工作反而使日本帝国加速走上了不归路。更何况，随着战争的推进，日本的情报工作失误连连，不但没有发挥其应有的保障作用，反而成为日军节节败退的一个重要因素。

一、战略情报失误是日本帝国由大规模战争扩张走向败亡的重要原因

战略之所以称之为战略，其最大的本源特征就是具有全局性、长远性和前瞻性。尽管日本的战略设计者将称霸地区甚至世界作为国家的发展战

① ［日］渊田美津雄、奥宫正武著，许秋明译：《中途岛海战》，商务印书馆，1979 年 5 月第 1 版，第 248 页。

② 赵振愚著：《太平洋战争海战史 1941—1945 年》，海潮出版社，1997 年 7 月第 1 版，第 239 页。

略，并以战争方式加以推进，但是，问题的关键是，在日本战略文化的影响下，设计者的战略选择是建立在力所不及的赌徒心理和冒险精神之下，因而缺乏应有的战略细化所必需的阶段性理性评估和依据评估进行的修正。其结果只能是走一步、看一步，没有真正反映出战略应有的全局性、长远性和前瞻性，呈现出某种战略短视特征。事实上，正是由于日本人缺乏足够宏大的战略视野，因此，尽管在战术上很成功，但战略上却十分粗糙。有关这点，战后很多日本人也都清楚地认识到。例如冈崎久彦①在其《何为战略性思考》一书中曾说，“通常，作为日本旧军队的缺点，采用的不是安格鲁·撒克逊式的重视情报的战略，而是任务遂行型战略。即不是究其穷尽地考虑能否胜利后再采取行动，而是考虑如何用分配的兵力和任务去遂行任务”②。

日本的这种战略短视，加之军国主义专制制度及日本文化中的服从意识，使为战略决策服务的战略情报工作容易出现以下两种情报失误：一是情报工作不够全面深入，直接导致战略情报搜集与研判出现失误；二是战略决策一旦制定，决策者便排斥与决策相左的客观情报，情报搜集和分析者也会主动迎合决策的理念，只提供符合决策者意图的情报，从而导致“情报政治化”现象发生。而日本这一时期的战略情报搜集与分析失误，突出体现在发动侵华战争这一战略决策上。尽管日本在侵华战略的具体实施步骤上，可谓一步一个脚印，先满蒙、再热河、再华北、最后全中国，层层推进，且每一步都有着精心设计，情报部门也都积极配合。但是，从更加宏大的背景下观察日本的战略情报工作，关键失误还是存在的，这点已经由历史得到证明。例如：

首先，日本对当时中国军事情况的情报搜集和分析工作出现了一系列重大失误，其中主要表现在以下几点：轻视中国共产党及其领导的武装力量，没有将其列入调查重点；认为“中国军队一向素质低劣，军阀私兵”；认为只有“中央直系军”是坚决抗日的，其它军队在某种程度上都

---

①　冈崎久彦（1930. 04. 08—　）日本右翼保守党派运动人士，日本学者评论家，曾先后在外务省、防卫厅任职，并担任过日本驻泰国和沙特阿拉伯的大使，现在是冈崎研究所的所长，这个研究所是安倍所倚重的重要智库。冈崎被安倍奉为“国师”。

②　岡崎久彦著：『戦略的思考とは何か』、中央公論社、1983 年版、第 26 頁。转引自太田文雄著：『情報と国家戦略』、芙蓉書房、2005 年版、第 104 頁。

可以与之妥协，受其控制，并坚信只要击溃“中央直系军”即可灭亡中国。[①]

其次，日本对中国的精神国力和战争潜力方面的情报搜集和分析工作出现了重大失误。为了发动侵华战争，日本虽然对中国的经济实力、军事实力等物质国力方面进行了长期而又细致的侦察，却忽视了中华民族日益高涨的民族意识和巨大的战争潜力这一现实情况。

再次，日本在长期侵略中国的过程中形成了蔑视中国的思维惯性，仍以甲午战争的角度看中国，而不能用发展的眼光对当时中国的国情进行全面、充分、客观的分析，过高地估计了自己的力量，过低地估计了中国人民的力量。

正是基于上述战略判断，日本于1931年悍然发动“九·一八”事变占领东北全境，并继而于1937年发动“卢沟桥事变”挥师华北并向全中国扩张，妄图占领整个中国。历史的结果证明，中国军民在世界反法西斯力量的支援下，使日本入侵者陷入了侵华战争的泥潭，并最终失败。

由“情报政治化”导致的战略情报失误，突出表现在发动太平洋战争这一战略决策上。由于日本对美开战的决心已定，虽然1941年9月日本陆军省战争经济研究班向参谋总长衫山元报告称，“日本的工业能力在近期将达到顶峰，而同盟国的工业能力却仍将继续增长。我们没有能力与同盟国长期作战。”但衫山元却说，“这个报告很完美，无可争辩，但是这违反了我们（与同盟国作战）的国家政策”，遂命令将这项报告烧毁。[②]日本驻美陆军代表新城健吉从驻美日本商社搜集了大量的资料，认为美国能够生产出的战略物资和战略原料至少是日本的10倍以上。[③]但是，对此却无人关心。因为日本统治集团早已下定开战的决心，所以很多有效情报都被束之高阁。利令智昏的日本统治集团由于缺乏对情报功能的正确认知，排斥客观反映日美之间巨大现实差距的情报，不顾自身国力的不足，

---

① 刘凤翰：《论抗战前日人对中国军事之调查》，载台湾《“中央研究院”近代史研究所集刊》第17期下册，1988年12月版，第397页。

② Kent Kotani, *Japanese Intelligence in World War II*, Westminster: Osprey publishing, 2009, p. 151.

③ 刘宗和、高金虎主编：《第二次世界大战情报史》，解放军出版社，2009年6月第1版，第132页。

于1941年12月发动了太平洋战争。从此，日本的命运彻底发生改变。

此外，在与德国结盟这个重大战略问题上，日本也出现了这种“情报政治化”现象。例如，1940年夏，在研究德国占领欧洲和与德国结盟的可能性时，欧洲问题专家参谋本部第二部（情报部）部长土桥勇逸少将竟然被排除在一系列研究会议之外，原因是他反对同德国和意大利结盟。① 日本在这种缺乏合理战略情报评估的情况下寻求日德结盟的行为令人吃惊。其结果是《德意日三国同盟条约》的签订进一步激化了日美矛盾，日本给自己增添了一个强大的对手。

总之，日本的战略情报失误可谓层出不穷，即或因战略情报搜集与分析不够深入，或因情报政治化，日本的战略情报重大战略失误一个接着一个。正是这些战略情报失误致使日本帝国在重大战略问题上一再做出错误决策，并最终在世界反法西斯同盟的联合打击下崩溃败亡。

二、情报斗争的失利加速了日本帝国走向败亡的进程

如前所述，情报工作的好坏不仅可以影响一场战役的结果，有时甚至可以左右国家的命运。日本帝国之所以最终走向败亡自然存在很多因素，其中情报斗争的失利也是其中一个不可忽视的因素。

珍珠港事件对于日本来说，既是军事作战的胜利更是情报战的胜利。此役以后，美国经过反思加强了反情报工作的力度，日本在美谍报网随之瓦解，从而使日本对美的一切重要情报来源几乎都被切断。反观日本，偷袭珍珠港的成功使日本骄傲自满起来，自以为美国并非不可战胜，即便在情报领域也自以为远远领先美国。但事实上，仅就情报领域而言，日本无论是在密码破译还是侦察能力、侦察技术装备方面都明显弱于美国，更不要说整个盟军。

随着战争的推进，以密码破译为核心的信号情报工作成为日本最重要的情报来源。然而，由于技术能力所限，日本只破译了盟军一些低级密码，而在破译高级密码方面毫无建树。此外，日军一方面深信日文深奥难

---

① Kent Kotani，*Japanese Intelligence in World War II*，Westminster：Osprey publishing，2009，p. 139.

解有利于通信保密，并迷信外国人不能掌握多解的日文，另一方面也不去考虑他们的密码存在已被破译的可能。而实际上，美国早在珍珠港事件之前就已具备破译日本密码的能力。据估计，美军密码分析人员在战时破译的日本海军密码达到了75种之多。[①]

同时，美国利用日本轻敌的致命弱点，故意做出没有破译日军密码的姿态，使日本误以为他们的密码尚未被对方破译。尽管日本的盟国德国曾有所察觉，并警告过日本，但日本并未予以重视。但事实上，此时，包括美国、英国、苏联、中国、德国、意大利在内的几乎所有参战国家，都在一定程度上可以破译日本的外交密码。[②] 从实际战例看，正是由于盟军破译了日本无线电通信密码，美军得以掌握日本舰队的动向并取得中途岛战役的胜利。同样，是由于无线电情报泄密，美军掌握了日本联合舰队司令官山本五十六的行踪，并在山本乘飞机去前线视察的途中设伏，使其命归黄泉。

日本在反情报工作方面也存在重大失误。例如，苏联间谍佐尔格通过在日本布建的间谍网积极活动，但日本并未将这一重要情报组织破获，从而使佐尔格的不断获取重要情报发往苏联。例如，佐尔格获取了有关日本决定“北守南进”的战略情报，从而使苏联敢于从远东地区抽调大量军队同德军作战，使得苏德战场的力量对比发生根本改变，整个二战朝着不利于日本的方向发展。

此外，由于侦察能力有限，日军被美军的“蛙跳”战术搞得晕头转向，很难确切判断美军的作战计划和进攻方向。

三、落后的情报机制导致日本情报工作难以始终发挥应有功效

就日本的情报机制而言也存在诸多缺陷，例如，情报与决策机制的过

---

① 参见［美］戴维·卡恩著，艺群译：《破译者》，群众出版社，1932年6月第1版，第284—285页。

② Ladislas Farago, *The Broken Seal: The Story of Operation Magic and the Pearl Harbor Disaster*, Random House, 1967, p. 96.

于复杂、情报部门地位低下、情报部门之间基本缺乏有效的情报合作、反情报工作存在漏洞、侦察技术与装备相对落后等等。

首先，错综复杂的决策机制使日本统治集团难以有效地使用情报。西方学者研究发现，日本的情报与决策机制十分复杂。以陆军为例，由一名课长首先起草草案，依次提交给参谋本部作战部长、参谋本部次长、参谋总长、陆军省军务局、陆军省次官、陆军大臣审核和裁定，然后，陆军将确定后的方案提交给海军和外务省。[①] 这种机制的最大问题在于，由于任何一方都不具有最终决定权，日本决策层便开始反复召开会议讨论，直到最后达成妥协、形成共识。然而，这种所谓最终的共识，实际上是包含了各种意见的模糊决策。因此，即使最初草案所依据的情报再及时重要、再客观，经过这种复杂的决策程序，最终的共识也充满了决策参与者的个人臆断，情报的价值也就大打折扣，甚至毫无作用。此外，为了能够在协商中取得优势，这些决策参与者常常更关注内部斗争，而不是外部敌人。更为重要的是，这种决策程序的复杂性也决定了决策一旦制定便不会轻易改变。这也是决策者经常会以“与国策不符”为由将重要情报束之高阁的重要原因。

其次，情报部的地位低于作战部是造成战略决策失误的重要原因。日本陆军和海军在分配最优秀的军官时最先考虑作战部，其次才是情报部。原则上，战略层面的情报分析工作应该由陆军参谋本部第二部（情报部）和海军军令部第三部（情报部）负责。但实际上，陆军参谋本部第一部（作战部）和海军军令部第一部（作战部）也在进行情报分析工作。即使是持有相同的情报资料，作战参谋们也会认为自己的情报分析工作优于情报部，而实际情况是，他们在这方面基本上是“门外汉”，且经常为了配合日本的战略目标，而排斥与战略目标相左的情报。而众所周知，情报工作是个具有自身工作规律和特质的系统性工程，而这种又非专业人员从事情报工作，忽视专业情报人员生产的情报产品，难以反映情报本身的特有价值而无法发挥其应有的功能和作用。

第三，情报机构之间缺乏有效的沟通、协调和合作不仅导致情报功能

---

① Kent Kotani, *Japanese Intelligence in World War II*, Westminster: Osprey publishing, 2009, p. 149.

低下，甚至带来致命的危险。从历史实践中看，相互之间缺乏协调合作和有效沟通在陆军和海军间表现得尤为突出。例如，二战期间，陆军在密码破译方面和密码安全方面均领先于海军。日本陆军信号情报人员虽然破译了一些由 M－94 和 M－209 密码机生成的美军密码，但是并没有与海军分享这些成果，甚至陆军即使知道日本海军密码已被美国破译，也未向其发出任何警告。1945 年 1 月，破译美国密码的专家釜贺一夫陆军少佐向海军密码破译人员传授了密码相关知识，陆军参谋总长对此感到不悦，因为他们的密码破译方法是陆军的高级机密。但是对于作战密码早在 1942 年 6 月的中途岛海战之前就被美国破译的日本海军来说，学习这些必备的技能已经为时太晚。[①] 同样，在 1944 年 10 月的莱特湾海战中，日本海军损失惨重，然而它却刻意宣布日本海军击沉美军 11 艘航母、2 艘战列舰、3 艘巡洋舰这一虚假消息。因缺乏情报协调与沟通而没有得到真实战况的陆军信以为真，认为美海军已基本被击溃，从而相应地改变了自己的战略，决定派主力攻打莱特岛的美军，结果遭受重创。尽管日本政府逐渐意识到其国家情报体制存在重大缺陷，并于 1940 年建立了内阁情报局，试图从整体上对日本政府各省的情报工作进行统一管理与筹划，但从后来的实践中来看，由于各种原因，该机构未能发挥其预想的功能和作用。

上述这些因素加之反情报工作存在漏洞、侦察技术与装备相对落后等，成为日本在情报斗争中不断失利的重要原因。因为，无论是战略决策的制定，还是作战计划的制定与实施，都必须以精准的情报为依据。然而，日本的情报工作无论是在中国战场还是在太平洋战争中后期，不仅无法保障日军作战行动的实施，而且还成为削弱日军作战能力的重要因素，大大加速了日本帝国走向败亡的进程。

小 结

日本于 1931 年发动侵华战争，开始走上大规模战争扩张的不归路。

---

① Kent Kotani, *Japanese Intelligence in World War II*, Westminster: Osprey publishing, 2009, p. 162.

就情报工作而言，在中国，虽然情报的有力保障帮助日本实现了侵华战略实施，先后侵占了中国东北、华北、华中、华东、华南等大片地区。但是随着战争的推进，日本情报优势的逐步丧失也导致其战场优势的不再，而总体战略决策的失误终使其陷入战争泥潭。在太平洋，日本决定采取“南进战略”后，无视情报研判所显示的客观事实，与综合国力和潜在实力存在巨大差距的美国开战，挑起太平洋战争。虽然日本凭借其高效的战术情报工作取得了偷袭珍珠港的成功，取得了战役上的胜利，但却将美国拖入了反法西斯战争，战略上犯下致命错误，输掉这场战争成为必然。从战役战术层面上看，情报工作协助日本在太平洋战争初期攻占了东南亚和西南太平洋的大片地区，但是，日本的这种凌厉攻势却又因其情报失误，在中途岛戛然而止。此后，由于情报技术的差异和频频出现的情报失误，使得情报工作以无法满足日军作战计划的制定与实施的保障需求，也成为削弱日军作战能力的重要因素，导致日军在与盟军的作战中节节失利，直至彻底失败。

总体而言，在日本帝国由大规模战争扩张走向败亡的过程中，情报与决策机制的不合理性，依靠某种机缘，只能显一时之优，却难以谋长久之势，从而使日本战略情报工作的失误致使其接连做出错误的战略决策，从而为日本帝国的败亡“指明了方向”而成为必然。虽然，情报工作一度为日本帝国的对外侵略扩张提供了有力保障，但是，日本所取得的所谓胜利必将是暂时的，这种建立在错误战略决策基础之上的侵略扩张行为，即便是高效的情报，也只能起到加速了日本帝国走向败亡的作用，而何况其连连发生的重大情报失误，特别是严重的“情报政治化”问题，最终不仅在情报领域优势不再，战场优势也丧失殆尽，帝国大厦必然崩塌。

第二十二章　日本帝国时期情报工作的思考与启示

唐太宗李世民曾说：“以人为鉴，可以明得失；以史为鉴，可以知兴替。”研究历史，汲取历史经验，可以使我们更好地把握现在和未来。因此，从情报工作对国家安全与发展的影响的角度，回顾与分析情报工作在日本帝国兴亡中的作用和影响，探求其中的机理，得出可供我国情报工作借鉴的经验教训和深刻启示，才是本部分研究的真正目的。

第一节　日本帝国情报工作的经验与教训

研究他国情报史是为了以史为鉴，从中汲取成功的经验和失败的教训，从而结合自身实际不断完善我国的情报工作，此谓它山之石可以攻玉。从情报工作对国家安全与发展影响的角度，通过对日本帝国兴亡中的情报工作研究，总体可以得出以下几点经验与教训：

一、无视情报的战略决策必然导致国家发展方向出现偏差

战略决策的制定关系到国家的安全与发展，而正确的战略决策必须以精准的情报为依据，否则国家的发展方向必然出现偏差，进而影响国家的安全与发展，甚至影响国家的兴衰。日本帝国在大规模战争扩张和失势阶段的战略决策恰恰印证了这一点，即不以精准情报为依据的国家战略决策最终导致了日本帝国走向败亡。通过研究分析，我们发现，日本帝国的战略决策之所以没能以精准的情报为依据，究其原因，最根本的问题是非理

性思维与赌徒战略文化特质，决定了日本决策者进行战略决策的非理性冲动。

此点主要反映在日本贪心不足蛇吞象地肆意扩大战争范围，特别是挑战综合国力与内在潜能均大大高于自己的美国。尽管包括山本五十六在内的一些美国高层深知无法与美国进行持久战争，但山本五十六幻想能够通过一次决定性的打击摧毁美国的主力舰队，“使美国海军与美国人民的士气沮丧到不可挽回的地步”，从而实现与美国的停火。但是，包括曾在美国担任过武官的山本五十六在内的日本人，对美国人的秉性的研究显然十分匮乏，所以才选择了外交上的欺骗和军事上偷袭。这种欺骗下的不宣而战，结果被美国人民认为是“最耻辱的一天”，在复仇心理和英雄主义情节的强烈气氛中，美国义无反顾地全面参与到反法西斯的第一线。这样的结果导致日本从一对一（仅入侵中国）变成了一对多（美国、广大东南亚国家，甚至整个反法西斯同盟）。这种非理性思维和赌徒心理，使得日本决策者无视情报所显示的基本事实，任由主观臆想主导自己的判断而进行决策。这是日本在中国战场取得重大优势后，产生的狂妄心理所导致。而偷袭珍珠港的成功，更加重了这种心理。从而致使日本决策者以严重的我向思维①设计国家战略的结果。此时，情报在他们眼中是为我作用的佐料，按照自己的需求选择使用。

此外，以往每次发动对外侵略战争前，日本都会尽量以各种方式获取对象国或作战区域的相关情报，但日本帝国缺少类似于英国内阁委员会的专门制定国家战略的机构。日本首相虽是政府首脑，但是在制定外交政策和国家战略方面权力有限。20 世纪 30 年代之前，日本国家战略由元老根据国际形势和战略情报谨慎制定，但元老大多在 20 世纪 20 年代相继离世，且元老并不是基于宪法或其它法令而设置的官职。在一战和二战之间的时期，日本军部势力不断膨胀，逐渐介入原来属于元老的领域，开始主导国家政策与战略的制定。但是他们擅长的是战术而不是战略，从 20 世

① 我向思维（autism）是 1932 年瑞士精神病学家布劳伊勒提出的概念，是人对挫折或攻击的一种反映形式。主要指个人的思想受其欲望和情绪的左右，而不能与外在的客观标准相比较，即从自我出发、不顾现实的主观性极强而又不合逻辑的所谓“愿望思维”；是一种个人认知系统的错乱状态，陷入完全的自我中心主义状况，而不再考虑也不能考虑现实和主观思维认识的核对。

纪30年代末开始盲目地制定政治和军事战略，不但使日本陷入侵华战争的泥潭，更是最终挑起了太平洋战争。

综上所述，战略文化中的非理性思维和赌徒心理，加之日本帝国的扩张野心无限膨胀，军国主义的独断勃发，使其忽略了本国的现实国情和当时的国际战略形势，以严重的我向思维行事，一些反映客观现实的重要情报也就游离于日本战略决策之外，致使其在制定战略决策时接连出现失误，从而误入歧途并步向败亡的深渊。

二、僵化的情报机制无法为国家安全与发展提供有力保障

尽管日本帝国的对外扩张战略需要各个领域的紧密配合才能实现，但是日本帝国陆军、海军和政府的各自战略目标却存在着明显差异，这也就决定了他们各自有着不同的情报工作重点，再加上受派系主义的影响，隶属于这三个不同系统的情报机构分别致力于各自的情报工作，从而导致各自为战，相互之间缺乏基本有效的沟通、协调与合作。历史和实践证明，这种情报机制给日本情报工作的开展和国家安全与发展带来的负面影响是巨大的。

日本情报机制的这种各自为政的做法，不仅达不到合作的目的，反而出现了不同情报系统之间相互忽视的情况，甚至达到了恶性竞争的地步。这对于一个具有集团意识特征的民族来说是少见的。但这也从另一个侧面反映出情报以及情报工作的特殊性所带来的负面影响。如果不能充分地认识到情报共享的重要性，而一味强调或偏执情报的保密性，对于军事、政治、外交等各个领域都将是灾难性的。僵化的情报机制不仅不能为国家安全与发展提供有力保障，甚至还会严重影响国家的安全。

三、“官民结合”是提升国家情报工作水平的重要途径

日本统治集团深刻地认识到，有限的官方情报力量远远不能满足其对外侵略扩张的需要，同时又看到民间情报力量有着强大的情报搜集能力，因此对民间情报工作予以高度重视，走出一条“官民结合”的情报工作

发展道路。历史与实践证明，日本的众多民间组织甚至成为情报搜集的急先锋，其获得的大量情报和形成的情报成果，不仅成为官方情报机构的有力补充，甚至成为执行外交和军事行动的有力依据。

正如前文所述，在日本政府特别是情报机构的有力扶植下，一大批民间情报机构像雨后春笋般建立起来。其中1881年成立的日本右翼秘密社团玄洋社是日本第一个真正在国外进行间谍活动的组织。而此后成立的上海东洋学馆、汉口乐善堂、日清贸易研究所、东亚同文书院、满铁等，几乎成为对华情报搜集的主力军。这些民间情报组织不仅搜集了大量情报，也为日本对外扩张培养了大批情报人员。例如，甲午战争期间一些著名的日本间谍，大多数是日清贸易研究所的干部和毕业学生或汉口乐善堂成员，如向野坚一、钟崎三郎、藤崎秀、宗方小太郎等等。日本很多民间情报机构都有官方背景。例如，日本参谋本部派荒尾精前往中国，创建了汉口乐善堂；时任日本贵族院议长的近卫笃麿参与了东亚同文书院筹建工作；作为“企业”的满铁，其总裁和理事都是由日本政府任命，而且政府还对其拥有广泛的监督权。① 此外，大量的大陆浪人、日裔侨民、新闻机构、图书馆等也积极参与日本的情报工作。这些民间情报力量或主动搜集情报，自发向日本官方提供，或在日本官方的组织和指导下，从事情报活动。

此外，日本还积极采纳具有较强情报搜集能力的民间情报机构的合理化建议和意见。例如，玄洋社的重要首脑头山满苦心经营，很快就将玄洋社打造成为一个具备高效情报搜集能力的民间情报组织，不断向日本陆军提供大量情报。日本陆军情报部门对头山满和玄洋社十分器重，经常邀请头山满商讨情报工作，并通过头山满安排陆军派往中国执行情报任务的人员。再例如，内田良平在创立黑龙会前与其父亲内田良五郎在玄洋社谋事时，因在在朝鲜问题上的突出表现而广受日本军方赏识。因此，当1900年底日本军方拟派明石元二郎以巡回外交武官的身份前往欧洲之前，陆军省曾主张在圣彼得堡设置一名常驻武官，但内田良平却建议设置欧洲巡回武官更方便与位于俄国境外的情报人员保持联系，结果陆军省采纳了内田良平的意见。更有甚者，1901年黑龙会成立后，“要求陆军省派往俄国的

---

① 解学诗著：《隔世遗思——评满铁调查部》，人民出版社，2003年12月第1版，第2页。

武官人选一定要事先征得黑龙会的同意，并推荐了明石元二郎大佐为驻俄武官。此后，明石大佐便接受陆军省和黑龙会双方的指令，从事包括情报谋略活动在内的情报工作”。[①]

从后来的实践中看，日本的民间情报力量与日本官方情报机构积极配合，大大地拓宽了日本情报获取的渠道，为日本的对外侵略扩张做出了“突出贡献”。虽然日本帝国的对外扩张战争是非正义的，其情报工作是推行非正义战争的急先锋和助推器，但是，仅就情报工作的技术层面而言，积极开展民间情报工作是提升国家情报工作水平的重要途径，即充分利用民间力量从事情报搜集活动，使其成为官方情报工作的有力补充的这种“官民结合”的方式还是值得我们借鉴的。

四、广泛周密精准的情报工作是确保战役战术行动成功的最大前提

从日本发起的若干场战役行动看，广泛、周密和精准的情报为确保战役、战术行动的实施发挥了极为重要的作用，成为其最终成功的最大前提。这点我们无论从早期的甲午战争中的黄海海战、日俄战争中的对马海峡海战，还是稍近的偷袭珍珠港战役，抑或是侵华战争初期的诸多会战等，都是先期做了广泛而周密的情报工作，搜集了大量与战役有关的精准情报，对作战对手的情况几乎了如指掌。这些情报帮助日军取得了战场上的优势，几乎都完成了以少胜多、以弱胜强的战果。

情报的作用不仅仅作为作战计划的依据，有时还可直接用于作战——情报战，这种看不见硝烟的战争，优势往往可以达到一般战役达不到的效果，它可以破坏对手的组织，瓦解对手的士气。这种情报战也通常被称为情报谋略。日本在这方面有过一些成功的案例，例如，在侵华过程中就曾运用过，其中最成功的就是分化的国民政府（当然此举也可称之为政治谋略或外交谋略，但无论是政治谋略还是外交谋略，都需要大量的情报保障），不仅使得中国的抗战力量有所削弱，甚至还将一

---

① ［英］理查德·迪肯著，姜文灏、赵之援译：《日谍秘史》，世界知识出版社，1984 年 12 月第 1 版，第 50 页。

部分中国人拉入其中，成为“助纣为虐”的帮凶。最为典型的就是日本成功策反了汪精卫，其所成立的所谓（伪）国民政府成为帮助日本侵略中国的工具，而其编制下的约53万皇协军（但在1945年日本投降时，中国各地的皇协军实际达到100多万，这主要是战争后期大量的军阀部队投降日军所致），成为维护日本在华占领和统治的帮凶，对中国的抗日力量带来了极大威胁，某种程度成为迟滞的抗战胜利进程的重大障碍之一。

总之，日本的战役情报工作有其独特之处，尤其是在人力情报的组织实施上有着成功的经验，这一点已被历史实践所证明。其中，偷袭珍珠港一役中的情报工作，迄今仍被各国军事专家或情报专家作为重点研究的课题，或作为成功情报工作的重要案例。因此，对于日本战役情报工作的研究应该是一个永恒的课题。

第二节　对中国情报工作的启示

如何提高情报工作水平，使其更好地为国家的安全和发展服务，是我们研究情报工作的一个重要课题。我们通过对日本帝国情报工作的研究，至少可以得出以下启示：

一、战略决策与情报工作必须形成良性互动

战略决策的好坏是关乎国家兴衰成败的关键。战略决策具有全局性、长远性、战略性的特点。正确的战略决策可以使国家沿着正确的发展方向前行，国家实力、国际地位、国际竞争力与影响力也会随之提升。反之，战略决策失误将会影响国家正常的发展，甚至导致国家衰败。

日本在战略决策上的连连失误大多并非因为缺乏有效战略情报保障，而是不能或不愿利用精准的战略情报进行决策，即精准的战略情报并未成为日本战略决策的依据，从而导致战略决策出现重大失误，特别是在发动太平洋战争的决策过程中反映得尤为明显和突出。

克劳塞维茨在《战争论》中写道，“情报是指我们对敌人和敌国所了

解的全部材料，是我们一切想法和行动的基础”。[①] 关乎国家命运的战略决策更是少不了情报特别是战略情报的支撑。战略决策是依据国家的发展目标，在对国内形势、国际环境等因素进行综合分析的基础上制定的。战略决策的过程实际上就是国家决策层对情报进行分析判断的过程。战略情报是战略决策的重要依据，旨在帮助决策者减少战略决策制定过程中的不确定性。日本帝国的战略决策之所以失误不断，其中一个重要原因就是战略决策与战略情报工作缺乏应有的良性互动。因此，我们要从中汲取经验教训，避免出现因此类问题而导致战略决策失误。为了确保精准的情报成为国家战略决策的依据，我们必须做到以下几点：

首先，国家决策层必须认识到情报特别是战略情报对于战略决策制定的重要性，将其纳入战略决策的轨道，并时刻保持情报的客观性。因为，“如果决策者接收到的信息与自己原有的认识不一致，他们就可能对新的信息或是视而不见，或是曲解误断，使其能够与自己原有的认识一致起来。”[②] 这样的战略决策缺乏客观、有效情报的有力支撑，国家的发展方向必将因此出现偏差，从而使国家的安全与发展受到严重影响，甚至导致国家走向衰落。因此，国家决策层不仅要认识到情报和情报工作对于战略决策制定的重要性，使情报特别是战略情报成为战略决策的必要因素，而且还要从客观实际出发，摒弃个人偏见和陈旧观点，力保决策情报的客观性，特别是要防止情报和情报工作成为论证决策者我向思维结论的佐证和助推功能的境地，即“情报政治化”现象的发生。

其次，情报人员必须增强服务国家决策的意识，立足于向决策层提供最充分、最准确、最可靠、最全面的战略情报。在世界多极化和经济全球化趋势深入发展的时代背景下，传统安全威胁与非传统安全威胁相互交织，国家的安全已经不仅仅局限于国家领土和主权的安全，而是涉及政治、经济、军事、文化、生态、粮食、能源等一系列安全问题。这就要求我国根据形势的发展，适时转变旧的安全观念，树立新安全观，尤其是综合安全观和总体安全观。若要做到与此相适应，情报人员就必须树立大情

---

① ［德］克劳塞维茨著，中国人民解放军军事科学院译：《战争论》（第一卷），商务印书馆，1982 年 8 月版，第 93 页。

② ［美］罗伯特·杰维斯著，秦亚青译：《国际政治中的知觉与错误知觉》，世界知识出版社，2003 年 8 月第 1 版，译者前言第 13 页。

报观理念，从国家安全与发展的大局出发，及时向决策层提供国家总体安全所需的方方面面的情报，以便决策层能够做出最为符合实际发展需求的战略决策，更好地维护我国家利益。

最后，战略决策和情报之间必须构建畅通的沟通渠道，以提高情报部门所提供情报的针对性、及时性和客观性，确保决策层接纳情报部门提供的情报，并将其作为决策的重要依据和支撑。为此，情报部门应充分利用各种渠道，加强与决策层人员的联系，包括通过各种媒体平台了解决策层的主要政策主张，分析并把握其准确把握其真实用意，有意识地提供有价值的情报。但值得注意的是，这并不意味着情报部门要一味地迎合决策层的意图，只提供唯决策层喜好的情报，而是要依据情报本身的客观性，提供那些反映客观实际的情报和情报成果。同时也要通过各种正式和非正式会议，邀请决策层的相关人员参加，使他们了解情报工作的基本流程，特别是对情报工作有较为清楚和理性的认识，从而对情报和情报工作产生亲近感，从而在决策时主动运用情报，使情报发挥其应有的功效。

二、情报机制必须向集中统一、高效协调的方向发展

日本情报体系中分别隶属于日本陆军、海军和政府的情报机构实际上都具有较强的情报搜集能力，但是，他们却都缺乏情报工作的整体意识，只是根据本部门的情报需求从事情报工作，各个部门的情报机构间不仅缺乏应有的合作，甚至相互掣肘，从而不仅无法实现情报共享，难以形成合力，造成大量资源的重复与浪费，国家整体情报工作能力也大打折扣，甚至造成重大损失。这种现象突出反映在日本陆军和海军情报工作方面，即日本陆军情报机构与海军情报机构之间缺乏适当的沟通与协调，因而形成各自为战的状态，从而未能形成有效的合力，削弱了整体情报力量。尽管日本高层也看到这种现象并认识到其不合理性，为此组建了内阁情报局，希望从整体上统筹协调国家的情报工作。然而，由于种种原因的影响，该机构成立后并未发挥其应有的作用，情报机构间缺乏协调、相互掣肘的状况依然如故。由此可见，建立集中统一、高效协调的情报机制，并切实使其发挥作用，对于国家安全包括国家生存与发展具有十分重要意义，必须加以推广实施。

目前，虽然我国的情报机制一直在根据形势的发展不断作出调整，国家安全委员会也已应运而生。但是由于历史传统、部门利益和同行竞争等因素，各个情报机构在沟通交流、协调合作、情报与资源共享等方面仍然存在一定的问题。这在一定程度上削弱了我国整体的情报工作能力。这一问题在和平时期可能表现得并不明显，但在突发事件和战争时期就会变得尤为突出，严重的时候将直接损害国家利益，影响国家的安全与发展。应对突发事件和防止战争的情报保障工作好坏是检验情报机制是否合理、高效的重要标准。为此，情报工作必须立足平时，着眼战时，从而建立一个合理、高效的情报机制，为国家安全与稳定提供有力的情报保障。这也就意味着，不断完善情报机制，使其朝着更加合理的方向发展，不仅是情报工作领导机关现在的工作重点，也将是未来的工作重点。

所谓合理、完善的情报机制，即"利于疏通情报工作的各种渠道和环节，能够有效发挥侦察情报部门的整体威力和作用，确保军政首脑和军事统帅机关迅速、及时、准确地获取所需情报"①。据此，建立合理、完善的情报机制最重要的就是要建立国家集中统一的情报管理机制。

国家集中统一的情报管理机制最重要的是建立国家最高层次的情报管理机构，这一机构的主要任务和功能就是从整体上明确国家的情报需求，制定统一的情报搜集计划，并根据形势的发展适时指导调整下属情报力量的工作重点，从而使各个情报机构有一个清晰的工作方向；同时，依据现实情况，对情报机构的设置、编制体制、任务分工、工作方式、工作重点进行合理规划与布局，避免情报资源的过度重复与浪费；协调下属情报部门之间关系，在符合合理的保密要求的情况下，摒弃情报机构间不当的竞争关系，实现各机构间的良好沟通、协调、合作和情报与资源共享，特别是运用某种有效的激励机制提高情报机构的工作积极性，以避免因内耗而削弱国家情报工作的整体能力，最终达到提升国家情报工作的整体能力的目的；对下属情报力量所获情报进行集中统一管理、分析与处理，向决策者提供最终的情报产品，并根据其工作情况及时做出相应的指导与反馈，特别是对国家整个情报工作进行不间断的评估（包括定期和不定期，月、

---

① 刘宗和主编：《中国军事百科全书·军事情报》，中国大百科全书出版社，2007 年 7 月第 1 版，第 200 页。

季度和年度评估），以提高情报工作的针对性和有效性，提高情报工作的效率，为维护国家安全、促进国家发展提供及时、准确、可靠的情报保障。

三、“官民结合”的全民情报意识有待进一步提高

抗日战争和解放战争时期，中国共产党领导的武装力量以自己事业的正义性，广泛组织人民群众实施侦察活动，曾为我军情报事业做出了不可磨灭的贡献。虽然人民群众侦察、民兵侦察等民间情报工作目前仍然是我军情报工作的重要组成部分，但是大多仅限于边防和海防地区。从整体上看，我国对利用民间资源从事情报工作的重视程度还很不够。

建国以来，由于我国总体上长期处于和平时期，人们的忧患意识、危机意识和国防意识有所减弱。在这些因素的共同作用下，公众的情报意识一直较为薄弱，“官民结合”的全民情报意识有待进一步提高。反观日本，民间情报工作一直是日本情报工作的重要组成部分，时至今日依然如此，是官方情报工作的重要补充，为维护国家安全、促进国家发展发挥了重要作用。这点无疑值得我们学习和效仿。

全球化是当今世界发展的最为重要趋势之一，它的一个重要表现特征就是在全球范围内大量信息和人员的自由流动。这就为利用民间资源从事对外情报工作提供了更为便利的条件。随着时代的发展，情报早已突破单纯军事的范畴，成为军事、政治、经济、科技等综合性情报的代名词。在这一背景下，官方情报力量的有限性进一步凸显。如果能够充分利用民间资源从事对外情报活动，不仅可以减轻官方情报工作的压力，弥补其力量的不足，而且还能获取官方情报力量不易或不便搜集的情报，大大拓宽情报获取的渠道。除了情报搜集工作，反情报工作的力量也会因为民间资源的广泛参与得到大大增强。这一点已经成为世界各情报组织的共识并加以广泛运用。

历史和实践经验证明，情报工作需要公众广泛的参与，而不是仅仅局限于有限的官方情报力量。要做好“官民结合”的情报工作，就必须做到：

首先，加快转变旧的情报观念，在情报搜集与分析方面，给予民间力

量足够的重视。根据实际情况，以委托等方式，赋予某些在情报分析或搜集领域具有优势的民间力量一定的情报任务，特别是通过公开合法手段对公开情报的搜集。例如，当今世界各国的现代大型跨国公司为了自身的生存与发展，都会对驻在国政府的方针、政策、法律、法规以及当地的政治、经济、社会、安全环境等进行细致的研究和评估，由于他们身处驻在国一线，对驻在国的情况有着更加直观和深入的了解，如果借助这些公司的力量，无疑是对专业情报机构情报搜集研判的最大支持和补充，当年日本诸多民间驻华机构或组织的情报已经早已证明了这点。

其次，要大力弘扬爱国主义精神，向公众介绍国际形势的复杂性，尤其是我国周边严峻的安全形势的严峻性，增强广大人民群众的国防观念和忧患意识，唤醒、增强公众的情报意识，并采取一定的激励措施，充分发挥公众在情报工作方面的积极性、主动性和创造性，使每一个公民都成为情报的搜集者，形成一个巨大的情报获取群体，这是官方情报工作无论如何都无法做到的巨大公开情报资源。

第三，要构建合理的官方与民间情报力量的协调互动交流机制，使民间情报力量能够更好地领会、理解官方情报机构的意图，并接受其业务指导与反馈，从而提高民间情报工作的效率，使其更具针对性和有效性，同时也提高民间机构在从事情报搜集工作中的安全性。

最后，情报工作与国家安全和发展息息相关，然而民间情报力量的情报意识、国防意识和保密意识等相对薄弱。因此，要加强对民间情报力量的保密教育以及相关的法制教育，完善相关法律、法规与制度，使其认识到保密工作的极端重要性，严防泄密事件的发生，确保民间情报情报工作在法律的框架下，积极主动、安全高效地发展。

结　论

国家的生存、安全与发展是诸多因素共同作用的结果。本部分尝试从情报工作的视角分析日本帝国兴亡史，通过对日本帝国时期情报工作与国家安全和发展的关系进行深入分析和探讨，从而认识情报工作在日本帝国发展、大规模战争扩张与败亡中所扮演的角色以及产生的作用与影响，欲从中挖掘出具有日本情报工作独特内涵优势且可为我所用的部分，也包括应该汲取教训，为我国情报事业的健康发展提供有益参考和借鉴。

通过回顾日本帝国兴亡的历史，并对其中情报工作的得失分析，大致得出以下主要结论，即：情报工作与明治维新相互促进，共同发展。情报工作强化了日本在中日甲午战争中的主动权，特别是战役、战术情报为日军作战计划的制定与实施提供了有力保障。卓有成效的“官民结合”情报体制为日本赢得日俄战争发挥了重要作用。在整个日本帝国发展过程中，情报工作是日本帝国实现破旧立新的助推器；情报工作是日本帝国实现强兵富国的催化剂；情报工作是日本帝国实施侵略扩张的急先锋。畸形发展模式是日本帝国由大规模战争扩张走向败亡的内在因素，国力与野心的逆差是日本帝国由大规模战争扩张走向败亡的决定性因素，而情报工作因素在其中产生了重要影响，其中，战略情报失误是日本帝国由大规模战争扩张走向败亡的重要原因；情报斗争的失利加速了日本帝国走向败亡的进程；落后的情报机制导致日本情报工作难以始终发挥应有功效。从而我们可以得出这样的结论：不以精准情报为依据的战略决策必然导致国家发展方向出现偏差；僵化的情报机制无法为国家安全与发展提供有力保障；“官民结合”是提升国家情报工作水平的重要途径；广泛周密精准的情报工作是确保战役战术行动成功的最大前提。

就普遍性而言，我们可以看出情报对国家安全与发展的重要性：情报不仅是影响战争胜负的重要因素，也是国家安全的重要保障；不仅是制定国家战略决策的重要依据，也是促进国家改革与发展的重要力量。因此，我们须充分认清情报工作对国家安全与发展的重要性，积极汲取各国情报工作的经验教训，不断加强情报工作建设，力求构建一个高效、协调、全面的情报体系，以便为实现中华民族的伟大复兴提供高效的情报保障。

受篇幅和资料所限，在研究时空跨度近80年的日本帝国情报工作时，只能将帝国兴亡过程中的主要重大事件或具有重要转折意义的事件中的情报工作作为重点考察和研究对象，虽然其他事件中的情报工作也有所涉及，但仍难免挂一漏万，有以偏概全之嫌；虽然分析了影响日本帝国情报工作成功与失败的诸多因素，但是仍缺乏对日本情报工作中战略文化因素对情报工作影响的系统深入的研究。此外，事物是发展变化的，二战后日本的情报工作体系与机制是根据国际形势发展和自身身份认定重新建立、发展起来的，尤其是其经济情报工作在一段时期内对国家经济的高速发展起到了举足轻重的作用，尽管本部分主要关注点在于日本帝国时期的军事情报，但考虑到情报工作间的互通性和联系性，特别是日本作为我重要的战略对手，未来继续密切关注日本情报工作的发展，从情报工作与国家安全和发展的关系的角度，不断深化对日本情报工作的研究，仍是军事情报领域重要的研究内容之一，也是我们努力的方向。

第六部分

以色列情报机构与犹太民族复兴
(1907—2007)

世界上唯一的犹太国家以色列是一个国土面积狭小、人口不足百万的弹丸小国，但它的情报机构却被誉为是世界最好的。以色列情报机构在过去的半个多世纪里创造出一个又一个惊世骇俗的奇迹：为以色列在历次中东战争中的胜利立下奇功、帮助国家发展核力量、恩德培机场救援行动、窃取“幻影”战斗机秘密、空袭伊拉克核反应堆等等。从这些骄人的战绩中可以看出，以色列情报机构在犹太民族复兴以及以色列国生死存亡的斗争中，爆发出惊人的力量并起到了决定性作用。然而，以色列情报机构也离不开赖以生存的犹太民族，其产生与发展与犹太民族复兴血脉相连，两者存在着无法分割的内在联系。犹太民族复兴运动给以色列情报机构提供了源源不断的动力，加速了以色列情报机构的发展，成就了以色列情报机构的辉煌。

犹太人的祖先希伯来人于公元前13世纪来到阿拉伯半岛的迦南（今巴勒斯坦地区）定居，并于公元前11世纪建立了第一个犹太国家——希伯来王国。公元前1世纪，罗马帝国统治巴勒斯坦后，大部分犹太人被逐出故乡，流落到世界各地。从此，犹太人便失去了自己的国家，开始了千年漂泊流离的悲惨历程。然而，犹太人尽管散落在世界各地长达2000年之久，却始终保持着强大的民族凝聚力，重建家园的理想和信念一直没有放弃。

犹太复国主义运动始于19世纪末，居住在欧洲的犹太人主张犹太人回到故土巴勒斯坦建立家园，随后许多犹太人开始移民巴勒斯坦。第一次世界大战期间，英国从统治巴勒斯坦400多年的奥斯曼土耳其帝国手中接管了对巴勒斯坦的“委任统治权”，并以约旦河为界把该地分为东、西两部分，东部称外约旦（即今约旦王国），西部仍称巴勒斯坦（即今以色列、约旦河西岸和加沙地带）。1917年，英国发表著名的《贝尔福宣言》，准许犹太人返回巴勒斯坦建立“犹太人之家”。第二次世界大战期间，由于纳粹德国的屠犹政策，大批犹太人为了生存移居巴勒斯坦，并不断与英国统治当局和当地阿拉伯人发生冲突。1947年11

月，联合国通过关于巴勒斯坦地区实行分治的第181号决议，决定在该地区分别建立阿拉伯国家和犹太国家，耶路撒冷市为国际城市。

1948年5月14日下午4时，犹太复国主义全国委员会在特拉维夫艺术博物馆召开会议，宣布成立以色列国。10多分钟后，美国总统杜鲁门代表美国政府宣布承认以色列国，而3天之后苏联政府也宣布承认以色列。犹太民族的历史也从此揭开了新的一页，经历千年漂流的犹太人终于再次拥有独立的犹太国家，从此踏上犹太民族复兴之路。

但是，由于阿拉伯人的坚决反对，阿以矛盾此后不断恶化，并于1948年、1956年、1967年和1973年相继发生四次大规模中东战争。以色列通过战争，不仅保住了已有的国土，还占领了联合国决议划分给阿拉伯人的大片土地，且占领了西奈半岛、戈兰高地和黎巴嫩南部地区以及整个耶路撒冷城，近150万巴勒斯坦人逃离家园，沦为难民。而在这四次中东战争中，以色列情报机构为赢得战争的胜利发挥了极为重要作用，为以色列国家的生存拓展了空间。

当代以色列情报机构是伴随着“犹太复国主义”运动的发展和以色列国的成立而形成的，是犹太民族复兴运动的产物。建国前，“犹太复国主义”运动为了生存和发展，建立了地下犹太情报组织，在整个巴勒斯坦地区以及周围阿拉伯国家建立了完整的犹太人间谍网，向犹太复国主义运动领导人和军事组织提供各类情报，推动了犹太复兴运动的发展，最终建立了独立的犹太国家以色列。这些情报组织在犹太复兴运动中逐渐发展壮大，并发挥着难以替代的作用，某种意义可称之为以色列国家的缔造者。今天的以色列情报机构正是在此基础上建立起来并逐渐发展壮大的。

以色列建国后，与阿拉伯国家武装冲突不断。为了犹太民族的生死存亡，以色列联合一些可以联合的量，与阿拉伯国家展开了一场持续半个多世纪的对抗。对抗中双方情报机构之间的较量在很大程度上主导了阿以斗争结局的总基调。以色列不仅在与阿拉伯国家的历次交战中总是赢家，而且还在这种环境中迅速提升了综合国力，成为中东地区经济、军事和社会发展水平均首屈一指的“超级大国”，而之所以如此，是因为其背后拥有一个迫于民族生存压力而不倦努力的以色列情报机构。

由此可以看出，以色列情报机构与犹太民族复兴之间是一种彼此依存、互促发展的关系，即：犹太民族复兴运动催生了以色列情报机构，并促进其发展壮大；同时，以色列情报机构在犹太民族复兴中为犹太国家的建立、犹太民族的生存与发展发挥了巨大作用。甚至可以说，没有犹太民族复兴运动也就没有今天的以色列情报机构，反之，没有以色列情报机构在犹太民族复兴中发挥的重要作用，也就没有犹太国家和民族的生存与发展。从古至今，也许世界上没有哪个民族像犹太民族这样，情报机构与其民族有着如此荣辱与共、生死存亡的密切关系。

正因为如此，以色列情报机构与犹太民族复兴之间的关系是一个值得进行深入探讨与研究的课题，不仅具有历史意义，更有现实意义。迄今为止，在我国军事情报研究领域，有关以色列情报机构的研究成果虽然比较丰富，但将情报机构与犹太民族复兴联系起来进行比较研究的则相对较少，尚未形成完整系统的论述。因此，本部分将在前人研究的基础上，尝试通过对以色列情报机构与犹太民族复兴问题的系统研究，挖掘出情报机构与民族生存发展之间具有普遍性意义的特征和规律，对中国情报系统建设以及中华民族的伟大复兴和崛起提供借鉴。

第二十三章　以色列情报机构的演进

以色列情报机构是伴随着犹太复国运动逐渐形成发展的，经历了一个由“地下”走到“地上”、由单一走向多元的过程。在这个过程中，经过不断逐渐完善，最终形成了由各类情报机构构成的一个庞大情报系统，成为世界首屈一指的著名情报机构。

第一节　犹太民族自古就有情报活动的传统

犹太人的历史从一开始，似乎就与间谍活动分不开。《圣经》第四篇“民数记”第十三章就记载了犹太人的祖先摩西当年派出间谍窥探迦南乐土的故事，在信奉上帝的教派中几乎无人不晓。

当犹太人流落于埃及荒野的时候，上帝曾把迦南这块地方赐给他们作为安身立命之地，但摩西不知道迦南究竟是个什么样的地方。于是，他就从 12 个部落中选拔了 12 名情报人员，组成一个情报组织前往迦南地区侦察。临行前，摩西对这些情报人员说，你们要勇敢、细致地调查迦南人的战斗力如何，有什么防守设施，自然环境如何，土地是否肥沃，并要求他们带些迦南的水果回来，以作为进行过实地调查的证据。古犹太人的 12 名情报人员经过艰苦跋涉，用了 40 天时间，终于完成了任务。他们手里拎着许多葡萄、石榴和无花果回来，向摩西报告说：“我们到了你所打发我们去的那地，果然是流奶与蜜之地……然而住那地的民强壮，城邑也坚固宽大……”[①]此举甚至被称为人类最早的情报活动，也因此被情报系统作为典型案例而广泛引用。

《圣经》里还记载了其他很多关于古代以色列间谍的故事。如摩西死后，约书亚成为以色列斯部落的首领，他决意要攻占迦南的耶利哥城。但面对迦南各城那些厚实的城墙，约书亚感到困难重重，因为他们既没有攻城武器设备，也没有攻城经验，而迦南人却装备有铁制武器和马拉战车。因此，约书亚决定派出“间谍”潜入耶利哥城，刺探敌情后再作打算。两名间谍奉命潜入耶利哥城后，很快就打探到不少重要情报：首先，迦南人并非如想象中那么强大，相反城内很多士兵都很惊慌，因为他们惧怕曾打败过两位亚摩利国王的以色列人；其次，耶利哥城的城墙并非那么坚固，由于年久失修已不堪一击。探听清楚敌情之后，以色列人突然发动袭击，一举攻下了耶利哥城。之后，古代犹太人在迦南地区建立了历史上第一个犹太国家——希伯来王国。

从这些古老的间谍故事中可以看出，犹太民族有着悠久的情报实践史。因此，犹太人也被世界公认为是最早从事情报活动的民族之一，而且在第一个犹太国家建立之前就已精于此道了。古代希伯来（犹太）人的立国离不开间谍的作用，而当代以色列人的立国同样也未离开间谍的作用。间谍和情报与以色列国家的命运息息相关。如今，以色列情报人员都以摩西的门徒自称，而其业绩更是远远超过了其祖先。

第二节　建国前犹太地下情报组织

现代犹太人的情报活动始于20世纪初。当时，受到资产阶级革命运动和民族主义浪潮的激励和影响，犹太人的民族意识日渐觉醒，散居在欧洲各地的犹太人产生了恢复犹太民族国家的强烈愿望，犹太复国主义应运而生。在犹太复国主义的影响下，犹太民族开始了从欧洲向故国圣地回归的浪潮。但是，巴勒斯坦地区并非是一块“无主之地”，犹太

---

① 《旧约》第四篇“民数记”第十三章，参见“圣经国际”网站：http：//www.bbintl.org/bible/gb/gbNum13.html。

人重归故里，势必侵犯到当地阿拉伯人的利益。随着越来越多的犹太人移居巴勒斯坦，阿拉伯人和犹太人之间的民族矛盾也越演越烈，最终演化成血腥的暴力冲突。犹太人为争取建立一个独立的犹太人国家而展开了武装斗争。为配合当时的地下武装斗争，他们相继成立了一些秘密情报组织。

一、“哈舒默”与“尼里”

犹太人最早的秘密军事组织是1907年由以色列开国元勋本—古里安等犹太复国积极分子建立起的“哈舒默”①，其作战小组遍及整个巴勒斯坦地区，以秘密斗争的方式抵抗当时统治巴勒斯坦的土耳其人的侵扰，保护犹太移民的生命财产安全。为了更好地与土耳其人作斗争，“哈舒默”开始搜集土耳其当局、当地阿拉伯社团及阿拉伯邻国的情报。1914年第一次世界大战爆发后，犹太经济学家艾伦·阿伦森在阿特里农业实验站，建立了代号为“尼里”（NILI）② 的间谍小组，这是犹太人现代历史上的第一个情报组织。“尼里”的组员为“哈舒默”成员，任务是为“哈舒默”搜集各种情报，在整个巴勒斯坦地区组建了一个完整的犹太人间谍网。同时，这个间谍小组也为英国军队侵略巴勒斯坦提供情报，希望借助英国人的力量帮他们在巴勒斯坦建立起自己的家园。尽管由于缺少专业训练和指导，当时的“尼里”成员的情报业务均较业余，但是，依然表现出色。对于尼里在英军占领巴勒斯坦过程中所发挥的重要作用，英国方面予以了充分肯定。根据尼里成员所提供的极具价值的情报，在1917年和1918年，英国艾伦比将军挥师北上，几乎不费吹灰之力就占领了巴勒斯坦。20年后，当时在英国陆军部负责近东情报工作的沃尔特·格里本上校称，“正是由于”阿伦森情报网所提供的“情报”，艾伦比将军才“能够如此成功地进行巴勒斯坦战役”。③ 更为重要的是，这个情报组织却为后

---

① “哈舒默”系希伯来语，意为“警卫”。

② “尼里”是《旧约全书》撒母耳记中一句话的字母缩写，意为“以色列的强盛永远不会令人失望”，又译为“以色列的天主永远不会抛弃你”。

③ ［英］基斯·杰弗里著，宗端华、廖国强等译：《军情六处——秘密情报局历史》，湖南文艺出版社，2011年5月版，第98页。

来大名鼎鼎的以色列情报机构建立开启了先河，也给犹太民族的复兴带来了曙光。

二、“沙伊”

1917年《贝尔福宣言》发表后，广大犹太人深受鼓舞。在建立独立犹太国家的热情下，大量犹太人涌入巴勒斯坦，阿犹之间的矛盾空前激化。1920年4月，巴勒斯坦的阿拉伯居民同犹太人之间爆发了首次有组织的敌对行动，阿拉伯人四处袭击犹太村庄。随着骚乱的四处蔓延，仅具备少许自卫能力的“哈舒默”已很难应付。为了保卫自己，犹太人在“哈舒默”的基础上成立了规模更大的准军事组织——“哈加纳”（Haganah）[①]，这个组织成为现代以色列国防军的前身。“哈加纳”从英国人手中秘密获得武器，并接受英国军队的训练，成为一支装备精良的地下武装。与此同时，“哈加纳”还从英国人那里学到了一些间谍技术。

1935年，在特拉维夫的“哈加纳”常设总部——犹太人总工会大楼的33号，肖尔·阿维格和罗文·希洛[②]奉戴维·本—古里安[③]之命，为“哈加纳”组建立了一个专门情报机构——“沙伊”（Shai）[④]，并于1940年9月正式成立。它成为当代以色列情报机构的前身。

“沙伊”的情报活动是全方位的，职能非常广泛，几乎覆盖了整个巴勒斯坦地区。它既搜集阿拉伯人的情报，也对英国军队、警察和巴勒斯坦委任统治当局进行渗透，甚至将持不同政见的犹太政治组织也作为其监视对象。它为“哈加纳”提供政治和军事情况分析，作为

---

① “哈加纳”系希伯来语，意为“防御”。

② 罗文·希洛在摩萨德于1951年9月1日成立时，被戴维·本—古里安总理任命为该机构首任局长。希洛素有“情报先生”之称，是一位能够从长远和战略性角度看待现代情报工作的杰出人物，作为总理的国际和地区战略顾问，实际上一直主管并协调着以色列整个情报系统的工作，并被视为以色列情报界当然的领袖。

③ 戴维·本—古里安（1886—1973）是以色列第一任总理，也是任职时间最长的总理。他凭借敏锐的直觉和务实的精神，在长达30年的时间里一直是犹太民族的领袖。他领导创建以色列国，是现代以色列当之无愧的国父。

④ “沙伊”是希伯来文“希鲁特·那迪奥特”的缩写，意为“情报部”。

军事行动的保障，同时又为“哈加纳”走私武器和非法移民提供保护，成为“哈加纳”行动不可或缺的支撑。“沙伊”的三个主要部门，即英国部、阿拉伯部和内务部为后来以色列情报机构的发展奠定了基础，英国部演化为“摩萨德”，阿拉伯部和内务部则演化为“辛贝特”。[①]

三、“阿利亚－B”

为了在巴勒斯坦地区获得建立一个独立犹太国家所必须的人口优势，挽救正在欧洲受迫害的犹太人，犹太组织开始特别关心移民问题。为此，他们首先设立了“A 类移民局”，负责组织犹太人向巴勒斯坦的合法移民。但为加快移民速度，犹太人决定进行秘密的非法移民。1937 年，“哈加纳”及“沙伊”的代表在特拉维夫秘密聚会，成立了专门负责进行非法移民的秘密组织——“摩萨德·阿利亚·贝恩”，即“阿利亚－B”（Aliya－B）[②]。“阿利亚－B”既负责在巴勒斯坦的行动，也负责在国外的行动。在欧洲，该机构有 10 余名特工，分布在法国、瑞士、奥地利、罗马尼亚、比利时和土耳其，总部设在法国巴黎。“阿利亚－B”的特工们负责安排犹太移民的逃亡路线，制造假护照，寻找安全隐藏点，租赁船只把非法移民运到巴勒斯坦。

四、“莱克什”

“莱克什”（Rekhesh）是“哈加纳”下属的又一情报组织，其主要任务是在欧洲注册虚假公司，从欧洲国家购买武器，为犹太地下武装力量提供武器保障。“莱克什”通过其打入英国托管当局的海关、警察、邮政和运输部门的特工所提供的掩护，将其购买的武器顺利通过海上、陆上渠道运到犹太地下武装组织手中，从而使“哈加纳”在武器偷运中被截获的

---

① 以上内容部分参阅了祝枕漱著：《以色列摩萨德档案》，凤凰出版社，2012 年 10 月版，第 15 页。

② “阿利亚”是希伯来语“移民”一词的音译，因此，“摩萨德·阿利亚·贝恩”又被简称为“阿利亚－B”，其名称中的“摩萨德”一词后来被以色列情报机构所沿用。

次数远远少于同样在偷运武器的当地阿拉伯人，从而确保了以色列在第一次中东战争中拥有充足的武器来源。

五、“帕尔马赫”

“帕尔马赫”（Palmah）既是“哈加纳”下属的军事情报组织，也是一支精锐的特种作战部队，第二次世界大战期间曾为英国军队充当过先头侦察部队。“帕尔马赫”下属的阿拉伯处是主要的情报搜集机构，受其培训的年轻犹太人化装成阿拉伯人，渗透到巴勒斯坦地区的各个阿拉伯人社区和社团，与阿拉伯人一起生活，通过这种方式形成了一个遍布阿拉伯社会各个领域的谍报网络。该组织的海上侦察处又叫“帕亚姆”，负责了解阿拉伯人海上运输的情况，然后提供给英国治安当局，借英军之手切断阿拉伯人的武器来源；同时掌握英国当局海上封锁和巡逻艇的活动情况，为“阿利亚－B”运送犹太移民和“莱克什”的武器运输提供保护。以色列建国后，“帕亚姆”成为组建第一个海军情报机构的基础。

以色列建国前的犹太情报组织基本都处于地下活动状态，相互之间没有十分明确的分工与合作，但是它们都有一个共同的目标，即建立一个独立的犹太国家。早期的情报人员大部分在英国军队中服过役，尽管在情报业务上不太精通，但有着丰富的敌后工作经验，这为其后来的发展打下良好基础。最重要的是，他们都有坚定的信仰，愿意为犹太民族复兴而献身，这也是以色列情报机构最终能成为世界上优秀情报机构的重要原因。但是，建国前以色列情报机构在更大程度上充当了“突击队”的角色，搜集情报只是其职能中微不足道的一部分，主要仍处于积累经验阶段。尽管如此，以历史的眼光看，这一时期的成就也已充分地显示出了犹太人情报活动的胆略与才能。

第三节　以色列现代情报机构的建立

1947 年 11 月 29 日，联合国大会经过激烈辩论之后，最终以 2/3 多数通过了巴勒斯坦分治决议，决定在巴勒斯坦建立两个独立国家，即一个犹太人国家和一个阿拉伯人国家。至此，离散千年的犹太人获得了重回故土建立独立国家的合法权力。但是，这个决议显然对阿拉伯人不公平，因为，根据决议，占巴勒斯坦全境人口总数仅1/3和6%土地的犹太人，却获得了地区总面积57%的土地，决议对阿拉伯人的“剥夺”和不公十分明显。因此，阿拉伯人拒不接受这个偏袒犹太人的分治方案，发誓要把犹太人赶入大海，阿以冲突在所难免。

1948年5月14日，以色列国宣告成立。第二天，埃及、外约旦、伊拉克、叙利亚和黎巴嫩五个阿拉伯国家宣布对以色列发起“圣战”，相继派兵进入巴勒斯坦，第一次中东战争①爆发。战争爆发后，处于建国后首场战争中的以色列面临着巨大的生存压力，从而也明确地意识到，必须要找到一条能确保其安全与国防需要的路径。

当时，作为世界上最小国家之一的以色列，三面被强大的阿拉伯世界国家所包围，周边安全环境可谓极端恶劣。在这样一个充满敌意的环境中，以色列不得不将国家安全放在首位。以色列无法指望仅凭借军事实力来捍卫国家安全，因为弹丸之地的以色列几乎无战略纵深可言，根本无法与人口百倍于己的阿拉伯世界相抗衡。而以往的经验证明，惟一的办法就是：以色列必须建立一个极为出色的情报机构，在敌人动手之前便能知晓一切，并提早制定化解危机的方法，做到抢占先机，化不利为有利，最终才能以少胜多、以弱胜强。

尽管“沙伊”在维护新生国家方面功不可没，但是它的情报机构极不正规，职责过于庞杂，已不适应国家对情报的需求，也无法保证对内、对外情报工作同时有效地进行。而且经过长期以来的地下斗争，它的权力过大，其情报人员特权急剧膨胀，使之偏离了法制国家的正常运行轨道。因此，在以色列“情报先生”罗文·希洛的提议下，总理本—古里安决定解散“沙伊”，以其原有人马为核心，建立

---

① 1948年5月15日凌晨，为争夺巴勒斯坦，以色列和阿拉伯国家之间发生大规模的战争，史称“第一次中东战争”。第一次中东战争也被称为“阿以战争”或“巴勒斯坦战争”，而以色列人则称之为“独立战争”。第一次中东战争从阿拉伯出兵开始到以色列同叙利亚签订停战协定为止，共历时15个月，战争以阿拉伯国家的失败、以色列的获胜而告终。战争中有96万巴勒斯坦人逃离家园，沦为难民。战争激化了阿拉伯国家和以色列、阿拉伯国家和美、英的矛盾。从此，中东战乱不断。

起一个新的情报系统，从而把情报机构纳入国家法制轨道，以适应以色列在政治、外交和军事多方面的需求，为国家安全利益和犹太民族复兴服务。

1948 年 6 月 30 日，在特拉维夫耶胡达大街 85 号楼里，年仅 47 岁的“沙伊”领导人伊塞·贝埃里中校主持了以色列情报机构正式改组会议。会议决定解散“沙伊”，正式成立新的以色列情报系统。新的以色列情报系统由四个情报机构构成：由贝埃里领导的军事情报部、由鲍里斯·古里埃尔领导的外交部政治司、由艾泽·哈雷尔领导的国家安全总局和由肖尔·阿维格领导的“阿利亚－B”。

尽管改组以后的以色列情报系统保留了“阿利亚－B”，但由于以色列独立，移民已经合法化，因此该组织的职能也发生了变化，主要担负“犹太情报”的责任。[①] 根据本—古里安总理的指示，在四个新成立的情报机构中，军事情报部是最高权力机构，即当各情报机构间发生任务重叠或冲突时，统一由它来负责协调。

尽管“耶胡达大街会议”确定了以色列新的情报组织架构，但情报系统依然存在众多的问题，主要表现在以下几方面：情报机构的职能相互重叠，缺乏一个真正有力的协调机构；情报人员的权力过大；情报机构为了争夺情报主导权而形成了恶性竞争。

情报机构的滥用职权和碌碌无为引起了本—古里安的强烈不满。于是，他命令对现有情报系统进行第二次改组，以便尽快结束情报工作中的混乱局面，提高整体效率。希洛迈出的第一步就是对外交部政治司实施切除手术。他宣布解散外交部政治司，成立调研司。调研司将只是外交部的国际情报研究和分析中心，而不再担负海外情报的搜集和执行特别行动的任务。

对美国情报系统进行实地考察之后，希洛向本—古里安建议，应当模仿美国模式，成立一个独立的中央情报机构来负责整个国家的对外情报工作。它将作为政府的战略情报机构，不依附于任何部门，只对总理本人负责。这个建议被以色列政府所采纳。1951 年 9 月 1 日，一个直属总理办公室领导的以色列最高情报机构——中央情报与特殊使命局（Mossad Le-

---

① 刘宗和、高金虎主编：《外国情报体制研究》，军事科学出版社，2003 年版，第 351 页。

tafkidim Meouy Chadim，摩萨德）宣告成立，希洛被任命为“摩萨德”首任局长。

第二次改组后的以色列情报系统由中央情报与特殊使命局（摩萨德）、军事情报局（阿穆恩）、国家安全总局（”辛贝特”Shin Bet）、B类移民局（阿利亚－B）和外交部调研司组成。1957 年，国防部又秘密成立了专门搜集科技情报的机密情报机构——科学联络局，即“拉卡姆”(Lakam)。

“摩萨德”成立之后，以色列所有情报机构的情报活动及特工行动，均由“摩萨德”统一领导。在它的协调下，尤其是艾泽·哈雷尔①出任“摩萨德”局长后，以色列建国初期情报系统的混乱状态终于得到了制止，整个情报工作逐步进入有序状态。

小 结

犹太民族似乎天生与情报结缘，自古就有重视情报工作的传统。在犹太复国主义的推动下，情报意识再度被唤醒，在建立国家的过程中，一些情报组织应运而生。尽管它们一直处于地下活动状态，一些情报组织和人员工作尚不够专业，但它们目标明确，都有为民族和国家牺牲的精神，并有着十分丰富的敌后斗争经验，因此，在实践中不断调整，为以色列国家的建立发挥了重要最用，但更多地是充当了“突击队”的作用，却也充分显示出了犹太人情报活动的胆略与才能。特别是，这种将情报力量与作战力量相结合的方式，并通过情报工作影响政治进程的做法，最终帮助完成了建国大业。

建国后，由于面临的地缘政治环境十分险恶，国际生存时刻面临威胁，以色列认为，只有做到“先知”方可在与周边国家的斗争特别是军事斗争中取胜。于是，情报机构开始从初级阶段朝着功能齐全、效率较高

① 艾泽·哈雷尔曾任以色列国家安全总局局长，1952 年 9 月继希洛之后成为摩萨德第二任局长，在摩萨德局长位置上长达 11 年之久，是摩萨德有史以来任职最长的一位局长。在哈雷尔的领导下，摩萨德进入发展历程中的第一个辉煌时期，成为国际情报系统最杰出的情报机构之一。哈雷尔以其对摩萨德乃至整个情报系统的突出贡献，最终被人们称作“摩萨德教父”。

的现代情报系统建立发展。情报系统在多次战争中得到检验，也暴露出一些问题甚至出现过混乱局面。为此，以色列领导人对其进行了多次调整和改革，最终建立了一个以“摩萨德”为主导的独具特色的情报体系和运行机制。

第二十四章　当今以色列情报系统构成和各机构职能及特点

作为时刻受到战争威胁的国家，为维护国际生存与发展，以色列逐渐建立起一个庞大的情报系统，这个系统机构众多，分工协作，构成一个强悍的情报大机器。它日夜运转，守护着以色列的国家安全，并为国家发展尽心尽力。

第一节　以色列情报系统的构成

以色列情报系统是一个集合概念，主要由中央情报机构“摩萨德”、军事情报机构“阿穆恩”、反间谍机构“辛贝特”、外交部研究和政治计划中心、犹太移民联络局和已解散的“拉卡姆”组成。它们与负责协调各情报机构活动的以色列情报与安全委员会一起构成以色列的情报系统。

一、中央情报和特殊使命局——“摩萨德”

“摩萨德”（Mossad）于1951年9月1日正式成立。成立之初，“摩萨德”取名为“中央协调局”，后又改称为“中央情报与安全局”，直到挫败政治司欧洲特工罢工[1]后才正式定名为“以色列中央情报和特殊使命局”。由于该情报机构名称较长（Mossad Letafkidin Meouy Chadim），因此国际情报界都习惯于简称其希伯来文的第一个单词——“摩萨德”。“摩萨德”是以色列最重要的情报机构，依据以色列国父本—古里安的最初设定，它实际上起到中央情报机构的作用。

“摩萨德”内部组织严密，下设8个主要部门：

1. 行政处是“摩萨德”的行政机构，主要负责日常机关工作以及内部安全和保卫工作，惟一的情报使命是配合“辛贝特”进行反间谍工作。

2. 训练处负责对“摩萨德“新招募的特工进行基本的谍报技能和情报分析能力培训，并为其他情报机构培训情报人员。

3. 行动计划和协调处主要负责管理“摩萨德”日常行动计划，同以色列其他情报机构保持内部协调，并主管情报搜集计划的制定等。

4. 技术处。与技术行动处协同行动。

5. 技术行动处负责为“摩萨德”的情报工作尤其是谍报工作的开展提供技术支持，如无线电台、密码通讯手段等，同时还承担着为“摩萨德”特别行动提供通讯等技术方面的协调与联络工作。

6. 情报搜集处是“摩萨德”最大的处，在海外设有规模不等的联络站，主要负责监督和执行海外谍报工作，并对获得的情报进行分析和整理。

7. 政治行动和联络处主要负责监督和执行政治行动，同盟国进行情报合作，以及与尚未同以色列建交的国家或地区建立秘密联系渠道。下设一特别任务行动办公室，主要从事针对恐怖主义的秘密侦察、报复行动、心理战等工作，并负责协调指挥总参谋部“塞雷特”突击部队的行动，以色列大部分特别行动任务是由该处执行的。政治行动和联络处与情报搜集处联合指导着8个地区办公室，分别承担中东、南美、俄罗斯及东欧地区、非洲、亚太地区、地中海地区、欧洲、北美的情报工作，并合作管理

---

① 1951年3月2日，在罗文·希洛奉本—古里安之命宣布解散外交部政治司、成立调研司几天后，原政治司行动处处长本－纳坦在日内瓦湖私下召集部属开会，集体提出辞呈。在本—古里安的全力支持下，希洛对这场“叛乱”采取了强硬措施，成立了临时委员会，接管了政治司全部档案，并将其负责海外情报工作的权力完全移交给军事情报部。希洛最后还明确规定：对于原政治司中不肯配合的人员，任何情报机构都不得录用。

设在各个地区的情报站。

8. 研究处是“摩萨德”的情报分析部门，负责对所搜集的情报进行分析和判断，并向局长提供内阁会议和总理所需的《周边动态》等政治和国际战略的情报分析，也从事一定的军事情报分析工作。[①]

无论是从“摩萨德”的地位还是从其功能看，都是以色列情报系统中的佼佼者，特别是它战绩显赫，完成过一些重大任务而备受世界情报界所推崇。例如：1960 年抓住了阿道夫·埃奇曼（Adolf Eichmann），并在以色列对他进行了审判。20 世纪 60 年代，成功找到被绑架的以色列男孩约瑟利·舒梅切尔（Yossele Schumacher），以及偷到米格 - 21 战机等。1984—1985 年和 1991 年分别成功地在“摩西行动”和“所罗门行动”中秘密运送埃塞俄比亚犹太人到以色列。1986 年成功地将莫迪凯·瓦鲁鲁（Mordechai Vanunu）引诱至罗马，在那儿他被带往以色列并接受叛国罪的审判。

进入 21 世纪特别是“9·11”事件后，中东地区的反恐形势变得更加严峻，以色列面临的威胁也更加多样复杂，其中恐怖主义威胁扩大化，袭击手段多样化，袭击目标和发动攻击的时间不确定性增加，情报保障必须朝着“一体化”和“多功能化”发展。因此，“摩萨德”的领导层意识到，必须根据形势变化进行了改革。因为，“一是为了对付以色列安全面临的最大威胁——恐怖袭击，需要建立一支集情报搜集与快速行动为一体的特种部队。尽管以国防军也有特种部队，但因军人身份所限，一般只能在境内活动，不允许去国外执行任务。二是恐怖组织行动变化莫测，特别是‘基地’等恐怖组织甚至计划使用核生化武器对以发动突然袭击。在这种情况下，若还按照以前各情报部门分工，‘摩萨德’只负责搜集有关恐怖活动的情报，且须等到情报递交上级并核实后，再由国防军特种部队去执行，环节多、时间长，给及时预防、打击、处理各类恐怖案件造成诸多不便和困难。因此，‘摩萨德’转身为一支既具备情报功能、又拥有特种作战能力的部队，随时突降事发地点，直接实施军事行动，从而大大

① 以上摩萨德的组织结构参见刘宗和、高金虎主编：《外国情报体制研究》，军事科学出版社，2003 年版，第 354—355 页。

提高反恐行动的效率。”①

2003 年 9 月，“摩萨德”局长达甘向时任总理沙龙递交了一份改革计划，自此，这个闻名世界的情报机构悄然展开了一场脱胎换骨的大改革。改革后的“摩萨德”放弃绝大部分间谍职能，将大部分情报搜集工作转交军事情报局，改组为一支全球化的特种部队。其主要职能是：在全世界范围内开展“特别行动”，包括消灭对以色列和西方国家构成威胁的恐怖组织和个人、抓捕恐怖分子头目以及摧毁其拥有的大规模杀伤性武器等。②

二、军事情报部——“阿穆恩”

以色列军事情报部，又称以色列国防军情报部。该机构的希伯来文“阿贾夫·穆迪恩”（意为“情报之翼”）的缩写为 Aman，因此人们习惯地称之为“阿穆恩”。如前所述，军事情报部的产生和发展可以追溯到第二次世界大战前，其前身是 1935 年由犹太地下武装哈加纳组建的情报机构——“沙伊”。1948 年 6 月 30 日，以色列以前“沙伊”情报人员为核心，建立了新的情报系统“阿穆恩”，它位居当时四大情报机构之首，直至 1951 年被“摩萨德”取代。尽管如此，由于以色列一直面临的首要问题就是在阿拉伯世界的夹缝中求生存，军事问题一直是首要问题，因此，“阿穆恩”始终是以色列最大规模的情报机构。到 21 世纪初，“阿穆恩”拥有工作人员 7000 余人，其中军官近 500 名，其余为文职人员。

军事情报部在整个 50 年代的主要任务是为军事行动提供情报支持，一是为军事报复行动（当以色列平民遭到袭击，通常以色列会选择武力报复）提供可行性评估。二是为任何阿拉伯邻国可能发动的对以战争提供战略预警，这也成为该局后来的最重要任务。自第五次中东战争后的相对稳定阶段以来，特别是进入 21 世纪以来，军事情报部的主要行动是为以色列总理和内阁进行全面的国家情报评估，包括通信侦听、研究阿拉伯邻国的目标以及提供有关战争机会的情报等。战争不断考验着以色列情报

---

① 高庆德著：《以色列情报组织揭秘》，时事出版社，2011 年 6 月版，第 53—54 页。

② 万铤：“摩萨德改组成特种部队”，载《环球时报》，2004 年 3 月 26 日第 4 版。

机构特别是军事情报机构的作用，并根据情况不断地调整其结构和任务。例如，赎罪日战争[①]之后，军事情报部进行了一些机构调整，其中的一个最重要调整就是加强并提升军事情报局的综合情报研究工作，将研究处升级为研究部。另一个大胆改革就是允许年轻的情报官员向较高层的官员表达自己的意见和评估。军种情报机构也随着整个情报体系的发展而纷纷建立。[②]

作为军事情报机构，“阿穆恩”隶属总参谋部，但它却具有国家情报机构的职能，主要负责邻近国家的情报搜集、整理和判断。军事情报部总部下设6个部门：情报分析局、情报搜集局、对外联络局、战场安全与军事监控局、海军情报部和空军情报部。

情报分析局（又称情报生产局）是“阿穆恩”的情报分析和判断部门，主要负责每日情报综述、每日要闻、年度国家情报评估等情报的撰写和上报工作。该局是军事情报部里最大的局，人数几乎占了“阿穆恩”总人员的一半。下设三个部门：方向处、综合处和资料处。方向处按周边国家地理区分进行情报分析和判断。综合处主要负责周边情况的总体分析与评估，并具体分中东经济、阿拉伯国家间关系、巴勒斯坦事务、中东国际关系等小组，同时分析中东地区的技术发展、经济动向和武器设备交易等情报。资料处主要负责情报资料的整理分类、编写和保存发放工作。

情报搜集局（又称情报部队）负责情报搜集工作，包括管理和指导整个以色列的信号情报工作。下设搜集处、行政处、训练处、组织处、后勤处、人事处、研究和发展处等职能部门。搜集处中最大的职能部门是信号情报科，它掌管着以色列全国的雷达站、信号站和通讯侦听站，截取并分析通讯情报和电子情报。与摩萨德的人力情报机构不同，搜集处的人力情报机构主要负责与以色列接壤的周边国家的人力情报工作，并指导边境侦察部队和特种部队进行侦察和情报搜集活动，其他职能还包括公开资料搜集、远距离监视等。行政处主管军事情报人员的培训，并与研究发展处

---

① 即第四次中东战争，也被称为赎罪日战争、斋月战争或十月战争。发生于1973年10月6日至10月26日。起源于埃及与叙利亚分别攻击六年前被以色列占领的西奈半岛和戈兰高地。

② 参见［以］伊弗雷姆－卡哈纳著，陆骎、任国军编译：“以色列情报机构的秘密”，搜狐网，http：//mil. sohu. com/20071129/n253701433. shtml。

合作进行情报技术的开发和研究工作。

对外联络局主要负责以色列国防军和其他国家军队之间的联络工作，主管外国驻以武官和以色列驻外武官的工作，下设外国情报机构联络处、武官处、联络办公室等。

战场安全和军事监控局主要负责指导边境侦察部队对邻近国家的渗透和情报搜集工作，监控边境军事动态，并负责边境的安全事务和军队内部的保卫和保密事务。下设人员安全处、教育和训练处、文件检查办公室、军事审查办公室等。

空军情报部隶属于空军司令部，但在业务上受“阿穆恩”的指导，负责空中侦察和情报活动的计划、实施工作，掌握和了解阿拉伯国家的空军力量，并确定在战争时期应当打击的目标。它主要通过侦察机的空中照相和无线电技术进行情报搜集。从1999年起，空军情报部还负责协助管理以色列“地平线”系列卫星的空间军事用途计划，协同以色列航天部门部署和实施空间监视与侦察工作。

与空军情报部一样，海军情报部也是在“阿穆恩”指导下的半独立机构，主要搜集和分析有关海区情况、外国尤其是阿拉伯国家的海军实力以及海上威胁的情报。主要有以下部门：情报搜集处主要通过驻国外的海军武官、沿海的海军部队、社会船只来获得有关情报；目标处主要负责提供有关国家的沿海目标，确定哪些是可以从海上发动打击的目标、两栖登陆地点、海军陆战队或特种部队可以直接发动攻击的目标情报；生产处是海军情报部中最重要的部门，主要负责搜集、分析、评估敌对国家海军的情况，其主要情报来源是海军部队的无线电情报系统截获和破译的情报；安全处主要负责海军内部的反情报活动，为海军司令部和各海军基地提供安全情报保障。①

三、国家安全总局——“辛贝特”

以色列国家安全总局成立于1948年以色列建国初期。国家安全总局

① 有关阿穆恩的机构设置等，部分参阅了刘宗和、高金虎主编：《外国情报体制研究》，军事科学出版社，2003年版，第356页。

的希伯来文是 Sherut Bitachon Klali，简称 Shabak（译为“沙巴克”），而安全局的希伯来文简称是 Shin Beth（译为“辛贝特”），故人们习惯于称国家安全总局为“辛贝特”。“辛贝特”直属总理领导，局长由总理任命。“辛贝特”的主要任务是从事反间谍和国内安全工作。

“辛贝特”由行动部和保障部两大部门组成。行动部下设 3 个处：

安全保卫处主要负责为以色列政府机关和大使馆、国防部门、重要的国防工业、科学研究机构以及国家领导人的保卫工作，同时还是国家重要或秘密工程的保密工作执行者。

阿拉伯处主要负责反间谍、反恐怖主义、监控颠覆政府的政治活动等。该处在以色列全国及被占领土上以地区划分建立了分支机构，地区机构下设不同的基层情报组织负责具体的工作。

非阿拉伯处主要负责监视非阿拉伯国家的情报机构的活动，负责监控国内犹太组织的活动和移民调查工作。该处还负责“辛贝特”与国外情报机构和反情报机构之间的联络工作。

保障部下设 5 个处：

行动保障处主要为行动部门提供情报活动计划的保障工作，如监听、电子干扰、航空保障等。

技术发展处主要负责提供通讯、照相、监视、电话窃听、邮政检查等技术和装备保障，并负责安全技术设备的研制、开发和应用工作，是整个“辛贝特”的技术后勤部门。

调查和法律事务处是“辛贝特”的审查机构，主要负责逮捕有反抗嫌疑的阿拉伯人并进行侦讯，其特工一般都与阿拉伯处特工配合工作。

合作和计划处主要负责协调与其它情报机构之间的共同协作和反情报工作，并负责为整个“辛贝特”和其它部门的反情报人员提供训练。

行政处是整个“辛贝特”的后勤与行政机构，主要负责机关的日常事务，并为“辛贝特”内部的通讯和安全提供保卫工作。

2003 年，以色列的情报机构经过改组，重新确定了“辛贝特”的任务：主要负责以色列国内颠覆组织的活动、重大政治运动、外国情报组织的行动以及恐怖分子活动等情况的情报搜集，并进行监视和侦破；确保以色列外派官员与设施的安全。此外，该机构还负责监视被占领地区、训练反间谍人员和保卫国内的设施等。[1]

四、外交部情报机构——研究与政治计划中心

研究与政治计划中心隶属于以色列外交部，其前身是外交部政治司，成立于1948年6月30日。外交部政治司成立之初，曾是以色列当时最重要的对外秘密情报机构。它负责以色列的海外谍报力量，其下属机构行动处负责向阿拉伯国家派遣间谍，并与外国安全部门建立联系，指挥并协调遍布整个欧洲的间谍组织。

1951年以色列情报系统进行第二次改组时，早对政治司不满的希洛宣布解散政治司，成立“调研司”，使其成为外交部的一个研究和分析中心。但调研司自成立到1973年“赎罪日战争”为止，几乎毫无发展、无所作为，实际上已是名存实亡。其后，外交部调研司的地位和作用重新受到以色列领导人的重视。1975年1月，外交部“研究与政治计划中心”正式成立，并逐步走上正轨。

五、国防部科学关系办公室——“拉卡姆”

“拉卡姆”是1957年由专门负责核研究的国防部办公厅主任西蒙·佩雷斯一手创建的。其创建之初，只是一个负责核工程安全的机构，国防部安全事务负责人宾亚明·布卢姆伯格被任命为该机构的负责人。由于以色列核工程实行了异乎寻常的严格保密，该机构最初起名为“特别任务办公室”，几年后又改名为“科学关系办公室”。由于其希伯来文名称缩写为“LAKAM”，因此人们常称之为“拉卡姆”。

拉卡姆不仅负责对核工程这类国家最高机密提供安全保护，并负责通过公开或隐蔽的途径搜集科技情报。如派遣特工到国外搜集最新科研动态，特别是最新武器资料。但1986年，由于前拉卡姆工作人员瓦努努的

---

① 高庆德著：《以色列情报组织揭秘》，时事出版社，2011年6月版，第56页。

叛逃[①]和拉卡姆间谍波拉德被美国发现[②]，神秘的拉卡姆被迫解散。

六、犹太移民联络局

犹太移民联络局的前身是“阿利亚－B”。在 1948 年以前，“阿利亚－B”曾为犹太人向巴勒斯坦移民做出过巨大贡献。以色列建国后，移民工作已成为政府的合法行为，但由于仍离不开必要的秘密活动，因此“阿利亚－B”不仅继续沿用原名，而且被划入情报系统。

1952 年，“摩萨德”局长罗文·希洛认为“阿利亚－B”已无用武之地，于是宣布解散了这一机构，但“阿利亚－B”的特工们对于解散他们的组织极为不满并提出抗议，同时指责希洛的“摩萨德”是在谋取他们的财产。

1953 年 12 月，在万般无奈之下，“摩萨德”新任局长哈雷尔成立了一个新的犹太移民机构——犹太移民联络局。联络局的主要任务是从事“犹太情报”工作，即通过对外国政府的宣传和劝说工作，尽量通过合法途径协助国外的犹太人移民以色列，使以色列具有同阿拉伯人抗衡的足够人力资源。事实上，这是关系到国家安全和民族生存的大事，不仅是移民情报机构的主要任务，也是以色列几乎所有情报机构的一项重要工作。

七、情报与安全委员会

以色列情报系统的核心是情报和安全委员会，即情报局长联席会议“瓦拉希”。它实际上是以色列情报系统的协调组织，委员会主席由摩萨德局长担任，成员包括“辛贝特”局长、“阿穆恩”局长、警察局长总监、外交部常务部长、外交部研究和政治计划中心主任以及总理的政治顾

---

① 瓦努努是以色列迪莫纳核电站技术员。当发现以色列研制核武器的秘密之后，他决定向以色列人民和全世界公开这一事实。1985 年，瓦努努携带大量照片和资料叛逃，向西方媒体透露了以色列研制核武器的秘密，引起国际社会强烈反响，并使当时以色列政府承受巨大压力。

② “波拉德间谍案”是迄今为止在美国国内发生的最大的以色列间谍案。1985 年 11 月，美国联邦调查局逮捕任职于美国海军情报部反恐怖特工处的民事分析专家杰伊·波拉德，理由是他被以色列的情报机构发展成了间谍，并向以方提供了数以千计的绝密资料。

问、军事顾问、情报顾问和反恐顾问。

“瓦拉希”每两周召开一次会议，由各成员对关键问题做简要的阐述，最后由主席向总理提出建议。成立“瓦拉希”的目的是协调各情报机构的工作，但实际上，它只能发挥情报协调的传统作用，对各情报机构的工作并没有监督权。尽管如此，它却是各个情报机构之间相互通气并进行情报汇总的重要渠道，对于有以色列情报系统的协调发展发挥着十分重要的作用。

八、其他重要协调机构

以色列总理的情报顾问作为总理日常情报事务的管理者，对于情报机构的任务、工作的开展情况有权提出指导性意见。总理的政治顾问、军事顾问和反恐顾问都或多或少拥有涉足情报系统工作的权力。

此外，在政府之外，议会的外交和国防委员会设有一个情报委员会，负责监督情报机构的工作，并要求各情报机构的首脑定期接受委员会的询问，以确保情报工作在以色列国家的法律制度之下进行。

第二节　以色列各主要情报机构的职能及特点

如今，以色列最主要的情报机构，即“摩萨德”、“阿穆恩”、“辛贝特”以及外交部研究和政治计划中心，由于性质与任务的差别，在长期实践中逐步形成了各自独具一格的特色，为国家安全和发展在国家情报战线上发挥着不同的作用。

一、“摩萨德”的职能及其特点

在以色列情报系统，“摩萨德”处于独一无二的位置，在序列上与“辛贝特”同属政府情报机构，与“阿穆恩”同时承担对外情报搜集的职能。但如前所述，由于“摩萨德”负责人担任以色列情报与安全委员会主席职务，是总理的首席情报顾问，因此，它实际上发挥着以色列中央情报机构的作用，统一领导以色列所有情报机构的情报活动及特工行动。其主要职能是：搜集阿拉伯国家及组织的政治情报和军事情报；进行针对阿拉伯国家的宣传活动，在阿拉伯国家之间、西方与阿拉伯国家之间中制造混乱和不信任；关注世界主要大国的政治、军事动向等等。作为以色列最重要的情报机构，摩萨德呈现出以下特点。

（一）人员较少，效率甚高

“摩萨德”自创建起就具有人员少、效率高的特点。到20世纪90年代，其人员也不过1500－2000人，而总部只有百人左右[①]。虽然这一数字还不到美国中央情报局和前苏联克格勃工作人员的1/10，但摩萨德获取各种情报和执行特别任务的能量，却丝毫不逊于中情局和克格勃。

例如，1956年，刚成立不到5年的“摩萨德”就成功实施了“迷雾计划”[②]，不仅骗过了周边的阿拉伯国家，甚至也使美国中央情报局也得出了以色列不会参与发动第二次中东战争[③]的结论，直到战争爆发后，中情局局长艾伦·杜勒斯才发现自己上了当，痛骂“摩萨德”欺骗了美国。

随着形势发展，“摩萨德”的机构和人员有所调整，人员增加到约4000人，其中特工为1000人，并在世界许多国家建立了由数以千计情报人员组成的情报网。[④]

---

① 曹宏编著：《摩西的门徒——以色列情报机构揭秘》，国防大学出版社，1998年版，第23页。

② 1956年下半年，为了保守以色列军队参与苏伊士运河战争的机密，摩萨德成功实施了“迷雾计划”，蒙蔽埃及和美国。当时，摩萨德有意将本—古里安总理的一份讲话稿转给美国中央情报局局长杜勒斯，表明他们只想教训一下约旦而不是发动战争。同时，摩萨德还故意散布虚假情报，误导各方以为以色列要对约旦实施报复行动。

③ 英、法为夺得苏伊士运河的控制权，与以色列联合，于1956年10月29日，对埃及发动了突然袭击，这就是“第二次中东战争”，又称“苏伊士运河战争”。英、法的侵略行径，在世界各地引起强烈反对。苏联宣布：如英、法不停火，苏将对英实施核攻击。美国为把英、法势力挤出运河区，命令全球美军进入戒备状态，威胁英法。在埃及军民坚决反抗和国际社会强大舆论压力下，英、法被迫在11月7日宣布停火，11月22日撤出全部军队。在埃及应允以色列有蒂朗海峡水面航行和空中飞行权后，以色列军队于1957年3月从西奈撤出全部军队，所遗有争议的加沙地带和亚喀巴湾沿岸地区由“联合国军”暂时管理。

④ 高庆德著：《以色列情报组织揭秘》，时事出版社，2011年6月版，第54页。

（二）重视选才，训练有道

人才是情报工作的关键，因此，“摩萨德”十分重视人才的选拔和培训，并有着独到之处。“在招募谍报人员问题上，哈雷尔曾做出过明确的规定，不要凭一时兴趣的志愿者，也不欢迎007那样的冒险家，而是要暗中考核选拔那些能力和气质俱佳，而又有非凡经历的人”①。因此，“摩萨德”招募特工条件极为严苛。情报部门首先按规定遴选出候选者，候选者必须是犹太人，曾在以军服过役、特种部队老兵和军官都是最佳人选或首选。特别是，“摩萨德”主要发掘具有各种性格和特长的人员去扮演不同掩护身份的外国人，这些人很快就会在驻在国生根并很好地开展工作。

招募到独特的人才并不意味着已经拥有了优秀的情报人员，还必须通过打磨才能最终成为优秀的情报人才。因此，“摩萨德”十分重视各类情报人员特别是谍报人员的培训和筛选，并且建立了颇为完善的培训和淘汰机制。例如，通过首轮选拔后，候选者就会接受持续数月的各种测试，包括心理测试和背景调查，甚至对候选者10岁以后交的所有朋友都要进行了解。经过层层选拔和淘汰后，留下的人接受“试训”。这些“试训”主要是严格的业务训练，以使他们能够熟练掌握各种常用的窃密和反窃密手段，甚至让他们执行外人看来“不可能完成的任务”，如在15分钟内获得一个陌生人的名字、住址、银行卡号和父母姓名等信息。同时，还会根据个人的特点，赋予给他们新的身份，进行一些具有针对性的特殊训练。这种严格残酷的训练，使得只有极少数人能够通过最终的考验而成为一名真正的“摩萨德”特工。所以，大多“摩萨德”特工大都身怀绝技，掌握着独特的侦察技能。

此外，“摩萨德”还曾伪装成别国情报机构，以此来招募特工或者给这些被蒙在鼓里的新雇员派任务。而有时候，这些伪装的他国情报机构也被用作考验真正摩萨德特工的忠诚度。那些拒绝执行针对以色列的任务的特工相当于通过忠诚度考试，往往会迅速在“摩萨德”内部获得提升。②

---

① “摩萨德”，互动百科，http：//www. baike. com/wiki/% E6% 91% A9% E8% 90% A8% E5% BE% B7。

② 王希怡：“摩萨德特工暗杀机器全球最狠”，载《广州日报》，2010年03月01日。

（三）爱惜人才，扫其后顾

“摩萨德”知人善用，用人不疑，同时还非常爱惜麾下的每一名谍报人员，总是千方百计保护他们的安全以及解除他们的后顾之忧，包括其家属的生活安全都有很好的保障，使这些人忠心耿耿地替以色列情报机构工作。而一旦有人被捕，“摩萨德”总是千方百计、不惜代价地进行营救。

例如，1967 年以色列之所以能够迅速攻占戈兰高地，以色列超级间谍科恩的情报工作立下了大功，成为以色列评估叙利亚政治、军事情况的重要依据。科恩是“摩萨德”精心培养出的情报奇才，他打入以色列重要对手叙利亚内部，成为叙利亚总统的挚友，甚至成为国防部长人选。他在叙利亚的出色工作使得叙利亚对于以色列几乎无军事秘密可言。但1965 年，科恩因疏忽被捕后，以色列要用 10 名叙利亚间谍和百万美元赎他，甚至还动员教皇、英国女王、叙总统私人医生等为他说情。然而，此事被叙利亚高层视为罪不可赦的重大案件，因此，无论以色列开出多高的价码和有多少人说情都被叙利亚置之不理，最终在大马士革广场上将科恩公开处死。尽管营救行动功败垂成，但以色列政府不遗余力的营救努力却让其他情报人员深为感动，更加坚定了为国家情报事业献身的决心。

再例如，1997 年，“摩萨德”特工企图用毒针刺杀当时的哈马斯政治局主席马沙勒，结果却被约旦警察抓获，最后为换取这名特工，“摩萨德”不得不交出解药，并释放哈马斯精神领袖亚辛等人。[①]

（四）行动特别，偏爱暗杀

“摩萨德”最擅长的是秘密行动，特别是利用特工的暗杀行动达到政治目的。1956 年“摩萨德”按照总理本—古里安的命令实施了第一次暗杀行动，成功除掉了埃及情报机构驻加沙地区的负责人穆斯塔法·哈菲兹，作为对其训练巴勒斯坦人袭击以色列军队和平民的报复[②]。再例如，

---

① 万铤：“摩萨德改组成特种部队”，载《环球时报》，2004 年 03 月 26 日第 4 版。

② ［美］斯图尔特·史蒂文著，浦湃译：《以色列间谍大师》，群众出版社，1986 年版，第117—119 页。

1972 年在德国慕尼黑奥运会期间，11 名以色列运动员和教练员惨遭巴勒斯坦黑色九月组织策划的恐怖杀害，造成了震惊世界的“慕尼黑惨案”。时任以色列总理格尔达·梅厄表示：“这显然是一场恐怖分子精心策划的袭击，令我们的运动员付出了代价。”随即，在梅厄主持下，“摩萨德”迅速成立了“死神突击队”，决定追查并除掉所有参与这次袭击的人，行动代号“上帝的复仇”（或译“神怒行动”、“上帝之怒行动”）。惨案发生后的 10 个月里，至少有 9 名同慕尼黑事件有关的巴勒斯坦人遭到报复性暗杀。而行动从 1972 年 10 月起历时九年余，耗资巨大，但是，以色列政府和情报机构对此非常执着，毫不手软，直到主要幕后人物在贝鲁特被“摩萨德”特工布置的汽车炸弹炸死，以及 1981 年 8 月 1 日，暗杀名单最后一个目标、惨案主谋阿布·达乌德在波兰一家旅馆被“摩萨德”特工偶遇开枪，虽未致命，但暗杀名单上的 11 名黑九月恐怖分子全部遭到暗杀，追杀行动也就此告一段落。达乌德于 2010 年在叙利亚因肾衰竭去世，终年 73 岁。大批巴勒斯坦人在大马士革郊区的难民营，抬着灵柩，为他举殡。至此，以色列“上帝的复仇”暗杀行动才算彻底结束。

但是，在追杀“黑色九月”成员的行动中，“摩萨德”特工也曾出现失误。一些无辜者被殃及。例如，在挪威小镇利尼哈马，“摩萨德”特工错误杀害一位与慕尼黑绑架案毫无关联的摩洛哥侍应生。五名特工因此被捕入狱，其中女特工西维亚·拉佩尔五年后才获释返回以色列。然而，以色列政府对慕尼黑事件的处理集中体现了其情报机构对复仇的执着，也令世界各国，特别是同以色列敌对的国家大为震惊。

此外，即使在目前的巴以冲突中，“摩萨德”仍然依靠“定点清除”① 这种暗杀手段，通过消灭反抗组织的强硬人士，特别是领导人，来削弱巴勒斯坦人的抵抗，确保以色列认为合理的安全。不过，与过去的“定点清除”相比，以色列情报机构对暗杀手段进行了改进与提高，尽可

---

① 所谓“定点清除”（Targeted elimination），就是在政府明确同意下，用最有限的军事行动，杀死特定目标的行为。特别是特指通过投放炸弹或发射导弹等袭击方式，主要针对巴勒斯坦政治派别领导人进行的“猎杀”行动。主要参与者是以色列空军，目的是动用先进的军事装备对以色列通缉名单中的巴勒斯坦激进组织领导人和骨干分子进行精确打击，摧毁巴激进武装，为其单边行动计划扫清障碍。此外，“定点清除”还被用来对付巴勒斯坦的“人体炸弹”等恐怖袭击。“定点清除”这一名称，是 2000 年 9 月巴以爆发大规模冲突后才为人们所熟知的，以色列人并不喜欢这个名称，宁可称之为“法外惩处”、“选择性定点”或“远程追击”。

能减少平民的伤亡人数。例如：2004 年 3 月 22 日清晨 5 时左右，巴勒斯坦伊斯兰抵抗运动（哈马斯）精神领袖亚辛在众人陪同下坐着轮椅离开一座清真寺时，突然遭到以军直升机发射的 3 枚导弹袭击，亚辛和另外 7 人当场被炸身亡。2004 年 4 月 17 日，以色列又只用 1 枚导弹，便射杀了哈马斯领导人兰提斯。上述的“定点清除”无疑有赖于以色列情报机构掌握的准确情报，也凸显“摩萨德”的暗杀癖好。

（五）重视技术，手段高超

以色列情报机构历来重视采用高技术手段搜集情报，很多特工人员都是各个领域的高级人才，掌握着极其尖端的情报搜集技术。特别是随着高科技的不断发展，“摩萨德”更加强运用高科技手段获取情报，

例如：“摩萨德”“飞箭”特工队的目标是所有外国的机要部门，他们甚至放言：世界上没有一个国家的使领馆“飞箭”不曾光顾过，白宫也不在话下。美国白宫和国务院堪称壁垒森严，但对以色列计算机高手来说，这些地方的电话，甚至美国总统的电子邮件，“摩萨德”也均能截获[①]。其中一个典型的案例就是，在著名的“克林顿性丑闻”中，“摩萨德”掌握了克林顿与莱温斯基长达 30 个小时情意绵绵的录音，并曾想以此要挟克林顿。在 1998 年斯塔尔向美国国会提交的对克林顿性丑闻的调查报告中，人们大多忽视了这样一段话，即：莱温斯基说，1997 年 3 月 29 日，她和克林顿在总统办公室拥抱时，克林顿对她说，他怀疑某国使馆一直在窃听他的电话。克林顿还对她说，如果有人问电话调情如何解释，就说他们为防范窃听，将计就计，用调情来迷惑对方。[②] 这也从一个侧面说明了“摩萨德”的渗透和无孔不入能力。

总之，“摩萨德”在世界情报界几乎是个传奇，其独独具特色的情报工作理念和方式，也影响了以色列整个情报界的工作作风。特别是其取得的成绩，为以色列国家安全与发展做出了积极贡献，也赢得应有的赞誉。

---

① 申晓若：《谍海泛舟》（网络版），华文出版社，http：//book. sina. com. cn/nzt/history/his/diehaifanzhou /57. shtml。

② “摩萨德这样震动世界”，新民网，http：//news. xinmin. cn/rollnews/2010/02/22/3709212. html。

其发展史也堪称是一部经典的情报工作活剧。①

---

① 以下为“摩萨德”自成立以来的主要大事记：1951年4月1日，摩萨德正式成立，罗文·希洛出任首任局长。1951年5月，摩萨德驻巴格达谍报网被破获。1952年，哈雷尔出任摩萨德局长。1953年，摩萨德特工开始推动以色列新一轮移民潮。1954年，与摩萨德竞争的阿穆恩特工在埃及进行破坏时被当场捉住，随后引发“拉冯事件”。1956年，辛贝特特获取到赫鲁晓夫反斯大林的秘密报告。1961年，哈雷尔亲率摩萨德特工奔赴阿根廷捉拿艾希曼。1963年，阿米特出任摩萨德第三任局长。1963年，摩萨德特工使用美人计策反伊拉克王牌飞行员穆尼尔，获得米格-21。1965年，摩萨德特工参与诱捕摩洛哥反政府分子本—巴卡，最后导致与法国情报局断绝关系。1965年1月，打入叙利亚的摩萨德特工科恩被捕，5月被处以绞刑。1965年3月，打入埃及的摩萨德特工洛茨被捕，三年后被交换回国。1967年12月，摩萨德特工从法国偷回导弹快艇。1968年，兹维·扎米尔出任摩萨德第四任局长。1968年，摩萨德特工策反瑞士工程师弗朗克内希特，取得幻影战机图纸。1968年，摩萨德特工实施“高酸铅盐”计划，成功获得200吨铀矿石。1972年，“黑九月”在慕尼黑屠杀以色列运动员，摩萨德特工开始以牙还牙。1974年，伊扎克·霍菲出任摩萨德第五任局长。1976年7月，摩萨德特工协助特种部队远袭恩德培解救人质。1977年，在总理贝京的推动下，摩萨德组织“摩西行动”，从埃塞俄比亚运送回法拉沙人，此行动一直延续到80年代中期。1978年，摩萨德利用美人计成功地获取了伊拉克核机密，随后派特工去法国炸毁了为伊拉克生产的核反应堆。1981年，以色列空军根据摩萨德特工提供的情报炸毁伊拉克核反应堆。1982年，内厄姆·艾德莫尼出任摩萨德第六任局长。1985年，为以色列充当间谍的波拉德被捕，美以情报局陷入尴尬境地。1986年9月，以色列特工制作以英国国籍为掩护的假护照被媒体披露，引起英国的强烈不满。1987年8月，巴勒斯坦漫画家艾德哈米在伦敦被刺杀，最后引发英国情报局与摩萨德断绝关系。1987年，摩萨德特工再次使用美人计策反黎巴嫩飞行员阿迪勒，获得米格-23。1988年2月，摩萨德特工成功刺杀巴解组织领导人塔米米。1988年2月，摩萨德特工成功破坏巴解组织组织的“回归航行”。1988年4月，摩萨德特工和特种部队配合，远袭突尼斯，成功刺杀巴解组织高级领导人阿布·杰哈德。1989年，摩萨德绑架泄露国家核机密的瓦努努。1997年，摩萨德5名特工用加拿大假护照，前往约旦首都安曼暗杀哈马斯政治局书记马谢勒。随即被警卫和警察抓获。由于约旦国王侯赛因迅速通报了美、以当局，摩萨德被迫送上解药。后来，以色列释放了哈马斯领袖亚辛，约旦才释放了2名摩萨德特工。2001年7月7日，瑞士联邦法院刑事法庭经过5天审理，以间谍行为、匿名入境等罪名判处摩萨德特工本托尔12个月徒刑，缓期一年执行。本托尔回国。他是被证实为在境外受审的第一名摩萨德特工。2010年1月20日，摩萨德11名特工使用伪造的外国护照，在迪拜五星级的布斯坦罗塔娜酒店暗杀哈马斯高官马哈茂德-马巴胡赫。（但摩萨德称此事件与其无关，最终责任者仍未露出水面，上述只是猜测）2012年2月9日美国媒体报道，美国数名官员证实，伊朗核科学家接连被杀其实是以色列情报组织“摩萨德”训练出来的伊朗反对团体所为。以色列出钱、训练并且提供炸弹，而在伊朗的反对团体负责实施。2012年7月，半岛电视台播放的一部纪录片称，阿拉法特生前的衣物经瑞士放射物理学研究所检验，含有罕见的高放射性物质钋，由此怀疑阿拉法特系中毒身亡。巴民族权力机构随即同意为阿拉法特开棺验尸。阿拉法特2004年病逝后，死因一直为外界质疑，很多巴勒斯坦人认为幕后黑手正是以色列间谍机构摩萨德，巴勒斯坦官员一度指认以色列是毒害阿拉法特的幕后真凶，以色列已对此予以坚决否认。其实，1969年初，一名摩萨德安插的巴勒斯坦内奸就曾把窃听器和波型脉冲雷达发射器安装在阿拉法特的专车车底，企图以此为以色列战斗轰炸机指引目标，阿拉法特及时发现了这个装置。参见：“摩萨德”，互动百科，http：//www. baike. com/wiki/%E6%91%A9%E8%90%A8%E5%BE%B7。

二、“阿穆恩”的职能及其特点

“阿穆恩”是以色列军事情报机构，隶属总参谋部，但却具有国家情报机构的职能，是以色列最重要的情报机构之一。其主要职能是：负责邻近国家的情报搜集、整理和判断；负责指导战场安全部队、地区司令部的情报机构、海军情报部和空军情报部的工作；还负责领导以色列驻外武官的情报搜集工作。与以色列其它情报机构相比，“阿穆恩”除了具有一些共性外，也呈现出一些与众不同的特点：

（一）规模庞大，机构繁多

“阿穆恩”是以色列规模最大的情报机构，有工作人员 7000 余人，其中军官近 500 名，其余为文职人员①，这在世界军事情报而言也是堪称庞大的。此外，“阿穆恩”机构繁多，总部下设 6 个部门，即情报搜集局、情报分析局、对外联络局、战场安全与军事监控局、海军情报部和空军情报部。各部门下面还设有许多分支机构，担负着不同的任务。

（二）立足周边，向外发展

“阿穆恩”是军队情报部，主要关注与军事情报的搜集、处理和分发，工作范围要比“摩萨德”小很多。从国别看，“阿穆恩”主要负责周边国家的情报搜集、分析研判。同时，在立足周边情报秘密情报活动的同时，“阿穆恩”还负责军队公开情报的搜集活动，例如，负责向国外派遣武官，通过他们广泛搜集驻在国的的政治、军事等重要战略、战役和战术情报。

（三）能量超凡，无所不在

“摩萨德”的能力有目共睹，其头上的光环让几乎所有情报机构仰慕，但是由军队主管和由军人组成的“阿穆恩”具有强烈的进取心，他

---

① 曹宏编著：《摩西的门徒——以色列情报机构揭秘》，国防大学出版社，1998 年版，第 61 页

们在与“摩萨德”进行良好合作的同时，也不满足于唯“摩萨德”马首是瞻，几乎直接或间接地参与了以色列有史以来地所有情报活动。其中著名的有：逮捕前纳粹战犯埃希曼的行动；对帮助埃及生产导弹的德国科学家的威慑行动；苏伊士运河战争和“六日战争”的情报保障；获取米格-21喷气式战斗机行动；窃取法国幻影战斗机图纸的行动；偷运原子弹所用原料铀矿石行动；偷运法制导弹快艇行动；追杀“黑九月”成员行动；突袭恩德培机场营救人质行动等等。

由此不难看出，“阿穆恩”的情报活动是无所不在、无所不能，丝毫不比“摩萨德”逊色，充分反映出这支情报力量的超凡能力。

（四）地位提升，作用凸显

据美国中央情报局的研究资料表明，这些年来“阿穆恩”的势力正在不断增长。“阿穆恩”局长无论是在权力还是地位方面都后来居上，甚至大有赶超“摩萨德”首脑之势。这主要是因为“阿穆恩”虽是军队情报部，且工作范围要比“摩萨德”小，但由于长期以来，以色列一直与阿拉伯邻国武力对峙，军事安全问题十分突出，军事情报工作重要性自然尤为突出，其成败直接关系到国家的安危。因此，随着“阿穆恩”的不断发展壮大，它在以色列情报系统中的地位和作用将更加凸显、不可忽视。

据以色列军方媒体2012年2月报道，为监听和搜集周边国家的情报，以色列正在其南部地区加紧建设世界最大的军事情报基地。该情报基地被命名为“军事情报综合中心”，地点位于以色列南部内盖夫地区，紧靠近该地区的中心城市贝尔谢巴市，占地面积5万英亩，基地内建筑物面积60多万平方米。ISRAEL DEFENSE网站引用以色列政府一位不愿透露姓名的高级官员的话说，“该情报基地的规模和窃听及间谍活动，目前是世界最大的，建成后，该基地的任务主要是拦截和监听通过海事卫星和地中海的海底电缆的电话、信件和电子邮件等。”这位高级官员还强调，“这个情报基地有能力搜集各种电子信息，并能监听各国政府、组织和公司以及个人的通讯联络，然后进行分析。”该网站还披露说，以色列正建的新情报基地，不论是友好国家还是敌对国家，都一律进行监听，这是以色列国家安全的需要。[①] 从以色列情报分工的角度看，这个基地理论上应该是由“阿穆恩”主管的。

三、“辛贝特”的职能及其特点

“辛贝特”是以色列的国家安全机构，主要职能是：从事反情报、反间谍和国内安全工作，包括保护国家领导人、重要目标的安全；同时还承担一定的对外情报工作。呈现出以下特点：

（一）任务艰巨，内外兼顾

“辛贝特”的任务十分艰巨，一方面要进行反间谍，包括搜集有关外国情报机构及其活动的情报资料，调查国外势力策划的各种破坏活动等；另一方面又要在敏感部门任职的人员进行安全检查，制定国家重要设施、机构及党政要员的保安原则，承担对总统、总理和国防部长等国家要人的警卫工作。虽然“辛贝特”以维护国内安全为主，但其活动范围不仅限于国内，同时还负责以色列驻外使馆的安全保卫工作。

（二）全面监控，毫不松懈

以色列把所有外国人（不论其国籍和宗教）都视为其安全的潜在威胁，对国内的可疑人员也同等视之。因此，“辛贝特”每时每刻都在监视一切可疑的以色列人、阿拉伯人和所有其他外国人，而其中又以阿拉伯国家和阿拉伯人为重点。在国内，“辛贝特”将监视目标分为以色列人、阿拉伯人、共产党人及外国人等四类人员。他们对左翼颠覆分子极其注意，并在其中安插了“钉子”。

在以色列警察的协助下，“辛贝特”可对外国驻以使馆和外交人员、外国记者及外国游客实施24小时监视。外国人的行踪尤其是外交官在业余时间的活动，均被记录在案。即使是其盟友，美国驻特拉维夫大使馆也是“辛贝特”的重要监视目标。

---

① “以色列在建世界最大军事情报基地 监听周边国家”，华夏经纬网，http：//www.huaxia.com/xw/gjxw/2012/04/2816476.html。

“辛贝特”的反间谍工作内外兼修的特点十分明显，不时破获一些大案要案，其中2008年7月就曾指控了以色列军事情报局——“阿穆恩”前局长埃里·泽拉少将泄露国际机密。这是情报机构“辛贝特”首次参与调查高级官员涉嫌泄露国家机密的案件。他被控泄露了以色列情报机构“摩萨德”的间谍、埃及亿万富翁艾希拉夫·马旺的真实身份，最终导致马旺死亡。[①]

（三）充当警察，以暴制暴

以色列在历次中东战争中占领了大片阿拉伯领土。为了对付占领区内愈演愈烈的反抗浪潮，以色列于1967年6月决定由”辛贝特”负责所有被占领土的治安工作，充当警察的角色。”辛贝特”在整个西岸地区建立了特工组织，掌握巴勒斯坦解放组织的动向，并实行“以暴制暴”的原则，即进行绑架、恐吓，甚至摧毁整片村庄，将大部分巴勒斯坦反抗分子驱逐到约旦等地。因此，这些做法使以色列被很多敌对国称为国家恐怖主义[②]。

（四）发展“巴奸”，分化瓦解

为了掌握巴勒斯坦抵抗组织的情报，多年来”辛贝特”不择手段在巴勒斯坦阿拉伯人中大量发展线人，向他们提供优厚待遇，吸引他们为以

---

① 艾希拉夫·马旺是埃及前总统加麦尔·阿卜杜勒·纳赛尔的女婿，1969年开始为“摩萨德”服务。调查发现，从上世纪90年代末起，泽拉开始暗中透露马旺的间谍身份，称马旺曾向以色列提供了埃及计划在1973年10月6日攻击以色列的情报。泽拉还称马旺是一个双面间谍，用假情报欺骗过以色列，但“摩萨德”和“辛贝特”两个机构都否定了这一说法。后来，几名报社的记者采访了泽拉，公开了此事。2007年6月，以色列最高法庭审判涉及泽拉和“摩萨德”前主管扎米尔的诽谤案时，泽拉公开声明马旺是间谍。两周后，马旺的尸体在伦敦公寓外被发现。伦敦警方至今依然在调查马旺之死是因为身份泄露被迫自杀，还是死于谋杀。参见“以色列军事情报局前局长被控泄露国家机密”，搜狐网，http：//news. sohu. com/20080717/n258208769. shtml。

② 国家恐怖主义的提法在国际学术界仍存在诸多争议，其核心问题是恐怖主义的行为主体是非国家行为体、还是所有行为体。一般来说，四方国家倾向于认为非国家行为体是恐怖活动的主体，尽管他们并不排除国家，但西方所指的恐怖主义国家是指像萨达姆统治下的伊拉克这样的非民主国家。在发展中国家中，对这一问题的认识则存在较大分歧。阿拉伯国家一般强调恐怖主义主体包括所有可能的行为体，国家也不例外；而其它国家则一般强调非国家行为体才是恐怖主义的实施主体，但同时又对国家的不当暴力活动予以谴责。

色列服务。这些以色列线人被称为“巴奸”，一般从事的是低级盯梢工作，他们在大街小巷观察，发现哈马斯和杰哈德官员的动向，就通过手机向以色列情报机构发射跟踪信息，给以色列战斗机袭击指引目标等。据巴勒斯坦和以色列以及国际人权机构的统计数字，被迫和自愿沦为“巴奸”的巴勒斯坦人有1.5万人之多①。“巴奸”使巴勒斯坦情报大量外泄，安全受到威胁，民族利益受到侵害，更严重的是引发巴勒斯坦内部相互猜忌，造成其内部发生分裂，最终影响和瓦解争取巴勒斯坦民族独立的斗争。

第三节　以色列情报系统的总体特点

自建立以来，以色列情报系统总体上维持了连续的高效运转，经历了无数次血雨腥风的严峻考验，世界上很少有国家情报系统像以色列情报系统那样得到民众的广泛接受和支持，并创造出辉煌成就。经过半个多世纪的锤炼与发展，以色列情报系统从无到有，逐步完善，形成了一些总体上与众不同的特点。

一、完备高效的结构体系

无论是从国土面积还是人口数量来看，以色列均属世界小国，理论上说不可能像美国那样建立起极其完善的情报体系，但是，事实恰恰相反，由于该国所处的独特地理位置和安全环境，使得它高度重视情报系统的建设，遂逐步建立起独具特色、完备高效的情报体系，其主要机构“摩萨德”、“阿穆恩”、“辛贝特”、外交部研究与政治计划中心以及情报与安全委员会，构成了一个内外兼顾、分工明确的系统性结构体制。

在这个庞大完备的系统中，情报与安全委员会是以色列情报系统的核心，发挥着情报协调和联系纽带的作用，也是各情报机构之间相互通气并进行情报汇总的重要渠道。“摩萨德”虽属政府情报机构，但由于“摩萨

---

① 利文著：“以色列‘利爪’”，《南方日报》，2003年9月12日，国际时事版

德”局长担任以色列情报与安全委员会主席一职，且是总理的首席情报顾问，因此，它实际上起着以色列中央情报机构的作用，统一领导以色列所有情报机构的情报活动。而“阿穆恩”、“辛贝特”和外交部研究与政治计划中心则分别是军事、安全与外交部门的情报机构，担负着各部门或领域的情报活动。

上述这些规模相对不大但效率极高的情报机构，形成了一个主次有序、层次分明、组织严密、分工协作、环环相扣、优势互补的完备实用的情报机构结构系统，这在世界各国的情报系统中都具有鲜明特色。这样的系统设置既能充分发挥出各情报机构的作用与功能，又能在保持一定的竞争态势下彼此互补、相互促进，为维护以色列的国家和民族安全利益发挥着应有的作用。

二、集中统一的管理模式

以色列情报系统采取集中统一的管理模式，情报首脑对情报机构有着绝对的控制权，往往对整个机构产生影响。例如：早在 1951 年，以色列情报系统就成立了情报协调委员会“瓦拉希”，以协调整个情报系统的运作，但当时任主席的罗文·希洛却被认为是一个“不善安排，毫无头绪，只能当顾问而不能主持工作的人”①。由于缺乏有力的协调统筹能力和不具备对下属情报机构强硬的控制力，致使早期的以色列情报系统实际上缺乏整体效率，一度出现了极端混乱的局面。

但是，自从哈雷尔出任“摩萨德”局长之后，凭借他长期从事国内安全工作的经历、身先士卒的奉献精神以及强硬的个性，逐渐获得了政府内部的信任以及民众的崇拜和感激，从而确立了“摩萨德”局长作为整个情报系统龙头老大的地位，整个情报系统在相当长的时期内都在他的掌控之下，按照他的意志来运转。哈雷尔执掌“摩萨德”期间，可谓是以色列情报历史上的黄金时代，正是在哈雷尔的领导下，以色列情报机构才在全世界赢得了声誉。此后，历届情报首脑都秉承了哈雷尔建立的管理模

① ［美］斯图尔特·史蒂文著，浦洱译：《以色列间谍大师》，群众出版社，1986 年版，第 46 页。

式，才使以色列情报工作迄今仍闻名于世、倍受称赞。

以色列情报系统之所以采取这种管理模式，一个重要原因就是以色列一直处于战争和危机频发的威胁之中，严峻的现实需要情报系统具有较大的自决权。但是，情报领导人的权力高度集中以及独断专行的作风，也常常会使情报系统发展偏离正确的轨道。例如，尽管哈雷尔管理情报系统得到了很多的赞誉，但也并非毫无偏差。主要表现为出于个人对安全和秘密行动的喜好，哈雷尔对于他认为正确的秘密行动十分投入，却忽视了情报机构最重要的职责——为国家决策者提供可行性情报依据和分析建议，而不是扮演政治决策者和执行者的角色。因此，在哈雷尔时代，情报搜集和分析机构都没有得到相应的发展，甚至还出现了萎缩，其中诸如像“摩萨德”这样的大型情报机构，其研究分析部门受到压缩，而外交部调研和分析部门的领导甚至从未参加过一次情报系统首脑会议。[①]

与哈雷尔的独断和固执相比，随后的梅厄·阿米特[②]则更注重科学的管理模式，他将引进了先进的分析方法和自动化的情报管理方式引进情报系统，并规范了“摩萨德”和“阿穆恩”的工作职权，使对外情报工作在一个有序的体制下进行。尽管如此，“摩萨德”的“中央情报机构”作用及其局长的“统一领导”作用没有改变，以色列情报系统的集中统一的管理模式特点依然十分鲜明。

三、分工协作的运作方式

以色列各情报机构众多，但却有着明确的分工，尽可能减少任务的重叠，以使各情报机构能够发挥最大效能，减少资源浪费。例如：

“摩萨德”担负着中央情报机构的重任，统一领导以色列所有情报机构的情报活动及特工行动，其主要任务是：“搜集阿拉伯国家和组织的政治情报和军事情报；进行针对阿拉伯国家的宣传活动，在阿拉伯国家之间、西方与阿拉伯国家之间中制造混乱和不信任；关注世界主要大国的政

---

① ［美］斯图尔特·史蒂文著，浦洱译：《以色列间谍大师》，群众出版社，1986 年版，第 206 页。

② 梅厄·阿米特是第三任摩萨德局长（1962－1968 年），此前曾担任以色列军事情报部部长。

治、军事动向等等”[①]。

“阿穆恩”作为以色列最重要的军事情报机构，主要负责邻近国家的政治和军事情报搜集、整理和判断。

“辛贝特”主要从事反间谍和国内安全工作，包括搜集有关外国情报机构及其活动的情报资料，以及调查国外势力策划的各种破坏活动。

外交部研究和政治计划中心的主要任务不是搜集情报，而是进行情报分析，为外交政策和战略决策提供情报参考。

尽管各情报机构存在着明确的分工，各司其职，独立开展工作，但它们都有一个共同的目标，即维护以色列国家安全利益。因此，在实际工作中，各情报机构之间不是孤军奋战，而是在“摩萨德”的统一领导和协调下，相互联系、彼此配合、取长补短、互为补充，善于利用各自特点开展工作，进行必要的情报交流，相互交换原始情报，甚至在关键时刻开展情报机构间的联合行动，以完成领导人布置的重要情报任务。以色列情报系统形成了分工协作的运作方式，充分发挥和挖掘了各情报机构的优势和潜力，克服了情报机构规模相对较小的弱点，极大地提高了工作效率。

四、特色鲜明、独树一帜

总而言之，以色列各主要情报机构都有各自鲜明的特点，但这些情报机构不是各自为战、互不关联，相反它们是一个密切联系的有机整体，正是由于各情报机构之间的相互配合、取长补短，才在维护国家和民族安全的斗争中发挥出卓越不凡的作用，扬威于国际情报战线。因此，作为一个整体，以色列情报机构自然也形成了以下一些有别于其他国家情报机构的特点：

首先，重视谍报侦察手段，人力情报登峰造极。以色列情报机构历来重视人力情报，在科学技术高度发达的条件下，虽然也大力发展和广泛使用先进的技术侦察手段，但最重视的仍是间谍活动，将其视为最重要的情报手段。特别是在建国后生死存亡的战争年代，以色列的人力情报几乎达到了登峰造极的地步，与美国、苏联（俄罗斯）等任何国家相比都毫不

① 刘宗和、高金虎主编：《外国情报体制研究》，军事科学出版社，2003 年版，第 354 页。

逊色，大量的成功情报案例足以证明这一点。

其次，军事情报地位突出，发挥举足轻重作用。由于长期处在敌对阿拉伯国家的包围之中，以色列面临严峻的周边安全环境和军事安全威胁，要时刻准备武装冲突的爆发，因此一直都高度重视军事情报工作。作为军事情报机构，“阿穆恩”在以色列情报系统中占据着举足轻重的地位，近年来更处于不断上升之势。如前所述，“阿穆恩”是以色列规模最庞大的情报机构，其领导人无论在权力还是地位方面都有逐渐超过了“摩萨德”的首脑的趋势，在情报领域发挥着不容忽视的重要作用。

第三，特别行动不择手段，不达目的绝不罢休。以色列情报机构擅长开展特别行动，在遂行任务中不择手段，向来以达到目的为最终目标。以色列的特别行动范围广泛，主要包括的暗杀、突袭、反劫持以及“定点清除”等。特别行动在以色列情报史上占据了重要的地位，而以色列情报机构之所以出名，很大程度上要归功于其神出鬼没的特别行动。例如：从千里之外的阿根廷将纳粹分子艾希曼绑架回国受审、追杀巴勒斯坦“黑九月”恐怖分子、偷盗法国幻影战斗机图纸、暗杀巴解组织副总司令阿布·杰哈德以及奇袭恩德培机场解救人质等。

第四，招募培训机制独特，重视保护情报人员。以色列情报机构十分重视招募工作，根据本国实际对招募人员制定了相应的标准，注重天赋和特殊才能，善于发掘和选拔那些具有各种性格和特长的人。招募之后，以色列情报机构还十分重视情报人员培训，通过严格的培训和淘汰机制，最终将那些能够留下了的人熟练掌握各种情报侦察手段，成为无所不能的超级间谍。此外，以色列情报机构爱才如命，重视对情报人员的保护，千方百计解除他们的后顾之忧，让他们忠心耿耿地为国家安全效力。

第五，爱国主义精神强烈，献身情报事业无悔。犹太民族经历了近2000年的亡国之痛，这使每一个犹太人都有强烈的爱国主义精神和民族忧患意识，把自己的命运与国家的安危紧密联系在一起，尽一切可能帮助和支持自己的国家。这种强烈的爱国主义精神是以色列情报机构生存与发展的精神支柱，体现在每名情报人员的身上，充分激发出他们的潜能，使他们成为具有非凡能力、以一当十的超级情报人才。他们在爱国主义精神的激励下能充分发挥自己的超凡能力，毫无条件地为国效力，竭尽全力维护国家安全，直至献出生命而无悔。

第六，国家安全环境特殊，情报机构备受重视。以色列在地缘政治上长期处于不利的环境之中，与周边大部分阿拉伯国家都经历过战争，而以阿双方领土及其它资源争夺也会愈演愈烈。在地理上，以色列是一个没有战略纵深的小国，加之人口与阿拉伯国家相比处于弱势，根本经不起长期的消耗战，只能采取先发制人、速战速决的战略，这就需要一个强有力的情报机构提供及时准确的情报保障。因此，以色列政府非常重视情报工作，从而为以色列情报机构的蓬勃发展创造了良好的条件。

小　结

以色列的各个情报机构在其发展过程中都形成了各自的特色，并显示出独特、高效的执行力。这些特色的形成，既有犹太民族血液里流淌着的情报天分，也有后天对情报工作重视而形成的独特培训和淘汰机制，更有在民族和国家危机感中凝聚的爱国主义精神，从而使得以色列的情报机构和情报人员，能以强烈的献身情报事业不怕牺牲的精神，孜孜不倦锲而不舍地为国家的生存和发展工作，并取得高效的成果，使得以色列情报界成为世界首屈一指的著名情报体系。这个特色鲜明、独树一帜的情报体系，既有统一协调机构，又各成系统，彼此分工合作、相互支撑、取长补短，在出色的人力情报和技术情报的协同努力下，不断创造出一个又一个的奇迹。

尽管以色列情报工作并非尽善尽美，各个系统也都犯过这样或那样的错误，也有过各种失误、失败的案例，但是，瑕不掩瑜，这些错误、失误和失败的案例，无法遮蔽其耀眼的光环。以色列情报体系和情报工作伴随着犹太民族复兴壮大成长，在为犹太民族复兴的“以色列梦”实现的道路上，发挥了极为重要的作用。

第二十五章　以色列情报机构在犹太民族复兴中的作用

任何国家的情报机构都是为国家利益服务的，以色列情报机构也不例外。但是，由于以色列国家利益的核心内容就是犹太国家和民族的生存与发展，因此，以色列情报机构把实现犹太民族复兴作为自己奋斗的最高目标。在犹太民族复兴的不同历史阶段，以色列情报机构都发挥了举足轻重的决定性作用。从某种意义上说，以色列情报机构决定了犹太国家和民族的生死存亡与复兴发展。

第一节　以色列情报机构催生了以色列国的诞生

以色列建国前，犹太人尚未建立严格意义上的情报系统，其情报机构都是从事秘密情报活动的地下情报组织。当时，犹太人为争取建立一个独立的犹太国家，组建了犹太秘密军事组织，与巴勒斯坦阿拉伯人展开了武装斗争。斗争中他们发现，为取得地下武装斗争的胜利，必须拥有高效的情报做保障。于是，诸如尼里、沙伊、阿利亚－B、莱克什和帕尔马赫等秘密情报组织相继应运而生。尽管这些组织初现于世，并无经验而言，总体仍处于积累经验的创始阶段，但它们依旧创造出令人惊叹的成就，显示出犹太人情报活动的胆略与才能。可以说，以色列情报机构不仅维护和推动了犹太复兴运动的发展，更是犹太国家的缔造者，在以色列建国过程中功不可没。

一、积极开展情报活动，最终促成巴以分治

自从19世纪末20世纪初犹太复国主义①在俄国、法国、德国出现反犹太主义浪潮后，形成了犹太复国主义的思潮和运动。运动兴起之后，犹太复国主义运动领导层就努力开展外交活动，寻求有关大国对复国运动的支持，但奥斯曼帝国和德国态度暧昧让他们感到失望，而英国一开始对此也不热心，使犹太复国运动陷入孤立无援的境地。

然而，1914年爆发的第一次世界大战，给犹太民族的历史发展提供了一个良机，也成为非常重要的转折点。犹太复国运动的领袖们不失时机地抓住了这个机会。他们认为，如果能同有望获胜一方建立良好关系，战后就可以得到该方的支持，但究竟哪方能获胜当时还难以预料。战争初期，犹太复国主义组织“世界犹太人大会”期望站在协约国一边，希望通过战争赶走巴勒斯坦地区的土耳其人，为建立独立的犹太国家奠定基础，但又担心此举会引发土耳其统治者的报复，于是决定严守中立。

但是，这一立场遭到了巴勒斯坦犹太移民的强烈反对。以埃伦·阿伦森为首的政治派别认为，只有依靠英国，坚决反对土耳其人，建立英国在巴勒斯坦地区的控制权，才有利于建立犹太国家。为获得足够的情报作配合英国以取得优势，并作为调整政策、保持正确的政治方向，最终实现复国目标，在阿伦森的领导下，犹太人现代历史上第一个犹太情报组织“尼里”成立了。

由于英国政府积极谋求从土耳其手中夺过对巴勒斯坦的托管权，

---

① 犹太复国主义又称锡安主义，是犹太人的政治运动，也指支持犹太人在以色列土地建立家园的意识形态。犹太人在以色列土地立国已有超过3200年历史，而犹太王国或自治领地在公元200年前一直有断断续续存在。自以色列立国开始，锡安主义这名词变得常用于指对以色列国的支持。但是，一系列不同，而且互相竞争的支持以色列的意识形态切合了锡安主义的广义范畴，例如宗教锡安主义、修正锡安主义和劳工锡安主义。于是，锡安主义有时也会用作指定形容这些意识形态的活动，例如鼓励犹太人移居以色列的活动。虽然旧约的历史远超过现代锡安主义运动，锡安主义这名词亦会用作形容有千年历史的旧约与犹太人和以色列国的关系。在一些情况下，锡安主义者会比用作泛指所有犹太人，以作为对反犹太主义的一种美化和掩饰，1968年的波兰反犹运动就是一例。

“尼里”借此机会在整个巴勒斯坦地区组织了一个完整的犹太人间谍网，向英国提供有关土耳其兵力、武器装备情况和当地社会情况等情报，帮助英军顺利进占了巴勒斯坦。“尼里”的努力取得了卓越的成效，拉近了与英国的关系并得到了英国对其复国的支持，最终促成犹太复国主义代表和英国政府于1917年达成协议，使英国外长贝尔福发表了“赞成在巴勒斯坦为犹太人建立一个民族之家”的《贝尔福宣言》。这是犹太人在复国问题上第一次得到大国的支持，从而为犹太民族复兴带来了希望。

必须指出的是，第一次世界大战前，大英帝国一直将巴勒斯坦视为自己的势力范围。为了维护帝国的利益，英国政府不讲信义，翻手为云覆手为雨，既允诺阿拉伯人在第一次世界大战后建立“阿拉伯国”（1915年《麦克马洪书简》[①]），又“赞成在巴勒斯坦建立犹太民族之家”（1917年《贝尔福宣言》[②]）。但在《贝尔福宣言》的鼓舞下，犹太势力迅速膨胀，导致阿、犹冲突不断升级。然而，随着第二次世界大战的迫在眉睫，国际形势瞬息万变，国际上各种政治力量纷纷借助外交力量寻找战略伙伴。英国充分认识到，巴勒斯坦阿拉伯人强烈而持续的反英反犹斗争，已经严重动摇了其对该地区委任统治的基础。在即将爆发的战争中，英国必须加强对中东地区的控制并保持该地区的稳定，而当时英国能在中东部署的军力却十分有限，因此很需要阿拉伯人的合作和支持。为了争取阿拉伯人在大战中同英国合作，英国就不得不以牺牲犹太人利益的做法来达到此目的。1939年初，英国首相张伯伦在伦敦召集了犹太代办处、巴勒斯坦阿拉伯人以及周围阿拉伯国家代表参加的圆桌会议，讨论巴勒斯坦局势，但英国提出的方案遭到阿、犹双方的反对，没有取得任何进展。于是，英国政府于5月17日单方面就巴勒斯坦问题发表了白皮书（British Government: The White Paper），因为当时英国殖民大臣为麦克唐纳，所以被称为《麦

---

① 麦克马洪是英国驻埃及高级专员，1915—1916年代表英国与麦加的谢里夫侯赛因通信，向侯赛因保证：英国支持建立一个独立的阿拉伯国，巴勒斯坦是这个国家的一部分。

② 英国外交大臣贝尔福代表英国政府致函犹太复国主义联盟领导人罗思柴尔德，表明英国对犹太复国主义运动的支持，赞成在巴勒斯坦建立一个犹太人的民族之家，并将尽最大的努力促其实现。

克唐纳白皮书》。[1] 此白皮书是对《贝尔福宣言》的全面修正，是英国巴勒斯坦政策的重大转变，实际上标志着英国政府放弃了对犹太复国主义运动的支持。尤其是对犹太移民和犹太人获得土地的限制，是一种釜底抽薪的做法，将使犹太人在巴勒斯坦永远处于一种少数民族的地位，最终将葬送犹太复国主义运动。[2]

随着二战的爆发和德国纳粹的反犹太政策，导致犹太人的命运更加悲惨。纳粹对犹太人的大屠杀激起了世界各国对犹太人和犹太复国主义运动的同情和支持。世界各国公众先是对纳粹屠犹感到震惊，进而对犹太民族的悲惨遭遇都会产生深切的同情，并对本国政府在大战中对犹太难民营持冷漠态度，未能采取一定的救助措施而深感内疚。许多人都认为，幸存下来的犹太人应该有一个其安全能够得到保障的民族家园。公众的这种思想和感情很容易转变成对犹太复国主义运动和巴勒斯坦犹太社团的同情和支持，进而影响本国政府战后的巴勒斯坦政策。

总体而言，在世界各国人民特别是大国的同情和支持下，犹太复国主义者的复国热情空前高涨，加快了复国的实际行功，综合采用政治、外交、财政和军事手段，开始组织犹太人向阿拉伯人聚居的巴勒斯坦西部地区大规模移民。其中，在1882—1948年间的6次移民浪潮中，有46万多人移居巴勒斯坦地区。而希特勒德国奉行的灭犹政策，更使担心遭受迫害的欧洲犹太人移居巴勒斯坦地区，也加快了犹太复国主义的发展。最终，在美国和包括苏联等大国的支持和推动下，1947年11月29日，联合国通过决议，决定在巴勒斯坦分别建立阿拉伯国家和犹太国家，并使耶路撒冷国际化。

事实上，以色列情报组织为联合国分治决议出台做出了重要贡献。

---

① 《麦克唐纳白皮书》的主要内容是：1. 英国政府明确宣布“把巴勒斯坦变成一个犹太国家并不是它政策的一部分，它认为这种政策是违反委任统治书所规定的对阿拉伯人的义务的，是违反它从前对阿拉伯人的保证的”；2. 英国的目的是在十年内建立一个独立的、与英国有条约关系的巴勒斯坦国。阿拉伯人和犹太人将按人口比例参加政府，以保护双方的利益；3. 五年内允许犹太人移民7.5万人入境，五年后如果没有阿拉伯人同意，不再允许犹太人入境；4. 过渡时期内，给予英驻巴勒斯坦高级专员一切权力来限制和禁止土地的转让，而阿拉伯人出售给犹太人的土地将限制在某些特定区域。参见 Walter Laqueur and Barry Rubin (edited), *The Israel - Arab Reader: A Documentary History of the Middle East Conflict*, pp. 44 - 49。

② 肖宪著：《中东国家通史——以色列卷》，商务印书馆，2001年3月版，第102—103页。

1947 年 7 月初，联合国巴勒斯坦特别委员会被派往巴勒斯坦，调查解决问题的办法。犹太人把特委会视为合法和正式建立以色列国的最现实的机会。为此，“哈加纳”建立了一个监视联合国特委会的机构。经“沙伊”领导人大卫·莎尔蒂埃尔的邀请，赫尔佐克[①]同意出任这个机构的负责人。由于联合国巴勒斯坦特委会成员来自瑞典、澳大利亚、危地马拉、乌拉圭、捷克斯洛伐克、荷兰、印度等国，赫尔佐克将其监视机构分成了几个小组。阿拉伯组处理委员会与阿拉伯世界的所有联系。另一个小组在媒体中寻找合作伙伴，以便及时了解委员会与媒体之间的情报信息。还有一个特别小组负责掌握委员会的社会联系。当时，特委会驻地的饭店服务生也被组织起来，严密监视特委会的成员，甚至不放过他们办公桌和废纸篓的片纸只字。特委会成员的电话遭到窃听，他们的一举一动都处于监视之中，因此，犹太人的情报机构可以得到他们所有活动的情况。根据情报机构所提供的情报，犹太领导人得以向联合国和友好国家政府施加适当压力。此外，赫尔佐克领导的情报机构还进行情报分析，并向犹太办事处呈递形势报告和评估。

通过对获取的情报分析，犹太领导人本—古里安意识到形势不容乐观，必须采取更有力的措施，才能说服特委会成员赞成建立一个犹太国家。为此，“哈加纳”精心策划了最具历史性转折的“总统战场”号航行，而利昂·尤里斯据此写的小说《出埃及》使这一航行成为不朽事件。[②] 作为配合，本—古里安设法说服联合国巴勒斯坦特委会成员去亲眼看“出埃及记号”轮船上移民的遭遇——这成为他们在整个考察使命中所记录的最令人震惊的“证词”。当特委会成员怀着十分不平静的心情离开时，本—古里安就已经确定犹太国家的诞生为期不远了。

对联合国巴勒斯坦特委会进行的辩论延续了数月之久，犹太办事处代

---

① 赫尔佐克曾任以色列军事情报局局长，后任以色列总统。

② “出埃及记号”船是一条航行在密西西比河上载客量为 600 人的内河轮船。当时，“哈加纳”特工人员在船上覆以木板和铁板，塞进 5000 名大屠杀后的幸存者，然后不顾英国海军的封锁把它驶入深海。在海上航行中，船上升起了蓝白旗，用了一个象征性的名字：“出埃及记 1947 年号”。这是驶向巴勒斯坦海岸的一次具有挑衅性和示威性的航行。这条船还没有到达巴勒斯坦海域就遭到英国军舰的截击。经过一场战斗，“出埃及记号”船上死亡 3 人，数百人生病或受伤。英国人由于世界媒体对其野蛮政策的曝光感到丢脸，下令将船拖到海法。在那里，犹太移民被强行赶下船，然后分装到三条英国囚犯船上，驶回最初的登船港汉堡。

表团绞尽脑汁开展了活动，以确保通过该方案所需要的支持。其中，美国犹太人为推动联合国分治方案的出台发挥了重要作用。据泰德·科勒克回忆称，当时“美国派往联合国的代表团中有两名官员在分治方案投票期间成为重要的情报来源”[①]。这两名官员都是美籍犹太人，在关键时刻向以色列情报组织通风报信，使犹太领导人能够掌握联合国各方关于分治方案的动向情况，便于及时调整外交工作的策略，从而达到控制联合国投票结果的目的。最终，联合国大会投票通过了分治方案，犹太人也据此得到正式建立以色列国的合法依据。

从上述以色列情报组织在争取国际社会特别是大国支持犹太人建国问题上的工作表现看，不能不认为其作用是不可磨灭的，特别是，他们通过广泛动员、精心筹划、周密实施，成为犹太复国主义的急先锋，把握住了大局，并以适当的谋略相伴，最终如愿以偿地建立了犹太人国家，实现复国之梦。

二、提供有力情报保障，确保武装斗争胜利

在以色列建国前，犹太地下情报组织逐步在整个巴勒斯坦地区以及周围阿拉伯国家建立了广泛的基层间谍网，向犹太复国主义运动领导人和“哈加纳”提供各类情报以及行动建议，确保犹太民族复兴运动取得地下武装斗争的胜利。例如，“沙伊”成立后积极开展全方位情报活动，其成员大多是伪装成便于搜集情报的邮局职员、新闻记者、女秘书、大饭店服务员和电话局接线员，把耳目渗透到巴勒斯坦的公共场所和阿拉伯居民之中。他们不仅截听阿拉伯首脑的电话，而且也监听英国人的无线电话，甚至还对英国托管当局进行渗透，并打入政府、警察、军队等要害部门，为其搜集情报创造了便利条件。

此外，经严格训练的犹太人还伪装成阿拉伯人，渗透到巴勒斯坦和阿拉伯邻国的各阿拉伯社区和社团，甚至是反犹太复国主义者组织之中，与阿拉伯人生活在一起。到 1936 年底，犹太人建立了一个遍布阿拉伯社会

---

① Andrew and Leslie Cockburn：*Dangerous Liaison*：*The Inside Story of the U. S. -Israeli Covert Relationship*，First Harper Perennial edition published 1992，pp. 32 – 33.

生活各个领域的间谍网络，广泛地搜集犹太人所关心的政治、军事和经济情报，并对阿拉伯人实施了严密的监控。特别是凭借“沙伊”在建国前建立的卓有成效的间谍网，加上海外犹太人的支持、资助，以色列赢得了独立战争（第一次中东战争）的胜利，在建国的血与火考验中奇迹般地生存了下来。

三、秘密购买偷运武器，建立武器装备优势

武器装备是取得战争胜利的重要保证。与巴勒斯坦周边地区的阿拉伯国家相比，犹太军事组织最初在武器装备的质量和数量方面都处于明显的劣势，甚至无法与巴勒斯坦地区的阿拉伯人抗衡，犹太人在该地区的生存都面临严重的威胁，更不用说建立一个独立的犹太国家。因此，犹太复国主义运动领导人意识到武器装备的重要性，想方设法获取先进的武器装备，提高犹太军事组织的实力。

为此，犹太地下情报组织担负了秘密为犹太军事组织购买和偷运武器的重任，为犹太武装力量谋求武器装备质量和数量上的绝对优势。其中，“哈加纳”下属的情报组织“莱克什”为此立下了汗马功劳。该组织以在欧洲注册的公司为幌子，从欧洲国家购买了大量军火，并凭借“沙伊”打入英国托管当局的特工提供掩护，通过海、陆渠道把武器运到犹太地下武装组织手中，确保以色列在第一次中东战争中获得充足的武器来源。

与此同时，他们还设法借英军之手，切断阿拉伯人的武器来源。在以色列地下情报组织的努力下，犹太武装力量在建国前所拥有的武器装备无论是质量还是数量，都超过了巴勒斯坦当地的阿拉伯人，有力地确保了战争的胜利。

四、组织非法犹太移民，形成犹太人口优势

在 19 世纪末犹太复国主义运动兴起之际，巴勒斯坦地区的阿拉伯人口为 30 万，而犹太人只有 2. 4 万，离建立犹太国家所需的人口数量相去甚远。然而由于英国统治当局对犹太移民的严格控制，犹太组织在建国前只能进行秘密的非法移民。犹太领导人清楚地认识到人口对于犹太国家建

立的重要性，没有一定的人口规模，一个独立的犹太国家几乎是难以建立的，即使建立起来，其生存与发展也将面临着来自人口众多的阿拉伯国家的严峻挑战。这种强烈的忧患意识，使犹太领导人下决心开展秘密的犹太移民行动，并将这一任务交由犹太地下情报组织来付诸实施。

1937 年，肖尔·阿维古尔组建了总部设在巴黎的“摩萨德·阿里亚·贝思”，即“阿里亚－B”，专门组织犹太人从欧洲向巴勒斯坦大规模移民。以色列情报机构所承担的这项移民工作被称为“犹太情报”。显然，这是以色列情报机构与其他国家情报机构完全不同的职能。

1939 年，英国政府迫于阿拉伯人的压力，发布了《麦克唐纳白皮书》，以限制犹太移民数量，维持巴勒斯坦稳定。但“阿里亚－B”通过收买政府官员、伪造证件租赁船只等方式建立了一条从欧洲通往巴勒斯坦的秘密信道，而“沙伊”则为了确保犹太人地下组织和遍及欧洲的犹太人逃亡信道的安全，大力搜集纳粹德国的情报，甚至同纳粹德国达成过秘密协议，为欧洲犹太人回归家园做出了杰出的贡献。从 1933 年希特勒上台到 1948 年以色列建国，非法移民活动持续了 15 年。在这 15 年里，到底有多少犹太人通过这种方式进入巴勒斯坦，并没有确切的数字。然而，从 1939 年到 1948 年建国时，巴勒斯坦地区的犹太人口从 45 万增加到 65 万，至此犹太人已经超过巴勒斯坦地区总人口的 1/3，为建立犹太国家奠定了有利的人口优势。虽然这其中除了数量有限的合法移民和人口的自然增长外，有很大一部分增长是靠非法移民实现的。一位老资格的特工曾回忆说：“阿里亚－B 的工作使它成为以色列历史上此类最大的组织。自那以后，任何人的工作也无法与我们相比。”①

五、监控所有极端组织，铲除军政竞争对手

“沙伊”领导的犹太地下情报组织严密监控巴勒斯坦和外国犹太社团中的所有极端组织，竭尽全力铲除政治和军事上的竞争者。“沙伊”为此专门设立了一个“犹太处”，这是一个针对犹太人的对内情报机构，其任

① ［美］丹·拉维夫、［以］约希·梅尔曼，张海涛等译：《每个间谍都是王子——以色列情报全史》，中国社会科学出版社，1992 年 1 月版，第 23 页。

务是专门监视巴勒斯坦和外国犹太社团中的所有极端组织，特别是那些反对“哈加纳”的犹太人，毫不留情地除掉政治和军事上的竞争者。当时，“哈加纳”的竞争对手主要是巴勒斯坦和外国犹太社团中的一些犹太人极右组织。以色列建国后，犹太处成为组建国家安全总局（“辛贝特”）的班底。

总而言之，犹太地下情报组织在以色列建国前发挥了重要作用，使犹太复国运动在政治上赢得了一些大国的支持，军事上建立起装备精良的武装力量，情报上获得有力的保障，人口上形成了立国所需的必备数量，从而为以色列国的诞生创造了良好的条件，从某种意义上成为犹太国家不可或缺的缔造者之一。

第二节　以色列情报机构捍卫了国家的生存

1948 年 5 月 14 日，离散千年的犹太人终于成立了自己的独立家园——以色列，但一场持续半个多世纪的冲突紧接着就拉开了帷幕。以色列如何在“夹缝”中生存下去成了最大的问题。

就在以色列宣布建国的次日，埃及、约旦、叙利亚等阿拉伯国家发动了第一次中东战争。以色列凭借“沙伊”卓有成效的间谍网，识破了阿拉伯国家试图通过外交渠道进行战争欺骗的计谋，成功预见战争爆发的准确时间，并获取了阿拉伯军队的兵力部署、作战计划等重要情报，最终在全球犹太人和美国等国家的金钱和政策上的帮助与支持下，赢得了战争的胜利。然而，以色列的安全威胁却并没有就此消除。

以色列是地球上最小的国家之一，其领土面积只有 1.49 万平方公里。从地图上看，以色列国土的形状很像是一只裁缝用的旧式小烙铁。南部内格夫沙漠地区犹如三角形的烙铁头，中部沿海平原形成了一个细长的把手，而北部加利利地区则是把手略粗的顶端。这就使以色列中部地区成为一条长 50 公里、宽 20 公里的细腰。以色列认为这个细腰是致命的危险，不要说抗击不住敌人装甲部队猛烈进攻，即使敌人的一支步兵部队，也可轻而易举地把这个“腰”切为两截。因此，处于阿拉伯国家包围的以色列随时都面临着巨大的生存压力，稍有不慎就有可能重蹈覆辙，再次踏上颠沛流离的亡国之路。

以色列国父本—古里安意识到，以色列要在这样危机四伏的环境中生存下来，必须拥有一支强大的军队和一个更加灵敏的耳目——情报机构。经过两次大刀阔斧的改组，以色列解散了战功显赫的老牌情报机构“沙伊”，成立了由“摩萨德”、“阿穆恩”、”辛贝特”和外交部研究与政治计划中心组成的现代情报系统。经过“洗心革面”的以色列情报机构在以色列建国初期的战争年代，与犹太人坚强的民族意志、精干有力的国防体系结合在一起大显身手，创造出一个又一个令人难以置信的神话，在捍卫犹太国家与民族生死存亡的斗争中起到了决定性的作用。

一、提供有力情报保障，打赢历次中东战争

以色列情报机构广泛搜集阿拉伯国家的政治军事情报，向以色列政府和军队提供准确的情报和建议，为其打赢中东战争立下了汗马功劳，使这个犹太国家在阿拉伯国家的包围中生存并发展壮大。

建国初，新成立的以色列面临着来自阿拉伯国家的巨大生存压力，因此，这个犹太国家急需了解阿拉伯世界的军事情报。以色列情报系统元老、沙伊的创始人罗文·希洛曾说过：“犹太人的头号敌人是阿拉伯人，所以必须派出职业间谍打入阿拉伯社会。”① 为此，以色列派遣谍员以各种身份潜入周边的阿拉伯国家，采取一切手段搜集他们的政治、军事和经济情报。其中，最出色的间谍是沃尔夫冈·洛茨和伊莱·科恩。洛茨利用自己在德国生活多年的经验，伪装成为前纳粹军官，在埃及站稳脚跟后，迅速融入了埃及上层社会，获取了大量埃及的军事情报，甚至有评论认为，“由于他的工作，阿穆恩的计算机甚至成了他对埃及情况汇报的储存机”。②而科恩则通过“阿穆恩”的精心安排，在叙利亚长期潜伏，并活跃在叙利亚的高层，不仅获得了戈兰高地的军事情报，还获得了叙利亚国内的政治动向、军队动员情况和军事实力等战略情报，甚至差一点成为叙利

---

① 曹宏编著：《摩西的门徒——以色列情报机构揭秘》，国防大学出版社，1998 年版，第 14 页。

② ［美］斯图尔特·史蒂文著，浦洱译：《以色列间谍大师》，群众出版社，1986 年版，第 221 页。

亚的国防部长。他们两人的谍报工作为以色列在第三次中东战争[①]中迅速获胜做出了贡献。

除了高级间谍外，以色列情报机构在经营国外基层谍报网方面也卓有成效。如“六日战争”[②] 前，“摩萨德”通过长期潜伏在埃及、叙利亚和约旦的基层谍报组织，通过近距离观察、询问等方式，对阿拉伯国家空军基地的规模、飞机数量及停放位置、通讯时间及频率、值勤时间，甚至每位飞行员的爱好习惯都进行了详细的调研，为以色列国防军制定作战计划提供了坚实的情报保障。

1967 年第三次中东战争爆发后，以色列空军根据“摩萨德”提供的精确情报，对埃及空军机场进行了轰炸，只用了不到两小时便将埃及空军战斗机全部摧毁，失去了制空权而缺少了空中掩护的埃及地面部队只能被动挨打。以军仅用 6 天时间就赢得了第三次中东战争的胜利。由此可见，以色列情报部门在战争中起到了举足轻重的决定性作用，正是由于情报机构的卓越贡献，以色列才能在历次中东战争中高奏凯歌，一次又一次转危为安，逐步走上了犹太民族的复兴之路。

二、突破西方武器禁运，确立绝对军事优势

建国初期，由于以色列的武器研发能力有限，其海军和空军武器装备主要依靠欧洲盟友提供，但以色列与这些盟友的关系并不稳定，有时这些西方国家会改变政策，对以实行武器禁运或控制。为此，以色列情报机构想方设法突破武器禁运，甚至采取欺骗、窃取、抢劫等特殊手段获取重要的国防科技情报和军用物资，以保证以色列在中东地区拥有军事上的绝对优势。例如，以色列为了谋求绝对的军事优势，决定研究原子弹。60 年

① 第三次中东战争被以色列称为“六日战争”，而阿拉伯国家则称之为“六月战争”。1967 年 6 月初，为了削弱阿拉伯联盟的力量和消灭巴勒斯坦解放组织，以色列对埃及、约旦和叙利亚等阿拉伯国家进行了闪电式的袭击，堪称是“先发制人”战争的一个典范。战争从 6 月 5 日开始，共进行了 6 天，结果埃及、约旦和叙利亚联军被击败，损失惨重，伤亡和被俘达 6 万余人，而以色列仅死亡 983 人。通过这次战争，以色列占领了加沙地带和埃及的西奈半岛，约旦河西岸，耶路撒冷旧城和叙利亚的戈兰高地共 6.5 万平方公里的土地，战争中有 100 万阿拉伯人和巴勒斯坦人逃离家园，沦为难民。

② 同上。

代中期，“摩萨德”配合“拉卡姆”，先是从美国成功地输出了400磅浓缩铀，随后又精心策划和实施了“高酸铅盐行动”，从国外运回200吨铀矿石，从而满足了为制造原子弹提取高浓缩铀之急需，为以色列成为世界上第六个“公认的核国家”[①] 做出了决定性的贡献。

与此同时，以色列为了防止阿拉伯国家研制和拥有核武器，在“摩萨德”的有力情报保障和精心策划下，于1981年6月7日派6架携带重磅炸弹的F-16战斗机，奔袭500公里，在短短几分钟内就彻底炸毁了伊拉克的核反应堆。60年代末，摩萨德还成功窃取法国“幻影”战斗机蓝图，帮助以色列打造出“幼师”战斗机[②]，逐步建立起在中东地区的空中优势。此外，“摩萨德”还于1969年12月成功实施“诺亚方舟”行动[③]，为以色列海军实力实现“质”的飞跃做出了贡献。

经过多年的经营，武器装备的改善，使得以军战斗力有了空前提高。目前以色列已确立了其在中东地区“第一军”的地位。据统计，以色列现有人口为600多万，而国防军总兵力达60万人[④]，占总人口的10%，足见以色列对军队力量建设的重视程度。其中，现役部队17.5万人，预备役部队42.5万人。陆军总兵力13.4万人，主要装备有：主战坦克4300辆，装甲侦察车400辆，装甲运输车9900余辆，牵引炮400门，自行炮1160门，迫击炮7740门，地地导弹20余部，反坦克导弹1000多具，地空导弹近1000部。以色列空军兵力3.7万人，主要实力包括：作战飞机共448架（另储备250架），武装直升机130架。虽然以色列空军战机只

---

① 有关以色列是否拥有核武器，以色列自己历来采取既不承认、也不否认的态度，但世界绝大多数国家都认为以色列是拥有核武器的“公认的核国家”。

② “六日战争”爆发后，法国宣布对以色列实行全面武器禁运，取消了其订购的50架“幻影”战斗机的合同，使以空军陷于绝境。为此，摩萨德成功策反生产“幻影”战斗机的瑞士公司工程师阿尔佛雷德·弗劳恩克内希特，窃取了“幻影”战斗机的设计图纸和文件运到以色列。据此，以色列工程师仿造“幻影”战斗机，制造出性能卓越的“幼师”战斗机。

③ 1969年12月以色列空袭黎巴嫩贝鲁特国际机场后，法国做出了停止为以色列制造和出口“美洲虎”导弹快艇的决定。于是，摩萨德制定了代号为“诺亚方舟”的行动计划，派遣特工人员于1969年圣诞节前一天，从法国瑟堡港偷出5艘“美洲虎”导弹快艇。之后，以色列海军立即给它们装上早已研制好的“加布里埃尔”导弹。随后第四次中东战争爆发，以色列海军在海战中取得了完全的优势，“美洲虎”大显神威，一举击沉9艘舰艇，重创了叙利亚和埃及的海军，创造了辉煌的战绩。

④ 英国伦敦国际战略研究所：《军事力量对比》（1999—2000年度）。

有数百架，少于周边阿拉伯国家的1000多架战机，然而却拥有世界一流的先进战机，其中包括F－15C型攻击机和F－16C/D型战斗机。以色列海军兵力9000人，现有实力包括：潜艇3艘，护卫舰3艘，导弹攻击快艇12艘，巡逻艇29艘，登陆舰艇5艘。[①]

几十年来，以色列军队由一支地下武装，发展成世界级劲旅，在战备水平、训练素质、动员体制、武器装备以及后勤技术保障等诸多方面为世界所瞩目，真正成为中东地区的军事强国。在长期与阿拉伯国家和其他民兵组织的较量中，总是占据上风。特别是其坚持挨打必复仇的原则，一定程度上对周边国家形成了巨大的威慑作用，虽然这其中一个重要原因是以色列拥有更多的高精尖武器装备，但也绝不能忽视以色列情报机构做出的重大贡献。

三、成功开展外围战略，打开被动外交局面

以色列情报机构成功开展“外围战略”，为以色列在国际上打开了被动的外交局面，争取到有利的战略态势。

从地缘政治上看，以色列处境极为不利，其面临阿拉伯国家包围的现实迫使以色列必须在阿拉伯国家内部和环阿拉伯地带找到盟友，以抵消这种强大的生存压力。20世纪50年代，“摩萨德”首任局长罗文·希洛就提出了“外围战略”的构想，即通过情报机构的秘密联络渠道，与阿拉伯国家内部的少数民族或反对派别建立协作关系，同中东地区非阿拉伯国家建立秘密联盟，从而形成对敌对阿拉伯国家的反包围圈态势。希洛的“外围战略”后来成为以色列情报系统一项不变的原则。“摩萨德”在协助以色列政府开展秘密外交方面卓有成效，其“政治行动与联络处”几乎变成了以色列的秘密外交部，在某种程度上甚至胜过外交部。当时，在那些尚未与以色列建立正式外交关系的国家进行外交联络的不是外交部官员，而是“摩萨德”的驻海外特工。这一现象被人们称为以色列的“准外交”活动，然而正是这种“准外交”活动却发挥了巨大作用，成功地

① 陈辉编著：《沙漠之鹰——以色列军事力量素描》，华东师范大学出版社，2002年1月版，第52—59页。

为以色列在国际上逐渐打开了外交局面。

建国初期，以色列情报机构秘密合作的对象主要在波斯湾外围和北非这两个与中东相邻的地区。“摩萨德”抓住机遇与伊拉克的库尔德反对派、黎巴嫩的基督教民兵组织建立了秘密联系，并为他们提供武器和训练。伊朗的情报机构“萨瓦克”完全是由“摩萨德”特工按照以色列情报机构的模式而组建的，“摩萨德”还帮助招募、训练了伊朗特工。20世纪60—70年代，以色列情报机构扩大了“外围”。在北方，它同土耳其建立了情报合作关系，向其提供极端组织情报、情报装备和人员培训等，而土耳其情报机构则向以色列提供了有关叙利亚的军事、政治情报。随后，以色列、土耳其、伊朗三国建立了秘密情报合作组织“三叉戟”；在南方，以色列情报机构与苏丹、埃塞俄比亚的情报机构形成“南方纽带”。这些情报合作关系同国家间政治关系截然不同，有时甚至相互矛盾，但正是通过这种联系，以色列开创了有利的战略态势。

四、有效开展反谍工作，维护国家安全稳定

以色列情报机构成功开展反谍报与安全工作，维护了以色列的国家安全与稳定。

以色列是一个移民国家，建国初期约50万犹太人从世界各国涌入，许多外国情报机构借机向以色列派遣间谍，以色列反间谍任务十分繁重。以色列各情报机构均有反情报工作职能，但“辛贝特”是以色列负责反情报工作的主要责任机构，它负责全国及占领区内的反谍报工作。“摩萨德”的反间谍机构主要是从事内部安全工作，军队的安全和反间谍渗透主要由“阿穆恩”的战场安全和军事监控处来完成。由于以色列有较为独特的民族体系，犹太人和阿拉伯人壁垒分明，因此，阿拉伯人的安全工作实际上大部分由占领区或是统管区的“辛贝特”机构负责，其反情报工作实际上主要是针对非阿拉伯国家对以色列政府和军队的渗透。在反谍报工作方面，“辛贝特”的非阿拉伯处是最主要的负责机构。非阿拉伯处负责对外国情报机构在以色列的活动实施监视，主要方法是通过对可疑的驻以外国官员进行监视，了解他们的活动，发现其在以色列活动的主要目的和社会关系，对重点国家的外交人员实施重点监控。

除了反间谍工作外，以色列情报机构还担负着维护国家安全的重任。对于以色列情报系统而言，安全工作的涵义比较广泛，它包括对国内极端民族组织和宗教组织的控制，也包括对阿拉伯人的监控。在犹太人安全工作方面，"辛贝特"主要是在警察当局的配合下，展开对可能危及国家政治和社会稳定的极右翼组织的监视。

总而言之，以色列情报机构在反间谍和安全工作方面作了不少努力，使以色列政府能全力应付来自阿拉伯国家的战争威胁，为维护国家安全与稳定做出了重要贡献。

第三节　以色列情报机构推动了国家的发展

在建国后的前30年里，以色列国家和社会基本上继续沿着建国前的犹太复国主义路线发展。然而，随着老一代领导人退出政治舞台，大批来自亚非的新移民的到来，以及以色列通过战争占领了大片阿拉伯领土，以色列也开始逐渐从犹太复国主义向"后犹太复国主义"时代转变。从一定意义上说，犹太复国主义运动已实现其最主要的目标——建立犹太民族国家。从20世纪70年代末开始，经过数十年的战争与冲突之后，以阿双方都意识到武力不能解决他们之间的问题，只有通过和平谈判的政治解决方式，双方才能获得永久的和平与安全，整个地区才有可能实现持续的发展和繁荣。于是，以色列踏上了一条坎坷不平、艰难曲折的和平与发展之路。

在国家从生存阶段进入发展阶段之后，以色列情报机构的工作重点也随之发生相应的转变，在犹太民族复兴中发挥了新的作用，为以色列发展成为中东地区政治、军事和经济上的"超级大国"做出了不可磨灭的重要贡献。

一、广泛开展情报活动，掌控中东和平进程

中东和平进程从20世纪90年代初开始。1991年10月，在美国和前苏联主持下，以色列同有关阿拉伯国家在马德里召开中东和会，阿以之间

开始启动和平进程。巴以先后在挪威首都奥斯陆进行了14轮秘密会谈，并取得重大突破。经过上任不到一年的美国总统克林顿的极力斡旋，以色列著名的将军、总理拉宾同巴解组织执委会主席阿拉法特在华盛顿签署了《加沙和杰里科自治原则宣言》，这份对中东和平进程具有标志性意义的文件通称《奥斯陆协议》。它规定巴勒斯坦在加沙和杰里科首先实行自治，巴以双方相互承认。这是中东和谈的首次突破。

1994年5月5日，开始实行预期5年的巴自治。1995年9月，巴以签署西岸和加沙地区过度协议。然而在和谈的关键时刻，1995年11月拉宾总理遇刺身亡，造成中东和谈的重大挫折。此后，中东和平进程几乎陷于停滞，但在国际社会的强大压力和有关各方努力推动下，巴以和谈依然取得了一些进展。

在曲折发展的中东和平进程中，以色列情报机构积极在阿拉伯世界开展广泛的情报活动，以获取事关犹太民族安危的各类情报，特别是与中东和平进程有关的情报，争取让以色列在以阿和谈中获得有利的态势，使中东和平进程朝着有利于以色列国家安全利益的方向发展。例如：叙利亚前总统阿萨德是中东和平进程的重要人物。自从1991年马德里中东和会启动、以叙正式开始和谈以来，先后有5位以色列总理希望在他们的任期内与阿萨德签署和平协议，但是无论5位以总理如何作出或大或小的让步，期待中的“叙利亚奇迹”从未成为现实。由于急于与叙利亚达成和平协议，以色列十分关注阿萨德的身体状况。为了搞清阿萨德身体状态，1999年“摩萨德”利用约旦国王侯赛因病逝，阿萨德参加葬礼的机会，成功地搞到了阿萨德的尿样，分析出阿萨德病情恶化，不久将离开人世。因此，以色列也就不再加大与叙利亚谈判的力度，他们已对“固执”的阿萨德感到失望，期待阿萨德去世后再有所突破。果然，2000年6月阿萨德因病去世，而以色列前总理沙米尔对意大利记者说：“一个长期被病魔缠身的老人去世了，这无论如何不是一件让人高兴的事，但是我得承认，我不感到难过。”①

此外，以色列情报机构还在其盟国开展间谍活动，搜集与国家和民族

---

① 关娟娟：“以色列人‘关注’叙利亚”，人民网，http：//www. people. com. cn/GB/channel2/17/20000613/100728. html。

安全有关的情报。如大名鼎鼎的以色列间谍伊·波拉德利用其美国海军调查局“反恐怖主义警备中心”情报分析员的身份，为以色列搜集了大量美国情报机关所掌握的最重要情报，其中包括阿拉伯国家恐怖分子的威胁、苏联武器的运送及电子通讯、阿拉伯国家的武器系统、北非国家的防空系统等等。特别是1985年10月1日，以色列空军对巴勒斯坦解放组织在突尼斯的总部成功实施了名为“斩首行动”的长途奔袭，靠的就是波拉德提供的卫星照片。当时，以色列的8架F－15战斗机在长途飞行2400公里后，在3分钟内将巴解总部的五座小楼夷为平地，而旁边的一所学校却毫发未伤。因此，有人称美国要弥补波拉德窃取情报所造成的损失，起码得花费10亿美元。[①]又如1991年，由于驻伦敦情报站的以色列特工涉嫌刺探英国情报，英国政府勒令以色列关闭其情报站，并驱逐了数名以色列外交官。但到1997年，经过不断地努力，以色列在伦敦的情报站经英国政府批准又重新开张，其主要任务是招募在英伦三岛学习的外国学生和军官为以色列效力，尤其是以阿拉伯人为主。[②]这些人绝大多数都成为“摩萨德”的间谍，为以色列提供了许多有价值的情报。

二、开展秘密外交活动，争取有利国际环境

以色列情报机构一直积极协助以色列政府开展卓有成效的秘密外交活动，推动中东和平进程的发展，争取营造有利的国际环境。

由于在中东和平进程启动之前，许多国家都没有同以色列建立外交关系，因此，以色列情报机构就充当国家的秘密外交机构，协助政府成功开展秘密外交活动，促成和推动地区和平。这也是以色列情报机构最重要的成绩之一。第四次中东战争后，为了寻求实现和平的道路，以色列总理拉宾赋予“摩萨德”一项艰巨任务：协调安排他同约旦国王侯赛因的秘密会晤及与其它官员的私下接触。1975年3月，“摩萨德”成功安排侯赛因国王和拉宾总理在两国边境的阿拉瓦平原进行了会晤。1977年5月梅纳

---

① 宁泉骋著：《白狼——以色列特工秘密档案》，广州出版社，2000年版，第268—282页。

② 杨一帆、方铭新主编：《情报与安全概览（1997）》，时事出版社，1998年版，第70—72页。

赫姆·贝京出任以色列总理后，“摩萨德”局长伊扎克·霍非[①]作为和平使者开展秘密外交活动，促成了埃及总统萨达特主动访问了以色列，使埃以两国走上了和解的道路。

尽管“摩萨德”一开始就参与了同埃及和解的全过程，但这些都是以色列外交政策中最敏感、最机密的一面，一直都秘而不宣，鲜为人知。然而，以色列情报机构在其中发挥的作用之大，完全可以想象。此外，以色列情报机构还与阿拉伯以外的其它国家保持着秘密接触，以推动中东和平进程的发展。

以色列的秘密外交不仅在中东地区打开局面，还在世界各地硕果累累。其中包括与中国、南非等国的建交过程中，以色列的秘密外交都发挥了积极作用，而这背后，都有以色列情报机构的影子。

三、打击国际恐怖主义，创造安全稳定环境

以色列情报机构大力开展打击国际恐怖主义的活动，为国家与社会的发展创造一个安全与稳定的国内环境。

为了恢复自己的家园，巴勒斯坦人积极与以色列占领者开展武装斗争。这些斗争既有针对以色列军政当局的正规游击战，也有针对广泛目标的暴力恐怖袭击，特别是巴勒斯坦伊斯兰极端组织采取针对以色列人的国际恐怖主义行动，一定程度上干扰和破坏了中东和平进程。对于这些行动，以色列采取了“以暴制暴”的原则，即用铁血手段回击巴勒斯坦极端组织的进攻，尽管这种行为被一些国家称为“国家恐怖主义”，但以色列并未因此而罢手。对巴勒斯坦极端组织“以暴制暴”的实施者有以色列军警当局，但更多的是以色列情报机构。以色列情报机构把对付恐怖主义作为达成国家安全特定目标的一种重要手段。

从20世纪80年代起，以色列和周边国家的关系得到了改善，中东和平进程出现了转机，以色列情报机构的暗杀行动趋于停止。在阿以和谈启

---

① 伊扎克·霍非是摩萨德第5任局长，1974年至1982年连任两届，成为在这个重要位置上的时间仅次于哈雷尔的人。他凭借成功的和平外交及“霹雳行动”，在以色列情报系统确立其应有的重要地位。

动之后，以色列情报机构甚至与巴解组织联手打击制造恐怖行动的极端分子，为中东和平进程创造安全稳定的环境。但是从2001年开始，由于以色列政府开始推行强硬的政策，巴以和平进程受阻，双方冲突不断升级，受“9·11”事件的鼓舞和“基地”组织的恐怖思潮影响，部分巴勒斯坦极端组织开始发动袭击以色列平民和军队的恐怖主义行动，造成了一定的人员伤亡，于是以色列情报机构又重新启动了公然的暗杀行动，特别是“定点清除”，以对付巴勒斯坦人制造的恐怖主义行动。甚至“摩萨德”进行重大改组，将自己演化成为专门对付恐怖主义的全球化特种部队。

在情报机构的准确帮助下，以色列先后暗杀了几十名巴勒斯坦抵抗组织的重要成员，其中包括哈马斯创始人兼精神领袖谢赫·艾哈迈德·亚辛及其高级政治领袖阿卜德尔·阿齐兹·兰提斯。

为了打击恐怖主义活动，以色列情报机构在“摩萨德”和“辛贝特”的牵头下，加入了以打击恐怖主义为宗旨的秘密组织“千瓦”，并通过它与一些没有外交关系的国家建立了秘密外交渠道，交流有关恐怖活动的动态情报。①

四、继续开展移民工作，巩固犹太人口优势

20世纪80年代以后，犹太情报的重点从欧洲地区转移到苏联和东欧地区。在前苏联，联络局发起了一波接一波的宣传浪潮，呼吁前苏联政府同意让当地的犹太人回到以色列；在东欧尤其是罗马尼亚，联络局和齐奥赛斯库政权达成了秘密协议：以色列为罗马尼亚提供秘密军事援助，加大双边贸易中的进口额度，同时为每名自愿回到以色列的罗马尼亚犹太人提供3000美元的补偿。此外，以色列情报机构还设法把非洲地区的犹太人移民到以色列，如1984年，以色列情报机构在提供军事援助后，在苏丹为迁移埃塞俄比亚的“贝塔以色列”（犹太黑人）建立了空中信道，将1万多名“贝塔以色列”运回了以色列。

由于移民工作的大力开展，目前以色列的犹太人口总数已达到了600多万，占以色列控制土地总人口的51%，为其初步确立人口优势奠定了

---

① 刘宗和、高金虎主编：《外国情报体制研究》，军事科学出版社，2003年版，第398页。

基础。但由于巴勒斯坦人的出生率高于犹太人，巴勒斯坦人口迅速增长仍是以色列国的主要威胁，扩大犹太人口优势对于以色列来说依然任重道远。[①]

五、深入开展反谍工作，维护国内安全稳定

在以色列，反谍报工作在不同时期的主要对象不同：建国初期主要是集中在对移民的审查上，其后主要是监视外国驻以机构及与其密切联系的人，特别是针对前苏联（包括东欧各国）和阿拉伯国家的反间谍工作。

在安全方面，以色列情报机构的主要任务是对国内极端民族组织和宗教组织的控制，其中包括对阿拉伯人的监控。进入 80 年代以后，阿以关系有所缓和，但犹太极端组织的活动激增。为此，“辛贝特”加大了在遏止犹太极端组织方面的投入，并曾成功制止了犹太极端组织针对贝京的袭击计划。但由于“辛贝特”始终将巴勒斯坦人视为最大威胁，而忽视对本民族极端势力的监控，最终导致了以色列情报机构在安全方面出现过重大失误：1995 年，以色列总理拉宾正在积极谋求与巴勒斯坦人的和解，中东持续近半个世纪的动荡似乎即将结束，但是由于“辛贝特”将主要精力都用在防范巴勒斯坦人身上，并未过多地关注犹太人中的极端组织和势力，也未采取必要的监控措施，结果总理拉宾在出席大型纪念会时被刺身亡[②]。也就是说，拉宾没死在一直仇恨他的外敌手上，却被“自己人”暗杀。

在维持被占领土的安全方面，“辛贝特”作了不少努力，并在安全局内部成立了专门的负责巴勒斯坦地区社会事务的机构，研究和分析局势。此外，早期“辛贝特”针对巴解组织的工作相对较有成效。它曾经摧毁了大部分巴解基层组织，杀死了 200 余名巴解人员，逮捕了 1000 多人。

---

① 拱振喜：“巴勒斯坦人口迅速增长成以色列致命弱点”，载《环球》2006 年 4 月 11 日。

② 1995 年 11 月 4 日星期六，正值犹太教的安息日，也是以色列的法定假日，以色列总理拉宾应邀出席在特拉维夫“国王广场”举行的支持和平进程盛大集会。当晚 7 时 50 分，拉宾演讲完毕准备乘车离开广场时，人群中突然窜出一个犹太青年，掏出手枪几乎贴着拉宾的身体从背后向他连开数枪。枪声响过，年过七旬的拉宾前扑倒在地上。拉宾被紧急送入医院抢救，但由于伤势过重，仅过了 19 分钟，心脏就停止了跳动。拉宾是以色列建国后被谋害的首位政治领袖。

但由于巴解组织在斗争中逐渐成长起来，它的抵抗政策得到了越来越多的巴勒斯坦人的支持，“辛贝特”逐步失去了情报来源，对被占领土局势的控制逐步在削弱。甚至1987年巴解组织号召整个被占领土发动起义时，“辛贝特”竟然没有察觉，没有采取任何预防措施。

2000年后，随着巴以局势恶化，双方的报复性袭击不断加剧，在广泛的民族仇恨面前，“辛贝特”在安全工作上显得束手无策。尽管这种安全局势的恶化是政策变化导致的结果，情报机构无可奈何，但客观上也对“辛贝特”今后的工作提出了新的要求。在维和以色列国内安全与稳定方面，挑战是严峻的。

小 结

以色列民族复兴经历了漫长的路程，但一路上都有犹太情报组织或机构的影子，他们怀揣着复国梦想，积极工作，不仅帮助催生了以色列国的诞生，还在捍卫国家生存的残酷军事斗争中发挥了不可替代的作用，特别是帮助以色列军民赢得了五次中东战争的胜利，并在反恐斗争中发挥了积极作用。此外，在基本站稳脚跟后，以色列情报机构开始为国家发展呕心沥血。无论是建立军事优势，还是打开外交局面、维护社会稳定、巩固人口数量和促进中东和平进程等方面均做出过积极贡献。可以说，以色列的情报工作已经超越了一般国家情报工作的范围，真正发挥了情报“战斗力”，情报组织也成了“突击队”。究其根源，强烈的民族危机感和爱国精神，是以色列情报机构得以发展并成绩斐然的重要原因。

第二十六章　犹太民族复兴对以色列情报机构的影响

在世界各国情报机构中，以色列情报机构可谓是独树一帜。以色列情报机构是犹太民族复兴运动发展的产物，是伴随着“犹太复国主义”运动的发展以及在以色列国家建立过程中逐渐形成的，其历史要长于以色列国家的历史。自从欧洲犹太复国主义运动于 19 世纪末兴起之后，离散千年的犹太人为了建立独立家园和实现民族复兴，从世界各地移民到巴勒斯坦地区，并组建了秘密军事组织，与当地的阿拉伯人展开了武装斗争。在这种关系犹太民族生存的严峻形势下，为了配合地下武装斗争，一些秘密地下情报组织应运而生。这些情报组织成为当代以色列情报机构的鼻祖。由此可见，犹太民族复兴运动孕育了以色列情报机构，并推动了以色列情报机构的快速发展，使其逐步成为扬名于世的著名情报机构。

第一节　犹太民族复兴运动是以色列情报系统产生的动力源泉

纵观以色列情报机构的发展史可以看出，它是伴随着犹太民族复兴运动的发展和以色列国的成立而形成的，是犹太民族复兴运动的产物，换句话说，没有犹太民族复兴运动也就没有当代的以色列情报机构。因此，以色列情报机构离不开犹太民族复兴运动，否则就失去了生存与发展的动力源泉。也就是说，犹太民族复兴运动是以色列情报机构赖以生存的基础，并为其发展提供了取之不尽的原动力。

一、犹太民族复兴运动需要情报组织的支撑

欧洲的犹太复国主义运动于19世纪末兴起，主张犹太人回到故土巴勒斯坦建立家园。在犹太复国主义的影响下，犹太人开始了从欧洲向巴勒斯坦回归的浪潮。然而，巴勒斯坦地区并非是一块“无主之地”，犹太人重归故里，势必侵犯到当地阿拉伯人的利益。随着越来越多的犹太人移居巴勒斯坦，阿拉伯人和犹太人之间的民族矛盾不断加深且越演越烈，最终演化成血腥的暴力冲突。

为建立一个独立的犹太人国家以实现犹太民族复兴，犹太人展开了地下武装斗争。被誉为“摩西门徒”的犹太人深知情报工作在武装斗争中的重要作用，因此，犹太地下情报组织应运而生。“尼里”、“沙伊”、“阿利亚－B”、“莱克什”、“帕尔马赫”等就是在这样的大背景下诞生的。其中，1935年成立的“沙伊”是犹太地下军事组织“哈加纳”下属的情报组织。建国前，“沙伊”与其它犹太地下情报机构一道，在以色列建国以及犹太民族生死存亡的斗争中发挥了重要作用。

二、犹太民族复兴运动需要精准的情报了解对手

尽管以色列取得了建国后即爆发的第一次中东战争的胜利，但这个刚成立的犹太国家意识到自己时刻处于阿拉伯国家的包围之中，战争的危险依然存在，因此必须要找出能确保其国家和民族安全的办法。为了能与人口百倍于己的阿拉伯世界相抗衡，在夹缝中求生存，以色列深知要建立强大的军事实力来捍卫国家安全，还必须建立一个极为出色的情报机构，这样才能在“知彼”上做足文章，即在敌人动手之前便能知晓一切，掌握出奇制胜的先机。

因此，出于犹太民族生存的迫切需要，1948年6月30日，以色列在建国仅一个半月后，就以前“沙伊”情报人员为核心，正式组建了由军事情报部（亦称军事情报局）、外交部政治司、国家安全总局和“阿利亚－B”四个情报机构组成的国家情报系统。

由此可见，以色列情报机构是在犹太民族复兴运动的催生下，伴随着

犹太复国主义运动的发展和以色列国的成立而形成的，是犹太民族复兴运动的产物。因此，毫无疑问，完全可以说：没有犹太民族复兴运动，也就不会有今天的以色列情报体统，即：是犹太民族复兴运动催生的以色列情报系统，犹太民族复兴运动是以色列情报系统产生的动力源泉。

第二节 犹太民族复兴规定了以色列情报机构的任务

以色列情报机构是为以色列国家和民族利益服务的，其核心内容就是维护国家和民族的生存与发展。因此，以色列情报机构的工作任务是根据国家和民族安全的需要而确定的，其根本目的就是实现犹太民族的复兴。在犹太民族复兴的不同历史阶段，以色列情报机构被赋予了不同的工作任务。

一、建国前和建国后的情报任务以建国和生存为目标

在以色列建国前，“沙伊”是隶属于“哈加纳”的地下情报组织。当时，“沙伊”的根本任务是为争取建立一个独立的犹太国家提供情报服务，具体任务包括；1. 渗透到英国托管当局机构中去，为犹太复国主义领导人提供有关英国的动向等情报，并提出行动建议；2. 搜集能为犹太复国主义宣传所使用的政治情报；3. 渗透到巴勒斯坦和周围阿拉伯国家的犹太社团中所有极端组织（包括左翼和右翼组织）；4. 为哈加纳偷运武器和非法移民行动提供安全保证。在第二次世界大战期间，“沙伊”还曾为确保犹太地下组织和遍及欧洲的犹太人逃亡信道的安全，搜集过纳粹德国的情报[①]。

建国后，以色列根据国家和民族生存与发展的需要，正式建立了以色列情报系统，“摩萨德”成立之后就成为情报系统的“龙头老大”，负责

---

① 曹宏编著：《摩西的门徒——以色列情报机构揭秘》，国防大学出版社，1998 年版，第 7 页。

以色列所有情报机构的情报活动及特工活动。作为以色列情报机构的核心，摩萨德担负着搜集国外情报、执行特别行动和反恐怖活动的职责。其具体任务是：1. 搜集阿拉伯国家的军事情报；2. 为自身利益而搜集美国等盟国的情报；3. 搜集发达国家科技情报；4. 监视世界反犹太复国主义的活动；5. 搜集其他利益地区的情报；6. 执行以牙还牙的反恐怖主义活动，主要目标是中东和非洲地区；7. 在阿拉伯国家之间、西方与阿拉伯国家之间制造混乱和矛盾[①]。

二、冷战后和反恐时代的情报工作以促进发展和维护稳定为目标

随着冷战的结束及中东和平进程的发展，以色列情报安全机构面临新的挑战。挑战主要来自两个方面：一是与中东和平进程背道而驰的恐怖主义活动十分猖獗，而从事恐怖活动的不仅有伊斯兰极端势力，还包括犹太极右分子，他们对以色列平民、军人和设施发动了一系列恐怖袭击。二是来自情报战线的挑战。冷战后，俄罗斯、伊朗和周边阿拉伯国家加强了对以色列的情报间谍活动，特别关注以色列的军事实力、军事基地、机场分布以及经济科技成就等方面的情报。根据安全角势的变化，以色列情报机构重新调整其工作方针，决定在新形式下扮演新的角色，力争让以色列情报系统焕发出新的活力，重振昔日的辉煌。因此，在1994年春天召开的一年一度的以色列国家安全与情报工作会议上，“摩萨德”确定了四项新的工作重点：1. 打击国际恐怖主义；2. 打击包括黎巴嫩真主党在内的伊朗式的伊斯兰原教旨主义组织和势力；3. 在阿拉伯世界开展间谍活动；4. 承担一些“特殊任务”，打击那些对以色列构成威胁的目标[②]。

而“9·11”事件后，针对国际恐怖主义的变化和自身面对的恐怖威胁新形势，“摩萨德”再次调整工作任务重心，将自己打造成为一支集情报与作战为一体的特种作战部队，而将其他各类情报的搜集和研判工作交

① 曹宏编著：《摩西的门徒——以色列情报机构揭秘》，国防大学出版社，1998年版，第21页。

② 卫安、达新主编：《情报与安全概览（1994）》，时事出版社，1995年版，第47页。

由另外的情报机构进行，此举基本实现了“发现即摧毁”的高效反恐模式，最大限度地维护了以色列的国家安全。

由此可见，以色列情报机构的工作任务和重心是随着形势变化而变化的，这是犹太民族复兴的总要求所决定的。这既符合情报工作的一般规律，也具有鲜明的以色列特色。

第三节　犹太民族复兴推动了大规模情报机构的发展

历经磨难的犹太民族经过近两千年国破家亡的飘泊流离，艰难地建立起自己的独立家园，因此，他们对维护民族生存与发展有着极其强烈的迫切愿望。这种为实现犹太民族复兴而奋斗的强烈愿望，给以色列情报机构提供了源源不断的动力，推动其不断向前发展。同时，以色列的情报体统改革也是基于一些情报失误所导致的后果而引发的。从建国到现在，以色列情报机构的发展大体可以分为六个主要阶段。①

一、以色列情报机构的初创期（1948—1962）

初出茅庐的以色列情报系统与整个以色列社会一样，开拓精神占据了主导地位，尚未形成规范系统的情报体制。由于国家刚刚成立，且是一个从无到有的全新国家，因此，不像一些国家那样早已拥有建立已久情报系

① Dan Raviv and Yoss Melman：*Every Spy a Prince-The Complete History of Israel's Intelligence*, 1990 Houghton Mifflin Company，Page 7－11. According to Dan Raviv and Yoss Melman，the history of Israeli intelligence community can be broken into four major periods：1. From 1948 to 1962，as in the rest of Israeli Society，the pioneer spirit was dominant and the human factor was by far the most important in the fledging intelligence community. 2. There was a period of transition from 1963 to 1967 in which Meir Amit dominated the secret services as director of Aman military intelligence and later of the Mossad. 3. The third period，from 1967 to 1977，began with the Six-Day War and Huge changes caused by the lighting victory in many aspects of Israeli Society. 4. The fourth period of development began in 1977 with the election of Menachen Begin，the first non-labor party prime minister of Israel. 本文中以色列情报机构的历史阶段划分的前五个，主要援引 Dan Raviv 和 Yoss Melman 书中的观点。

统和情报工作经验及情报传统。也正因为如此，建立政权后的以色列情报机构暴露出很多问题，主要表现在以下几方面：一是各情报机构的职能相互重叠，缺乏一个有力的协调机构；二是情报人员权力过大，滥用职权现象严重；三是情报机构为了争夺情报主导权而形成了恶性竞争，正常工作受到了严重影响等等。很显然，建国初期的以色列情报机构无法满足国家生存和民族复兴的需要，于是以色列总理本—古里安才授权罗文·希洛对情报系统进行改组。

通过对美国情报系统的实地考察，希洛建议模仿美国模式组建一个独立的中央情报机构，负责整个国家的对外情报工作。这个建议被以色列政府采纳，于是就有了以色列中央情报与特殊使命局——“摩萨德”。经过此次改组，以色列情报系统形成了由“摩萨德”、“阿穆恩”、“辛贝特”、“阿利亚－B”和外交部调研司组成的集中协调、层次分明、机构完备、内外兼顾的结构。此后，在“摩萨德”的协调下，尤其是艾泽·哈雷尔出任摩萨德局长后，以色列建国初期情报界的不尽合理甚至混乱状态得到根本改观，整个情报工作逐步进入正轨，工作效率大大提高，一个又一个令人惊叹的奇迹被创造出来。

二、以色列情报机构的发展期（1963—1967）

在这个阶段，梅厄·阿米特首先作为军事情报部“阿穆恩”的部长、后作为“摩萨德“的局长控制着以色列的情报系统，并对建国初期的传统情报管理方式进行了大胆的改革。阿米特希望能够像美国大型企业一样管理以色列的情报系统。因此，他在很大程度上采取了美国式的情报管理方法，把计算机及其它先进技术引进了情报系统，极力发挥人和技术手段的综合运用，开始逐渐脱离所谓“人工情报”的原始方法。但是，人的因素并没有因此而被忽视和弱化，阿米特强调说：“谍报是一种智力斗争，技术的运用及其它方面的改进只对人的思维劳动起辅助作用。以色列使用的是人与机器的组合体，而在这种组合体中，人是决定性的因素，情报界的情形更是如此。”[1] 因此，人力情报工作依然是以色列情报工作的

---

① 兰博著：《摩萨德的秘史》，海南出版社，2002 年版，第 6—7 页。

重点，但计算机管理和情报辅助分析也被广泛地运用到情报分析研判之中。同时，技术手段也得到较大发展。

三、以色列情报机构的调整期（1967—1977）

1967 年，由于奇迹般地取得“六日战争”[①] 的胜利，欣喜若狂的以色列人认为阿拉伯人已无力再发动一场全面战争，以色列和犹太民族是战无不胜的，可以随时突破敌人防线，直捣埃及首都开罗和叙利亚首都大马士革。这种“观念”几乎为以色列政府和军队各界所接受，其中包括在历次战争立下战功而被胜利冲昏头脑的以色列情报机构。然而，埃及和叙利亚军队在 1973 年“赎罪日”发起的突然袭击，彻底粉碎了以色列情报机构“战无不胜”的神话，特别是“阿穆恩”在战争情报方面首次出现了重大失误。在获得相关重要“战争即将爆发”情报和战争症候十分明显的情况下，作出错误的判断，没能预测到第四次中东战争——“赎罪日战争”[②] 的爆发并提前发出应有的预警警报，“阿穆恩”故难辞其咎。“赎罪日战争”暴露出以色列情报体制和情报分析方面的缺陷，成为各界批评的焦点。1973 年 11 月，以色列总理果尔达·梅厄夫人委托以色列最高法院的首席法官西蒙·阿格拉纳特组成一个调查委员会，对战争初期失利的原因进行调查。最终，以色列情报机构承担了主要责任，总参谋长埃拉扎尔引咎辞职，“阿穆恩”负责人泽拉及其副手也都受到了撤职处分。

阿格拉纳特委员会也从情报体制上调查了此次失误的原因。委员会认为，问题的关键并不仅仅局限于某个人的影响，而在于情报机构的结构缺

---

① 1967 年 6 月，以色列向其邻国发动了大规模的突袭，重创了阿拉伯国家的军事实力。在短短的一个星期内，以军控制了耶路撒冷和约旦河西岸，戈兰高地，以及加沙地带和西奈半岛。这场持续了 6 天的战争被称为六日战争（又称第三次中东战争），西奈半岛是以色列最大的战利品。

② 第四次中东战争，又称“十月战争”，阿拉伯国家称“斋月战争”，以色列称“赎罪日战争”或“十八天战争”。这场战争是埃及、叙利亚等阿拉伯国家为收复被以色列侵占的西奈半岛和戈兰高地以及摆脱美、苏造成的“不战不和”被动局面而进行的一场现代化的大规模局部战争。Yom Kippur 是犹太人的赎罪日。这一天，以色列全国，包括军队在内都会休息一天，颂经祷告。但 1973 年的赎罪日，埃及和叙利亚军队却对以色列发动了突然袭击，以军措手不及，损失惨重。但以军随后利用其空中优势进行反击，迅速夺回了所失领土，最后甚至直逼埃及首都开罗。

陷上。主要反映在“摩萨德”和”阿穆恩”之间缺乏相互制约和监督的机制，情报分析往往受到某一种思想的左右，无法在相互监督的机制下形成合理的判断。以色列现行的情报体制已不适应当前国家与周边安全环境的要求，滞后于犹太民族生存与发展的需要。

根据阿格拉纳特委员会的建议，以色列情报机构进行了大刀阔斧的调整，主要是加强情报研判和战略预警，并开始了情报印证和国家情报评估工作。外交部成立了研究与政治计划司，取代研究司，并开始对“摩萨德”和“阿穆恩”提供的原始情报进行评估；扩大“摩萨德”的研究处，使它和“阿穆恩”的研究分析部门形成情报的相互对比印证，并每年为总理提供“国家情报评估”报告；此外，总理办公室设立情报特别顾问，保证政府能够充分地研究各情报机构，而不是像“赎罪日战争”前仅仅依靠某一家的片面之辞。[①] 这次改革也是1951年“摩萨德”成立之后以色列情报机构最重要的调整。

四、以色列情报机构的冒险期（1977—1991）

梅纳赫姆·贝京当选为以色列第一位非工党总理之后，以色列工党中的政客们都把贝京领导的“利库德集团”看作是一个“会把阿拉伯人吞掉”的恶魔，一个会挑起以色列与其邻邦之间可怕冲突的战争贩子。但事实却恰恰相反，贝京成为一位伟大的和平使者，通过以色列情报机构的秘密外交活动，实现了以色列和埃及两国的和解，为中东和平带来了曙光。

由于贝京对情报界的秘密行动有着强烈欲望，他鼓励情报机构采取有助于宣扬以色列形象的历史性行动，以恢复以色列情报机构的活力。可是，这种状况到了20世纪80年代却走向了极端。如1981年，贝京再次当选总理之后，命令以色列情报机构加强与黎巴嫩最大的基督教民兵组织——长枪党的联系，以对付令以色列政府恼火的巴勒斯坦解放组织。为

---

① ［美］斯图尔特·史蒂文著，浦洱译：《以色列间谍大师》，群众出版社，1986年版，第430页。

此，以色列最好战的国防部长沙龙与情报机构就策划了“加利利和平行动”[①]，试图与长枪党联手把聚集在黎巴嫩境内的巴解组织一举歼灭，谋求在黎巴嫩境内建立一个亲以政权，并挤走叙利亚在黎巴嫩的驻军，但这次行动却以失败而告终，使以色列情报机构威名扫地。

五、以色列情报机构的冷落期（1991—2002）

自1991年10月在马德里正式启动阿以和平进程后，以色列情报机构开始进入被冷落期。随着冷战的结束和中东和平进程的发展，以色列各情报机构面临着新的机遇与挑战，新的调整在所难免。例如，对于无所不能的“摩萨德”来说，它几乎失去了用武之地，因为其主要的传统“猎物”——巴解组织以及敌对的许多阿拉伯国家，与以色列政府的关系得到了极大的改善。尤其是在最终达成以巴自治协议的奥斯陆谈判中，以色列总理拉宾、外交部长佩雷斯竟将“摩萨德”撇在一边，使这个传统的“知情机构”倍感失落。

六、以色列情报机构的脱胎换骨期（2003— ）

2001年发生的“9·11”事件，导致了美国国家安全战略的彻底改变，反恐成为美国的第一要务。国际恐怖主义形势的变化和以色列面临的安全形势不同于以前。过去，以色列面临的最大威胁是周边阿拉伯国家可能对以进行的战争，因此，“摩萨德”最主要的任务是搜集情报，由国防军根据情报采取具体行动。20世纪80年代以来，阿以之间的矛盾逐步得到缓解，埃及、约旦先后与以色列媾和，一向反以的萨达姆政权和卡扎菲政权，一个倒台一个立场软化，阿以之间爆发战争的可能降到历史最低，以色列面临的最大威胁是“恐怖组织”。这对于原本就生活在恐怖袭击频发漩涡中的以色列而言，同样面临新的安全态势。加之，以色列认为，

---

① “加利利和平行动”又称“黎巴嫩战争”或第五次中东战争。1982年6月6日，以色列借口其驻英国大使被巴勒斯坦游击队刺杀，而出动陆海空军10万多人，对黎巴嫩境内的巴勒斯坦解放组织游击队和叙利亚驻军发动了大规模的进攻，其目的是为了消灭巴勒斯坦解放组织，谋求在黎巴嫩境内建立一个亲以政权，并挤走叙利亚在黎巴嫩的驻军。

“恐怖组织”行动千变万化，“基地”等恐怖组织正计划使用核生化武器对以色列发动突然袭击。按照以前的分工，“摩萨德”只管搜集情报，再由国防军特种部队去执行，耽误时间太长，很难完成任务。如果“摩萨德”本身成为一支有充分准备的特种部队，可以随时突降到国外，直接消灭敌方或者摧毁敌方的大规模杀伤性武器，这就需要一支集情报与作战为一体的快速打击力量。此外，“摩萨德”还出现了很多重大“情报事故”①，这在“摩萨德”历史上是空前的。这主要是由“摩萨德”内部权力斗争激烈、新老特工互不买账、内耗严重引起的。只有进行一次彻底的改革才能改变“摩萨德”目前的状况。为此，以色列情报机构根据国家和民族的生存与发展要求，开始了新一轮前所未有的可谓脱胎换骨的情报改革与调整。

之所以说此次改革可谓“脱胎换骨”，是因为其中一个令很多情报专家都感到震惊的举措是，作为一个间谍遍布全球的情报机构，“摩萨德”将放弃绝大部分间谍职能，而改组成为一支全球化的特种作战部队。此次改革，对以色列的三大情报机构“摩萨德”、“辛贝特”和“阿穆恩”进行了重新分工。其中，“辛贝特”主要负责以境内的安全情况调查和反间谍工作；“摩萨德”将大部分情报搜集工作转给“阿穆恩”，“阿穆恩”将由原来单纯搜集军事情报转为在全球范围内搜集各种情报，职责范围明显扩大；“摩萨德”的主要任务是在世界范围内开展特别行动，包括消灭针对以色列和西方的恐怖组织、抓捕恐怖分子头目以及摧毁其拥有的大规模杀伤性武器等。

这项改革计划是由“摩萨德”局长梅尔·达甘②首先提出的，以总理

---

① 例如，1992年11月，在刺杀萨达姆的“荆棘”行动演习中，5名摩萨德特工身亡，行动被迫取消。1997年，“摩萨德”特工企图用毒针刺杀当时的哈马斯政治局主席马沙勒，结果却被约旦警察抓获，最后为换取这名特工，摩萨德不得不交出解药，并释放哈马斯精神领袖亚辛等人。1998年，摩萨德人员在瑞士准备一次特种行动时被瑞士警方发现，一名特工被判刑，导致当时“摩萨德”局长亚图姆被迫辞职。

② 梅尔·达甘（1945年—），以色列军事指挥官，2002年9月10日被任命为以色列情报机构“摩萨德”的局长。生于新西伯利亚，1950年移民以色列。他曾作为指挥官参加了“六日战争”和1982年黎巴嫩战争。1970年，达甘曾受命组建了隶属于以色列南部军区的一支特种部队，专门负责清除巴勒斯坦抵抗力量领导人，积累了丰富的特种行动经验。是时任以色列总理沙龙手下的得力干将。

沙龙对此积极支持。2002 年 9 月 10 日，沙龙正式任命达甘担任“摩萨德”新局长。达甘在就职演说时表示：“我将对“摩萨德”进行彻底改革，将其置于国际反恐战争舞台的中心位置。”2003 年 9 月，达甘向沙龙递交了“摩萨德”改革计划。从此，这个闻名世界的间谍机构悄然展开了一场脱胎换骨的大改革。

改革后的“摩萨德”将主要矛头对准了“基地”和伊朗。根据达甘制定的改革计划，“摩萨德”在国外的大部分情报机构已被关闭，情报网及其担负的情报职能由“阿穆恩”接手。“摩萨德”的所有人员根据新计划进行业务和人事上的调整。调整后，“摩萨德”将按区域和任务组成不同的战斗分队，并开始进行相应的训练。有消息称，改革后的“摩萨德”已经把“基地”组织和伊朗拥有的核设施当作威胁以色列的头号目标和假想敌，不排除将来会在合适的时机采取行动。对于此次脱胎换骨式的改革，持不同意见甚至表示反对的很多老“摩萨德”特工认为，改革将让“摩萨德”离开了赖以成名的间谍工作，会给以色列安全带来冲击。[①] 但是，从目前以色列的安全状况和在维护国家安全方面的状况看，这轮改革应该说总体上是十分成功的。同时可以相信，以色列也将根据安全局势的变化，以及改革后情报机构运行的效果，对改革进行新的微调或大的调整。

第四节 犹太民族复兴培养了出色的情报人员

以色列情报机构之所以能够创造如此辉煌的成就，离不开其麾下杰出的情报人员。虽然以色列技术情报手段在中东地区占有绝对优势，但以色列情报机构大部分重要的情报更多来源于人力情报，也正是出色的情报人员队伍才使得以色列情报机构名扬四海。而优秀的情报人员与犹太民族特性有着密切的关系，可以说是在犹太民族复兴的斗争中产生的，犹太民族

---

① 有关以色列第六次情报改革，参阅万铤：“摩萨德改组成特种部队”，载《环球时报》2004 年 03 月 26 日第 4 版。

对生存和发展的渴望使得以色列情报人员更迫切地愿为国家和民族的利益服务，这种热情是其它任何技术手段都无法替代的。① 也就是说，是优秀的情报人员成就了以色列情报工作，而其深厚的根源则来自犹太民族的复兴。

一、犹太民族复兴造就了情报人员的民族意识和爱国精神

犹太民族是一个多灾多难的民族，历史上数次经历大迁徙、大流散，犹太人惨遭奴役、驱逐和杀戮，尤其是第二次世界大战期间，有600万犹太人被德国纳粹屠杀。但这些惨痛的历史遭遇没有使犹太人灭绝，也没有使之屈服，相反却锤炼了犹太民族高度的民族意识和爱国主义精神，甘愿为国家和民族的兴亡抛头颅、洒热血。这种强烈的民族意识和爱国主义精神深深影响着一代又一代以色列的情报人员，激励他们无私地为国效力，竭尽全力维护国家和民族安危。像以色列的超级间谍伊利·科恩、沃尔夫冈·洛茨、杰伊·波拉德等，都是超级犹太爱国主义信徒，他们响应祖国以色列的召唤，无私地为以色列情报机构服务。

以波拉德为例，他虽然生活在美国，但强烈的爱国主义思想使他认定只有以色列才是他的祖国，他活着就是为以色列尽一份绵力。抱着这种强烈的爱国热情，他主动加入以色列情报机构成为一名间谍，向以色列提供了许多极具价值的情报，如他提供的照片和分析材料，使以色列具备了检测各种海军舰只在地中海活动情况的能力；他帮助以色列人掌握苏联向叙利亚和其它盟国提供武器的详细情况等等。不难想象，美国由于波拉德窃取的情报所造成的巨大损失。而在以色列情报系统中，像波拉德这样的超级爱国者数不胜数。

由此可见，是犹太民族复兴的大业唤起了以色列情报人员的民族认同感，造就了他们对自己重建国家和维护国家生存与发展的爱国主义精神，并在这种认同感和精神的鼓舞激励下，愿意为国家和民族无私奋斗。

---

① ［美］丹·拉维夫、［以］约西·梅尔曼著，张海涛、魏红伟、郭友、魏民翻译：《每个间谍都是王子——以色列情报全史》，中国社会科学出版社，1992年版，第15页

二、犹太民族复兴培养了情报人员的聪明才智和创新能力

犹太人被公认为是世界上最聪明的人种之一，该民族已经被公认为全球智商最高的民族之一。众所周知，爱因斯坦、马克思、斯宾诺莎、弗洛伊德等都是纯正的犹太人，而下面的数字更能证明犹太人的智能：以色列人口不到世界总人口的 0.5%，但在自然科学领域的诺贝尔奖获得者中，犹太人却占了 20%，国际象棋冠军中犹太人过半，犹太人的智商（IQ）比一般平均值 100 高出 12—15。从个人，到家庭，再到社会，犹太人都认为他们是世界上最聪明、文明程度最高的民族。[①]

从某种意义上来讲，犹太人的聪明才智与他们的生存环境有很大的关系。由于犹太民族在以色列国成立之前是一个没有国家的民族，他们必须依靠自己的聪明才智才能生存下去，否则就会被同化或彻底消亡。犹太民族复兴运动的发展，更是激发了犹太人的潜能，不仅磨练了他们的坚强意志，还使他们在生死存亡的斗争中变得越来越聪明，成为世界上出类拔萃的聪明人种之一。

作为犹太人，以色列情报人员也继承了犹太民族的聪明才智，并充分体现在情报工作之中。长期以来，以色列情报机构一直都强调人的重要性。如前所述，前“摩萨德”局长阿米特认为，情报工作“是一种智力斗争，技术运用及其它方面的改进，只对人的思维劳动起辅助作用”，以色列使用的是“人与机器的组合体。在这种组合体中，人是决定因素，情报系统更是如此。”[②]

事实上，以色列情报机构涌现出一大批杰出的情报人员，他们在犹太民族复兴过程中，奉行民族利益至上，工作中显现出犹太人所特有的智能，成为以色列情报工作的中坚力量。正是他们的出色表现才使以色列情报机构跃居为世界上最著名的情报机构之一，确保以色列在与阿拉伯国家的斗争中始终处于不败之地。同样，他们的出色工作能力和聪明才智也是在犹太民族复兴运动中不断激发出来的。

---

① 参见沈致远：“犹太人为什么聪明”，载《科学生活》2008 年第 11 期，第 28—29 页。

② 兰博著：《摩萨德的秘史》，海南出版社，2002 年 8 月版，第 37 页

三、犹太民族复兴磨练了情报人员的坚强意志和奉献品格

当今世界，恐怕没有哪个民族有过犹太民族那样曲折的经历，也没有一个民族能在历经千辛万苦的1800多年又重返祖先的故土，继承和发展祖先的业绩，重新创建了本民族的国度。奥地利著名心理学家弗洛伊德曾满怀深情地评价道：“在生活在地中海一带的所有古老民族中，大概只有犹太人是不仅在名义上，而且在实际上至今依然存在的惟一民族。这个民族以它那空前的抵抗力抵御着不幸的命运和虐待，从而形成了独特的民族性格。”①

在长期的战争环境下，犹太民族发扬了他们代代相传的义无返顾、万死不辞的精神，使每一个爱国的以色列人都具有百折不挠的坚强意志，这其中就包括以色列的情报人员。例如，素有“犹太第一谍”之称的伊利·科恩就是一名具有钢铁般意志的超级间谍。1957年“苏珊娜行动”失败后，埃及逮捕了“苏珊娜行动”小组的12名成员，其中包括科恩。但经过审讯之后，科恩终因证据不足被无罪释放，而他之所以能逃过大难，很重要的一条就是他拥有坚强的意志，能够忍受住埃及人的严刑拷打。

犹太人这种坚强意志体现在大多数以色列情报人员身上，成为以色列情报人员特殊的品质，使得他们在面对险阻时不退缩，面对生死时不畏惧，面对诱惑时不动心。用中国的老话说，就是“富贵不能淫，贫贱不能移，威武不能屈”。也正是有了这样坚强的意志，才使以色列情报人员能够忘我地工作，出生入死、无孔不入和无坚不摧地创造过诸多传奇。

小　结

以色列情报工作之所以取得世界公认的成就，与其特殊的民族背景和使命有关。作为失去家园1800多年的犹太民族，一直梦想着重建家园，

① 转引自曹宏编著：《摩西的门徒——以色列情报机构揭密》，国防大学出版社，1998年版，第4页

这种梦想最终促成了犹太民族复兴运动的诞生。在重新建立一个属于犹太民族自己国家的道路上，有着情报传统和天赋的犹太人逐步建立起情报组织和机构，并在武装斗争和外交博弈的诸多战场上日渐成熟。应该说，以色列情报机构和系统与犹太民族复兴血脉相连，犹太民族复兴成为以色列情报系统出现的动力，催生了以色列情报组织、机构、系统和体系，规定了其任务，并在高度的民族认同和爱国精神聚合下产生出强大的爆发力，推动了以色列情报机构的发展，也造就出一大批具有优秀品格和业务过硬的情报人才，使以色列情报系统这个庞大机器高速运转，拉动了维护国家生存与发展大业的顺利向前。

第二十七章　以色列情报工作的总结、启示与思考

以色列高度重视情报工作的重要性。作为一个地域狭小几乎没有战略纵深的国家，因与阿拉伯国家和地区根深蒂固的矛盾，以色列长期处于极端严峻的周边安全环境之中，随时都可能爆发战争，而情报机构能否及时发现战争威胁先兆，提供足够的预警时间并及时发出预警警报，是以色列国家生存的基础。因此，“以色列的国家战略中，在军备方面所做的五项努力的第一项就是建立一个有效的情报体系”[①]。长期以来，以色列十分重视情报系统的建设与发展，使其在维护国家安全方面发挥着举足轻重的作用，同时也为国家发展和强势作出了积极贡献。经过半个多世纪的苦心经营，以色列情报机构在国际情报界可谓独树一帜，形成了一套独具特色、切实可行的理念与方法，对于我国情报机构的建设与发展具有很高的借鉴价值。

第一节　完备高效的情报体系是维护国家安全的屏障

自建国以来，以色列政府高度重视情报体系的建设与发展，经过多年经营，逐步建立了一个能与任何国家相媲美的完备高效的情报体系和运行机制，为维护国家安全构建起一道无形的屏障。

---

① C. R. Bevan, How Can Israel Survive, *The British Survey*, September 1964.

一、强调集中统一，享有自决权力

以色列情报界是一个由各类情报机构构成的不同系统相互联系并高度统一，为维护其国家安全利益提供情报支撑亦或直接消除威胁的独具特色的情报体系。其中的一个最大特点就是总理和情报首脑对各情报系统有着绝对的控制权，采取了集中统一的管理模式。以色列之所以对其情报体系采取这种管理模式，一个重要原因就是以色列一直处于战争或战争边缘，危机频发、威胁不断，严峻的现实需要情报系统具有较大的自决权。

以色列总理是其整个情报体系的操控者和运转指南，因此，情报首脑与总理的关系往往决定着情报体系在国家政治生活中的地位和作用。在危险或危机的环境中，民众对政府和情报机构极为信赖，国家和民族的危机感使各情报系统受到政府、议会和民众的一致支持和拥护。以色列宪法规定“政府有权为了国家利益而依法履行任何没有以法律形式赋予任何机构的责任”①，这实际上赋予了各情报机构无限的权力，特别是，只要政府或是总理认为是合法的活动，情报机构就可以“合法”地进行。总理往往可以根据个人或是内阁的意愿来实现正常渠道无法达到的目的。例如，贝京作为早期伊尔贡组织的领导人，对于秘密活动耳熟能详，对于情报机构的作用及能力，他都极为信任。尽管早期因从事极右翼活动而受到了工党政府控制的情报系统的压迫，但是，当他开始执政时，很快就利用情报机构来完成政府无法从公开渠道实施的行动。例如，通过情报机构与埃及秘密接触，为实现埃以和解铺平了道路。

然而，情报机构拥有过多的特别权力必然导致滥用权力事件的发生。1987年的兰多委员会就揭露了“辛贝特”滥用权力的事实，表达了对情报机构权力过于集中和过于强大的担忧。可见，情报机构为发挥重要作用而拥有特权，同时又要防止其滥用权力事件的发生，但如何在两者之间构筑平衡，不仅是以色列情报界面临的问题，也是世界情报界的一个重要课题，因而值得我国情报界认真思考，特别是要对那些因滥用特权造成的不

① ［美］丹·拉维夫、［以］约希·梅尔曼著，张海涛、魏红伟、郭友、魏民翻译：《每个间谍都是王子——以色列情报全史》，中国社会科学出版社，1992年版，第457页。

良后果案例加以研究并引以为戒。

二、重视机构改革，提高工作效率

以色列情报系统历来十分重视机构改革，借此来提高工作效率和情报质量，以期在维护国家安全中发挥重要作用。

自建国以来，以色列根据国内外形势的发展，对情报体系进行过多次大刀阔斧的改革，通过系统调整、机构重组、职能再置和方式转换等措施，逐步建立了一个高效完备的情报体系。例如，"赎罪日战争"遭受重创之后，根据阿格拉纳特委员会的建议，以色列对情报体系进行了一次大手术，采取了成立外交部研究与政治计划中心、扩大"摩萨德"研究处的规模与职能、在总理办公室设立情报特别顾问等一系列举措，对"赎罪日战争"前情报机构的传统做法进行了彻底的改革，而这次改革也是1951年"摩萨德"成立之后以色列情报机构最重要的调整。

冷战之后，随着国际形势的缓和，以色列与阿拉伯国家关系有所改善，但国家安全的压力并未完全减轻，新的传统和非传统安全依然困扰着以色列，需要情报体系的大力支撑。然而以往曾创造过"情报神话"的"摩萨德"和其他情报机构却频频出现情报失误，众多因素迫使以色列再次对其情报体系进行改革，希望其在新世纪里发挥出更大的作用。为此，以色列情报界开展了以恢复"优良传统"为核心的改革。

1998年3月出任"摩萨德"局长的哈勒维制定了一项改革方案，其核心内容包括：放弃享受舒适生活、追求高报酬和盲目攀比的美国中央情报局的思路，再次行动起来到世界各地搜集情报；要求情报人员竭尽全力，以各自的才能和智能出色完成国家赋予"摩萨德"的核心任务——渗透到阿拉伯世界，特别是伊朗、伊拉克和巴基斯坦。[①]通过这些改革措施，以色列情报机构不断蓬勃向前发展，保持了应有的生命力和创造力，更好地为国家和民族安全服务。

2003年9月由"摩萨德"新任局长梅尔·达甘提出改革方案，更是

---

① "情报与国家安全课题组"编著：《情报与国家安全——进入21世纪的各国情报机构》，时事出版社，2002年版，第75页。

打破了情报界一贯的传统，创造性地将“摩萨德”改造成为一个集情报与作战为一体的特种作战部队，实现了情报与战争的高效统一，对更加有效地打击恐怖主义和维护以色列国家安全发挥了重要作用。这种发现即打击的做法，不仅更加体现了情报是维护安全第一道屏障的功能和作用，还真正实现了情报是战斗力的理论假说。

三、加强人员管理，防止安全漏洞

与其他行业相比，情报机构的人员构成更具有多样性，高智商人才覆盖各领域。由于工作具有较强的隐蔽性，因而人员布局呈现分散性和流动性的特点，情报人员的管理也因此面临严峻的挑战。长期以来，以色列十分重视情报人员的管理工作，能够根据情报队伍的实际状况，制定灵活、科学的人事管理制度，激发各种情报人员的工作热情和潜能，积极有效地推动了整个情报工作的发展。

在某种意义上说，情报队伍是一支纪律部队，必须采取严格的管理措施，以防出现任何危害国家安全的事故。在安全防范方面，以色列情报机构针对人自身的特殊性，采取了一些有效的措施，主要有：1. 把每名情报人员都纳入安全防范机制，从进入情报机构工作开始，直到退休甚至去世；2. 安全防范不仅针对情报机构工作人员本人，还涵盖与其有关系的其他人。特别是情报人员的家人和朋友，甚至恋人与同居者也列入审查范围；3. 完全防范机制根据不同岗位涉密程度不同，提出不同的相应要求。除基本安全防范制度外，涉密级别越高，安全防范程度也就越大。当然，重点还是放在加强对现有情报人员的安全防范上，主要依据出现和暴露的问题，寻找漏洞并加以改进。

但在强调严格管理的同时，以色列情报机构知人善用、用人不疑，同时还非常爱惜麾下的每一名情报人员，千方百计保护他们的安全以及解除他们的后顾之忧，充满了“人情味”，使这些人忠心耿耿地替以色列情报机构工作。如一旦有人被捕，以色列方面总是不惜代价进行营救。如前文提到过的，以色列间谍奇才洛茨在埃及被捕后，“摩萨德”用 9 名将军战俘把他换了回来。也正是因为以色列情报机构的这种做法感动了每一位情报人员，他们才会为国家和民族利益拼死效力。

四、强化人员培训，提高专业水平

以色列情报界十分重视情报人员的培训，并且建立了颇为完善的培训体系。在以色列，要想成为一名真正的情报人员，必须经过严格的业务培训，熟练掌握各种常用的情报和反情报手段。同时，根据个人的特点，也开展一些具有针对性的特殊训练。以色列情报人员培训主要包括以下内容：

第一，基础训练。这是对新招募情报人员的基本训练，主要包括密码、无线电、照相、武器、擒拿格斗、联络技术等，这与世界上绝大多数国家情报界的训练内容大同小异。此外，以色列情报人员还要学习掌握一些独特的情报搜集手段，如用在羽毛中装有电子发射装置的信鸽来进行空中侦察，操纵在机身中装有电视摄像机的航空模型飞机来搜索巴勒斯坦解放组织训练营地的情况等。这些基础训练是从事情报工作特别是秘密情报工作者必备的技能，也是一个情报人员的基本资质。

第二，外语训练。以色列情报界历来重视情报人员外语能力的培训，精通一门外语是最基本的语言能力要求，甚至还要求情报人员掌握多国语言，特别是阿拉伯语、俄语及其它一些小语种。除了在国内培训之外，以色列还派遣大批人员到国外进修。以色列情报界有一个极为有利的优势，即犹太人遍布世界各地，来自不同的语言和文化背景。比如说，从一些酷似纳粹军官类型的人中，找一名会说地道德语的间谍就十分容易。情报的主要功能是对外，外语是情报人员必备的技能。尽管以色列情报界不乏优秀外语人才，但是，如此重视情报人员的外语训练值得世界所有国家情报界学习。当然，近年来，由于形势变化，以色列在招募情报人员时，经常在条件上加上语言需要。例如，2013 年底，“辛贝特”（即国家安全局，一般负责监督巴勒斯坦和犹太极端分子的恐怖活动）在其网站上发布的一条招聘公告，条件是“能说流利的中文”。《以色列时报》报道称，该职位主要任务是收集在以色列务工的中国籍工人信息，要求应聘者能说流利中文，同时具备较好的英文水平。因为，中国每年向以色列输出数万名务工人员，从事建筑、服务等工作。“考虑到中国可能通过劳务输出向以色列派间谍”，辛贝特已将不断涌入以色列的中国务工人员看成潜在威胁，正更密切地进行监视。以色列《新消息报》称，以色列试图监控并收集来该国务工的中国籍工人的信息，确保他们不将敏感信息传递至北京。以色列安全问题专家推断称，随着中国逐步成为世界政治及军事强国，以及中国与伊朗的密切关系，以色列有必要追踪任何渗透至该国的中国间谍，因为他们很有可能获得高度机密的信息。[①]

第三，综合训练。除了基础和语言训练之外，以色列情报机构还对人员进行综合训练，力图提高情报人员的综合素质，其训练内容首先是一般知识，涵盖对世界形势、军事、经济及其它方面的综合研究；二是专门知识，其中包括情报搜集、反间谍与自保、准军事和心理战等隐蔽行动策略与技术的掌握等。情报人员应该既是专门家又是杂家。这样的训练对于提高情报的人员的综合素质至关重要，这种综合素质的训练对培养一名素质全面、业务精通的情报人员不仅十分必要，也是防止情报失误的基础准备。

第四，生存训练。这种训练的目的是让情报人员能更适应派往国家的生活环境，主要涉及一些日常生活的内容，比如，情报人员在驻在国如何穿着，与人们聊什么，付多少小费等等。派往不同国家的训练内容也不同，如派往阿拉伯国家的间谍必须集中学习并背诵“古兰经”，而那些派往德国的情报人员则要求背出每月联邦甲级足球队的比赛成绩，甚至教官还要考问德国国家足球队主力队员的姓名。这些生存训练之所以重要，是因为它涉及到情报人员的掩护身份，而一旦暴露，后果不堪设想。常言道：细节决定一切。情报工作来不得半点马虎，以色列这种细致入微的训练，值得学习。

经过这些训练，以色列情报人员的专业知识、语言能力、生存能力及获取情报的特殊手段和技巧都大幅提高，形成了一支职业化的情报人员队伍，推动了情报机构的发展，使其在维护国家安全中能够发挥重要作用，我们从中可以学到或领悟到很多。

---

① 有关以色列情报机构招聘会讲中文者部分，参见“以色列情报机构招募员工 欲防‘中国间谍’”，中国新闻网，http://www.chinanews.com/gj/2013/12-28/5674135.shtml。

第二节　强烈民族危机意识是情报机构发展的推动力

历经近两千年的颠沛流离，饱受苦难的犹太民族形成了极其浓厚的民族危机意识，而这也是以色列人最大的特点。从以色列情报机构的发展历程中可以看出，民族危机意识是以色列情报事业发展的推动力，使以色列情报机构一跃成为世界上最杰出的情报机构之一，在国家生存与发展的斗争中发挥了重要作用。

一、民族危机意识产生于民族存亡斗争

众所周知，自近2000年前被逐出巴勒斯坦流落到世界各地之日起，犹太人就不断受到反犹主义的迫害。尽管如此，犹太人始终坚持其生活方式和宗教（犹太教）信仰。19世纪中期，受资产阶级革命运动和民族主义浪潮的激励和影响，犹太人的民族意识逐渐恢复，散居世界各地的犹太人产生了重建犹太民族国家的强烈愿望，犹太复国主义应运而生。犹太人经过多年不懈努力，推动英国政府于1917年11月2日发表了《贝尔福宣言》，宣布赞成在巴勒斯坦建立一个犹太人的民族之家，并最终促成联合国于1947年11月29日通过了支持以色列建国的决议。然而，1948年以色列宣布建国却意味着与阿拉伯国家正式开战，旷日持久的中东战争由此展开。面对阿拉伯国家的包围，绝境求生的以色列人不敢有丝毫的怠慢和松懈，始终保持着强烈的民族危机意识，因为他们不想失去用鲜血和生命换来的犹太国家——以色列，若重失家园，将再次成为流散世界各地的亡国奴。在生死存亡的斗争中，犹太民族发扬了他们世代相传的义无反顾、万死不辞精神，而这种在战火中形成的民族危机意识正是以色列屡战屡胜的源动力。

居安思危。一个民族若无危机意识则必定短视；一个民族若无危机意识必然无为；一个民族若无危机意识必然胸无大志；一个民族若无危机意识必然不思进取；一个民族若无危机意识必然难以屹立于民族之林。

二、民族危机意识凸显了情报工作的重要性

建国之后，以色列人面临的最大问题就是生存。虽然犹太国家已经如愿以偿地成立，但民族危机意识强烈的以色列清醒地认识到，它在地缘政治上长期处于不利的环境之中，周边国家大部分都与以色列有过战争的历史，以阿之间的领土与其它资源争端会长期存在。特别是，以色列的国土沿海岸线呈狭长的条状，领土以平原和沙漠为主，没有战略纵深，加之人口资源相对匮乏，以色列根本经不起长期的消耗战。

因此，以色列意识到必须要有一个强有力的情报系统提供及时准确的情报保障，提早知晓对手的战略，提早预知危机的发生并进行预警。同时，必须提早知晓对手的战役战术方案，并制定应对措施，先发制人。也正是在这种民族危机意识的推动下，以色列政府一直高度重视情报工作，致力于建立一个完备高效的国家情报体系。以色列不仅做到了，而且做得比很多国家都好，这不能不归功于其强烈的危机意识。从以色列情报工作的业绩中我们可以发现民族危机意识与情报工作的辩证关系和相互需求，特别是民族危机意识对情报工作的依赖性和情报工作对化解民族危机的重要性。

三、民族危机意识推动了情报系统的发展

在民族危机意识的影响下，以色列政府十分注重情报体系建设，投入了大量的人力、财力和物力，为以色列各情报系统的蓬勃发展创造了得天独厚的有利条件。以色列情报系统的发展是一个从无到有、从弱到强的渐进过程，并最终建立起一个完备高效的体系。之所以能做到这点，以色列历届政府和领导人的危机意识功不可没。

危机意识不仅使以色列历届政府知晓情报工作的重要性，更加了解情报体系构建的重要性。因此，建国后不久，以色列就对落伍的情报系统进行改组，解散了建国前的情报组织“沙伊”，成立了由“摩萨德”、”阿穆恩”、”辛贝特”、外交部政治司等组成的国家不同领域的情报系统，初步建立了协调统一、各司其责的具有以色列特色的情报体

系。随着犹太复兴运动的不断发展，以色列根据形势的变化，依然在危机意识的统领下，不断对各情报系统提出新的要求和工作方针，甚至进行大刀阔斧的改革与调整，使整个国家情报体系适应不同时期的国家和军队的情报保障需要，充分发挥情报体系在维护民族存亡和快速发展中的作用。

以色列这种以民族危机意识谋划、设计、调整、改革情报系统的做法，的确值得一切民族国家去认真思考，并结合本国国情反思自己的情报体系构建之路。

四、民族危机意识培养了情报人员的敬业精神

民族危机意识也对以色列情报人员产生了重要影响，使他们始终以国家安危和民族存亡为己任，具有强烈的危机感和责任感，能够不遗余力地为以色列国家安全和情报事业做出贡献。事实上，就薪金而言，以色列情报人员也远远比不上欧美各主要情报机构，但他们的忠诚及献身精神却一点不比那些国家的情报人员差，甚至有过之而无不及。这种敬业精神转化的动力，常常使以色列情报人员在获取情报、分析情报和执行特别任务时发挥出非同寻常的能量，这也是以色列之所以能够经常取得情报战“奇迹”的一个重要原因。

由此可见，民族危机意识是以色列情报事业发展的推动力，使以色列情报机构始终充满生机与活力，成为世界上最杰出的情报机构之一。而当今世界并不太平，冷战思维依旧，丛林法则当道，许多国家都深陷各种传统安全和非传统安全的威胁之中。一些国家虽然高速发展，但同样面临着这样或那样的问题，但民族危机意识却有所淡漠，对于情报工作的重视和投入程度十分有限，与其所面临的战略安全环境十分不符，尚未深刻认识到缺少民族危机意识所导致的严重后果。而以色列在这方面做出的努力和成功案例，的确可以给我们很多的启迪。

第三节 人力情报为核心多种手段兼用拓展情报来源

为了及时获取事关国家和民族生存与发展的重要情报，以色列各情报系统均强调多种情报手段兼用原则，以确保情报来源的多样化。但是，坚持以人力情报为核心却几乎是一条永恒不变的原则中的原则。

在所有情报搜集手段中，以色列各情报系统偏爱人力情报，因此，其大部分重要情报也大都来源于人力情报工作，特别是谍报手段往往在国家生死存亡的关键时刻发挥出决定性的作用。尽管如此，在突出人力情报工作的同时，以色列情报机构也没有忽视其它情报搜集手段，特别是在科技高度发展的今天，逐渐重视将高科技手段运用于情报工作之中，这也使得以色列的技术情报实力在中东地区占有绝对优势。

一、发挥人力情报工作的核心作用

以色列对人力情报尤其是谍报工作非常重视，人力情报手段可以说是以色列各情报系统最重要和最偏爱的情报搜集手段。虽然科技的发展进步，使得技术手段在情报领域有了更为广阔的运用领域，但技术手段的局限性也是显而易见的，它不仅不能取代人力手段，而且只能是人力手段的重要补充与帮助。对以色列而言，维护国家安全的首要任务就是了解敌人的意图，以做到先发制敌。技术情报虽然能提供敌方的战略设施和兵力部署等情报，但在判断敌方意图方面，其作用显然没有人力情报的明显优势。因此，在可预见的将来，不管技术手段多么先进和发达，人力情报搜集和分析手段都具有不可替代性。

尽管以色列的人力情报工作与其他国家绝无本质区别，但却有自己的特色。

（一）谍报侦察

以色列十分重视谍报侦察，视之为以色列情报搜集最重要的手段，以色列的间谍也是最为知名的。“摩萨德”、“阿穆恩”和”辛贝特”都设有谍报部门。“阿穆恩”中负责谍报任务的主要是被称为“第10小组”的秘密部门①。根据分工，“阿穆恩”只负责在边境进行渗透性的小规模战区谍报侦察，在对方边境线内和向重要的军事基地派遣和经营谍员。“摩萨德”负责派驻外国的谍员和经营工作，这是由“摩萨德”的行动处及对外谍报部门“131部队”来完成的。在实际操作中，各情报机构都力图发展、壮大自己的谍报组织，指望通过谍报手段获取重要情报。

在谍报工作中，以色列最擅长的就是“打入”，即派遣谍报人员以各种掩护身份潜入对象国，建立社会关系，这也是以色列谍报工作的重点。以色列情报机构善于发掘具有各种性格和特长的人员去扮演不同掩护身份的外国人。例如超级间谍洛茨以德裔马商的身份为掩护，就是考虑了他本人的社会经历、埃及高层军官的喜好等诸多因素，既便于掩护，又便于开展活动。

以色列情报机构在“拉出”方面也颇有建树，即通过各种手段将对方人员征召麾下，为以色列服务。例如，1966年以色列巧设美人计，利用伊拉克优秀飞行员雷法迪的基督教情节、库尔德情节和“厌”苏情节，并辅以200万美元的经济诱惑，成功将其策反，并使其驾驶1架当时十分先进的米格-21战斗机叛逃以色列。此次叛逃，对以色列熟悉掌握米格-21的技术性能、战术特点和苏联训练下的伊拉克飞行员的战术动作具有十分重要意义，也使以色列在1967年的第三次战争中掌握制空权发挥了决定性作用。1968年至1969年近一年半时间内，以色列情报机构成功运用心理攻势和金钱诱惑，让瑞士左尔泽公司的工程师弗·恩克里希为以色列窃取了近12万份的幻影V式战斗机的图纸，使以色列成功地利用法国的技术研制发展了自己的“幼师”战斗机。20世纪90年代，拉卡姆利用美国海军情报人员波拉德的犹太人情结，获取大量绝密的美国卫星照片。这些只是冰山一角，待更多的事件解密后，人们必将会了解更多以色列谍员的“丰功伟绩”。

---

① “第10小组”亦称为“卡塔姆”（Katam）。

（二）武官侦察

作为传统的战略侦察手段，武官侦察是以色列情报机构的重要情报来源。以色列驻外武官处无一不担负着情报搜集任务，主要搜集与国家安全利益有关的战略情报，其具体任务包括：（1）搜集驻在国的政治、军事、经济情报，特别是对阿以关系、以色列的政治态度；（2）搜集中东国家的政治、军事动向情报；（3）搜集美国等盟国的情报；（4）搜集以发达国家为主的国防科技情报；（5）搜集其它利益地区的情报。其中，最重要的一项任务就是为以色列军队的发展搜集武器装备方面的国防科技情报。

以色列驻外武官主要通过公开合法的渠道搜集所需要的情报，其情报搜集方法与途径有：（1）对外交往和交友。这是各国武官获取情报的主要方法和途径，以色列驻外武官也不例外。他们通过频繁的外交和社交活动，特别是通过交朋友，其中包括驻在国军政官员、武官团成员、社会名流以及当地犹太人，来获取所需要的情报。他们根据国内的指示和需求，结合驻在国和外交使团的具体条件，充分运用外交官的合法身份，积极开展各种交际活动，想尽一切办法在公开合法的范围获取有价值的秘密情报；（2）研究公开资料。公开资料是指对驻在国公开发行的报纸、刊物、书籍、研究报告以及英特网、电视、广播报道等材料。其内容十分广泛，涉及驻在国国内以及国际的政治、经济、军事、文化、科技等等。以色列驻外武官一直把研究公开资料作为获取情报的重要来源之一；（3）直接观察。以色列驻外武官能够充分利用各种对外活动的机会，有目的、有计划地对驻在国的军事情况、军工生产、科技发展、社会动态和风土人情进行调查。直接观察是武官身处情报第一线所特有的侦察手段，也是武官搜集情报的一条重要途径。运用直接观察的方法，驻外武官不仅能获得直观、可靠的情报，还可以对所掌握的情况进行印证，以弥补其它情报搜集手段的不足；（4）情报交换。以色列驻外武官与一些国家达成协议，建立了情报交换关系，各自就所需要的情报进行必要的交流。此外，以色列武官还经常与驻在国军方、各国武官、军事研究人员和其它人士进行情况交流；（5）技术侦察手段。随着科学技术的迅猛发展，有线窃听、无线窃听、光学窃照等电子技术在国际情报战中得到广泛应用，已成为以色列获取战略情报的重要手段。以色列驻外武官处擅长利用监听、窃照等技术侦察手段，获取所需的情报。

武官侦察既是以色列情报机构的重要情报来源，又是传统的战略侦察手段之一。驻外武官身为外交官，处于国际斗争第一线，视野比较宽，接触面比较广，能够直接洞察国际风云变幻，获取军事、政治、外交、经济、科技等多方面的情报。

长期以来，以色列驻外武官卓有成效的情报活动为维护其国家利益和实现犹太民族复兴做出了突出的贡献。如1969年，为了窃取法国“幻影”战斗机的技术，以色列驻巴黎武官多夫·西恩上校（摩西·达扬的女婿）亲自出面，会见瑞士工程师阿尔弗雷德·弗劳恩克内希特，并多次约他共进晚餐进行试探。随后，拉卡姆特工出马，说服这位瑞士工程师为他们提供了一整套“幻影”飞机的设计图纸。半年后，以色列通过借鉴“幻影”技术研制出“鹰”式战斗机。1975年4月29日，以色列又骄傲地展示了其最新式的“幼师”喷气式战斗，外界都惊讶地发现这种飞机与“幻影”战斗机极其相似。

自20世纪80年代以来，随着中东和平进程的发展，越来越多的国家同以色列建立了外交关系，以色列军事情报部“阿穆恩”也随之日趋活跃起来，其外派人员以驻外使馆武官身份与当地政府和军方建立了广泛的联系，积极开展情报搜集活动，获取了许多有价值的情报。因此，武官在情报工作的地位与作用也越来越受到以色列政府和情报系统的高度重视。

但是，由于以色列武官的情报搜集工作过于“积极”，也时常出现重大失误，被驻在国抓现行，以不受欢迎者驱除出境。例如，2011年5月中旬，以色列驻俄罗斯空军武官瓦迪姆·莱德曼上校在一家咖啡厅与一名俄罗斯男子一同喝咖啡时遭警方拘留和问讯，俄方随后将其驱逐出境，称他有间谍嫌疑。俄罗斯联邦安全局称，瓦迪姆·雷德曼先前试图掌握俄罗斯与独联体和阿拉伯国家军火交易情报。[①] 以色列断然否认莱德曼是间

---

① 有关这一事件，参见“以色列否认驻俄武官系间谍”，新华网，http://news.xinhuanet.com/world/2011-05/20/c_121438353.htm。“探军火交易情报 以色列武官遭俄驱逐”，中华网，http://military.china.com/news2/569/20110522/16554147.html。

课。此事足见以色列非常重视武官作为重要情报来源而加以经营的基本事实。

二、重视发展先进的技术侦察手段

以色列高度重视发展和提高技术侦察手段，其情报技术水平在中东地区首屈一指，甚至可以说并不在美俄之后，特别是在吸收美国间谍卫星技术的基础上，研制了一流的间谍卫星，让人刮目相看。以色列的技术侦察手段主要分为以下几方面：

（一）信号侦察

信号侦察主要是通过侦收敌方的电磁信号，并对其进行测向、分析研究，从而获取所需的情报。信号情报工作一直是以色列情报工作中一个极为隐蔽的方面，与“摩萨德”的谍报工作相比，外界对“阿穆恩”的信号情报工作所知甚少。其实早在以色列建国前，“沙伊”建立的地下电台就开始截获英国殖民当局和军队、阿拉伯国家和组织之间的无线电通讯，并在破译密码方面积累了许多经验。建国后，“阿穆恩”情报搜集处负责对阿拉伯国家无线电信号的侦听工作，在以色列国内，特别是在边境附近均建立了大型的无线电侦听站，截收范围可以覆盖叙利亚、伊拉克、约旦和埃及等国家。1956 年苏伊士运河战争后，美国为了抢占中东地区的主导权，向以色列提供了大量的武器装备，包括电子信号获取设备、无线电密码破译机器，并帮助以色列培训信号情报人员。以色列不仅引进大量先进的无线电截获、破译技术，还经常动用特种手段，获取阿拉伯国家的无线电技术装备，以了解其技术参数。在信号情报获取能力上，以色列一直保持着大量投入，保证了对阿拉伯国家通讯情报的实时监控。

通过截收和破译阿拉伯国家的无线电通讯，以色列获取了大量的情报，在历次中东战争中，信号情报工作成为以军重要的情报来源。在 1967 年第三次中东战争中，“阿穆恩”的侦听站截收了阿拉伯国家尤其是约旦和埃及的进攻计划、两国元首之间的电话通话，为以色列成功实施战略诱导，促使阿拉伯国家率先采取战争行动，保证以色列后发制人的摧毁性打击奠定了基础。

除大型侦听站之外，以色列空军也使用波音 707、IAI-201 及 RC-21D 型电子侦察机及多种无人电子侦察机，用于截获通讯情报和地面雷达信号以支持战役或战术行动。1982 年以色列入侵黎巴嫩，就是通过无人侦察机截收叙利亚防空雷达的信号而一举摧毁了设在贝卡谷地的所有防空导弹系统。目前在以空军中服役的还有 E－2C 空中预警和指挥机，形成了较为完善的电子信号情报获取体系。

事实上，信号侦察今天依然受到人们的重视。从“棱镜门事件”① 反映出的情况看，即便是当今情报工作最为发达的美国，依然通过遍布于世界的信号侦测系统，截获并监听一切有用的电子信号，甚至包括自己盟国德国总理的手机也不放过。这充分反映出信号情报搜集手段在当今信息化时代的特殊作用。

（二）航天侦察

航天侦察是以间谍卫星等空间载具为平台，通过遥感器材，对地面目标进行侦察。由于国力有限，以色列长期依赖美国卫星的情报支持。但近年来，以色列的空间情报搜集活动发展迅速，投入大量资金，建设包括自行研制运载火箭、卫星、微型卫星和数据搜集系统等相关技术。1988 年，以色列发射了第一颗地球同步卫星，从此“地平线”系列卫星成为以色列获取中东地区图像情报的重要来源。与此同时，以色列还努力与美国有关方面加强合作，以利用其侦察卫星拍摄的图像进行情报分析，并把它作为以色列空间计划的组成部分，以扩大空间优势。以色列空军已经制定了相关计划，以便在未来几年部署和集成空间监视与侦察能力。

---

① 棱镜计划（PRISM）是一项由美国国家安全局（NSA）自 2007 年小布什时期起开始实施的绝密电子监听计划，该计划的正式名号为“US－984XN”。美国情报机构一直在 9 家美国互联网公司中进行数据挖掘工作，从音频、视频、图片、邮件、文档以及连接信息中分析个人的联系方式与行动。监控的类型有 10 类：信息电邮、即时消息、视频、照片、存储数据、语音聊天、文件传输、视频会议、登录时间、社交网络资料的细节，其中包括两个秘密监视项目，一是监视、监听民众电话的通话记录，二是监视民众的网络活动。2013 年 7 月 1 日晚，维基解密网站披露，美国“棱镜门”事件泄密者爱德华·斯诺登（Edward Snowden）在向厄瓜多尔和冰岛申请庇护后，又向 19 个国家寻求政治庇护。从欧洲到拉美，从传统盟友到合作伙伴，从国家元首通话到日常会议记录；美国惊人规模的海外监听计划在前中情局雇员爱德华·斯诺登的揭露下，引发了美国外交地震。

航天侦察已是当今最重要的战略情报搜集手段，有能力的国家都在大力发展这一侦察手段。布满太空的侦察卫星时刻监视着地球的每一个角落，侦察卫星的水平已经成为一个国家情报搜集水平的重要标志。而从另一视角看，航天侦察技术水平的高低，甚至一定程度上决定着一个国家战略情报的成败，因此，大力发展航天侦察平台建设，提高光电遥感器、无线电接收机和图像获取仪的技术指标，将成为未来各国航天侦察的重要努力方向。

三、公开情报是重要的情报来源

每个国家的情报机构都通过对公开出版的刊物、文件、资料进行搜集并从中获取情报。在以色列情报机构中，外交部研究与政治计划处是最大的公开情报资料搜集和分析部门，他们主要是通过对阿拉伯国家的公开出版物进行长期的积累、分析来判断其政治和军事动向。

“阿穆恩”的情报生产处也有公开情报搜集和分析的职能，他们的主要目标是积累阿拉伯国家的基本军事情况。在“六日战争”期间，以色列的部队甚至可以了解到对手指挥官基本情况、部队编成和士气、坦克与重武器数量，这多少要归功于“阿穆恩”长期的公开情报工作。①

进入信息化社会后，媒体平台不断增加，特别是纸质印刷品和声像产品大幅增加的同时，计算机网络已经成为重要的信息发布和交流平台，其中蕴含着大量有价值信息，只要善于挖掘和捕捉，经过分析研判可生成大量有价值的情报成果，已经成为公开情报搜集的重要路径。因此，利用人工和计算机软件，加强计算机网络，特别是针对国际互联网的数据挖掘和信息筛选，生成公开情报的做法必须得到加强，否则，在公开情报搜集和研判上就无优势可言。

---

① ［美］斯图尔特·史蒂文著，浦洱译：《以色列间谍大师》，群众出版社，1986 年版，第 256—261 页。

第四节　广泛开展国际情报合作 更好地维护国家安全

为了更好地维护国家利益和确保国家安全，以色列情报机构一直都十分重视与国外情报机构建立广泛的合作与交流关系。通过有效的情报合作，以色列不仅达到了更好地了解对手、制约对手的目的，还扩大了活动领域，不断拓展国际空间，赢得有利的战略态势。

一、高度重视与西方情报机构的关系

以色列情报机构最重要的合作伙伴是美国情报机构。建国初期，以色列占领部分阿拉伯国家领土的事实及以色列国内政治左倾的趋势，使以色列面临来自美、苏两方面的压力，打破国际关系的僵局成为情报机构必须解决的问题。

通过秘密渠道进行广泛接触，1951 年 6 月希洛代表“摩萨德”同美国中情局签订了合作协议。根据协议，“双方应对共同关心的问题进行情报交流，保证不进行针对对方的进攻性情报活动，任命情报联络官，加强联系等。中情局据此向以色列情报机构提供特殊技术设备，包括监听装置、破译密码的电子设备等，并负责对其情报人员进行训练”①。由于获得了美国情报机构的技术支持，以色列情报机构对阿拉伯国家长期保持了技术优势，这对它掌握中东的政治军事动态具有极大的帮助。此外，在历次中东战争中，美国还直接向以色列提供高质量的图像情报、信号情报，使以色列多次化险为夷。例如，在 1973 年的中东战争中，美国动用了大量的侦察卫星及战略侦察机，不间断地监控战区，发现了埃及第 2、3 集团军之间长达 40 公里的缺口，为以色列反穿插渡过苏伊士运河、彻底摧毁埃及导弹阵地并进行战略反攻提供了良机。

在维持与美国的战略合作方面，以色列情报机构也一直不遗余力，

---

① 高庆德著：《以色列情报组织揭秘》，时事出版社，2011 年 6 月版，第 117 页。

“努力把自己打造成美国的战略与情报资产”[①]。1956 年，美国通过“辛贝特”获得了赫鲁晓夫在苏共十二大所作的秘密报告。通过与“摩萨德”的情报合作，美国还同一些敌对国家建立了秘密联系渠道。如 1985 年美国通过“摩萨德”在伊朗国内建立的秘密关系，与伊朗达成了武器换人质的协定。尽管此事后来败露，造成“伊朗门事件”并导致里根政府的政治危机。但我们至少可以看到情报合作对拓宽情报领域带来的便利。

冷战时期，美国一直希望在几个非洲国家建立自己的存在，但许多年轻的非洲国家由于担心其背后的帝国主义动机而将其拒之门外，然而以色列却不顾其有限的实力，迫不及待地证明即使在山姆大叔“吃瘪”的地方，它也能成功把自己塑造成为保护西方国家在亚非利益、防止共产主义扩张的“最后边界”。[②]哈雷尔曾说过，直到那时他才意识到以色列可以充当美国在这些地区的“长臂”。[③]

此外，以色列情报机构（“摩萨德”和“辛贝特”）还加入了打击国际恐怖主义为宗旨的秘密组织——“千瓦”。由于“千瓦”成员是来自西方发达国家的安全机构代表，包括意大利、比利时、西德、英国、卢森堡、荷兰、瑞士、丹麦、法国、加拿大、葡萄牙、西班牙、奥地利、爱尔兰和挪威等，以色列情报机构借此机会与这些国家的情报机构建立了稳定的合作关系，并进一步在这些国家设立了情报站。情报站的工作人员都是具有外交身份的情报人员，通常以驻在国的外交机构为依托，开展情报搜集活动，但站长并不向大使通报他们的活动，而是直接向特拉维夫报告。每个情报站都有“摩萨德“的两个重要部门：情报搜集处和联络处。他们主要对中东国家的政治、军事动向，并对驻在国对阿以关系、以色列的政治态度等敏感问题进行搜集和跟踪分析。2001 年“9·11”恐怖袭击事件发生前，“摩萨德”曾事先向美国情报机构发出过警告[④]，但由于美国的重大情报失误而导致十分惨烈的后果。但我们从中可以看出，以色列与美国情报合作的紧密性和经常性。

---

① The Peripheral Alliance Strategy，http：//en. wikipedia. org/wiki/Alliance_ of_ the_ periphery.

② Ibid.

③ Ibid.

④ 英国《星期日电讯报》2001 年 9 月 16 日。

二、大力开拓与非洲国家情报机构的关系

以色列情报机构第二个重要的活动地点是非洲。在阿米特时期，“摩萨德”的政治行动与联络处变成了第二个秘密外交部。通过它，“摩萨德”与许多第三世界国家情报部门建立了合作关系。

非洲的大多数国家在20世纪五六十年代获得独立，并把以色列作为学习榜样。当时，在非洲国家眼中，美国和苏联被视为扩张主义超级大国，英国、法国和其它欧洲国家仍是不受欢迎的殖民主义者，而以色列则是一个掌握了当今时代迅速发展之道的年轻国家。非洲各国领导人认为他们可以从以色列那里借鉴创业精神、创新理念和开拓能力，于是主动和以色列合作。以色列的专家、顾问、外交官不断被派往这些国家，其中不乏情报机构人员。随后，双方开始建立情报合作关系，受援国情报机构得到以色列情报人员严格而专业的训练。这些非洲国家包括苏丹、埃塞俄比亚、南非、加纳、扎伊尔、肯尼亚、利比里亚、尼日利亚等。所有这些国家的情报人员和安全机关都接受了以色列人的训练和帮助。由于以色列情报机构的努力，肯尼亚、利比里亚、尼日利亚成为以色列情报机构在非洲的三大活动基地，而南非与以色列甚至发展到进行核技术交流的地步。[①]

为了争取潜在盟友，以色列情报机构还积极参与这些国家的国内政治斗争：以色列在南也门的间谍曾帮助保皇派抗击埃及人；在苏丹南部，以色列飞机向基督教叛乱组织投送补给品；1970年10月，摩萨德在乌干达帮助伊迪·阿明废黜了密尔顿·奥博特总统等等[②]。这些都是基于情报合作基础之上。

三、积极推进与亚洲国家情报机构的关系

以色列情报机构与亚洲的情报合作也取得了不小成绩。冷战初期，伊朗和土耳其是两个与阿拉伯国家有领土争议，并害怕苏联颠覆其政权的国

---

① 高庆德著：《以色列情报组织揭秘》，时事出版社，2011年6月版，第118—119页。
② 兰博著：《摩萨德的秘史》，海南出版社，2002年版，第23页。

家，以色列情报机构乘虚而入。“摩萨德”与伊朗和土耳其建立起一个被称作“三叉戟”的正式情报合作组织，每半年举行一次三方情报局长联系会议，交换苏联在中东活动情报，以及阿拉伯国家内部的政治军事情报。

其中，以色列与伊朗的情报合作因伊朗爆发伊斯兰革命成为反犹者而中断，“三叉戟”自然瓦解。但以色列与土耳其的情报合作一直维持。早在1958年，土耳其和以色列两国首脑就举行秘密会议，双方同意成立“以色列－土耳其情报联盟”，让“摩萨德”与土耳其国家情报组织（MIT）展开合作，当时负责这一工作的是“摩萨德”缔造者罗文·希洛。1979年后，以色列与伊斯兰革命后的伊朗关系紧张，而土耳其的地缘优势再次显现。土耳其紧邻黎巴嫩、叙利亚等中东最复杂地带，且与伊朗接壤，为“摩萨德”情报人员进入伊朗打开方便之门。事实也是如此，每当“摩萨德”需要向伊朗派遣特工时，就会由土耳其进入伊朗，在土耳其、伊朗交界处的“摩萨德”情报站监控着伊朗的一举一动，与土耳其合作让以色列顺利打通中东情报网。但是，这种合作关系在2013年出现问题。据《华盛顿邮报》10月17日报道，多名美国政府官员消息源称，土耳其去年将多名以色列情报机构“卧底”透露给伊朗，使“摩萨德”蒙受重大损失。在50多年的情报合作中，“摩萨德”从没想到土耳其会出卖他们。即使在双方关系最紧张时期，两者也在对待共同敌人—伊拉克、叙利亚和伊朗上保持情报合作与信息交换。《华盛顿邮报》猜测称，土耳其可能是为了报复马尔马拉号事件，因为2010年，以色列海军袭击驶入加沙沿海地带的土耳其籍救援船只马尔马拉号，造成9名土耳其人死亡，以色列官方对此迟迟不肯道歉。①

新加坡是以色列情报机构在远东活动的跳板。“摩萨德”首先在新加坡建立情报站和常驻军事代表团，并向新加坡提供各种帮助。随后，“摩萨德”又赢得了印度尼西亚人的信任。虽然作为伊斯兰教国家的印尼当时不可能同以色列建立外交关系，但是潜在的合作却在持续增长。由于国家的反殖民主义政策，印尼人不信任美国中央情报局或其它西方情报机

---

① “解密以色列版007：最爱暗杀 钟爱炸弹毒药”，中国新闻网，http：//www.chinanews.com/gj/2013/10-27/5428583.shtml。

构。因此，以色列情报机构成了最佳选择。“摩萨德”获准在雅加达以“商业”为掩护建立了一个很大的情报站。不久，通过扮成欧洲人或美国人的以色列顾问开始训练印尼军队以及苏哈托的情报人员，并提供武器装备方面的援助。这样，以色列情报机构又在伊斯兰世界获得了一个立足点，把印尼变为自己一个用于观察阿拉伯外交官和巴勒斯坦人活动的基地。[①]

由于印度在南亚地区的重要战略地位，以色列一直十分重视发展同印度关系，因此也成为以色列情报机构的一个有价值的联络点。尽管印度政府并不情愿将自己与犹太国之间的秘密关系示人，以免影响其与阿拉伯世界甚至伊朗的关系。但是，出于共同的国家利益考虑，印度依然与以色列建立了秘密情报合作关系。对于印度和以色列而言，双方共同的潜在敌人是穆斯林国家巴基斯坦。在“摩萨德”的联络下，以色列与印度不仅情报合作有所发展，两国关系也有所推进，甚至发展到进行导弹技术交流地步。

四、深入发展与拉丁美洲国家情报机构的关系

以色列情报机构的对外交往是全球性的。很自然，美洲特别是拉丁美洲，也是以色列情报机构的重要发展地点，而墨西哥、阿根廷、巴西、巴拿马则是该区域的重中之重。一方面是因为这个社会治安相对混乱、国家政权更迭不休的地区是以色列敌人十分活跃的地方；另一方面，有许多犹太人生活在那里，而保卫同胞的生命与财产是以色列情报机构义不容辞的责任之一。“摩萨德”在这些国家同样建立了很多情报站，甚至同一些国家的政权有着十分亲密的交往。例如，有人曾亲眼目睹“摩萨德”的特工对危地马拉、洪都拉斯、萨尔瓦多的军队和警察进行训练；有的国家最高领导甚至请“摩萨德”特工负责自己的保安工作。[②] 虽然“摩萨德”的行为不断引起舆论的非议，但为了国家和民族的利益，以色列情报机构仍义无返顾地与这些名声不佳的政权合作。

---

① 高庆德著：《以色列情报组织揭秘》，时事出版社，2011 年 6 月版，第 119 页。

② 兰博著：《摩萨德的秘史》，海南出版社，2002 年版，第 25 页。

第五节 爱国奉献精神是确保“不变质”的重要保证

由于情报工作的敏感性和特殊性，情报人员的忠诚度，不仅关系到情报工作的开展，更关系到情报组织的安全。爱国主义作为一种意识形态和道德规范，是人类在历史长河中逐渐形成和发展起来的对自己祖国的深厚感情，是民族的凝聚力和向心力，是推动历史前进的一种巨大的精神力量。经过近两千年的磨难，犹太人逐渐形成了一种强烈的爱国主义精神，由此产生的民族凝聚力和自强不息的奉献精神成为以色列国发展永不枯竭的动力，也是确保情报系统“不变质”的重要保证。

一、爱国主义是情报体系的精神支柱

世界上大约有1200万犹太人，其中一半生活在以色列，一半散居世界各地。由于犹太民族苦难深重的历史经历，造就了犹太人强烈的民族团结意识和爱国主义精神，使他们时刻牵挂着自己的祖国，尽一切可能帮助和支持自己的国家。这种强烈的爱国主义精神自然也渗透到以色列情报系统及其情报人员的骨髓之中，成为以色列情报机构生存与发展的精神支柱。

爱国主义精神是一个情报体系的精神支柱，很难想象一个缺乏爱国主义精神的团队会构筑起一个具有奉献精神和团结奋进的情报体系。更为重要的是，情报工作关系到国家的命运神经，情报人员的忠诚度，直接关系到情报体系的安危。历史上有太多因为情报人员的变质和变节而使其国家利益遭受重大损失的案例。尽管以色列情报系统中也出现过变质或变节者，但这并未影响到其整体的高度忠诚度，而这均源自于以色列情报人员深深的爱国主义精神。

因此，强烈的爱国主义精神可以确保情报人员“不变质”、“不变节”，激励拥有坚定民族信念的情报人员为国效力，千方百计地维护国家安全，心甘情愿地为情报事业奋斗终生，而不会受到金钱、美女的诱惑而

背叛自己的祖国，干出有损国家和民族利益的事情。

二、招募情报人员严把爱国主义关

情报系统深藏着一个国家核心机密中的机密，稍有差池就会给国家造成难以挽回的巨大损失。因此，在招募情报人员时，以色列情报机构十分注重候选人是否具有爱国精神或民族意志，是否愿意为国家的生存和发展奉献自己的一切。因为，对于一名以色列的情报人员来说是必须具备的，就是保密至上。曾在“摩萨德”工作 13 年的迈克尔·罗斯介绍：“特工不能直接联系总部，他们只知道该知道的……。我不知道同事的真名、住址、是否有小孩。特工知道越多，一旦被敌人擒获，他可能泄露的情报也就越多。”[①] 这种保密至上的素质，一方面来源于专业培训的基本职业操守，而更多则是来自于情报人员灵魂深处对祖国的挚爱。

长期以来，以色列谍报人员主要不是为金钱、权力，而是为了信仰而工作。建立国家理想的感召力和对纳粹法西斯的极度憎恨，使以色列情报机构麾下聚集了大批犹太民族的精英，他们的绝对忠诚加上对专业技巧的钻研，曾使以色列情报机构的效率惊人。

但是，随着时代的发展，生活在和平环境中的以色列年轻人国家安全观念开始淡薄，注重个人价值的体现，禁不住高科技企业优厚待遇的诱惑，开始不愿到国家安全机构工作，也不像老一辈人那样毫无怨言地为复国理想奋斗，从而使以色列情报机构面临前所未有的严峻挑战，情报工作出现后继乏人的情况。因此，以色列情报机构也逐步开始利用金钱、色情等手段作为吸收和发展情报人员特别是谍报人员的方式，以招募到优秀的情报人员。但以这样条件招募的情报人员，是否还能保持以色列情报系统的优势值得继续观察。

三、重视培养情报人员的爱国主义精神

爱国主义不是与生俱来的，很大程度上是后来培养和教育的结果。因

---

① 高庆德著：《以色列情报组织揭秘》，时事出版社，2011 年 6 月版，第 214 页。

此，以色列在为情报人员提供相对好的物质待遇的同时，更加重视培养情报人员的爱国主义精神，不断给他们讲述犹太民族的苦难历史，增强犹太民族的认同感；灌输犹太国家观念，让他们在思想上和感情上奠定爱国主义的基石；激励他们具有爱国之情、报国之志，时刻牢记自己肩负的崇高职责，为犹太国家、民族和人民服务。

以色列爱国主义教育方法灵活多样，但更注重采用潜移默化的教育形式，如以色列位于死海之滨的马萨达山顶上有一个著名的古城堡，公元前73年，近千名犹太人拒绝向罗马征服者投降，在此坚守3年后集体自杀。以色列人把这里作为犹太民族“为自由而战”的象征，几乎所有以色列人都曾在这里宣誓效忠以色列。此外，以色列情报机构还借助犹太教的力量对情报人员施加影响，深化他们的民族意识，培养忠贞不渝的爱国主义精神。

四、充分调动一切犹太人的爱国热情为情报体系服务

以色列情报机构善于利用犹太民族的优势，充分调动犹太人的爱国热情，在全球范围内发展特工人员，为以色列国家和犹太民族服务。

犹太人分散在世界80多个国家，使用100多种语言，从而使以色列情报机构能够拥有任何地区的“当地”特工。长期以来，“摩萨德”充分利用了它所拥有的这种人力优势，调动了世界众多国家的犹太人为以色列情报机构提供情报。这种人力优势主要体现在以下三个方面：

首先，以色列是一个移民国家，在以色列建国之后，原先居住在欧洲的犹太人纷纷回到了故土，这些移民大多数愿意为以色列的国家利益服务。而从某种意义上来讲，他们仍然是地道的欧洲人，这为他们在欧洲活动以及在阿拉伯国家活动提供了天然的伪装条件。

其次是在以色列的犹太人中，有很多在阿拉伯国家生活多年，他们了解阿拉伯人的文化习俗，擅长使用阿拉伯语，在阿拉伯社团中有着广泛的社会基础。

再次是犹太人长期以来散居世界各地，通常愿意为以色列提供各种支持，包括提供情报，这也为以色列情报机构开展谍报活动提供了很大的便利。

因此，以色列情报机构充分利用这些优势资源，最大限度地调动这些犹太人无私的爱国热情，为拓展以色列的国家利益服务，而这也是以色列在情报工作上取得辉煌成绩的重要原因之一。其中的一个最典型的案例莫过于“波拉德间谍案”。

20 世纪 80 年代，犹太裔美国海军情报人员波拉德从 1984 年 6 月至 1985 年 11 月短短 18 个月的间谍生涯里，向以色列提供了数以千计、多达 50 万页的敏感性文件，相当一部分属于绝密级别。其中，有一部分是亲美的阿拉伯国家的军事情报，包括约旦、埃及和沙特阿拉伯。这当中包括美国在整个中东地区秘密情报员的名单。尽管事情败露并逃亡以色列驻美使馆要求避难却并未得到庇护，最终被美国叛处终身监禁。然而，他却一直对以色列忠心耿耿。2003 年 9 月 2 日，在被囚禁了 18 年后，波拉德第一次出现在法庭上，他在自辩中称：“在被拘留的日子里，我反省了自己的行为。任何幻想、借口都无法为违法的行为正名。但是，如今我以合法的手段对我之前的行为加以补救。我希望我忏悔过可以换来从轻发落。我辜负了国家对我作为一个公民的信任，但我从来没有想过要损害国家的利益。我是一个具有爱国心的美国人，同时也忠诚于以色列。此外，我感到遗憾的一点是，我当间谍时接受了报酬，但是，个人利益从来不是驱使我的动力。”① 波拉德的这段自辩词中的犹太情结的确令人深思。

小　结

作为一个小国，以色列的情报体系建设和发展历程具有很多值得包括大国情报界学习和借鉴之处，其中反映出的一些问题也值得认真思考。从以色列的情报工作实绩看，使我们再一次认识到完备高效的情报系统是维护国家安全的屏障；强烈民族危机意识是情报机构发展的推动力；以人力情报为核心及多种手段兼用拓展情报来源的情报搜集模式的高效；广泛开展国际情报合作对更好地维护国家安全的重要性；爱国奉献精神是确保

① “以色列历史上最重要的间谍现身美国法庭”，新浪网，http：//mil. news. sina. com. cn/2003-09-07/147986. html。

“不变质”的重要保证等，在以色列情报工作中的独特体现。除了技术层面上的方式、方法，以色列情报体系中蕴含着的精神层面上所折射至具体实践中的诸如民族危机意识和爱国奉献精神，更给我们以更多的思考空间。

结　论

以色列情报机构与犹太民族复兴之间是一种彼此依存、互促发展的关系，即：犹太民族复兴运动是以色列情报机构的原动力，不仅催生了以色列情报机构，还为其指明了前进方向，推动其逐步发展壮大；同时，以色列情报机构在犹太民族复兴中为犹太国家的建立、犹太民族的生存与发展发挥了巨大作用，在某种意义上决定了以色列国和犹太民族的生死存亡。有理由认为，没有犹太民族复兴运动也就没有今天的以色列情报机构。反之，没有以色列情报机构在犹太民族复兴中发挥的重要作用，也就没有犹太国家和民族的生存与发展。古往今来，也许世界上没有哪个民族像犹太民族这样，情报机构与其民族有着如此荣辱与共、生死存亡的密切关系。

虽然20世纪90年代之前，以色列情报机构在犹太民族复兴中发挥了不可磨灭的重要作用，取得了令人敬佩的辉煌功绩。但随着冷战结束后世界格局的重大变化，以色列所处的国际安全环境发生了变化，其情报机构也面临新的机遇与挑战，陈旧的情报体制与情报工作思维方式已经落后于形势的发展，甚至暴露出许多弊病，突出的问题主要有：一是以色列情报人员整体素质和业务水平较之从前有所下滑，优秀情报人员流失严重；二是为国效忠和冒险精神开始消退，贪图享乐、追慕虚荣之风有所盛行；三是情报体系中的协调统一萌生问题，各情报机构之间的关系出现紧张，工作效率大不如前。然而，以色列情报机构显然已意识到问题的严重性，为恢复昔日雄风，制定了一系列整改措施，如分期分批轮训秘密行动人员、清除“低能特工”；撤、并一些任务及功能相近的部门；修订原有的多项规章制度；重建并坚持“向政府直接提供关键情报为主要使命”的传统情报工作指导原则等。甚至破天荒地将一些情报机构甚至系统脱胎换骨地打造成即情报与作战为一体的特种部队。通过这些改革与调整，以色列情报机构希望建立面向 21 世纪的情报体制，进一步强化情报工作功能，适应新形势下维护国家生存与发展的需要，继续在犹太民族复兴进程中发挥重要作用。

我国正处于一个全面发展期，党中央和中央军委为中华民族的伟大复兴有着新的战略思维和战略路径选择，特别是面对复杂严峻的周边安全环境和涉及我重大安全利益问题，对我军情报机构提出了新的要求，这对于我国情报体系建设和机制运行都提出了全新的挑战。

以色列情报机构在犹太民族复兴运动发展过程中的经验与教训，对于我军情报体系建设与发展具有较高的借鉴和参考价值。例如：根据国际形势的变化适时调整军事情报编制体制，提出明确的工作方针和任务目标；加强爱国主义教育，抵制西方腐朽思想的侵蚀，确保情报人员政治合格、永不变质；强调集中统一，完善各项管理措施和规章制度，防止出现安全方面的漏洞；加大对情报系统的投入，实现侦察装备、设施和器材的现代化；强调多种侦察手段兼用，在突出人力情报重要性的同时，重视发展技术侦察手段；加强情报人员的培训，全面提高情报人员的专业技术水平，建立一支高素质的情报队伍；等等。

总之，我们应当坚决贯彻新时期军事战略方针，在不断学习和借鉴世界各国情报系统的科学先进的建设和工作方法的同时，苦练内功，全面建立一个高效完备的军事情报体系，使情报工作发挥出强大的战斗力，确保忠诚高效地践行“能打仗，打胜仗”，为维护中国国家安全与发展做好坚强有力的支撑。

总结论　情报工作与国家生存发展关系的历史思考

从英国、法国、美国、德国、日本和以色列六国情报工作的历史考察中发现，国家的情报工作与其生存发展有着密不可分的关系，虽然由于各国的情报传统差异，这种关系在一定的历史阶段战时与和平年代表现得不尽相同，但总体均折射出相互依存的基本特质，即情报工作是维护国家生存与发展的盾牌和推进器；国家的生存与发展需求促进了情报工作的发展，国家重视情报工作同时情报工作发挥出其应有的功效，生存与发展即可得到较好的保障，否则，国家生存与发展就出现重大问题，甚至导致灾难性后果。情报工作与国家生存发展两条曲线的相交或疏离都反映出这种相互关系的基本特质。

一、两条曲线的相交与疏离制造了重要转折点

从所考查国家的生存、发展或衰败的历史状况看，一个十分重要的关键影响因素就是情报工作，即与情报工作质量的好坏有着十分密切的关系，特别是作为战争时期的情报工作，其对赢得战争或招致失败的影响作用更加明显，而和平年代情报工作的作用虽不像战争时期那般显赫，但同样对国家产生重要影响，集中反映在应对危机和战略预警上。同时，在历史发展的重要转折点上，情报工作都扮演着重要角色并产生过重要影响，或成功或失败，都成为这些重要历史节点的重要影响因子。

大英帝国的伊丽莎白时代、北美独立战争、法国大革命时期均为英国史中的重要节点，而在这些重要节点上，英国的情报工作均扮演者十分重要的角色。最终，大英帝国有效的情报工作，保障了其国家安全并为争夺

世界霸权奠定基础；保障了英西海战的胜利，为英国海上争霸扫清障碍；保障了对外扩张战略实施，成为英国开疆拓土的急先锋。然而，也正是一些重大情报失误成为导致英“第一帝国”瓦解的重要因素。但是，同样由于英国情报工作的重振与发力助其赢得英法战争，逐渐保障了“第二帝国”的形成，最终成就了“日不落帝国”的形成。拿破仑帝国的建立和衰亡历史曲线，与其情报工作的历史曲线，同样在一些重要的历史节点上重合，既成就了帝国的辉煌，也影响了帝国的覆灭。美国的独立战争、南北战争和美西战争不仅成就了美国的独立，还为最终的对外扩张奠定了基础，直接帮助了美国的成长，并最终成为超级大国，而在这条发展曲线上，出色的情报工作依旧出现在关键的重合点上。第三帝国德国的情报工作一度帮助一战后积贫积弱的德国发展壮大，但是，最终战略情报失误导致的错误的战略选择去挑战世界秩序，落得最终败亡命运。日本帝国的情报工作在明知维新、对外战争扩张的各个节点上都扮演着重要角色，即情报工作成为日本帝国实现破旧立新的助推器；情报工作成为日本帝国实现强兵富国的催化剂；情报工作是日本帝国实施侵略扩张的急先锋。但是，同第三帝国德国一样，忽视战略情报而进行的重大战略决策错误，最终导致了日本帝国大厦的崩塌。以色列的情报工作更是伴随着国家的从无到有、从弱到强，特别是在五次中东战争的重要节点上，为维护国家的生存和发展上起到了关键的重要作用。但以色列同样出现过重大情报失误并为此付出过惨重代价。

因此，我们在考察一个国家的生存与发展过程的影响因素时，不能不认真地考察其情报工作在其中扮演的角色，处于的地位和发挥的作用；同样，我在考察一国的情报工作时，也不能不去思考其在国家生存与发展过程中对情报工作发展的影响。对两者间辩证关系的思考，既有利于情报工作的建设与发展，也有利于如何正确运用情报工作为维护国家的生存和促进国家的发展，要使这两条发展曲线尽可能始终保持在一种高度正向重合状态。

二、情报工作的成败是国家兴衰的关键因素

早在2400多年前，我们的祖先孙子就道出了令今人折服的名句，即

“故明君贤将，所以动而胜人，成功出于众者，先知也。先知者，不可取于鬼神，不可象于事，不可验于度，必取于人，知敌之情者也”①。《孙子兵法》中的用间篇一直影响着国内外关于情报工作与国家生死存亡关系的思考。被誉为美国中央情报局之父的艾伦·杜勒斯在读过1963年牛津克拉伦登出版社（Clarendon Press）翻译的《孙子兵法》后曾说，“就情报术而言，东方在公元前400年比西方先进。孙子的观点比较现实，他抛弃了神使和预言家，虽然这些人物在中国历史更久远的时代里也曾扮演过重要的角色”②。事实上，孙子应该是世界历史上最早撰文系统论述情报工作并对间谍活动进行了详细且极具特色介绍和分析的大情报家，因此，他有关情报工作的论述迄今被世界各国奉为圭臬。

从西方主要国家的发展史看，众多因素影响了国家的兴旺发达或衰败覆灭，而在这众多因素中情报工作的作用与影响十分关键。特别是在影响国家生存与发展的关节点上，情报工作的成败往往决定着国家命运的走向，因为情报特别是战略情报作为战略决策的重要依据，这项工作的好坏，直接影响到国家未来的战略选择，而这个战略选择是否科学与合理，关系到能否引领国家避免灾难走向强盛。这一现象我们在西方主要国家的发展史中均有所发现。其中，最为典型地反映在第三帝国德国和日本帝国的兴衰史中。

出色的战略情报工作曾帮助第三帝国德国和日本帝国逆势崛起，但短视的战略情报工作未能很好地支撑战略决策进而成为帝国大厦崩塌的要因。它集中体现在决策者没有最终在战略情报与战略决策之间找到一个应有的平衡点，要么以极大的偏见轻视战略情报，要么忽略了战略情报的重要功能，以强烈的主观臆断进行战略决策。尽管我们必须承认“墙倒众人推”的道理，即两座帝国的崩塌是多种因素综合作用的结果，但是，从情报的功能性看，它常常扮演着“始作俑者”和“最后一棵稻草”的角色。因此，被誉为“美国战略情报之父”的谢尔曼·肯特认为，“相比把情报人员排除在外来说，政策制定人就会冒较少的危险”③。最为简单

---

① 见《孙子兵法》，《用间》。

② ［美］艾伦·杜勒斯著，陈秋慧译：《情报术》，金城出版社，2014年1月版，第5页。

③ ［美］谢尔曼·肯特著，刘薇、肖皓元译：《战略情报：为美国世界政治服务》，金城出版社，2012年1月版，第165页。

地道出了情报与决策的关系，以此类推，情报工作在国家生存与发展中的关键性作用也跃然纸上。

三、情报组织不仅可以维护国家生存发展，还可成为国家的创立者

依照谢尔曼·肯特“情报是组织”的理念，作为组织，小到情报机构、中到情报系统、大到情报体系，在正常的国家建设发展中，一直扮演着并发挥着维护者的角色和作用，但是，在一些特殊的情况下，它们甚至还可超越传统的保障和支撑角色而成为国家的创立者。例如，在犹太复国主义旗帜下成立的情报组织，无论是最初的“哈舒默”与“尼里”，还是其后的“沙伊”、“阿利亚－B”、“莱克什”和“帕尔马赫”，都曾扮演着这样的角色，它们通常将武装斗争与情报工作紧密地结合，为国家建立而战斗，是名副其实的战斗队。其中最为典型的是二战期间为配合盟军作战而建立的“犹太旅”和“犹太自卫军”最终成为现代以色列安全情报部门的雏形①，这也充分说明事实上它们是以色列国的创建者。

此外，以美国为例，其之所以能够摆脱英国的殖民统治并最终建国，若无华盛顿建立起的高效情报组织在重要的关节点作出关键的贡献，同样很难想象。同样，二战时期跟随戴高乐将军的一批原法国第二局（French Deuxième Bureau）官员们，他们在原来的情报传统作用下，不仅帮助戴高乐建立了其专有的情报机构，还建立起法国反纳粹德国入侵的抵抗组织“自由法国”，并最终与同盟国一起战胜希特勒的纳粹德国，为重建法兰西共和国做出了特殊贡献。

由此可见，由于情报工作的特殊功能，情报组织既可以发挥保障作用，即给决策者提供决策所需的情报保障，但同时也可以成为一支战斗力量，帮助领导层构建起一个全新的民族国家。特别是在争取国际支持方面，各国家情报组织间的广泛合作在抵御共同敌人方面具有独特优势，对于创立新国家具有不可替代的作用。

---

①　有关“犹太旅”和“犹太自卫军”最终成为现代以色列安全情报部门雏形的说法，参见高庆德著：《以色列情报组织揭秘》，时事出版社，2011 年 6 月版，第 9 页。

四、情报工作的专业化是确保国家生存发展的关键

情报工作的发展是随着对其需求甚至依赖程度而在实践经验和教训中逐渐完善并走向专业化的，这种专业化的情报体系，在与国家生存发展的互动过程中，体系结构系统更加健全，系统内部结构更趋复杂化，搜集目标越来越专门化，搜集手段越来越多样化，分析方法越来越科学化，分发方式越来越多元化。

从西方主要国家情报发展史看，情报组织或情报系统及情报体系都是从业余走向专业的，每个国家均是如此，这既是情报意识变化的结果，也是国家生存与发展对情报需求的必然结果。尽管情报组织在建立过程中，最高领导人或决策者十分清楚使用情报人员特别是秘密情报人员的重要性，但是，由于对情报工作的总体认知的缺陷，使得在很长一段时间内，西方主要国家的情报工作处于摸索的业余状态，在其中一些国家存在着随用随弃现象，连起码的经费都难以保证，甚至出现情报人员连事先承诺的薪水都拿不到，最终不得不走上法庭的局面。[①]

但是，人们逐渐从国家维护生存与谋求发展中逐渐感受到业余的情报工作难以发挥其应有作用，“战时兴、平时废”的情报机构建设模式更难以确保情报工作的长期作用，以至于像美国这样曾经在独立战争和南北战争时都在努力建设情报工作的国家，由于战后忽视情报工作建设，在突如其来的第一次世界大战时，突然发现根本“没有时间去发展一个成熟的情报部门”，只能“主要依靠英国和法国来得到军事情报，特别是战争法则的信息”。[②] 这突出显示了美国人当年对情报工作的认知狭隘，即“除了在战争时期，美国历史上很少有正式的政府情报活动（这一状况到第二次世界大战后才有所改观）。一旦恢复和平，战时紧急需要的情报机构

---

① 艾伦·杜勒斯在其《情报术》中就讲过这样一个案例，尽管他是从保密的视角讲的，但还是暴露出当时情报工作的业余。案例说的是将林肯在1861年牛奔河战役时聘用了一名叫伊诺克·托滕（Enoch Totten）的特工去执行一项军事情报任务，但1876年他向法院起诉称，虽然战争结束时他拿到了补贴，但他并未从主管那里拿到林肯承诺的每月200美元的薪水。参见［美］艾伦·杜勒斯著，陈秋慧译：《情报术》，金城出版社，2014年1月版，第32—33页。

② ［美］艾伦·杜勒斯著，陈秋慧译：《情报术》，金城出版社，2014年1月版，第35页。

常常会大幅削减规模，我们在艰难时期亲自积累的知识财富与经验教训都会被丢到一旁，很快被人遗忘。到‘珍珠港事件’为止，我们在每一次危机当中，情报人员都需要从头开始进行工作”[①]。也正是在这种临时抱佛脚难以救命的教训下，美国人自二战后才开始重视和平时期军事情报系统建设，同时，也加紧了整个情报体系的构建，并经过多年建设，成为可以与世界任何国家情报体系相抗衡的庞大而专业的情报体系，为最终建立和维护世界霸权发挥着不可或缺的重要作用。

事实上，以色列的专业化情报体系建设历程更具代表性，对一些中小国家更具借鉴意义。以色列情报组织从无到有，在为犹太人国家的建立过程中积累了大量经验和教训，在民族和国家的危机意识下，在向其他国家学习的基础上，在不断爆发的战争和危机中，依靠犹太优秀情报文化传统逐渐建立起人员招募严格、培训内容务实、机构层次分明、搜集手段多样、分析方法多元、分发渠道畅通的功能完备的专业化情报体系。这个体系下的各情报系统之间，具有主次有序、组织严密、各司其责、分工协作、环环相扣和优势互补的特质，其专业化程度之高堪比任何国家。同时，针对所面临威胁的变化，不断对情报体系进行调整和改革，使之工作更加务实高效，维护着在夹缝中求生存的犹太民族国家的发展和繁荣。从以色列建国后的历史不难发现，如果以色列缺乏这样一个专业化程度极高的情报体系，也许早就在某次与阿拉伯人的战争中被绞杀，犹太人将再度失去家园而流落世界。因此，这样的历史事实，不能不引发我们对在实现民族复兴和国家发展中应该如何建立一个专业化情报体系的深刻思考。

五、情报工作失误是国家生存与发展的最大威胁

美国情报界巨匠威廉·多诺万曾说，“没有情报支持的战略决策是不能成立的，同样，不能指导战略决策制定的情报是无用的”。[②] 也就是说情报特别是战略情报是决策的重要依据和支撑，因此情报工作一旦失误小

① ［美］艾伦·杜勒斯著，陈秋慧译：《情报术》，金城出版社，2014 年 1 月版，第 22 页。

② Thomas F, Troy, Donovan and the CIA: *A History of the Establishment of the Central Intelligence Agency*, University Publications of America, New York, 1981, p. 419.

则影响战术、战役的成败，大则影响的国家的生存与发展。从西方国家的发展历程看，几乎所有重大失败都伴随着情报工作的失误，有的是集小失误为大失误，有的则是一次重大情报工作失误就导致灾难性后果。

在经历了情报工作失误的痛苦后，尽管人们都非常清楚情报工作失误的危害性，也都尽可能地避免失误的再次发生，但是，由于影响情报失误的因素众多，加之对手总是要将自己的真实意图遮蔽起来，甚至释放出“烟幕”——欺骗性情报，从而导致情报研判极易出现偏差和情报失误的发生。应该说，由于情报分析和研判工作是判断当下和预测未来的工作，在情报不足（有时甚至是相互矛盾的情报过剩）和“烟幕”的遮蔽作用下，很难对获取的情报进行符合事实的准确解读，更难对未来景象进行准确的预测描述。因此，对于一个经验丰富的专业情报分析人员或团队而言，即便情报失误的概率并不高甚至偶然发生，然而，就情报工作失误本身而言却是必然的。如果情报分析人员或团队一个偶然的情报失误发生在关键时刻，最终所导致的则是重大危害的必然发生。更为重要的是，如果情报分析人员和团队的正确分析成果未被决策者接纳，从而导致决策失误，同样被视为情报工作的失误。

英国战略情报工作失误曾导致独立战争的爆发使得其失去了北美殖民地，并最终成为“第一帝国”瓦解的催化剂。拿破仑在其最后阶段频繁出现的情报工作失误，最终致使其兵败战场和自己建立起的帝国大厦崩塌。美国独立战争时在 1863 年葛底斯堡战役造成转折之前，北方与南方重大情报失误之比数量上达到了 9：4，这正好与联邦连续的军事失败相对应。第三帝国德国西线外军处在军事情报工作中犯下的严重错误导致的情报工作失误，是盟军在诺曼底成功登陆的直接原因，并最终导致战争局势的迅速逆转，失去了最初的战场优势而最终覆灭。日本在中途岛战役中的情报工作失误，成为整个太平洋战争的转折点，并最终导致彻底战败和日本帝国大厦的崩塌。以色列在赎罪日战争上的严重情报工作失误，导致其未能预见战争爆发而遭受埃及和叙利亚的突然袭击，险些输掉这场战争而导致国家陷入危亡境地。

这些历史史实一再证明，情报工作失误在国家生存与发展中的作用和影响，不仅提醒着决策者对情报工作的重视，也提醒着情报系统本身如何在防止情报工作失误上下功夫，否则，因情报工作失误而导致的严重后果依然会再现。

六、决策者对情报工作的认知程度决定了其命运

情报工作为决策者服务，这点几乎所有决策者均心知肚明。然而，决策者对情报工作认知程度的差异，则直接导致其命运的不同。从西方国家的发展史中，我们不难寻觅那些熟知情报、重视情报并理解如何利用情报为其决策进行服务的决策者，但同时，我们也不难寻觅那些不了解情报，忽视情报且不善于运用情报为其决策服务的决策者。两者在决策质量上和最终结果上存在着较大的差异，更对情报工作本身的发展产生不同的影响和结果。

例如，作为西方国家情报工作的先驱英国，伊丽莎白女王作为决策者，在汲取了美国独立战争中情报工作失误的经验教训后，对情报功效进行了再认识，开始逐步重视情报工作，并加大对情报机构的投入和机制化建设。[①] 此举大大提高了情报工作的效能，既让英国在外交斗争中争取到主动，也保证了英军在战争中节节胜利。同时，决策者对英国情报工作的重视也促进了情报改革的进行，改革使得英国情报资源得以科学配置，特别是机构的合理调整和情报源的广泛拓展，成为英国情报工作高效运转的关键因素。同时，通过充分消化、吸收和运用工业革命成果，积极开展科学技术情报的搜集和研判，使之成为情报工作发展的助推力，进而转化为维护国家发展的巨大动力，为英国重新崛起和强盛发挥了重要的保障作用。

拿破仑、华盛顿和本—古里安均为深知情报重要功能的决策者，也正因为如此，在他们的领导下，其国家情报系统均有不同程度的发展，其中的一些情报工作理念和做法，对现代情报工作发展影响重大，受到许多国家情报系统的膜拜。而即便是第三帝国德国总理希特勒和日本帝国时期的众多决策者，也深知情报对其维护独裁统治的功效，因此也建立起庞大的

---

① 自 1797 年起，英国议会每年都有着名为“秘密情报资金”的专项拨款。在拿破仑战争期间，这一款项从战争初的每年 10 万英镑，到 1805 年提高至 170 万英镑，这种传统也一直延续至今。参见 Christopher Andrew，*Secret Service*：*The Making of the British Intelligence Community*，William Heinemann Ltd.，London 1985，p. 5。

情报体系，其中的一些做法也影响了很多国家情报工作的思维和做法，特别是德国军事情报工作鲜明的特色影响了世界情报工作的潮流和发展。

但是，也有一些决策者由于缺乏对情报工作的正确认知，从而导致情报工作滑入低谷，即便是那些对情报工作有着较好认知的决策者，在不同时期受某种因素影响，也会导致对情报工作认知出现偏差，从而导致情报工作发展的受阻。这样的案例在历史中层出不穷，尽管表现形式不同，但其结果都如出一辙。

值得注意的是，决策者对情报工作把握程度的是否精准，同样影响到情报工作的功效。例如，决策者对情报工作的重视，通常而言对其决策有着极为重要的益处。但是，如果决策者对情报人员的过分信任也会导致情报失误的发生。例如，梅厄夫人对以色列情报首脑的过分依赖，最终导致以色列在赎罪日战争初期发生严重的情报失误，以色列军队在战场上陷入从未有过的被动局面。而艾森豪威尔对艾伦·杜勒斯的极端信任，使其竟然相信杜勒斯和国防情报局提出的荒唐“蝙蝠轰炸计划”①。可见决策者如何与情报机构和人员保持适当的距离，是个十分重要且难以把握的尺度，需要认真加以研究并找出良好的解决路径。

七、国力强盛和危机意识是情报工作大发展的助推剂

国家情报工作是项庞大而耗钱的事业，其发展需要强有力的国家支撑，而危机意识则是情报工作平战结合得以发展的重要基础，这点，从西方主要国家的情报工作发展史中可以发现。

首先，情报工作除了优秀的人才之外，不仅需要资金支撑，还需要技术支持。优秀人才每个国家都不缺乏，只要运用合适的方法去寻找即可发现，但资金和技术则非轻易即可获得，通常只有国力强盛和技术发达国家方可做到。纵观西方主要的国家情报体系，均有丰厚的资金支持和技术保障，过去如此，今日依旧。尽管由于一个国家的情报经费预算通常属国家秘密，外人难以得知。但是，从情报工作需要支出大量费用的一般规律

---

① 所谓“蝙蝠轰炸计划”即在蝙蝠身上绑上小型燃烧弹，由飞机投下去燃烧日本的木质房屋，结果大量蝙蝠在空中就被冻僵而再也没有飞起来。

看，特别是一些高科技侦察装备的研发、使用和维护费用高昂，因此不难推断，一个没有强大资金保障和支持的国家情报体系，不可能成为一个强大的情报体系。例如，当今美国庞大且相对高效的情报体系每年就有巨额资金支撑。据法国《防务宇航》2013 年 4 月 16 日报道，2013 年 4 月 10 日，美国国家情报总监办公室披露 2014 财年国家情报计划的预算为 482 亿美元，比去年下降了 40 亿美元。这一数字尚不包括用于海外应急作战行动（OCO）的待定资金，因此无法与上年度预算拨款进行直接比较。例如，2012 财年拨款 539 亿美元，2013 财年预算请求为 526 亿美元。尽管如此，国家情报总监詹姆斯·克莱帕称此举将导致情报采购项目“受到重创”，会对美国的情报能力造成不可估量的后果。同一天，美国国防部长也公布了军事情报计划（MIP）的预算请求，金额为 146 亿美元，这一数字与去年的 147 亿美元相比略有下降，但同样不包括用于海外应急作战行动的预算请求，去年海外应急作战行动的预算请求为 45 亿美元。美国国家情报计划和军事情报计划的预算在 2010 财年达到顶峰，此后逐年下滑。[①] 作为世界最庞大的情报系统，其经费额度之高，超越了世界绝大多数国家的军费开支。而目前经费的减少，主要原因是反恐形势有所好转所致，因为，美国情报经费的增加是从“9·11”事件开始的。[②] 从华盛顿自垫“巨额”经费搞情报，到今天政府的高额情报预算，这种变化不仅反映了美国对情报工作的重视的提高，也充分反映出国力变化对情报工作发展的影响。

---

① 李小磊：“美国披露 2014 财年情报预算”，搜狐网，http：//roll. sohu. com/20130418/n373150160. shtml。

② 由于美国政府向来对情报部门的预算具体情况守口如瓶，因而也被外界称为“黑色预算”。但是，美国中情局前雇员斯诺登 2013 年通过媒体曝光了一份关于美国情报机构预算的高级机密文件。这份文件长达 178 页，主要聚焦美国 16 大情报部门的预算具体情况。美国《华盛顿邮报》等媒体 8 月 30 日纷纷刊登斯诺登披露的这份机密文件主要内容。文件显示，自从 2001 年“9·11”恐怖袭击之后，美国情报部门的雇员扩充到 10. 7 万多名，预算翻了一番，其中中情局开支最多，达 147 亿美元，在 2013 年 526 亿美元的情报总预算中占了 28%，比国家安全局多出一半。有专家估算，自“9·11”以来，美国政府已在情报部门投入 5000 亿美元。这份文件还显示，目前美国情报工作的侧重点除了向国外电脑网络发起黑客攻击，窃取信息或者破坏敌方系统，还包括清洗内鬼，国家安全局今年就计划调查至少 4000 起内鬼威胁。另外，美国情报机构在海外的情报工作，则是敌友一网打尽。比如盟友以色列与中国、俄罗斯、伊朗、古巴一样，也是美国反间谍行动的战略目标。参见“斯诺登曝美情报部门黑色预算 自‘9·11’以来投入 5000 亿美元”，国际在线网，http：//gb. cri. cn/42071/2013/09/01/6651s4238047. htm。

其次，情报是维护国家安全的盾牌和第一道防线，危机意识则是维护国家安全的重要前提。国家要生存并且要发展，但没有情报保障的国家安全不仅是脆弱的也是不安全的，而没有危机感的情报体系是难以完成维护国家安全、生存与发展重任的，这点已被众多历史经验所证实。美国二战前曾经的居安不思维危，和平年代不重视情报体统建设发展的案例就是如此。因此，危机感可以促使人们更加关注情报工作的建设和发展，而在危机意识下运行的情报体系可以更好地发挥其应有职能，为维护国家安全和生存发展作出应有的贡献。以色列情报体系正是因为常年保持着强烈的危机意识才有了今天的骄人战绩。因此，我们必须清醒地认识到，对一个国家而言，居安思危方可真安，居危者方可走得更远，而对于国家情报工作而言，同样如此。

历史的经验值得汲取，历史的教训值得反思。从西方主要国家的发展史中我们发现，情报工作与国家生存发展有着紧密联系，情报工作建设需要国家的强有力支持，国家生存与发展需要高效的情报工作作为保障。过去如此，今天依然，明天照旧，这是历史的必然。

参考文献

本书写作过程中，参阅了大量前人的研究成果，现陈列于下，以此对他们的研究精神和付出的努力表示敬意。同时，也为其他研究者提供一份研究类似问题的文献参考清单，以便减少查阅资料的时间。

一、中文著作

· 北京太平洋国际战略研究所著：《应对危机——美国国家安全决策机制》，时事出版社，2001 年版。
· 曹宏、李莉著：《大卫之剑——以色列摩萨德行动档案》，河北人民出版社，1998 年版。
· 曹宏编著：《摩西的门徒——以色列情报机构揭秘》，国防大学出版社，1998 年版。
· 陈国华、高金虎著：《外国情报史》，南京大学出版社，1993 年版。
· 陈辉著：《沙漠之鹰——以色列军事力量素描》，华东师范大学出版社，2002 年版。
· 陈文海著：《法国史》，人民出版社，2004 年版。
· 陈玉明主编：《世界间谍绝密档案》，吉林摄影出版社，1996 年版。
· 崔建树、李金祥主编：《法国政治发展与对外政策》，世界知识出版社，2009 年版。
· 戴耀先主编：《德意志军事思想研究》，军事科学出版社，1999 年版。
· 戴耀先主编：《论德国军事》，解放军出版社，2007 年版。
· 丁建弘著：《德国通史》，上海社会科学出版社，2007 年版。
· 丁建弘著：《德国文化：普鲁士精神和文化》，上海社会科学院出版社，

2003 年版。
· 丁名楠、余绳武等著：《帝国主义侵华史》（第一卷），人民出版社，1973 年版。
· 方慧颖编著：《德国特工全传》，凤凰出版社，2010 年版。
· 高金钿主编：《国际政治学概论》，国防大学出版社，2001 年版。
· 高金虎等著：《大卫的铁拳——二十世纪以色列情报机构绝密行动》，东方出版社，2005 年版。
· 高金虎主编：《谍报魔法师》，东方出版社，2007 年版。
· 高金虎主编：《喋血柏林墙——二十世纪德国情报机构绝密行动》，东方出版社，2005 年版。
· 高金虎著：《大失误》，江苏人民出版社，1998 年版。
· 高金虎著：《美国战略情报与决策体制研究》，陕西师范大学出版社，2004 年版。
· 高勤著：《叫板美国——伊拉克军情内幕》，新华出版社，2002 年版。
· 高庆德著：《以色列情报组织揭秘》，时事出版社，2011 年版。
· 高元新著：《美国情报文化研究》，军事谊文出版社，2008 年版。
· 关捷主编：《日本侵华政策与机构》，社会科学文献出版社，2006 年版。
· 国际隐蔽斗争情况研究室编著：《国际隐蔽斗争情况年鉴（1992—2001）》，国家安全工作研究所，2002 年版。
· 过毅、高鹏编著：《20 世纪重大战略决策选择》，军事科学出版社，2004 年版。
· 郝承敦著：《白金汉宫 300 年内幕》，山东人民出版社，2001 年版。
· 郝在今著：《中国秘密战：中共情报、保卫工作纪实》，金城出版社，2010 年版。
· 何顺果著：《美国史通论》，学林出版社，2001 年版。
· 贺雄飞著：《犹太式管理——千年不衰的智慧与实践》，上海三联书店，2009 年版。
· 洪堡著：《中央情报局档案》，上海社会科学院出版社，2005 年版。
· 胡平著：《情报日本》，东方出版中心，2008 年版。
· 华文、华宁、易水著：《国际情报战——情报人员》，军事谊文出版社，1993 年版。

· 黄福庆著:《近代日本在华文化及社会事业之研究》，台湾“中央研究院”近代史研究所，1982 年版。
· 黄继谦著:《大漠残垣——中东战争》，军事科学出版，2000 年版。
· 季国兴、陈和丰等著:《第二次世界大战后中东战争史》，中国社会科学出版社，1987 年版。
· 季玉祥等译:《苏联克格勃的秘密》，吉林人民出版社，1994 年版。
· 江河著:《间谍：历史阴影下的神秘职业与“幕后”文化》，哈尔滨出版社，2007 年版。
· 江立华、杜玉环、李建利主编:《人质·暗杀·战争——中东黑幕》，北京理工大学出版社，1994 年版。
· 蒋孟引主编:《英国史》，中国社会科学出版社，1998 年版。
· 解学诗著:《隔世遗思——评满铁调查部》，人民出版社，2003 年版。
· 康阳、润田编著:《星条旗下的魔影——美国中央情报局内幕》，国防大学出版社，1998 年版。
· 兰博编:《摩萨德的秘史》，海南出版社，2002 年版。
· 李炳彦、孙兢著:《军事谋略学》，解放军出版社，1989 年版。
· 李成刚著:《大漠硝烟——第三次中东战争纪实》，世界知识出版社，1997 年版。
· 李东平、杨虹、王善华著:《摩萨德和以色列特种作战部队》，西北大学出版社，1992 年版。
· 李际军著:《军事战略思维》，军事科学出版社，1998 年版。
· 李莉主编:《法兰西的狩猎人——法国情报机构揭秘》，国防大学出版社，1998 年版。
· 李耐国著:《军事情报研究》，军事科学出版社，2001 年版。
· 李少军主编:《国际政治学概论》（第三版），上海人民出版社，2009 年版。
· 李彦明等著:《谍海神风：世界王牌谍报机构》，时事出版社，1997 年版。
· 李元明著:《拿破仑评传》，中国社会科学出版社，1984 年版。
· 梁陶著:《日本情报组织揭秘》，时事出版社，2012 年版。
· 梁西主编:《国际法》，武汉大学出版社，2003 年版。

· 刘聪著：《约米尼传》，解放军出版社，2009 年版。
· 刘晓平著：《拉宾》，辽海出版社，1998 年版。
· 刘绪贻主编：《美国通史》，人民出版社，2002 年版。
· 刘跃进著：《国家安全学》，中国政法大学出版社，2004 年版。
· 刘宗和、高金虎主编：《第二次世界大战情报史》，解放军出版社，2009 年版。
· 刘宗和、高金虎主编：《外国情报体制研究》，军事科学出版社，2003 年版。
· 刘宗和主编：《中国军事百科全书（第二版）军事情报（学科分册）》，中国大百科全书出版社，2007 年版。
· 陆伟著：《日本对外决策的政治学——昭和前期决策机制与过程的考察》，人民出版社，2010 年版。
· 吕万和著：《简明日本近代史》，天津人民出版社，1984 年版。
· 吕一民著：《法国通史》，上海社会科学院出版社，2007 年版。
· 麦顿著：《黑色军团：希姆莱与党卫队》，沈阳出版社，1995 年版。
· 宁泉聘著：《白狼——以色列特工秘密档案》，广州出版社，2000 年版。
· 纽先钟著：《孙子三论》，广西师范大学出版社，2003 年版。
· 纽先钟著：《西方战略思想史》，广西师范大学出版社，2003 年版。
· 纽先钟著：《战略研究》，广西师范大学出版社，2003 年版。
· 钮先钟著：《战略研究入门》，麦田出版股份有限公司，1998 年版。
· 钮先钟著：《第二次世界大战的回顾与省思》，广西师范大学出版社，2003 年版。
· 潘光、陈超南、余建华著：《犹太文明》，福建教育出版社，2008 年版。
· 逄复主编：《侵华日军间谍特务活动纪实》，北京出版社，1993 年版。
· 彭理中著：《军事情报学导论》，军事谊文出版社，1994 年版。
· 彭树智主编：《阿拉伯国家史》，高等教育出版社，2002 年版。
· 戚其章著：《甲午日谍秘史》，天津古籍出版社，2004 年版。
· 戚其章著：《甲午战争史》，上海人民出版社，2005 年版。
· 齐世荣、钱乘旦、张宏毅主编：《15 世纪以来世界九强兴衰史》，人民出版社，2009 年版。
· 齐世荣主编：《强国兴衰史丛书——英国》，三秦出版社，2005 年版。

· 钱乘旦、陈晓律著：《欧洲文明：民族的融合与冲突》，贵州人民出版社，1997 年版。
· 钱乘旦、陈晓律著：《在传统与变革之间——英国文化模式溯源》，浙江人民出版社，1996 年版。
· 钱乘旦、许洁明著：《英国通史》，上海社会科学院出版社，2007 年 12 月版。
· 情报与国家安全课题组著：《情报与国家安全——进入 21 世纪的各国情报机构》，时事出版社，2002 年版。
· 任俊华，赵清文著：《孙子兵法正宗》，华夏出版社，2006 年版。
· 沈炼之主编：《法国通史简编》，人民出版社，1990 年版。
· 时殷弘主讲：《从拿破仑至越南战争》，团结出版社，2003 年版。
· 时殷弘著：《战略二十讲》，天津人民出版社，2008 年版。
· 《世界历史》编辑部编：《明治维新的再探讨》，中国社会科学出版社，1981 年版。
· 舒鹤、方晟著：《情报与国家安全——进入 21 世纪的各国情报机构》，时事出版社，2002 年版。
· 孙关宏主编：《政治学概论》（第二版），复旦大学出版社，2009 年版。
· 孙建民、汪明敏、杨传英编著：《情报战战例选析》，国防大学出版社，2010 年版。
· 孙仁宗著：《日本：速兴骤亡的帝国》，三秦出版社，2005 年版。
· 孙彤主编：《组织行为学教程》，高等教育出版社，1990 年版。
· 汤重南、王加丰等著：《强国之鉴》，人民出版社，2007 年版。
· 汤重南、王淼、强国、韩文娟主编：《日本帝国的兴亡》，世界知识出版社，2005 年版。
· 唐复全、卜延军主编：《外国军事思想史论》，国防大学出版社，2004 年版。
· 唐晋中主编：《大国崛起》，人民出版社，2007 年版。
· 唐贤兴主编：《近现代国际关系史》，复旦大学出版社，2005 年版。
· 万峰著：《日本近代史》，中国社会科学出版社，1981 年版。
· 王朝田、梁湖南编著：《从土伦到滑铁卢：拿破仑战争评述》，解放军出版社，1985 年版。

· 王觉非主编:《近代英国史》,南京大学出版社,1997 年版。
· 王绳祖主编:《国际关系史》(第五卷),世界知识出版社,1995 年版。
· 王彤著:《当代中东政治制度.》,中国社会科学出版社,2005 年版。
· 王文荣主编:《战略学》,国防大学出版社,1999 年版。
· 王养冲、陈崇武编著:《拿破仑书信文件集》,上海人民出版社,1986 年版。
· 王友平著:《开创现代文明的帝国》,黑龙江人民出版社,1998 年版。
· 王章辉著:《英国文化与现代化》,辽海出版社,1999 年版。
· 卫安、达新主编:《情报与安全概览(1994)》,时事出版社,1995 年版。
· 卫安主编:《外国情报史》,时事出版社,1993 年版 。
· 魏大庆、罗克祥等编著:《诡狐——日本特工行动档案》,河北人民出版社,1998 年版。
· 吴明冰著:《特种战线:百年来国际无线电信号侦察和信号保密的斗争历程及经验教训》,金城出版社,1996 年版。
· 吴廷谬主编:《日本史》,南开大学出版社,1994 年版。
· 吴友法著:《德国法西斯的兴起:第二次世界大战起源研究》,湖北教育出版社,2002 年版。
· 夏阳著:《谍中谍:世界百年特工战争》,中国人民公安大学出版社,1998 年版。
· 晓林主编,万冲、杨晓娣著:《法兰西雄狮——拿破仑》,黑龙江人民出版社,1999 年版。
· 肖宪、张宝昆著:《教育立足的国家——犹太人和以色列》,云南大学出版社,2005 年版。
· 肖宪著:《中东国家通史——以色列卷》,商务印书馆,2001 年版。
· 肖裕声主编:《中国军事百科全书(第二版)·世界战争史(学科分册Ⅱ)》,中国大百科全书出版社,2007 年版。
· 肖月著:《佩雷斯传》,世界知识出版社,1996 年版。
· 谢志强编著:《盖世太保揭秘》,大众文艺出版社,2009 年版。
· 刑来顺著:《德国贵族文化史》,人民出版社,2006 年版。
· 徐向群、宫少朋主编:《中东和谈史:1913—1995 年》,中国社会科学出版社，1998 年版。
· 徐向群、余崇健著：《第三圣殿——以色列的崛起》，上海远东出版社，1994 年版。
· 徐新著：《犹太文化史》，北京大学出版社，2006 年版。
· 徐焰著：《帷幄春秋》，国防大学出版社，2007 年版。
· 许宝林著：《中国兵书通览》，解放军出版社，2002 年版。
· 许启贤主编：《世界文明论研究》，山东人民出版社，2001 年版。
· 薛国安著，《〈孙子兵法〉与〈战争论〉比较研究》，军事科学出版社，2003 年版。
· 闫晋中著：《军事情报学》，时事出版社，2003 年版。
· 阎照祥著：《英国史》，人民出版社，2003 年版。
· 颜春联编著：《无线谍报》，金城出版社，1995 年版。
· 杨道金著：《没完没了的战争 · III 中东海湾战火频燃》，中央文献出版社，2000 年版。
· 杨灏城、朱克柔著：《当代中东热点问题的历史探索：II · 宗教与世俗》，人民出版社，2000 年版。
· 杨生茂、刘绪贻主编：《美国的独立和初步繁荣 1775—1860》，人民出版社，1993 年版。
· 杨生茂、陆镜生著：《美国史新编》，中国人民大学出版社，1990 年版。
· 杨淞河著：《军事外交概论》，军事谊文出版社，1999 年版。
· 杨一帆、方铭新主编：《情报与安全概览（1997）》，时事出版社，1998 年版。
· 杨忠等编著：《组织行为学：中国文化视角》，南京大学出版社，2006 年版。
· 殷罡著：《阿以冲突——问题与出路》，国际文化出版公司，2002 年版。
· 永兴、占辉编著：《以色列与阿拉伯——血腥 50 年》，黑龙江人民出版社，1999 年版。
· 曾华锋、龙方成编著：《历史上最具影响力的军事学名著 20 种》，陕西人民出版社，2007 年版。
· 詹来宇编著：《谍海泛舟》，华文出版社，2007 年版。
· 张长军著：《美国情报失误研究》，军事科学出版社，2006 年版。

· 张春林，孔祥智，邓一海编著：《改变世界的 100 件大事》，中国经济出版社，1993 年版。
· 张殿清著：《特殊的较量：情报与反情报》，世界知识出版社，1997 年版。
· 张光勤主编：《米字旗守护神——英国军情五局和秘密情报局行动档案》，河北人民出版社，1998 年版。
· 张倩红著：《以色列史》，人民出版社，2008 年版。
· 张爽著：《美国民族主义—影响国家安全战略的思想根源》，世界知识出版社，2006 年版。
· 张顺洪等著：《大英帝国的瓦解》，社会科学文献出版社，1997 年版。
· 张伟建著：《以色列与美国关系研究.》，时事出版社，2006 年版。
· 张晓军等著：《美国军事情报理论研究》，军事科学出版社，2007 年版。
· 张晓军主编：《军事情报学》，军事科学出版社，2007 年版。
· 张晓军主编：《美国军事情报理论著作评介》，时事出版社，2005 年版。
· 张亚东著：《重商帝国，1689—1783 年的英帝国研究》，中国社会科学出版社，2004 版。
· 张元伟著：《再现拿破仑战争艺术——约米尼〈兵法概论〉浅说》，军事科学出版社，2000 年版。
· 张芝联主编：《法国通史》，辽宁大学出版社，2000 年版。
· 章涌、仕贤、沈丹编著：《雾都谍影——英国情报机构揭秘》，国防大学出版社，1998 年版。
· 赵保佑、李正平、李允豹编著：《情报社会学》，东方出版社，1992 年版。
· 赵晓兰著：《美国的诞生》，复旦大学出版社，2001 年版。
· 赵振愚著：《太平洋战争海战史 1941—1945 年》，海潮出版社，1997 年版。
· 郑博编著：《恐怖的火山口——德国情报机构的过去与现在》，国防大学出版社，1998 年版。
· 郑刚、黄佳懿主编：《秘密档案：二十世纪政治秘闻、战争机密、间谍密档、秘密机构、恐怖组织》，金城出版社，1999 年版。
· 郑介民著：《军事情报学概论》，国家安全局，1947 年版。

· 中国社会科学院近代史研究所编：《中国抗战与世界反法西斯战争：纪念中国人民抗日战争暨世界反法西斯战争胜利 60 周年学术研讨会文集》（上卷），社会科学文献出版社，2009 年版。
· 周桂银编著：《黑夜战争》，四川人民出版社，1997 年版。
· 周健著：《国际反犹主义之探讨》，台湾商务印书馆，1988 年版。
· 周兴旺著：《日本人凭什么》，台北广达文化事业有限公司，2009 年版。

二、中文译著

· [埃及] 马海尔 · 阿卜杜拉 · 哈米德著，张亮、丁寒、艾文译：《神秘的间谍活动》，军事科学出版社，1985 年版。
· [埃及] 萨利赫 · 麦尔西著，丁寒译：《阿拉伯 007——打入以色列二十年》，解放军出版社，1992 年版。
· [奥] 凯尔森著：《法与国家的一般理论》，中国大百科全书出版社，1996 年版。
· [奥] 斯蒂芬 · 茨威格著，候焕闳译：《幕后政治家——约瑟夫 · 富歇传》，辽宁教育出版社，2006 年版。
· [德] 艾米尔 · 路德维希著，杨成绪、潘琪译：《德国人：一个民族的双重历史》，中国社会科学出版社，2010 年版。
· [德] 恩格斯著，中共中央马克思、恩格斯、列宁、斯大林著作编译局译：《反杜林论》，人民出版社，1993 年版。
· [德] 吉多 · 克诺普著，朱刘华译：《党卫军档案》，上海社会科学院出版社，2004 年 11 月版。
· [德] 克劳塞维茨著，军事科学院译：《战争论》，商务印书馆，1982 年版。
· [德] 克劳塞维茨著，李传训编译：《战争论》，北京出版社，2007 年版。
· [德] 克劳塞维茨著，中国人民解放军军事科学院译：《战争论》（第一卷），商务印书馆，1982 年版。
· [德] 克劳塞维茨著，中国人民解放军军事科学院译：《战争论》，第 1 卷，商务印书馆，1978 年版。

·［德］克劳塞维茨著，中国人民解放军军事科学院译：《战争论》，第3卷，商务印书馆，1978年版。
·［德］克劳塞维茨著，钮先钟译：《战争论》，广西师范大学出版社，2003年版。
·［德］克里斯塔·施罗德著，王南颖、金龙格译：《在希特勒身边12年——希特勒贴身女秘书回忆录》，作家出版社，2006年版。
·［德］斯宾格勒著，郭子林等译：《决定时刻：德国与世界历史的演变》，格致出版社，2009年版。
·［德］托尔斯滕·克尔讷著，李工真译：《纳粹德国的兴亡》，湖南人民出版社，2010年版。
·［德］瓦尔特·戈利茨著，戴耀先译：《德军总参谋部（1650—1945）》，海南出版社，2004年4月版。
·［德］瓦尔特·瓦利蒙特著，军事科学院外国军事研究部译：《德国国防军大本营（1939—1945）》，军事科学出版社，1990年6月版。
·［俄］帕维尔·苏多普拉托夫著，魏小明、陆柏春等译：《情报机关与克里姆林宫》，东方出版社，2000年版。
·［俄］B. П. 丘德诺夫著，国玉奇译：《地缘政治学与世界秩序》，重庆出版社，2007年版。
·［法］德·托克威尔著：《论美国的民主》，商务印书馆，2002年版。
·［法］菲利普·贝尔奈尔著，华汶译：《谍海孤舟——法国情报部门一个负责人的自诉》，世界知识出版社，1981年版。
·［法］费尔南·布罗代尔著，顾良、张泽乾译：《法兰西的特性》，商务印书馆，1994年版。
·［法］古斯塔夫·勒庞著，冯克利译：《乌合之众—大众心理研究》，中央编译出版社，2005年版。
·［法］罗歇·法利戈、帕斯卡尔·克罗普著，河帆译：《游泳池——法国秘密机构（1944－1984）》，群众出版社，1987年版。
·［法］孟德斯鸠著，张雁深等译：《论法的精神》，北京：商务印书馆，1961年版。
·［法］皮埃尔·米盖尔著，张芝联译：《法国史》，三联出版社，1988年版。

·［法］乔治·勒费弗尔著，河北师大外语系《拿破仑时代》翻译组译（上卷）、中山大学《拿破仑时代》翻译组译（下卷）：《拿破仑时代》，商务印书馆，1997 年版。
·［法］托克维尔著，冯棠译：《旧制度与大革命》，商务印书馆，1996 年。
·［法］西奥多·泽尔丁著，严撷芸译：《法国人》，上海译文出版社，2001 年版。
·［联邦德国］海因茨·赫内著，时波节译：《第三帝国军事情报局内幕》，世界知识出版社，1988 年版。
·［联邦德国］卡尔·迪特利希·埃尔德曼著，华明等译：《德意志史》，第四卷，商务印书馆，1986 年版。
·［美］J·艾捷尔编，赵一凡、郭国良主译：《美国赖以立国的文本》，海南出版社，2000 年版。
·［美］阿尔弗雷德·塞耶·马汉著，范利鸿译：《海权论》，陕西师范大学出版社。
·［美］艾布拉姆·N. 舒尔斯基、加里·J. 斯密特著，罗明安、肖皓元译：《无声的战争》，金城出版社，2011 年版。
·［美］艾伦·杜勒斯著，陈秋慧译：《情报术》，金城出版社，2014 年版。
·［美］艾尔弗雷德·塞耶·马汉著，萧伟中、梅然译：《海上实力对历史的影响》，中国言实出版社，1997 年版。
·［美］艾尔弗雷德·塞耶·马汉著，安常容、成忠勤译：《海权对历史的影响》，解放军出版社，1998 年版。
·［美］艾仑·肖恩著，贺天同译：《拿破仑大传》，上海社会科学出版社，2005 年版。
·［美］艾伦·布林克利著，邵旭东译：《美国史》，海南出版社，2009 版。
·［美］艾伦·杜勒斯著，胡家炜译：《情报术》，群众出版社，1994 年版。
·［美］安玛丽·斯特劳著，马占斌、田洁等译：《这才是美国—如何在一个危险的世界中坚守我们的价值》，新星出版社，2009 年版。

·［美］保罗·肯尼迪著，陈景彪等译：《大国的兴衰》，国际文化出版公司，2006 年版。

·［美］彼得·帕雷特主编，时殷弘译：《现代战略的缔造者：从马基雅维利到核时代》，世界知识出版社，2006 年版。

·［美］布鲁斯·D. 伯尔考威茨、阿兰·E. 古德曼著，张力、白洁、唐岚译：《绝对真实——信息时代的情报工作》，时事出版社，2001 年版。

·［美］戴维·怀斯、托马斯·罗斯著，北京编译社译：《无形政府》，世界知识出版社，1965 年版。

·［美］戴维·卡恩著，艺群译：《破译者》，群众出版社，1982 年版。

·［美］丹·拉维夫、［以］约西·梅尔曼著，张海涛、魏红伟、郭友、魏民译：《每个间谍都是王子——以色列情报全史》，中国社会科学出版社，1992 年版。

·［美］厄内斯特·沃克曼著，刘彬、文智译：《间谍的历史》，文汇出版社，2009 年版。

·［美］戈登·普兰奇、唐纳德·戈尔茨坦、凯瑟琳·狄龙著，王喜六等译：《中途岛奇迹》，上海译文出版社，1991 年版。

·［美］哈里·豪·兰森著，何新译：《情报工作与国家安全》，群众出版社，1962 年版。

·［美］汉斯·摩根索著，肯尼思·汤普森、戴维·克林顿修订，徐昕、郝望、李保平译：《国家间政治——权力斗争与和平》，北京大学出版社，2006 年版。

·［美］亨利·基辛格著，顾淑馨译：《大外交》，海南出版社，1998 年版。

·［美］杰弗里·里彻逊著，郑云海等译：《美国情报界》，时事出版社，1988 年版。

·［美］凯马尔·H. 卡尔帕特著，陈和丰等译：《当代中东的政治和社会思想》，中国社会科学出版社，1992 年版。

·［美］柯伟林著，陈谦平、陈红民、武菁、申晓芸译，钱乘旦校：《德国与中华民国》，江苏人民出版社，2006 年版。

·［美］拉塞尔·F. 韦格利著，彭光谦等译：《美国军事战略与政策史》，解放军出版社，1984 年版。

· [美] 劳伦斯 · 迈耶著，钱乃复、李越译：《今日以色列——一个不安宁国家的画像》，新华出版社，1987 年版。
· [美] 卢瑟 · S. 利德基主编，龙治芳、唐建文等译：《美国特性探索》，中国社会科学出版社，1991 年版。
· [美] 卢瑟 · S. 路德克主编，王波、王一多等译：《构建美国——美国的社会与文化》，江苏人民出版社，2006 年版。
· [美] 鲁思 · 本尼迪克特著，吕万和、熊达云、王智新译：《菊与刀——日本文化的类型》，商务印书馆，1990 年版。
· [美] 罗伯特 · 杰维斯著，秦亚青译：《国际政治中的知觉与错误知觉》，世界知识出版社，2003 年版。
· [美] 罗杰 · 希尔斯曼、劳拉 · 高克伦等著，曹大鹏译：《防务与外交决策中的政治—概念模式与官僚政治》，商务印书馆，2000 年版。
· [美] 迈克尔 · 卡门著，王晶译：《自相矛盾的民族——美国文化的起源》，江苏人民出版社，2006 年版。
· [美] 内森 · 米勒著，王业桃、任福康、华希玲译：《美国谍报秘史》，译林出版社，1991 年版。
· [美] 佩恩伯格、巴里 · M. 著，史明明等译：《经济间谍探秘》，机械工业出版社，2001 年版。
· [美] 萨缪尔 · 莫里森、亨利 · 康马杰、威廉 · 洛伊希腾堡合著，南开大学历史系美国史研究室译：《美利坚共和国的成长》，天津人民出版社，1980 年版。
· [美] 塞缪尔 · 亨廷顿著，程克雄译：《谁是美国人？美国国民特性面临的挑战》，新华出版社，2010 年版。
· [美] 塞缪尔 · 亨廷顿著，李盛平、杨玉生等译：《变革社会中的政治秩序》，华夏出版社，1988 年版。
· [美] 史蒂文 · 奥茨门特著，邢来顺等译：《德国史》，中国大百科全书出版社，2009 年版。
· [美] 斯图尔特 · 史蒂文著，浦洱译：《以色列间谍大师》，群众出版社，1986 年版。
· [美] 托马斯 · F. 特罗伊著，狄奋译：《历史的回顾—美国中央情报局的由来与发展》，群众出版社，1988 年版。

·［美］托马斯·弗里德曼著，天津编译中心译：《从贝鲁特到耶路撒冷——美国记者中东见闻录》，世界知识出版社，1992 年版。
·［美］谢尔曼·肯特著：《战略情报：为美国世界政策服务》，金城出版社，2012 年版。
·［美］伊格尔斯著，彭刚、顾杭译：《德国的历史观》，译林出版社，2006 年版。
·［美］约翰·兰尼拉格著，潘世强、范道丰等译：《中央情报局》，中国社会科学出版社，1990 年版。
·［美］约翰·托兰著，郭伟强译：《日本帝国的衰亡》，新华出版社，1982 年版。
·［美］约翰·科林斯著，军事科学院译：《大战略》，战士出版社，1978 年版。
·［美］约翰·拉纳勒夫著，郭国和、费惠芳编译：《神秘的第三只手》，知识出版社，1990 年版。
·［美］约翰·米尔斯海默著，王义桅、唐小松译：《大国政治的悲剧》，上海人民出版社，2010 年版。
·［日］薄井由著：《东亚同文书院大旅行研究》，上海书店出版社，2001 年版。
·［日］大桥武夫著，古月译：《战略与谋略》，军事谊文出版社，1985 年版。
·［日］东亚同文会编，胡锡年译：《对华回忆录》，商务印书馆，1959 年版。
·［日］服部卓四郎著，张玉祥等译：《大东亚战争全史》（第一册），商务印书馆，1984 年版。
·［日］桧山良昭著，童心译：《暗杀斯大林的计划》，新华出版社，1980 年版。
·［日］纐纈厚著，顾令仪、申荷丽等译：《近代日本军政关系研究——日本发动侵华战争的历史根源》，社会科学文献出版社，2012 年版。
·［日］井上清著，闫伯纬译：《日本历史》，陕西人民出版社，2011 年版。
·［日］秋定鹤造著，田桓、刘敬文、辛罗林、李廷江译：《东条英机——东条生平和日本陆军兴亡秘史》，1987 年版。
·[日] 日本读卖新闻战争责任检证委员会撰稿，郑钧等译：《检证战争责任：从九一八事变到太平洋战争》，新华出版社，2007 年版。
·[日] 森松俊夫著，黄金鹏译：《日军大本营》，军事科学出版社，1985 年版。
·[日] 实松让著，王云辅、杨坚、张林译：《情报战》，江苏人民出版社，1981 年版。
·[日] 实松让著，张焕利、黄凤珍译：《珍珠港事件前的日日夜夜》，新华出版社，1984 年版。
·[日] 畠山清行著，刘春兰译：《陆军中野学校》，群众出版社，1984 年版。
·[日] 新渡户稻造著，周燕宏译：《武士道》，上海三联书店，2007 年版。
·[日] 渊田美津雄、奥宫正武著，许秋明译：《中途岛海战》，商务印书馆，1979 年版。
·[日] 中原茂敏著：《大东亚补给战》，中国人民解放军总后勤部，1984 年版。
·[瑞士] 约米尼著，刘聪、袁坚译：《战争艺术概论》，解放军出版社，1986 年版。
·[苏] E·契尔尼亚克著，傅师译：《秘密战五百年》，群众出版社，1980 年版。
·[苏] 鲍·亚·罗曼诺夫著，上海人民出版社编译室译：《日俄战争外交史纲》，上海人民出版社，1976 年版。
·[苏] 米尔施泰因等著，黄良羽等译：《论资产阶级军事科学》，军事科学出版社，1985 年版。
·[苏] 亚·米亚赫科夫著，达洲译：《克格勃内幕——一个苏联情报军官的自述》，新华出版社，1980 年版。
·[以] 本·丹著，司仁译：《来自以色列的间谍》，群众出版社，1984 年版。
·[以] 丹·巴旺著，张嘤嘤译：《恐惧与希望——纳粹大屠杀幸存者及其后代子孙》，内蒙古人民出版社，1997 年版。

·［以］果尔达·梅厄著，章仲远、李佩玉译：《梅厄夫人自传》，新华出版社，1986 年版。
·［以］哈伊姆·格瓦蒂著，何大明译：《以色列移民与开发百年史》，中国社会科学出版社，1996 年版。
·［以］哈依姆·赫尔佐克著，尹维江译：《亲历万史——一个以色列总统的回忆》，世界知识出版社，2009 年版。
·［以］马丁·万·克列威尔德著，胡正梁译：《战争与后勤》，解放军出版社，1990 年版。
·［以］米迦勒·巴尔－祖海尔著，刘瑞祥等译：《现代以色列之父——本—古里安传》，中国社会科学出版社，1994 年版。
·［以］沃尔夫冈·洛茨著，张宝青、吴正普译：《我在埃及的间谍活动》，群众出版社，1985 年版。
·［以］西蒙·佩雷斯著，辛华译：《新中东》，新华出版社，1994 年版。
·［以］雅各·纽斯纳著，周伟驰译：《犹太教》，上海古籍出版社，2008 年版。
·［以］伊塞·哈雷尔著，，黎凡、姚暨荣译：《秘密警察头子的末日》，世界知识出版社，1982 年版。
·［意］恩佐·克罗迪著，文心译：《希特勒与纳粹主义》，三联书店出版社，2006 年版。
·［英］A. J. 巴克著，陈志新译：《偷袭珍珠港——太平洋战争的导火线》，台北星光出版社，2000 年版。
·［英］E·契尔尼亚克著，傅师译：《秘密战五百年》，群众出版社，1983 年版。
·［英］J. F. C. 富勒著，钮先钟译：《西洋世界军事史》，第 3 卷，广西师范大学出版社，2008 年版。
·［英］J. F. C. 富勒著，绽旭译：《战争指导》，解放军出版社，2006 年版。
·［英］J. F. C. 富勒著，钮先钟译：《西洋世界军事史》，广西师范大学出版社，2004 年版。
·［英］安德鲁·海伍德著，吴勇译：《政治学核心概念》，天津人民出版社，2008 年版。

· [英] 巴里·布赞著，闫健、李剑译：《人、国家与恐惧——后冷战时代的国际安全研究议程》，中央编译出版社，2009 年版。
· [英] 迪肯著，郑江华译：《我的窥探生涯》，群众出版社，1987 年版。
· [英] 菲利普·奈特利著，林汉、宫宇等译：《谍海风云》，军事译文出版社，1988 年版。
· [英] 基斯·杰弗里著，宗端华、廖国强等译：《军情六处——秘密情报局历史》，湖南文艺出版社，2011 年版。
· [英] 柯林武德著，何兆武、张文杰译：《历史的观念》，商务印书馆，1997 年版。
· [英] 克里斯托弗·希尔著，唐小松、陈寒溪译：《变化中的对外政策政治》，上海人民出版社，2007 年版。
· [英] 肯尼思·O. 摩根主编，王觉非等译：《牛津英国通史》，商务印书馆，1993 年版。
· [英] 理查德·迪肯著，陈秩、乐爱妹等译：《英国谍报史》，世界知识出版社，1983 年版。
· [英] 理查德·迪肯著，姜文灏、赵之援译：《日谍秘史》，世界知识出版社，1984 年版。
· [英] 理查德·迪肯著，汪海涵等译：《无声的战争——西方海军谍报史》，群众出版社，1981 年版。
· [英] 马丁·怀特、赫德利·布尔、卡斯滕·霍尔布莱德著，宋爱群译：《权力政治》，世界知识出版社，2004 年版。
· [英] 马歇尔·康沃尔著，赵汉生、彭光谦译：《作为军事统帅的拿破仑》，解放军出版社，1989 年版。
· [英] 奈杰尔·韦斯特编著，廖鲁达等译：《MI6——秘密情报局》，时事出版社，1992 年版。
· [英] 奈杰尔·韦斯特著，显福、陈锋译：《保安局在行动》，军事译文出版社，1985 年版。
· [英] 帕姆·杜德著，苏仲彦等译：《英国与英帝国危机》，世界知识出版社，1954 年版。
· [英] 屈勒味林著，钱端升译：《英国史》（上册），中国社会科学出版社，2008 年版。

·［英］塞西尔·罗斯著，黄福武、王丽丽等译：《简明犹太民族史》，山东大学出版社，1997 年版。
·［英］特里·科罗迪著，杨宗杰、孙帆等译：《世界间谍史》，解放军出版社，2008 年版。
·［英］威廉·维·肯尼迪等，罗光夏等译：《现代情报战的内幕》，解放军出版社，1986 年版。
·［英］威廉·维·肯尼迪著，罗光夏等译：《现代情报战的内幕》，解放军出版社，1986 年版。
·［英］温斯顿·丘吉尔著，北京编译社译：《第二次世界大战回忆录》（第四卷），商务印书馆，1975 年版。
·［英］休·希顿－沃森著，吴洪英、黄群译：《民族与国家——对民族起源与民族主义政治的探讨》，中央民族大学出版社，2009 年版。
·［英］约翰·科斯特洛著，王伟、夏海涛译：《太平洋战争（1941—1945）》（上），东方出版社，1985 年版。
·［英］约翰·马斯特曼著，肖钟译：《两面间谍》，群众出版社，1979 年版。
·［英］约翰·霍兰·罗斯著，北京外国语学院英语系《拿破仑一世传》翻译小组译：《拿破仑一世传》，商务印书馆，1977 年版。

三、外文文献

· A. Goodwin, The New Cambridge Modern History, *The American and French Revolution, 1763－1793*, Cambridge University Press, 1965.
· Abram N. Shulsky, Gary. J. Schmitt. *Silent Warfare: Understanding the World of Intelligence.* 3rd edition Washington D. C.: Brassey's, Inc, 2002.
· Alan Axelrod, *the War between the Spies: A History of Espionage during the American Civil War*, New York: Atlantic Monthly Press, 1992.
· Alexander Rose, *Washington's Spies: The Story of America's First Spy Ring*, New York: Bantam Books, 2006.
· Andrew and Leslie Cockburn, *Dangerous Liaison: The Inside Story of the U. S. -Israeli Covert Relationship.* First Harper Perennial edition

published, 1992.

· Angelo Codevilla, *Informing Statecraft—Intelligence for a New Century*. New York: Free Press, 1992.

· Anson F. Rainey. Edited, *The Land of the Bible*. Westminster, Philadephia, 1979.

· Arthur M. Schlesinger, Jr., *the Disuniting of America: Reflections on a multicultural society*, W. W. Norton, 1998.

· Barry Buzan, Morten Kelstrup, Pierre Lemaitre, Elzbieta Tromer and Ole W ? ver, *The European Security Order Recast: Scenarios for the post-Cold War ear*. London: Pinter, 1990.

· Barry Buzan, *Interdependence and Britain's external relations in Lawrence Freedman and Mike Clarke (eds). Britain in the World*, Cambridge University Press, 1991.

· Barten, Gorge, *The World's Greatest Military Spies and Secret Service Agents*, Boston: Page Company, 2008.

· Benjamin Beit-Hallahmi, *The Israeli Connection: Who Israel Arms and Why*. New York: Pantheon Books, 1987.

· Benny Morris, *Righteous Victims: A History of the Zionist-Arab Conflict*, 1881 - 2001. New York: Vintage Books/Random House, 2001.

· Bernard Porter, *Plots and Paranoia: A History of Political Espionage in Britain*, Unwin Hyman Ltd. London, 1992.

· Brain A. Jackson, *the Challenge of Domestic Intelligence in a Free Society*, RAND Corporation, 2009.

· C. G. McKay, *from Information to Intrigue: Studies in Secret Service Based on the Swedish experience*, 1939 - 1945, Frank Cass & Co. LTD, London, 1993.

· C. R. Bevan. *How Can Israel Survivel*. London: The British Survey, 1964.

· Carl Van Doren, *Secret History of the American Revolution*, Garden City, N. Y.: Garden City Publishing, 1941.

· Chandler, David G., *The campaigns of Napoleon*, New York: Simon and Schuster, 1973.

· Christopher Andrew and David Dilks, eds. *The Missing Dimension: Governments and Intelligence Communities in the 20th Century*, London: Palgrave

Macmillan, 1984.

- Christopher Andrew, Defense of the Realm: *The Centenary History of the Security Service*, London: Random House, Inc, 2009.
- Christopher Andrew, *Secret Service: The Making of the British intelligence Community*, London: William Heinemann Ltd, 1993.
- Cornick, Martyn, & Morris, Peter, eds. , *The French secret Sevices*, New Brunswick: Transaction Publishers, 1993.
- Crowdy, Terry, *Enemy Within: A History of Espionage*, London: Osprey Publishing, 2006.
- Creveld, Martin Van, *Command in war*, Cambridge: Harvard University Press, 1985.
- Dan Baron. *Israeli Report Blasts Intelligence for Exaaggerating the Iraqi Threat.* JTA. Org. 2004.
- Dan Raviv and Yossi Melman. *Every Spy a Prince: the Complete History of Israel Intelligence Community.* New York: Hougton Mifflin Company, 1990.
- Daniel F. Calhoun. Hungary and Suez, 1956: *An Explanation of Who Makes History.* Lanham: MD: University Press of America, Inc. , 1991.
- David Irving, *Hitler's War*, New York: Viking Press, 1977.
- David Kahn, *Hitler's Spies: German Military Intelligence in World War II*, Cambridge: Da Capo Press, 2000.
- Dénes Bérnad, *Rumanian Aces of World War II*, Oxford: Osprey Publishing, 2003.
- DIA Office of Historical Research, *A History of the Defense Intelligence Agency*, www. dia. mil/publicaffairs/Foia/dia-history. pdf.
- Donald B. Redford, *Egypt*, *Canaan and Israel in Ancient Times.* New Jersey: Princeton University Press 1992.
- Edwin B. Coddington, *the Gettysburg Campaign; a study in command*, New York: Scribner's, 1968.
- Edwin C. Fishel, *the Secret War for the Union: The Untold Story of Military Intelligence in the Civil War*, Houghton-Mifflin Trade and Reference, 1996.
- Elting, John R. , *Swords Around a Throne: Napoleon's Grande Armee*, Da

Capo Press, Inc. , 1997.

· Erich, Gunther, *The Art of Warfare in the Age of Napoleon*, Bloomington: Indiana University Press, 1980.

· Eshed, Haggai. Reuven Shiloah—*The Man Behind the Mossad: Secret Diplomacy in the Creation of Israel. Ilford*, England: Frank Cass Publishers, 1997.

· Evan H. Potter, *Economic Intelligence and National Security*, Canada: Carleton University Press, 1998.

· Ezra Sohar, *A concubine in the Middle East: American-Israeli Relation.* Gefen Publishing House, Jerusalem, 1999.

· Fitzpatrick, William John, *Secret History under Pitt*, New York: Adamant Media Corporation, 2005.

· Galia Golan, *Soviet Politics in the Middle East from World War II to Gorbachev.* London: Cambridge University Press, 1990.

· Gautam Sen, *The Military Origins of Industrialization and International Trade Rivalry.* London: Pinter. 1984.

· George C. Browder, *Foundations of the Nazi Police State: The Formation of Sipo and SD*, Lexington: University Press of Kentucky, 2004.

· George, Roger Z. , & Kline, Robert D. , eds. , *Intelligence and the National Security Strategist: Enduring Issues and Challenges*, Lanham: Rowman and Littlefield Publishing Inc. , 2006.

· George. H. Stein, *the Waffen SS: Hitler's elite guard at war*, 1939 – 1945, New York: Cornell University Press, 1996.

· Giles MacDonogh, 1938: *Hitler's Gamble*, New York: Basic Books, 2011.

· Glenn James Voelz, *Managing the Private Spies: the Use of Commercial Augmentation for Intelligence Operations*, JMIC PRESS, 2006.

· Glenn P. Hastedt ed. , *Controlling Intelligence.* London: Frank Cass. 1991.

· Götz Aly, and Karl Heinz Roth, eds. , *The Nazi census: identification and control in the Third Reich*, Philadelphia: Temple University Press, 2004.

· Hamiton, Keith, & Langhome, Richard, *The Practice of Diplomacy: Its Evolution, Theory and Administration*, New York: Taylor & Francis, 2010.

· Handel, Michael I. , *Masters of War: Classical Strategic Thought*, London:

Frank Cass, 2003.

· Handel, Michael I., *War, Strategy and Intelligence*, London: Frank Cass, 1989.

· Haythornthwaite, Philip J., & Courcelle, Patrice, *Napoleon's Commanders*, Oxford: Osprey Publishing, 2002.

· Heinz Höhne, *Canaries: Hitler's Master Spy*, New York: Cooper Square Press, 1999.

· Henry Ashby Turner, *German Big Business and the Rise of Hitler*, London: Oxford University Press, 1985.

· Herman, Michael, *Intelligence Power in Peace and War*, London: Cambridge University Press, 1996.

· Horst Boog, *Germany and the Second World War.* London: Oxford University Press, 2001.

· Howard M. Sachar, *A History Israel: From the Rise of Zionism to Our Time.* Knopf: 2 Rev Exp edition, 1996.

· Ian Black and Benny Morris, *Israel's Secret Wars: A History of Israel Intelligence Services.* New York: Grove Weidenfeld Company, 1991.

· Ian Kershaw, *Hitler*, 1936 – 1945: *Nemesis*, London: Penguin Books Ltd, 2001.

· J. W. Bennett, W. A. Hobart and J. B. Spitzer, *Intelligence and Cryptanalytic Activities of the Japanese During World War Two*, Laguna Hills: Aegean Park Press, 1986.

· Jackson, Peter J., & Siegel, Jennifer L., eds., *Intelligence and Statecraft: The Use and Limits of Intelligence in International Society*, New York: Praeger Publisher, 2005.

· James A. Boutilier, *the RCN in Retrospect*, 1910 – 1968, Vancouver: the University of British Columbia Press, 1982.

· James H. Hansen, *Japanese Intelligence: the Competitive Edge*, Washington DC: NIBC press, 1996.

· James P. Finley, *U. S. Army Military Intelligence History: A Sourcebook*, U. S. Army Intelligence Centre & Fort Huachuca, 1995.

· James R. Schlesinger. Economic growth and national security in F. A. Sonderman, W. C. Olson and T. S. McLellan（eds）., *The Theory and Practice of International Relations. Englewood Cliffs*, Nj：Prentice Hall. 1970.
· James Risen, *State of War：The Secret History of the CIA and the Bush Administration.* New York：Simon & Schuster, 2006.
· Jeffrey Richelson. *The U. S. Intelligence Community*, *2nd ed.* Cambridge, MA：Ballinger. 1989.
· Jeffrey T. Richelson and Desmond Ball, *The Ties That Bind：Intelligence Cooperation Between the UK-USA Countries.* Boston：Unwin Hyman, 1990.
· Jeffrey T. Richelson, *A Century of Spies：Intelligence in the Twentieth Century*, New York：Oxford University Press, 1995.
· Jennifer L. Siegel, *Intelligence and Statecraft：The Use and Limits of Intelligence in International Society*, New York：Praeger Publisher, 2005.
· John Bruce Lockhart, *Intelligence：A British View. Approaches to Intelligence*, London：ed. K. G. Robertson, Macmillan, 1987
· John M. Archer, *Sovereignty and Intelligence：Spying and Court Culture in the English Renaissance*, New York：Stanford University Press, 1993.
· John Winton, *Ultra at Sea：How Breaking the Nazi Code Affected Allied Naval Strategy during World War II*, W. New York：Morrow, 1988.
· K. J. Holsti, *Why Nations Realign*, London：Allen and Unwin, 1982.
· Kenneth M. Pollack, *Arabs at War：Mili-tary Effectiveness*, 1948 – 1991. Lincoln：Nebraska University Press, 2002.
· Kent Kotani, *Japanese Intelligence in World War II*, Westminster：Osprey publishing, 2009.
· Ladislas Farago, *The Broken Seal：The Story of Operation Magic and the Pearl Harbor Disaster*, New York：Random House, 1967.
· Laqueur, Walter, *The Uses and Limits of Intelligence*, New Brunswick：Transaction Publisher, 1993.
· Lawrence Burr, *US CRUISERS* 1883 – 1904：*The Birth of the Steel Navy*, Oxford：Osprey publishing Ltd., 2008.
· Martel, Gordon, ed., *A Companion to International History*：1900 – 2001,

New Jersey: John Wiley & Sons, 2007.

- Martin Hengel, *The Zealots. Investigations into the Jewish Freedom Movement on the Period from Herod Until* 70 *A. D.*. Edinburgh: T&T Clark Ltd, 1989.
- Michael Barry Miller, *Shanghai on the Métro: Spies, Intrigue, and the French between the Wars*, Berkeley: the University of California Press, 1994.
- Michael Herman, *Intelligence: Power in Peace and War*, London: Cambridge University Press, 1996.
- Michael J. Cohen, *Palestine and the Great Powers*, 1944 – 1948. New Jersey: Princeton University Press, 1982.
- Michael W. Suleiman, *the Arabs in the Mind of America. Brattleboro*, VT: Amana Books. 1988.
- Miles Copeland, *The Game of Nations: the Amorality of Power Politics.* New York: Simon and Schuster, 1969.
- Noah Lucas, *The Modern History of Israel.* London: Weidenfeld and Nicolson, 1975.
- Nocholas Bethell, *The Palestine Triangle: The Struggle between the British, the Jews and the Arabs* 1935 – 1948. London: Andre Deutsch, 1979.
- Patrick J. Charles, *Irreconcilable Grievances: The Events that Shaped American Independence*, New York: Heritage Books, Inc, 2008.
- Paul Kennedy. *The Rise and Fall of the Great Powers.* London: Fontana. 1988.
- Paul Leverkuehn, *German military intelligence*, Westport: Praeger, 1954.
- Peter Jackson and Jennifer Siegel, I*ntelligence and Statecraft: the Use of Intelligence in International Society*, Praeger Publishers, 2005.
- Posner. Steve. *Israel Undercover: Secret Warfare and Hidden Diplomacy in the Middle East. Syracuse.* New York: Syracuse University Press, 1987.
- R. Laudni, *Secret Reports on Nazi Germany-Intelligence Reports by Herb*, New Jersey: Princeton University Press, 2011.
- R. O. Keohane and J. S. Nye, *Power and Interdependence.* Boston: Little Brown, 977.

· Rachel E. Tecott, *Israeli Counterterrorism Decision-Making: The Causes and Costs of A Strategic Incoherence.* Connecticut: Wesleyan University, 2011.
· Raymond J. Batvinis, *the Origins of FBI Counterintelligence*, Lawrence, Kan.: University Press of Kansas, 2007.
· Reucen Paz. *the Threat of Jewish Terrorism in Israel.* ICT, Herzlia. 1998.
· Richard H. Shultz and Roy Godson, *Dezinformatsia: Active Measures in Soviet Strategy*, McLean Va: Pergamon-Brassey's, 1984.
· Richards J. Heuer, Jr., the *Psychology of Intelligence Analysis.* Washington, DC: Central Intelligence Agency, 1999.
· Roger Kaplan, *The Hidden War: British Intelligence Operation during the American Revolution*, New York: OIEAHC, 1990.
· Samuel W. Mitcham, *Panzers in winter: Hitler's Army and the Battle of the Bulge*, Westport: Greenwood Publishing Group, 2006.
· Selwyn Lloyd, *Suez* 1956: *A Personal Account.* London: Jonathan Cape, 1978.
· Seymour Hersh, *The Samson Option: Israel's Nuclear Arsenal and American Foreign Policy.* New York: Random House, 1991.
· Shulsky, Abram N., & Schmitt, Gary J., *Silent Warfare: Understanding the World of Intelligence*, New York: Brassey, Inc., 2002.
· Stafford T. Thomas, *Intelligence Community for American.* Maryland: National Security Bureau, 1987.
· Stansfield Turner, *Secrecy and Democracy: the CIA in Transition.* Boston: Houghton Miffin, 1985.
· Stephen Budiansky, *Her Majesty's Spymaster: Elizabeth, Sir Francis Walsingham, and the birth of modern espionage*, London: Weekly, 2005.
· Stephen Knott, *Secret and Sanctioned: Covert Operations and the American Presidency*, New York: Oxford University Press, 1996.
· Stephen Wade, *Spies in the Empire: Victorian Military Intelligence*, London: Anthem Press, 2007.
· Stewart Steven, *The Spymasters of Israel: the Definitive Look at the World's Best Intelligence Service.* New York: Bal-lantine Books, 1980.
· Stockholm International Peace Research Institute (SIPRI), *The Arms Trade*

with the Third World. New York: Humanities Press, 1971.

· Susan Doran, *Elizabeth* Ⅰ *and Foreign Policy* 1558 - 1603, London: Routledge, 2000.

· Terence Robertson. *Crisis: The Inside Story of the Suez Conspiracy*. London: Hutchinson & Co., Ltd. 1965.

· Terry Crowdy, *Enemy Within: A History of Espionage*, London: Osprey Publishing, 2006.

· Thomas Cleary, *Understanding the culture of strategy*, Boston: Shambhala Publications, Inc., 1991.

· Thompson, James W., & Padover, Saul K., *Secret Diplomacy: Espionage and Cryptography*: 1500 - 1815, New York: Frederick Ungar Publishing, Co Ltd., 1963.

· Tony Matthews, *Shadows Dancing: Japanese Espionage Against the West* 1939 - 1945, London: Robert Hale, 1993.

· United States. War Dept. General Staff, *German military intelligence*, 1939 - 1945, Frederick, MD: University Publications of America, 1984.

· Victor Ostrovsky, *By Way of Deception: the Making of a Mossad officer*. Wilshire Press Inc., 2002.

· Walter Laqueur, *the Uses and Limits of Intelligence*, New Brunswick: Transaction Publisher, 1993.

· Walton, Timothy, *Challenges in Intelligence Analysis: Lessons From* 1300*BC to the Present*, London: Cambridge University Press, 2010.

· Warren Bass, *Support Any Friend: Kenndy's Middle East and the Making of the U. S. -Israeli Alliance*. New York: Oxford University Press, 2003.

· Wesley K. Wark, *the Ultimate Enemy: British Intelligence and Nazi Germany* 1933 - 1939, New York: Cornell University Press, 2010.

· William H. McNeill, *The Pursuit of Power*. Chicago: University of Chicago Press. 1982.

· William H. McNeill, *The Rise of the West*. Chicago: University of Chicago Press. 1963.

· William H. Mott IV, *United States Military Assistance: An Empirical Perspec-*

tive. Westport，CT：Greenwood Press. 2002.

· William John Fitzpatrick，*Secret Service Under Pitt*. New York：Adamant Media Corporation，2005.

· William L. Shirer，*The Rise and Fall of the Third Reich*，New York：MJF Books，1998.

· William M. Mc Govern，*Strategic Intelligence and the shape of tomorrow*，HENRY REGNERY COMPANY，1961.

· Wolfram F. Hanrieder，*Disolving international polictics*：*reflections on the nation-state*. American Polictical Science Review，1978.

· 阿川弘之・猪瀬直樹・中西輝政・秦郁彦・福田和也：『二十世紀日本の戦争』、文春新書、平成十二年版。

· 石津朋之、ウイリアムソン・マーレー編：『日米戦略思想史——日米関係の新しい視点』、彩流社、2005 版。

· 篠原昌人著：『陸軍大将福島安正と情報戦略』、芙蓉書房、2002 年版。

· 太田文雄著：『情報と国家戦略』、芙蓉書房、2005 年版。

四、中文学术文章

· 陈家光、郭国防：《不同寻常的日本陆军中野学校》，载《环球军事》2008 年第 183 期。

· 陈双庆：《以色列情报与安全机构》，载《国际资料信息》2003 年第 6 期。

· 丁栋：《1928—1938 年德国军事技术对华转移与南京国民政府军事现代化建设》，硕士学位论文，国防科学技术大学，2007 年。

· 丁顺珍：《英国情报与安全机构》，载《国际资料信息》2003 年第 10 期。

· 端木承中：《英国情报系统的改革之路》，载《国家安全通讯》2001 年第 1 期。

· 高金虎：《情报研究中的五个重要问题》，载《江南社会学院学报》2010 年第 1 期。

· 胡劲松：《20 世纪德国的文化特质及其教育特征》，载《比较教育研究》2004 年第 3 期。

· 冀伯祥，赵平：《论德国在第二次世界大战中失败的经济原因》，载《重庆师范大学学报》2004 年第 1 期。

· 景德祥：《1929 年经济大危机与希特勒的上台》，载《史学理论研究》2009 年第 2 期。

· 李凯：《日本民间情报工作初探》，载《解放军国际关系学院学报》2008 年第 3 期。

· 李娜：《满铁在‘九·一八’事变中的情报活动与宣传》，载《日本问题研究》1999 年第 1 期。

· 李志芬：《以色列民族构建——意识形态、族群、宗教因素的探讨》，博士论文，西北大学，2009 年。

· 刘凤翰：《论抗战前日人对中国军事之调查》，载台湾《“中央研究院”近代史研究所集刊》第 17 期下册，1988 年。

· 刘跃进：《文化的先进性是国家文化安全的关键》，在《铁道警官高等专科学校学报》2002 年第 1 期。

· 刘泽毅、杜彬：《以色列反恐情报战略探讨》，载《武警学院学报》2009 年第 5 期。

· 孟宪梅，李红梅：《试析满铁的情报调查活动》，载《东北亚论坛》2003 年第 6 期。

· 屈冠：《英国反恐战略》，载《外国军事学术》2009 年第 3 期。

· 石建华：《德国在二战中迅速败亡的两点原因》，载《铜仁学院学报》2007 年第 1 期。

· 汪晓风：《信息与国家安全——美国国家安全战略转型中的信息战略分析》，博士学位论文，复旦大学，2004 年。

· 王春：《1928—1938 年德国驻华军事顾问团历史》，硕士学位论文，西北工业大学，2003 年。

· 王坚德：《以色列的生存和发展初探》，载《福建师范大学学报（哲学社会科学版）》1996 年第 1 期。

· 王俊生：《沃尔兹结构现实主义在国内政治研究上的缺失原因分析》载《教学与研究》2007 年第 2 期。

· 王谦：《英国情报体制简介》，载《国际资料信息》2009 年第 10 期。

· 王希亮：《近代西伯利亚和远东地区日本谍报谋略活动评述》，载《西伯利亚研究》2003 年第 2 期。
· 王晓洁：《美以情报合作问题研究》，硕士论文，解放军国际关系学院，2009 年。
· 王震：《以色列反恐政策演变及其评价》，载《江南社会学院学报》2008 年第 3 期。
· 吴昊：《英国与以色列情报工作研究》，硕士论文，解放军国际关系学院，2001 年。
· 吴景平：《太平洋战争爆发前中德军事和经贸合作关系的若干史事述评"》，载《"近代中国、东亚与世界"国际学术讨论会论文集（下册)》，2006 年。
· 杨军：《充满悖论的以色列政治》，载《西亚非洲》2000 年第 2 期。
· 岳忠民：《论犹太文化对情报工作的影响》，硕士论文，解放军国际关系学院，2008 年。
· 曾景忠：《近代日本分裂中国的谋略活动初探》，载《第二届近百年中日关系史国际研讨会论文集》，1995 年。
· 张北根：《1933—1941 年的中德关系》，载《历史研究》1995 年第 2 期。
· 张北根：《克兰计划与中德关系》，载《历史档案》1997 年第 4 期。
· 赵鲁臻：《浅析二战中轴心同盟的矛盾》，载《社科纵横》2009 年第 2 期。
· 赵文元：《上海东亚同文书院与近代日本侵华活动》，载《史学月刊》2002 年第 9 期。
· 郑斌：《英国保安局重点突出反恐情报保障》，载《情报杂志》2005 年第 3 期。
· 朱苏宁：《摩萨德与以色列情报工作研究》，硕士论文，解放军国际关系学院，2008 年。

五、外文学术论文和研究报告

· Barry Buzan and Gautan Sen, The Impact of Military Rearch and Development Priorities on the Evolution of the Civil economy in capitalist states. *Review of International Studies. 1990.*

· CIA, Intelligence in Civil War, Washington DC: Central Intelligence Agency, www. cia. gov/liberary/publications/additional-publications/civil-war/index. html.

· CIA, Intelligence in War of Independence, Washington DC: Central Intelligence Agency, http://www. cia. gov/library/center-for-the-study-of-intelligence/csi-publications/books-and-monographs/intelligence/index. html.

· Elder, Gregory, Intelligence in the War: It Can Be Decisive, *Studies in Intelligence, Vol. 50, No. 2, CIA, 2006.*

· Francis Harry Hinsley, British intelligence in the Second World War, *Vol3, HMSO, Cambridge, 1984.*

· Freshwater, J. L., Policy and Intelligence: The Arab-Israeli War. *Studies in Intelligence. Winter 1969.*

· Gregory Elder, Intelligence in the War: It Can Be Decisive, *STUDIES IN INTELLIGENCE, Vol. 50, No. 2, CIA, 2006.*

· Harry Howe Ransom, The President and National Security Policy. The Intelligence Establishment Quoted in R. Gordon Hoxie (eds). *Center for the Study of Presidency, Proceedings: Vol. V. No. 2. 1984.*

· Huw Davies, Intelligence and Art of Command, 1799 – 1945, *Intelligence and National Security, 2007, vol. 22.*

· Huw Davies, The Influence of Intelligence on Wellington's Art of Command, *Intelligence and National Security, 2007, vol. 22.*

· Ian Black, The origins of Israeli intelligence. *Intelligence and National Security, Volume 2, Issue 4 October 1987.*

· Isaac Ben-Israel, The Philosophy of Military Intelligence. *Israel: Ministry of Defense Publishing. 1999.*

· Jean Owen, The Polls and Newspaper Appraisal of the Suez Crisis. *The Public Opinion Quarterly, Vol. 21, No. 3. 1957.*

· Jennifer E. Sims, Foreign Intelligence Liaison: Devils, Deals, and Details, *International Journal of Intelligence and Counter-Intelligence, 2006.*

· Luvaas, Jay, Napoleon's Use of Intelligence: the Jena Campaign of 1805, *Intelligence and National Security*, *Vol. 3*, *No. 3*, *1988.*

· Martin T. Bimfort, A Definition of Intelligence, *Studies in Intelligence*, *Fall 1958.*

· Michael Handel, The Politics of Intelligence, *Intelligence and National Security*, *1991.*

· Michael I. Handela, Intelligence and the Problem of Strategic Surprise, *Journal of Strategic Studies*, *2008.*

· Michael Warner, Wanted: a Definition of Intelligence. *Studies in Intelligence. Vol. 46. No. 3. 2002.*

· Ralph Negrine, The Press and the Suez Crisis: A Myth Re-Examined. *The Historical Journal*, *Vol. 25*, *No. 4. 1982.*

· Scott Conley, British Intelligence Operations as They Relate to Britain's Defeat at Yorktown, 1781, [dissertation], Morgantown: West Virginia University, 2010.

· Shlomo Brom, The War in Iraq: An Intelligence Failure. [*Strategic Assessment*] *Tel Aviv*: *Jaffee Center for Strategic Studies*, *Tel Aviv University. 2003.*

· Tajima Nobuo, Signals Intelligence Collaboration among the Triparti States on the Eve of Pearl Habor, *Japan Forum*, *No. 2*, *1991.*

· Uri Bar-Joseph and Arie W. Kruglanski, Intelligence Failure and Need for Cognitive Closure: On the Psychology of the Yom Kippur Surprise, *Political Psychology*, *2003.*

· Zach Levey. Israel's Quest for a Security Guarantee from the United States, 1954 – 1956. *British Journal of Middle East Studies 22*, *No. 1/2. 1995.*

后　记

所谓“十年磨一剑”，这一课题从策划到最终完成，正好经历了10年。在这10年中，世界很多国家的情报界都经历了一场深刻革命，甚至一些国家的情报体系发生了脱胎换骨的变化，这些变化给军事情报学研究带来新的思路的同时，也带来了新的问题，对于本课题研究也有了很多新的启示。

最初将情报工作与国家生存发展联系起来进行研究的想法萌生于对以色列情报工作的思考。因为，这个犹太民族国家从无到有、从弱到强，特别是作为一个夹缝中求生存的地区小国，自建国以来就面临着巨大的生存危机，但以色列不仅在五次中东战争中取得胜利，顽强地生存下来，且逐渐成为地区强国，就情报的功能理论而言，其闻名世界的情报体系在其中一定发挥过重要作用，理性研究两者间的逻辑关系和基本内涵，不仅具有很好的学术价值，对我国情报事业特别是军事情报事业必有重要的实践参考价值。此外，作为一种普遍性的学术研究，如果将情报工作的情况生成一条曲线，将国家生存与发展状况生成另一条曲线，将这两条曲线进行对比，上升和下降部分有多大程度的重合和疏离，这种重合和疏离到底说明了什么？特别是情报工作在其中扮演着怎样的角色？产生过怎样的影响等等这些问题同样具有研究价值。因此，以此为起点，我决定对西方主要国家的情报工作与其生存发展状况进行一个全面历史考察。但是，由于事务繁杂，我难以抽出足够的时间对这个宏大的课题进行研究，于是决定带着学生一起做这件前人未曾涉及但却十分有意义的事情。

从那时起，我挑选自己指导的部分硕士生分别选择一个国家进行研究，并最终将其做成硕士论文。先后参与这一课题研究的分别是：周辉（以色列）、毕成（英国）、曾映（美国）、李建敏（法国）、王拓（德国）

和任勇辉（日本）。他们不负所托，均对所指定的研究内容进行了很好的研究并顺利完成了学业。在研究过程中，从最初开始，我就从论文的关键理念、框架结构、主要观点、研究方法、文字表述等进行设计指导，并对完成后的论文进行了认真修改，而他们的这些论文也最终成为本书写作的基本素材。

10 年后，我用了大约一年时间，将研究内容重新布局，重新查阅了大量资料，加入了大量的案例和论述，特别是对一些观点进行了修正和补充，终使其成书。但是，基于学生们的前期贡献，无论如何这部著作是我们师生共同完成的产品。他们的前期工作，为我节省了大量查阅资料的时间，也在一些问题上给了我很多的启示，对此我要对他们表示衷心的感谢！特别是在我们相处的日子里，工作中教学相长，生活中把酒言欢，结下了一生的情缘，也是我一生中十分难忘的时光。如今他们已羽翼丰满，出色地战斗在我军不同的岗位上，我也为此感到无比的骄傲。此书的完成也算是奉献给他们的礼物，以此纪念我们曾经在一起共同研究和生活的岁月。

由于所研究的问题是个十分复杂和宏大的课题，特别是很多研究者均没有丰富的情报工作实践经验，理论水准也不足够扎实，特别是针对部分国家如德国、法国和以色列的研究，由于研究者均不熟练掌握其本族语言，难以利用其本国人的研究成果，因此存在着一些天然的短板，这也是本书的一大遗憾。我作为最终的完成者，尽管付出了不少努力，想尽可能地将一些存在问题得到解决，但同样因为自身的一些短板，难以完成这项几乎是不可能完成的任务，依然存在着这样或那样的问题和疏漏。敬请读者阅后斧正。

本书最终得以出版，首先要感谢解放军国际关系学院的首长，没有他们为本书出版给予的资金支持，就难以有本书的面世。同时要感谢我学生们论文的盲评和答辩专家，他们对论文提出的肯定和修改意见，也使我从中学得了很多，这对于此书的最终完成具有十分重要的意义，在此一并表示感谢。最后还要感谢时事出版社的苏绣芳女士，我们的合作已 7 年有余，由于她的信任与支持，7 年多来我在时事出版社已出版了 8 本著作，这本是第 9 本。彼此的信赖关系，省去我们出版过程中的许多疑虑、担心和交涉，这为我的学术著作出版铺平了道路。

情报工作是个十分神秘却严肃的话题，作为学术研究更不轻松，特别是对外国情报工作的研究，由于很多资料并未解密，能够查阅到的资料十分有限，但我们不能就此停止研究的步伐，只能知难而上，在能够找到的资料中发掘有价值的信息，并将这些信息进行“去粗取精、去伪存真、由此及彼、由表及里”地分析，最终将其作为研究素材和基础进行研究进而得出研究结论。

随着中国的快速发展，“中国威胁论”甚嚣尘上，遏制中国崛起已成为一些国家的既定战略目标，这使得中国所面临的国际环境更加复杂多变。特别是当前，在地缘政治、国际军事、全球经济和文化战略等因素的交互作用下，中国周边安全形势十分复杂严峻，各种传统安全和非传统安全多点并发，给中国带来的问题和挑战可谓是空前的。在这种形势下，情报工作在保障国家的安全与发展方面的作用将更加凸显，这需要在情报工作一线同志们以极大的奉献精神努力工作，也呼唤着广大学者对很多相关问题加强研究，以此形成合力，最大限度地维护我国家安全。而情报工作在保障国家安全与发展方面到底处于何种地位、发挥何种作用、作用程度又是如何以及如何对情报工作不断进行完善，过去、现在和将来都将始终是军事情报学领域的重要课题，值得进一步深入研究。本书研究的内容算是抛砖引玉和投石问路，期待着有更多的优秀研究成果出现。

刘　强

2014 年 8 月 11 日于南京听风阁

图书在版编目（CIP）数据

情报工作与国家生存发展——基于西方主要国家的历史考察与思考/刘强等著. —北京：时事出版社，2014.11（2016.8 重印）

ISBN 978-7-80232-778-8

Ⅰ.①情… Ⅱ.①刘… Ⅲ.①情报工作—关系—国家安全—研究 Ⅳ.①G35②D035.3

中国版本图书馆 CIP 数据核字（2014）第 239765 号

出 版 发 行：时事出版社
地　　　址：北京市海淀区万寿寺甲 2 号
邮　　　编：100081
发 行 热 线：（010）88547590　88547591
读者服务部：（010）88547595
传　　　真：（010）88547592
电 子 邮 箱：shishichubanshe@sina.com
网　　　址：www.shishishe.com
印　　　刷：北京昌平百善印刷厂

开本：787×1092　1/16　印张：41　字数：650 千字
2014 年 11 月第 1 版　2016 年 8 月第 2 次印刷
定价：148.00 元